# 电子陶瓷工艺原理与技术

曹良足 编著

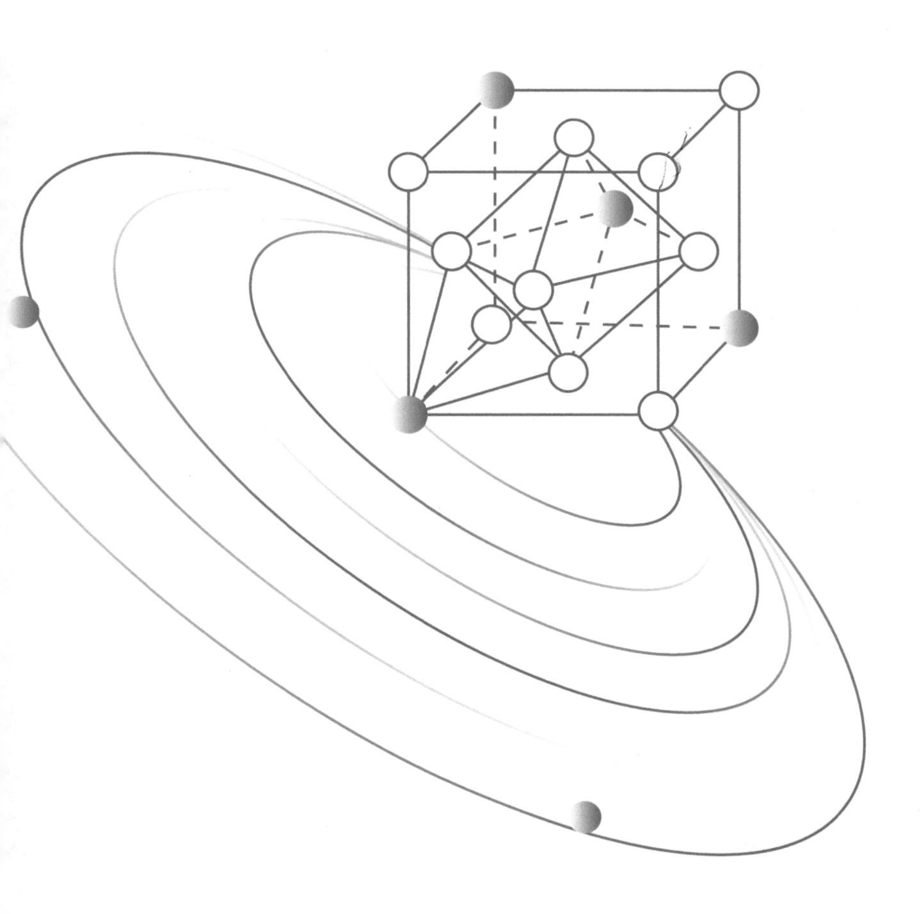

西安电子科技大学出版社

## 内 容 简 介

本书系统地叙述了电子陶瓷的晶体结构、工艺原理和常用机械设备。全书包括三大部分，第一部分是理论基础，主要介绍电子陶瓷的晶体结构；第二部分是制备工艺，主要介绍电子陶瓷从粉料制备开始一直到烧结后的陶瓷加工各道工艺的原理与技术，以及典型电子陶瓷的组成与性能之间的相互关系；第三部分是相关设备的介绍，包括各工序使用的主要设备的工作原理和结构。书中给出了相关工艺的工艺条件和参数、典型电子陶瓷的配方、实验条件和研究结果。

本书可作为电子科学与技术和材料科学与工程等专业本科高年级学生的教材，也可供相关专业的技术人员参考。

**图书在版编目(CIP)数据**

电子陶瓷工艺原理与技术 / 曹良足编著. --西安：西安电子科技大学出版社，2024.3
ISBN 978 - 7 - 5606 - 7175 - 8

Ⅰ. ①电… Ⅱ. ①曹… Ⅲ. ①电子陶瓷—高等学校—教材 Ⅳ. ①TM28

中国国家版本馆 CIP 数据核字(2024)第 046205 号

策　　划　吴祯娥
责任编辑　买永莲
出版发行　西安电子科技大学出版社(西安市太白南路 2 号)
电　　话　(029)88202421　88201467　　邮　　编　710071
网　　址　www.xduph.com　　电子邮箱　xdupfxb001@163.com
经　　销　新华书店
印刷单位　广东虎彩云印刷有限公司
版　　次　2024 年 3 月第 1 版　2024 年 3 月第 1 次印刷
开　　本　787 毫米×1092 毫米　1/16　印　张　20.5
字　　数　487 千字
定　　价　58.00 元
ISBN 978 - 7 - 5606 - 7175 - 8/TM
**XDUP 7477001 - 1**

# 前　言

瓷器是中国的又一伟大发明，它和中国古代四大发明一样，对人类社会的物质文明和精神文明的进步与发展产生了重大的影响。纵观我国的陶瓷发展历史，先民们和历代陶瓷匠师们在日用陶瓷和艺术陶瓷制造方面创造的辉煌成就与陶瓷工艺的三大技术突破是分不开的，即原料的选择和精制、窑炉的改进和烧成温度的提高、釉的发现和使用。这也充分说明了陶瓷工艺与技术的重要性。随着科学技术的发展，陶瓷的应用范围和功能不断扩展，从日用、观赏发展到工业、农业、国防和科学技术领域，从简单的力学、热学功能发展到电、磁、声、光、超导、化学和生物等功能，从而导致了功能陶瓷的诞生和发展。

电子陶瓷是功能陶瓷中一个大的分支，是无源电子元器件的核心材料，也是电子信息技术的重要材料基础。特别是5G通信技术的普及，促进了电子陶瓷材料和元器件的不断创新与发展，反过来，电子陶瓷材料与元器件的性能提高，又加快了5G通信技术的不断完善和发展。电子陶瓷的性能取决于其成分和结构。当材料配方确定后，能否达到预期的性能，关键取决于制造工艺。新工艺的出现不仅可以收到显著的经济效益，甚至还能使陶瓷材料及其元器件的性能得到跨越式提高，如纳米制粉技术、原位快速成型技术等，因此，工艺研究在陶瓷科学中有着非常重要的地位。

电子陶瓷工艺和其他陶瓷工艺有不少相似之处，借鉴这些工艺，国内早期出版了多本日用陶瓷工艺学的教材，近期也出现了几本特种陶瓷工艺学的教材。有人会问，那为什么还要编写本书？笔者从上大学开始学习书本上的陶瓷工艺，然后在生产企业应用陶瓷工艺，再重返大学校园研究陶瓷工艺和讲授陶瓷工艺，前后将近四十年。这期间，陶瓷工艺确实发生了很大的变化，那变化的背后有哪些是不变的东西？学生和科研工作者如何应对这些变化？又该如何进一步创新和发展新工艺？这些问题时常萦绕在笔者的脑际，从而萌发了写这本教材的想法。

笔者在大学执教的第一门课程就是“电子陶瓷工艺原理”，使用的教材是李标荣教授编著的《电子陶瓷工艺原理》(华中工学院出版社，1986年)。由于这本教材现在不再版，笔者使用的是华中科技大学教材科的翻印本，学生反映翻印本的字迹模糊。随后更换了不同的教材，其中不乏优秀教材，但笔者仍念念不忘李标荣教授编著的那本教材，虽然该教材介绍的个别工艺已经被淘汰，但整本教材的理论性很强，与教材的名称非常相符，正如北京大学甘子钊教授指出的：该教材是优秀教材，同时也是一本较好的科学专著。笔者对该教材印象最深刻的是关于烧结理论的详细阐述，深入浅出，内容丰富。受此启发，笔者决定编写一本既具备理论性又有具体实践经验的教材，传统工艺的理论方面主要参考上述教材的内容，新工艺则参照较新文献和其他教材上的内容，实践经验的内容一部分来自相关文献，另一部分则是笔者工作经验的总结，包括笔者发表的文献和感悟。

本教材由曹良足教授任主编，并编写第1章至第6章的内容，范跃农教授编写第7章的内容，高文杰副教授编写第8章的内容。曹良足负责全书的统稿工作。

其中，第7章介绍典型电子陶瓷的组成和性能，涉及材料性能参数的内容很多，考虑到篇幅问题，没有详细介绍，而且性能参数的测试也是在一定条件下进行的，例如，介电损耗($\tan\delta$)在不同频率下(如1 kHz、100 kHz、1 MHz、100 MHz、1 GHz等)测试时，其大小差别很大。再如热敏材料，电阻-温度特性的测试要在零功率下进行才准确。压电陶瓷性能的测试更复杂，涉及的边界条件较多，如电学条件有开路和短路，机械条件有夹持和自由，所以相关参数较多，而且各参数的测试对待测样品的形状、尺寸、极化方向、电极面的设置都有严格的要求。建议参考《电子材料与器件参数的测量》(江西高校出版社，2021年)一书的相关章节。现在有许多专业的智能测试系统，如PTC热敏电阻测试系统和压敏电阻测试系统，可以一次性测出所需的参数。

本教材的编写参考了相关的教材和专著，并引用了一些国内外文献内容，在此谨向参考文献的作者表示诚挚的感谢！

本教材为景德镇陶瓷大学的校级规划教材，得到了景德镇陶瓷大学教务处和机械电子工程学院的资助，得到了韩文院长、汪伟副院长和吴南星处长等领导的大力支持，也得到了电子教研室同事的帮助以及我的爱人殷丽霞的理解与关心；同时，深圳顺络电子股份有限公司的王帅高级工程师对本教材的出版给予了热心帮助，而西安电子科技大学出版社的吴祯娥等编辑也给予了一定的支持，在此一并表示衷心的感谢！

由于编者的水平有限，书中不当之处恳请读者批评指正。

曹良足<br>2023年11月

# 目　录

# 第1章 绪　论

电子陶瓷是无源电子元件的核心材料，是电子信息技术的重要基础材料。近年来，随着电子信息技术日益走向集成化、薄型化、智能化和微型化，以半导体技术为基础的有源器件和集成电路迅速发展，而无源电子元件日益成为电子元器件技术的发展瓶颈，因此电子陶瓷材料及其制备工艺与加工技术越来越成为制约电子信息技术发展的重要核心技术之一。本章先回顾陶瓷的发展历史，再介绍电子陶瓷的分类及特点，最后概述我国电子陶瓷技术的发展现状和电子陶瓷产业的发展方向。

## 1.1 从传统陶瓷发展到特种陶瓷

陶瓷与人类的发展是密切相关的。我国的陶瓷有着悠久的历史。英文单词“china”的首字母大写时意为“中国”，小写时即为“瓷器”，据考证，它是中国景德镇在北宋真宗景德年(公元1004年)之前的古名昌南镇的音译。我国是陶瓷之国，瓷器是中国劳动人民的伟大发明之一，因此我们要学习中国陶瓷的发展历史，增强文化自信。

陶器的出现距今约8000年。随着陶器制作的不断发展，到仰韶文化时期，出现了彩陶，故仰韶文化又称“彩陶文化”。在新石器时代晚期，长江以北已从仰韶文化过渡到龙山文化，长江以南则从马家浜文化进入良渚文化。山东历城县龙山镇出现了“黑陶”，所以这个时期称为“龙山文化”时期，又称“黑陶文化”。龙山黑陶在烧制技术上有了显著进步，它广泛采用了轮制技术，因此，器型浑厚端正，器壁薄而均匀。将黑陶制品表面打磨光滑，使其乌黑发亮，薄如蛋壳，厚度仅为1 mm，则称为“蛋壳陶”。进入有文字记载的殷商时代，陶器从无釉到有釉，在技术上是一个很大的进步，是制陶技术上的重大成就，为从陶过渡到瓷创造了必要的条件。这一时期釉陶的出现是我国陶瓷发展过程中的第一次飞跃。之后，大批精美秦俑的发掘充分证明了中国秦代(公元前220—206年)的制陶技术已非常发达，制陶工业达到相当高的水平。

汉代以后，釉陶逐渐发展成瓷器，无论是从釉面还是从胎质来看，瓷器的出现无疑是釉陶的又一次重大飞跃。在浙江出土的东汉越窑青瓷是迄今为止我国发掘的最早的瓷器，距今已有1700年。当时的釉具有半透明性，而胎还是欠致密的。这种“重釉轻胎倾向”一直贯穿到宋代的五大名窑(汝、定、官、越、钧)。第三次飞跃是瓷器由半透明釉发展到半透明胎。唐代越窑的青瓷、邢窑的白瓷，以及宋代景德镇湖田窑、湘湖窑的影青瓷，都在瓷器史上享有盛名。到元、明、清时代，彩瓷发展很快，釉色从三彩发展到五彩、斗彩，一直发展到粉彩、珐琅彩和低温/高温颜色釉。

在这一相当长的历史时期，我国的陶瓷发展经历了三个阶段，取得了三个重大突破。

三个阶段分别是陶器、原始瓷器(过渡阶段)、瓷器，三个重大突破分别是原料的选择和精制、窑炉的改进和烧成温度的提高、釉的发现和使用。长期以来，陶瓷发展靠的是工匠技艺的传授，产品主要是日用器皿、建筑材料(如耐火砖、玻璃)等，通常称为普通陶瓷(或称传统陶瓷)。近30年来，随着新技术(如电子技术、通信技术、激光技术、计算机技术等)的兴起，以及基础理论和测试技术的发展，陶瓷材料的研究突飞猛进。为了满足新技术对陶瓷材料提出的特殊性能要求，一类无论从原材料、工艺或性能上均与普通陶瓷有很大差别的陶瓷应运而生。于是就出现了一系列名词来称呼这类陶瓷，以区别于传统陶瓷。这些名词包括先进陶瓷(Advanced Ceramics)、精细陶瓷(Fine Ceramics)、新型陶瓷(New Ceramics)、近代陶瓷(Modern Ceramics)、高技术陶瓷(High Technology Ceramics)、高性能陶瓷(High Performance Ceramics)、工程陶瓷(Engineering Ceramics)、特种陶瓷(Special Ceramics)和功能陶瓷(Functional Ceramics)等。各个国家或同一国家的不同专业领域，通常根据习惯取其中一个或数个称呼。美国用“特种陶瓷”较多，日本用“精细陶瓷”较多。从本质上来说，所有这些术语都具有相同或相近的含意。传统陶瓷大多数是以黏土类物质作为主要原料，经成型后，高温烧制而成。德国陶瓷协会指出：“陶瓷是化学工业或化学生产工艺的一个分支，包括陶瓷材料和器物的制造或进一步加工成陶瓷制品(元件)。陶瓷材料属于无机非金属材料，最少含有30%的结晶体。一般是在室温中将原料成型，通过800℃以上的高温处理，以获得这种材料的典型性质。有时也在高温下成型，甚至可经过熔化及析晶等过程。”美国和日本等国给出：“Ceramics是包括各种硅酸盐材料和制品在内的无机非金属材料的通称，不仅指陶瓷，还包括水泥、玻璃、搪瓷等材料。”由此引出广义陶瓷的概念为“用陶瓷生产方法制造的无机非金属固体材料和制品的通称”。现在将在基板上形成的无机非金属薄膜也划入陶瓷范畴。通常认为功能陶瓷是“采用高度精选的原料，具有能精确控制的化学组成，按照便于控制的制造技术加工的，便于进行结构设计并具有优异特性的陶瓷”。功能陶瓷与传统陶瓷的主要区别如表1.1所示。

表1.1 功能陶瓷与传统陶瓷的主要区别

| 区别点 | 功能陶瓷 | 传统陶瓷 |
|---|---|---|
| 原料 | 一般以氧化物、氯化物、硅化物、硼化物、碳化物等化工材料为主要原料 | 以矿物为主要原料，如黏土、长石、石英、石灰石等 |
| 成分 | 化学成分由人工配比决定，晶相由单一化合物构成 | 主要由黏土、长石、石英的产地决定，化学成分含有 $Al_2O_3$、$SiO_2$、$K_2O$、$Na_2O$ 和 CaO 等。主晶相一般为莫来石和石英 |
| 成型方法 | 模压、热压铸、轧膜、流延、注射成型为主 | 注浆和可塑法成型(如滚压、旋坯和拉坯) |
| 烧成 | 烧成温度由组成而定，一般为800～1700℃，需要精确控制烧成温度和保温时间，燃料主要以电为主 | 温度在1350℃以下，燃料以油和液化气为主 |
| 加工 | 有的需要切割、打孔，有的表面需要研磨加工、金属化等 | 表面一般施釉或绘画，有的干脆不加工 |
| 性能 | 以内在质量为主，常呈现各种声、光、电、磁、热、敏感、生物等功能 | 以外观效果为主，本身具有力学和热学性能 |
| 用途 | 主要用于宇航、家电、通信、能源、机械等行业 | 炊具、餐具、陈设品和墙地砖、卫生洁具等 |

## 1.2 电子陶瓷的分类、特性和用途

功能陶瓷是指具有声、光、电、磁、热、化学、生物等特性，且具有相互转化功能的一类陶瓷。功能陶瓷大致上可分为电子陶瓷、透明陶瓷、生物与抗菌陶瓷、发光与红外辐射陶瓷、多孔陶瓷等。根据导电性，电子陶瓷可分为超导陶瓷、导电陶瓷、敏感陶瓷和介电陶瓷。表1.2所示为电子陶瓷的分类、特性和用途。在表1.2中，绝缘陶瓷是指在直流电压作用下呈现较高电阻值(一般高达$10^{12}\ \Omega$以上)的陶瓷；介质陶瓷主要用于制作电容器，多用于交变信号电路；压电陶瓷、热释电陶瓷和铁电陶瓷是指分别具有压电性、热释电性和铁电性的陶瓷，它们都可用于制作电容器。

表1.2 电子陶瓷的分类、特性和用途

| 分类 | 系列 | 材料 | 特性 | 用途 |
|---|---|---|---|---|
| 介电陶瓷 | 绝缘陶瓷 | $Al_2O_3$，BeO，MgO，AlN，BN，SiC | 高绝缘性 | 集成电路基片、装置瓷、真空瓷、高频绝缘瓷 |
| | 介质陶瓷 | $TiO_2$，$La_2Ti_2O_7$，$MgTiO_3$，$CaTiO_3$ | 介电性 | 电容器介质陶瓷、微波介质陶瓷、半导体敏感介质陶瓷 |
| | 压电陶瓷 | Pb(Zr，Ti) $O_3$，$PbTiO_3$，(K，Na) $NbO_3$，(Pb，Ba)$NaNb_5O_{15}$ | 压电性 | 换能器、谐振器、滤波器、压电变压器、蜂鸣片 |
| | 热释电陶瓷 | $PbTO_3$，Pb(Zr，Ti) $O_3$ | 热释电性 | 红外探测器、红外辐射计 |
| | 铁电陶瓷 | $BaTiO_3$，$SrTiO_3$ | 铁电性 | 非易失存储器、陶瓷电容器 |
| 半导体(敏感)陶瓷 | 热敏陶瓷 | PTC(正温度系数)、NTC(负温度系数) | 传感性 | 温度传感器、过流保护器 |
| | 气敏陶瓷 | $SnO_2$，ZnO，$ZrO_2$ | 传感性 | 气体传感器、煤气报警器 |
| | 湿敏陶瓷 | Si-$Na_2O$-$V_2O_5$ | 传感性 | 湿度测量仪 |
| | 光敏陶瓷 | CdS，CdSe | 传感性 | 光敏电阻器、红外光敏元件 |
| | 压敏陶瓷 | ZnO，SiC | 传感性 | 过压保护器、避雷器、浪涌吸收器 |
| 导电陶瓷 | | $LaCrO_3$，$ZrO_2$，SiC，Na-β-$Al_2O_3$，$MoSi_2$ | 离子导电性 | 氧传感器、固体燃料电池、发热体 |
| 超导陶瓷 | | Y-Ba-Cu-O | 超导性 | 电力系统、线路板上的导带 |

## 1.3 我国电子陶瓷技术的发展现状

我国是电子元件大国，多种电子陶瓷产品的产量居世界首位，已经形成了一批在国际上拥有一定竞争力的元器件产品生产基地，同时拥有全球最大的应用市场。然而，目前高

端电子陶瓷材料市场主要为日本企业所垄断，国内生产的材料少部分用于高端元器件产品，大部分用于中低端元器件产品；国内高水平科研成果在转化过程中遭遇来自原材料、生产装备、稳定性等方面的瓶颈，所占市场份额相对较低。

在产业技术方面，我国的电子陶瓷及其元器件产品生产基地已经形成了相当的规模，并拥有国际先进的生产水平。其中，风华高新科技股份有限公司是国际上为数不多的集电子元器件、电子材料、电子专用设备“三位一体”的综合性企业；深圳顺络电子股份有限公司的片式电感器和低温共烧陶瓷(LTCC)在国际上竞争优势明显；潮州三环(集团)股份有限公司、深圳宇阳科技发展有限公司等陶瓷电子元器件行业中的龙头骨干企业也都在国际上具有一定的影响力，得到了国家一系列研发计划的支持。由清华大学和风华高新科技股份有限公司牵头，联合20家大中型企业、研究机构和高校组建的电子技术创新战略联盟对于推动功能陶瓷片式元器件与无源集成产业陶瓷材料研究开发和产业的结合发挥了重要作用。

**1. 多层共烧陶瓷电容器产业**

我国的多层共烧陶瓷电容器(Multi-Layer Co-fired Capacitor，MLCC)产业规模较大，已经形成了一批以风华高新科技股份有限公司、深圳宇阳科技发展有限公司为代表的具有国际竞争力的大企业，并在国际竞争中占有一席之地。然而，由于全球顶级的MLCC制造厂商(如日本的太阳诱电株式会社、村田、京瓷株式会社、TDK-EPC和韩国的三星电机有限公司等大型企业)陆续在中国内地建立了制造基地，把产能向中国大陆转移，目前国内一半以上的MLCC产量被外资和合资企业占据。同时，国内市场高端MLCC产品主要依赖进口，例如，美国技术陶瓷公司(ATC)专业生产用于微波电路的高$Q$值电容器。由于缺少自主知识产权和先进工艺设备，高性能陶瓷粉体、电极浆料、先进生产设备都大量依赖国外厂商。从市场情况看，MLCC消费主要集中在亚洲，占全球MLCC消费量的75%，而中国占到一半以上。随着移动通信产品等整机制造业的不断扩张，我国的MLCC产品需求仍在迅速增长。

**2. 片式电感器产业**

我国从20世纪90年代初开始开发、生产片式电感器及相关材料，目前已基本建立起了一个传统与新型产品兼顾、具有相当经济规模、在国际市场占据一定地位的电感器行业，产量约占世界总产量的20%。其中，深圳顺络电子股份有限公司已经凭借材料和工艺方面的技术优势在国际竞争中占有一席之地。然而，目前国内片式电感器生产厂商依然存在一些问题，其大部分产品是面向消费类电子产品的，应用于通信领域和汽车电子领域的基础元件主要被日本、韩国的企业所垄断。同时，低端市场的价格战造成了国内片式电感器生产厂商利润空间的萎缩。目前，全球市场对片式电感器的需求在不断增长，市场结构也在不断变化，尤其是移动/无线通信领域的增长速度惊人。以手机为代表的移动通信产品的生产厂家大部分在中国，而目前大部分用于移动通信的片式电感器件由国外供货。计算机和汽车电子也是国内对高端片式电感器产品需求增长较快的领域。未来一段时期，我国在高端片式电感器方面的市场缺口会相当大。

**3. 高性能压电陶瓷产业**

在高性能压电陶瓷及元器件方面，我国内地压电陶瓷企业数量较多，但多数企业是中小企业，产品结构以低端产品为主，如455 kHz谐振器、压电蜂鸣片和点火瓷柱。尽管在过去几十年中，我国压电陶瓷的研究开发取得了一批有自主知识产权的技术成果，但是从目前行业的总体情况看，其市场竞争力、产业技术水平亟待提高，产品结构有待升级。随着信息技术、新能源技术、生物医学以及航空航天技术的迅速发展，一些新型的压电陶瓷器件的应用市场将迅速崛起，成为压电陶瓷器件的市场主体。

4. 微波介质陶瓷产业

在微波介质陶瓷材料方面，我国微波电磁介质的研究起步较早，基本上与发达国家同步，早期主要围绕国防军工上的关键微波器件的需求开展研究开发和生产。近十几年来，形成了若干个一定规模的企业，如武汉凡谷电子股份有限公司、嘉兴佳利电子有限公司、大富科技股份有限公司、深圳顺络电子股份有限公司、江苏灿勤科技股份有限公司、江苏江佳电子股份有限公司、浙江嘉康电子股份有限公司等。但这些企业与国际知名大企业相比，在技术水平、产品品种和生产规模上仍有较大差距。以第五代移动通信(5G)、无线互联网、无线传感网以及以卫星通信与定位系统为代表的无线信息技术的迅速崛起，对高性能微波器件提出了更高的要求，其未来发展空间很大。

5. 敏感陶瓷产业

目前，国内多数敏感陶瓷及相关敏感器件的生产企业是在20世纪90年代成立的，以外资企业与民营企业为主体。外资企业以独资或合资的方式在国内市场迅速建立了生产基地，其技术优势显著，产品性能优良，出口量较大，在国内高端市场上占据着主导地位。从技术方面看，民营企业生产工艺落后，在原材料、生产设备、检测设备、质量控制等方面还存在较大不足，导致国内产品线单一，产品结构以中低端为主，无法满足高端市场的需求。从未来需求方面看，物联网和传感网的迅猛发展将带来我国敏感陶瓷传感器需求的爆炸式增长，未来还有较大的发展空间。

6. 我国电子陶瓷及其元器件产业发展面临的问题

当前我国在电子陶瓷及其元器件产业发展中面临的主要问题包括以下几点。

1) 社会重视程度严重不足

电子陶瓷材料在电子信息技术中的重要地位仅次于半导体。然而，与半导体技术相比，社会各界对电子陶瓷的重视程度严重不足。正如日本村田(中国)公司总裁丸山英毅所指出：中国在国策上对于芯片、半导体是有扶持的，但是对于元器件没有大的支持力度，所以中国的元器件企业更多的是自己发展。由于社会投入不足，企业缺乏吸引高水平人才的机制，研发力量薄弱，研发经费缺乏，难以适应日新月异的研发需求。

2) 研究成果转化机制有待完善

国内电子陶瓷材料的研发工作分散于少数高校、研究院所和少部分大型企业，在高校和研究院所中，分属于材料和元器件的不同领域，各自的侧重点差别大，相互之间脱节，缺乏材料、工艺、元器件集成的系统性研究。研发成果向产业化的转化不及时、不充分。高校、研究院所与企业在体制上分离，交流协作不充分，缺乏一个能将成果及时、有效转化和具体实现的“产学研”相结合的有效机制。高校和研究院所的研究成果往往停留在实验室工作阶段，没有产品的小试、量产验证，而企业中的研发往往又因实验分析设备的缺乏而不够深入。

3）国内产业链对自主创新的支撑不完善

电子陶瓷材料处于产业链中上游，其前端是原材料，后端是元器件。由于元器件工艺设备、技术标准等主要来自国外，同时国内原材料产品在稳定性、一致性方面与国外产品相比尚有差距，制约了国内电子陶瓷材料在元器件产品中的规模化应用。特别是一些具有原创性的材料，由于与已有元器件技术缺乏兼容性，难以获得应用，使得国内电子陶瓷材料和元器件难以在行业中进入领跑地位。

4）规模化生产工艺装备水平有待提高

目前国内高端电子陶瓷材料和元器件的工艺装备仍以进口为主。由于技术更新换代较快，先进的技术很难进入国内，导致规模化生产水平难以在全球处于领导地位。以国内陶瓷无源元件行业的龙头企业为例，风华高新科技股份有限公司、深圳顺络电子股份有限公司和宇阳科技发展有限公司均是主要从事片式元器件生产的国内骨干企业，但其高端产品技术水平与国际知名企业 TDK-EPC、太阳诱电株式会社等都存在很大的差距。

## 1.4 我国电子陶瓷产业的发展方向

我国电子陶瓷产业的发展包括两个方向：新一代电子陶瓷元件与材料，无源集成模块及关键材料与技术。

### 1. 新一代电子陶瓷元件与材料

在新一代电子陶瓷元件与材料方向，首先要重点突破量大面广的无源电子元件，如 MLCC、片式电感器、陶瓷滤波器等器件所需的高端电子陶瓷材料技术，发展出拥有自主知识产权的材料配方和规模化生产技术，形成稳定的生产规模。其次要重点突破高端电子陶瓷元件中材料精密成型和加工的关键工艺技术和装备，保证薄型化多层陶瓷技术所需的关键纳米陶瓷材料的自主稳定供应，形成无源集成关键设备的自主研发和生产能力。

新一代电子陶瓷元件与材料主要包括高性能多层片式电容器、电感器、半导体敏感电阻元件、微波介质陶瓷谐振元件、压电陶瓷元件及其材料等。

(1) 高性能、低成本 MLCC 材料与元件：加强高性能抗还原陶瓷介质粉体材料的规模化生产；重点研发薄型化功能陶瓷成型技术与装备、纳米晶陶瓷烧结技术和超薄型多层陶瓷结构内电极技术等。

(2) 新型片式感性元件与关键材料：加强高性能低温烧结铁氧体及低介、低损耗介质陶瓷粉体材料的规模化生产；研发多层陶瓷精密互联技术及其装备和小型化微波段片式电感器布线设计技术等。

(3) 高性能多层片式敏感元件与材料：重点研究高性能片式热敏、气敏、湿敏、压敏、光敏陶瓷的规模化生产技术，微纳尺度多层片式敏感陶瓷传感器制备工艺技术与表征技术等。

(4) 高性能压电陶瓷材料：重点研究压电陶瓷材料净尺寸成型与加工及其产业化技术，压电微型电源应用的高性能多层压电材料制备及产业化技术，高性能多层无铅压电陶瓷材料和新型元件可工程化和产业化的先进制备技术。

(5) 新一代电磁波介质陶瓷材料：面向5G/6G通信技术的新型电磁波介质材料，重点研究片式高频低损耗微波介质陶瓷及其规模化生产技术，片式高性能低成本复合电磁波介质陶瓷及其基础材料的规模化生产技术及装备，人工片式电磁波介质的设计、制备与规模化生产技术。

**2. 无源集成模块及关键材料与技术**

无源集成技术得以进入实用化和产业化阶段，很大程度上取决于(低温共烧陶瓷(Low Temperature Co-fired Ceramic，LTCC)技术的突破。目前，虽然开发出了一些各具优势的无源集成技术，但是主流技术仍以LTCC为主。一方面要优化材料的LTCC性能及制备方法，提高在国际高端应用中的占比；另一方面要兼顾其他几类无源集成技术，研究开发相应的关键材料、关键技术和重要模块。

无源集成模块及关键材料与技术的突破要在下面几个方面开展攻关工作。

(1) 系列化LTCC用电磁介质材料的研究：重点研究具有系列化介电常数和磁导率、满足LTCC性能和工艺要求的陶瓷材料粉体和生产线，形成我国在LTCC材料领域的自主知识产权。

(2) 无源集成模块的关键制备工艺研究：重点研究无源集成模块制备的若干关键性工艺过程，如厚膜与薄膜制备工艺、微孔成孔与注浆工艺、精密导体浆料印刷工艺、陶瓷共烧工艺等。

(3) 无源集成模块设计与测试方法：研究内容包括无源集成模块设计软件的开发，新型无源集成结构特性的模拟与仿真，高集成度无源集成模块的设计以及无源集成模块的测试技术等。

# 第2章　电子陶瓷的结构基础

本章主要介绍电子陶瓷中常见的典型晶体结构、固溶现象和玻璃相等，重点介绍氧化物陶瓷的结构。

## 2.1　离子晶体的基本键型与结构特性

**1. 密堆积与配位数**

如果把原子或离子看作具有一定刚度的等径球，则其占用空间最小、最紧密(因而最稳定)的堆积方式有两种，即六方密堆和面心立方密堆。将等径的球密排在一个平面上，其情况如图2.1所示。底层称为A层，每一球与六球相切。如再堆积球与六球相切，则再堆积的第二层球只能在B的位置，如图2.1中虚线球所示，称为B层。第三层有两种排法，一种排列是正好在A层球的正上方，形成ABABAB…排列，这种排列为六方密堆，如图2.2所示，在密排六方晶胞中，每一个晶胞中有6个由ABCDEF原子组成的八面体空隙(见图2.2(b))和12个四面体空隙(6个由ABCD所包围的四面体和2个由DEFG包围的四面体，(见图2.2(c))，另外还有4个四面体)。

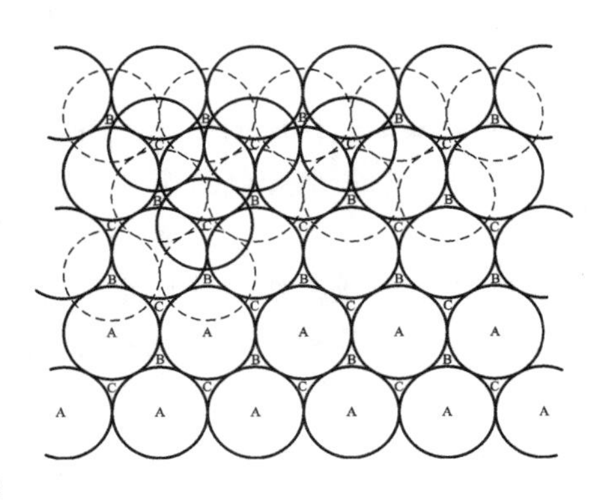


图2.1　等径球密堆积

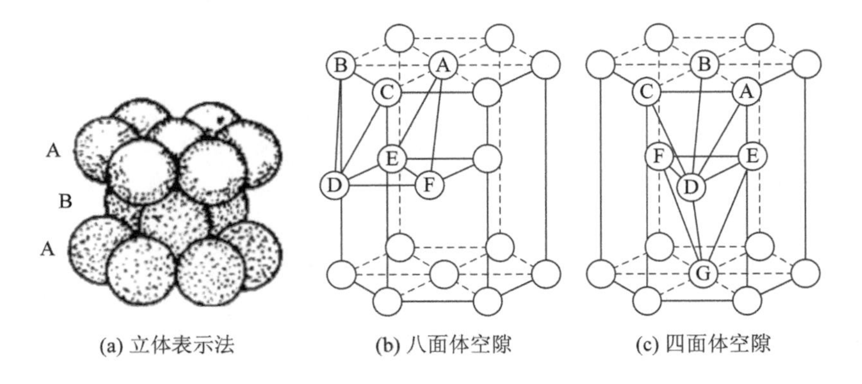


图2.2　等径球的六方密堆

第三层的另一种排列是放在 C 的位置，如图 2.3(a)中的 C 位置的实线球，这一层称为 C 层，因此要到第四层才能重复 A 层的位置。这样就形成了 ABCABCABC…的排列，这种排列为面心立方密堆，如图 2.3 所示，每一个密排立方晶胞中有 8 个四面体空隙和 4 个八面体空隙。在 4 个八面体空隙中，有 3 个空隙在棱边中央，1 个空隙在中心。四面体空隙在 8 个顶角处，如图 2.3(b)所示，ABCEFG 构成其中一个八面体空隙，ABCD 构成其中一个四面体空隙。

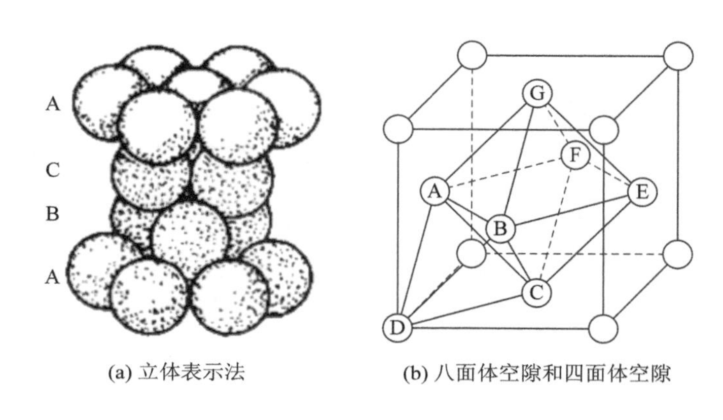


(a) 立体表示法　　(b) 八面体空隙和四面体空隙

图 2.3　等径球的面心立方密堆

和某一圆球相切的相邻空间圆球数，称为配位数。密堆度的定义为堆积空间中被球体所占用体积的百分数，以表示其密堆程度。利用简单几何关系可以得知，配位数为 12 的等径球六方密堆与面心立方密堆，均具有最高的密堆度，其空间占用率为 74.05%。

此外，等径球如果采取体心立方堆积或简立方堆积，则其配位数分别为 8 和 6，空间占用率分别为 68.02%和 52.36%。可见，在等径球密堆积的情况下，配位数愈大，则排列愈紧密，而等径球的最大配位数为 12。

在电子陶瓷的晶体结构中，参与密堆的是各种正、负离子。由于外层电子的得或失，而使负、正离子的半径差别较大。通常负离子半径要比正离子的大很多。如果还是把它看作刚性球的话，那就必须研究不等径球的密堆问题。常见的情况是负离子以某种形式堆积，正离子填充于其堆积空隙之中，显然，负离子与负离子之间的配位数愈大，则其堆积密度愈大，其堆积空隙愈小，可容纳正离子的半径愈小，且正离子近邻的配位负离子数也愈少。反之则相反。例如，如负离子以 12 配位的六方或面心立方密堆，则将构成四面体及八面体配位空隙。如正离子的配位负离子数为 4 或 6，则相切的正离子半径 $r^+$ 为负离子半径 $r^-$ 的 0.225 倍或 0.414 倍。如果负离子以 8、6 配位的简立方或体心立方递减，则将构成八面体或六面(立方)体配位空隙，相应的配位负离子数为 6 和 8，$r^+/r^-$ 为 0.414 和 0.732。如果正离子的半径再加大至接近于 $r^+/r^-=1$，则正离子将和负离子一起形成六方或面心立方密堆，配位负离子数为 12，配位多面体为十四面体(面心立方密堆)或二十面体(六方密堆)。如 $r^+/r^-<0.225$，则正离子只能填充于负离子构成的平面三角形空隙，配位负离子数为 3，负离子自身的平面配位数为 6。上述情况均列于表 2.1，相应的各种配位多面体空隙如图 2.4 所示。

表 2.1　不等径刚球的配位关系

| 负离子自身的配位数 | 负离子自身的堆积状态 | 负离子堆积构成的配位空隙 | 正离子的配位负离子数 | 正、负离子最小半径比 $r^+/r^-$ |
|---|---|---|---|---|
| 6(平面) | 平面三角形 | 平面三角形 | 3 | 0.155 |
| 12 | 六方或面心立方密堆 | 四面体(2/3)<br>加八面体(1/3) | 4<br>6 | 0.225<br>0.414 |
| 8 | 体心立方堆积 | 八面体 | 6 | 0.155 |
| 6 | 简立方堆积 | 六面体(立方) | 8 | 0.732 |
| | | 二十面体(六方)<br>或十四面体(面心立方) | 12 | 0.904 |

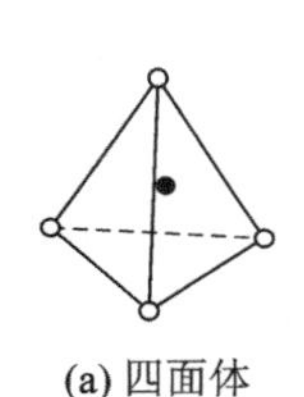
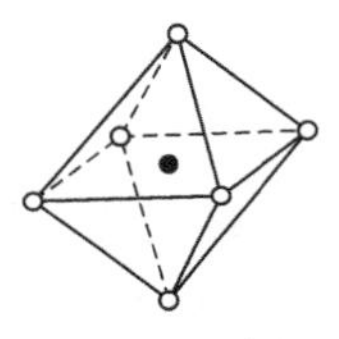
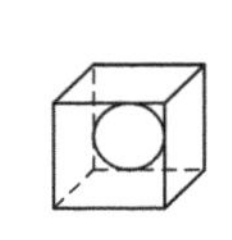
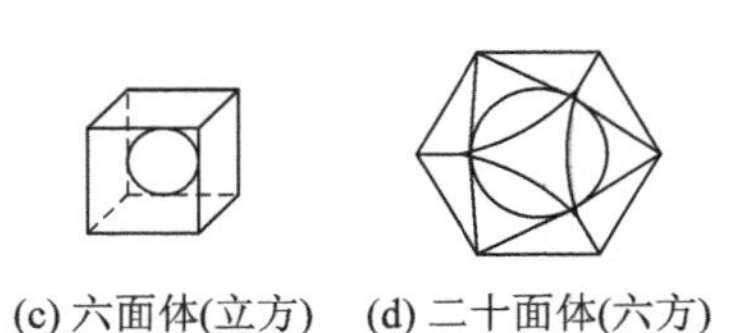
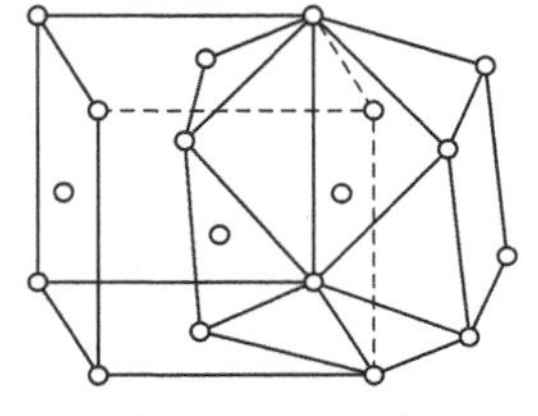

(a) 四面体　(b) 八面体　(c) 六面体(立方)　(d) 二十面体(六方)　(e) 十四面体(面心立方)

图 2.4　各种配位多面体空隙(中心为正离子，即空隙，顶角为负离子)

从不等径刚性球的简单几何排列出发，可得到如表 2.1 所列的配位关系，对于实际晶体中的离子，一般是符合的，因为只有按照这种排列，才能获得能量最低、最稳定的结构。但也有例外，其主要原因是在晶体中离子通常都不是球形对称，也谈不上刚性。在离子晶体中，正、负离子的电子云分布会受到键的类型、极化、晶格构型等多种因素的影响。

**2. 化学键型与离子半径**

1) 离子晶体中化学键的特性

同类或异类原子之间的结合情况可以归结为化学键的特性。化学键的特性主要取决于其原子间电子云的分布，而电子云的分布则可以通过有关元素的电负性来反映。所以，当有关元素结合成晶体时，其电负性与其化学键的特性密切相关。从中性原子中取出一个核外层电子，使之成为一价正离子时所作的功，称为第一电离能；使中性原子获得一个电子成为一价负离子时所放出的能量，称为化学亲和能。两者都表征原子对电子的束缚能力，电离能与亲和能之和称为该元素的电负性。人们常常通过电负性的数值来比较不同原子束缚电子的能力，即得失电子的难易程度。表 2.2 所示为一些原子的相对电负性，它是以将锂的电负性定为 1 而得出的，由表 2.2 可知，在电负性约为 2 处是金属与非金属的分界线。非金属一般都有等于或大于 2 的电负性，故较易获得电子而成为负离子。

表 2.2 一些原子的相对电负性

| Li<br>1.0 | Be<br>1.5 | B<br>2.0 | | | | | | | | | | | C<br>2.5 | N<br>3.0 | O<br>3.5 | F<br>4.0 |
|---|---|---|---|---|---|---|---|---|---|---|---|---|---|---|---|---|
| Na<br>0.9 | Mg<br>1.2 | Al<br>1.5 | | | | | | | | | | | Si<br>1.8 | P<br>2.1 | S<br>2.5 | Cl<br>3.0 |
| K<br>0.8 | Ca<br>1.0 | Ga<br>1.6 | Sc<br>1.3 | Ti<br>1.5 | V<br>1.6 | Cr<br>1.6 | Mn<br>1.5 | Fe<br>1.8 | Co<br>1.8 | Ni<br>1.8 | Cu<br>1.9 | Zn<br>1.6 | Ge<br>1.8 | As<br>2.0 | Se<br>2.4 | Br<br>2.8 |
| Rb<br>0.8 | Sr<br>1.0 | In<br>1.7 | Y<br>1.2 | Zr<br>1.4 | Nb<br>1.6 | Mo<br>1.8 | Tc<br>1.9 | Ru<br>2.2 | Rh<br>2.2 | Pd<br>2.2 | Ag<br>1.9 | Cd<br>1.7 | Sn<br>1.8 | Sb<br>1.9 | Te<br>2.1 | I<br>2.5 |
| Cs<br>0.7 | Ba<br>0.9 | Tl<br>1.8 | La－Lu<br>1.1－1.2 | Hf<br>1.3 | Ta<br>1.5 | W<br>1.7 | Re<br>1.9 | Os<br>2.2 | Ir<br>2.2 | Pt<br>2.2 | Au<br>2.4 | Hg<br>1.9 | Pb<br>1.8 | Bi<br>1.9 | Po<br>2.0 | At<br>2.2 |
| Fr<br>0.7 | Ra<br>0.8 | Ac<br>1.1 | Th<br>1.3 | Pa<br>1.5 | U<br>1.7 | Np－No<br>1－3 | | | | | | | | | | |

综上所述，电负性与化合物的键型有很大的关系。当电负性相差甚大的元素相化合时，容易产生电子的转移而形成正、负离子，故出现离子型化合物；当电负性相差较小的元素相化合时，则不发生电子的转移，靠电子波函数重叠产生的力而形成共价键结合。然而，当电负性相差不大的元素相化合时，其实际化学键的情况要复杂得多。其价电子的密度并不是像典型共价键那样大小相等地分布于两不同原子周围；也不像典型离子键那样，在负离子周围价电子的浓度大大地超过正离子周围，而往往是受到正离子电场的所谓极化作用，将似乎应在负离子周围对称分布的价电子密度更多地集中到正、负两离子之间，形成所谓中间型键。鲍林企图用电负性的差值来估量化学键中离子键成分，如图 2.5 所示，当相对电负性的差值为 0.2 时，化学键中离子键成分只有 1%；当相对电负性的差值为 3 时，化学键中离子键成分高达 92%。这对于理解中间型键的性质很有参考价值。

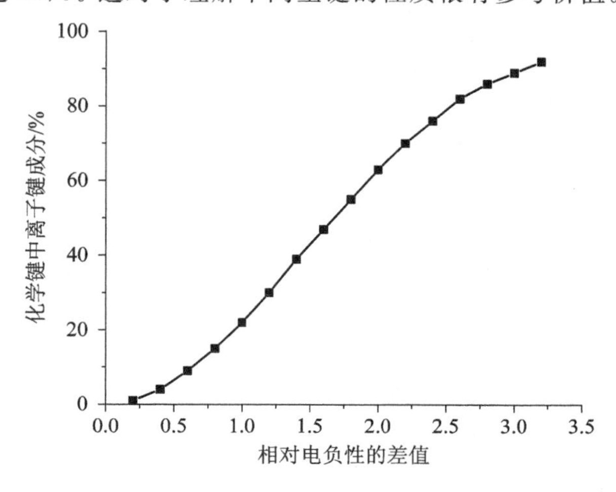


图 2.5 电负性差值与化学键中离子键成分的关系

2）原子半径与离子半径

如前所述，在讨论物质结构时，为了方便和形象化起见，人们习惯地使用一种刚性球式的原子或离子半径。然而，根据量子力学，电子云是按特定几率分布在核周围的，即使是惰性气体或是具有与惰性气体相同外层结构的正、负离子，决定其外形的核外层电子云虽然具有球形对称的特性，但其波函数仍是按一定的几率分布于整个空间，并不存在从某一相当大的值突然减低到零的分界面。这似乎无法采用原子或离子半径这个概念。然而，由于各种原子或离子波函数的分布规律，即均在某一特定半径处具有极大值，且在极大值以外的空间随半径方向快速衰减。所以，即使按照量子力学的概念，也可以认为原子或离子中的电子还是被束缚在一定范围的。这样一来就与具有一定半径这一概念相接近了。再加上当原子或离子接近到某一界限时，由于电子云之间有很大的相互推斥作用(其宏观表现为固态、液态物质的几乎不可压缩的特性)，故可想象为这些小球是具有一定刚性的。

电子衍射与X射线衍射的数据指出，同一元素在不同结构的物质中，其半径会由于键的类型和配位环境不同而异。例如，金属键的半径比共价单键的大；共价键的半径将随单键、双键、三键而递减；原子或离子半径将随配位数增加而增加；离子半径将随价数增加而下降等。

离子半径的大小主要取决于离子配位数、键的性质以及原子中d和f电子的自旋状态等。瓦隆哲那按离子的折射率与离子的体积成反比的方法，得出16种离子的半径，如$O^{2-}$为133 pm、$F^{2-}$为132 pm。哥希米德以此两种离子的半径出发，从各种相关晶体中离子接触距离推算出80多种离子半径，即所谓“哥希米德半径”。鲍林认为同一电子构型的离子，其大小与其作用于核外层电子上的有效核电荷成反比，后者等于核电荷$Ze$减去屏蔽效应值$Se$，其中，$S$为屏蔽常数，取决于离子的电子构型。计算出的一系列的离子半径，即为所谓的“鲍林半径”。一般说来，哥希米德半径与鲍林半径是很接近的。

后来许多学者根据大量实验数据和理论分析，对上述两种离子半径作了修正，表2.3所示即为经善南和泼莱威脱修正后的离子半径。其中，对一些离子还给出了不同价数和不同配位数时的半径。由于实验数据能准确给出的只是晶胞参数(即质点间的平衡中心距离)，而不是有关原子或离子的半径，后者是通过实验数据推算修正出来的相对值。再加上具体键的特性不同，由于极化效应或所谓共价成分、配位环境等因素的影响，所以不同作者对同一离子给出不同的半径值，就不会奇怪了。例如，6配位的$Pb^{2+}$分别为132、121和118(见表2.3)；$Ti^{4+}$分别为64、68和61(见表2.3)等等。一般说来，在同一化合物体系中最好引用同一作者的半径，这样做不易出现矛盾。通常认为表2.3给出的数值比较合理，但这也不是绝对的，如果手头有可靠的数据，可以使用与表2.3不同的半径，这是由于从量子力学的观点看，原子或离子本来就没有什么准确的半径，从理论上讲，也可用量子力学计算方法推导出离子的电子分布。遗憾的是，此分布曲线呈渐近线降低，无法确定一明确的半径。所谓离子半径，通常称为有效半径，只不过是一种“概率之值”。故表2.3所列的值只具有相对准确的意义。但就实际情况而言，离子半径这个概念对结晶化学、晶体电性能的分析、新材料的研究与开发等方面都有非常重要的现实意义。

表 2.3 经善南和泼莱威脱修正后的离子半径

| 离子 | 配位数 | 半径/pm |
|---|---|---|
| $Ag^{+}$ | 2 | 67 |
| | 4SQ | 102 |
| | 5 | 112 |
| | 6 | 115 |
| | 7 | 124 |
| | 8 | 130 |
| $Ag^{3+}$ | 4SQ | 65 |
| $Al^{3+}$ | 4 | 39 |
| | 5 | 48 |
| | 6 | 53 |
| $Am^{3+}$ | 6 | 100 |
| $Am^{4+}$ | 8 | 95 |
| $As^{5+}$ | 4 | 34 |
| | 6 | 50 |
| $Au^{3+}$ | 4SQ | 70 |
| $B^{3+}$ | 3 | 2 |
| | 4 | 12 |
| $Ba^{2+}$ | 6 | 136 |
| | 7 | 139 |
| | 8 | 142 |
| | 9 | 147 |
| | 10 | 152 |
| | 12 | 160 |
| $Be^{2+}$ | 3 | 17 |
| | 4 | 27 |
| $Bi^{3+}$ | 5 | 99 |
| | 6 | 102 |
| | 8 | 111 |
| $Bk^{3+}$ | 6 | 96 |
| $Bk^{4+}$ | 8 | 93 |
| $Br^{7+}$ | 4 | 26 |
| $C^{4+}$ | 3 | 8 |

| 离子 | 配位数 | 半径/pm |
|---|---|---|
| $Ca^{2+}$ | 6 | 100 |
| | 7 | 107 |
| | 8 | 112 |
| | 9 | 118 |
| | 10 | 128 |
| | 12 | 135 |
| $Cd^{2+}$ | 4 | 80 |
| | 5 | 87 |
| | 6 | 95 |
| | 8 | 107 |
| | 12 | 131 |
| $Ce^{3+}$ | 6 | 101 |
| | 8 | 114 |
| | 12 | 129 |
| $Ce^{4+}$ | 6 | 80 |
| | 8 | 97 |
| $Cf^{3+}$ | 6 | 95 |
| $Cl^{5+}$ | 3 | 12 |
| $Cl^{7+}$ | 4 | 20 |
| $Cm^{3+}$ | 6 | 98 |
| $Cm^{4+}$ | 8 | 95 |
| $Co^{2+}$ | 4 | 57a |
| | 6 | 65b |
| | 6 | 74a |
| $Co^{3+}$ | 6 | 53b |
| | 6 | 61a |
| $Cr^{2+}$ | 6 | 73b |
| | 6 | 82a |
| $Cr^{3+}$ | 6 | 62 |
| $Cr^{4+}$ | 4 | 44 |
| | 6 | 55 |
| $Cr^{5+}$ | 4 | 35 |
| | 8 | 57 |

| 离子 | 配位数 | 半径/pm |
|---|---|---|
| $Cr^{6+}$ | 4 | 30 |
| $Cs^{1+}$ | 6 | 170 |
| | 9 | 178 |
| | 10 | 181 |
| | 12 | 188 |
| $Cu^{1+}$ | 2 | 46 |
| $Cu^{2+}$ | 4SQ | 62 |
| | 5 | 65 |
| | 6 | 73 |
| $Dy^{3+}$ | 6 | 91 |
| | 8 | 103 |
| $Er^{3+}$ | 6 | 89 |
| | 8 | 100 |
| $Eu^{2+}$ | 6 | 117 |
| | 8 | 125 |
| $Eu^{3+}$ | 6 | 95 |
| | 7 | 103 |
| | 8 | 107 |
| $F^{1-}$ | 2 | 129 |
| | 3 | 130 |
| | 4 | 131 |
| | 6 | 133 |
| $Fe^{2+}$ | 4 | 63a |
| | 6 | 61b |
| | 6 | 78a |
| $Fe^{3+}$ | 4 | 49a |
| | 6 | 55b |
| | 6 | 65a |
| $Ga^{3+}$ | 4 | 47 |
| | 5 | 55 |
| | 6 | 62 |

**续表一**

| 离子 | 配位数 | 半径/pm | 离子 | 配位数 | 半径/pm | 离子 | 配位数 | 半径/pm |
|---|---|---|---|---|---|---|---|---|
| $Gd^{3+}$ | 6 | 94 | $Li^{1+}$ | 4 | 59 | $Nd^{3+}$ | 6 | 98 |
| | 7 | 104 | | 6 | 74 | | 8 | 112 |
| | 8 | 106 | $Lu^{3+}$ | 6 | 85 | | 9 | 109 |
| $Ge^{4+}$ | 4 | 40 | | 8 | 97 | $Ni^{2+}$ | 6 | 70 |
| | 6 | 54 | $Mg^{2+}$ | 4 | 58 | $Ni^{3+}$ | 6 | 66b |
| $H^{1+}$ | 1 | 38 | | 6 | 72 | | 6 | 60a |
| $Hf^{4+}$ | 6 | 71 | | 8 | 90 | $Np^{2+}$ | 6 | 110 |
| | 8 | 83 | $Mn^{2+}$ | 6 | 67b | $Np^{3+}$ | 6 | 104 |
| $Hg^{1+}$ | 3 | 97 | | 6 | 82a | $Np^{4+}$ | 8 | 98 |
| $Hg^{2+}$ | 2 | 69 | | 8 | 93 | $O^{2-}$ | 2 | 135 |
| | 4 | 96 | $Mn^{3+}$ | 5 | 58 | | 3 | 136 |
| | 6 | 102 | | 6 | 58b | | 4 | 138 |
| | 8 | 114 | | 6 | 65a | | 6 | 140 |
| $Ho^{3+}$ | 6 | 90 | $Mn^{4+}$ | 6 | 54 | | 8 | 142 |
| | 8 | 102 | $Mn^{6+}$ | 4 | 27 | $Os^{4+}$ | 6 | 63 |
| $I^{5+}$ | 6 | 95 | $Mn^{7+}$ | 4 | 26 | $P^{5+}$ | 4 | 17 |
| $In^{3+}$ | 6 | 80 | $Mo^{3+}$ | 6 | 67 | $Pa^{4+}$ | 8 | 104 |
| | 8 | 92 | $Mo^{4+}$ | 6 | 65 | $Pa^{5+}$ | 9 | 95 |
| $Ir^{3+}$ | 6 | 73 | $Mo^{5+}$ | 6 | 63 | $Pb^{2+}$ | 4PY | 94 |
| $Ir^{4+}$ | 6 | 63 | $Mo^{6+}$ | 4 | 42 | $Pb^{2+}$ | 6 | 118 |
| $K^{1+}$ | 6 | 138 | | 5 | 50 | | 8 | 131 |
| | 7 | 146 | | 6 | 60 | | 9 | 133 |
| | 8 | 151 | | 7 | 71 | | 11 | 139 |
| | 9 | 155 | $N^{5+}$ | 3 | 12 | | 12 | 149 |
| | 10 | 159 | $Na^{1+}$ | 4 | 99 | $Pb^{4+}$ | 6 | 78 |
| | 12 | 160 | | 5 | — | | 6 | 94 |
| $La^{3+}$ | 6 | 105 | $Nb^{2+}$ | 6 | 71 | $Pd^{1+}$ | 2 | 59 |
| | 7 | 110 | $Nb^{3+}$ | 6 | 70 | $Pd^{2+}$ | 4SQ | 64 |
| | 8 | 118 | $Nb^{4+}$ | 6 | 69 | | 6 | 86 |
| | 9 | 120 | $Nb^{5+}$ | 4 | 82 | $Pd^{3+}$ | 6 | 76 |
| | 10 | 128 | | 6 | 64 | $Pm^{3+}$ | 6 | 98 |
| | 12 | 132 | | 7 | 66 | $Po^{4+}$ | 8 | 110 |

续表二

| 离子 | 配位数 | 半径/pm |
|---|---|---|
| $Pr^{3+}$ | 6 | 101 |
| | 8 | 111 |
| $Pr^{4+}$ | 6 | 78 |
| | 8 | 99 |
| $Pt^{2+}$ | 4SQ | 60 |
| $Pt^{4+}$ | 6 | 63 |
| | 2 | 18 |
| $Pu^{3+}$ | 6 | 102 |
| $Pu^{4+}$ | 6 | 80 |
| | 8 | 96 |
| $Rb^{1+}$ | 6 | 149 |
| | 7 | 156 |
| | 8 | 160 |
| | 12 | 173 |
| $Re^{4+}$ | 6 | 63 |
| $Re^{5+}$ | 6 | 52 |
| $Re^{6+}$ | 6 | 52 |
| $Re^{7+}$ | 4 | 40 |
| | 6 | 57 |
| $Rh^{3+}$ | 6 | 67 |
| $Rh^{4+}$ | 6 | 62 |
| $Ru^{3+}$ | 6 | 70 |
| $Ru^{4+}$ | 6 | 62 |
| $S^{6+}$ | 4 | 12 |
| $Sb^{3+}$ | 4PY | 77 |
| | 5 | 80 |
| $Sb^{5+}$ | 6 | 61 |
| $Sc^{3+}$ | 6 | 75 |
| | 8 | 87 |
| $Se^{6+}$ | 4 | 29 |
| $Si^{4+}$ | 4 | 26 |
| | 6 | 40 |
| $Sm^{3+}$ | 6 | 96 |
| | 8 | 109 |
| $Sn^{2+}$ | 8 | 122 |
| $Sn^{4+}$ | 6 | 69 |
| $Sr^{2+}$ | 6 | 116 |
| | 7 | 121 |
| | 8 | 125 |
| | 10 | 132 |
| | 12 | 144 |
| $Ta^{3+}$ | 6 | 67 |
| $Ta^{4+}$ | 6 | 66 |
| $Ta^{5+}$ | 6 | 64 |
| | 8 | 69 |
| $Th^{3+}$ | 6 | 92 |
| | 8 | 104 |
| $Tb^{4+}$ | 6 | 76 |
| | 8 | 88 |
| $Tc^{4+}$ | 6 | 64 |
| $Te^{4+}$ | 3 | 52 |
| | 6 | 102 |
| | 7 | 113 |
| | 8 | 116 |
| | 9 | 132 |
| $Th^{4+}$ | 6 | — |
| | 8 | 106 |
| | 9 | 109 |
| $Ti^{2+}$ | 6 | 86 |
| $Ti^{3+}$ | 6 | 67 |
| $Ti^{4+}$ | 5 | 53 |
| | 6 | 61 |
| $Ti^{1+}$ | 6 | 150 |
| | 8 | 160 |
| | 12 | 176 |
| $Ti^{3+}$ | 6 | 88 |
| | 8 | — |
| $Tm^{3+}$ | 6 | 87 |
| | 8 | 99 |
| $U^{3+}$ | 6 | 106 |
| $U^{4+}$ | 7 | 98 |
| | 8 | — |
| | 9 | 105 |
| $U^{5+}$ | 6 | 92 |
| | 7 | 96 |
| $U^{6+}$ | 2 | 45 |
| | 4 | 48 |
| | 6 | 75 |
| | 7 | 88 |
| $V^{2+}$ | 6 | 79 |
| $V^{3+}$ | 6 | 64 |
| $V^{4+}$ | 6 | 59 |
| $V^{5+}$ | 4 | 36 |
| | 5 | 46 |
| | 6 | 54 |
| $W^{4+}$ | 6 | 65 |
| $W^{6+}$ | 4 | 41 |
| | 6 | 58 |
| $Y^{3+}$ | 6 | 89 |
| | 8 | 102 |
| | 9 | 110 |
| $Yb^{3+}$ | 6 | 86 |
| | 8 | 98 |
| $Zn^{2+}$ | 4 | 60 |
| | 5 | 68 |
| | 6 | 75 |
| $Zr^{4+}$ | 6 | 72 |
| | 7 | 78 |
| | 8 | 84 |

注：a 为高自旋；b 为低自旋；PY 为多面体结构；SQ 为平面结构。

## 2.2 鲍林规则

鲍林根据大量的晶体结构数据以及从点阵能公式所反映的晶体结合原理，归纳与推导了有关离子化合物晶体结构的五个规则，即所谓“鲍林规则”。鲍林规则虽然主要是针对离子晶体的，但对于其他类型的晶体或无机无定形体，也有参考价值。

鲍林第一规则　即所谓负离子配位多面体规则。它指出：正离子周围必然形成一个负离子多面体，在此多面体中，正、负离子的间距由其半径之和决定；其配位负离子数由半径比决定。

表 2.1 中半径比与配位数的关系，就说明了这一规则，在该表最后一栏中，正、负离子最小半径比是指当半径比小于这一数值时，该结构即将朝配位数更低的结构过渡，否则不稳定。例如，当 $r^+/r^-$ 在 0.732～0.414 之间时，一般可得稳定的八面体结构；但当 $r^+/r^-$ 小于 0.414 时，则将转为四面体结构，否则不够稳定。

在电子陶瓷中最常见的是氧化物，表 2.4 所示为各种正离子的氧离子配位数，它对电子陶瓷掺杂改性与结构分析很有参考价值。

表 2.4　各种正离子的氧离子配位数

| 氧离子配位数 | 正　离　子 |
|---|---|
| 3 | $B^{3+}$，$C^{4+}$，$N^{5+}$ |
| 4 | $Be^{3+}$，$B^{3+}$，$Al^{3+}$，$Si^{4+}$，$P^{5+}$，$S^{6+}$，$Cl^{7+}$，$V^{5+}$，$Cr^{6+}$，$Mn^{7+}$，$Zn^{2+}$，$Ga^{3+}$，$Ge^{4+}$，$As^{5+}$，$Se^{6+}$ |
| 6 | $Li^{1+}$，$Mg^{2+}$，$Al^{3+}$，$Se^{3+}$，$Ti^{4+}$，$Cr^{3+}$，$Mn^{2+}$，$Fe^{2+}$，$Fe^{3+}$，$Co^{2+}$，$Ni^{2+}$，$Cu^{2+}$，$Zn^{2+}$，$Ga^{3+}$，$Nb^{5+}$，$Ta^{5+}$，$Sn^{4+}$ |
| 6～8 | $Na^{1+}$，$Ca^{2+}$，$Sr^{2+}$，$Y^{3+}$，$Zr^{4+}$，$Cd^{2+}$，$Ba^{2+}$，$Ce^{4+}$，$Sm^{3+}$，$Lu^{3+}$，$Hf^{4+}$，$Th^{4+}$，$U^{4+}$ |
| 8～12 | $Na^{1+}$，$K^{1+}$，$Ra^{1+}$，$Cs^{1+}$，$Ca^{2+}$，$Sr^{2+}$，$Ba^{2+}$，$La^{3+}$，$Ce^{3+}$，$Sm^{3+}$，$Pb^{2+}$ |

鲍林第二规则　又称为电价规则，它是指在稳定的离子化合物中，正、负离子的分布趋于均匀，总体呈电中性，且每一负离子的电价等于或近似等于从邻近各正离子分配给该负离子的静电键强度的总和。设某一正离子的电价为 $Z^+$，其配位负离子数为 $N$，则此正离子分配到每一配位负离子的静电键强度为

$$S=\frac{Z^+}{N} \tag{2.1}$$

因此，鲍林第二规则可用下式表示：

$$Z^-=\sum S_i=\sum\left(\frac{Z^+}{N}\right)_i \tag{2.2}$$

式中，$Z^-$ 为配位负离子的电价数。

此规则说明，在高价低配位的多面体中，负离子可获得较高的静电键强度，且负离子电价可以由各类离子来满足。例如，在 $BaTiO_3$ 中，其基本结构可以看作是以顶点相连的三

维八面体族(参照图2.9(c)的钙钛矿型晶格结构)，氧离子可从每一个八面体中的$Ti^{4+}$处获得的静电键强度为

$$S_1 = 4/6 = 2/3$$

每一个氧离子从两个共角八面体中$Ti^{4+}$处获得的总静电键强度为

$$Z_1 = 2 \times 2/3 = 4/3$$

所缺2/3价应由和氧离子共同组成密堆的、氧配位数为12的十四面体中的$Ba^{2+}$来支付，每个$Ba^{2+}$分配到每个氧离子中的静电键强度为

$$S_1 = 2/12 = 1/6$$

而每个氧离子附近均有4个这样的$Ba^{2+}$，故它从$Ba^{2+}$中获得的总静电键强度为

$$Z_2^- = 4 \times 1/6 = 2/3$$

$$Z^- = Z_1 + Z_2^- = 4/3 + 2/3 = 2$$

这正是氧离子的价数。

鲍林第三规则　即多面体组联规则。它说明在离子晶体中配位多面体之间共用棱边的数目愈大，尤其是共用面的数目愈大，则结构的稳定性愈低。这个效应特别适用于高价低配位数的多面体之间。

这是由于处于低配位环境中的高价正离子，虽然其静电键强度可以计量地分配到各配位负离子之中，但不等于说其正离子电场已为负离子多面体所完全屏蔽。当这类多面体之间共用的棱边数增加，则正离子间的距离偏小，即未屏蔽好的正离子电场之间的斥力加剧。当多个这类多面体均以共面的方式结合时，必将使整个结构的稳定性降低。例如，在二氧化钛的三种同质异构体金红石、板钛矿、锐钛矿中，其结构单元都是钛氧八面体，但其间共用的棱边数不同，分别为2、3、4。故其稳定度也依次递减，以共用棱边数最少的金红石最为稳定。又如在$BaTiO_3$中，虽然其钛氧八面体的8个面都和相邻的钡氧十二面体相共用，但后者是低价高配位，各八面体之间只是顶角相连，故这种结构是稳定的，且负离子配位多面体倾向于不共用棱，特别是不共用面，不然会降低结构的稳定性。

鲍林第四规则　即高价低配位多面体远离法则。它是指：若在同一离子晶体中含有不止一种正离子，则高价低配位数的正离子多面体具有尽可能相互远离的趋势。

例如，在$BaTiO_3$中，钛氧八面体之间只以顶角相连，而不共棱或共面。在镁铝尖晶石$MgAl_2O_3$中，各铝氧四面体之间是不相连接的。

鲍林第五规则　即结构简单化法则。它说明在离子晶体中，样式不同的结构单元数应尽量趋向最少。换句话说，同一类型的正离子，应该尽量具有相同的配位环境。

## 2.3 电子陶瓷的典型结构

从电子陶瓷的成分而论，它遍及周期表中的大多数元素；从其结构而论，它虽然有时非常复杂，但通常都离不开几种典型结构；从化合物的类型而论，应用得最广泛的是氧化物；从其键型而论，大多基本上仍属于离子键；从其结构而论，基本上可按氧离子密堆、正离子填充密堆空隙来考虑。随正离子半径大小、价数及种类多少的不同，可构成不同的结构。下面将从结晶学的角度出发，分AB、$AB_2$、$A_2B_3$、$ABO_3$、$AB_2O_4$等典型结构加以

叙述。

**1. AB型化合物的典型结构**

在电子陶瓷中，常见的AB型化合物主要是金属氧化物，如BeO、CaO、ZnO、FeO、VO、ZnO等，也称为MO型化合物。在常见的AB型化合物中，随着半径比$r^+/r^-$的变化，按矿物学的命名有四种晶格结构，即氯化铯型、岩盐型、闪锌矿型和纤锌矿型。表2.5所示为若干AB型化合物的四种晶格结构的对比。图2.6所示为AB型化合物的四种典型晶格结构。其实，目前还没有发现一种氧化物具有氯化铯型晶格结构，不过为了叙述上的需要，也把这种结构一起列出。

**表2.5 若干AB型化合物的四种晶格结构对比**

| 结构名称 | 氯化铯型 | 岩盐型 | 闪锌矿型 | 纤锌矿型 |
|---|---|---|---|---|
| 负离子密堆方式 | 简立方堆积 | 面心立方密堆 | 面心立方密堆 | 六方密堆 |
| M和O的配位数 | M：O=8：8 | M：O=6：6 | M：O=4：4 | M：O=4：4 |
| 正离子所在配位空隙 | 全部立方体 | 全部八面体 | 1/2四面体 | 1/2四面体 |
| 半径比范围 | 0.93～0.732 | 0.732～0.414 | 0.414～0.155 | 0.414～0.225 |
| 实际化合物及半径比 | 无氧化物<br>CsCl 0.91<br>CsBr 0.84<br>CsI 0.75 | KF 1.0，NaCl 0.54，LiI 0.35，SrTe 0.60<br>BaO 0.97，SrO 0.83，CdO 0.68，VO 0.56<br>MgO 0.50，NiO 0.50，CaO 0.41，FeO 0.56/0.44，MnO 0.59/0.48，CoO 0.53/0.49 | ZnS 0.48/0.40<br>SiC 0.50<br>BeO 0.2 | ZnS 0.48/0.40<br>β-SiC 0.58<br>ZnO 0.43<br>BeO 0.2 |

注：半径有两个数字者，前者为高自旋值，后者为低自旋值。

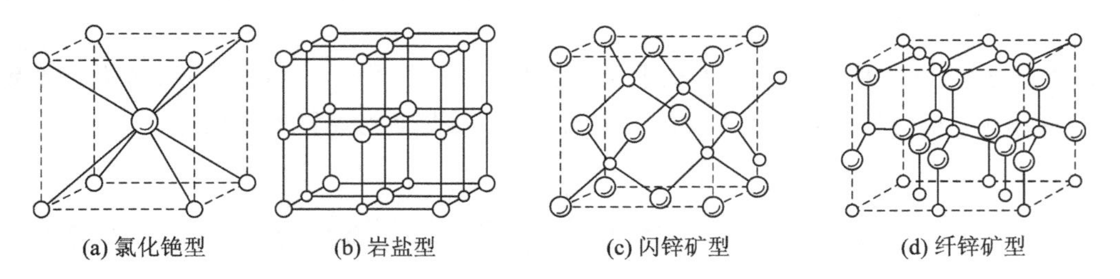


图2.6 AB型化合物的四种典型晶格结构

1）氯化铯型晶格结构

在氯化铯型晶格结构的化合物中，金属离子与负离子的配位数为M：O=8：8。其中，正、负离子各自按简立方点阵排列，两者沿空间对角线方向相互移动1/2套构而成，互为立方体的体心。氧化物未见有此结构；表 2.5 中三种碱卤盐的半径比均符合稳定结构要求。

2）岩盐型晶格结构

在岩盐型晶格结构的化合物中，金属离子与负离子的配位数为 M∶O＝6∶6。其中，正、负离子各自按面心立方点阵排列，两者沿棱边方向相互移动 1/2 套构而成，互为八面体的体心。绝大多数二价氧化物均具有此种结构。表 2.5 中列出了 10 种具有这种结构的氧化物，虽然 BaO 和 SrO 的半径比超过了 0.732，但是它们还是稳定的。因为鲍林第一定律给出的只是最小半径比，小于此值一般不稳定。若正离子略大于配位间隙，则电子云有所重叠、渗透，一般还是稳定的。至于 $Li^+$ 情况，显然是由于半径小的 $Li^+$ 的电场强度高，对半径很大的 $I^-$ 进行了离子极化的结果，其中已有相当大的共价成分。

3）闪锌矿型晶格结构

在闪锌矿晶格结构的化合物中，金属离子与负离子的配位数为 M∶O＝4∶4。其中，两类原子各自按面心立方密堆排列。两者沿空间对角线方向相互移动 1/4 套构而成，互为四面体的体心，各自只占有其 1/2 的体心。具有这种结构的物质较少。常见的有 ZnS、β-SiC、GaAs、BeO 等，由于共价键的极化效应，BeO 氧四面体的空隙明显缩小，形成稳定结构，可在 2500℃的高温下不熔化。

4）纤锌矿型晶格结构

在钎锌矿型晶格结构的化合物中，金属离子与负离子的配位数为 M∶O＝4∶4。其中，两类原子各自按六方密堆排列，两者沿空间对角线方向互相移动 1/4 套构而成，互为四面体的体心，各自占有其中 1/2 体心。具有这种结构的常见电子陶瓷有 ZnS、AlN、BeO、ZnO 等。这类物质都毫无例外地具有较大程度的共价特性，这也是高价低配位多面体的共同特性。

**2．$AB_2$ 型化合物的典型结构**

在电子陶瓷中，常见的 $AB_2$ 型化合物为 4 价金属氧化物，如 $ZrO_2$、$TiO_2$、$SnO_2$、$SiO_2$，随着半径比的改变，即正离子的变小，具有三种典型晶格结构，即萤石型、金红石型和 β-白硅石型。表 2.6 所示为 $AB_2$ 型化合物的三种晶格结构的对比。$AB_2$ 型化合物的三种典型晶格结构如图 2.7 所示。图中，大圆表示氟或氧离子，小圆表示钙、钛或硅等离子。

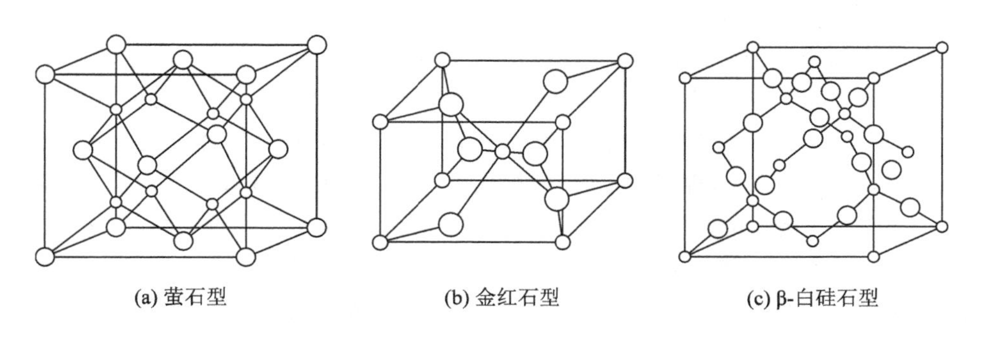

(a) 萤石型　(b) 金红石型　(c) β-白硅石型

图 2.7　$AB_2$ 型化合物的三种典型晶格结构

表 2.6 $AB_2$ 型化合物的三种晶格结构对比

| 结构名称 | 萤石型 | 金红石型 | β-白硅石型 |
|---|---|---|---|
| 负离子密堆方式 | 简立方堆积 | 畸变立方密堆 | 联角四面体 |
| M和O的配位数 | M∶O=8∶4 | M∶O=6∶3 | M∶O=4∶2 |
| 正离子所在配位空隙 | 1/2 立方体空隙 | 1/2 八面体空隙 | 四面体空隙 |
| 半径比范围 | 0.93～0.732 | 0.732～0.414 | 0.414～0.225 |
| 实际化合物及半径比 | $TbO_2$ 0.77，$UO_2$ 0.72，$CeO_2$ 0.70，$PuO_2$ 0.70，$AmO_2$ 0.69，$ZrO_2$ 0.61，$HfO_2$ 0.60，$CaF_2$ 0.85 $PrO_2$ 0.72 | $PbO_2$ 0.56，$SnO_2$ 0.49，$NbO_2$ 0.49，$VO_2$ 0.42，$OsO_2$ 0.45，$IrO_2$ 0.45，$GeO_2$ 0.39，$RuO_2$ 0.44，$TiO_2$ 0.44，$MnO_2$ 0.39，$MgF_2$ 0.54 | $SiO_2$ 0.19 $GeO_2$ 0.29 |

1）萤石型晶格结构

在萤石型晶格结构的化合物中，金属离子与负离子的配位数为 M∶O=8∶4。其中，金属离子按面心立方密堆排列，两个负离子也按同样的面心立方点阵排列，但是在沿空间对角线方向上，其中一套朝正方向移动 1/4，另一套朝反方向移动 1/4，两者相互套构而成。其结果是负离子的面心立方间隙一半为正离子所填充，或者负离子处于所有正离子的四面体空隙之中。在这种结构中，由于有 1/2 的简立方空隙未填充，故结构是不够紧密的。表 2.6 中的氧化锆 $ZrO_2$ 正是具有这种特点，导致其氧离子易于在晶格中扩散，可用以制作燃料电池或其他离子电导型的隔板。

2）金红石型晶格结构

在金红石型晶格结构的化合物中，金属离子与负离子的配位数为 M∶O=6∶3。其中，正离子按体心四方点阵排列，两个负离子也按体心四方点阵排列，在沿底面对角线方向上，二者分别移动 $\pm\sqrt{2}u$ 套构而成，其中 $u=0.31$。这样一来，正离子恰好处于氧八面体的中心，相邻八面体之间也只共用两棱边，显然这种结构是不够紧凑的，正由于这样，在电子陶瓷中使用得很多，在还原性气氛下烧结具有金红石型晶格结构的 $TiO_2$ 和 $CeO_2$ 等，或可使更高价离子掺杂所形成的过量正离子停留于空隙位置之中。

3）β-白硅石型晶格结构

β-白硅石型晶格结构又称高温方石英结构，其金属离子与负离子的配位数为 M∶O=4∶2。这里不妨借助前述闪锌矿型晶格结构来理解，若闪锌矿型晶格结构里的两个原子位置(即 S 与 Zn 位)，全为这里的正离子(即 Si)所占有，此外，在原有相邻两个原子连线(即 S-Zn 键)中点，插入负离子(即 $O^{2-}$)这样即构成了 β-白硅石型晶格结构。在电子陶瓷中使用的这类氧化物不多，除 $SiO_2$ 外，还有 $GeO_2$。有关 $SiO_2$ 的结构在后面叙述。

由表 2.6 可见，$AB_2$ 型化合物的三种典型晶格结构基本符合半径比规则，但由于极化或键的共价特性，负离子空隙都比刚性球几何模型中计算所得的小，但不见得正、负离子就不相切、不稳定。

此外，尚有一种所谓反萤石型晶格结构，其金属离子与负离子的配位数为 M∶O=4∶8。属于这类晶格结构的为一价金属氧化物，如 $Li_2O$、$K_2O$、$Rb_2O$ 等。

3. $A_2B_3$ 型化合物的典型结构

在电子陶瓷中，$A_2B_3$ 型化合物的典型结构为刚玉，即 $\alpha$-$Al_2O_3$，其元素配位数为 M∶O=6∶3。其中，氧离子按六方密推排列，铝离子则处于A、B两层氧离子所构成的八面体空隙之中，即配位数为6。按鲍林第二规则，每个氧离子只要和相邻的2个八面体中的 $Al^{3+}$ 成键，则可满足静电要求。但每个氧离子附近有6个八面体空隙，故其中必有2个(即1/3)八面体空隙是空着的。按鲍林第三和第四规则，$Al^{3+}$ 之间应保持尽可能大的距离，以满足各八面体尽量少共面的要求。因此，$Al^{3+}$ 必须在晶格空间作有规律的分布，即不论在平面3个方向或垂直方向上，均应按"空-实-实"方式排列。图2.8所示为 $\alpha$-$Al_2O_3$ 中相邻三层 $Al^{3+}$ 的排列方式，三层对准堆垛则成为立体结构。可以想象，这种分布可以满足上述任何晶轴方向的 $Al^{3+}$ 均是"两实一空"的排序。这种结构可以保证 $\alpha$-$Al_2O_3$ 具有高度稳定性，因而它具有高硬度、高强度、高熔点、抗腐蚀等性能。常见的电子陶瓷 $Cr_2O_3$ 也属于这种结构。

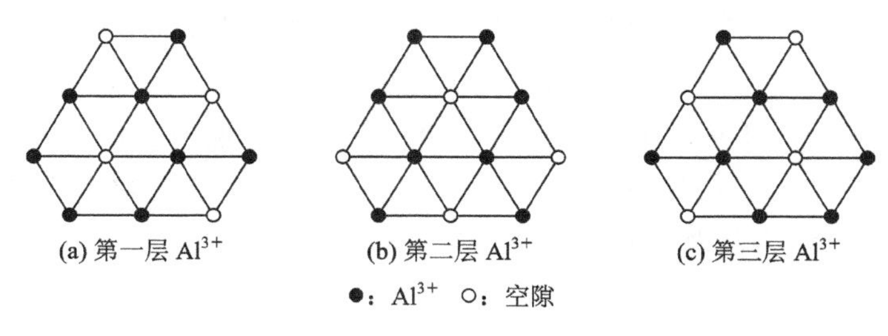


图2.8 $\alpha$-$Al_2O_3$ 中相邻三层 $Al^{3+}$ 的排列方式

4. $ABO_3$ 型化合物的典型结构

$ABO_3$ 型化合物有三种典型晶格结构，即钙钛矿型、钛铁矿型和方解石型。其中，钙钛矿型晶格结构在电子陶瓷中具有特殊的重要地位，大多数铁电或压电材料都具有这种结构。

1) 钙钛矿型晶格结构

在钙钛矿型晶格结构的化合物中，各元素的配位数为A∶B∶O=12∶6∶6。在 $ABO_3$ 型化合物中，A通常都是低价、半径较大的离子，它和氧离子一起按面心立方密堆，B通常为高价、半径较小的离子，处于氧八面体的体心位置，如图2.9所示，图中表示出三种表示方法。从图2.9(a)中可以明显地看出B离子的6个配位氧的分布情况，从图2.9(b)和图2.9(c)中则可看出A离子的12个配位氧的分布情况。所有八面体都是三维共角相连的，这是使晶体具有铁电性的重要条件之一。表2.7所示为主要的钙钛矿型晶体。

表2.7 主要的钙钛矿型晶体

| 氧化物(1+5) | 氧化物(2+4) | | | 氧化物(3+3) | 氟化物(1+2) |
|---|---|---|---|---|---|
| $NaNbO_3$ | $CaTiO_3$ | $SrZrO_3$ | $CaCeO_3$ | $YAlO_3$ | $KMgF_3$ |
| $KNbO_3$ | $SrTiO_3$ | $BaZrO_3$ | $BaCeO_3$ | $LaAlO_3$ | $KNiF_3$ |
| $NaWO_3$ | $BaTiO_3$ | $PbZrO_3$ | $PbCeO_3$ | $LaCrO_3$ | $KZnF_3$ |
| — | $PbTiO_3$ | $CaSnO_3$ | $PaPrO_3$ | $LaMnO_3$ | — |
| — | $CaZrO_3$ | $BaSnO_3$ | $BaHfO_3$ | $LaFeO_3$ | — |

一些铁电、压电材料也属于钙钛矿型晶格结构，如 $BaTiO_3$、$SrTiO_3$、$PbTiO_3$ 等。人们对 $BaTiO_3$ 的结构与性能研究得比较早，也比较深入。现已发现 $BaTiO_3$ 晶体在居里温度以

下，不仅是良好的铁电材料，而且是一种很好的用于光存信息的光折变材料。研究发现，超导材料 YBaCuO 体系具有钙钛矿型晶格结构，对钙钛矿型晶格结构的研究对揭示这类材料的超导机理有重要的作用。

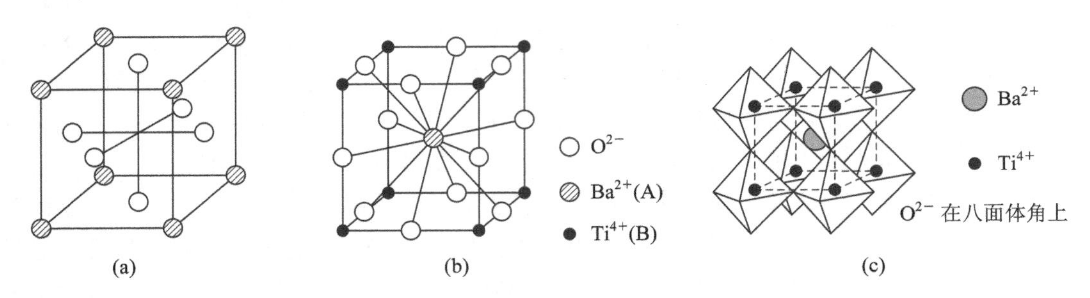


图 2.9 $BaTiO_3$ 的钙钛矿型晶格结构

从简单的几何关系可以得出，在 $ABO_3$ 型化合物中，半径 $R_A$、$R_B$ 和 $R_O$ 之间存在下列关系：

$$R_A + R_O = \sqrt{2}(R_B + R_O) \tag{2.3}$$

式(2.3)是三种刚性球半径恰好相切的条件。在实际情况中，容许 A 离子比氧离子稍大或稍小；B 离子也不一定恰好与正八面体中的 5 个氧相切，也可略大或略小。其半径的容许差异可引入一个所谓容差因子 $t$ 来表示，即

$$R_A + R_O = \sqrt{2}(R_B + R_O)t \tag{2.4}$$

式中，$t$ 可在 0.77～1.1 之间取值，在此范围内，晶体仍可保持稳定的钙钛矿型晶格结构；当 $t<0.77$ 时，将构成钛铁矿型晶格结构；当 $t>1.1$ 时，则为方解石型(或纹石型)结构。

可见，因子 $t$ 反映了在钙钛矿型结构中半径比是允许变化的，更有趣的是，在 AB 离子的电价方面也有很大的灵活性，不一定是 $A^{2+}B^{4+}$。例如，可以是$(K^+, B^{3+})Ti_2O_6$、$(Na^+, La^{3+})Ti_2O_6$、$Pb_2(Mg, W)O_6$、$Pb_2(Fe, Nb)O_6$、$Pb_3(Mg, Nb)O_9$、$Pb_3(Fe_2, W)O_9$、$Pb_2(Mg, Mn, Ta_2)O_9$、$Pb_4(Cd, Mn, W_2)O_{12}$、$(Ba, K)(Ti, Nb)O_6$ 等。只要半径比合适，A 位离子价平均为 2，B 位离子价平均为 4，或 AB 位离子价加和混合平均为 6 即可。至于在等价、等数取代固溶的情况下，就更加灵活了。根据上述情况，已经开发出和正在开发着许多性能优良的、自然界所没有的铁电或压电材料。

2）钛铁矿型晶格结构

在钛铁矿型晶格结构的化合物中，各元素的配位数为 A∶B∶O=6∶4∶4。这种结构和 $\alpha$-$Al_2O_3$ 一样，氧离子按六方密堆排列，不同的是两个 $Al^{3+}$ 为 $Fe^{2+}$ 和 $Ti^{4+}$ 所取代，或为其他 $A^+B^{5+}$ 所取代。这种取代是很有规律的。例如，一层的 $Al^{3+}$ 全为 $Fe^{2+}$ 所取代，另一层则全由 $Ti^{4+}$ 所取代，两层交叠排列，属于这类的氧化物有 $FeTiO_3$、$CoTiO_3$、$NiTiO_3$、$MnTiO_3$、$MgTiO_3$ 等；或在同一层中，$Li^+$ 和 $Nb^{5+}$ 有规则排列地取代 $Al^{3+}$，属于这类的氧化物有 $LiNbO_3$ 和 $LiTaO_3$ 等。

3）方解石型晶格结构

方解石型晶格结构可看作是一沿体对角线方向压缩了的氯化铯型结构，Ca 居于 A 位、$CO_3$ 居于 B 位，然后再沿[110]方向挤压而使面间角由 90°变为 101°55′，属于这类的主要是一些二价金属碳酸盐，如 $CaCO_3$、$MgCO_3$、$ZnCO_3$、$FeCO_3$、$MnCO_3$ 等。这些通常都属于

电子陶瓷的原料，用以煅烧生成活性较高的相应二价金属氧化物。

**5. $AB_2O_4$ 型化合物的典型结构**

$AB_2O_4$ 型化合物中最重要的是尖晶石型晶格结构，自然界中有很多矿物是属这种结构的，在电子陶瓷中占有重要地位的磁性瓷和多种半导体瓷也具有这种结构。它可分正尖晶石型与反尖晶石型两种晶格结构。

1）正尖晶石型晶格结构

在正尖晶石型晶格结构的化合物中，各元素的配位数为 A∶B∶O=4∶6∶4。其中，氧离子按面心立方密堆排列，A、B离子分别位于氧离子的四面体及八面体空隙中，图 2.10(a)所示为面心立方密堆中四面体及八面体两种空隙。其中，每个顶角氧离子均与相邻 3 个面心离子构成 1 个四面体空隙，故其中共有 8 个四面体空隙，中心分别位于 1/4 和 3/4 高度处。此外，6 个面心离子构成完整的八面体空隙，中心位于体心(即 1/2 高度)处；相邻两顶角离子又与相邻两面心离子构成了 1/4 个八面体，这种情况共有 12 处，中心均位于各棱边的一处，即在 0、1/2、1 的高度，故图 2.10(a)所示元胞中共有 4 个八面体空隙。此元胞中共含有 4 个氧离子(8×1/8 个顶角氧+6×1/2 个面心氧)，所以在面心立方密堆中，氧、四面体与八面体之比为 4∶8∶4(即 1∶2∶1)。在尖晶石元胞中，共有 6 个分子(即 32 个氧)，8 个 A 和 16 个 B。其中，A 占据四面体空隙 8 个(只用去 1/8)；B 占据八面体空隙 16 个(用去其中 1/2)，如图2.10(b)所示。具体排布可用 M、N 两种不同的区来表示，如图 2.10(c)所示，两类区均共棱不共面。图 2.10(d)所示为 N 区，即八面体区；图 2.10(e)所示为 M 区，即四面体区，二者分别与图 2.9(b)、图 2.9(c)相对应。属于这类结构的有 $MgAl_2O_4$、$MnAl_2O_4$、$CdFe_2O_4$、$MgCr_2O_4$、$ZnCr_2O_4$，具有正尖晶石结构的物质大多是绝缘体。$MgAl_2O_4$ 是某些绝缘瓷的主晶相；有缺陷的 $MgCr_2O_4$ 和 $ZnCr_2O_4$ 多孔瓷在受潮的情况下，电阻大为下降，是良好的湿敏半导体陶瓷。

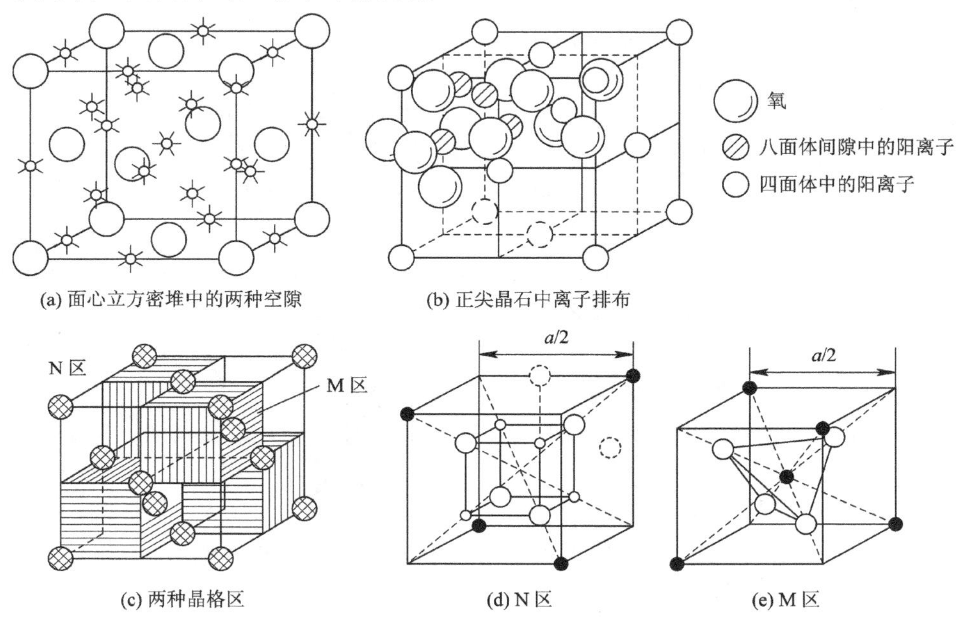


(a) 面心立方密堆中的两种空隙　(b) 正尖晶石中离子排布

(c) 两种晶格区　(d) N区　(e) M区

图 2.10　正尖晶石型晶格结构

2）反尖晶石型晶格结构

在反尖晶石型晶格结构的化合物中，各元素的配位数为 B∶(AB)∶O=4∶6∶4。

反尖晶石晶格结构与正尖晶石晶格结构极为相似，二者不同之处只是原来在四面体空隙中的 A 离子和八面体中 B 离子换了位置，即 B 离子有 1/2 在四面体空隙中，这是一种更普通的结构，如 $Fe(MgFe)O_4$、$Fe(TiFe)O_4$、$Fe(NiFe)O_4$、$Fe(FeFe)O_4$（$Fe_3O_4$）、$Mn(Ni\,Mn)O_4$、$Mn(CuMn)O_4$ 等。这里括号内的离子表示处于八面体空隙中的正离子。正是由于这种原因，晶格场相似的八面体空隙中存在电价不同的两类离子，当其电子能级比较接近时，有利于其电子按某种自旋方式排列，或有利于价电子的交换，因而可以获得一系列性能优良的磁性瓷和半导体瓷。

上述正、反两种尖晶石结构都属基本的(或称"正规")。此外，还有其他派生形式，如半反尖晶石结构、六角密堆型尖晶石结构(即大半径正离子参加密堆的尖晶石结构)等更加复杂的形式。

**6. 钨青铜型结构**

钨青铜是仅次于钙钛矿的第二大类介电材料。"钨青铜"一词最初起源于钨酸盐，因制备得到的钨酸盐具有青铜般的金属光亮而得名。在对青铜结构的氧化钨的合成和研究中，人们发现很大一部分过渡金属元素都可以合成青铜相，包括钼青铜、铌青铜、钽青铜等，这类氧化物青铜都称为钨青铜(Tungsten Bronze，TB)。

钨青铜结构的晶体以氧八面体为基本单元，通过网络状的结构共顶连接。这种独特的氧八面体共顶堆垛方式形成了钨青铜结构丰富的可填充空隙，包括三角形空隙、四边菱形和五边形共存的空隙、六边形空隙，这些空隙沿晶体的 $C$ 轴方向看，均为棱柱状的通道。

根据空隙类型的不同，可将钨青铜结构划分为六方钨青铜(HTB)、共生钨青铜(ITB)、钙钛矿状钨青铜(PTB)和四方钨青铜(TTB)。由于六方钨青铜和钙钛矿状钨青铜通常为非化学计量化合物，因此也称为非化学计量钨青铜。四方钨青铜在此类结构中最为常见，应用也最为广泛，因其在介电、铁电、压电、非线性光学等方面均表现出独特而有趣的特性，故而受到科学研究者的广泛关注。

四方钨青铜的结构通式可以表示为 $[(A_1)_2(A_2)_4(C)_4][(B_1)_2(B_2)_8]O_{30}$，单个晶胞内包含 10 个 $BO_6$ 八面体，这些氧八面体构成了晶体结构的骨架，通过顶角堆垛连接而成。有别于钙钛矿结构，这些氧八面体的中心对称性不同，在垂直于四重轴的平面内具有不一致的取向。B 位置按其对称性差异可分为 $B_1$ 和 $B_2$，两者差异不大，占据氧八面体中心。同时，氧八面体之间共顶连接成的网络状结构也产生了 $A_1$、$A_2$ 和 C 三种不同类型的空隙。$A_1$ 为四边形空隙，为 12 配位体；$A_2$ 为大的五边形空隙，为 15 配位体；C 为三角形空隙，为 9 配位体。图 2.11 所示为四方钨青铜结构单胞在(001)面上的投影。

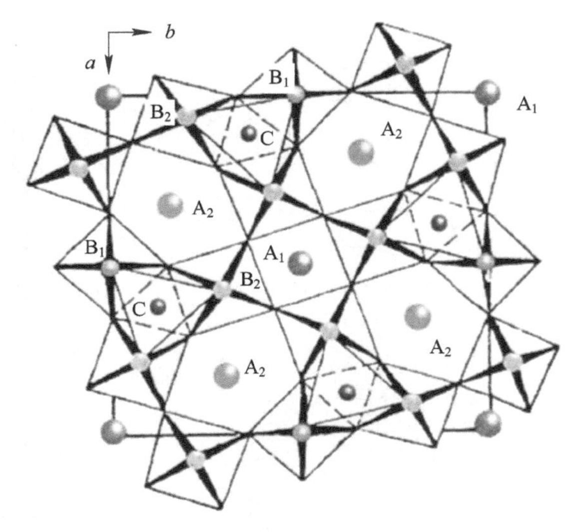


图 2.11 四方钨青铜结构单胞在(001)面上的投影

在不同空隙位置，可以填充不同类型的阳离子，其典型情况如下：

① 由离子半径较大的一价阳离子（如 $K^+$、$Na^+$ 和 $Rb^+$）、二价阳离子（如 $Ba^{2+}$、$Sr^{2+}$、$Ca^{2+}$ 等）或者三价稀土阳离子（如 $La^{3+}$、$Nd^{3+}$、$Sm^{3+}$、$Eu^{3+}$ 等）填充 $A_1$ 和 $A_2$ 位置；

② 由 $Li^+$、$Be^{2+}$、$Mg^{2+}$ 和 $Al^{3+}$ 等离子半径较小的阳离子填充比较小的 C 位置；

③ 由 $Zr^{4+}$、$Ti^{4+}$、$Ta^{5+}$、$Nb^{5+}$、$W^{6+}$ 和 $Fe^{3+}$ 等填充 $B_1$ 和 $B_2$ 位置。

B 位置填充 $Nb^{5+}$ 的铁电化合物称为具有钨青铜型结构的铌酸铁电体。该类化合物除由 $Nb^{5+}$ 填满氧八面体体心外，其他金属离子则填充或部分填充在 $A_1$、$A_2$ 和 C 位置上。金属离子的数目依电中性的要求而定。根据这些空隙位置的填充情况，钨青铜结构铌酸铁电体可以分为以下三类：

（1）完全填满型。

完全填满型是指 $A_1$、$A_2$ 和 C 三种空隙位置被阳离子完全填充，如铌酸锂钾（$K_6Li_4Nb_{10}O_{30}$）。其中，半径较大的 $K^+$ 填充在两个最大的 $A_2$ 位置和 4 个较大的 $A_1$ 位置，半径较小的 4 个 $Li^+$ 填充在最小的 4 个 C 位置。

（2）填满型。

填满型是指铁电体的四方单胞中 $A_1$ 和 $A_2$ 位置被阳离子完全填充，而 C 位置空缺，如铌酸铅钾（$Pb_4K_2Nb_{10}O_{30}$），其中，4 个 $Pb^{2+}$ 和两个 $K^+$ 分别填入 4 个 $A_2$ 和 2 个 $A_1$ 位置。

（3）非填满型。

非填满型是指铁电体的四方单胞中的 C 位置空缺，6 个 A 位置仅部分填充阳离子，部分空缺，如铌酸铅（$PbNb_2O_6$）。

除此之外，微波介质陶瓷体系 $Ba_{6-3x}Ln_{8+2x}Ti_{18}O_{54}$（Ln 为镧系元素）也具有钨青铜型结构。

**7. 硅酸盐型结构**

硅酸盐矿物是水泥、陶瓷、玻璃、耐火材料等硅酸盐工业的主要原料及成品的主要结晶相，在自然界也十分丰富。日用陶瓷和建筑卫生瓷的主晶相绝大多数属于硅酸盐，所采用的原料基本上含有硅酸盐，如黏土和长石等。在现代电子陶瓷中也有一些陶瓷是硅酸盐类，如作为陶瓷基板的滑石瓷和作为微波介质天线的堇青石瓷等。作为电子封装的陶瓷，其表面涂覆的釉也是硅酸盐玻璃。

硅酸盐矿物的化学式有两种写法，一种把构成硅酸盐晶体中的氧化物按金属的化合价从低到高排列，即按 1 价、2 价、3 价的金属氧化物排序，最后再排 $SiO_2$，按比例写出。例如，钾长石的化学式写为 $K_2O \cdot Al_2O_3 \cdot 6SiO_2$。另一种是无机络盐的写法，先是 1 价、2 价的金属离子，其次是 $Al^{3+}$ 和 $Si^{4+}$，最后是 $O^{2-}$，按一定的离子数比例写出来，如钾长石为 $K[AlSi_3]O_8$。

硅酸盐晶体结构比较复杂，其结构有如下特点：

① $[SiO_4]$是硅酸盐晶体结构的基础；

② 硅酸盐结构中的 $Si^{4+}$ 之间不存在直接的键，是通过 $O^{2-}$ 来实现键的连接的；

③ $[SiO_4]$的每一个顶点（即 $O^{2-}$）最多只能为两个$[SiO_4]$所共用；

④ 两个相邻$[SiO_4]$之间可以共顶，但不可以共棱、共面连接。

根据$[SiO_4]$在结构中排列的方式，可将硅酸盐分为五类：孤立状、闭环状、链状、层状和架状。硅酸盐晶体的结构类型和组成上的特征如表 2.8 所示。

表 2.8 硅酸盐晶体的结构类型和组成上的特征

| 结构类型 | $[SiO_4]$共用 $O^{2-}$ 数 | 形状 | 络阴离子团 | Si∶O | 实　例 |
|---|---|---|---|---|---|
| 孤立状 | 0 | 四面体 | $[SiO_4]^{4-}$ | 1∶4 | 镁橄榄石 $Mg_2[SiO_4]$ |
| | 1 | 双四面体 | $[Si_2O_7]^{6-}$ | 2∶7 | 硅钙石 $Ca_3[Si_2O_7]$ |
| 闭环状 | 2 | 三节环 | $[Si_3O_9]^{6-}$ | 1∶3 | 蓝锥矿 $BaTi[Si_3O_9]$ |
| | | 四节环 | $[Si_4O_{12}]^{8-}$ | | — |
| | | 六节环 | $[Si_6O_{18}]^{12-}$ | | 绿宝石 $Be_3Al_2[Si_6O_{18}]$ |
| 链状 | 2 | 单链 | $[Si_2O_6]^{4-}$ | 1∶3 | 透辉石 $CaMg[Si_2O_6]$ |
| | 2，3 | 双链 | $[Si_4O_{11}]^{6-}$ | 4∶11 | 透闪石 $Ca_2Mg_5[Si_4O_{11}]_2(OH)_2$ |
| 层状 | 3 | 平面层 | $[Si_4O_{10}]^{4-}$ | 4∶10 | 滑石 $Mg_3[Si_4O_{10}](OH)_2$ |
| 架状 | 4 | 骨架 | $[SiO_4]^{4-}$ | 1∶2 | 石英 $SiO_2$ |
| | | | $[Al_xSi_{4-x}O_8]^{x-}$ | | 钠长石 $Na[AlSi_3O_8]$ |

1）架状结构硅酸盐

在架状结构硅酸盐中，所有四面体均以顶角相连，构成空间架状结构。当它连接成立方晶系时，可构成上节 $AB_2$ 型结构中的β-白硅石，如图 2.7(c)所示，此外它还可以连接成六方、鳞状结构等，对应方石英、鳞石英结构。它们还有相应的高、低温变体。若四面体中 $Si^{4+}$ 为 $Al^{3+}$ 所取代时，所缺正电荷可由 K、Na、Ba 等低价离子补足，则其结构仍可稳定，这样可构成钾长石($K[AlSi_3]O_8$)，钡长石($(BaAl_2)Si_2O_8$)等，括号内表示共同补足了一个或两个 $Si^{4+}$ 所需的电荷。石英和长石是装置瓷的原料。

2）层状结构硅酸盐

在$[SiO_4]$之间通过三个桥氧相连，在二维平面无限延伸构成的硅氧四面体层，称为层状结构硅酸盐。图 2.12(b)所示为其平面状结构图。在硅氧层中，$[SiO_4]$通过三个桥氧相互连接，形成二维方向无限发展的六边形网络，称硅氧四面体层，其结构单元为$[Si_4O_{10}]$。硅氧四面体层中的非桥氧指向同一方向，也可连成六边形网络。这里非桥氧一般由 $Al^{3+}$、$Mg^{2+}$、$Fe^{2+}$ 等阳离子相连。它们的配位数为 6，构成$[AlO_6]$、$[MgO_6]$等，形成铝氧八面体或镁氧八面体层。硅氧四面体和铝氧八面体或镁氧八面体层的连接方式有两种：一种是由一层四面体层和一层八面体层相连，称为 1∶1 型、两层型或单网层型。另一种是由两层四面体层中间夹一层八面体构成，称 2∶1 型、三层型或复网层型。不论两层型还是三层型，层结构中电荷已经平衡。因此，两层之间或三层之间只能以微弱的分子键或氢键相连。但如果在$[SiO_4]$层中，部分 $Si^{4+}$ 被 $Al^{3+}$ 代替，或在$[AlO_6]$层中 $Al^{3+}$ 被 $Mg^{2+}$ 代替时，则结构单元中会出现多余的负电价，这时，结构中就可进入一些低价而离子半径大的水化阳离子(如 $K^+$、$Na^+$ 等水化阳离子)来平衡多余的负电荷。如果结构中的取代发生在$[AlO_6]$中，进入层间的阳离子与层的结合并不牢固，在一定条件下可以被其他阳离子交换，可交换量的大小称为阳离子交换容量。如果取代发生在$[SiO_4]$中，且量较多，进入层间的阳离子与层之间有离子键作用，则结合牢固。云母（(K，Na)$_2$O · 3$Al_2O_3$ · 6$SiO_2$ · 2$H_2O$）、滑石（3MgO · 4$SiO_2$ · $H_2O$）、高岭石（$Al_2O_3$ · 2$SiO_2$ · 2$H_2O$）等就属于这种结构，其中个别 $Al^{3+}$ 也可能取代 $Si^{4+}$ 而进入六角网中。由于硅氧键的键强大，层内结构远比层间结构牢靠，因而这类材料都易从层间剥离。它们大多为无机电介质的原材料。

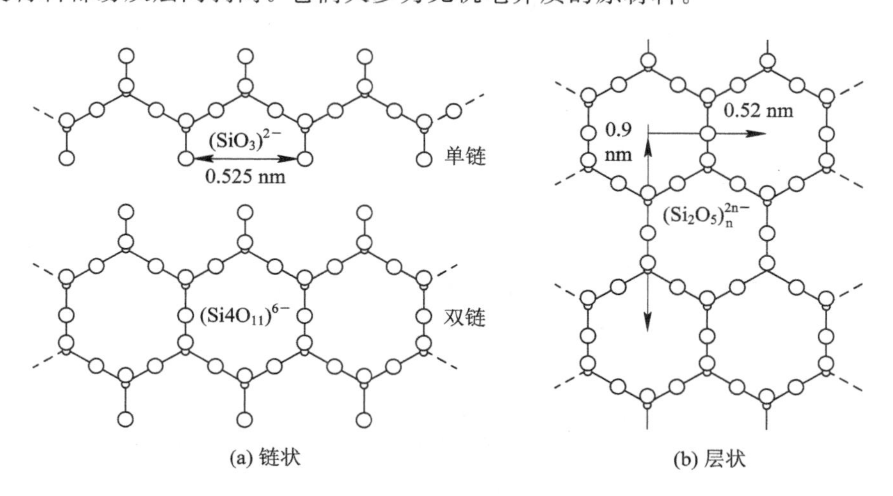


图 2.12　链状和层状硅氧四面体

3）链状结构硅酸盐

如果硅氧四面体之间仅以一个顶角延续相连，则可构成单键状结构，如以两条单键平行对连，即其中的四面体以三个顶角和二个顶角交叠相连，即可构成双链结构，如图 2.12(a)所示。其中，未闭合顶角氧的电价由 $Li^+$、$Na^+$、$K^+$、$Mg^{2+}$、$Ca^{2+}$、$Al^{3+}$ 等较低价的正离子满足。由于 Si-O 键有较大的键强，且具有较大的共价成分，因而具有这类结构的材料可能形成纤维状结构，如石棉（3MgO · 2$SiO_2$ · 2$H_2O$）、硅线石（$Al_2O_3$ · $SiO_2$）、硅灰石（CaO · $SiO_2$）、顽辉石（MgO · $SiO_2$）等。

4）孤立状结构硅酸盐

孤立是指各个硅氧四面体互不相连，或只有两个四面体共用一顶角相连，称为双四面体，如图 2.13(a)所示，其他顶角氧的未饱和部分由较低价正离子满足，如镁橄榄石、锆英石，其中有互不相连的硅氧四面体；在硅钙石中，硅氧四面体成对出现。以镁橄榄石为例，氧离子近似六方密堆排列，硅离子填充于四面体空隙之中，填充率为 1/8；镁离子填充于八面体空隙之中，填充率为 1/2。[$SiO_4$]是以孤立状态存在的，它们之间以 $Mg^{2+}$ 连接起来。在该结构中，与 $O^{2-}$ 相连的是三个 $Mg^{2+}$ 和一个 $Si^{4+}$，因此电价是平衡的。

5）闭环状结构硅酸盐

环状是指数个硅氧四面体共用两顶角连成闭环，分别称为三节环、四节环和六节环，如图 2.13(b)所示，其不足的正电荷以及环与环之间的联系也是靠较低价正离子来完成的。例如，硅灰石与绿柱石各具有三节与六节环结构。堇青石（$Mg_2Al_3$[$AlSi_5O_{18}$]）是由六节环构成的，上下叠置的六节环内形成一个空腔，既可以成为离子迁移的通道，也可以使存在于腔内的离子在受热后振幅增大的同时又不发生明显的膨胀。具有这种结构的材料往往有明显的离子电导、较大的介电损耗和较小的膨胀系数。例如，堇青石绝缘瓷线膨胀系数在室温～700℃为 1～2 ppm/℃，热稳定性好。

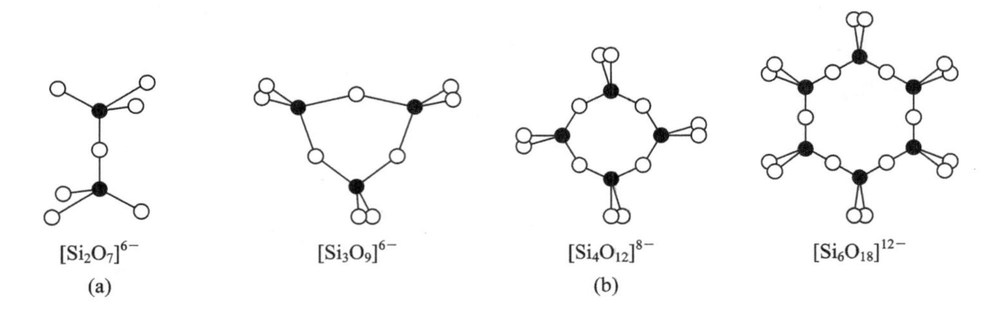


图 2.13 孤立或闭环状结构硅酸盐

上述各种结构的硅酸盐都能很好地满足鲍林前三个规则，对第四、第五规则也基本符合，这些结构的硅酸盐都是比较稳定的。

## 2.4 电子陶瓷的固溶体、多晶与多相结构

前面所讲的都属于电子陶瓷的晶相正规结构或理想结构。在实际陶瓷晶格中，由于工艺上的关系或改性方面的要求，会存在多种结构上的变异或缺陷。同时，陶瓷是一种多晶多相体，必然存在晶界及相界，一定程度上也可以把晶界及相界看作是结构上的不完整。本节只讨论陶瓷中有别于理想单晶的结构不完整性，着重介绍电子陶瓷的固溶体、多晶与多相结构。热缺陷也是晶态物质中常见的缺陷，关于它们的形成机制及动态特性等在固体物理课程中已有详细的叙述，在陶瓷中没有很多特殊的地方，这里不再重复讨论。

### 1. 电子陶瓷的固溶体结构

固溶体是指溶入另一类物质的晶体，它和溶液中的情况相似，第二类物质(溶质或杂质)在基质(溶剂或母质)中呈原子状态分散。溶质可以不止一种并同时存在，但必须总体上保证基质的原有晶型结构。

电子陶瓷的成分比较复杂，其固溶体的结构方式也比金属复杂得多。按各种溶质原子在基质晶格中的排布方式，固溶体可归纳为等数置换型、缺位置换型和填隙置换型三类。

#### 1) 等数置换型固溶体

等数置换型固溶体是指引进 $n$ 个溶质原子恰好占用了基质中 $n$ 个格点，并置换掉 $n$ 个基质原子，又分简单等价置换和组合等价置换两类。

简单等价置换固溶体是指其中引入的杂质离子与被取代的基质离子等价，其通式为

$$I(S) \xrightarrow{M} I_M \tag{2.5}$$

式中，I 表示外来溶质(即掺杂物)；M 表示基质，下标 M 表示基质格点位置，S 表示固体状态。

属于简单等价置换的固溶体很多，如 MgO 和 NiO 互溶、$BaTiO_3$ 与 $PbTiO_3$ 互溶或 $CaSnO_3$ 溶于 $BaTiO_3$ 中，相应的表示式为

$$MgO(S) \xrightarrow{NiO} Mg_{Ni} + O_O \tag{2.6}$$

$$BaTiO_3(S) \xrightarrow{PbTiO_3} Ba_{Pb} + Ti_{Ti} + 3O_O \quad (2.7)$$

$$CaSnO_3(S) \xrightarrow{BaTiO_3} Ca_{Ba} + Sn_{Ti} + 3O_O \quad (2.8)$$

式(2.6)～式(2.8)说明，在固溶体中，Mg 取代 Ni 并居于 Ni 格点上；Ba 取代 Pb 并居于 Pb 格点上；Ca 取代 Ba 并居于 Ba 格点上，Sn 取代 Ti 并居于 Ti 格点上。此外，还有 $LiNbO_3$-$LiTaO_3$，$BaNb_2O_6$-$PbTa_2O_6$，$Cd_2Nb_2O_7$-$Ca_2Ta_2O_7$ 等都属简单等数置换固溶体。(注：两化合物间的短横线表示它们之间可形成固溶体)

组合等价置换固溶体是指如引入两种或多种杂质离子与被取代基质的离子不等价，但经加和平均后等价，仍可作等数置换，如 $NaNbO_3$ 在 $BaTiO_3$ 中，即

$$NaNbO_3(S) \xrightarrow{BaTiO_3} Na_{Ba} + Nb_{Ti} + 3O_O \quad (2.9)$$

置换后 Na 置于 Ba 格点上。Nb 处于 Ti 格点上，正离子总价数仍为 6。属于组合等价置换固溶体的还有 $KNbO_3$-$PbTiO_3$，$SrTiO_3$-$BiFeO_3$，$SrSnO_3$-$BiFeO_3$，$Pb[Cd_{1/2}W_{1/2})O_3$-$Pb(Mg_{1/3}Nb_{2/3})O_3$，$CdTiO_3$-$LiNbO_3$-$LiTaO_3$，$PbNb_2O_6$-$Bi(TiNb)O_6$ 等，它们是一系列非常有用的铁电体和反铁电体。

2) 缺位置换型固溶体

缺位置换型固溶体是不等价置换的结果，可分成如下两种情况：

(1) 正离子缺位型置换：当引入的杂质正离子电价比被取代的基质正离子的电价高，则可能出现金属离子缺位置换。例如，在 MgO 中引入 $Al_2O_3$ 或将 $Bi_{2/3}TiO_3$ 溶入 $SrTiO_3$ 中，即

$$Al_2O_3(S) \xrightarrow{MgO} Al_{Mg} + V_{Mg} + 3O_O \quad (2.10)$$

$$Bi_{2/3}TiO_3(S) \xrightarrow{SrTiO_3} 2/3Bi_{Sr} + 1/3V_{Sr} + 3O_O \quad (2.11)$$

式(2.10)表示每引入一个 $Al_2O_3$ 即将产生一个 Mg 缺位($V_{Mg}$)；式(2.11)表示每引入两个 Bi 则可能出现一个 Sr 缺位($V_{Sr}$)。

(2) 氧离子缺位型置换：这种现象可能出现在引入低价杂质正离子时，低价离子占用了高价的格点，通过减少格点氧离子来获得电价平衡，如在 $ZrO_2$ 中引入 CaO 或在 $La_2O_3$ 中引入 CeO 等，即

$$CaO(S) \xrightarrow{ZrO_2} Ca_{Zr} + V_O + O_O \quad (2.12)$$

$$CeO(S) \xrightarrow{La_2O_3} Ce_{La} + 1/2V_O + 3O_O \quad (2.13)$$

式(2.12)说明每引入一个 Ca 离子，则伴随着在 $ZrO_2$ 中出现一个氧缺位(Vo)；式(2.13)说明每引入两个 Ce 离子，则出现一个 $La_2O_3$ 基质中的氧缺位。这一类氧缺位的形成往往都是与烧结过程中的还原性气氛分不开的。这种降价金属离子的存在，恰似一种施主杂质，当受到外来能量激发时，它将提供载流子而使陶瓷半导体化。

3) 填隙置换型固溶体

和上述两种情况相似，填隙置换型固溶体也是不等价置换的结果，与之相对应，填隙置换型固溶体也可分成以下三种结构。

(1) 正离子填隙型置换：当引入低价金属离子时，可能出现氧离子缺位，但这不是唯一

的结果。当低价金属离子足够小时，氧离子将仍填足全部负格点，而正格点中容纳不完的低价离子，将安排在氧多面体构成的其他配位空隙中。例如，在许多硅酸盐的结构中，当以Li和Al或Be和Al等同时引入而取代Si时，Al将居于氧四面体中，而低价离子Li、Be等将居于填隙位置上。又如，在绿柱石($Be_3Al_2Si_6O_{18}$)中，一个$Be^{2+}$离子可能为Li和Cs所共同取代，此时Cs将居于Be的格点上，而Li将被挤入六角环中。此外，在$MgCl_2$中引入LiCl时，也将出现正离子填隙，即

$$LiCl \xrightarrow{MgCl_2} 1/2Li_{Mg} + Mg_i + Cl_{Cl} \qquad (2.14)$$

式中，脚标i表示填隙位置。

(2) 氧离子填隙型置换：当引入高价正离子时，如基质结构中存在足够宽的空隙，则所带来的过量氧离子可以挤入填隙位置。例如，在$Y_2O_3$中引入$ZrO_2$便是一典型例子，即

$$ZrO_2(S) \xrightarrow{Y_2O_3} Zr_Y + 1/2O_i + 3/2O_O \qquad (2.15)$$

式(2.15)说明每引入两个$ZrO_2$，则将出现一个填隙氧。不过总的说来，由于氧离子半径较大，填隙的情况是比较少见的。

(3) 非化学计量比的正离子填隙型置换：当某些金属氧化物在还原性气氛中烧结时，由于氧不足而产生金属离子过剩，则可通过氧缺位和金属离子降价来得到电荷平衡，也可以是氧离子尽量填满原有格点，而将过剩的金属离子挤到填隙位置上去，其先决条件是要有足够大的空隙位置。例如，六方晶系的氧化锌，其中未填充的氧四面体空隙较多，过剩Zn常可填隙。前面提到的非化学计量$TiO_2$，也曾被发现存在部分Ti被挤入填隙位置，因为在金红石中尚有未填满的八面体空隙。和上述氧缺位型非化学计量比结构一样，这种非化学计量比的填隙正离子，也是基质中的一种施主杂质，适当激发之下亦将提供载流电子而使陶瓷电导大为增加。

**2. 形成各种固溶体的条件**

能够形成固溶体的化合物或能够相互置换固溶的元素不是很多，一种结构稳定的固溶体的形成，受到多种条件的限制或多种条件相互约制。下面按热力学分析和实验归纳法两方面来讨论。

1) 形成固溶体的热力学分析

固溶体具有统一结构，应作为单相系来考虑，在常压下晶态固溶体的自由能函数可简化为

$$F = U - TS \qquad (2.16)$$

式中，$F$为自由能，$U$为内能函数，它主要取决于晶体的结合能；$T$为发生固溶时的温度；$S$为熵。

形成固溶体之前只有一种物质A，其内能函数用$U_A$表示，若和内能函数为$U_B$物质固溶，则以某一浓度固溶后的内能函数为$U_{AB}$，它是浓度$C$的函数，随浓度而增加。因而固溶前后内能函数的变化可以表示为

$$\Delta U = U_{AB} - (U_A + U_B) \qquad (2.17)$$

物质A、B及固溶后不同浓度的AB均是有相同晶型结构的，其马德隆常数相同，故可用同一几何模型求算其结合能。这里引起差异的主要是点阵常数及离子电场。在绝对零度

时，自由能函数 $F$ 只由 $U$ 决定，式(2.17)足以作为是否能形成固溶体的判据；$\Delta U$ 为负表示固溶后内能降低，A 和 B 两物质倾向于固溶结合，或固溶后呈稳定结构；$\Delta U$ 为正表示固溶后内能升高，固溶后结构不稳定，将分解成 A 和 B 两独立相。

当 $T$ 不为零时，必须考虑熵的变化。在这种固溶后的分散系中，应考虑振动熵 $S_v$ 和组态熵 $S_m$：

$$S = S_v + S_m \tag{2.18}$$

在结构相同的情况下，固溶前后振动熵 $S_v$ 的变化不是很大，但由于溶质原子在基质中微观分布状态的变化，固溶后的组态熵 $S_m$ 将显著增加，由热力学可知

$$S_m = k \cdot \ln\left(\frac{N!}{n(N-n)!}\right) \tag{2.19}$$

式中，$N$ 为 A 中总格点数；$n$ 为溶质所占格点数；$k$ 为玻尔兹曼常数，$k=1.380\ 649\times 10^{-23}$ J/K。

由式(2.19)知，$S_m$ 总是具有正值，且随 $n$ 增加而增加，在 $n=N/2$ 处有极大值。故溶质的引入必然使组态熵增加，即 $\Delta S$ 为正值，亦使体系自由能下降，这是促进固溶的。

综观式(2.17)～式(2.19)可知，由于组态熵的增加，任何两种物质都有一定的固溶趋势，即使 $\Delta U$ 为正，只要 $\Delta F=\Delta U-\Delta S<0$，体系仍能固溶，随着转换浓度 $C$ 的增加，可能出现 $\Delta U-T\Delta S>0$ 的情况，则物质不能固溶，所以 $\Delta F=0$ 是固溶的一个界限，简称固溶限。当转换浓度大于固溶限时，溶质将以第二种结构(即第二相)的形式存在，此时整个体系是两相机械混合共存。

上述从热力学角度出发对形成固溶体进行的简化分析，无疑是很有意义的。但电子陶瓷中的固溶体是结构复杂的多元系问题，目前，还不能通过简化计算来确定其是否固溶和固溶限是多少。只有通过具体实验才能获得准确数据。

2) 形成固溶体的实验归纳

通过大量实验观察与数据综合，人们已经归纳出一系列非常有用的、形成固溶体的规则，这对电子陶瓷的研究具有指导意义。现择其要点简述如下：

(1) 半径比差关系：在结构不改变的情况下，半径相当的离子最易置换固溶。溶质离子太大或太小，都将带来大量缺陷形变能，而使 $\Delta U$ 增大。经验证明，当半径比差满足下式时，才能形成固溶体：

$$1-\frac{R_A}{R_B}<30\% \tag{2.20}$$

式中，$R_A$ 为小的离子半径，$R_B$ 为大的离子半径。

半径比差愈小，愈能够稳定固溶，或固溶限愈大。通常只有当半径比差小于 15%时，才有可能无限固溶，即彼此连续互溶；当半径比差为 15%～30%时，只能有限固溶；当半径比差大于 30%时，基本上不能固溶。

(2) 结构因素：从 2.2 和 2.3 节可知，不同的晶格结构，具有不同的配位空隙和晶格场。首先，只有在晶格结构相同时，才能使两类或两类以上的物质形成无限固溶；其次，结构愈开阔，空余配位空隙愈大，愈能形成填隙固溶(这对负离子填隙特别重要)。例如，萤石、金红石及某些环状、架状结构的硅酸盐较易出现填隙固溶。

(3) 离子键型：显然，键型相似的物质有利于固溶，这是由于它们对配位环境有相似的要求，不至于引起缺陷能的大量增加，反之亦相反，如 Si-Al、Ca-Sr-Ba-Pb、Fe-Co-Ni、Ti-Zr、Nb-Ta 间的置换则属此类。此外，离子的键型与离子外层电子云的构型也有关系，例如，外层电子为 8 的惰性气体型离子的构型与外层电子为 18 的铜离子型离子的构型是不同的，它与负离子之间的相互作用(如极化、电子云渗透情况)也有较大的差别，故尽管半径相近也难于置换。例如，$Cu^{2+}$ 与 $Hg^{2+}$ 的半径相近、电价相同，但却不能置换固溶。

(4) 温度影响：温度升高，会使质点热运动加剧，配位空隙加大，同时还可能转变为更加开放的晶型结构，故一般说来，温度升高有利于固溶限增加，或使一些难于固溶的物质有所固溶。在降温过程中，会出现超过固溶限的溶入物，在达到平衡条件时重新析出，称为“脱溶”。但是在一般电子陶瓷烧结的降温过程中，这种平衡条件往往难于达到，或难于完全达到。因此，这种超过固溶限的结构在电子陶瓷中是很常见的。对于半导体陶瓷而言，这种超固溶限结构的获得与免除，是控制半导化特性及其稳定性的一种有效措施。

此外，温度不同可能引起不等价置换固溶体的结构改变，例如，当在 $ZrO_2$ 中引入 CaO 的分子数小于 15%时，会出现这种情况。将这种低价溶质引入后，当温度低于 1600℃时，会形成负离子缺位结构；当温度高于 1800℃时，则转变为钙离子填隙。这显然是由于高温时晶格空隙较大，钙填隙结构可使自由能降低的缘故。随着温度下降，配位空隙变小，填隙钙的存在可能带来大的弹性应力，使缺陷能增加，故只有转变为氧缺位形式才能使体系能量更低、更稳定。

上面列出了四种影响因素，还可能再列出一些，不过它们的共同依据仍是“自由能愈低愈稳定”的原则，可归纳如下：

① 异类物质结合后使体系自由能降低者能够固溶，否则不能固溶；

② 哪一种结构的自由能最低，则按该种结构固溶(如填隙型或缺位型)，否则就不稳定；

③ 当冷却速度不够慢时，可能长期保留超固溶限的介稳结构；长时间退火可使超固溶限降低，但难于彻底消除。

### 3. 电子陶瓷中的晶粒间界与相界

前面讨论了电子陶瓷晶粒内部结构的不完整性，对于具有多晶、多相结构的电子陶瓷来说，晶粒间界和相界对其性能也起着很大的作用。

#### 1) 晶粒间界

在电子陶瓷的形成(一般是烧成)过程中，晶粒是各自为核心生长的。到了后期晶粒长大至相互接壤，共同构成了晶粒间界，简称晶界。因为各个晶粒的取向是完全随机的，其晶轴的空间交角亦将具有多种方式。最简单的情况是相邻两晶轴均在同一平面上，以一定的夹角相交。

当夹角不太大，如小于 45°时，可能以刃位错的方式相结合。这种晶界叫孪晶界。图 2.14 所示的为 MgO 中的一种可能结构。

图 2.14 所示的晶界含缺陷能(即界面能)较小，夹角愈小，则位错线密度愈小，界面能也愈小。当夹角为零时，界面消失。显然，其条件是两相邻晶粒格点必须对准，这种情况是极其少见的。若两相邻晶轴不在同一平面时，其情况要复杂些。界面上将有几个至几十个

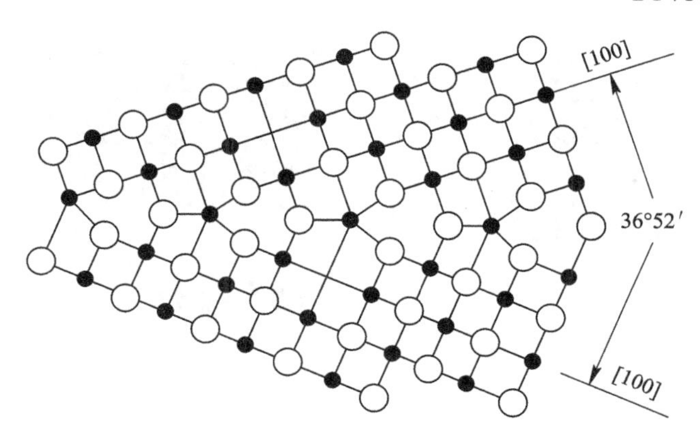


图 2.14　MgO(310)面的一种孪晶界

原子的过渡层，以便调整、适应两晶格之间的结构，使其位能尽量降低，结构致密而稳定。

由于晶界结构不如粒内紧凑、规律，故往往也是收容各类杂质的场所，这样也可使总缺陷能下降。随着杂质的种类和多寡不同，这种晶界要复杂些、厚些。如果由于工艺上或性能上的需要而引入一些改性剂、促烧剂、晶长阻滞剂或其他包裹、润湿晶粒的玻璃相物质，则晶界要厚得多，甚至可达数百纳米，形成所谓"晶界相"，通常为玻璃相。

随着晶粒尺寸的下降，晶界所占的体积浓度将迅速增加。当晶粒直径为微米量级，而晶界厚度为 0.1 μm 时，可以想象，晶界体浓度可达百分之几十，这将对电子陶瓷性能起着举足轻重的作用，特别是在半导体陶瓷或铁电陶瓷中。

2）相界

晶界是指同类物质的晶粒间界，而相界则是指不同类(异相)物质的晶粒间界。异相物质之间，因成分、结构、键特性不同，晶格场都有较大的区别，因而相界结构一般都较同类晶界复杂些和厚些。这是从两相物质的不相容性角度考虑的。然而，在电子陶瓷中，绝大多数情况下，各相物质均是氧化物，它们往往通过氧离子相互键合起来，再加上在烧结过程的高温条件下，可能出现两相物质之间的互扩散与超限固溶，所以往往采取一种过渡层的形式缓冲衔接。这是从异类物质的相容性角度来考虑的。

相界的最简单、最理想情况为异相共格模型，如图 2.15(a)所示，其条件是晶格构型相同或相似，晶格常数不同，晶轴取向一致，这种情况也是不常见的。其次是两相互扩散模型，如图 2.15(b)所示，其条件是晶胞参数相近，晶格构型相同或相似。第三种即为过渡层模型，它适合于各类异相物质，如图 2.15(c)所示。其实，绝大多数相界都属过渡层模型，不过随着成分、结构、晶粒取向、烧结条件的差异，将有各种不同的厚度和过渡结构。在图 2.15 中，为简化、醒目起见，没有把正负离子表示出来，其中每一格点或小圆，可以看作一个分子或元胞，杂质、添加剂、玻璃相等对相界的作用和影响，同在晶界中情况相似。

在陶瓷的显微结构中通常都含有晶相(单相或复相)、玻璃相及气相，在致密陶瓷中致密度可达 99%以上，气相含量极少。在电子陶瓷中，玻璃相的含量通常也有愈来愈少的趋势。

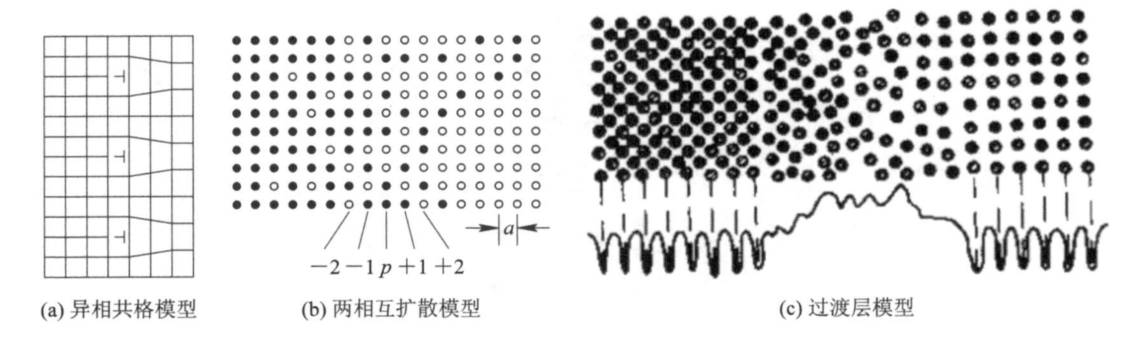


(a) 异相共格模型　(b) 两相互扩散模型　(c) 过渡层模型

图 2.15　相界的三种可能模型

## 2.5 玻 璃 相

玻璃相一般指结构上与液体连续，质点(原子或离子)无规则排列(近程有序)的固体，有时称为“过冷液体”。

图 2.16 所示为结晶态、玻璃态和液态比体积与温度的关系，曲线表示出了不同的冷却产物、特点和相互关系。

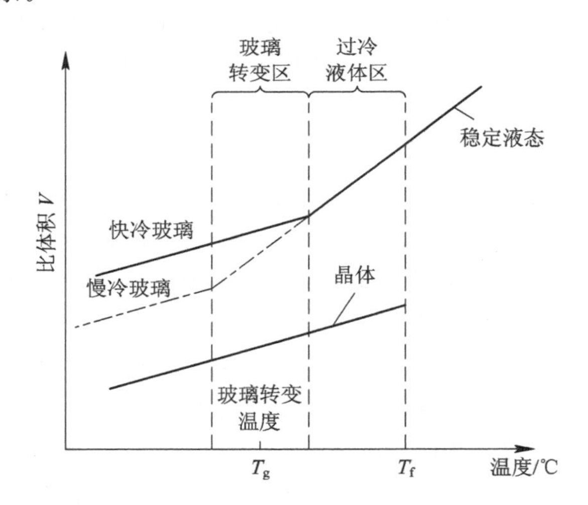


图 2.16　结晶态、玻璃态和液态比体积与温度的关系

当稳定液体以较快的速度冷却，来不及晶化时就形成玻璃结构。不仅玻璃本身是重要的无机材料之一，而且玻璃相是构成陶瓷微观组织的重要显微组成。研究玻璃的无序结构比研究晶体结构要困难得多。目前晶子学说(Crystallite Theory)和无规则网络学说(Random Network Theory)比较普遍为人们所接受。晶子学说认为：硅酸盐玻璃是由无数“晶子”组成的。“晶子”是带有晶格变形的有序排列小区域，它们分散在无定形介质中，并且从“晶子”到“无定形”的过渡是逐步完成的，所以“晶子”不同于微晶，其尺寸也比一般多晶体中的晶粒小。

晶子学说的主要依据是玻璃相的 X 射线衍射图。图 2.17 所示为方石英晶体和石英玻璃的 X 射线衍射图像的对比。在方石英主峰处，石英玻璃也有一很宽的衍射峰。衍射峰变宽是晶粒细化的结果。由于石英玻璃的展宽衍射峰正好在方石英的主峰位置，晶子学说认为玻璃中晶子的化学成分与相应的晶体是一致的。然而有实验数据表明，从 X 射线衍射计算出来的玻璃中“晶子”的尺寸与方石英中晶胞的大小接近。因为晶子学说是基于 X 射线衍射峰的变宽，并推测这是由于在玻璃中存在比晶体更细的“晶子”所致，所以这种计算结果就动摇了晶子学说的实验基础和理论依据，从而对晶子学说产生了怀疑。

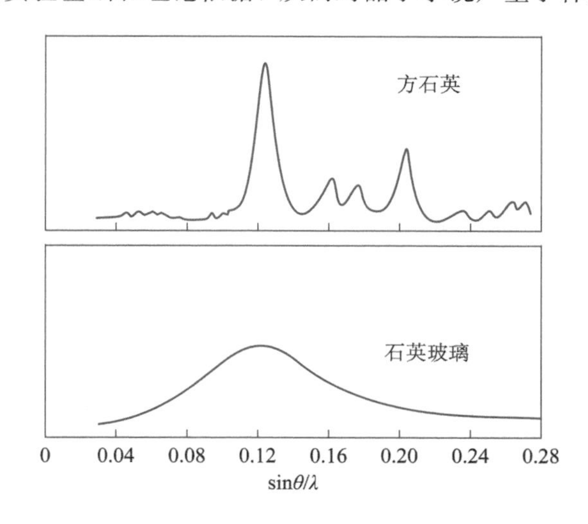


图 2.17 方石英晶体和石英玻璃的 X 射线衍射图像对比

无规则网络学说的基本依据是玻璃的机械强度和晶体的机械强度相近，从而认为，玻璃态结构与其相应的晶体结构一样，也是由离子多面体构成的空间网络，只不过网络中多面体的重复没有规律性。根据无规则网络学说，石英晶体的排列是规则的，但在石英玻璃中，虽然硅氧四面体通过顶角相互连接，也形成了三维网络，但其排列是无序的。若玻璃中含有氧化铝和氧化硼，则四面体中的硅被铝或硼部分取代，形成铝硅酸盐$[Si_xAlO_4]^{2-}$或硼硅酸盐$[Si_xBO_4]^{2-}$的结构网络。当玻璃中存在碱金属(Na，K)和碱土金属(Ca，Mg，Ba)的离子时，它们在结构中分布在四面体群的网格里，形成诸如钠硅酸盐等玻璃。

目前，虽然一般认为玻璃是无规则网络结构，可是围绕着玻璃特性的讨论仍在继续。因为一方面人们认识到 X 射线径向分布函数的局限性，另一方面人们利用高分辨率电子显微镜不仅对传统氧化物玻璃结构，而且对石英玻璃、硫系玻璃、非晶态 Si 和 Ge、金属玻璃的结构进行了研究，证明确实存在着高度有序区。

玻璃相常常是陶瓷的晶界相，使其晶化是提高特种陶瓷高温力学性能的重要研究方向之一，即所谓“晶界工程”(Grain Boundary Engineering，GBE)。另一方面，玻璃相陶瓷化可用来生产各种微晶玻璃，广泛应用在工业、国防和日常生活的各个方面。

## 本章练习

1．把原子看作刚性球的条件是什么？

2．试通过简单模型，计算下列各种多面体空隙中与之相切的正离子半径：

(1) 简立方(六面体);

(2) 氧八面体;

(3) 氧四面体。

3. 共价键有离子半径吗?如果有,它与离子键的离子半径有何异同?对同类元素而言,这两种键中哪种键的半径大些?

4. 试利用鲍林规则分析 $BaTiO_3$ 的结构。在其氧八面体中所可能容纳的正离子半径上、下限分别是多少?

5. 陶瓷晶粒间界是如何形成的?可能有什么样的结构?什么叫晶界能?其大小与什么有关?

6. 晶粒间界和相界有何异同?一般来说,哪一种结构复杂一些?哪一种含界面能高一些?为什么?

# 3

# 第 3 章　电子陶瓷的粉料制备原理

## 3.1　电子陶瓷用原料

电子陶瓷的性能决定于其成分和结构。多晶陶瓷制备过程中的化学组成、制备工艺、微观结构和固有的性能之间的重要关系如图 3.1 所示。

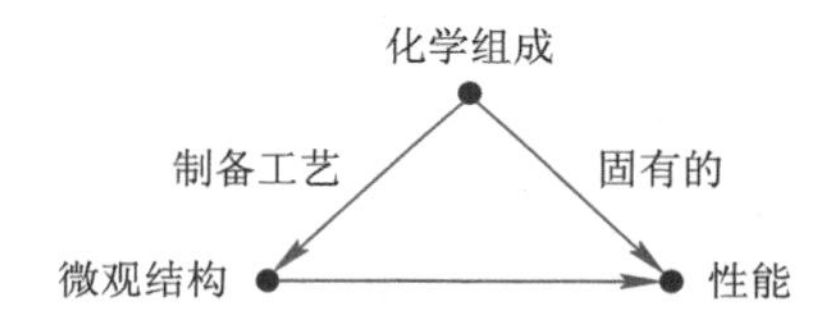


3.1　多晶陶瓷制备过程中的重要关系

在选择材料时必须考虑材料的内在特性。例如，铁电现象起源于钙钛矿的晶体结构，其中 $BaTiO_3$ 就是一个很好的例子。因此，对于铁电材料的研制和生产，一般希望选择 $BaTiO_3$。制造过程的作用就是生产出具有所需工程性能的微观结构。例如，制备的 $BaTiO_3$ 的介电常数将在很大程度上取决于微观结构(晶粒尺寸、孔隙率和任何第二相的存在)。通常，整个制造过程可以分为几个连续或几个离散的步骤，这取决于所选择方法的复杂性。一般把这些离散步骤称为工序。因此，陶瓷体的制造过程涉及许多加工工艺。本章从原料开始，逐一介绍粉料制备工艺中的各个工序。

**1. 电子陶瓷用原料**

原料对电子陶瓷的性能起着极其重要的作用。若采用不合格的原料，则纵有超级工艺，也无法获得优质陶瓷。对于电子陶瓷的粉料，必须了解下列三方面情况：

(1) 化学成分：包括纯度、杂质的种类与含量、化学计量比等；

(2) 颗粒度：包括粉粒直径、粒度分布与颗粒外形等；

(3) 结构：包括结晶形态、稳定度、裂纹、致密度与多孔性等。

原料的化学成分关系到电子陶瓷的各项电气物理性能是否能够得到保证。材料中的含杂情况对烧结和电性能也有不同程度的影响。例如，市场中有多种 $SiO_2$ 原料，有些是由机械粉碎石英砂而成的，含有较多的铁质，当采用这种原料作为 $Zn_2SiO_4$ 陶瓷的原料时，陶瓷呈深褐色，介电常数增加一倍，介电损耗增大。尽管杂质不一定都有害，但对粉料通常都有纯度的要求。纯度很低的粉料应该忌用或慎用。对微波介质陶瓷所用原料，应尽量选用分析纯或高纯的原料，否则微波频率下的介电损耗很大。

颗粒度(也称粒度)与结构主要决定着坯体的密度及其可成型性。粒度愈细、结构愈不完整，其活性(不稳定性、可烧结性)愈大，愈有利于烧结的进行。例如，在制备 $CaTiO_3$-(La，Nd)$AlO_3$ 介质陶瓷时，用纳米 $Al_2O_3$ 代替微米级 $\alpha$-$Al_2O_3$ 时，可使烧结温度从1450℃降到1320℃，而微波介电性能基本保持不变。有些原材料出厂时就很粗，如 $ZrO_2$，当采用这种粗的原料制备($Zr_{0.8}Sn_{0.2}$)$TiO_4$ 微波介质陶瓷时，将很难烧结，即使烧结成瓷，其成品的介电损耗也很大。生产中还可能碰到其他较粗的原料，如 $Bi_2O_3$、$WO_3$、$\alpha$-$Al_2O_3$ 粉等，对这些粗的原料，使用前都要专门粉碎。对批量使用的原料，要求原料生产厂家提供原料的理化分析报告，尽量使用粒度较小的原料，如超细氧化锆原料(中位径 $D_{50}$ = 0.34 $\mu$m)。当配方中各原料的粒度差别较大时，一定要注意控制球磨时间，如果粉碎时间较短，浆料过完孔筛后，则会有部分粗颗粒作为残渣留在筛面，从而影响配方的组成。

电子陶瓷所用的原料大体可分为矿物原料和化工产品两大类。这里的矿物原料主要指原矿石，即直接来自大自然的产物，如黏土、膨润土、滑石、菱美矿、萤石($CaF_2$)以及金红石($TiO_2$)、刚玉($Al_2O_3$)矿等。由于天然矿石含杂质较多，故使用前必须经过一套处理工序，如分拣、破碎、淘洗等。淘洗通常是以水作为悬浮液，经过搅拌、沉淀以除去粗粒及比重较大的杂质，同时还可以除去一些水溶性杂质。有机杂质通常质量较轻且易浮选，或可在高温燃烧中除去。另一类矿物原料是要通过加工提炼的，例如，从钛铁矿中提炼二氧化钛；从铝钒土中提炼氧化铝等。这些处理工序往往都由专门厂家来完成，其产品再供给陶瓷厂家使用。

化工产品通常是由化学方法提炼、提纯而得到的材料。可直接使用的氧化物有 $TiO_2$、$ZrO_2$、PbO、CaO、$Al_2O_3$ 等，也可使用盐类、氢氧化物等，如 $BaTiO_3$、$PbZrO_3$、$CaCO_3$、$3MgCO_3 \cdot Mg(OH)_2 \cdot 3H_2O$、$Mn(NO_3)_2$ 等。在配方中，对于某种金属元素，当采用不同形式的化合物时，不仅烧结温度会发生变化，电性能也会改变。例如，在制备(Sr，Ba)$TiO_3$ 陶瓷时，采用 $SrTiO_3$ 和 $BaTiO_3$ 作原料生产的陶瓷的介电性能，与以 $SrCO_3$、$BaCO_3$ 和 $TiO_2$ 作原料生产的陶瓷的介电性能是不相同的。化工产品也有多种等级，如工业级、化学纯、分析纯等，通常都必须标明其含杂质的情况。化工产品常可直接使用，或略加干燥除湿等处理即可进行配方。

需要说明的是，对原材料的纯度应进行合理要求，不应盲目追求不必要的高纯度而造成经济上的浪费，应在满足产品性能的前提下尽量采用价格低廉的原料。杂质不一定都是有害的，有些是无害的，有些甚至是有益的、能与其他有害杂质相互克制的。例如，有些杂质能与主成分形成低共熔物，从而促进烧结；有些Ⅲ、Ⅴ族、Ⅱ、Ⅵ族杂质能作离子价补偿，从而提高电气性能等。这正是在采用不同批次、相同纯度的原料时，往往得不到相同性能产品的原因。故应按具体情况作出分析，特别是在更换原料批号或产地时，除注意其纯度之外，还应注意杂质类型与含量，分析其对产品产生的影响，并通过小批量试验来加以证实。

对于更高的纯度与更理想的化合物，通常可用液相法(如化学共沉法)制得。

关于粉料的稳定度问题，要着重考虑其多晶转变。不少电子陶瓷原料具有两种或两种以上的结晶型式，在某一特定温度或在某一温度区间内产生的同分异构的晶型转变，称为多晶转变，例如，$ZrO_2$ 在温度不太高时为单斜晶系，属低温稳定型；当升温至 1100℃左右时，转化为四方晶系，属高温稳定型；而降温至 1000℃以下时，又将转变为单斜晶系。这类多晶转变可带来显著的体效应。例如，当 $ZrO_2$ 从低温稳定型到高温稳定型转变时，体积约缩小 8%，这种体效应给烧结工艺带来极大的麻烦，往往会在升温或降温过程中使陶瓷件破裂、降低机械强度和其他性能。在石英($SiO_2$)、滑石($3MgO \cdot 4SiO_2 \cdot H_2O$)类陶瓷中也有类似的情况。在使用这种粉料时，必须注意采用掺入杂质固溶或高温煅烧等方法，使其稳定化。

此外，不同晶型还具有不同的烧结特性。例如，属于高温稳定型的 $\alpha$-$Si_3N_4$ 和 $\alpha$-SiC 都比低温稳定型的 $\beta$-$Si_3N_4$ 和 $\beta$-SiC 具有较好的烧结性能，可以在较低的温度或较宽广的温区内烧成致密的陶瓷。这可能与这些高温稳定型具有较开放的结构有关。因为开放结构相应的内能高，有利于烧结过程中的物质传递和再结晶过程的进行。

由于电子陶瓷事业的飞速发展，对粉料质与量的要求也与日俱增。目前，国内外都有专业厂家生产及供应电子陶瓷原料(如专门生产 $TiO_2$、$ZrO_2$、$Pb_3O_4$、$BaCO_3$、$SrCO_3$、$BaTiO_3$ 等)，以供电子陶瓷及其他陶瓷业使用，并且每种原料还按用途或纯度分成细目。例如，$BaTiO_3$ 常可分成电容陶瓷用、独石陶瓷用、压电陶瓷(PZT)用，热敏电阻(PTC)用、掺 Nb 的、试剂级等。原料细分法既能稳定原料来源，提高电子产品质量，又能提高经济效益，值得提倡。

**2. 常见的电子陶瓷原材料**

*1) 矿物原料*

矿物原料的特点是组成复杂，纯的矿石不多，直接用它们来生产电子陶瓷常常达不到电性能指标。除了某些产品尚可用矿物原料外，为了避免杂质的干扰，一般采用化工产品。下面仅介绍绝缘陶瓷中常用的滑石和黏土类矿物。

(1) 滑石。滑石是制造滑石陶瓷的主要原料，这种陶瓷的特点是机械强度高，介电损耗小，通常用来制作高频绝缘体。

滑石是天然出产的含水硅酸镁，它的分子式是 $3MgO \cdot 4SiO_2 \cdot H_2O$，是层状的晶体结构，属单斜晶系。滑石的颜色有纯白色、灰白色，有脂肪光泽，手摸有滑腻感，硬度为 1，比重为 2.7～2.8 g/cm$^3$。

滑石在加热至 900℃时开始失去结构水，最后生成斜顽辉石($MgO \cdot SiO_2$)，反应式如下：

$$3MgO \cdot 4SiO_2 \cdot H_2O \rightarrow 3(MgO \cdot SiO_2) + SiO_2 + H_2O \tag{3.1}$$

滑石的结构属于 2∶1 层状结构的硅酸盐矿物，晶层间不易吸附水分和阳离子，各晶层之间由范德瓦尔斯力连接，结合很弱，容易滑动解理，如图 3.2 所示，所以滑石的硬度低、易裂成挠性薄片，有滑腻感(但少弹性)。

(2) 黏土类矿物。高岭土、膨润土以及黏土本身都是黏土类矿物，它们都是含水的硅酸铝。这类矿物由于有一定的可塑性，在电子陶瓷工业中多半用来作为增加泥料可塑性的一种添加物。在生产钡长石陶瓷时，它是一种主要的原料。

高岭土的主要组成是高岭石($Al_2O_3 \cdot 2SiO_2 \cdot 2H_2O$)，黏土的主要组成也是高岭石，只不过黏土还含有其他一些杂质(如 $K_2O$、$Na_2O$、CaO、MgO 以及 $Fe_2O_3$ 等)，纯度较高岭石差些。

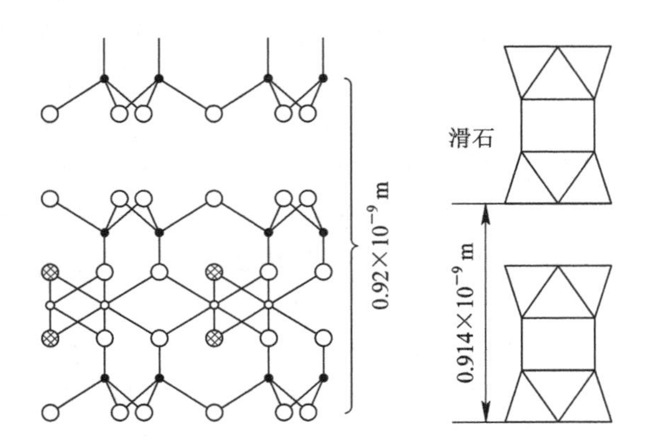


图 3.2 滑石的晶体结构和模型

高岭石为1∶1型层状结构硅酸盐矿物，是由硅氧四面体[$SiO_4$]层和铝氧八面体[$AlO_2(OH)_4$]层通过共用的氧原子连接而成的双层结构，这种双层结构是构成高岭石晶体的基本结构单元层。基本结构单元层在a轴和b轴方向延续，在c轴方向堆叠，相邻的结构单元层通过八面体的羟基和另一层四面体的氧以氢键相连接，如图3.3所示，图中用矩形表示八面体，三角形表示四面体，横线表示层间的氢键，因而它们之间的结合力较弱，晶层解理完整而缺乏膨胀性。

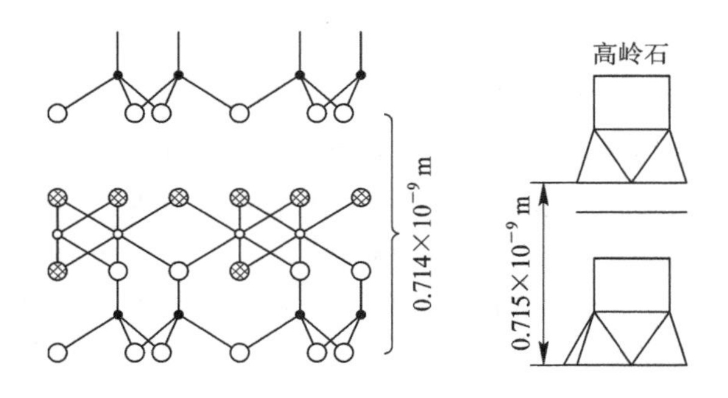


图 3.3 高岭石晶体结构与模型

膨润土在结晶构造上和高岭石不同。它是微晶高岭石型的结构，分子式为$(Al, Mg)_2O_3 \cdot 2SiO_2 \cdot nH_2O$。由于在晶格复合层之间含有较多的水分，复合层之间的结合较弱，因此遇水后会膨胀、体积增大并破坏了层间的联系，使颗粒分散成很细的粒子，从而具有极好的可塑性(比黏土和高岭土的可塑性高好几倍)。由于膨润土含有较多的杂质，并具有较低的烧结温度，因此用量不宜过多。

我国苏州阳山地区的高岭土质量极纯，矿藏丰富，其化学组成和理论值极相近，是一种不可多得的优质高岭土。我国电子陶瓷工业中多选用这种高岭土作为原料。

2）化工原料

在电子陶瓷工业上应用的化工原料多半是氧化物。从总的方面来看，大体上可以归纳为三类氧化物，即非金属氧化物、碱土金属氧化物以及稀有金属氧化物。下面介绍几种主要的氧化物。

(1) 氧化铝($Al_2O_3$)。近年来$Al_2O_3$在电子陶瓷工业上用途很广，主要用作超高频绝缘以及集成电路的外壳和基板等。以 $Al_2O_3$ 为主的陶瓷具有良好的介电性能以及机械和耐热等性能。它的机械强度比其他陶瓷大，抗折强度比镁橄榄石陶瓷以及滑石陶瓷大两倍，硬度为9，热传导性能仅次于氧化铍。

在电子陶瓷工业中，工业氧化铝是生产氧化铝陶瓷的主要原料。工业氧化铝是白色、松散的结晶粉末，是由许多粒径小于0.1 μm的 $\gamma$-$Al_2O_3$ 的小晶体组成的多孔的球形聚集体，平均颗粒大小为40～70 μm。其中，有大到100 μm或更大的颗粒，也有小到几个微米的细颗粒。

氧化铝有好几种结晶形态，目前可以肯定的有三种，即 $\alpha$、$\beta$ 和 $\gamma$。一般的工业氧化铝主要是 $\gamma$-$Al_2O_3$。

(2) 氧化钛($TiO_2$)。氧化钛是生产陶瓷电容器的主要原料。以氧化钛为主的陶瓷具有高介电常数。氧化钛也是合成一系列铁电和非铁电钛酸盐的主要原料。

氧化钛是一种细分散的白色带黄的粉末，它是一个同质多晶体。氧化钛的形态有锐铁矿、板铁矿、金红石等三种。由于氧化钛可反射可见光的几乎全部波长，所以有高度白色和光辉，是白色颜料中最好的一种，因此氧化钛一般又叫作钛白粉。但是，供给颜料工业和油漆工业用的氧化钛是不能用于制造电容器的。氧化钛的三种形态中以金红石的介电性能最好，特别是它的介电常数大。

除了介电常数大是氧化钛(金红石)的一个特点外，它还有另外一个突出的问题，就是在加热过程中容易被部分还原，在晶体中形成氧缺位的缺陷结构。当它被还原时，氧就以分子状态跑掉，为了维持电的中性，一部分Ti就捕获住多余下来的电子[$Ti^{4+}e$]，这个被 $Ti^{4+}$ 捕获的电子和 $Ti^{4+}$ 的结合较松，类似金属中的自由电子，用化学式表示为

$$Ti^{4+}O_2^{2-} - xO \rightarrow Ti_{1-2x}^{4+}(Ti^{4+}e)_{2-x}O_{2-x}^{2-} \tag{3.2}$$

也可以把 $TiO_2$ 的还原看成是生成三价的钛离子，用下面的式子表示：

$$2Ti^{4+} + O^{2-} \rightarrow 2[Ti^{4+}e] + \frac{1}{2}O_2\uparrow + V_O(\text{氧离子缺位}) \tag{3.3}$$

在正常情况下，当施加电场时，这个捕获的电子就可以定向移动，即具有很大的电导，使材料的介电性能大大恶化，绝缘性降低，介电损耗增大。

使得氧化钛部分还原失氧的原因一般有下列三种情况：

① 在烧成时由于还原气氛引起，这时可能有下列反应：

$$TiO_2 + xCO \rightarrow TiO_{2-x} + xCO_2\uparrow \tag{3.4}$$

如果炉中有氢气，则可能有下列反应：

$$TiO_2 + xH_2 \rightarrow TiO_{2-x} + xH_2O \tag{3.5}$$

② 烧成时的高温分解：

$$TiO_2 \rightarrow TiO_{2-x} + \frac{x}{2}O_2\uparrow \tag{3.6}$$

这种分解在1400℃以上时趋于强烈。

③ 原料内混进杂质。

对①来说，如果不是烧成陶瓷半导体，就必须在氧化气氛中烧成。对③来说，必须根据杂质的种类分别对待。

氧化钛原料根据各厂生产方法的不同，所含杂质的种类和数量也不完全相同。一般在氧化钛原料中含有的微量杂质有Mg、Sb、Nb、Al、Si、Fe等。这些杂质大都能与 $Ti^{4+}$ 起置

换作用，进入 $TiO_2$ 晶格中从而影响 $TiO_2$ 的性能。

(3) 氧化锆($ZrO_2$)。氧化锆是合成一系列铁电和非铁电锆酸盐的主要原料，也是制造锆钛酸铅(PZT)压电陶瓷的一种重要原料。在制造电容器时，常用氧化锆来稳定氧化钛，使其不易失氧，并调整它的负温度系数。

氧化锆是一种白色带黄或带灰的粉末，有时是粒状的多孔聚集体。其介电常数为 12，介电常数的温度系数为 +100 ppm/℃。电容器用的氧化锆的纯度在 98%左右就可以了，PZT 用的氧化锆的纯度要在 99%以上才行。普通氧化锆中常含有 1%～3%的氧化铪($HfO_2$)，但是 $ZrO_2$ 和 $HfO_2$ 的化学性质极为相似，要分离两者是有困难的。从电性能方面来看，两者的作用也很相似，是一种无害的杂质。

氧化锆有两种形态，即低温型和高温型。低温型氧化锆属单斜晶系，在 1000℃以下是稳定的，在更高的温度就转变为较致密的四方晶系的高温形态。在冷却时，四方氧化锆在 900℃左右又可逆地转变为单斜氧化锆。单斜氧化锆的比重为 5.49 $g/cm^3$，四方氧化锆的比重为 5.73 $g/cm^3$。也就是说，当四方氧化锆转变为单斜氧化锆时，体积约增加 9%。这样，在制备纯氧化锆制品时，就要引起开裂。在氧化锆内加入少量 CaO、MgO 或 $Y_2O_3$ 就能得到立方形态的氧化锆固溶体，这种氧化锆固溶体在任何温度下都是稳定的，没有多晶转变，也没有体积变化，叫作稳定氧化锆。

无论是加入 CaO 还是加入 $Y_2O_3$，因为 $Ca^{2+}$ 和 $Y^{3+}$ 的价数都比 $Zr^{4+}$ 低，当它们与 $Zr^{4+}$ 置换以后生成固溶体时，都是不等价的置换，因而会产生氧缺位的缺陷结构。当温度高于 900℃时，稳定氧化锆能够导电，但是不加任何杂质物的纯氧化锆则不具有这种特性。由于稳定氧化锆中有氧离子缺位，具有离子导电性能，氧离子就能通过氧缺位移动。又由于这种固溶体是典型的 $CaF_2$ 型结构，在这种结构的晶胞中心有很大的空隙，因而有利于氧离子的移动。

稳定氧化锆的这种高温导电特性可以使它用作电阻炉的发热体，最高使用温度可达 2000℃。最近发展起来的高温固体燃料电池(SFC)就是利用稳定氧化锆来作为透过氧离子的扩散膜的。

在烧成电容器陶瓷以及压电陶瓷时，由于氧化锆不和一般陶瓷粉料起作用，所以常用来作衬垫材料，防止陶瓷件的黏结。在热压烧结时则可用稳定氧化锆作垫料，以免因氧化锆晶型转变而引起制品开裂。

(4) 氧化铅(PbO)。氧化铅是制造 PZT 压电陶瓷的主要原料。铅的氧化物有三种，一种叫密陀僧(PbO)，一种叫铅丹($Pb_3O_4$)，一种叫铅白[$2PbCO_3 \cdot Pb(OH)_2$]。在电子陶瓷工业中，铅白因其价格较贵，一般很少采用，多用 PbO 和 $Pb_3O_4$。

密陀僧(PbO)有两种形态，即红色的四方形态和黄色的斜方形态。它是生产 PZT 压电陶瓷时广泛采用的一种原料。红色的四方形态是稳定形态，比黄色的斜方形态难溶于水。它们的晶格常数如表 3.1 所示。

表 3.1　密陀僧的两种形态的晶格常数

| 形态 | $a$/Å | $b$/Å | $c$/Å | 比重/($g/cm^3$) |
|---|---|---|---|---|
| 四方形态 | 3.9724 | 5.0192 | | 9.53 |
| 斜方形态 | 5.439 | 4.766 | 6.891 | 9.2～9.6 |

铅丹($Pb_3O_4$)是将PbO在空气中加热到500℃左右而制得的红色粉末，但是它在高温下不稳定，当加热到600℃左右时，即可分解而放出氧气：

$$Pb_3O_4 \rightarrow 3PbO + \frac{1}{2}O_2 \uparrow \tag{3.7}$$

如继续加热，PbO在880℃熔融。由于脱氧后的PbO活性较大，能降低陶瓷料的合成温度，因此在生产PZT压电陶瓷时，也是常被采用的。

(5) 氧化锡($SnO_2$)和氧化锌(ZnO)。氧化锡是白色细分散的粉末，不溶于水也不溶于浓硫酸。氧化锌则是白而带黄的细分散的粉末，不溶于水。在电子陶瓷中，$SnO_2$是合成$CaSnO_3$的主要原料，也是制取$Ba(Ti, Sn)O_3$固溶体的主要原料，ZnO是合成$ZnTiO_3$以及$Pb(Zn_{1/3}Nb_{2/3})O_3$的主要原料。在电子陶瓷中使用的$SnO_2$和ZnO，其纯度都不应低于99.5%。

(6) 碱土金属氧化物。周期表第二族元素的氧化物就是碱土金属氧化物。这一族的氧化物的通性是容易和水起作用，且在空气中不易贮存。对Ca、Sr和Ba的氧化物来说，一般都直接用它们的碳酸盐作原料(也有用草酸盐的)。这有两个好处，其一是碳酸盐是稳定的，不会和水起作用，易于贮存；其二是碳酸盐加热时分解出的氧化物活性较大，利于化学反应。但是，在采用碳酸盐作原料时，也带来一定的麻烦，即含有碳酸盐的陶瓷料的煅烧温度要受碳酸盐分解温度的支配，不过，当有$SiO_2$、$Al_2O_3$或$TiO_2$存在时，碱土金属氧化物能在较低的温度下分解。

在电子陶瓷的生产中，碳酸钡($BaCO_3$)是合成$BaTiO_3$铁电体的主要原料，也是钡长石陶瓷料中构成主晶相——钡长石($BaO \cdot Al_2O_3 \cdot 2SiO_2$)的原料。此外，它还常作为降低烧结温度的熔剂而加入陶瓷料中去。但$BaCO_3$是有毒的白色粉末，叫作毒重石，它与盐酸生成$BaCl_2$而溶解，即使在一点点胃酸中也会溶解，因此吸入体内极为危险。

碳酸钡有三种结晶形态，在常温时属斜方晶系(γ)，在811～982℃时属六方晶系(β)，在982℃以上时属四方晶系(α)。其比重为4.43 $g/cm^3$，在1360℃时分解。

碳酸锶($SrCO_3$)是合成$SrTiO_3$的主要原料。碳酸钙是合成$CaTiO_3$和$CaSnO_3$的主要原料。在$Al_2O_3$陶瓷中碳酸钙还起降低烧结温度的作用。碳酸锶在1290℃时分解，碳酸钙在900℃时分解。

(7) 稀有金属氧化物。目前，常用的稀有金属氧化物有$La_2O_3$、$Sm_2O_3$、$Nd_2O_3$、$Nb_2O_5$以及$CeO_2$等。它们在电子陶瓷中多半作为微量添加物而加入，以改进材料性能。例如，在PZT中加入少量$Nb_2O_5$或$La_2O_3$可改进电阻率和老化性能；在$BaTiO_3$半导体中添加微量$La_2O_3$可以制造正温度系数的热敏电阻。最近$La_2O_3 \cdot 2TiO_2$作为温度补偿电容器的原料，已经大量使用。$La_2O_3$还是透明铁电陶瓷$(Pb, La)(Zr, Ti)O_3$的一个组分。$BaO\text{-}TiO_2\text{-}Re_2O_3$(Re=La，Sm，Nd和Pr)属于高介电常数微波介质陶瓷材料体系，其中的稀土氧化物的含量高达40%。

除此之外，现代电子陶瓷还采用有机金属盐制备高纯度的粉体，例如，用钛酸丁酯[$(C_4H_9O)_4Ti$]和醋酸钡[$(Ba(CH_3COO)_2$]作为主要原材料来制备钛酸钡超细陶瓷粉料。

## 3.2 反应法制备电子陶瓷粉料

反应法是指将多种原材料按照一定的配比通过化学反应形成某种特殊的化合物，或某种特殊的固溶体。发生化学反应的途径有三种：固态化学反应、液态化学反应和气态化学反应。相应的制粉方法分别称作固相法制粉、液相法制粉和气相法制粉。下面分别加以叙述，重点介绍固相法制粉工艺。

### 3.2.1 配方计算

不管采用哪种方法制备粉料，原材料都要按照一定的配比进行称料，固相法比较简单，直接将称量准确的固态原材料混合在一起即可；液相法比较麻烦，先要配制一定浓度的溶液(不一定是水溶液)，然后将一种溶液滴加到另一种溶液中去，此时要注意温度和溶液的pH值等实验条件；气相法是先产生一定气压的气相物质，然后在适当的温度和压力下发生化学反应。下面介绍的主要是在采用固相法制粉时，原材料百分比的计算方法。

在用固相法制备电子陶瓷粉料时，准确的配方非常重要，特别是在以分子式计算原材料的重量比时，某种原料多了或少了会导致非化学计量比分子式，如$(Zr_{0.8}Sn_{0.2})Ti_{1+\delta}O_{4+2\delta}$($\delta=-0.2\sim0.2$)微波介质陶瓷，当$\delta$不同时，微波介电性能差别很大。有些原材料在高温时易挥发，如PbO在600℃开始挥发，除了在工艺上采取密封和埋烧外，在计算配方时要使PbO的比例适当过量。

电子陶瓷配方有三种表示方法，即原料百分比法、实验分子式法和化学组成法。最常见的是实验分子式法，一般是主晶相的分子式。

**1. 按实验分子式计算配料比**

**例1** 已知某坯料的实验公式，计算出其所需原料在坯料中的质量百分比。

**解** 具体步骤如下：

① 由化学计量式求各种原料的摩尔数$x_i$；

② 根据分子式求各种原料的摩尔质量$M_i$；

③ 计算各种纯原料的质量

$$m_i = x_i \times M_i$$

④ 将各种原料的质量换算为百分比

$$m_i' = \frac{m_i}{\sum m_i} \times 100\%$$

⑤ 计算各种实际原料的质量

$$A_i = \frac{m_i'}{p} \times 100\% \quad (p\text{ 为原料纯度})$$

下面以组成$0.7CaTiO_3$-$0.3NdAlO_3$为例说明计算过程(有的文献中是分别制成$CaTiO_3$和$NdAlO_3$烧块，然后混合，而有的文献则是一次合成)：

$$CaCO_3 + TiO_2 \rightarrow CaTiO_3 + CO_2 \tag{3.8}$$

$$Nd_2O_3 + Al_2O_3 \rightarrow NdAlO_3 \tag{3.9}$$

$$0.7CaCO_3 + 0.7TiO_2 + 0.3Nd_2O_3 + 0.3Al_2O_3 \rightarrow (Ca_{0.7}Nd_{0.3})(Ti_{0.7}Al_{0.3})O_3 \tag{3.10}$$

只要按摩尔质量 $M$ 和摩尔数 $x$ 计算原料质量 $m$ 或质量百分比即可，如表 3.2 所示。

表 3.2 计算过程

| 化合物分子式 | 原料分子式 | 摩尔数 $x_i$ | 摩尔质量 $M_i$ | 原料的质量 $m_i = x_i \cdot M_i$ | 质量百分比 $(m_i / \sum m_i) \times 100\%$ |
|---|---|---|---|---|---|
| $CaTiO_3$ | $CaCO_3$ | 1 | 100.09 | 100.09 | 55.62 |
| | $TiO_2$ | 1 | 79.87 | 79.87 | 44.38 |
| $NdAlO_3$ | $Nd_2O_3$ | 1/2 | 336.4 | 168.2 | 76.74 |
| | $Al_2O_3$ | 1/2 | 101.96 | 50.98 | 23.26 |
| $0.7CaTiO_3$-$0.3NdAlO3$ | 烧块 | | | | |
| | $CaTiO_3$ | 0.7 | 135.96 | 95.172 | 59.13 |
| | $NdAlO_3$ | 0.3 | 219.2 | 65.76 | 40.86 |
| $(Ca_{0.7}Nd_{0.3})(Ti_{0.7}Al_{0.3})O_3$ | $CaCO_3$ | 0.7 | 100.09 | 70.063 | 36.54 |
| | $TiO_2$ | 0.7 | 79.87 | 55.909 | 29.16 |
| | $Nd_2O_3$ | 0.3/2 | 336.4 | 50.46 | 26.32 |
| | $Al_2O_3$ | 0.3/2 | 101.96 | 15.294 | 7.98 |

知道质量百分比之后，要求实际用量就很简单了。不过这时还没有考虑到所用原料的纯度，在某些对配方要求特别精确的场合下，还要进行纯度校正。用原料的纯度除以其实际用量即可，由于纯度总是不到 100%而接近 100%，故校正后数目略有增加。

上述配方计算虽然比较简单，但必须小心谨慎，保证精确度，保证不出差错，这是陶瓷工艺的第一步。这一步出了差错，后续的工艺无论控制得如何精确也毫无意义了。此外，原料在进入配方称料之前，必须保持充分干燥(烘箱中 100～120℃加热 1～2 h)，去除吸附气体，如 $CO_2$、$H_2O$ 等，才能保证必要的精确度。

**2. 按瓷料的预期化学组成计算配料比**

**例 2** 已知瓷料的化学组成如表 3.3 所示。

表 3.3 已知瓷料的化学组成

| 组成 | $Al_2O_3$ | MgO | CaO | $SiO_2$ |
|---|---|---|---|---|
| 重量比/% | 93.0 | 1.3 | 1.0 | 4.7 |

限定所用原料为工业氧化铝、生滑石、碳酸钙和苏州土。求合成上述瓷料所需原料的配比。

**解** 假设工业氧化铝中含 $Al_2O_3$ 的量为 100%，碳酸钙中含 $CaCO_3$ 的量为 100%，其中，CaO 为 56%，CO 为 44%，苏州土为纯高岭石，理论化学组成为 $Al_2O_3 \cdot 2SiO_2 \cdot 2H_2O$，即 $Al_2O_3$ 为 39.5%，$SiO_2$ 为 46.5%，$H_2O$(灼减)为 14.0%，滑石为纯 3MgO·

$4SiO_2 \cdot H_2O$，即 MgO 为 31.7%，$SiO_2$ 为 63.5%，$H_2O$(灼减)为 4.8%，MgO 由生滑石引入，则生滑石的含量由下式计算：

$$3MgO \cdot 4SiO_2 \cdot H_2O \rightarrow 3MgO + 4SiO_2 + H_2O \tag{3.11}$$

$$\frac{M_{滑石}}{x} = \frac{3M_{MgO}}{1.3}$$

即
$$x = \frac{M_{滑石}}{3M_{MgO}} \times 1.3 = 1.3/31.7\% = 4.1$$

式中，31.7%是生滑石中 MgO 的含量。

生滑石中引入 $SiO_2$ 的含量为

$$4.1 \times 63.5\% = 2.6$$

余下的 $SiO_2$ 由高岭石提供，则高岭石所需的量为

$$\frac{4.7-2.6}{46.5\%} = 4.52$$

高岭石中引入 $Al_2O_3$ 的量为

$$4.52 \times 39.5\% = 1.78$$

余下的 $Al_2O_3$ 由工业氧化铝提供，即工业氧化铝需要的量为

$$93-1.78=91.22$$

最后，CaO 由 $CaCO_3$ 提供，即 $CaCO_3$ 的量为

$$\frac{1.0}{56\%} = 1.78$$

将上述各原料的量转换成百分比，先求出各量之和：

$$4.1+4.52+91.22+1.78=101.62$$

则碳酸钙含量为

$$1.78/101.62=1.75\%$$

生滑石含量为

$$4.1/101.62=4.03\%$$

苏州土含量为

$$4.52/101.62=4.44\%$$

工业氧化铝含量为 91.22/101.62=89.77%。

在用液相法制粉时需要配制一定浓度的各种溶液，计算溶质和溶剂的含量。

**例 3** 用沉淀法制备 $Zn_2TiO_4$ 粉体，原材料为 $TiCl_4$ 和 $ZnCl_2$，假设 $TiCl_4$ 水溶液的浓度为 0.5 mol/L，试计算 $TiCl_4$ 和去离子水的重量百分比。

**解** 根据定义，
$$浓度=\frac{溶质}{溶液}$$

则

$$TiCl_4\ 的量=浓度\times溶液=0.5\ mol/L \times 1\ L=0.5\ mol$$

已知 $TiCl_4$ 的摩尔质量为 189.67，则 $TiCl_4$ 的重量为

$$0.5 \times 189.67=94.835\ g$$

也就是说，称取 94.835 克 $TiCl_4$ 粉，加蒸馏水到 1 升。根据分子式 $Zn_2TiO_4$，$ZnCl_2$ 需

要1 mol的量，已知$ZnCl_2$的摩尔质量为136.29，则$ZnCl_2$的重量为136.29克。最后，加蒸馏水配制成所需要浓度的溶液。

3. 特殊的配方

电子陶瓷的配方中除了构成主晶相的原料外，还需要添加2种以上少量的改性物质或助熔剂，如稀土氧化物。这些添加物不是和主料一起称重，而是在主料合成烧块后，在第二次球磨(一种机械化学合成技术)时随烧块一起加入。

例如，一种配方组成为$K_{0.5}Na_{0.5}NbO_3+2wt\%PbMg_{1/3}Nb_{2/3}O_3+0.5wt\%MnO_2$，其中，$PbMg_{1/3}Nb_{2/3}O_3$含量很少，个别原料的含量就更少了(注：wt%是重量(质量)百分数的单位，表示一种物质占混合物的比重)。在这种情况下，如果配料时多元化合物不经预先合成，而是一种一种地加进去，就会产生混合不均匀和称量误差，并会产生化学计量比的偏离，而且摩尔数越小，产生的误差就越大，这样会影响到制品的性能，达不到改性的目的。因此，必须事先合成为某一种化合物，然后再加进去，这样既不会产生化学计量比偏离，又能提高添加物的作用。

为了提高陶瓷的性能，有时候还采用三次配料，例如，某压电陶瓷的配方为

$$Pb(Mg_{1/2}W_{1/2})_{0.03}(Ni_{1/3}Nb_{2/3})_{0.09}(Zr_{0.5}Ti_{0.5})_{0.88}O_3+$$
$$0.3\ wt\ \%PbO+0.3wt\%CuO+0.3wt\%\ Fe_2O_3$$

其中，主晶相是含铅的钙钛矿$ABO_3$结构。采用两步先驱体法制备样品，除了PbO外，B位原材料如氧化锆、氧化镁、氧化钨、二氧化钛、氧化镍和五氧化二铌按摩尔比称重，在粉末经球磨混合、干燥后，在1070～1130℃预烧。此后，煅烧粉和PbO按摩尔比称重，再球磨、干燥后，再在720～780℃煅烧，然后再加入PbO、CuO和$Fe_2O_3$烧结助剂，再次球磨、干燥，才能最终制备出所需的陶瓷粉料。

### 3.2.2 固相法制粉工艺

固相法制粉是通过从固相到固相的变化来制造粉体，它不像气相法和液相法伴随有气相-固相、液相-固相的状态(相)变化。对于气相或液相，分子(原子)具有大的易动度，所以集合状态是均匀的，对外界条件的反应很敏感。对于固相，分子(原子)的扩散很迟缓，集合状态是多样的。固相法制粉的原料本身是固体，这就与液体和气体有很大的差异。固相法制粉所得的固相粉体和最初固相原料可以是同一物质，也可以不是同一物质。

固相法制粉的工艺流程如图3.4所示。

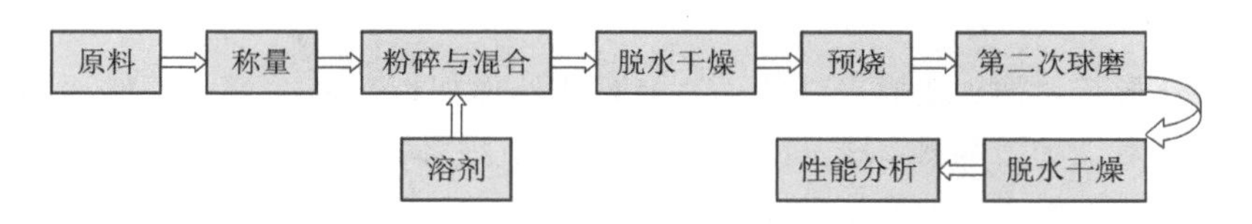


图3.4 固相法制粉的工艺流程

1. 原料与称量

选择原料一般需考虑其纯度、产地、粒度大小和晶相，在2.1节已详细讨论过。使用前，考虑到原料可能吸潮，通常要在100～120℃烘干1～2 h。在称量时，大料用大秤(10～100 kg及以上)，小料用小秤(100～200 g)，要注意称重顺序。在先进陶瓷的坯料中常常加

入微量的添加物，达到改性的目的，它们占的比例往往很小，为了使这部分用量很小的原料在整个坯料中均匀分布，在操作上要特别仔细，这就要研究加料的次序。一般先加入一种用量多的原料，然后加用量很少的原料，最后再把另一种用量较多的原料加在上面。这样，用量很少的原料就夹在两种用量较多的原料中间，可以防止用量很少的原料粘在球磨筒筒壁上，或粘在研磨体上，造成坯料混合不均匀，以至于使制品性能受到影响。溶剂的选择要考虑原料的溶解度。对于不溶于水的物质，要采用去离子水作溶剂；对于溶于水的物质(如钾盐和钠盐以及铅丹)，则应选择酒精作溶剂，但用酒精作溶剂的成本高，且易燃，所以有时候不用溶剂，直接干磨。

2. 粉碎与混合

从物理角度来看，粉碎是一种能量的转换过程，即粉碎机械的动能或所作的机械功，通过与粉料之间的撞击、碾压和磨擦，将粉料破碎、破裂或磨去棱角等，使粉碎的比表面增加，因而表面自由能增加。所以说粉碎是一种机械能转变为表面能的能量转化过程。

通常都采用一定的粉碎机械如球磨、振磨、气流磨和砂磨装置等作为粉碎手段。这些粉碎手段已为电子陶瓷工艺所普遍采用。不论采用哪种粉碎手段，都必须考虑其粉碎效率和混杂质情况等问题。所谓粉碎效率高，就是指粉碎达到某一细度时，所耗费的能量少和时间短。混杂质是指在粉碎过程中，碾磨机械中与粉料相接触部分的磨损，并混入粉料中的情况。这种混入的杂质一般都是有害的。

粉碎与混合实际上是同步完成的。下面介绍球磨、振磨、行星磨、砂磨和流能磨的工艺。

1) 球磨

球磨是通过球磨机来完成的。球磨机内装一定量的磨球、粉体和水(溶剂)，在其旋转时，粉料受到磨球的撞击而被碾磨。影响球磨效率的因素很多，如转速、磨球外形与材质、筒体直径与筒衬的质料、球磨时间、干磨与湿磨、助磨剂等。

(1) 转速：转速加快可使磨球的切线加速度增加，因而可提高碾磨效率；但转速太快，由于离心作用产生的径向压力太大，会使磨球难于滚动，甚至可能使磨球紧贴筒体回转，到达最高点仍不下落，故也失去了撞击作用。所以，球磨机的转速应以磨球恰能自近顶部下落为宜，这时滚碾效率也比较高。这个最佳转速除与筒体直径有关外，还与磨球种类、粉料性质、装料多少、所加液体的分量等均有关系。那种用某一简化公式所求得的“临界速度”只能作为参考，不能视为教条。确定最佳转速的简便可靠的办法是按具体情况通过实践优选。

(2) 磨球外形与材质：就撞击功能而言，磨球外形似以球状为好，但就滚碾功能而论，则磨球应以短柱状为宜。与球体之间的点接触相比，柱体之间为线接触，其滚碾效率当然要高得多。磨球尺寸增大，则撞击效果较好，有利于粉碎粗、硬颗粒，但同时会使滚碾面积下降，不利于较细颗粒的研磨，故磨球直径不宜过大，通常以不超过筒体直径的 1/20 为宜。并且最好是大、小磨球相互搭配，以增加研磨接触面。

从研磨效率看，磨球比重越大、越坚硬，则研磨效率越高，常用的有钢(Fe)球、刚玉($\alpha$-$Al_2O_3$)陶瓷球，玛瑙($SiO_2$)球等，其比重分别为 7.8 g/cm$^3$、3.9 g/cm$^3$、2.3 g/cm$^3$，莫氏(Mohs)硬度分别为 8、9、7.5。如图 3.5 所示，显然，钢球的效率最高，不过钢球磨损后会使陶瓷料中含铁，可能使陶瓷件的介电性能变劣。对于某些耐酸的粉料（如 $Al_2O_3$、$ZrO_2$、BeO 等）来说，可用稀酸腐蚀的方法去除浆料中的含铁成分；但对某些不耐酸的粉料（如 $TiO_2$、ZnO、$SnO_2$ 等）来说，采用钢球是不适宜的。同样，采用刚玉球和玛瑙球也有混入 $Al_2O_3$ 和 $SiO_2$ 杂质的问题，主要看其掺杂质量和危害程度是否在允许范围内。

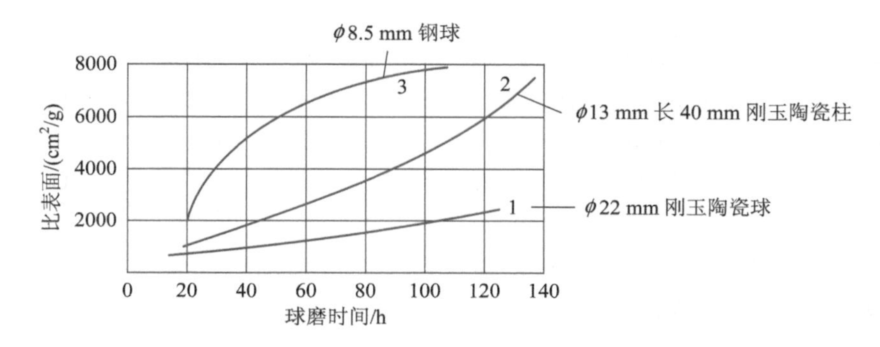

图 3.5 不同材质磨球的球磨时间与比表面之间的关系

（3）筒体直径与筒衬的质料：从研磨效率看，筒体大则效率高。因为这时磨球直径可以大些，撞击与碾压力量也大些，进料颗粒也可以粗些，故产量大时通常都采用较大的筒体，其内径可达 1～2 m。对于小批量产品或试制粉料，以小型球磨罐为宜，其筒体直径可小至 10～20 cm。

如果采用有机物（通常是采用聚氨酯一类耐磨的塑料或不含无机填充料的橡皮）作为筒体内衬，或同时用这种有机物来包裹钢球，则由于有机物硬度较低，撞击与碾压效果肯定不佳，但摩擦效果还是相当好的，因为粉料易黏附在研磨体表面，使粉料之间有大量的摩擦，更主要的是免除了混入杂质的顾虑，因为磨损于粉料中的少量有机物将在以后的烧结过程中燃尽并挥发，不会留下痕迹。也可以采用略为过烧的本料（即待磨粉料）陶瓷球作磨球。这样做虽然磨球强度不大，磨损多一些，但却不存在混杂质的问题。国内有些电子陶瓷产品，在采用本料磨球方面已做出显著成效，值得推广。

（4）球磨时间：由于球磨机的作功方式主要靠自由落体和滚动摩擦，且其转速还不能太快，故其研磨效率是相当低的，通常需要连续工作 24～48 h，甚至更长的时间才能达到必要的细度。球磨时间的选定与很多因素有关，如待加工粉料的初粒度、硬度、脆性，球磨机筒体的大小，转速的快慢，磨球的尺寸、形状、质料等。图 3.5 所示为球磨时间与比表面（或等效粒径）之间的关系。从图中可看出，用 $\phi$22 mm 的刚玉陶瓷球，研磨了 100 h 后，粉粒平均粒径仍粗于 7.5 $\mu$m；即便使用 $\phi$8.5 mm 的钢球，研磨了 100 h 后，平均粒径也只能略小于 2 $\mu$m；同时，由图中可以看出，采用 $\phi$8.5 mm 钢球研磨 100 h 后，比表面已趋近于饱和，即使继续延长研磨时间，亦将收效甚微，但在前 60 h 内的效果是比较好的。至于采用刚玉陶瓷柱的情况，虽然初始效率没有钢球显著，但它几乎直线上升，且越到后期上升越快，球磨时间仍可适当延长。如果懂得了研磨机理，上述两种情况是很容易理解的。因为钢球的比重大，撞击力强，有利于粗粒的破碎，但球与球或球与筒体之间，都基本属于点接触，摩擦面小，非常不利于后期的细粉碎，故其研磨效率是前高后低，研磨时间不宜太长。刚玉陶瓷柱比重小，撞击效果不佳，难于对付粗粒，但其摩擦接触面大，有利于研磨细粒，故其研磨效率是后期胜于前期，可适当延长研磨时间，且进料初粒度不宜过粗。至于刚玉陶瓷球，其撞击、研磨均属不利，虽然直径较前两者都大，但其效果还是很差。总的说来，球磨这种研磨方式具有工作周期长、间歇操作、耗电量大的缺点，效率是比较低的。但其也具有设备简单、混合均匀、粒形较好的优点。球磨的细度极限通常是 1 μm，个别情况也可达 0.1 μm。

（5）干磨与湿磨：干磨时球磨罐内只放磨球和粉料，而不添加助磨的液体，因此干磨时粉料对磨球不一定能很好地黏附，以击碎为主，研磨为辅，故效果不是很好，特别是后期细磨时效果更不佳，但对于某些有水解反应的粉料，只能采用干磨。在干磨后期还可能因为粉粒间的相互吸附作用而黏结成块，失去研磨作用，这时可添加一些助磨剂使粉料分散，促进粉碎。

湿磨时球磨罐内除料粉和磨球外，还加入适当的液体，通常为水，有时也用酒精、甲醇等。如果液体太少，料球黏连，则效率反而降低；如果用液过多，则稀散悬浮，撞击、碾压效率均不好；适量的液体虽对撞击略有缓冲，但能使粉料均匀地黏附于罐壁和磨球上，使研磨效率大为提高，特别有利于研磨后期的进一步细化，可使粉粒细小圆润。

此外，通过毛细管及其他分子间力的作用，液体将深入粉料中所有可能渗入的缝隙，使粉料胀大、变软，这也是湿磨效率较高的主要原因之一，如图 3.6 所示。

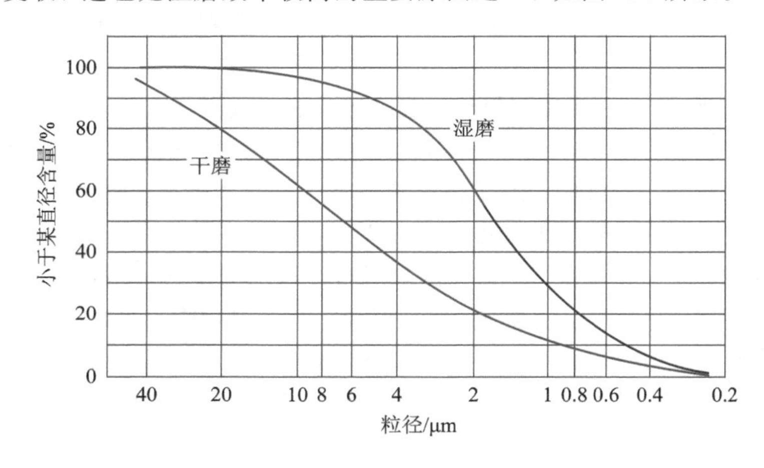


图 3.6 球磨方法对氧化铝粒度分布的影响

湿磨出料时可用水泵输送，减少粉尘污染，这亦是其优点。不过之后需附加干燥工序。如在料浆中含有比重差别太大的成分，有可能形成分层沉淀，破坏浆料的均匀性。这时应在干燥过程中不断搅拌，或采用挥发性特别大的酒精、甲醇等，这样成本自然加大，一般只用于实验室或小批量的生产中。在实际工艺中，应视粉料的吸液特性、磨球的质料、液体的性能的不同，经过实际优选，对料、球与液体，给定一个合适的比例。

（6）助磨剂：在同等情况下，添加小于 1%的助磨剂，有可能使球磨效率成倍地增长。这种现象的作用机理主要是助磨剂在粉料表面的吸附作用。因为电子陶瓷的原料通常都是无机氧化物或其酸盐，它们都具有明显的离子性，在这些粉料的表面，离子电场没有相互屏蔽、抵消，在近表面处的空间有大量的离子电场散播。由于库仑力与极化力的作用，它将与极性媒质的异名端相吸引，或将中性媒质极化而与之吸引。这样一来，由于薄层媒质在粉粒表面的吸附，势必形成新的表面，并使粉粒表面的物理性能产生极大的变化。其具体助磨作用可通过以下的分散、润滑、劈裂三种效应来加以叙述。

① 分散效应：助磨剂在粉料表面吸附之后，大大地减弱了粉料之间的相互作用而避免黏结成块。例如，干磨时最早采用的油酸[$CH_3$-$(CH_2)_7$-CH=CH-$(CH_2)_7$-COOH]，其中的羧基(-COOH)具有明显极性，将与粉粒表面离子电场的异名端强烈吸引，而使烷基一端朝外。众所周知，烷属烃是典型的中性介质，因而大大地削弱了粉粒之间的相互作用力，提高了分散性，亦即强化了研磨效果。

② 润滑效应：由于助磨剂在粉粒表面的附着，使粉粒之间作用力下降，摩擦力减小，流动性增加，因而有利于粗粒暴露而承受研磨力作用，避免粗粒包裹于细粒之中而使研磨力缓冲、分散，因此使研磨效率提高。这种润滑效应对于干压成型工艺也是有利的。

③ 劈裂效应：助磨剂在粉粒裂缝中附着后的作用。处于研磨过程中的粉料，由于受到撞击与碾压力的作用，粉料时而出现裂缝，但当应力去除后，裂缝弥合，虽然受到多次类似的作用，粉粒也未必碎裂。如果有助磨剂存在，则当裂口初一张开，这种新生成的、活性特别大的表面会对周围媒质具有很大的极化与吸引力，故这时助磨剂将乘虚而入，并支撑、梗塞于缝隙，使之不能再度弥合，相当于打进一个楔子，使大量张应力集中于裂口前端。待下次撞击与碾压力作用时，有利于裂口进一步扩展，因而助磨剂亦将进一步挺进，几次循环，便可能使粉粒劈裂，从而使研磨效果提高。其实湿磨时使用的水、酒精等液体，也在一定程度上起到助磨作用，不过是前面没有着重讨论这个问题罢了。对于不同性质的粉料，其最佳助磨剂也有不同的选择。其规律为：如果粉料与助磨剂之间的作用力大于助磨剂本身分子之间的作用力，则其助磨作用好，分散、润滑、劈裂效应均较明显；反之则相反。例如，对于酸性粉料(如 $TiO_2$、$ZrO_2$ 等)，以含羟基、胺基的带碱性的助磨剂较为有效；对于碱性粉料(如 $BaTiO_3$、$CaTiO_3$ 等)，以酸性媒质作为助磨剂为宜。由于助磨剂主要是通过表面吸附效应来起作用的，故人们又称之为表面活性物质。

经验证明，大型球磨机中撞击胜于滚碾，破碎力大，所得粉料的粒形呈多角形，粗糙、流动性小、可塑性差，不利于成型；在小型球磨机中，研磨多于撞击，所得粉料的粒形圆润，流动性好，可塑性高，有利于成型，特别有利于挤制工艺，用以生产细秆或薄壁产品(如小型电阻基体、管式电容器等)。物料的粒形可以直接通过显微镜进行观察。

2）振磨

从构成粉碎功的作用力角度来看，振磨与球磨有比较大的差别。在球磨中，主要研磨力量是磨球的自重碾压力或磨球的自由落体撞击力；在振磨中则主要是磨球与料斗、磨球与磨球之间的抛甩撞击作用力，其间的相对加速度远不止于一个重力加速度 $g$，而且振动频率愈高，振幅愈大，振磨效率也愈高。

在振磨装置中，旋转电机带动料斗作偏心甩动，振幅越大、频率越高，则相应的线速度和垂直线加速度 $a_v$ 越大，料斗与下落的磨球相遇时的作用力也就愈大。就磨球而言，由于振磨的料斗通常较小，频率又高，故磨球一般都不太大，直径约为 5～20 mm。大球撞击力大，有利于粗碎；小球接触机会多，对微粉碎较合适。多种不同大小的磨球相互搭配，则可全面兼顾，提高研磨效率。磨球的比重越大，效率越高，故通常可采用淬火钢球(镀铬)作为磨球，也有采用玛瑙球的。

总的说来，在振磨过程中，撞击作用胜于滚碾。故振磨所得粉粒通常棱角多、活性大，流动性差，欠圆润。干振时粉粒更是如此。如果粉粒足够细小，这种欠圆润的缺点将变得不太突出。不过，振磨的混合效果远不如球磨高，故对含有多种成分的粉料，宜采用球磨，以便同时获得研磨和混合的良好效果。

振磨的粉碎效率要比球磨高得多。图 3.7 所示为氧化铝陶瓷料的研磨方式与粒度分布。其中，两者差别非常明显，振磨 1 h 后的粉料的粒径几乎全在 2 μm 之下，而球磨 72 h 后的粒径小于 2 μm 的粉粒还不到一半。图 3.8 和图 3.9 所示分别是振磨频率、振幅与钛酸钙陶瓷粉料粉碎效率(比表面)的关系。二者的变化规律颇为相似。开始时，比表面随频率或振幅的增加而迅速增加，随后变慢，并有饱和的趋势。

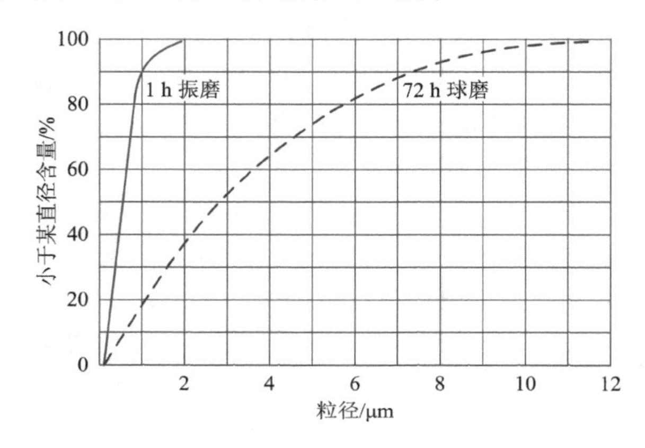


图 3.7　氧化铝陶瓷料的研磨方式与粒度分布

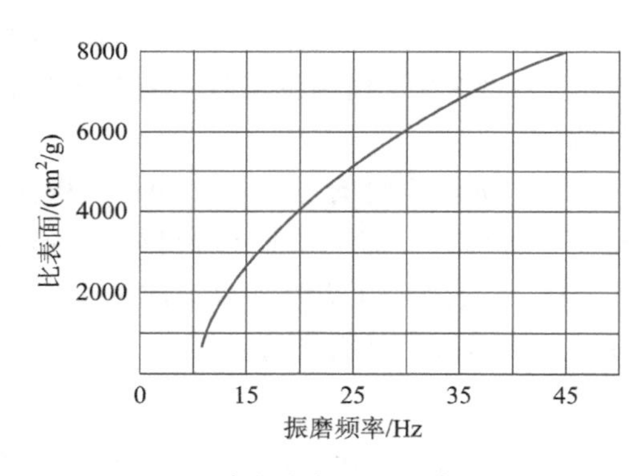


图 3.8　振磨频率与粉料比表面的关系

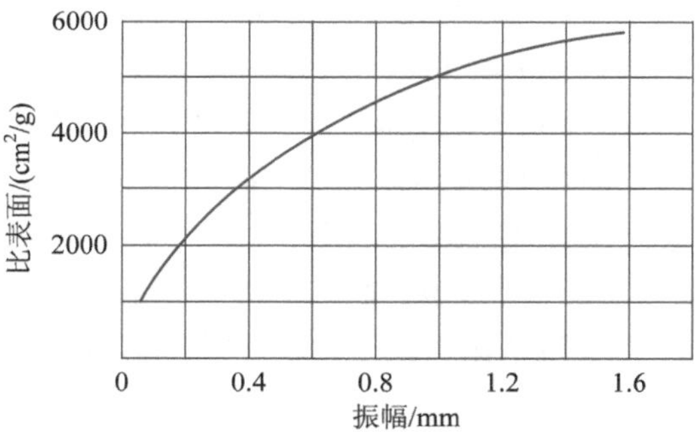

图 3.9　振磨振幅与粉料比表面的关系

和球磨中的情况相似，振磨中同样存在干振、湿振、助磨剂等影响研磨效率的因素，其作用机理与球磨大同小异。图 3.10 所示为上述诸因素与振磨效率的关系。图 3.10 中所用陶瓷料为经过 1480℃煅烧的、含 α-$Al_2O_3$ 95%的 95 陶瓷，由图可见，湿振和助磨剂的作用是非常明显的，干振时不管是否添加助磨剂，4 h 后比表面反而下降，这与研磨后期粉料相互黏结成块的情况是分不开的。

为了防止振磨过程中混入杂质，料斗一般都用有机填料(如橡皮)制作。由于振磨时间远比球磨时间短，故磨球耗损量较小。不过振磨时撞击次数多，特别是湿振时，耗损更大些。磨球通常也是用钢(淬火、镀铬)、玛瑙、刚玉陶瓷等制作。钢球的磨损量通常比后两者都小。

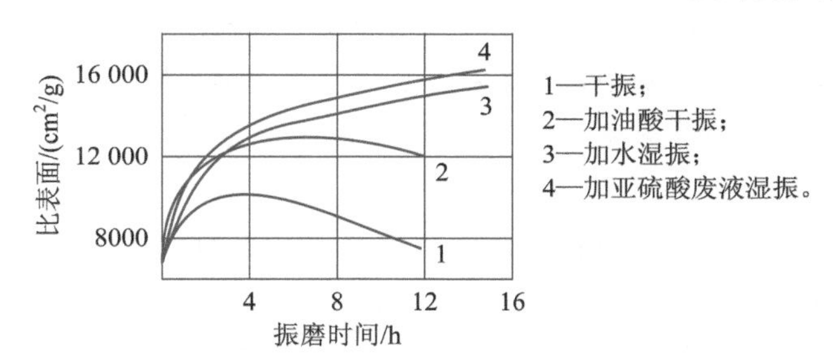


图3.10 振磨的不同条件对粉料比表面的影响

综上所述，振磨其实是球磨基础上的一种改进，研磨效率得到了很大的提高，粉料的最终粒度比球磨小一些。但由于振磨是属于往复运动，振动大、噪音高，传动机构磨损显著，寿命短，故一般单机容量都不大。

3）行星磨

行星磨模仿行星的原理，将相似的几个磨罐置于同一旋转的圆盘上，圆盘转速为 $\omega_2$，是谓公转，此外，各磨罐仍绕其自身中心以角速度 $\omega_1$ 旋转，这是自转。公转用以模拟重力作用，当 $\omega_2$ 足够大时，其离心力可大大地超过地心吸引力，因而当自转角速度 $\omega_1$ 相应提高时，磨球仍不至于贴附罐壁不动。这就克服了旧式球磨中所谓临界转速或极限转速的难题，因而大大提高了研磨效率，其混合效果也好。行星磨的粉碎细度极限介于球磨与振磨之间。

上述三种研磨方式必须进行间歇操作，不利于连续、自动化生产，这是它们的共同缺点。

4）砂磨

砂磨又称搅拌磨，砂磨机的中轴以700～1400 r/min的速度旋转，给磨球极大的离心力与切线加速度，使球与球、球与壁之间产生大量的滚碾磨擦，其研磨粒度下限比振磨低，故称之为超细粉碎。

砂磨机筒体与中轴用钢材制作，但其内衬及转盘均为不含无机填料的塑料或橡皮，由于研磨时间短，且主要是滚碾作用，几乎没有碰撞，故混入杂质的情况也较轻微。经砂磨加工所得的粉料的粒径小、粒形圆润、流动性高，特别有利于独石电容器多层氧化锌压敏电阻器、多层基片载体或大规模集成（VLSI）电路多层布线片等的轧膜与流延方法成型。又由于其粒度小、比表面大、活性高，故又可使烧结温度降低25～40℃，这对于以银作为电极的低温烧结陶瓷料是难能可贵的。砂磨除了效率高、粉粒细、混杂质少等优点外，还具有振动小、噪音低、粉尘污染小、可以连续操作、便于自动化等优点，在国内得到广泛应用，可满足低温烧结独石陶瓷对超细粉料的要求。由于砂磨在工作过程中缺乏撞击作用，故进料不宜过粗（$<$1 mm），而且对于不宜采用湿式研磨的粉料，还可以用干式研磨和气流粉碎。磨球可用数毫米大小的淬火钢球、刚玉陶瓷球或本料陶瓷小圆柱体。筒体及搅拌器最好用聚氨脂一类耐磨塑料制作，或用不含无机填料的塑料或橡胶被覆，以减少磨损混杂质。在干磨时可能有少数粗粉粒黏附于磨罐死角处，没有被粉碎，因而影响粉料质量。改进办法有两种，一是将磨罐内腔下底加工成圆弧状，消灭死角；二是将搅拌器做成微带倾角的螺旋桨状，增加研磨时的轴向对流。在湿磨时则不会出现这种粗粒残存现象。

综上所述，砂磨的效率比振磨的高出一个数量级，特别适合于加工 0.1 μm 以下的超微粉粒。但砂磨后分离磨球比较麻烦，通常采用湿式过筛或烘干后分离，如果采用钢球，则可用磁力法分离，同时应注意及时剔除过细磨球。

5）流能磨

流能磨的粉碎原理主要是靠在高速流体中的粉粒自身的相互碰撞进行粉碎，可以连续工作，其流态媒质可以是压缩的空气、氮气、二氧化碳、过热水蒸气、受压水或其他任何气体与液体，主要由气态需要及装备结构而定。如果采用液态流质，则粉料可以预先加入受压媒质中；如果采用气态媒质，则粉料可用压缩气体由加料口喷入，然后在磨腔内高速回转，速度可高至声速或近声速。

流能磨的主要工作腔体是一个环形的管道。干粉自加料口经压缩空气吹入后，立即受到由高压喷嘴射出的高速气流的冲刷，使粉料相互碰撞、剪切、撕裂。经过若干循环后，细微粉粒因离心力较小而沿管道的小半径侧(即内侧)回转，并随风进入排气孔，再经惯性分离后过滤收集；较粗粉粒则沿管道的大半径侧(即外侧)回转，并反复经受粉碎作用，直至达到一定细度后，才能排出收集。据统计，通常粉料都要在管内循环 2000～2500 次，才能被吸排出。

在气流粉碎中，粉粒主要靠气流的撕裂、剪切，以及粉粒之间的相互碰撞来粉碎，虽然粉料与管壁之间也有一定摩擦，但与球磨或振磨相比，磨损混杂质的程度要轻微得多。且由于流能磨中无转动部分，内壁易于用橡胶、耐磨塑料等被覆，使因磨损混入的杂质减至最小。使用流能磨可获得 1 μm 左右的粉粒。当要求粉粒更小时，由于其本身质量过小，碰撞作用力不大，故粉碎效果差。此外，噪音较大和粉尘污染(干式)等，也是流能磨的缺点。

从上面介绍的几种粉碎工艺看，球磨用得最为普遍。由于其结构简单、操作方便、运行可靠、可湿可干，故仍是目前陶瓷工艺中主要的粉碎手段。但其功耗大、工期长、产粉较粗、间歇操作、劳动强度大，是一种落后的工艺，不能满足现代工业的要求。相比之下，砂磨对于电子陶瓷工艺的革新是很有前途的。砂磨除了具有粒度细、粒形好、掺杂质少、工期短、工效高、连续生产、免除公害等优点之外，而且还能够和流延、轧膜等机械化、自动化程度较高的成型工艺相配合，并且由于砂磨的超微粉碎，大大地提高了粉料的活性，使烧结温度可降低几十度乃至 100℃。对于全面推广低温电极独石电容器的我国电子陶瓷工业来说，这几十度是极其关键的，可使独石电容器的成品率与可靠性大为提高。

### 3. 反应煅烧

反应煅烧又称为预烧，其目的是经过一次高温作用，使各原料或有关原料之间产生必要的预反应，以保证最终产品的质量。预烧的产物为中间原料，又称为烧块。预烧过程的反应，通常又可分为合成反应与分解反应两类。

(1) 合成反应：由比较简单的两种或多种化合物，通过高温作用，反应生成比较复杂的化合物。

预烧前的粉料必须充分粉碎和混合均匀，不必成型，将粉料在匣钵中堆烧即可，可不加黏合剂而干压成块以增加接触。预烧所得产品，即烧块，是一种反应不完全、疏松多孔、缺乏机械强度的物质。它便于粉碎，有利于第二次配料的研磨和混合。这种合成反应不太完全并不要紧，以后还要经过第二次粉碎、混合和烧结。预烧的温度和时间应控制在反应已基本完成，而粉粒之间尚未有明显烧结为宜。预烧温度过高、预烧时间过长，反应虽较完全，但粉粒之间的烧结不利于下一次的粉碎与混合，且浪费能源；预烧不够充分，则反应完成太少，也达不到预期目的。合理的预烧可使陶瓷的最终产品具有反应充分、结构均匀、收缩率小、质地致密、尺寸精确等优点。图 3.11 所示是预烧后的粉料，当温度偏低时，粉料没有收缩，不利于后期的造粒工序(见图 3.11(a))；当温度过高时，则反应成硬块，很难粉碎(见图 3.11(c))；当温度适当时，粉料有一定的收缩，轻轻碰撞即成碎块(见图 3.11(b))。预烧温度是否合适，除了看收缩大小外，最重要的方法是通过 X 射线衍射(XRD)分析的结果来判断，图 3.12 所示是预烧料 $SrTiO_3$ 和 $LaAlO_3$ 的 XRD 曲线。合成 $SrTiO_3$ 分别在 1100℃、1150℃和 1250℃下保温 4 h，XRD 曲线显示，在 1100℃下除了主晶相 $SrTiO_3$，还存在 SrO 晶相；同样，合成 $LaAlO_3$ 分别在 1150℃、1200℃和 1250℃下保温 10 h，XRD 曲线显示，在 1150℃下有 $LaAlO_3$、$Al_2O_3$ 和 $La_2O_3$ 三种晶相，结合衍射峰的强度和收缩大小，最后选择 1150℃保温 4 h 作为 $SrTiO_3$ 的最佳合成温度，1250℃下保温 10 h 作为 $LaAlO_3$ 的最佳合成温度。

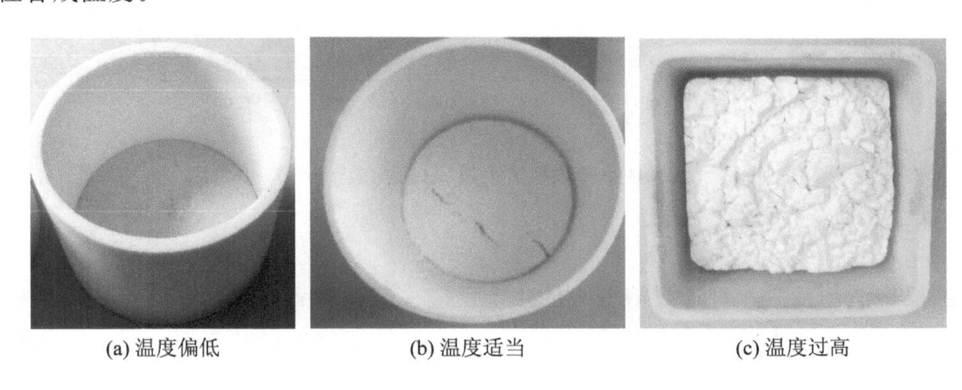


图 3.11 预烧后的粉料

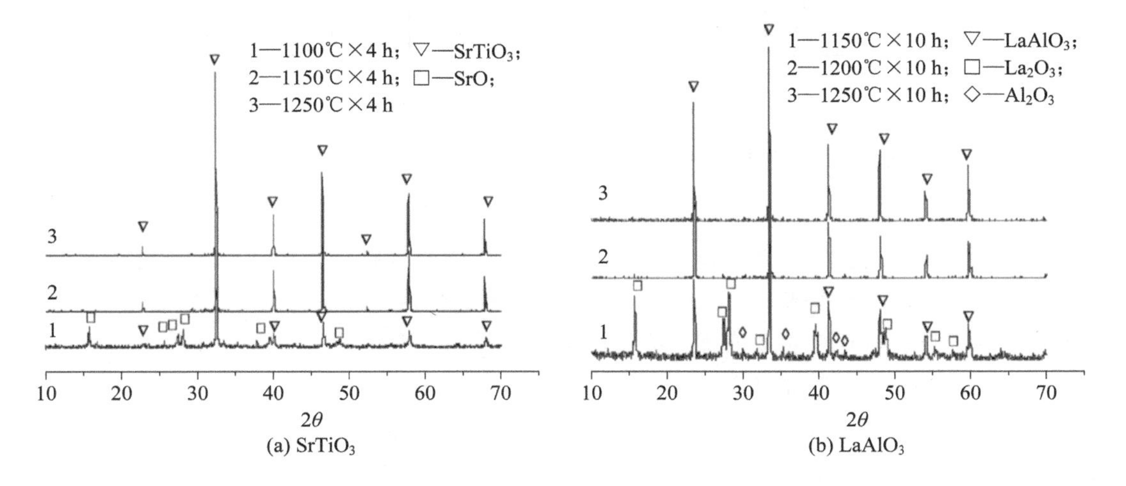


图 3.12 预烧料的 XRD 曲线

(2) 分解反应：最初的分解反应煅烧的目的在于使一些天然矿产品分解成所需的氧化物或去除一些有机杂质和高温挥发的无机杂质，如滑石、方解石以及 γ-$Al_2O_3$ 的煅烧，前两者经煅烧后可去除水分、$CO_2$ 及有机杂质，后者除将 $\gamma$-$Al_2O_3$ 转变为 $\alpha$-$Al_2O_3$ 之外，还可去除其中的碱金属氧化物。如果能将分解反应煅烧控制得当，则可获得高活性的粉料，故近代将分解反应煅烧发展成为活化煅烧，再和用溶液反应法所得的各种酸盐、氢氧化物相结合，可以获得质量很高的粉料。可借助热失重和差示热分析来判断分解反应的温度，如图 3.13 所示是 $Al(OH)_3$ 粉末的热分析曲线。

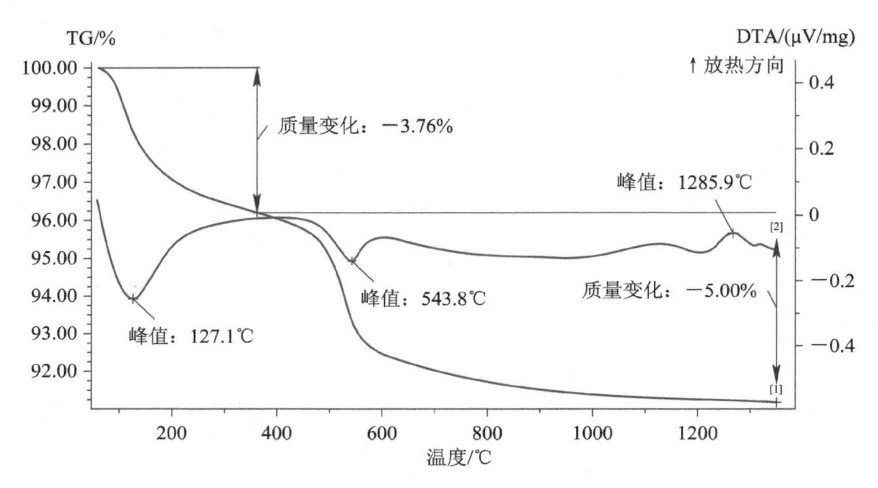


图 3.13 $Al(OH)_3$ 粉末的热失重(TG)和差示热(DTA)曲线

### 3.2.3 溶液反应法制粉工艺

溶液反应法制粉是一种通过溶液中的化学反应来获得陶瓷原料、中间产品或某种固溶体的方法。由于反应是发生在液相(通常是水)中，故可进行得极其均匀。其工艺流程如图 3.14 所示。

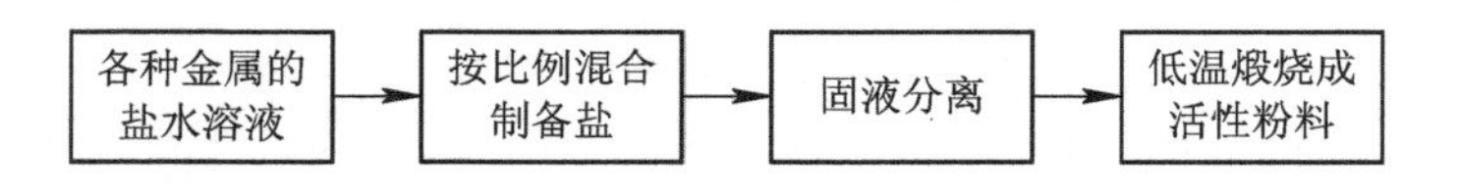


图 3.14 溶液反应法制粉的工艺流程

#### 1. 溶液反应法制粉的过程

1) 溶液反应过程

溶液反应过程是首先将有关金属的盐类准确、充分地溶解于水中，形成一定浓度的溶液，然后再按其浓度计算摩尔比，将有关溶液按比例混合在一起进行反应来制备盐的过程，通常又分单盐制取与复盐制取两类。单盐制取比较简单，但也可以有各种不同的方式，下面以制取钛酸锌粉体为例加以说明。

以四氯化钛和醋酸锌为主要原料，分步沉淀制备钛酸锌微粉，先将四氯化钛溶于无水乙醇得到乙醇钛溶液，并按 $TiO_2$ ∶ $H_2O_2$ 为 1∶1.25 摩尔比加入浓度为 30%的双氧水中，得到紫红色络合物：

$$Ti(C_2H_5O)_4 + 6H_2O_2 + 4H^+ = [TiO(H_2O_2)]^{2+} + 4C_2H_5OH \qquad (3.12)$$

然后在搅拌下加入浓度为 1.56 mol/L 的醋酸锌水溶液，放置后生成橘黄色的沉淀，保持反应温度在40℃左右，用氨水调节pH值至8。在这一过程中，红色$[TiO(H_2O_2)]^{2+}$逐渐转变为黄色钛酸$Ti(OH)_4$沉淀，与此同时，$Zn(OH)_2$也沉淀出来，反应式如下：

$$[TiO(H_2O_2)]^{2+} + 4NH_3 \cdot H_2O = Ti(OH)_4 \downarrow + O_2 \uparrow + 4NH^{4+} + H_2O \quad (3.13)$$

$$Zn^{2+} + 2NH_3 \cdot H_2O = Zn(OH)_2 \downarrow + 2NH^{4+} \quad (3.14)$$

在沉淀过程中不断搅拌，随着pH值的增大，生成的$Ti(OH)_4$沉淀以及$[TiO(H_2O_2)]^{2+}$可以成为$Zn(OH)_2$的晶核。因此二者可以达到均匀混合、高度分散。将生成的淡黄色沉淀用蒸馏水、无水乙醇分别洗涤、过滤，在110℃干燥，于550℃在马氟炉中煅烧3 h，即得到结晶完善的钛酸锌微粉。经X射线晶相分析，其晶相为$ZnTiO_3$和$Zn_2TiO_4$，粒径为0.1～0.5 μm。相应反应式如下：

$$Ti(OH)_4 + Zn(OH)_2 \xrightarrow{加热} ZnTiO_3 \downarrow + 3H_2O \quad (3.15)$$

$$Ti(OH)_4 + 2Zn(OH)_2 \xrightarrow{加热} Zn_2TiO_4 \downarrow + 4H_2O \quad (3.16)$$

也可以$TiCl_4$和$ZnCl_2$为原料、以NaOH为沉淀剂，采用直接沉淀法来制备纳米钛酸锌粉体。配制一定浓度的$TiCl_4$、$ZnCl_2$和沉淀剂NaOH溶液，将$ZnCl_2$和$TiCl_4$两种溶液按$Zn^{2+}$与$Ti^{4+}$的摩尔比为1∶1.2～2∶1混合，配制成锌钛混合液，加入去离子水调整其浓度，使得钛离子的浓度在0.5 mol/L，并将其预热至60℃左右，同时将沉淀剂溶液预热到一定温度，将预热过的锌钛混合液与沉淀剂溶液同时缓慢加入恒温水浴的四口烧瓶内（$t$>90℃），开动搅拌器，搅拌转速为450 r/min，反应5～10 min后结束。将产物分别用去离子水和乙醇洗涤，用真空泵抽滤，在80℃下恒温干燥，粉体经过研磨、过筛，分别在600℃和800℃煅烧2 h。经X射线衍射分析，当$Zn^{2+}$与$Ti^{4+}$的摩尔比为1∶1时，经600℃煅烧得到纯的立方相$ZnTiO_3$粉体，粒径约为40 nm(见图3.15(a))；当$Zn^{2+}$与$Ti^{4+}$的摩尔比为2∶1时，经800℃煅烧得到纯的立方相$Zn_2TiO_4$粉体，粒径约为90 nm(见图3.15(b))。

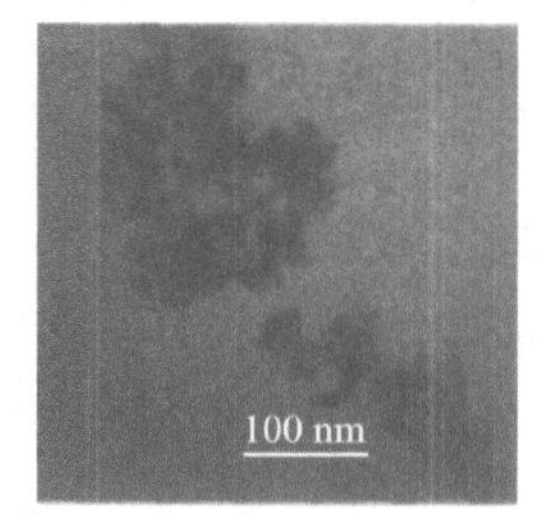


(a) $Zn^{2+}$与$Ti^{4+}$的摩尔比为1∶1，600℃

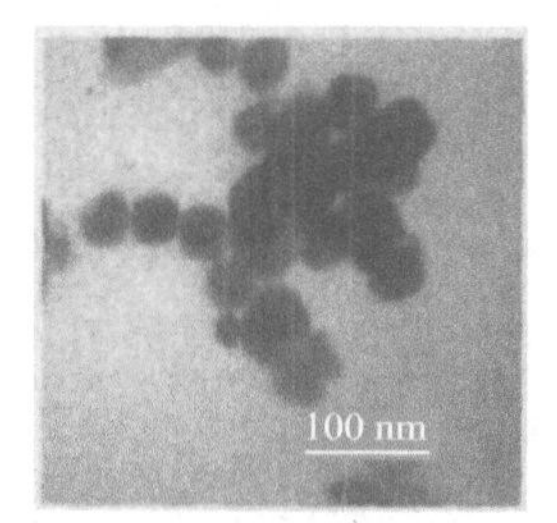


(b) $Zn^{2+}$与$Ti^{4+}$的摩尔比为2∶1，800℃

图3.15 钛酸锌粉体的TEM图

2）固液分离过程

由上述溶液反应法所得到的简单或复杂金属酸盐溶液，事实上仍处于反应物与反应产物的某种平衡状态，以及某种电解质平衡溶解状态。要想得到所期待的金属酸盐粉料，还存在两个关键问题。第一，如何使反应继续下去并进行得更彻底；第二，如何使固态粉料能高纯度地尽量沉淀出来。似乎第一个问题仍属反应平衡问题，第二个问题才是固液分离问题。但是这两个过程是密切相关、不能截然分开的。因为，如果使反应产物中某一物质更多地以固态方式沉淀，则破坏了反应的平衡，反应将向产生产物的方向进行，反应进行得更彻底，所以把这两个问题都归属于固液分离过程。

在溶液反应的初期或达到平衡状态时，所得的金属酸盐往往仍处于高度溶解状态或极度分散的胶体状态，而且在反应产物中都含有一定的酸(如 HCl、$H_2SO_4$ 等)或酸性盐(如 $NH_4Cl$ 等)，为促使反应朝产物方向进行，通常可以加入适量的碱(如 $NH_4OH$、NaOH 等)，因而将产生更多的金属酸盐，使之超过或达到更高的饱和浓度，这样便有更多的固态胶粒从溶液中析出。这是完全按照反应平衡质量作用定律和浓度积定律进行的。不过应该注意的是，对于不同反应溶液，其所需最有利的酸碱度是各不相同的。通常如果 pH 值过小，则反应速度太慢，析出物太少；但如 pH 值过高，则反应、析出过于剧烈，会使产物沉淀不均匀或成分不一致。此外，为使反应均匀，在加碱的过程中，通常都必须进行强烈的机械搅拌，或通入干净的压缩空气以促进其混合。因此，所得的固态析出物多数都呈乳浊状或絮凝状地高度分散于液体中，同时在溶液中还含有大量陶瓷原料所不需要的水溶性物质，因此还必须经过多次去离子水或蒸馏水的冲洗，最后再进行固液分离。最简单的固液分离方法是采用机械过滤分离，可用多层高质量的滤纸隔离，为了加大过滤效率，可采用真空抽滤，以强化流体抽出。这种方式虽然设备简单，但效率不高，并有少量细微粉粒流失，而且无法对付水溶性物质的分离。近代陶瓷工艺采用热析法、冷冻分离法和喷雾干燥法使固体和液体分离。

3) 酸盐煅烧过程

酸盐煅烧过程的主要目的在于将溶液反应过程所得的中间产物，通过不太高的温度煅烧，从而得到某种高质量(包括纯度和活性等)的氧化物粉料。对于只含一种金属离子的粉料，情况比较简单，只要合理地控制煅烧温度和煅烧时间，通过分解排气后，就可以得到具有假晶结构的、疏松多孔的氧化物粉粒。当煅烧对象中含有多种金属离子时，情况往往要复杂得多。在不同的阶段、不同的温度下，将发生不同的分解或化合反应。由于这些煅烧对象是在均相反应中获得的，故其中的所有金属离子都处于高度分散、极其均匀的混合或络合状态，或处于固溶型的异质同晶状态。因此，利用溶液反应获得某种复杂氧化物时的化学反应，可以在比烧结反应法制粉时低得多的温度下进行，而且反应产物要均匀、彻底得多。但沉淀剂浓度和煅烧温度对粉体晶相的组成影响很大。图 3.16 所示是在 $Zn^{2+}$ 与 $Ti^{4+}$ 的摩尔比为 1∶1 时，改变沉淀剂 $NH_4OH$ 浓度和煅烧温度的粉体 XRD 衍射曲线。由图中可知，经 600℃煅烧的粉体，谱图都出现了立方相 $ZnTiO_3$ 的特征峰，但当 NaOH 的浓度为 3 mol/L 时，峰值较强；经 800℃煅烧的粉体，以立方相 $Zn_2TiO_4$ 为主，但当 NaOH 的浓度为 3 mol/L 时，杂质峰值较少。

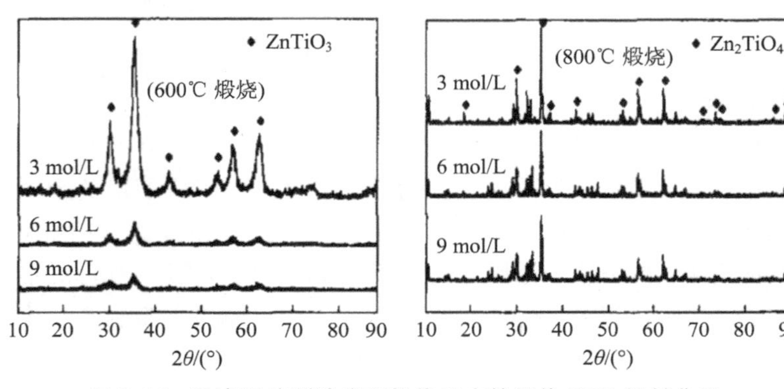


图 3.16 改变沉淀剂浓度和煅烧温度的粉体 XRD 衍射曲线

**2. 溶液反应法制粉的特点**

综上所述，与固相反应法制粉相比，溶液反应法制粉具有下列特点：

(1) 原料中各组分的混合是在高度分散的原子、分子状态下进行的，因此可使产物的反应均匀、彻底，结构一致，并使其在后续预烧工艺中，能在较低的温度下化合成具有比较理想结构的固溶体，从而获得高质量、高活性的陶瓷粉料。

(2) 在液相反应中，比较容易控制原材料的纯度和准确配比，且去掉了机械研磨、混合工序，大大减少了混杂质机会，加之煅烧温度低，能较好地掌握易挥发成分的准确度，因此溶液反应法制粉有利于获得高纯度、严配比的陶瓷粉料。

(3) 设备简单、流程紧凑，由于省去了粉碎、预烧、再粉碎等工序，降低了劳动强度，减少了环境粉尘，并且可提高自动化水平。

(4) 需要有一套与传统陶瓷完全不同的工艺装备，更重要的是，并非所有原料都可通过水溶反应方法制取，因为当溶液中含有多种金属离子时，将由于其中各种金属离子化合能力的差异，在脱水或煅烧过程中，可能出现化合物分离或生成并非所需的氧化物，故使此法推广受到一定限制。目前只限于在对纯度要求高、对微量成分敏感、配比要求准确、光学结构均匀的特种陶瓷原料中应用，如透明铁电陶瓷、敏感性半导陶瓷、磁性陶瓷等。由于目前还缺乏大规模的溶液反应法的生产工艺装备和经验，故其成本仍高于常规的烧结反应法制粉。溶液反应法制粉从长远看是值得推广的，但还不能取代固相反应法。

### 3.2.4 溶胶-凝胶法制粉工艺

溶胶-凝胶法制粉是指金属、有机或无机化合物经过溶液、溶胶、凝胶而固化，再经热处理而制成氧化物或其他化合物固体的方法。溶胶-凝胶法制粉不仅可用于制备微粉，而且可用于制备薄膜、纤维、体材和复合材料。

溶胶-凝胶法制粉是一种借助于胶体分散系的制粉方法。由于其胶粒直径通常都在几百 Å ($10^{-10}$m)以下，具有相当的透明度，故称之为溶胶。由于这类溶胶高度稳定，故它可将多种(3～5 种或更多)金属离子均匀、稳定地分布于胶体中，并可进一步脱水成均匀的凝胶(无定形体)，再经过合适的处理，便可获得活性极高的超微粒混合氧化物或均一的固溶体。溶胶-凝胶法制粉工艺可分为溶胶制备、凝胶形成及煅烧三步骤。图 3.17 所示是溶胶-凝胶法制粉的工艺流程。

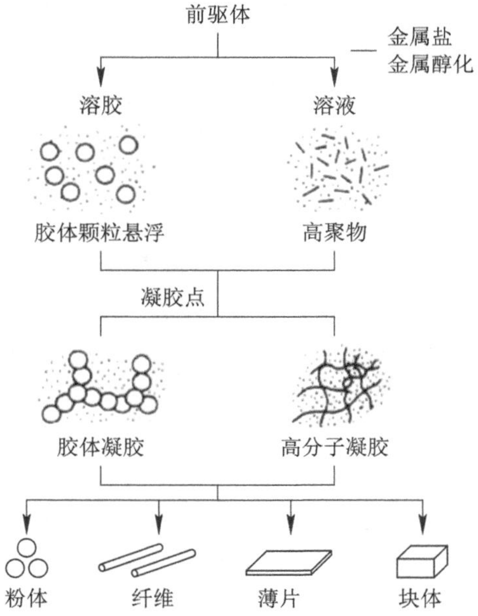

图 3.17 溶胶-凝胶法制粉的工艺流程

1) 溶胶制备

在溶胶-凝胶法制粉工艺中，通常是以有机物(如乙醇、乙二醇)作为溶剂，将所需金属离子酸盐按准确配比溶入其中，为了获得充分稳定的胶体，使各种金属离子均匀分布，不致分层、沉淀、偏析或生成不必要的化合物，还要再加入一种有机多功能酸(如柠檬酸、苹果酸、酒石酸、乙酸和乳酸等)，这些有机酸中至少含有一个羟基和一个羰基。加入这种有机多功能酸可以保证所有种类的金属离子都能均一地分布于胶体中，阻止其析凝或扩散而生成化合物。这种水溶胶通常都有较大的浓度，金属离子总量约为 3～10 mol/L。

2) 凝胶形成

从溶胶转化为凝胶通常就是一种低温脱水过程，这是本工艺中非常关键的工序，可分两步进行：第一步是将该溶胶置于 70℃左右、残压为几毫米汞柱的真空室中，使其中所含水分能缓慢且均匀地蒸发；第二步是当胶体黏度加大，逐渐变得过稠而难于蒸发时，可提高蒸发温度和加大真空度，但最高温度不宜超过 100℃，经几个小时后便可获得玻璃状凝胶。这类质量优良的凝胶通过 X 射线衍射谱测定是完全无定形的；在显微镜下是完全均匀的。通过化学分析或红外分析，可以证明它是一种无水金属酸盐混合物(非晶体)，包含着原先引入的所有金属离子，并保持准确的化学配比。有的溶胶在室温静置后可变凝胶。

例如，按摩尔比 Zn：Ti＝1：1 计量原料，先将硝酸锌和钛酸四丁酯分别溶于适量乙醇中，然后将硝酸锌溶液逐滴加到钛酸四丁酯溶液中，并加入冰醋酸，控制溶液的 pH 值为 2～3。前驱体溶液经充分加热搅拌 3～5 h 后形成淡黄色透明溶胶；静置陈化稳定 12 h 后，溶胶转变成凝胶；将所得的凝胶于 80℃干燥，然后在不同温度下煅烧。煅烧温度为 300～1000℃内的 7 个温度，保温时间均为 3 h。X 射线衍射曲线表明：凝胶前驱体在煅烧过程中发生了从非晶态到晶态的转变以及一种晶相向另一种晶相转变的过程。在室温～500℃范围内，粉体以非晶胞为主，没有明显的衍射峰出现，表明此时粉体基本上是非晶态的；在 600℃低温煅烧时产生了立方相 $Zn_2Ti_3O_8$；随着热处理温度的升高，立方相逐渐向六方相转变；纯六方 $ZnTiO_3$ 钛铁矿相可以在 800℃获得，但是其热稳定区域较窄；在 900℃以上时，六方相逐步分解为金红石 $TiO_2$ 和 $Zn_2TiO_4$ 立方相。可用醋酸锌溶于乙二醇和柠檬酸的水溶液代替硝酸锌的乙醇溶液，也可得到类似的结果。

3) 煅烧

为了使粉料获得并保持高度的活性，煅烧应在尽可能低的温度下进行。通常为 450～600℃，具体温度可以由热失重分析、X 射线衍射数据或化学分析法来确定。有时在最低煅烧温度下还能获得所需要的某种氧化物时，则可将煅烧温度略为提高，直至获得所需氧化物为止。如果将这类凝胶置于氢气或氧气的气氛中快速缓烧几分钟，然后置入氮、氢或真空中做进一步处理，则可获得所需的物相。这种处理方法特别有利于使某些变价金属氧化物稳定于低价态。如果在制取凝胶时金属离子以硝酸盐或铵盐的方式引入，则煅烧过程所析出的物质是 CO、$CO_2$、NO、$NO_2$ 和水。

在用溶胶-凝胶法制备粉体时，工艺参数对粉体的影响较大，下面以钛酸丁酯和醋酸钡为原料，采用溶胶-凝胶法制备钛酸钡超细粉体为例来说明控制工艺参数的重要性。

将钛酸丁酯溶于异丙醇中，搅拌均匀后，在室温、搅拌条件下滴加冰醋酸，并继续搅拌，可得近乎透明的钛酰型化合物溶液；然后在剧烈搅拌及室温下，滴加用乙酸溶液溶解的醋酸钡溶液，得到混合溶液，继续搅拌，使水解反应完全；此时用冰醋酸调节溶液 pH 值到 3.0～4.0，继续搅拌，将反应混合物置于 25～95℃的水浴中凝胶化，使其发生溶胶-凝胶转化，可得近乎透明的凝胶体；待凝胶老化后，在 25～120℃温度下干燥，研碎后，在

700～1100℃下煅烧 2 h，即得钛酸钡超细陶瓷粉体。

下面分析各因素的影响效果。

（1）水解用水量对凝胶化时间及粉体粒径的影响。

溶于异丙醇中的钛酸丁酯与冰醋酸反应能够生成可溶于异丙醇的钛酰型化合物 $Ti(OR)_x(OAc)_y$（式中 R 为异丙醇，OAc 为醋酸根）后，在滴加醋酸钡的醋酸水溶液时，由于 $Ti(OR)_x(OAc)_y$ 化合物的烷氧基团比乙酸根以更快的速率水解，生成乙酰基钛化合物 $Ti(OH)_a(OAc)_b$，该化合物在过量水中是可溶的，因此水解用水量对最终溶胶胶粒的形成及 sol-gel（溶胶-凝胶）转化都将产生较大的影响。水解用水量对凝胶化时间及粉体粒径的影响如表 3.4 所示。

**表 3.4　水解用水量的影响**

| 水解用水量 | 凝胶化时间/min | 粉体粒径/nm |
|---|---|---|
| 40 | 7 | 50～250 |
| 65 | 15 | 50～300 |
| 85 | 30 | 20～200 |
| 250 | 未形成凝胶 | — |

（2）pH 值对凝胶化时间及粉体粒径的影响。

随着 pH 值的降低，凝胶化时间逐渐变长，当 pH = 2.8 时，经沸水中 5 天保温陈化也不能形成凝胶体，所以要实现 sol-gel 转化，混合溶液的 pH 值不能太低，必须大于 2.8。pH 值对凝胶化时间及粉体粒径的影响如表 3.5 所示。

**表 3.5　pH 值的影响**

| pH 值 | 凝胶化时间/min | 粉体粒径/nm |
|---|---|---|
| 2.8 | 未形成凝胶 | — |
| 3.25 | 65 | 20～200 |
| 3.5 | 30 | 20～200 |
| 3.75 | 12 | 50～300 |
| 4.0 | 5 | 50～300 |

（3）凝胶化温度对凝胶化时间及粉体粒径的影响。

水解形成的 $Ti(OH)_a(OAc)_b$ 化合物在混合溶液体系中的溶解度或稳定性会因体系温度的改变而发生变化。凝胶化温度对凝胶化时间及粉体粒径的影响如表 3.6 所示。

**表 3.6　凝胶化温度的影响**

| 凝胶化温度/℃ | 凝胶化时间/min | 粉体粒径/nm |
|---|---|---|
| 0 | 未形成凝胶 | — |
| 25 | 480 | 50～400 |
| 60 | 55 | 50～300 |
| 沸水中 | 30 | 20～200 |

(4) 湿凝胶干燥条件对粉体粒径的影响。

由 TEM 照片可知，湿凝胶采用不同干燥条件处理，所得 $BaTiO_3$ 粉体的一次粒径无明显区别，均为 20～200 nm，颗粒外貌基本为球形。

(5) 煅烧温度对粉体的影响。

经室温真空干燥后所得凝胶分别在 500℃、700℃、900℃、1100℃高温下煅烧，由粉体的 TEM 照片可知，粉体粒径为 20～200 nm，但在 1100℃的高温下煅烧，粉体粒径有明显长大的趋势；在 500℃下煅烧处理，样品外观为灰黑色，明显有大量有机物未分解，存在着多种物相结构。所以干凝胶体煅烧温度以 700～900℃为宜，可得到满意的粉体。

利用溶胶-凝胶法制粉工艺，可以获得均匀分散的混合氧化物或固溶型氧化物，它可以含有多种作为基质的金属离子，或某些作为改性或优化工艺用的添加物离子。实践证明，除了银以外，几乎所有金属离子氧化物均可用此方法获得优质粉料。在溶胶-凝胶法制粉过程中，如果成分比准确无误，则通过 X 射线及其他多种分析手段证实，这种混合型或固溶型氧化物具有成分极纯、分布均一、结构准确等特点。粉粒直径为 30～500Å，具体粒径的大小取决于凝胶的煅烧条件，如煅烧温度增高，则粒径加粗。

### 3.2.5 气相法制粉工艺

气相法制粉是直接利用气体或者通过各种手段将物质变成气体，使之在气体状态下发生物理变化或化学反应，最后在冷却过程中凝聚长大形成纳米微粒的方法。气相法制粉包括物理气相合成法和化学气相合成法。

**1. 气相合成的基本原理**

无论哪一种气相合成方法都会涉及气相粒子成核、晶核生长、粒子凝聚等一系列粒子生长的基本过程。

1) 粒子成核

在气相情况下有两种不同的成核方式：一种是直接从气相中生成固相核，或先从气相中生成液滴，然后再从中结晶，另一种是成核起初为液球滴，结晶时出现平整晶面，再逐渐显示为立方形。化合物的结晶过程较复杂，按照成核理论，单位时间、单位体积内的成核率为

$$I = N_p \frac{kT}{h} \exp\left(-\frac{\Delta G + \Delta g}{kT}\right) \tag{3.17}$$

式中，$N_p$ 为母相中单位体积的原子数；$\Delta G$ 为形成一个新相核心时自由能的变化；$\Delta g$ 为原子越过界面的激活能；$k$ 为玻兹曼常数；$h$ 为普朗克常数；$T$ 为绝对温度。

$\Delta g>0$，与温度及界面状态有关，但变化不大。决定 $I$ 大小的关键因素是 $\Delta G$。

2) 晶核生长及粒径控制

粒子一旦成核，就会迅速碰撞长大形成初生粒子，因此在气相合成中粒径的控制非常重要。控制粒径常用的方法有通过物料平衡条件控制或者通过控制成核速率来控制。事实上，当反应平衡常数很大时，反应率很大，几乎能达到 100%。由此可根据物料平衡条件来估算生成粒子的尺寸 $r$，即

$$\frac{4}{3}\pi r^3 N = C_0 \frac{M}{\rho} \tag{3.18}$$

式中，$N$ 为每立方厘米所生长的粒子数；$C_0$ 为气相金属源浓度($mol/cm^3$)；$\rho$ 和 $M$ 分别为生成物的密度和摩尔质量。

由此得到粒子的直径 $D$ 为

$$D = \left(6C_0 \frac{M}{\pi N \rho}\right)^{1/3} \tag{3.19}$$

式(3.19)表明，粒子大小可通过原料源浓度加以控制。随着反应的进行，气相过饱和度急剧降低，晶核生长速度就会大于均匀成核速度。

3）粒子凝聚

粒子形成初生粒子后，在布朗运动的作用下会相互碰撞凝聚，按分子运动理论，其碰撞频率为

$$f = 4\left(\frac{\pi kT}{m}\right)^{1/2} d_p^2 N^2 \tag{3.20}$$

式中，$N$ 为粒子浓度；$m$ 和 $d_p$ 分别为粒子质量和粒径；$k$ 为玻兹曼常数；$T$ 为绝对温度。

粒子经初期长大后，其粒径会随着滞留时间的延长经碰撞凝聚均衡长大，其化学反应速度并不影响这种凝聚机制。

**2. 气相法制粉的形式**

气相法制粉的形式大致可分为气体蒸发法、化学气相反应法、溅射法等。

1）气体蒸发法制粉

气体蒸发法制粉是在惰性气体(或活泼性气体)中将金属、合金或陶瓷蒸发气化，然后与惰性气体冲突，冷却、凝结(或与活泼性气体反应后再冷却凝结)而形成纳米微粒的方法。整个过程是在高真空室内进行的，通过分子涡轮泵使其达到0.1 kPa以上的真空度，然后充入低压(约2 kPa)的纯净惰性气体(He或Ar，纯度约为99.99%)。将欲蒸发的物质(如金属、$CaF_2$、NaCl、FeF等离子化合物，过渡金属氮化物及易升华的氧化物等)置于坩埚内，通过钨电阻加热器或石墨加热器等加热装置逐渐加热蒸发，产生原物质烟雾。由于惰性气体的对流，烟雾向上移动，并接近充液氮的冷却棒(冷阱，77K)。在蒸发过程中，由原物质发出的原子由于与惰性气体原子碰撞而迅速损失能量而冷却，这种有效的冷却过程在原物质蒸汽中造成很高的局域过饱和，这将导致均匀的成核过程。因此，在接近冷却棒的过程中，原物质蒸汽首先形成原子簇，然后形成单个纳米微粒。在接近冷却棒表面的区域内，由于单个纳米微粒的聚合而长大，最后在冷却棒表面上积累起来，用聚四氟乙烯刮刀刮下并收集起来即获得纳米粉。

采用气体蒸发法时，可通过调节惰性气体压力、蒸发物质的分压(即蒸发温度或速率)或惰性气体的温度，来控制纳米微粒的大小。实验表明，随蒸发速率的增加(等效于蒸发源温度的升高)，粒子变大，或随着原物质蒸气压力的增加，粒子变大。在一级近似下，粒子大小正比于 $\ln p_0$($p_0$ 为金属蒸汽的压力)。随惰性气体压力的增大，粒子近似地成比例增大，同时也表明，相对原子质量(即摩尔质量)大的惰性气体将导致大粒子的形成。

用气体蒸发法制备的微粒主要具有如下特点：

(1) 表面清洁；

(2) 粒度齐整，粒径分布窄；

(3) 粒度容易控制。

目前，根据加热源的不同，可将气体蒸发法分为等离子体加热法、电子束加热法、激光加热法、爆炸丝法等。

2）化学气相反应法制粉

化学气相反应法制粉是利用挥发性的金属化合物的蒸汽通过化学反应生成所需要的化合物，并在保护气体环境下快速冷凝，从而制备各类物质的纳米微粒的方法。该方法也叫化学气相沉积法(Chemical Vapor Deposition，CVD)。用化学气相反应法制备纳米微粒具有很多优点，如颗粒均匀、纯度高、粒度小、分散性好、化学反应活性高、工艺可控和过程连续等。化学气相反应法制粉可广泛应用于特殊复合材料、原子反应堆材料、刀具和微电子材料等多个领域，适合于制备各类金属、金属化合物以及非金属化合物纳米微粒，如各种金属、氮化物、碳化物、硼化物等。自20世纪80年代起，CVD技术逐渐用于粉状、块状材料和纤维等的制备中。

按体系反应类型，可将化学气相反应法制粉分为气相分解法制粉和气相合成法制粉两类，按反应前原料物态划分，又可分为气-气反应法制粉、气-固反应法制粉和气-液反应法制粉。要使化学反应发生，还必须活化反应物系分子，一般利用加热和射线辐照方式来活化反应物系的分子。通常反应物系分子的活化方式有电阻炉加热、化学火焰加热、等离子体加热、激光诱导、X射线辐射等多种方式。

(1) 气相分解法。

气相分解法又称单一化合物热分解法。一般是对待分解的化合物或经前期预处理的中间化合物进行加热、蒸发、分解，得到目标物质的纳米微粒。单一化合物热分解法制粉一般具有下列反应形式：

$$A(s) \longrightarrow B(s) + C(g)\uparrow \tag{3.21}$$

单一化合物热分解法制粉的原料通常是容易挥发、蒸气压高、反应活性高的有机硅、金属氧化物或其他化合物，如$Fe(CO)_3$、$SiH_4$、$Si(NH)_2$、$(CH_3)_4Si$、$Si(OH)_4$等，其相应的化学反应式如下：

$$Fe(CO)_3(g) \longrightarrow Fe(s) + 3CO(g)\uparrow$$

$$SiH_4 \longrightarrow Si(s) + 2H_2(g)\uparrow$$

$$3Si(NH)_2 \longrightarrow Si_3N_4(s) + 2\ NH_3(g)\uparrow$$

$$(CH_3)_4Si \longrightarrow SiC(s) + 6H_2(g)\uparrow$$

$$2Si(OH)_4 \longrightarrow 2SiO(s) + H_2O\uparrow$$

(2) 气相合成法。

气相合成法通常是利用两种以上物质之间的气相化学反应，在高温下合成出相应的化合物，再经过快速冷凝，从而制备各类物质微粒的方法。利用气相合成法可以进行多种微粒的合成，具有灵活性和互换性，其反应形式如下：

$$A(s) + B(s) \longrightarrow C(s) + D(g)\uparrow \tag{3.22}$$

下面是几个典型的气相合成反应：

$$3SiH_4(g) + 4NH_3(g) \longrightarrow Si_3N_4(s) + 12H_2(g)\uparrow$$

$$3SiCl_4(g) + 4NH_3(g) \longrightarrow Si_3N_4(s) + 12HCl(g)\uparrow$$

$$2SiH_4(g) + C_2H_4(g) \longrightarrow SiC(s) + 6H_2(g)\uparrow$$

$$BCl_3(g) + 3/2H_2(g) \longrightarrow B(s) + 3HCl(g)\uparrow$$

依靠气相化学反应合成微粒，是通过气相下均匀成核及核生长而产生的，反应气体需要形成较高的过饱和度，反应体系要有较大的平衡常数。此外，还要考虑反应体系在高温条件下各种副反应发生的可能性，并在制备过程中尽可能加以抑制。

3）溅射法制粉

溅射法制粉是在惰性气氛或活性气氛下，在阳极和阴极蒸发材料间施加一定的直流电压，使之产生辉光放电，放电中的离子撞击在阴极的蒸发材料靶上，靶材的原子就会由其表面蒸发出来，蒸发原子被惰性气体冷却而凝结或与活性气体反应而形成纳米微粒的方法。

如图3.18所示，两块金属板（Al板阳极和蒸发材料靶的阴极）平行放置在Ar气（40～250 Pa）中，在两极板间施加0.3～1.5 kV的直流电压，使之产生辉光放电。

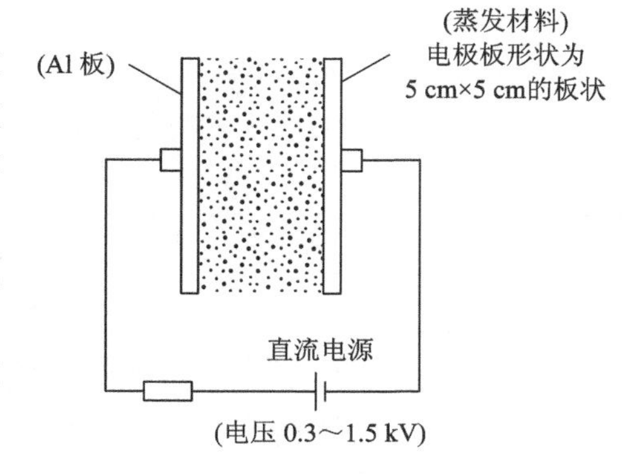


图3.18 溅射法制粉的原理

用溅射法制备纳米微粒有如下优点：不需要坩埚；蒸发材料（靶）放在什么地方都可以（向上，向下都行）；高熔点金属也可制成纳米微粒；可以具有很大的蒸发面；使用反应性气体的反应性溅射可以制备化合物纳米微粒；可形成纳米颗粒薄膜等。

## 3.3 粉料的特性及其分析方法

粉料的粒度是指粉粒直径的大小。作为陶瓷的粉料，其粒度通常为0.1～50 μm。一般说来，粉料的粒度愈细，则其工艺性能愈佳。例如，当采用挤制、轧膜、注浆、流延等方法成型时，只有当粉料达到一定的细度时，才能使浆料达到必要的流动性、可塑性，才能保证制出的坯体具有足够的光洁度、均匀性和必要的机械强度。此外，随着粉料粒度的进一步细化，陶瓷的烧成温度亦将有所降低，故对那些烧结温度特别高的电子陶瓷，如$Al_2O_3$陶瓷和MgO陶瓷，以及要求低温烧结的独石陶瓷等，粉料的超细粉碎具有很大的实际意义。当然，若想采用机械粉碎的方法使粉料更细，则所需加工量很大，磨料混入杂质的可能性也大，其所付出代价也就很高。故从经济角度看，粉料应有一个合理的粒度，应从整个工艺过程及最终产品的性能作出全面考虑。

### 3.3.1 粉料粒度的测定

粉料可以通过不同粉碎手段进行加工，其加工效果或所得质量可以通过粉粒的粒径、粒形和粒度分布来加以评定。

#### 1. 粒度的评定指标

1）等效粒径

如果粉粒是球形或立方形的，则可直接用其直径或边长来表示粉粒的大小，但实际粉粒的外形往往是比较复杂的。为了说明粉料粒度的大小，通常都是有条件地采用一些等效表达方法。为此可设想将粉粒置于一最小外接四方盒或球之内，并以 $l$、$b$、$h$ 表示四方盒的长、宽、高，$d$ 表示球的直径，或者以 $S$ 表示总表面积，$V$ 表示体积，然后可计算其等效粒径。例如，体积直径 $d_v=\sqrt[3]{6V/\pi}$，表面积直径 $d_s=\sqrt{S/\pi}$。如果是薄的粉粒，则可将其投影与一平面圆进行比较，用 $C$ 表示其周长，$S$ 表示其面积，用周长直径 $d_c=C/\pi$ 或投影面积直径 $d_u=\sqrt{4S/\pi}$ 表示其等效粒径。还可以用一些特殊的名称表示等效粒径，如 $d_A$、$d_{st}$、$d_M$ 和 $d_F$ 等。表 3.7 所示为常用的表示粒径的方法及定义。

**表 3.7 常用的表示粒径的方法及定义**

| 符 号 | 名 称 | 定 义 |
| --- | --- | --- |
| $d_v$ | 体积直径 | 与粉粒同体积的球直径 |
| $d_s$ | 表面积直径 | 与粉粒同表面积的球直径 |
| $d_{st}$ | Stokes 径 | 层流粉粒的自由下落直径，即斯托克斯径 |
| $d_c$ | 周长直径 | 与粉粒投影轮廓相同周长的圆直径 |
| $d_u$ | 投影面积直径 | 与处于稳态下粉粒相同投影面积的圆直径 |
| $d_A$ | 筛分直径 | 粉粒可通过的最小方孔宽度 |
| $d_M$ | 马丁径(Martin) | 粉粒影象的对开线长度，也称定向径 |
| $d_F$ | 费莱特径(Feret) | 粉粒影象的二对边切线(相互平行)之间的距离 |

2）粒度分布

不论通过哪种粉碎手段得到的粉料，其粒度大小都不可能是完全一致的，其粒度都是一定粒径范围内的分布函数。为了描述这种分布情况，可在其最大粒径与最小粒径之间分成 10～20 个区间，再计算出各粒径区间内的粉粒个数(或重量、面积等)，例如，以小于某一粒径的粉粒数除以粉料的总个数(或重量、面积)，则可得区间个数(或重量、面积)的积分分布，并可得如图 3.19 所示的个数积分分布曲线。如以区间粉粒个数(或重量、面积等)除以粉粒总个数(或总重量、总面积等)，则可得该区间的个数频度(或重量频度、面积频度等)，如将各区间频度的中点连成光滑曲线，则可得如图 3.20 所示的个数频度分布曲线。

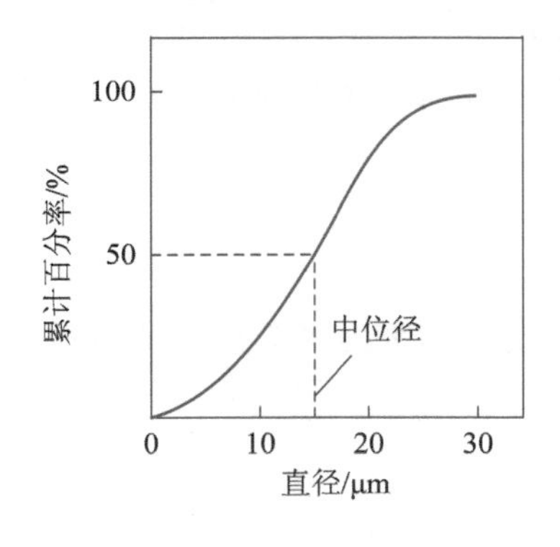


图 3.19 个数积分分布曲线

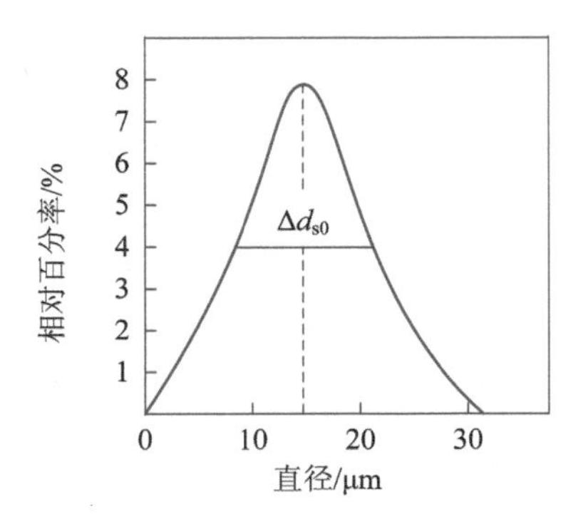


图 3.20 个数频度分布曲线

3）平均粒径

粉料的粒度通常都具有分布特性，为了简明地表达某粉料的分布特性，可引入平均粒径 $\overline{D}$ 这个概念。在等效粒径确定后，还可以按粉粒的长度、面积或体积等公式来计算其平均粒径。例如，

$$\overline{D}_{\mathrm{l}}=\frac{\sum_{i=1}^{n}(n_{\mathrm{i}}D_{\mathrm{i}})}{\sum n_{\mathrm{i}}},\ \overline{D}_{\mathrm{s}}=\frac{\sqrt{\sum(n_{\mathrm{i}}D_{\mathrm{i}}^{2})}}{\sum n_{\mathrm{i}}},\ \overline{D}_{\mathrm{v}}=\frac{\sqrt[3]{\sum(n_{i}D_{i}^{3})}}{\sum n_{\mathrm{i}}}$$

显然，对于同一粉料采用不同的计算方式，所得的各种平均粒径也是不同的。

**2. 粒度的测量方法**

测量粒度的方法有多种，表3.8所示为按照粒度的测量原理分类，列出的测量粒度的几种主要方法、测量范围与分布基准。本节仅对计数法、筛分法及沉降法的测量原理作简单的介绍。

**表3.8 测量粒度的主要方法**

| 测量原理 | 测量方法 | 测量范围/m | 测量类型与分布基准 |
|---|---|---|---|
| 计数法和投影等效 | 光学显微镜 | $10^{-3}\sim10^{-6}$ | 长度或面积 |
| | 电子显微镜 | $10^{-5}\sim10^{-9}$ | 个数分布 |
| 筛分法 | 分样筛 | $10^{-3}\sim10^{-5}$ | 通过筛目，重量分布 |
| 沉降速度 | 重力沉降 | $10^{-3}\sim10^{-6}$ | 斯托克斯径，重量分布 |
| | 离心沉降 | $10^{-5}\sim10^{-8}$ | |
| 吸附 | 流动性 | $10^{-5}\sim10^{-9}$ | 比表面 |

1）计数法和投影等效

计数法是指用光学显微镜或电子显微镜对分散在平面载波片上的粉料进行直指观察，或将所拍照片按不同粒径进行计数测定。对于某些分散性较好，不易黏凝的粉料，可用干式法直接将其均匀撒拌于载玻片上；对于某些易于凝集的粉料，可用合适的、粉料不溶于其中的液体(如水等)，制成悬浊液，搅拌均匀后滴于载玻片上形成液膜，干燥后观察；对于某些极易沉淀、不易形成悬浊液的粉料，可用液态石蜡等稠性媒质将其混炼，然后通过适当稀释、涂布，并用溶剂浸除媒质以备观察。

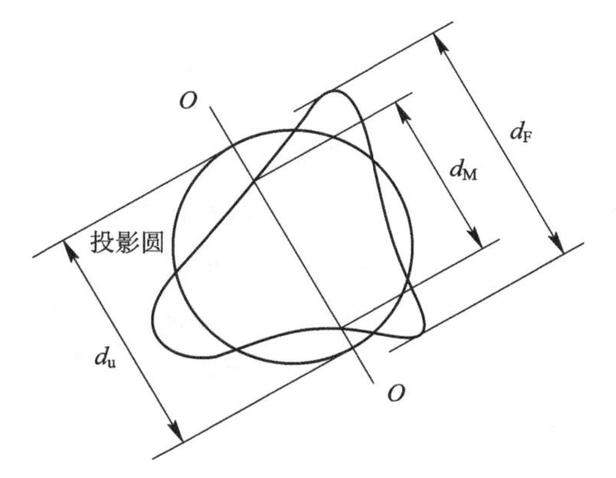

图3.21 三种等效投影直径

在显微镜下可以计算投影等效直径，图3.21中画出了三种等效投影直径 $d_u$、$d_M$ 和 $d_F$。

2）筛分法

筛分法是对粗粉粒测定的有效方法。该方法也被广泛地应用于生产中，用以筛除过粗的粉粒。由于筛孔是方形的，故只允许横截面比它

小的粉粒通过，甚至针状粉粒亦能通过。筛分时将适当筛号的标准筛，按筛孔大小自上而下套叠，最下置于同形容器，并放置在振动台上以一定的频率和振幅来振动。然后称量各层的筛余粉料，即可得按重量计的积分分布数据。若是易于黏凝的粉料，则可采用液体冲洗的方式进行湿筛。目前国际上流行的标准筛孔是用目数表示的，目数表示 1 英寸(25.4 mm)长度方向上孔的个数 $N_m$，如图 3.22 所示，孔的大小为 $25.4/(N_m-w)$(mm)，例如，250 目筛表示孔的边长为 0.1016 mm(忽略筛线的直径)，那么 1 m 长度有 10 160 个孔，即 250 目筛对应国内的万孔筛。

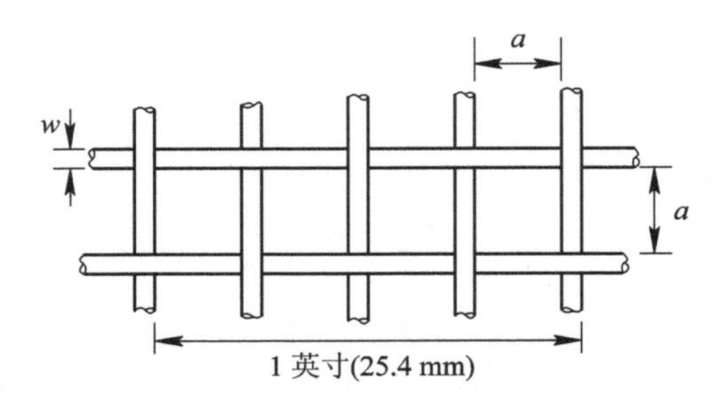


图 3.22 筛孔的示意图

3) 沉降法

在黏滞液体中，小球的下降速度和液体的黏度成反比，与小球直径的平方成正比。其关系通常可表示为斯托克斯(stokes)公式：

$$v=\frac{1}{18}\frac{(\rho-\rho_0)g}{\eta}D^2 \tag{3.23}$$

式中，$v$ 为小球沉降速度；$\rho$ 和 $\rho_0$ 分别为小球及液体的密度；$\eta$ 为液体的黏度；$D$ 为小球直径；$g$ 为重力加速度。

可见，球径愈小，则其沉降速度愈慢，由于沉降深度 $H=v\cdot t$，故经过一段时间 $t$ 后，则可由 $H\propto D^2$ 的关系，用沉降距离求得粉料直径。由于粉料并不一定就是球状，故由沉降法所测得的粒径，称为斯托克斯径。

在用沉降法测量时，可在悬浮液的一定深度设置天平托盘，然后测得沉降重量随时间而增加的曲线。通过此曲线在不同点的斜率，便可得到以重量为基准的粒度分布曲线。由于悬浊液的比重随所含粉料浓度不同而异，故又可利用测量比重的方法来了解粒度的分布情况，即在悬浊液的一定深度，测量其比重按时间的变化，或在沉降一定时间之后，同时测量不同深度的比重，同样可以通过 $H\propto D^2$ 的关系求得粒度的分布。具体的操作方法和计算公式随不同的测量装置而异，但其测量原理大同小异。

### 3.3.2 粉粒形貌结构分析

#### 1. 电子的波性及波长

电子显微镜和光学显微镜的基本光学原理是相似的，它们之间的区别仅在于所使用的照明源和聚焦成像的方法不同，前者是可见光照明，用玻璃透镜聚焦成像，后者用电子束照明，用一定形状的静电场或磁场聚焦成像。

光学显微镜最关键的性能是分辨率。根据光的衍射理论，其计算公式为

$$d=0.61\frac{\lambda}{n\cdot\sin\alpha} \tag{3.24}$$

式中，$d$ 是指物镜能够分开的两个点(或两条平行线)之间的最短距离，称为物镜的分辨本领或分辨能力，简称分辨率；$\lambda$ 为入射光波的波长；$n$ 为透镜周围介质的折射率；$\alpha$ 为物镜

的半孔角，$n \cdot \sin\alpha$ 称为物镜的“数值孔径”，用 $N \cdot A$ 表示。

实践证明，在空气介质中，任何透镜系统的 $N \cdot A$ 均小于1，在使用最好的油浸透镜时也只能达到1.5～1.6。而可见光的波长为3900～7700 Å，由此可知，光学显微镜的极限分辨率约为0.2 μm，不可能再提高，因此应用范围受到限制。

高速运动的电子具有波粒二像性，因此是物质波，即德布罗意波，在电场作用下，电子波长的表达式为

$$\lambda = \frac{h}{\sqrt{2qm_e V}} \tag{3.25}$$

式中，$h$ 为普朗克常数；$q$ 和 $m_e$ 分别为电子的电荷量和质量；$V$ 为加速电压。

将 $h=6.62\times10^{-34}$ J，$q=1.6\times10^{-19}$ C，$m_e=9.11\times10^{-31}$ kg 代入式(3.25)可得

$$\lambda = \frac{12.26}{\sqrt{V}}(\text{Å}) \tag{3.26}$$

当电压很高时，根据相对论理论，电子的质量增加，经修正后得到

$$\lambda = \frac{12.26}{\sqrt{V(1+0.9788\times10^{-6}V)}}(\text{Å}) \tag{3.27}$$

当加速电压为50～100 kV时，其波长仅仅为0.0536～0.0370 Å，约为可见光的十万分之一，因此用电子波作为显微镜的照明源，就能显著地提高分辨率。

电子波通过电磁透镜成像，所谓电磁透镜是指产生使电子束聚焦的旋转对称磁场的线圈装置，如图3.23所示。

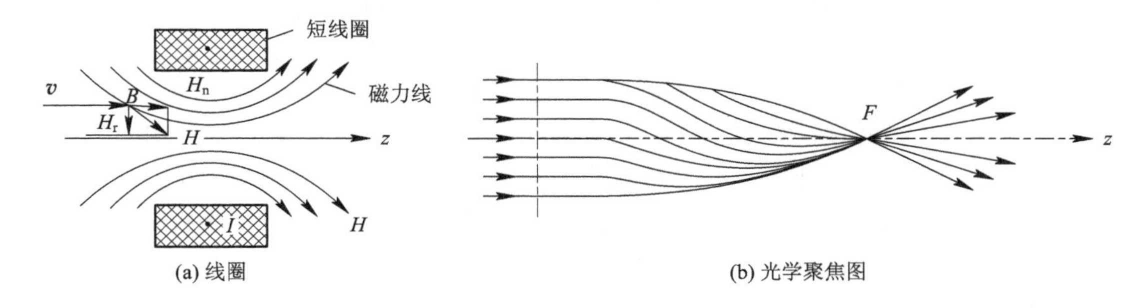


图3.23 电磁透镜的工作原理

电磁透镜的特点是能使电子偏转会聚成像，但不能加速电子；总是会聚透镜；焦距 $f$ 和放大倍数 $M$ 连续可调，二者的表达式如下：

$$f = k\frac{V}{(\text{IN})^2} \tag{3.28}$$

$$M = \frac{f}{L_1 - f} \tag{3.29}$$

式中，$k$ 是常数；$V$ 是电子的加速电压；IN是电磁透镜的激磁安匝数；$L_1$ 是物距。

**2. 电子与固体物质的相互作用**

入射电子与固体物质相互作用，可以产生背散射电子、二次电子、吸收电子、俄歇电子、透射电子、阴极荧光、特征辐射和白色X辐射、荧光X射线及弹性和非弹性散射电子，衍射电子，如图3.24所示。

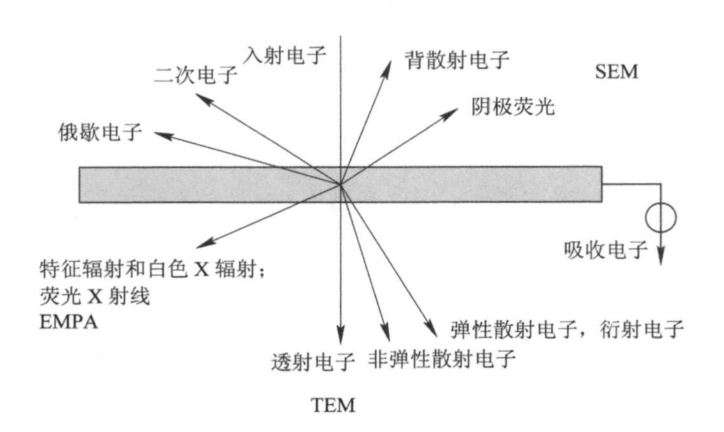


图 3.24 电子与固体物质的相互作用

(1) 背散射电子(Back scattering Electrons，BE)：电子射入试样后，受到原子的弹性和非弹性散射，有一部分电子的总散射角大于 90°，重新从试样表面逸出，称为背散射电子。其特点是能量高，大于 50 eV；分辨率较低；产生额与原子序数 $Z$ 有关，与形貌有关。

(2) 二次电子(Secondary Electrons，SE)：入射电子在试样内产生二次电子，所产生的二次电子还有足够的能量继续产生二次电子，如此继续下去，直到最后二次电子的能量很低，不足以维持此过程为止。其特点是能量低，为 2～3 eV；仅在试样表面 10 nm 层内产生；对试样表面状态敏感，显示表面微区的形貌有效；分辨率很高，是扫描电子显微镜的主要成像手段；与形貌密切相关，图像的景深大、立体感强，常用于观察形貌。

(3) 吸收电子(Absorption Electrons，AE)：入射电子经多次非弹性散射后能量损失殆尽，不再产生其他效应，一般称为被试样吸收，这种电子称为吸收电子。试样厚度越大，密度越大，吸收电子就越多，吸收电流就越大。它被广泛用于扫描电镜和电子探针中。

(4) 俄歇电子(Auger Electrons，AuE)：如果原子内层电子在能级跃迁过程中释放出来的能量不是以 X 射线的形式释放，而是用该能量将核外另一电子打出，脱离原子变为二次电子，这种被电子激发的二次电子就叫作俄歇电子。俄歇电子仅在表面 1 nm 层内产生，适用于表面分析。

(5) 透射电子(Transmisive Electrons，TE)：当试样厚度小于入射电子的穿透深度时，入射电子将穿透试样，从另一表面射出，称为透射电子。如果试样很薄，只有 10～20 nm 的厚度，则透射电子的主要组成部分是弹性散射电子，成像比较清晰，电子衍射斑点也比较明锐。

(6) X 射线：X 射线(包括特征辐射和白色 X 辐射、荧光 X 射线)信号产生的深度和广度范围较大。荧光 X 射线是特征辐射和白色 X 辐射激发的次级特征辐射。X 射线在固体中具有强的穿透能力，无论是特征辐射还是白色 X 辐射都能在试样内达到较大的范围。

(7) 阴极荧光：阴极荧光是指某些材料(如半导体、磷光体和一些绝缘体)在高能电子束照射下发射出的可见光(或红外、紫外光)，也叫阴极发光现象。

3. 透射电子显微镜

透射电子显微镜(TEM)是一种高分辨率、高放大倍数的显微镜，它是以聚焦电子束为照明源，使用对电子束透明的薄膜试样，以透射电子为成像信号。如图 3.25 所示是其结构示意图，其工作原理是：电子束经聚焦后均匀照射到试样的某一微小观察区域上，入射电子与试样物质相互作用，透射的电子经放大投射在观察图形的荧光屏上，显出与观察试样区的形貌、组织、结构对应的图像，如图 3.26 所示。

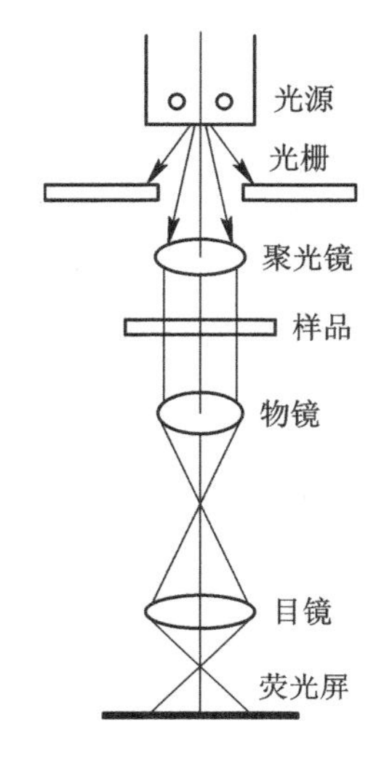


图 3.25 透射电子显微镜的结构示意图

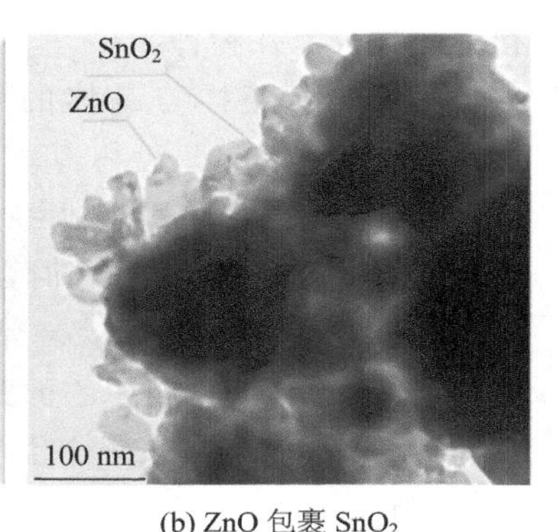


(a) $SiO_2$ 包裹 γ-$Ce_2S_3$ 色料　(b) ZnO 包裹 $SnO_2$

图 3.26 粉粒包裹的 TEM 图

作为显微技术的一种，使用透射电子显微镜观测是一种准确、可靠、直观的测定、分析方法。它不仅可以观察粉体大小、形态，还可根据图像的衬度来估计粉粒的厚度，是空心还是实心；通过观察粉粒的表面复型，还可了解粉粒表面的细节特征。对于团聚体，可利用电子束的偏转和样品的倾斜从不同角度进一步分析、观察团聚体的内部结构，从观察到的情况可估计团聚体内的键合性质，由此可判断团聚体的强度。使用透射电子显微镜观测的缺点是只能观察局部区域，所获数据统计性较差。

利用透射电子显微镜还可得到另外一类图像——电子衍射图像，如图 3.27 所示，图中每一斑点都分别代表一个晶面族，不同的电子衍射谱图又反映出不同的物质结构。电子衍

(a) 晶体　(b) 多晶体　(c) 非晶体

图 3.27 电子衍射图像

射原理和 X 射线衍射原理是完全一样的，但电子衍射还有以下特点：

（1）电子衍射可与物像的形貌观察同步结合，使人们能在高倍下选择微区进行晶体结构分析，弄清微区的物相组成；

（2）电子波长短，使得单晶电子衍射斑点大都分布在一、二维倒易截面内，这给分析晶体结构和位向关系带来很大方便；

（3）电子衍射强度大，所需曝光时间短，摄取衍射花样仅需几秒钟。

电子衍射花样与晶体的几何关系如图 3.28 所示。

Bragg 定律： $2d\sin\theta=\lambda$ （3.30）

$\tan 2\theta=r/L$，当 $\theta$ 很小时，$\tan 2\theta\approx 2\sin\theta$

$$rd = L\lambda = 常数 \tag{3.31}$$

式中，$r$ 是衍射斑点距中心的距离；$\lambda$ 为电子波长，它与加速电压有关；$L$ 为镜筒长度，为定值；$d$ 为晶面间距。

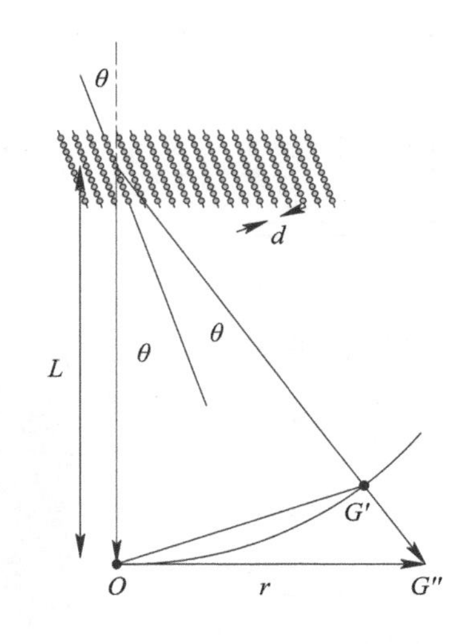


图 3.28 电子衍射花样与晶体的几何关系

**4. 扫描电子显微镜**

扫描电子显微镜(Scanning Electron Microscope，SEM)简称扫描电镜，是利用聚集电子束在试样表面按一定时间、空间顺序作栅网式扫描，与试样相互作用产生二次电子、背散射电子、俄歇电子等电子发射(见图 3.24)，发射量的变化经转换后在镜外显微荧光屏上逐点呈现出来，得到反映试样表面形貌的二次电子像和背散射电子像等图案。图 3.29 所示为扫描电子显微镜的结构示意图。如图 3.30 所示为陶瓷样品的形貌。

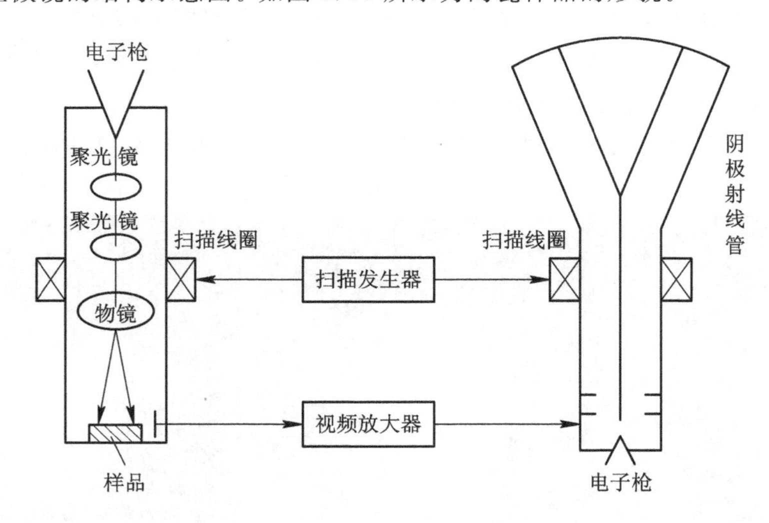


图 3.29 SEM 的结构示意图

利用 SEM 的二次电子像可观察表面起伏的样品和断口，同时特别适合于观察物体样品，可观察粉粒三维方向的立体形貌。另外，SEM 可较大范围地观察较大尺寸的团聚体的

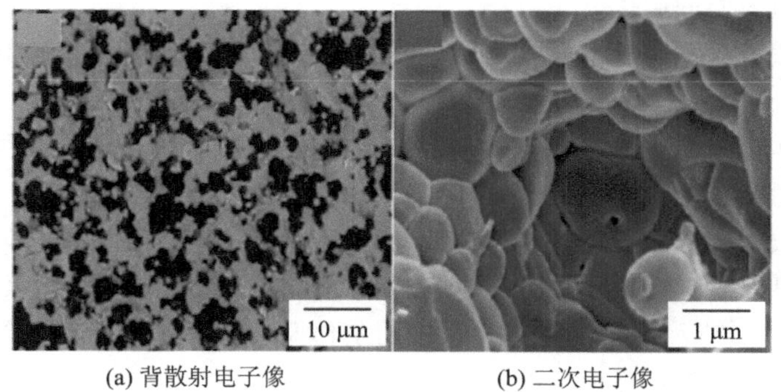


(a) 背散射电子像　　(b) 二次电子像

图 3.30　掺 MgO 的 BST 的 SEM 图

大小、形状和分布等几何性质。SEM 的特点如下：

(1) 有较高的放大倍数，在 0～20 万倍之间连续可调；

(2) 有很大的景深，视野大，成像富有立体感，可直接观察各种试样凹凸不平表面的细微结构；

(3) 试样制备简单；

(4) 可同时进行显微形貌观察和微区成分分析。

其中，微区成分分析就是电子探针分析，它是指用聚焦很细的电子束照射要检测的样品表面，用 X 射线分光谱仪测量其产生的特征 X 射线的波长和强度。由于电子束照射面积很小，因而相应的 X 射线特征谱线能反映出该微小区域内的元素种类及其含量。如图 3.31 所示为 ZST 样品的能谱仪(EDS)图。

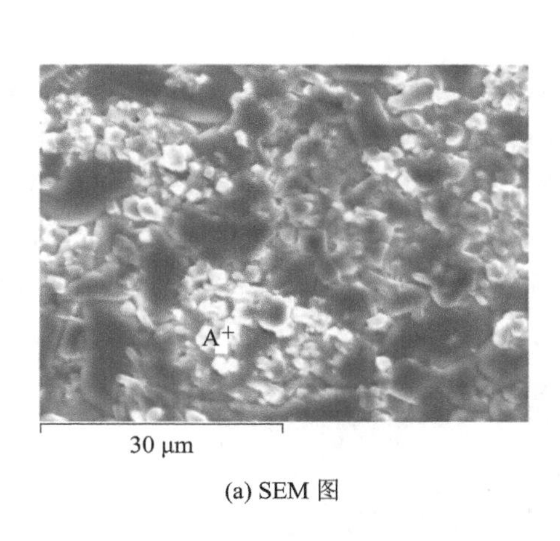


(a) SEM 图　　(b) 微区((a)中的A点)元素分布图

图 3.31　ZST 样品的能谱仪图

**5. 扫描隧道显微镜**

扫描隧道显微镜(Scanning Tunneling Microscope, STM)是 20 世纪 80 年代发展起来的一种原子分辨率的表面结构研究工具。其基本原理是基于量子力学的隧道效应，利用直径为原子尺度的针尖，在离样品表面只有 $10^{-12}$ m 量级的距离时(双方原子外层电子云略有重叠)，样品和针尖间产生隧道电流，其大小随针尖到样品的间距发生变化，这样可由电流的变化反馈出样品表面的起伏。

扫描隧道显微镜自发明以来发展迅猛，现在，在STM的基础上，又出现了一系列新型显微镜，包括原子力显微镜、激光力显微镜、摩擦力显微镜、磁力显微镜、静电力显微镜、扫描热显微镜、弹道电子发射显微镜、扫描隧道电位仪、扫描离子电导显微镜、扫描近场光学显微镜和扫描超声显微镜等。

扫描隧道显微镜能真实地反映材料的三维图像，可观察粉粒三维方向的立体形貌，其最突出的特点是可以对单个原子和分子进行操纵，这对于研究纳米颗粒及组装纳米材料都很有意义。如图3.32所示是扫描隧道显微镜的工作原理图，它是基于对穿过被测表面和探测金属尖端之间势垒的隧道电流 $I$ 的控制来进行工作的。如果在样品表面和针尖之间施加一个小的偏置电压 $V$，则当针尖和样品之间的间隙减小到几个原子直径(～1 nm)时，就会在两者之间流过隧道电流 $I$。STM主要用于导体表面原子成像，其横向分辨率可高达1Å，纵向分辨率为10Å，并且它对原子的检测深度为1～2个原子层，对样品无破坏。图3.33所示是Si片表面的STM图，它显示出了Si原子的排列分布。

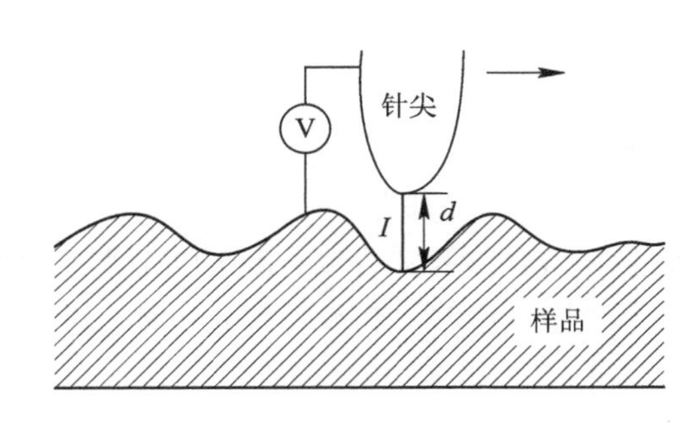


图3.32 扫描隧道显微镜的工作原理

图3.33 Si片表面的STM图

原子力显微镜(AFM)(见图3.34)中的显微悬臂对弱力非常敏感，其一端固定，另一端是锋利的针尖，当针尖和样品轻轻接触并在样品表面扫描时，由于两者之间产生的排斥力，针尖在垂直方向移动，这样就形成了样品表面的3维立体图，如图3.35所示为 $BaFe_{12}O_{19}$ 单晶的磁畴壁的AFM图，图中畴壁清晰可见。原子力显微镜可测量非导体表面原子间的力(可测量的最小位移为 $10^{-2}$～$10^{-4}$ Å，最小的力为 $10^{-14}$～$10^{-15}$ N)、表面弹性、塑性、硬度、黏着力、摩擦力等。其横向分辨率为1.5 Å，纵向分辨率为0.5 Å。

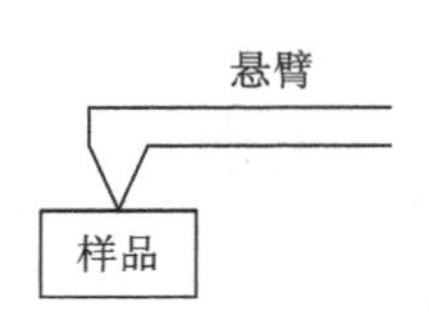


图3.34 原子力显微镜的原理图

图3.35 $BaFe_{12}O_{19}$ 单晶的磁畴壁的AFM图

### 3.3.3 粉粒成分分析

粉料的化学成分包括主要成分、次要成分、添加剂及杂质等。化学成分对粉料的烧结及陶瓷的性能有极大影响，是决定陶瓷性质的最基本的因素。因此，对化学成分的种类、含量，特别是微量添加剂、杂质的含量级别、分布等进行表征，在陶瓷的研究中都是非常必要和重要的。化学成分的表征方法可分为化学分析法和仪器分析法。仪器分析法按原理又可分为原子光谱分析法、特征X射线分析法、质谱分析法等。

**1. 化学分析法**

化学分析法是根据物质间相互的化学作用(如中和、沉淀、络合、氧化还原等)来测定物质含量及鉴定元素是否存在的一种方法。该方法的准确性和可靠性都比较高。但是，对于陶瓷材料来说，这种方法有较大的局限性。由于陶瓷材料的化学稳定性较好，一般很难溶解，多晶的结构陶瓷更是如此。因此，基于溶液化学反应的化学分析法对于这些材料的限制较大，分析过程耗时、困难。此外，化学分析法仅能得到分析试样的平均成分。

**2. 特征X射线分析法**

特征X射线分析法是一种将显微分析与成分分析相结合的微区分析，特别适用于分析试样中微小区域的化学成分。其基本原理是用电子探针照射在试样表面待测的微小区域来激发试样中各元素的不同波长(或能量)的特征X射线(或荧光X射线)，然后根据射线的波长或能量进行元素定性分析，根据射线的强度进行元素的定量分析。

根据特征X射线的激发方式不同，特征X射线分析法可细分为X射线荧光光谱法(X-Ray Fluorescence Spectroscopy，XRFS)和电子探针微区分析法(Electron Probe Microanalysis，EPMA)。根据所分析的特征X射线是利用波长不同来展谱实现对X射线的检测还是利用能量不同来展谱，还可分为波谱法(Wavelength Dispersion Spectroscopy，WDS)和能谱法(Energy Dispersion Spectroscopy，EDS)，这样，可构成四种分析方法：XRFS-WDS、XRFS-EDS、EPMA-WDS、EPMA-EDS。

一般而言，波谱仪分析的元素范围广、探测极限小、分辨率高，适用于多种成分的定量分析；其缺点是要求试样表面平整光滑、分析速度慢，需要用较大的束流，容易引起样品的污染。能谱仪虽然在分析元素范围、探测极限、分辨率等方面不如波谱仪，但却有分析速度快，可用较小的束流和微细的电子束，对试样表面要求不太严格等优点。表3.9所示为四种分析方法的比较。

**表3.9 四种特征X射线分析法的比较**

| 分析 | XRFS-WDS | XRFS-EDS | EPMA-WDS | EPMA-EDS |
| --- | --- | --- | --- | --- |
| 元素范围 | $F^{9}\sim U^{92}$ | $Na^{11}\sim U^{92}$ | $Be^{4}\sim U^{92}$ | $Na^{11}\sim U^{92}$ |
| 分析区域 | 整体 | 整体 | 表面～1 μm | 表面～1 μm |
| 分辨率 | 高 | 低 | 高 | 低 |
| 相对灵敏度 | 2～200 mg/kg | 低 | 100～1000 mg/kg | 低 |
| 绝对灵敏度 | $10^{-14}$ | $10^{-14}$ | $10^{-13}$ | $10^{-13}$ |
| 分析速度 | 慢 | 快 | 慢 | 快 |
| 定量分析 | 适合 | 误差大 | 慢 | 困难 |

**3. 原子光谱分析法**

原子光谱分为发射光谱和吸收光谱两类。原子发射光谱是指构成物质的分子、原子或离子受到热能、电能或化学能的激发而产生的光谱，该光谱由于不同原子的能态之间的跃迁不同而不同，同时随元素的浓度变化而变化，因此可用于测定元素的种类和含量。原子吸收光谱是物质的基态原子吸收光源辐射所产生的光谱。基态原子吸收能量后，原子中的电子从低能级跃迁至高能级，并产生与元素的种类与含量有关的共振吸收线。根据共振吸收线可对元素进行定性和定量分析。

1）原子发射光谱的特点

① 灵敏度高。绝对灵敏度可达 $10^{-8}$～$10^{-9}$ g。

② 选择性好。每一种元素的原子被激发后，都产生一组特征光谱以确定该元素的存在，所以光谱分析法仍然是元素定性分析的最好方法。

③ 适合定量测定的浓度范围小于 5%～20%，高含量时误差高于化学分析法，低含量时准确性优于化学分析法。

④ 分析速度快，可同时测定多种元素，且样品用量少。

2）原子吸收光谱的特点

① 灵敏度高。绝对检出限量可达 $10^{-14}$g 数量级，可用于痕量元素分析。

② 准确度高。一般相对误差为 0.1%～0.5%。

③ 选择性较好，方法简便，分析速度快。可以不经分离直接测定多种元素。

原子吸收光谱的缺点是由于样品中元素需逐个测定，故不适于定性分析。

**4. 质谱分析法**

质谱分析法是 20 世纪初建立起来的一种分析方法。其基本原理是利用具有不同质荷比(也称质荷数，即质量与所带电荷之比)的离子在静电场和磁场中所受的作用力不同，因而运动方向不同，导致彼此分离，经过分别捕获收集，确定离子的种类和相对含量，从而对样品进行成分定性及定量分析。如图 3.36 所示是单聚焦质谱分析仪的原理图，它主要由离子室和质量分析器构成。样品进入离子室后，经电子轰击，转化为带电荷 $Z$ 的离子，离子在电压 $U$ 作用下加速，获得动能 $mv^2/2$，进入质量分析室，在垂直纸面的磁场(磁感应强度为 $B$)作用下，作半径为 $R$ 的圆周运动。有如下关系式：

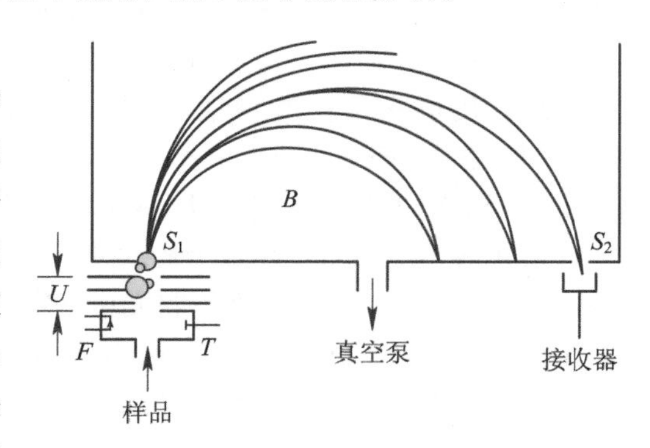


图 3.36　单聚焦质谱分析仪的原理

$$ZU = \frac{1}{2}mv^2 \tag{3.32}$$

$$BZv = m\frac{v^2}{R} \tag{3.33}$$

由式(3.32)和式(3.33)可得

$$\frac{m}{Z}=\frac{B^2R^2}{2U}$$

改变磁场强度(磁场扫描)，就可使具有不同 $m/Z$ 的离子依次到达接收器面从而得到质谱图。

质谱分析法的特点是：可作全元素分析，适用于无机、有机成分分析；样品可以是气体、固体或液体；分析灵敏度高，对各种物质都有较高的灵敏度，且分辨率高，对于性质极为相似的成分都能分辨出来，用样量少，一般只需 $10^{-6}$ g 级样品，甚至 $10^{-9}$ g 级样品就可得到足以辨认的信号；分析速度快，可实现多组分同时检测。

现在质谱分析法使用较广泛的是二次离子质谱分析法(SIMS)。它是利用载能离子束轰击样品，引起样品表面的原子或分子溅射，收集其中的二次离子并进行质量分析，就可得到二次离子质谱。其横向分辨率可达 100～200 nm。现在二次中子质谱分析法(SNMS)也发展很快，其横向分辨率可达 100 nm，个别情况下可达 10 nm。

质谱仪的最大缺点是结构复杂，造价昂贵，维修不便。

## 3.3.4 粉体晶态的表征

### 1. X 射线衍射法

X 射线衍射法(X-Ray Diffraction，XRD)是利用 X 射线在晶体中的衍射现象来测试晶态的。1913 年，Bragg 提出一种确定衍射方向的方法，是依照光的镜面反射规律设计的。

如图 3.37 所示，两条单色 X 光(1 和 2)平行入射，入射角为 $\theta$，反射角＝入射角，且反射线、入射线、晶面法线共平面。11′和 22′的光程差为

$$\delta = AB + BC = 2d_{\text{hkl}}\cdot\sin\theta \tag{3.34}$$

衍射条件：

$$2d_{\text{hkl}}\cdot\sin\theta = n\lambda \tag{3.35}$$

这就是布拉格(Bragg)方程。式中，$\theta$ 为布拉格角；$d_{\text{hkl}}$ 为晶面间距；$\lambda$ 为 X 射线波长；$n$ 为正整数(1，2，3，…)。

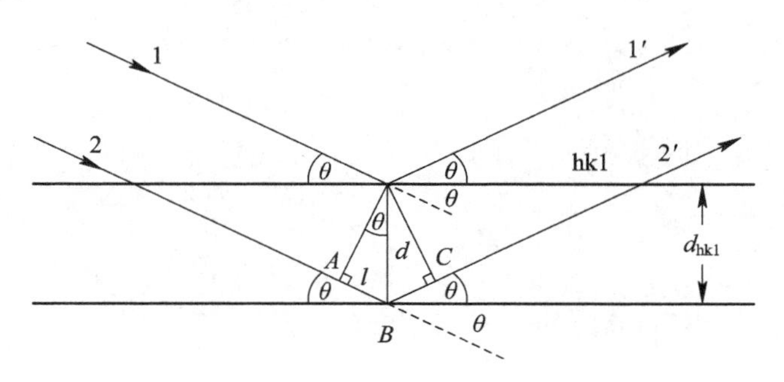


图 3.37　X 射线衍射的光程

实际工作中所测的角度不是 $\theta$ 角，而是 $2\theta$。$2\theta$ 角是入射线和衍射线之间的夹角，习惯上称 $2\theta$ 角为衍射角，称 $\theta$ 为 Bragg 角，或衍射半角。

X 射线衍射方法有劳厄法、转晶法、粉末法、衍射仪法等。其中，常用于电子陶瓷的方法为粉末法和衍射仪法。如图 3.38 所示是 X 射线衍射仪法的示意图。

由图 3.38 可知，根据试样的衍射线的位置、数目及相对强度等，可确定试样中包含有

哪些结晶物质以及它们的相对含量。传统的方法是用 PDF 卡片确定粉末的晶相，现在基本上是用软件 Jade 来分析晶相。如图 3.39 所示是堇青石陶瓷的 XRD 线，用列出的 10 强峰与 PDF 卡片比对，可发现 PDF＃13－0294 的数据与 8 强峰的数据（$2\theta$＝10.34°、29.576°、28.57°、21.88°、26.06°、18.2°、19.2°、34.09°）相对应。用软件 Jade 更容易分析晶相的组成。单击 Jade 菜单栏的 PDF 的下拉菜单 Chemistry，选择组成所含元素（Mg、Al、Si 和 O），单击 OK 确定；再单击 Jade 的菜单栏的 Identify 的下拉菜单的 Search/match setup，选择摸索范围和匹配过滤；单击 Inorganics、Minerals、Ceramics 和 Chemistry Filter，单击 OK 确定，弹出匹配结果，显示晶相的组成（堇青石 Cordierite，syn）和理想的 XRD 线，如图 3.40 所示，从图中可知，两者匹配相当好。

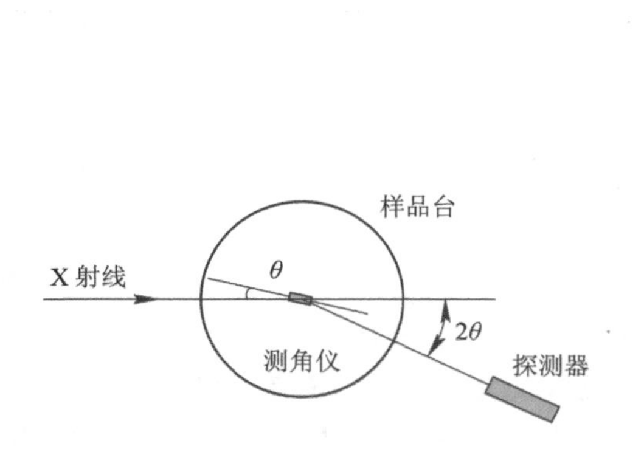


图 3.38　X 射线衍射仪法的示意图

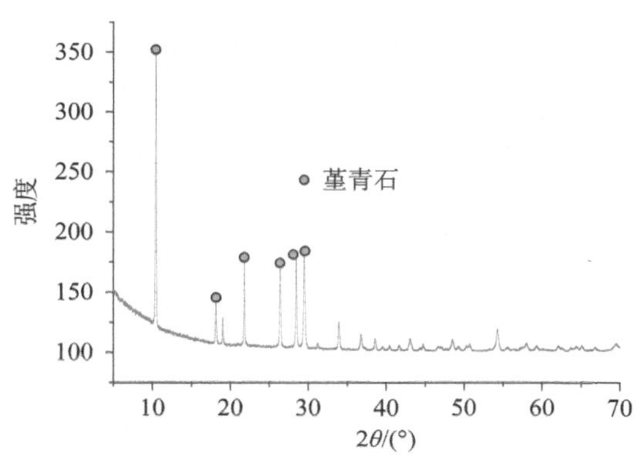


图 3.39　堇青石陶瓷的 XRD 线

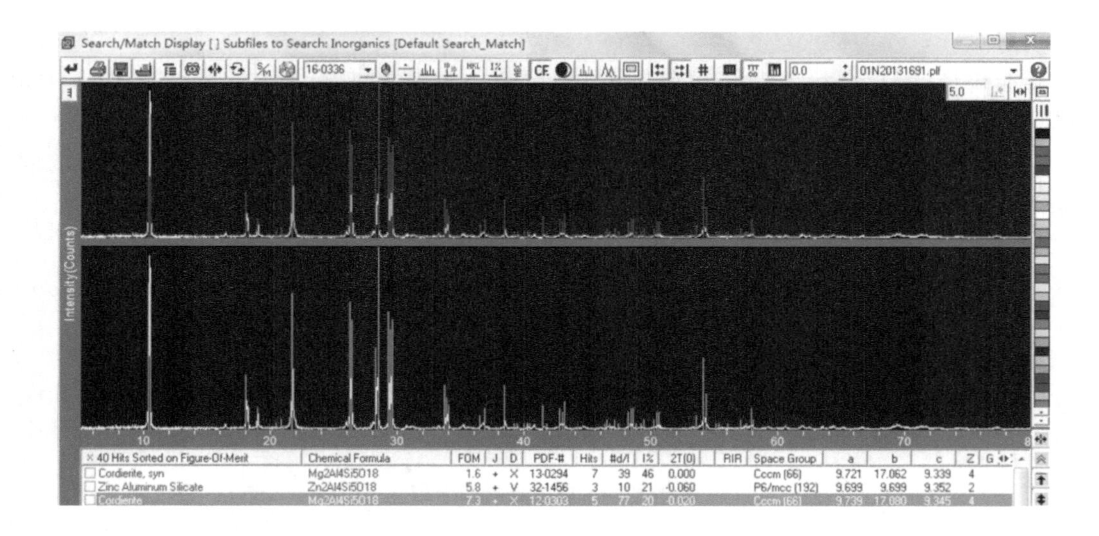


图 3.40　Jade 的分析结果

2. 电子衍射法

电子衍射法（Electron Diffraction，ED）与 X 射线衍射法原理相同，都遵循劳厄方程或布拉格方程所规定的衍射条件和几何关系，只不过电子衍射法的发射源是以聚焦电子束代替X射线，其电子波的波长短，使单晶的电子衍射谱和晶体倒易点阵的二维截面完全相似，从而使对晶体几何关系的研究变得比较简单。另外，聚焦电子束直径大约为0.1 μm或更小，因而对这样大小的粉体颗粒上所进行的电子衍射往往是单晶衍射图案，与单晶的劳厄X射线衍射图案相似。因为纳米粉体一般在0.1 μm范围内有很多颗粒，所以得到的多为断续或连续圆环，即多晶电子衍射谱。其电子衍射图案如图3.27所示。

电子衍射法包括选区电子衍射、微束电子衍射、高分辨电子衍射、会聚束电子衍射等。

电子衍射物相分析的特点如下：

① 分析灵敏度高，对小到几十甚至几纳米的微晶也能给出清晰的电子图像，适用于试样总量很少、特定物在试样中含量很低(如晶界的微量沉淀)和待定物颗粒非常小的情况下的物相分析。

② 可以得到有关晶体取向关系的信息。

③ 电子衍射物相分析可与形貌观察结合进行，得到有关物相的大小、形态和分布等。

## 本章练习

1. 理解、解释和比较下列名词：陶瓷、陶瓷工艺、广义陶瓷和狭义陶瓷、传统陶瓷和电子陶瓷。

2. 简述陶瓷材料的纯度、合理纯度、影响纯度的因素以及纯度在电子陶瓷中的经济意义。

3. 简述球磨、振磨、砂磨三者的粉碎原理，比较其优缺点，说明各自适用场合。

4. 晶态陶瓷材料的粒形指什么？它由哪些因素决定？什么叫等效粒径？粉粒外形愈复杂，其等效粒径愈大，对吗？

5. 什么叫陶瓷粉料的表面自由能？如何获得？如何消失？存在哪里？有何作用与意义？

6. 有一压电陶瓷的分子式为$Pb(Mg_{1/3}Nb_{1/3})_{0.375}(Ti_{0.375}Zr_{0.25})O_3$，以$Pb_3O_4$、$MgCO_3$、$Nb_2O_5$、$TiO_2$和$ZrO_2$作为原料，配制1000克粉料，求各原料用量(不必考虑纯度)。

7. 某一铁电陶瓷属于$BaTiO_3-BaSnO_3$系列，已知其配方中备料$BaCO_3$的用量为485.80 g，$TiO_2$为178.10 g，$SnO_2$为6.70 g，试求其分子式$x BaTiO_3$-$y BaSnO_3$中$x$和$y$的值。

8. 固相反应法制粉与溶液反应制粉的原理有何差别？哪一种能得到反应均匀的粉料？为什么？两者各适用于什么场合？

9. 陶瓷粉料煅烧的目的何在？如何选择合适的煅烧温度？如何才能使粉料反应比较充分而又不致产生明显烧结？

10. 陶瓷粉料粉碎的目的何在？为什么说它是一种能量转换过程？现有的粉碎手段中哪些最好？试从能量转换角度加以讨论。还可能有哪些更理想的粉碎手段？

11. 什么叫溶胶-凝胶技术(sol-gel制粉方法)？这种技术有什么优越性？适用于什么场合？

# 4

# 第 4 章　电子陶瓷的成型原理

由坯料(包括粉料、浆料和泥料)进一步加工成坯体的工序称为成型。根据电子产品的外形尺寸大小、性能要求以及电子陶瓷原料的化学成分、物理性能乃至生产批量大小、经济价值如何等，可以采用多种不同的成型方法。目前的主要成型方法如表 4.1 所示。

表 4.1　主要成型方法

| 成型方法 | | 坯　料 | 生坯形状 |
|---|---|---|---|
| 干法或半干法成型 | 干压成型 | 粉末或流动性高的造粒料 | 小的、简单形状 |
| | 等静压成型 | 粉末或脆性造粒料 | 大的、比较复杂的形状 |
| 塑法成型 | 挤制成型 | 粉料和黏合剂水溶液混合的湿泥料 | 均匀截面的棒状、管状体 |
| | 轧膜成型 | 粉料和黏合剂水溶液混合的湿泥料 | 薄片状 |
| 流法成型 | 注浆成型 | 黏合剂含量少的自由流动的浆料 | 薄的、比较复杂的形状 |
| | 流延成型 | 黏合剂含量多的自由流动的浆料 | 薄片 |
| | 热压铸成型 | 粉料和固体黏合剂混合的造粒料 | 小的、复杂形状 |
| 3D 打印成型 | SLA | 光敏树脂复合物浆料 | 比较复杂的形状 |
| | FDM | 热塑性塑料(如 ABS、PLA 等) | 比较复杂的形状 |
| | DIW | 树脂悬浊液、悬浮液 | 比较复杂的形状 |
| | SLS | 高分子粉末、金属粉末、陶瓷粉末 | 比较复杂的形状 |
| | LOM | 薄膜片材 | 比较复杂的形状 |

## 4.1　干法或半干法成型原理

本节介绍干压成型与等静压成型，它们的共同特点是采用干粉料或粉料中只含有百分之几的水分或更少的有机黏合剂。

### 4.1.1　干压成型

#### 1. 干压成型原理

将经过造粒、流动性好、级配合适的料粒，倒入一定形状的钢模内，借助于模塞，通过外加压力，可将粉料压制成一定的坯体，这就是干压成型的原理。由于模套与模塞之间的配合是相当紧密的，所以，经过造粒和级配恰当的粉料在堆积密度比较高时，可使压缩时的排气量大大减少。随着压强的加大，粉粒将改变外形并相互滑动，以充填剩余的堆积间隙，逐步加大接触、紧密镶嵌。由于粉粒之间的进一步靠近，使塑化剂分子与粉粒表面之间的作用力加强，从而使坯体具有一定的机械强度。如果粒度配合适当，黏合剂使用正确，则干压成型可以得到比较理想的坯体密度。

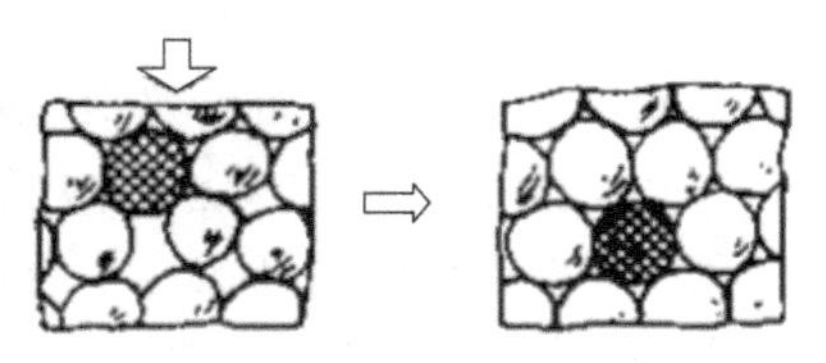

(a) 前期，粉粒重排并填充空隙

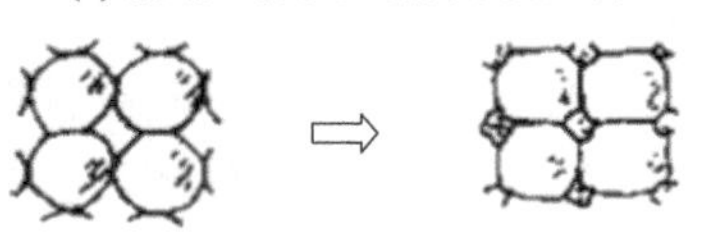

(b) 后期，刚性粉粒压出碎片并填充孔隙

(c) 后期，塑性粉料变形填充

图 4.1 等径粉粒的压实过程

图 4.1 所示是等径粉粒的压实过程。在加压前期，主要是粉粒在压力作用下的重排，以及对与粉粒大小相当或更大的空隙的填充，如图 4.1(a)所示。

在加压后期，此时刚性粉粒之间已基本相切。随着压力的进一步加大，由于陶瓷粉料的脆性与不可压缩性，将在压应力集中的触点处压出碎片并填充在小孔隙中。在这一阶段，坯体密度随压强增加较慢，如图 4.1(b)所示。如遇塑性粉料(如金属等)，则在加压后期出现塑性粉料形变填充，如图 4.1(c)所示。这种情况在陶瓷中是不常见的。

在压制过程中，坯料密度的变化可定量地加以讨论，如图 4.2 所示是粉料在加压过程中的位置变化图。

若粉料在模型中受到单方面均匀的压力 $p$，则在不同时间下孔隙率的变化为

| 时间 | $t=0$ | $t=$某值， | $t=t_\infty$ |
|---|---|---|---|
| 高度 | $h_0$ | $h$ | $h_\infty$ |
| 孔隙率 | $v_0$ | $v$ | $v_\infty$ |

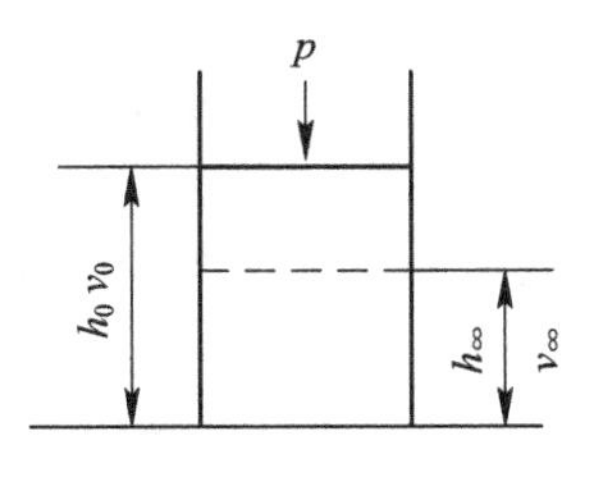


图 4.2 粉料在加压过程中的位置变化图

$(v-v_\infty)$表示在受压时间 $t$ 内，坯体孔隙率与极限孔隙率(即理论上能达到的孔隙率)之差，也就是可能被压缩的孔隙率。

在 $dt$ 时间内，孔隙率差值的变化为 $d(v-v_\infty)$。孔隙率变化的速率为：$d(v-v_\infty)/dt$，它正比于可能被压缩的孔隙率$(v-v_\infty)$，后者愈大，愈易压紧，孔隙率变化速率也越大。此外，这一变化速率与压力 $p$ 成正比，与粉料内摩擦系数(黏度)$\eta$ 成反比，即：

$$\frac{d(v-v_\infty)}{dt}=-k\frac{p(v-v_\infty)}{\eta} \tag{4.1}$$

式中，$k$ 是与模型形状、粉料性质有关的比例系数，等号右边的“－”表示孔隙率降低。

将式(4.1)积分，并代入初始条件，$t=0$，$v=v_0$ 可得

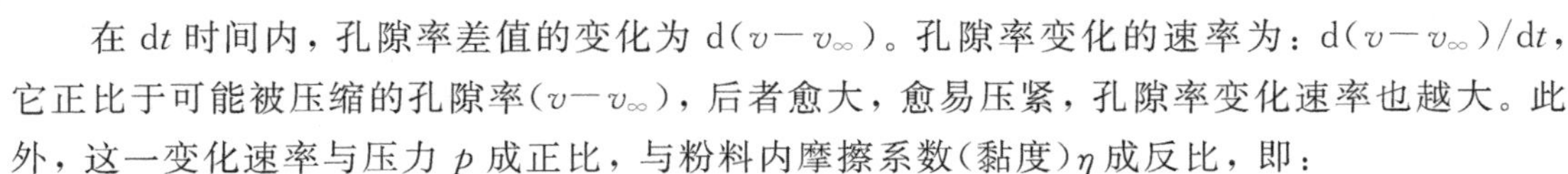

$$(v-v_\infty)=(v_0-v_\infty)e^{-\frac{kpt}{\eta}} \tag{4.2}$$

由式(4.2)可知：

(1) 在粉料装模时自由堆积的孔隙率 $v_0$ 越小，则坯体成型后的孔隙率也越小。因此，应控制粉料的粒度和级配，或采用振动装料来减少 $v_0$，从而得到较致密的坯体。

(2) 增加压力 $p$ 可使坯体孔隙率减小，而且它们呈指数关系。实际生产中受到设备结构的限制，以及坯体质量的要求，$p$ 值不能过大。

(3) 延长加压时间 $t$，也可降低坯体气孔率，但会降低生产率。

(4) 减少粉粒间内摩擦力 $\eta$，也可使坯体孔隙率降低。实际上，粉粒经过造粒(或通过喷雾干燥)成为球形颗粒、加入成型润滑剂或采取一边加压一边升温(热压)等方法均可达到这种效果。

(5) 坯体形状、尺寸及粉料性质与坯体密度的关系反映在数值影响上。在压制过程中，粉料与模壁产生摩擦，导致压力损失。坯体的高度 $H$ 与直径 $D$ 之比($H/D$)愈大，压力损失也愈大，坯体密度更加不均匀。模具不够光滑、材质硬度不够都会增加压力损失。模具结构不合理(如出现锐角、尺寸急剧变化)和某些部位粉末不易填满，均会降低坯体密度和使密度分布不均匀。

**2. 干压成型过程**

图 4.3 所示是干压成型的流程，该流程包括配制黏合剂、粉料造粒和加压成型三部分。

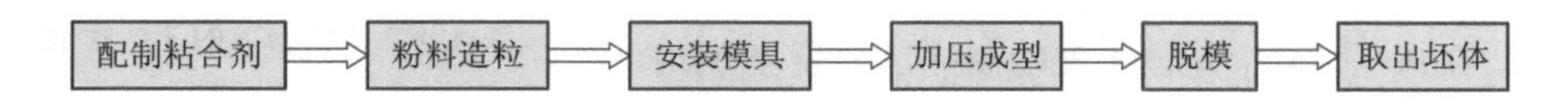


图 4.3　干压成型的流程

1) 配制黏合剂

电子陶瓷的瓷料的主要成分是缺乏塑性的瘠性材料，要使这些瘠性材料具有足够的可塑性，就必须添加一定数量的塑化剂。塑化剂通常含三种物质：黏合剂，能够黏合粉料；增塑剂，溶入黏合剂中使其易于流动；溶剂，能够溶解黏合剂、增塑剂并和粉粒组成胶态物质。根据化学成分可将塑化剂分为无机塑化剂和有机塑化剂。无机塑化剂主要是黏土类矿物；有机塑化剂的种类很多，其中常用的塑化剂有聚乙烯醇(简称 PVA)、聚醋酸乙烯酯(PVAC)、羧甲基纤维素(CMC)、聚乙烯醇缩丁醛(PVB)、石蜡等。

(1) 无机塑化剂及其塑化机理。

无机塑化剂的特点是在成型过程中可以起到塑化的作用，但在成型及成瓷后，将永远保留于陶瓷中，因此在采用无机塑化剂时，必须考虑其成分在陶瓷性能中所起的作用及其限度。例如，水玻璃($Na_2SiO_3$)、磷酸铝($AlPO_4$)等也可作为无机塑化剂，但由于其对电性能影响太大或成本太高，因此没有获得广泛的应用。下面就黏土的塑化作用及其塑化理论作一简明的叙述。

① 黏土的塑性。黏土是一类水合铝硅酸盐的总称，其通式为 $xAl_2O_3 \cdot ySiO_2 \cdot zH_2O$，它是一种具有层状结构的强极性物质，除含有一定的结晶水之外，尚含有一定的层间吸附水。当黏土在水中呈悬浮状态时，黏土分子的边沿和断裂处通常都会从水中吸收氧而形成不饱和的硅氧键结构，因此胶态黏土颗粒都带有明显的负电，能把溶液中一部分带正电的 $H^+$ 拉紧在它周围，形成一层牢固的吸附层；至于更远一点的 $H^+$，由于耦合较为松散，则称为扩散层，如图 4.4 所示。

② 黏土的塑化理论。由于吸附层与扩散层的离子所带电荷与黏土粒子上不饱和键所带的电荷是相等的，故整个体系仍保持电中性。这种黏土的小颗粒从水中吸取氧离子，形成

不饱和硅氧键，使自身带负电，并吸引同量电荷的氢离子在它周周的现象，叫作黏土的水化。在含有较多黏土的瓷料的泥浆中，黏土粒子水化后，由于各粒子间正离子推斥力的作用，使泥浆稳定悬浮而不致凝聚沉淀。但如加入少量电解质(如水玻璃)或有机胶(如阿拉伯树胶)等，中和了胶粒中的部分或全部电荷，则削弱了粒子间的推斥力，使黏土粒子易于因碰撞吸引而聚沉，有利于脱水沉淀。

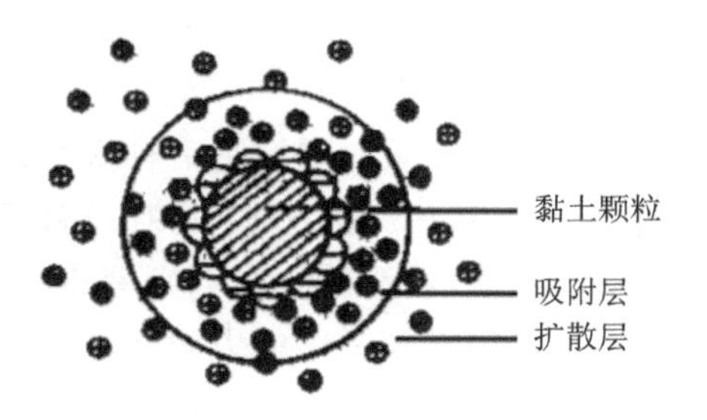


图 4.4　黏土胶粒

水化后的黏土具有一定的可塑性。不同的成型方法对泥料的含水量有不同的要求。对于注浆成型，要求浆料的流动性高，其含水量可达30～35%；对于一般的湿塑法成型，要求泥料本身能具有一定形状，其含水量约为20～25%；对于干压成型的粉料，其含水量不超过4～10%。

(2) 有机塑化剂及其塑化与黏合作用。

有机塑化剂能使各种瘠性电子瓷料在成型过程中具有充分的黏合能力与可塑性，且在以后的烧结过程中，在高温氧化的作用下随着烟气燃尽而排出粉料外。因此它不像无机塑化剂那样留下有害的成分，或在结构中留下玻璃相。现介绍几种电子陶瓷中常用的有机塑化剂，实际使用的远不止这些。

① 聚乙烯醇：一种白色或略带淡黄色的高聚物(简称 PVA)，其分子式为

$$\left[\begin{array}{c} -CH_2-\underset{\displaystyle |\atop\displaystyle OH}{CH}- \end{array}\right]_n$$

其中，$n$ 为其聚合度，大小不一。当用于轧膜成型工艺中时，$n=1500\sim1700$，比重约为 $1.293\ g/cm^3$。

由于在聚乙烯醇的每一分子链节中都有一个极强的羟基(－OH)，故能溶解于热水中，并与水的极性分子间存在很强的吸引力。可以想象，当平均有1500～1700个强极性分子链节的线链型聚乙烯醇分子在溶剂中高度分散时，每个链节都将与溶剂的极性分子强烈吸引；而在链状大分子之间，彼此又有不同形式的绞扭、交错，因此这种溶液本身具有很好的黏稠性和流动性。当这种溶液和粉料相互混合搅拌时，只要粉料能为溶液所湿润，再加上聚乙烯醇分子的黏吸、组联作用，就能使整个粉料具有很好的黏结能力和可塑性，如图4.5所示。所以，随着聚乙烯醇的浓度及其在粉料中的用量不同，它既可作塑化剂，又可作黏合剂，以适应不同的工艺要求。

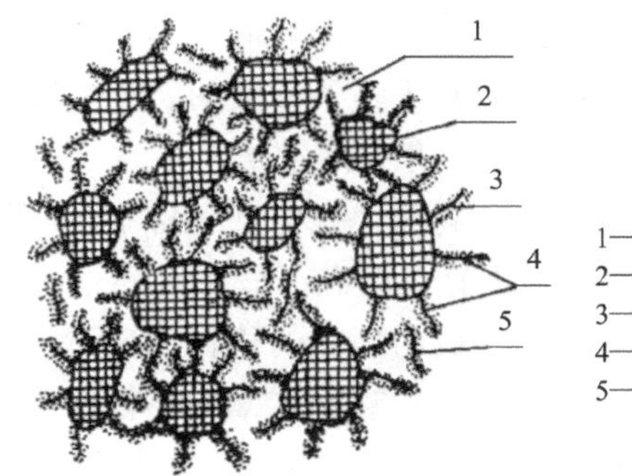


图 4.5　聚乙烯醇的塑化作用

聚乙烯醇本身不长霉菌，成膜性能好，能适应多种酸性氧化物瓷料的增塑要求。但对某些碱性氧化物，如 MgO、CaO、BaO、ZnO 和硼酸盐、磷酸盐等，则最好不用聚乙烯醇。

因为聚乙烯醇将与它们结合成不溶性的、近乎脆性或弹性的团块，特别不利于轧膜成型。如果在其中添加适量的冰醋酸，则聚乙烯醇也可用于某些弱碱性粉料中。

此外，由于聚乙烯醇是一种极性高分子物质，其分子本身间有相当大的吸引作用力，故常温下在水中极难溶解，只有当温度超过 70℃时，借助于热激活作用，才能有比较好的溶解度；如温度超过 100℃，则聚乙烯醇分子开始脱水，并转化为环状或支链状结构，使其溶解度、可塑性及黏结能力均逐步降低乃至完全丧失，颜色也将变深。故在配制聚乙烯醇水溶液时，应在水浴中进行，以免因流动性不好产生局部高温而失效。

② 聚醋酸乙烯酯：一种无色透明的黏稠性线链型高聚物(简称 PVAC)，其分子结构为

$$\left[\begin{array}{c} -\ CH_2 - CH\ - \\ \qquad\quad | \\ \qquad\quad O \\ \qquad\quad | \\ \quad O = C - CH_3 \end{array}\right]_n$$

其中，$n$ 为聚合度，通常为 400～600，聚醋酸乙烯酯不溶于水和甘油，而溶于低分子的酒精、苯、甲苯等有机溶剂。

在选择塑化剂时，要考虑坯料的酸碱性。当坯料呈酸性($pH<8$)时，用聚乙烯醇为宜；当坯料呈碱性($pH>7$)时，用聚醋酸乙烯酯为宜。作为轧膜成型用的塑化剂，聚醋酸乙烯酯正好可以弥补聚乙烯醇的不足。在使用聚醋酸乙烯酯作塑化剂时，常选用如苯、甲苯等作溶剂，因其有毒性，且挥发时刺激性很大，要特别注意防护。故这种塑化剂的使用并不那么广泛，只限于某些特殊场合。聚醋酸乙烯酯的塑化与黏结原理和聚乙烯醇中的情况相似，两者都是极性高分子物质。

③ 羧甲基纤维素：简称 CMC，能溶于水，但不溶于有机溶剂。羧甲基纤维素在燃烧后会残留氧化钠和其他氧化物组成的灰分，因此，在选用时要考虑灰分掺入对制品性能的影响情况。

④ 石蜡：一种半透明的结晶状烷属烃，其分子式为 $C_nH_{2n+1}$，$n=10\sim36$，分子越大，其熔点越高。常用的为 50 号石蜡，其熔点约为 50℃，比重为 0.85～0.9 g/cm$^3$，它是一种石油类产品，故也是典型的油性塑化剂。在加热的情况下，石蜡具有很好的流动性，对陶瓷粉粒有很好的润湿能力，同时还具有一定的冷润滑性能，适用于干压成型及热压铸成型。由于石蜡在存放过程中几乎是不挥发的，同时又不采用其他溶剂，故当用它作为塑化剂时，和水溶性塑化剂不同，不存在溶剂的挥发与干燥等问题，操作和储存都较方便。石蜡在室温下的化学稳定性是很高的，但当温度高于 130℃时将迅速氧化而使性能变劣。故以石蜡作为塑化剂的瓷料，不宜在高温下作用时间过长，特别是和氧气直接接触的时候。

用石蜡作塑化剂制成的生坯的机械强度不够高，这是它的不足之处。在油类塑化剂中，常用的还有地蜡、蜂蜡等，有时可以数种兼用。

常用的有机黏合剂还有聚苯乙烯、阿拉伯树胶、糊精、淀粉等，其塑化机理大同小异。

(3) 增塑剂及其润滑与增塑作用。

塑性良好的泥料必须具有足够的黏合性和良好的流动能力，这才能使泥料具有良好的成型性能和成型后具有足够的机械强度。通常在采用黏合剂后，特别是在采用了合适的有机黏合剂后，黏结能力和机械强度方面是容易达到要求的，但是往往会由于黏性过大，而

使流动性和成型能力方面得不到满足。这时采用增加稀释溶液的方法是不能解决问题的。因为如果这样做，则其黏结性、机械强度都会降低，气孔率、收缩性都会加大。解决这个问题的有效办法就是添加增塑剂。

所有黏合剂几乎都是不同形式的高分子物质，所谓黏性过大，就是由于黏合剂的大分子与大分子之间、粉料与粉料之或者黏合剂与粉料之间的作用力过大，使得分子间难以作相对运动，或去除外力后的回弹作用过大。如果加入一些合适的低分子物质，使其介于大分子之间或大分子与粉料之间，就可适当地降低它们之间过大的相互作用力，则可以起到增加流动及润滑增塑的作用。

常用的增塑剂的分子量都不大，如乙二醇、丙二醇、丙三醇(甘油)、亚硫酸纸浆废液、硬脂酸、油酸、变压器油、桐油及其他植物油等。上述各种物质在泥料中除了具有润滑作用外，还可能具有其他多种功能。例如，甘油等有强的吸湿性，故对瓷料有保湿作用；油酸、亚硫酸废液等兼有活化粉粒表面的作用；桐油及其他植物油兼有乳化和黏合作用。与此相类似，前面提到的蜡类塑化剂及某些溶剂，也具有润滑、增塑、活化表面等作用。

(4) 抗凝剂。

对于流动性要求特别高的浆料，如用于流延成型、注浆成型等工艺中的浆料，为减小泥料与粉粒之间存在的过大作用力，通常采用一种具有不饱和碳双链的有机物质来改进浆料的工艺特性。这种添加物称为抗凝剂。其作用机理和粉料胶粒上所带的电荷类型及大小有关，也与浆料的酸碱度(pH 值)有关。

(5) 塑化剂的配制。

以聚乙烯醇溶液为例，假设配制 1 kg 浓度为 10% 的水溶液，则需聚乙烯醇晶体 0.1 kg，去离子水 0.9 kg。称取聚乙烯醇粉末放入玻璃杯中，加入常温水，并放入 2～3 只磁棒，将玻璃杯置于磁力搅拌器的平台中，温度设定为 90℃，边加热边搅拌，直至聚乙烯醇全部溶解即可。

2) 粉料造粒

粉料造粒是干压成型的一个先行工艺，因为陶瓷粉料是相当细小的(通常为几 μm 至几十 μm)，而粉料越细，表面活性越大，其表面吸附的气体也就越多，因而其堆积密度也愈小。即使在粉料中拌上一定的黏合剂，往往也难于一次压成致密的坯体。这是因为当将细小的粉粒加压成型时，总是不可避免地有较多的气体(包括堆积间隙气体和表面吸附气体)来不及排出而围困于坯体中，或积聚于压模的拐角处，形成坯体的缺块。

为了适合干压成型，要求粉料满足如下工艺要求：

(1) 提高体积密度，降低压缩比；

(2) 要使粉料在金属模型中填充致密且均匀，就必须把粉料制成一定大小的球状团粒，以减小颗粒间的内摩擦，提高流动性；

(3) 粉料中的非团粒的细粉部分要极少，因为细粉中包含许多空气且细粉会降低流动性；

(4) 粉料中水分要均匀。

电子陶瓷用粉料的粒度应是越细越好，但太细对成型性能不利。因为粉料越细，颗粒越轻，流动性越差；同时粉料的比表面积大，占的体积也大，因而在成型时不能均匀地填充模腔，易产生空洞，导致密度不高。若颗粒形成团粒，则流动性好，装模方便，分布均匀。这不仅有利于提高坯体密度，改善成型和烧成密度分布的一致性，而且由于团粒的填充密度提高，气隙率较低，使干压成型时的松装密度增大，压缩比减小，可使钢模的外形尺寸减小。

形成团粒的过程就是造粒。造粒就是人为地将粒径为微米甚至纳米级的真颗粒造成粒径为毫米级的球形假颗粒，就像食品加工中将糯米粉做成汤团一样。造粒是在原料细粉中加入一定量的塑化剂，制成粒度较粗、具有一定假颗粒级配、流动性好的团粒（约 20～80 目），以利于电子陶瓷坯料的压制成型。

常用的造粒方法有手工造粒法、加压造粒法和喷雾干燥造粒法。

（1）手工造粒法。

手工造粒法是在粉料中加入适量的塑化剂（添加量与粉料的松装密度有关），混合均匀后进行过筛，依靠塑化剂的黏聚作用，获得粒径为筛孔大小的比较均匀的假颗粒的方法。这种方法操作简单，但混合搅拌的劳动强度大，若塑化剂搅拌不均匀，会使坯体分层或密度不一致，影响制品的最终性能。手工造粒法仅适用于小批量生产和实验室试验。在搅拌过程中，除了用玻璃棒或塑料调羹搅拌外，建议戴皮手指或一次性手套，用手反复捏拿粉料，像和面粉一样，使粉料与塑化剂充分接触和混合均匀；也可放入研砵中反复碾压。过筛的筛孔大小一般用 60 目（孔径约 0.42 mm），也有用 40 目，20 目的筛孔太大（孔径约 1.27 mm），一般不用。当然，目数越大，粉料越难以过筛，要用塑料板反复按压和刮压。用手捏一小把过筛的粉料轻轻捏压，如成块状，且不易散开，说明粉料较湿，则需将粉料放入 50～60℃的烘箱中烘 5～10 min。此时粉料稍微收缩，呈颗粒状，如图 4.6(a)所示，取出密封好，防止粉料太干。

(a) 手工造粒的(Zr, Sn)$TiO_4$ 粉料

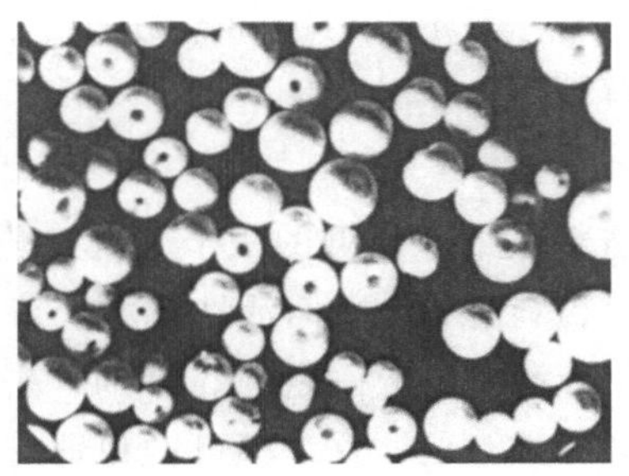

(b) 喷雾干燥造粒的 $Al_2O_3$ 粉料

图 4.6 有颗粒感的造粒料

塑化剂的添加量与粉料的松紧程度有关，如粉料很松散（如面粉状），则需多加塑化剂；如粉料很紧实（如米粉般），则少加塑化剂。经验表明，预烧温度适当或较高的粉料，可少加塑化剂，例如，1200℃×2 h 预烧的（$Zr_{0.8}Sn_{0.2}$）$TiO_4$ 粉料只需添加 7wt%的 PVA（浓度为 10%），造粒后颗粒感很明显，而 1180℃×2 h 预烧的 BaO-$TiO_2$-$Nd_2O_3$ 粉料至少要添加同样浓度的 PVA 达 10wt%以上，才能使造粒有颗粒感。塑化剂较少、没有颗粒感的粉料，在同样的压力下成型时很难脱模，如强制脱模，则会导致坯体侧面出现裂纹甚至分层。

（2）加压造粒法。

加压造粒法是将粉料加入塑化剂，预先搅拌混合均匀，过 20 目筛，装入较大体积的压模中，然后在液压机上加压5～20 MPa，保压约1 min，压成圆饼，破碎过筛后形成团粒的方法。本法的优点是团粒体积密度大，制品的机械强度高，能满足各种大型或异形制品的成型要求。加压造粒法是电子陶瓷生产中常用的方法，既适合大中型工厂中的生产，也适合实验室试验。但是本法效率低，工艺操作要求严格。

(3) 喷雾干燥造粒法。

喷雾干燥造粒法是用喷雾器将混合有适量塑化剂的料浆喷入造粒塔进行雾化，这时，塔内的雾滴与从另一路进入塔内的热空气汇合或相遇而进行干燥，雾滴中的水分受热空气的干燥作用，在塔内蒸发而成为干料的方法。干料经旋风分离器吸入料斗后可装袋待用。

采用喷雾干燥造粒法得到的球状团粒流动性好。不过，团粒造得好不好与料浆的黏度、喷嘴的形状、大小及压力有关。黏度与压力不当会使造出的团粒中心出现空洞。在使用喷雾干燥造粒法造粒时，应预先做成浆料，再用真空泵将浆料经喷雾器喷入造粒塔进行雾化和热风干燥，出来的粒子即为流动性较好的球状团粒，如图4.6(b)所示。

喷雾干燥造粒法是现代化大规模生产所采用的方法，其优点是产量大，可以连续生产，劳动强度也大为降低，生产效率高，并为自动化成型工艺创造了良好条件，但该方法也存在设备投资大，工艺较复杂，在更换不同种类的浆料时，清洗比较麻烦的缺点。

(4) 团粒质量的评价。

团粒质量的好坏以堆积密度来衡量。堆积密度是指加压前粉料在模具中自然堆积或适当振动时所形成的填充程度。它与体积密度、粒径配比以及粉料的流动性等相关。显然，体积密度越大，在坯体的压实过程中需要填充的空隙或需要排出的气体就越少，故在其他条件相同的情况下，可望获得质量更高的坯体。评价团粒质量的参数有体积密度、粒径配比和流动性三种。下面分别介绍：

① 体积密度。

设粉粒均为等径球，其最大填充率为面心立方密堆或六方密堆，相对密度可达74.05%。如是简立方堆积的话，则相对密度只有53.36%。通常粉料的体积密度是介于两者之间的。如在填充时只在纵向加以振动，则相对密度可达60%左右；如在三维方向同时加以振动，则其填充密度可接近立方密堆。由此可见，在干压成型时，振动加料，特别是多维振动加料，能有效地提高坯体密度。在实际工作中常用松装密度和振实密度之差来衡量粉料的造粒好坏。松装密度就是将粉料自然地加入100 mL的容量瓶中，称重得到的体积密度。设容量瓶本身的重量为$w_1$(g)，加料后重$w_2$(g)，则其松装密度为$\rho=(w_2-w_1)/100(\mathrm{g/cm^3})$。振实密度是指在加料过程中振动，使粉料重新排列，然后计算出的体积密度。两者差值越小，造料的质量较好。例如，日本松下公司的微波介质粉料(介电常数为96)的松装密度和振实密度分别为1.29 g/cm$^3$和1.8 g/cm$^3$；国内999厂的微波介质粉料(介电常数为96)的松装密度和振实密度分别为1.28 g/cm$^3$和1.43 g/cm$^3$。为什么两家公司的粉料的振实密度差别这么大？这是由两者的流动性不一致造成的。

② 粒径配比。

粒径配比(简称级配)是指粉粒粗细的搭配情况，由于粗粒与粗粒之间存在堆积间隙，如果这些堆积间隙被比它小的粉料所填充，则可使坯体密度提高。图4.7所示为两种半径不同的粉粒在以不同体积比混合时，其粗粒含量(体积比)与填充率的关系。

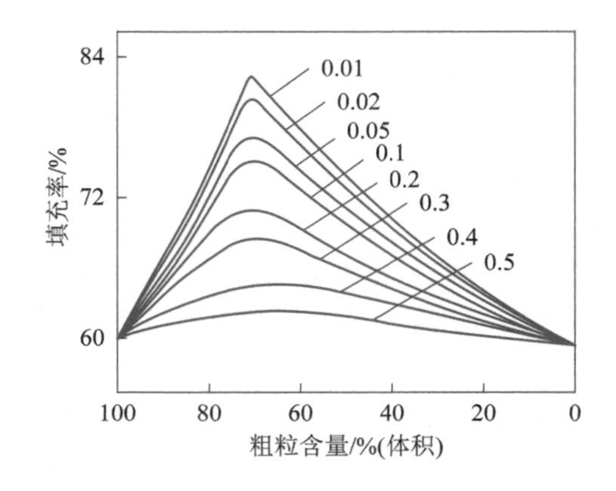


图 4.7 粗粒含量与填充率的关系(图中数字为两种粉粒(粗与细)的半径比)

由图 4.7 可见，当只有一种半径的粉粒时，不论其粒径大小，其填充率都只约为 60%，两种颗粒的半径比越大，可能的填充率愈高。不过，不论采取哪一种半径比，在粗粒约占 70%(体积)处，其填充率最高。实际的陶瓷粉粒不一定是球形，且粒径也并非完全相等，故在一定程度上起到自行搭配的作用。但研磨时间越长，粒度愈细，且粒径也愈接近一致，故过度的微粉碎，对粒径配比是会带来不利影响的。

经验证明，只有当粗、细粒的半径比为 3∶1～10∶1；且粗、细粒的体积比大于 2∶1 时，才能得到较大的压坯密度。表 4.2 所示是国外两公司实际粉料的粒度分布。表中 150 目以下指筛孔较大，如 80 目；325 目以上指筛孔较小，如 400 目等。

表 4.2 国外两公司实际粉料的粒度分布

| 粉料来源 | | 粒度分布/wt% | | | | |
|---|---|---|---|---|---|---|
| | | 150 目以下 | 150～200 目 | 200～250 目 | 250～325 目 | 325 目以上 |
| 微波介质材料 ($\varepsilon_r=96$) | 日本松下 | 40.83 | 28.87 | 22.74 | 7.56 | 0 |
| | 999 厂 | 85.93 | 9.09 | 2.36 | 2.79 | 0.84 |
| 日本村田压电陶瓷粉料 | | 100 目以下 2.0%以下 | 余下为 100～250 目 | | 250 目以上为 40%～60% | |

③ 流动性。

粉粒之间及粉粒与模具之间的摩擦越小，则粉料的流动性越大。在堆积过程中，粉粒可相互滑动，不易架空，故能获得较大填充密度。决定粉料流动性的最主要加工因素是粒形。经过长时间球磨、喷雾干燥或造粒后再适当球磨的粉料，其外形接近球形，流动性好；经振磨、大球磨罐研磨等产生的粉料，其外形不圆润或呈多角形，流动性较差。此外，含水分过多，不恰当地使用黏合剂也会影响流动性。常用自然息角表示粉料的流动性。

将粉料自然堆放在平面上，当堆积到一定高度后，粉料就会向四周流动，并始终保持为圆锥体，其自然息角(偏角)$\alpha$ 保持不变。若粉料堆的斜度超过其固有的角 $\alpha$，则粉料向四周流泻直到倾斜角降至 $\alpha$ 角为止。因此可用 $\alpha$ 角反映粉料的流动性。一般粉料的自然息角 $\alpha$ 约为 20°～40°。如粉粒呈球形，表面光滑，易于向四周流动，则 $\alpha$ 角值就小。

粉料的流动性决定于它的内摩擦力。取锥体上任意一粉粒，颗粒本身重为 $mg$，如图4.8所示，它可以分解为沿自然斜坡发生的推动力 $F_1=mg\times\sin\alpha$ 和垂于斜坡的正压力 $F_2=mg\times\cos\alpha$。当其受力处于平衡状态时，$F_{摩}=F_1$，$N=F_2$，可得到如下关系式：

$$F_{摩}=mg\times\sin\alpha=\frac{N}{\cos\alpha}\times\sin\alpha=N\times\tan\alpha \tag{4.3}$$

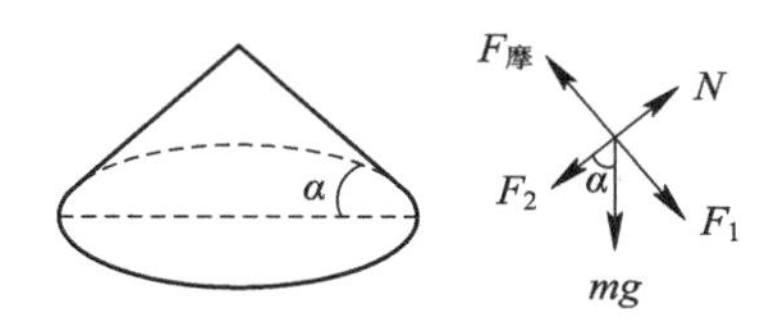


图4.8 自然息角及粉粒的受力分析

由力学知识可知，$F_{摩}=\mu\times N$，$\mu$ 为内摩擦系数，则 $\mu=\tan\alpha$，即内摩擦系数等于自然息角 $\alpha$ 的正切值。实际上，粉料的流动性与其粒度分布、颗粒的形状、大小、表面状态等因素有关。

在生产中，粉料的流动性决定着它在模型中的充填速度和充填程度。流动性差的粉料难以在短时间内填满模具，影响压机的产量和坯体的质量，所以往往向粉料中加入润滑剂以提高其流动性。

3）加压成型

在加压成型之前要将干压模具安装在压机上。在自动化生产时，需要用螺钉将金属模具固定在机床上；在实验室做样品时，模具可直接摆在压机台面上，不用固定。如图4.9所示是干压模具的结构简图，包括上模、下模和模套(或称型腔)。

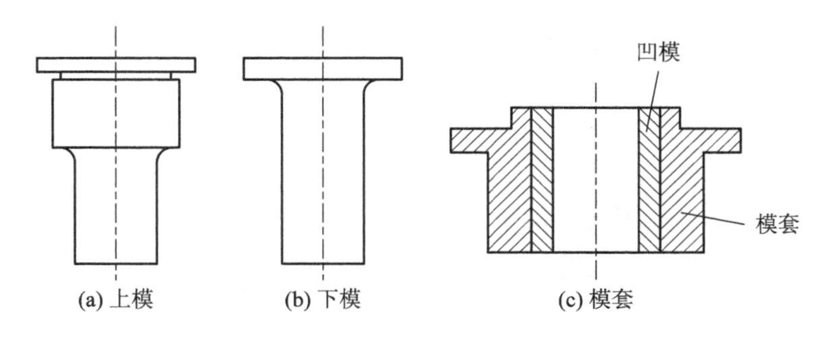


图4.9 干压模具的结构

(1) 干压模具及其材质选择。

由于模具在工作中频繁受到载荷以及与粉料的摩擦，因此，磨料磨损和疲劳磨损是其主要失效形式。频繁的摩擦还会导致模具工作表面光洁度降低并使外圆刃口变钝。模具磨损失效后工作表面变污，并有麻点、刮伤、沟槽等破坏特征。对造粒较干的粉料来说，摩擦力更大，如果再增大压力的话，更易导致模具磨损。对硬度较大的粉料，如煅烧后的 $\alpha-Al_2O_3$ 粉料，很容易导致钢模具的磨损失效，使凹模工作面出现明显的刮伤痕迹。

常用模具钢和硬质合金的性能比较如表4.3所示。

表 4.3　常用模具钢和硬质合金的性能比较

| 性能指标 | 模具钢 | 硬质合金 | 钢结合金 |
| --- | --- | --- | --- |
| 弹性模量/GPa | 200～230 | 400～700 | 230～500 |
| 硬度/HRA | 80～83 | 82～93 | 84～88.5 |
| 抗压强度/MPa | 1500～2000 | 3000～5500 | 1960～4000 |
| 抗弯强度/MPa | 3400～4000 | 1200～3500 | 1400～2700 |
| 抗拉强度/MPa | 1500～1800 | 700～1750 | 700～1300 |
| 冲击韧度性/($J \cdot cm^{-2}$) | — | 2.0～8.0 | 1.5～12.0 |

有实验结果表明，在自动压片机上以 50 片/min 的成型速度压制同一种粉料，模具钢(Cr12MoV)模具在压制 9.68 万片后失效，钢结合金(GW50)模具在压制 24 万片后失效，而钨钴类硬质合金(YG15)模具则在压制 105 万片后才失效。这是由于硬质合金硬度高、耐磨性好，具有抗滑动磨损、抗刮痕磨损及抗黏能力，冲击韧性及弹性模量较高。因此，在批量生产时，上模及下模常选用 YG15(含 92%WC，8%Co)，模套常选用 YG8(含 85%WC，15%Co)。

(2) 模具的放尺。

陶瓷坯体在经过干燥和烧成后，其直线尺寸和体积都会缩小。所以在确定模具的尺寸时应根据坯体的收缩大小来放尺。

设成型时坯体的长度(即模具的直线尺寸)为 $L_0$，烧成后产品的长度(如果不需要机械加工，则此值即图纸上要求产品的尺寸)为 $L$，则产品长度方向的收缩率 $S_0$(以成型时坯体长度为基准)为

$$S_0 = \frac{L_0 - L}{L_0} \times 100\%$$

成型时坯体长度为

$$L_0 = \frac{L}{1 - S_0} \tag{4.4}$$

若已知产品要求的长度 $L$ 和收缩率 $S_0$，由式(4.4)即可求出模具的长度 $L_0$。

工厂中常以烧成后的产品长度为基准来计算放尺率 S，即

$$S = \frac{L_0 - L}{L} \times 100\%$$

以放尺率 $S$ 来计算的成型时坯体长度为

$$L_0 = (1 + S)L \tag{4.5}$$

因而可利用放尺率 $S$ 和烧成后的产品长度 $L$ 来求得模具的长度 $L_0$，$S$ 与 $S_0$ 的关系式为

$$S_0 = \frac{S}{1 + S} \quad 或 \quad S = \frac{S_0}{1 - S_0} \tag{4.6}$$

设计一种圆片形晶体管底座，图纸上要求的直径为 7.5 mm。今采用 $Al_2O_3$ 陶瓷来制造，测得坯料的收缩率为 14.75%(以坯体尺寸为基准)，则模具型腔的内径应为

$$L_0 = \frac{L}{1 - S_0} = \frac{7.5}{1 - 0.1475} = 8.8\ \text{mm}$$

若测得坯料的放尺率为17.3%(以烧成后的尺寸为基准)，则模具型腔的内径应为

$$L_0 = (1+S)L = (1+0.173)\times 7.5 = 8.8\ \text{mm}$$

型腔的高度除了考虑坯体的收缩率外，还需要考虑粉料的压缩比。压缩比 $t$ 的计算公式如下：

$$t = \frac{H_0}{H_1} = \frac{\rho_1}{\rho_0} \tag{4.7}$$

式中，$H_1$ 和 $H_0$ 分别为生坯和型腔的高度；$\rho_1$ 和 $\rho_0$ 分别生坯的体积密度和粉体的松装密度。

例如，要求生坯高度为2 mm，如果粉料粉体的松装密度为1.4 g/cm$^3$，生坯的体积密度为2.8 g/cm$^3$，则压缩比 $t=2:1$，型腔高度为4 mm。

(3) 加压成型过程。

图4.10所示是加压成型的自动加压步骤，包括如下四个步骤：

① 加料：压机将加料口对准模具的型腔，用粉料填充模具；

② 加压：上模头下降，在压力作用下进入型腔，对粉料加压；

③ 出模：卸压后，上模上升，下模将坯体顶出来；

④ 再加料：加料斗将坯体从型腔口推开，压机开始下一轮循环。

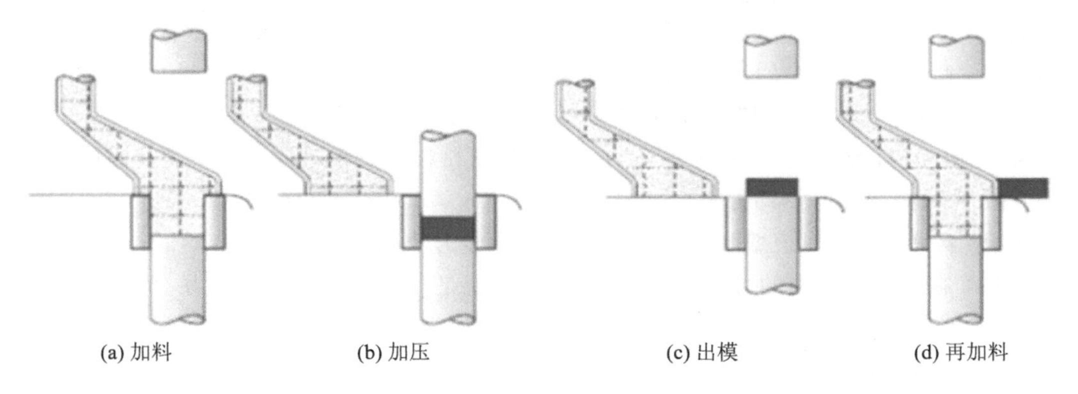


图4.10　干压成型的加压步骤

(4) 加压制度对坯体质量的影响。

① 加压方式。由于加压方式不同，则压力在模具内及粉料中的摩擦、传递与分布情况也不同，故在同一坯体的不同部位的密度最终也将不尽相同，现分三种情况分析如下：

a. 单向加压：模具下端的承压板或模塞固定不动，只通过模塞由上方加压。这时，由于粉粒之间以及粉粒与模套壁之间的摩擦阻力是相当可观的，其结果必然出现明显的压力梯度。粉粒的润滑性越差，则坯体内可能出现的压力差也就越大(不像液体中那样，忽略质点间的内摩擦，可以将压力均匀等值地传向各个方向)。所以，这样压成的坯体在上方接近模壁处，具有最大的密度，下方近模壁处以及中心部分则密度最小，如图4.11(a)所示。

b. 双向同时加压：和单向加压不同之处在于上、下模头(塞柱)同时朝模套内加压，这时，各种摩擦阻力的情况虽然没有改变，但是其间存在压力梯度的有效传递距离却只为原来的一半，故其实际压力差也就只为单向加压法的一半左右，仅是坯体的中间部分的密度较低，如图4.11(b)所示。

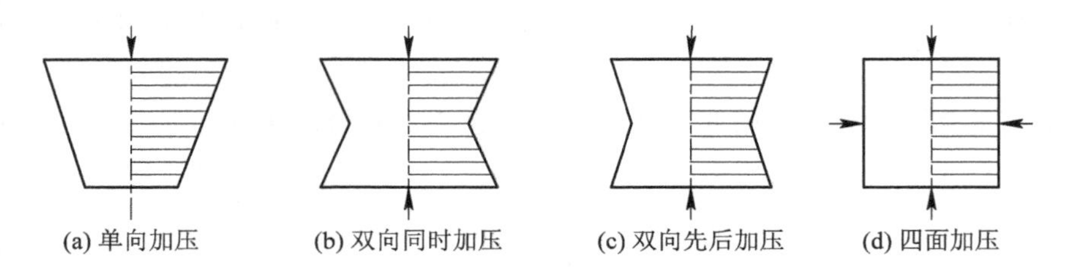


图 4.11 不同加压方式坯体的压力分布(横条线为等密度线)

c. 双向先后加压：比如说，先由上方加压，使模塞伸入模套，再改由下方加压，使下摸塞压入，这样似乎和双向同时加压无多大差别，其实不然，由于先后两次分别加压，压力传递比较彻底，有利于气体排出，作用时间也比较长，故其所得坯体密度比前两种方法都要均匀得多，但其设备和操作步骤也比前两种方法复杂些，如图 4.11(c)所示。

d. 四面加压：在粉体的四周同时加压，即所谓的等静压成型，如图 4.11(d)所示。

上面对不同加压方式的叙述，有利于理解干压坯体的质量，以及分析烧结时的分层开裂等原因。在电子陶瓷工件的生产过程中，对于大批量的、直径为 1 cm 左右、片厚在 1～3 mm 或更薄的片坯压制，为了工艺简便，常采用一模多孔的单向快速冲压法，以提高工效。视坯件的大小及复杂程度，一套模具可压坯件 10～100 个/min。如果采用一模多孔或旋转式模具，则可使工效进一步提高。事实证明，对于直径不大、厚度较薄的简单坯件，如圆片电容器、微调电容器的动片、集成电路基片等，都能利用这种快速冲压法获得满意的坯件。

② 压力大小。在压制过程中，加于粉料上的压力主要消耗在以下两个方面：

a. 克服粉料的阻力 $p_1$，称为净压力。它包括使粉料颗粒相对位移时所需克服的内摩擦力及使粉料颗粒变形所需的力。

b. 克服粉料颗粒对模壁摩擦所消耗的力 $p_2$，称为消耗压力。

所以，在压制过程中的总压力 $p=p_1+p_2$，这就是一般所说的成型压力。它一方面与粉料的组成和性质有关，另一方面与模壁和粉料的摩擦力和摩擦面积有关，即与坯体大小和形状有关。如果坯体横截面不变，而高度增加，形状变复杂，则压力损耗增大。若高度不变，而横截面尺寸增加，则压力损耗减小。对于某种坯料来说，为了获得致密度一定的坯体所需要施加的单位面积上的压力是一个定值，而压制不同尺寸坯体所需的总压力等于单位压力乘以受压面积。

在实际成型时，不必一味追求大的成型压力。由于粉料粒度分布广，堆积空隙小，在加压后期，必须充分考虑堆积体空隙中所含气体的排除问题。在粉粒间自然形成的排气孔尚未完全堵塞之前，坯体密度将随压强和加压时间而增加；但当排气孔道绝大部分已经受压堵塞时，坯体密度将随压强增加而接近饱和。因为固态粉粒本身几乎是不可压缩的，尚未排除的剩余吸附气体又找不到通往坯体外面的出路，故压强的增加只能使闭气孔压缩。当压力去除时，闭气孔可能重新扩大、回弹，反而可能使出模的坯体起层、开裂或破坏良好的黏结组织，而使坯体的机械强度降低。故可以说成型压力过大，反而会带来不良的作用。不过，在具体的干压成型过程中，排气孔道并不是同时堵塞的，而是随压强的增加，先后逐步缩小，乃至于完全不通的，且其过程与下述各因素又有密切的关系，如坯料的粒形、粒度、级配；黏合剂、润滑剂的类型、用量；工件的几何形状(大小、厚薄等)。故对干压成型说来，并不存在什么普遍适合的临界压强，难于找到简单明确的函数表达式，一般工业陶瓷的单位成型压强约为40～100 MPa。含黏土的坯料塑性较好，可用较低的压强(10～60 MPa)；对产品性能要求严格的瘠性坯料需用较大的压强。当然最好的方法还是按具体情况来优选。

此外，随着压强的加大，压强和坯体密度的分布情况亦有所改善。当干压成型的压强太大时，卸压出模后，坯体将出现明显的反弹，其结果是使坯体下半部的中心部分和上部靠模壁的一圈的密度特别大，而坯体高度中部及上半截的中间部分的密度反而降低，可观察到这些部分出现了比较明显的反弹或回复。

所以说提高压强的效果是有一定限度的，对于轴向长度较大的坯体，采取双向加压或双向先后加压比单纯提高压强要好得多。

③ 升压速度与保压时间。这个问题主要应从压力的传递和气体的排除两方面来考虑。显然，如升压速度过快，保压时间过短，会使本来能够排出的气体来不及排出；同时，还会因压力尚未传递至应有的深度时外力就已卸除，不能达到比较理想的坯体质量。但如升压速度过慢、保压时间过长，亦将影响工效，无此必要。故应对各种具体情况合理安排。对于大型、壁厚、体高($H/D$比值较大)、形状较为复杂的产品，加压初期速度可以快些，后期宜慢些，这样既有利于气体的排除，又有利于压力的传递。如压强足够大时，保压时间可以短些，或不一定保压；当压强不够大时，可适当保压。对于这类产品，减压速度亦应加以控制，不应突然全部卸掉，以避免局部因快速不均匀的反弹而使坯体出现起层、缝隙或开裂。

对于小型、薄片等简单坯体，对加压速度无严格要求，正如前述，甚至可采取快速冲压方式，以提高工效。

在手工成型时，为了提高压力的均匀性，通常采用多次加压的方法。例如，用摩擦压机压制墙、地砖时，通常加压3～4次。开始稍加压力，然后压力加大，这样不致封闭空气排出的通路。最后一次提起上模时要轻些、缓些，防止残留的空气急速膨胀而产生裂纹。这就是工人师傅总结的“一轻、二重、慢提起”的操作方法。当对坯体密度要求非常严格时，可在某一固定压力下多次加压，或多次换向加压。在加压时同时振动粉料(振动成型)，则效果更好。

**3. 干压成型工艺的优缺点**

干压成型的工艺简单、操作方便，只要有合适的压床和模具，既可进行小批量试制，也可组织大规模生产，且周期短、工效高，容易实现自动化生产。

和本章后面即将谈到的其他几种成型方法相比，干压成型的粉料中的含水量或其他胶合剂的含量是比较少的，故干压成型的坯体比较密实、尺寸比较精确，烧成收缩较小，陶瓷的机械强度和抗电击穿强度也是比较高的。

干压成型的关键是必须具备有一定功率的加压设备，陶瓷件的受压面积愈大，则加压设备的压力或功率也就愈大，所以，对大型产品说来，这也是不易办到的。此外，模具也是一个问题，每一种产品就需要一套模具，且其制作工艺要求高，当结构复杂时，更不容易办到。干压模具的磨损率较大，特别对刚玉陶瓷一类硬质陶瓷粉粒，其磨损更为显著。

干压成型的另一不足之处，是其加压方向通常都只限于一维方向(上、下，或上下同时加压)，缺乏侧向压力，同时粉料本身通常都具有较高的内摩擦，故压成的坯体结构具有明显的各向异性，在成瓷烧结时侧向收缩特别大，且其机械电气性能也远非各向均匀的，这种缺点，将在下述的等静压成型中得到克服。

干压成型大量地用于圆形、薄片状的电子元件生产，通常也只限于这一类产品，而在外型复杂或庞大的产品生产中，干压成型工艺是极少采用的。

## 4.1.2 等静压成型

在干压成型工艺中，由于加压设备及模具结构本身，决定了它只能在一维方向加压，其缺点是产品结构和强度的各向异性。为解决这个问题，必须使产品能受到均匀的各向加压。等静压成型就是满足这一要求而发展起来的。

### 1. 等静压成型原理

等静压成型是指粉料在各个方向同时均匀受压，传递压力的介质通常为液体。由于液体压缩性很小，而且能均匀传递压力，所以用等静压方式压制出来的坯体密度大而且均匀。陶瓷工业生产中已采用这种方法成型氧化物陶瓷、压电陶瓷、碳化物及石墨制品等。最初用来成型中小型产品(如火花塞、坩埚、罐状电容器等)，现在也用来成型大型产品(如氧化锆砖、刚玉砖、大型绝缘子、雷达罩、污水管等)。等静压包括湿式等静压和干式等静压。

1）湿式等静压

湿式等静压是最早被采用的一种加压方式。它将预压好的粉粒坯体包封于弹性的塑料或橡皮胶袋内，然后置入一个能承受高压张力作用的钢筒内，通过进液口，用高压泵将传压液体打入筒体。因此，胶套内的工件将在各个方向受到同等大小的压力，如图 4.12 所示。传压液体可用甘油或重油等，故又称静水压成型。视粉料特性及成型的需要，筒内压强可在一定范围内调整。试验性研究常用压强为 35～1500 MPa，生产中常用压强为 100～200 MPa。

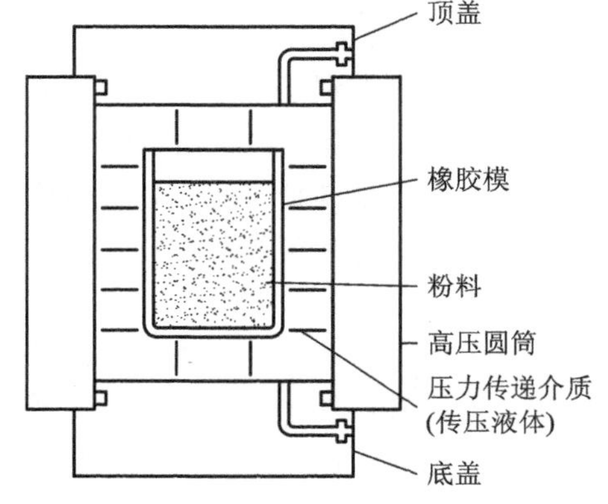

图 4.12　湿式等静压的示意图

对某些要求特别高的工件进行胶套密封时，还要作真空处理。此法之所以称为湿式等静压，不仅是因为整个工件连胶套浸泡于传压液体中，而且每次操作放进、取出都是在液体中进行。

2）干式等静压

干式等静压是对湿式法的一种改进。采用这种方法时，待压粉料的添加和压好工件的取出都是采用干法操作的，而弹性胶套则是半固定式的，可多次使用，如图 4.13 所示，经此改进后，工效及自动化水平均可大为提高，但只适用于生产较简单的工件。

干式等静压只是免除了模壁的摩擦和减弱了粉粒之间的摩擦，其实两头(垂直方向)并不加压，

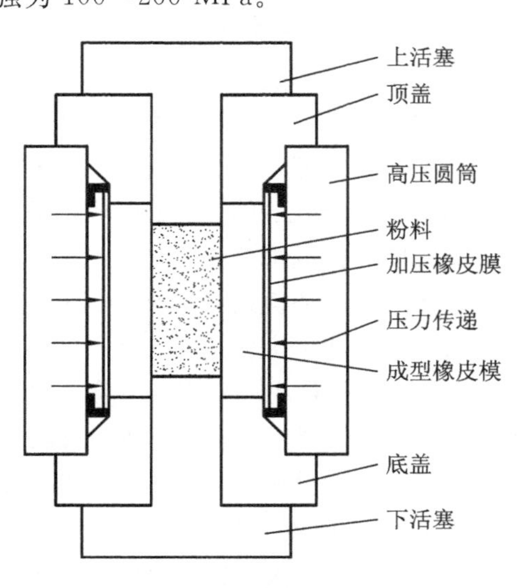

图 4.13　干式等静压成型原理

它适用于大量压制同一型式的产品，特别是几何形状比较简单的，如管状、柱状体。为了提高坯体精度和压制坯件的均匀性，最好采用振动法加料。

现在的等静压设备有点像粉压机，需要人工将造粒的粉料装入弹性模具内，并加盖弹性塞子，用金属环箍紧，放入高压容器内，加压并保压，卸压后，从高压容器内取出模具，再从模具中拿出坯体。整个过程像实验室手工压制样品那样，效率较低。

3）等静压成型模具

用于等静压成型的模具要求能均匀伸长和展开、不易撕裂、比较柔软、能长期耐液体介质的作用。制造这类模具常用的材料为橡胶，如耐油的氯丁橡胶、硅橡胶等。在批量生产中采用橡胶模具；实验室常常采用自制的树脂模具。配制树脂模具所用原料有下列几种：

(1) 树脂：如聚氨基甲酸脂(易塑造模型、不易黏住压制的粉末)、聚氯乙烯(宜采用乳状树脂，它易扩散到增塑剂中形成细粒糊状物)等。

(2) 增塑剂：增加树脂塑性、降低硬度。如苯二甲酸二辛脂(它的介电性、耐寒性、稳定性均好，挥发性、吸水性不大，易于塑化)、已二酸二辛脂(挥发性小、能耐寒、若和苯二甲酸二辛脂混合使用效果更好)。

(3) 稳定剂：可抑制树脂在加工、使用过程中由于热、光的作用而降低塑性和变色。常用的稳定剂为铅的化合物，如铅丹、三盐基硫酸铅等。硬脂酸钙、硬脂酸钡也是有效的稳定剂。

(4) 填充剂：可降低成本，并无强化作用，因此不宜多用。常用的填充剂为碳酸钙、白黏土、硅藻土、滑石粉等。

增塑剂与树脂的比例通常为2∶1～4∶1。制品形状简单或脱模容易时可少加增塑剂，这时模具较硬；制品形状复杂或不易脱模则多加增塑剂。表4.4所示为两种弹性树脂模具的配方。

**表4.4　两种弹性树脂模具的配方**

| 编号 | 原　料 | | | | | | |
|---|---|---|---|---|---|---|---|
| | 乳状聚氯乙烯树脂 | 邻苯二甲酸二辛脂 | 三盐基硫酸铅 | 二甲酸二丁脂 | 苯二甲酸二辛脂 | 硬脂酸钙 | 碳酸钙 |
| 1 | 100g | 60～100 g | 3～5g | — | — | — | — |
| 2 | 100 g | — | — | 100～200 mL | 100～200 mL | 4～8 g | 2～4 g |

将原料混合搅拌均匀，经过真空处理或静置几小时至一昼夜，使浆料的气泡逸出。把金属模放入烘箱中预热至100～120℃，再把树脂浆料注入金属模(阴模)，或将金属模浸入浆料(阳模)中。然后在60～180℃烘箱中保温30～45 min。塑化后取出模具，冷却至室温，即可卸下树脂模具。

上述弹性树脂模具配方也可用来制成球磨机内衬。制造弹性模具的模芯和其他模芯不同，它不必设置锥度。因为在等静压成型后卸除压力时，坯体稍有弹性膨胀，坯体内圆与模芯之间会出现0.2～0.3 mm的空隙，便于抽出模芯。

**2. 等静压成型的优缺点**

作为一种成型方法来说，等静压法和注浆法比较，它不需要高的操作技能，不需严格控制料浆的性能，还不必干燥，不会产生干后裂纹，而在这些方面注浆法要求较高；和干压成型比较，它成型时磨损小，模具制作容易，长度与直径比较大($H/D=1.5\sim10$)和有伞裙的产品，均可用等静压成型，而干压法则无法成型；和挤坯法比较，它可减少加工工序(如车伞裙或钻孔)，而且挤坯成型时大管和长棒的干燥开裂和弯曲的情况较严重。

总之，等静压成型的优点如下：

(1) 可以压制用一般成型方法不能成型的产品(如形状复杂、细而长和大件的产品)；

(2) 压制的生坯密度均匀(轴向断面密度无差别，径向断面密度相差1%～2%，烧成收缩小)，不易变形，烧成后的产品具有特别高的机械强度，尤其是高温(>1000℃)下的抗张强度可大为提高，例如，用此法制成的MgO或$Al_2O_3$陶瓷，其高温强度远胜于钢铁或其他耐热合金；

(3) 成型时压力大小容易控制；

(4) 模具制作方便，成本低；

(5) 粉料可以不用黏合剂或少用黏合剂。

等静压成型的缺点如下：

(1) 对高压容器及高压泵的质量要求高，投资费用大；

(2) 湿式等静压成型不能连续操作，干式等静压成型速度较小；

(3) 成型是在高压下操作的，容器及其他高压部件要特别防护(如安装在地下或用钢罩保护)。

目前等静压成型仍只限于生产具有特殊要求的电子元件，以及宇航或其他具有高强度要求的材料。

## 4.2 塑法成型原理

塑法成型是一种古老的成型方法。人类在第一次制造陶器时，就是采用的湿塑法，后来发展成为将练好的泥料，置于旋转的底盘上，用手拉捏，或借助于一定形状的模具，生产各种具有一定回转同心度的中空、薄壁的圆形产品。常用的塑法成型方法主要是挤压法、车坯法、湿压法(包括旋坯法、滚压法、冷模湿压法和热模湿压法)、轧膜法等。

塑法成型的共同特点是要求泥料必须具有充分的可塑性，故其中含有机黏合剂或水分比干压成型的多。

### 4.2.1 挤制成型

在挤制成型时，将练好并通过真空除气的泥团置入圆形挤制筒内，上方通过活塞给泥团施加压力，下端通过挤管嘴挤出各种形状的坯体，如图4.14所示。

坯体的形状一般为棒状、管状，其轮廓可以是圆形的或多角形的，但其上下必须是大小一致的，待晾干后再切割成一定长度的短段，如各种电阻基体、管式电容、线圈骨架等。坯体的形状主要取决于挤制机的机嘴和型芯结构，坯体的长度根据需要进行切割。图4.15所示为挤制圆形管状产品的机嘴与型芯结构。

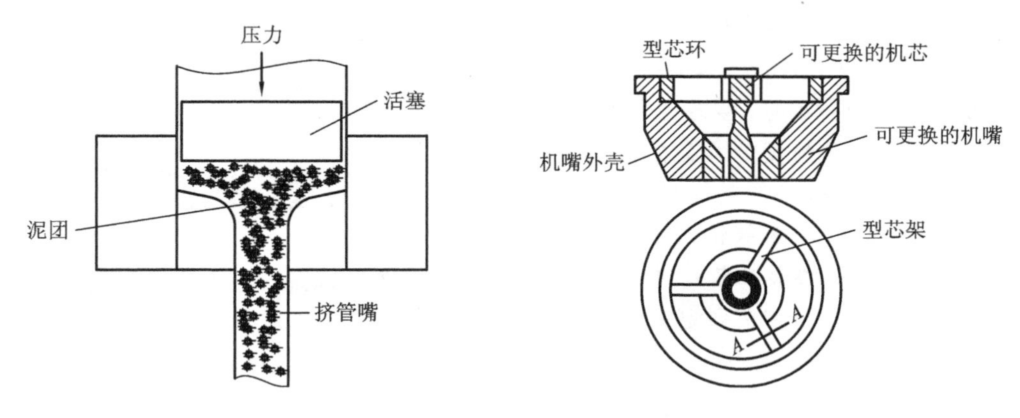


图 4.14 挤制成型的示意图　　图 4.15 挤制圆型管状产品的机嘴与型芯结构

也可将挤制模嘴直接安装在真空练泥机上成为真空练泥挤制机，如图 4.16 所示，其结构比较紧凑，属卧式挤制机。

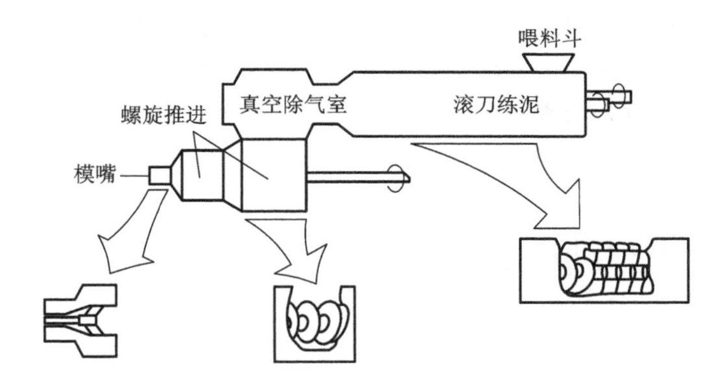


图 4.16 真空练泥挤制机

挤制成型对泥料要求比较高。首先，为了保证必要的流动性，料粉应有足够的细度和圆润的外形，最好采用长时间球磨，磨球不能过大，应以碾磨为主。如果采用大磨球撞击或采用振磨所得的粉料，虽细度达到要求，但由于外形棱角毕露，也不能满足挤制要求。其次，溶剂、增塑剂、黏合剂等用量要适当，同时必须使泥料高度均匀，否则挤出的坯件不能平直，会出现弯扭变形，或在干燥、烧结过程中出现形变。如果挤出的坯件里有鳞片状层裂或断裂，则多半是由于粒形不佳或细度不够所致。

在挤制电子陶瓷等瘠性坯料时，一般需添加聚乙烯醇、羧甲基纤维素、桐油或糊精等黏合剂，如表 4.5 所示。

表 4.5 挤制成型时黏合剂的配比举例

| 坯 体 类 型 | 糊精 | 羧甲基纤维素 | 桐油 | 水 | 备注 |
|---|---|---|---|---|---|
| 电容器用钛酸钙、钛酸钡瓷料 | — | 7% | 5% | 22% | 均为外加量 |
| 电容器用锡酸钙、金红石瓷料 | 5～7% | — | 4% | 20% | 均为外加量 |
| 氧化铝瓷料 | — | 23% | — | 20% | 均为外加量 |

在挤制成型时值得注意的工艺问题如下：

1）挤制的压力

当挤制的压力过小时，要求泥料水分较多才能顺利挤出，这样得到的坯体强度低、收缩大。若压力过大，则摩擦阻力大，加重设备负荷。挤制压力主要决定于机嘴喇叭口的锥度（见图4.17）。如果锥角$\alpha$过小，则挤出泥段或坯体不紧密，强度低；如果锥角$\alpha$过大，则挤制阻力大。为了克服阻力使泥料前进就需要更大推力，使设备的负荷加重，甚至泥料向相反方向退回。根据实践经验可知，当机嘴出口直径$d$在10 mm以下时，$\alpha$角约为12°～13°；$\alpha$在10 mm以上时，$\alpha$角为17°～20°较合适。在挤制较粗坯体，而坯料塑性较强时，$\alpha$角可增大至20°～30°。影响挤制压力的另一个因素是机嘴出口直径$d$和机筒直径$D$之比。其比值愈小，则对泥料挤制的压力愈大。一般比值（$d/D$）为1/1.6～1/2。电子陶瓷工厂在挤制实心泥段时，一般取$d/D$=1/1.66～1/3。

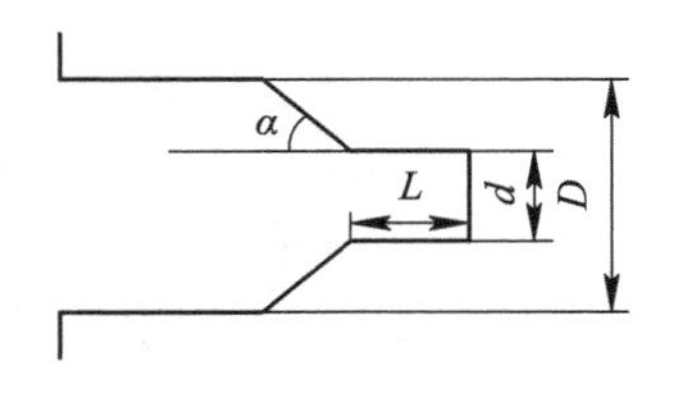

图4.17 机嘴喇叭口的形状与尺寸

为了使挤出的泥段或坯体表面光滑、质量均匀，一般在机嘴出口处设置一段定型带，其长度$L$根据机嘴出口直径$d$而定，一般为$L=2\sim2.5d$。若定型带过短，则挤出的泥段会产生弹性膨胀，导致出现横向裂纹，且挤出的泥段容易摆动；若定型带过长，则内应力增加，容易出现纵向裂纹。

2）挤出速率

当挤制压力固定后，挤出速率主要决定于主轴转速和加料快慢。当出料太快时，由于弹性后效，坯体容易变形。

3）瓷管外径与管壁厚度

在挤出管子时，管壁厚度必须能承受本身的重力作用和适应工艺要求。管壁薄则其机械强度低（尤其是径向的强度低），容易变成椭圆形。表4.6所示为瓷管外径与壁厚的相应尺寸，供参考。

表4.6 瓷管外径与壁厚的相应尺寸

| 瓷管外径/mm | 3 | 4～10 | 12 | 14 | 17 | 18 | 20 | 25 | 30 | 40 | 50 |
|---|---|---|---|---|---|---|---|---|---|---|---|
| 瓷壁最小厚度/mm | 0.2 | 0.3 | 0.4 | 0.5 | 0.6 | 1.0 | 2.0 | 2.5 | 3.5 | 5.5 | 7.5 |

4）挤制成型的缺陷

（1）裂纹：由于练泥时真空度不够，或者手工揉料不均匀，经过挤泥机出口后的坯体断面上会出现裂纹。

（2）弯曲变形：坯料太湿、成分不均匀或承接坯体的托板不光滑均会出现这种缺陷。

（3）管壁厚度不一致：型芯和机嘴的中心不同心。

（4）表面不光滑：若挤坯时压力不稳定、坯料塑性不好或颗粒呈定向排列都可能产生这种缺陷。在挤制大型泥段时，机头锥度过大、机嘴润滑不良也会使坯体表面粗糙或呈波浪形。

5）挤制成型的优缺点

挤制成型的优点是可连续生产，效率高，污染小，易于自动化操作，已为电子陶瓷工业所广泛采用。其缺点是机嘴结构复杂，加工精度要求高，用料多，不宜作小批量生产，且只能用以挤制横截面形状相同的产品。一般用来挤制直径为1～30 mm的管、棒等，细管壁厚可小至0.2 mm左右。

近年来，由于粉料质量和泥料塑性的不断提高，可用来挤制100～200 mm宽、0.1～3 mm厚或更薄的片状坯膜，半干后用以冲制不同形状的片状产品；或用来挤制直径为800 mm、100～200孔/$cm^2$的蜂窝状或筛格式穿孔瓷微带，用来作热交换器、接触燃烧器、正温度系数热敏电阻、陶瓷空气加热器等。

由于用于挤制成型中的泥料含有较多的溶剂和有机物，故这种坯体在干燥或烧结过程中的收缩比干压成型的坯件要大，其致密度与抗电压强度也略有逊色。

## 4.2.2 轧膜成型

一些薄片状的陶瓷产品(如晶体管底座、厚膜电路基板、压电蜂鸣片及贴片电容器等)由于比较薄(厚度一般在1 mm以下，甚至为0.04～0.05 mm)，干压成型不能满足要求，生产中广泛采用轧膜成型工艺。

**1. 轧膜用可塑料团的制备**

由于化工原料和合成原料没有塑性，所以选择适当塑化剂配成塑性料团是首要的工序。轧膜用的塑化剂由黏合剂、增塑剂及溶剂配合而成。

要求黏合剂有足够好的黏结力、较好的成膜性能(良好的延展性和韧性)，弹性和脆性都不能过大，否则不易成型或坯体强度低。此外，还希望烧后灰分少、无毒性。聚乙烯醇(PVA)、聚醋酸乙烯脂(PVAE)、甲基纤维素(CMC)、聚乙烯醇缩丁醛等的溶液黏度大、有链状结构，通过机械加工可以拉伸和黏合，产生塑性变形，形成纤维和薄膜，因此均可用作黏合剂。常用聚乙烯醇作黏合剂，对其要求如下：

(1) 聚合度为1400～1500甚至稍大些。如果聚合度太大，则薄膜的弹性增加，不利于轧膜；如果聚合度太小，则强度低、塑性小和脆性大，也不容易轧成合乎要求的薄膜。

(2) 醇解度为80%～90%。醇解度低的聚乙烯醇不溶于水，黏度大；醇解度过高(99%)的聚乙烯醇，即使在热水中也非常难溶，冷却后又会出现胶冻。

(3) 含碱量应适当。生产实践中发现，当钛酸钙、锡酸钙和硼酸的坯料用聚乙烯醇作黏合剂来轧膜时，不易操作，有时轧出的膜片弹性大、多孔，像橡胶一样。如果粉料中含金属氧化物、碳酸盐、硼酸盐、磷酸盐、滑石和高岭土等，则应采用聚醋酸乙烯脂作轧膜的黏合剂。

轧膜成型时常用甘油、乙酸三甘醇、邻苯二甲酸二丁脂等作为增塑剂。甘油易吸水，所以天气潮湿时应少加甘油。

用水作溶剂时，可调节塑化剂的浓度，以防坯料硬化，轧膜时间可以相应延长；有机溶剂在轧膜过程中易挥发，使坯料变硬，要求轧膜时间短，而且要加强通风，以免溶剂挥发影响人体健康。表4.7所示为不同坯料在轧膜成型中所用塑化剂的配比。

表 4.7 不同坯料在轧膜成型中所用塑化剂的配比

| 坯料 | 聚乙烯醇水溶液 | | 聚乙烯醇 | 乙醇 | 甘油 | 聚醋酸乙烯酯 | 甲苯 | 纯净水 | 塑化剂用量 |
|---|---|---|---|---|---|---|---|---|---|
| | 浓度 | 用量 | | | | | | | |
| 高介电容器 | 15% | 35% | — | — | 3%～5% | — | — | — | — |
| 压电蜂鸣片 | 15% | 18% | — | — | 2% | — | — | — | — |
| 压电滤波器 | 15% | 24% | — | — | 2% | — | — | — | — |
| 含钛坯料 | 18% | 30%～35% | — | — | 4.8% | — | — | — | — |
| 独石电容器 | — | — | — | 2% | 3% | 5% | 8% | — | 30% |
| 锡酸钙瓷 | — | — | — | 2% | 4.5% | 5% | 8% | — | 38% |
| 95%氧化铝 | — | — | 200g | 60g | 75g | — | — | 660 ml | 28%～30% |
| 压电瓷料 | — | — | 900g | 480g | 240g | — | — | 6000 ml | 18%～20% |

2. 轧膜成型工艺

轧膜成型工艺包括粗轧与精轧。将预烧过的电子陶瓷粉料磨细过筛，拌以有机黏合剂（如聚乙烯醇等）和溶剂（如水等），置于两辊轴之间进行混炼，使粉料、黏合剂和溶剂等成分充分混合均匀，伴随着吹风，使溶剂逐步挥发，形成一层厚膜，这个过程叫粗轧。精轧是在粗轧的基础上逐步调近轧辊间距，多次折叠，90°转向，反复轧炼，直至达到必须的均匀度、致密度、光洁度和厚度为止，轧膜成型示意图如图 4.18 所示。轧好的坯片，宜在保持一定湿度的环境中储存，防止干燥脆化，以利进行下一步冲切工艺。

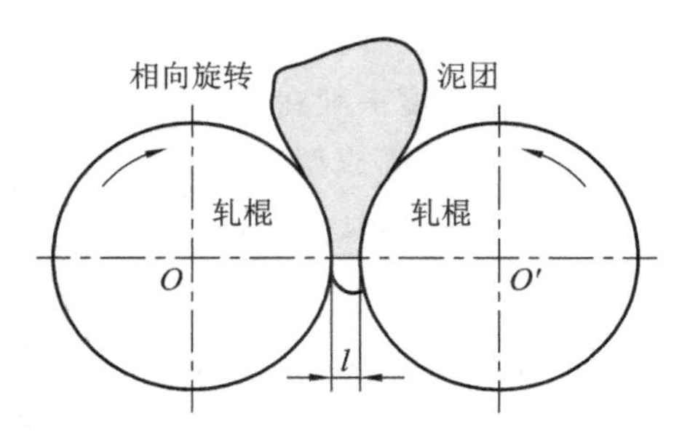


图 4.18 轧膜成型示意图

3. 轧膜成型的缺陷

轧膜成型的缺陷如下：

(1) 气泡：如果在膜片折叠起来进行粗轧时夹杂空气未排出，粉料水分较多，拉膜时间过短，次数不够，则都可能使膜片内留有气泡。在细磨原料时加入的表面活性物质（如油酸）未排出也可能产生气泡。

(2) 厚度不均：可能是由于调整轧辊间距不精确、轧辊磨损或变形引起的。

(3) 无法成膜：主要是粉料中游离氧化物多、选择的黏合剂不恰当、聚乙烯醇的聚合度和醇解度不符合轧膜要求等。

4. 轧膜成型的特点

轧膜成型是练泥与成型同时进行的。为使泥料高度均匀、黏合剂与粉料之间有充分完全的接触，必须保持足够的混练工作量。不宜过早将轧辊调近，急于获取薄片坯体。

由于轧辊的工作方式，坯料只在厚度方向和前进方向受到碾压，在宽度方向缺乏足够的压力，因而轧辊对胶体分子和粉粒都具有一定的定向作用，坯体的机械强度与致密度都具有各向异性，使坯片容易从纵向撕裂，且在烧结时横向收缩较大。故在辊轧过程中必须不断将坯片作90°倒向，否则不能将各向异性减至最小。尽管经历了如此多的倒转，其最后一次精轧留下的定向作用仍是无法完全消除的，这是轧膜成型的内在矛盾。

轧膜工艺通常用来轧制1 mm以下的坯片，最常见的是0.15 mm左右。在技术熟练和粉料良好时，也可制作0.05 mm左右的超薄片，但质量极难控制，容易出现厚薄不均或对穿孔，且轧辊磨损较大。通常要求轧制的薄片厚度愈小，则要求粉粒愈细、愈圆润，含黏合剂量愈多，轧辊精度愈高。

和挤制成型相似，由于轧膜成型的坯膜中含有较多的黏合剂与溶剂，故其干燥收缩与烧成收缩都比干压产品的大些。不过，轧膜成型的粉尘污染小，劳动强度不大，坯片工艺性能好，使它获得了广泛的应用。对于0.08 mm以下的坯片，如多层贴片元件(如独石电容器、贴片电感器等)，为降低劳动强度、提高劳动生产率和确保产品质量，近年来有采用流延法取代轧膜法的趋势。

## 4.3 流法成型原理

这里将流延成型、注浆成型与热压铸成型归纳为流法成型。流法成型要求浆料必须具有足够的流动性，以满足工艺要求。

### 4.3.1 浆料的流动性

流动性是指物质作相对运动时，克服质点间相互作用力(如摩擦力)的难易程度。质点间相互作用力小，易于克服外力而作相对运动，称为流动性好，反之则相反。对料浆而言，质点间相互作用力包括粉粒与粉粒之间、粉粒与液态媒质之间以及流态媒质自身分子之间的作用力。其流动性的好坏通常以其黏度(即内摩擦)系数 $\eta$ 来定量表示。当料浆中固态粉粒所占的体积百分数 $V$ 不大时，其黏度可用下列爱因斯坦关系式表示：

$$\frac{\eta}{\eta_0} = 1 + kV \tag{4.8}$$

式中，$\eta$、$\eta_0$ 分别为料浆及液态媒质的黏度；$k$ 为常数，它由粉粒的外形所决定。

表4.8所示为四种理想粉粒的形状系数 $k$ 的取值。

表4.8 四种理想粉粒的形状系数 $k$ 的取值

| 粉粒形状 | 球形 | 椭圆形 $a/b=4$ | 片状 $l/h=12.5$ | 棒状 $l\times w\times h=20\times 6\times 3$ |
|---|---|---|---|---|
| $k$ 值 | 2.5 | 4.8 | 53 | 80 |

由式(4.8)及表(4.8)可知，浆料的黏度随固态粉粒体积百分数的增加而增加，对于相同材质来说，粉粒外形愈不规则，其作相对运动时需克服的阻力愈大。此外，影响料浆流动性的另一重要因素是粒度。当料浆中所含固态粉粒的体积百分数 $V$ 一定时，粒度愈细则粉粒间距离愈小，因而粉粒间的相互作用力愈大。已知当两表面之间的距离在20Å左右时，受到范德华力的作用，表面之间将有明显的相互吸引。所以通常随着粉粒粒度的下降，浆料黏度都会增加，当出现超微粒时，黏度增加将更加明显。

在处于胶体状态的浆料中，粉粒之间除受范德华力作用外，还必须考虑胶粒所带电荷的问题。实验结果表明，只要适当地控制泥浆的酸碱度，控制胶粒大小、吸附层及扩散层的电荷分布，就能获得必要的泥料特性。

当采用有机聚合物作为黏合剂或增塑剂时，陶瓷粉粒和黏附在其表面的有机分子共同构成胶粒单元。和黏土粒子相似，这种水化了的胶粒也常带有一定的电荷，如果各胶粒都带有足够大的同类电荷，则其间将产生一定的斥力，使胶粒不会过分靠近、凝聚，保持稳定悬浮从而具有很好的流动性。如果所带电荷甚微，则胶粒相互靠近，作用力、内摩擦力加大，不利于作相对运动，流动性差，给成型工艺带来困难。

因此，要想改善浆料的流动性，就必须削弱胶粒间的作用力。通常采用稀释剂或抗聚凝剂，以控制胶粒所带电荷特性，调整胶粒之间的距离，削弱其间的吸引力及摩擦力。陶瓷浆料中采用的稀释剂大致可分为无机电解质和有机高分子物质两类，其作用原理也不尽相同。常见无机电解质稀释剂有 $Na_2SiO_3$、$Na_2CO_3$、$NaPO_3$ 等，有时也采用有机酸盐，如腐植酸钠、单宁酸钠、松香皂等。这些物质在水解后都能不同程度地产生钠离子，一般用于日用陶瓷和工艺美术陶瓷的浆料中，在近代电子瓷料中很少采用。常用的有机高分子物质的稀释剂有阿拉伯树胶、脂肪酸、天然鱼油等，它们能对多种电子陶瓷料浆起很好的抗凝聚作用。有效的有机稀释剂必须是具有不饱和碳双键 C=C 的高分子物质，但其分子量不能过大，聚合度以不超过 50 为宜，分子量过大反而会起到稠化或聚凝等作用。这类具有不饱和键的高分子物质能很好地附着于活性极高的粉粒表面，从而将其具有对称结构的中性链节朝外，加大胶粒距离，削弱极化与诱导作用，并使胶粒间摩擦力减小，流动性大为增加。其作用原理与 3.2.2 节中的助磨剂大致相似。

### 4.3.2 流延成型

流延成型是一种目前比较成熟的、能够获得高质量、超薄型陶瓷片的成型方法，国外有人称之为刮刀法(Doctor Blade Process)。在电子陶瓷工业中，流延成型已被广泛地用于生产多层 RLC 集总元件(如电容器、电感器和电阻器)，多层厚膜、薄膜电路基片，多层半导体器件(如氧化锌压敏电阻器、PTC 热敏电阻器)，多层压电器件(如压电变压器、致动器)，LTCC 微波器件(如微波滤波器、双工器、滤波天线)等，如图 4.19 所示。

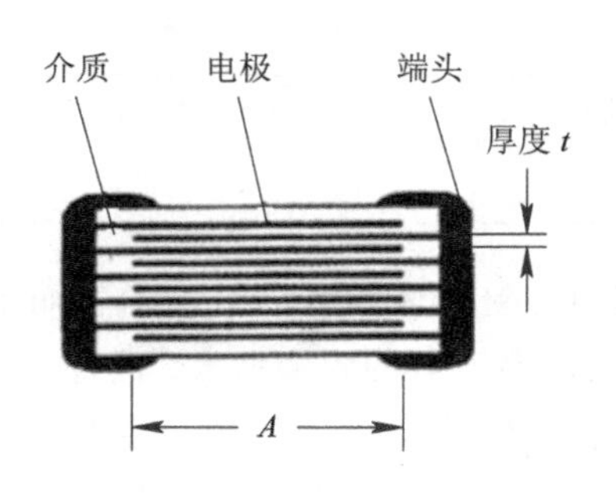

图 4.19　多层陶瓷器件的结构和样品

1. 流延成型工艺

图 4.20 所示为流延成型工艺的流程图。

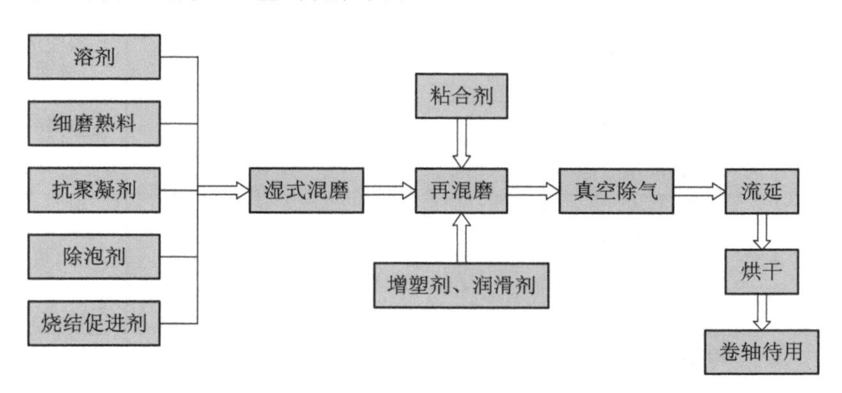


图 4.20 流延成型工艺的流程

流延成型是先将经过细磨、煅烧好的细磨熟料添加溶剂、抗聚凝剂、除泡剂、烧结促进剂等，投入球磨机中进行湿式混磨，目的在于使可能聚成团块的活性粉粒在溶剂中充分分散、悬浮，各种添加物达到均匀分布；然后再加入黏合剂、增塑剂、润滑剂等添加物，再度混磨，以使这些高分子物质均匀分布及有效地吸附于粉粒上，形成稳定的、流动性良好的浆料；浆料经过真空除气后，便可泵入流延机中，流延机中含有烘干装置和卷轴机构，参考图 4.21，膜片在烘干装置中进行烘干，烘干的膜片可经片剥离后直接使用，也可经卷轴机构进行卷带储存。非水系流延成型用有机化合物如表 4.9 所示，水系流延成型用有机化合物如表 4.10 所示。

表 4.9 非水系流延成型用有机化合物

| 溶剂 | 黏合剂 | 可塑剂 | 悬浮剂 | 湿润剂 |
|---|---|---|---|---|
| 丙酮 | 纤维素醋酸丁烯 | 丁基苯甲基酞酸 | 三油酸甘 | 烷丙烯基聚醚乙醇 |
| 丁基乙醇 | 乙醚纤维素 | 二丁酞酸 | 天然鱼油 | 聚乙烯甘醇的乙基乙醚 |
| 苯 | 石油树脂 | 丁基硬脂酸 | 合成界面活性剂 | 乙基苯甘醇 |
| 溴氯甲烷 | 聚乙烯 | 二甲基酞酸 | 苯磺酸 | 聚氧乙烯酯 |
| 丁醇 | 聚丙烯酸酯 | 酞酸酯混合物 | 鱼油 | 单油酸甘油 |
| 二丙醇 | 聚甲基丙烯 | 聚乙烯甘醇介电体 | 油酸 | 三油酸甘油 |
| 乙醇 | 聚乙烯醇 | 磷酸三甲苯酯 | 甲醇 | 乙醇类 |
| 丙醇 | 聚乙烯醇缩丁醛 | — | 辛烷 | — |
| 乙基乙丁烯酮 | 氯化乙烯 | — | — | — |
| 甲苯 | 聚甲基丙烯酸酯 | — | — | — |
| 三氯乙烯 | 乙基纤维素 | — | — | — |
| 二甲苯 | 松香酸树脂 | — | — | — |

表 4.10 水系流延成型用有机化合物

| 溶剂 | 黏合剂 | 可塑剂 | 悬浮剂 | 湿润剂 |
|---|---|---|---|---|
| 水，（除泡剂：石蜡系，有机硅系，非离子界面活性剂乙醇类） | 丙烯系聚合物 | 丁基苄基酞酸酯 | 磷酸盐 | 非离子型辛基苯氧基乙醇 |
| | 丙烯系聚合物的乳液 | 二丁基钛酸酯 | 磷酸络盐 | 乙醇类非离子型界面活性剂 |
| | 乙烯氧化物聚合物 | 乙基甲苯磺酰胺甘油 | 烯丙基磺酸 | — |
| | 羟基乙基纤维素 | 聚烷基甘醇 | 天然钠盐 | — |
| | 甲基纤维素 | 三甘醇 | 丙烯酸系共聚物 | — |
| | 聚乙烯醇 | 三-N-丁基磷酸盐 | — | — |
| | 异氰酸酯 | 汽油 | — | — |
| | 石蜡润滑剂 | 多元醇 | — | — |
| | 氨基甲酸乙酯（水溶性） | — | — | — |
| | 甲基丙烯酸共聚的盐石蜡乳液 | — | — | — |
| | 乙烯-醋酸乙烯共聚体的乳液 | — | — | — |

图 4.21 所示为流延成型装置的示意图。

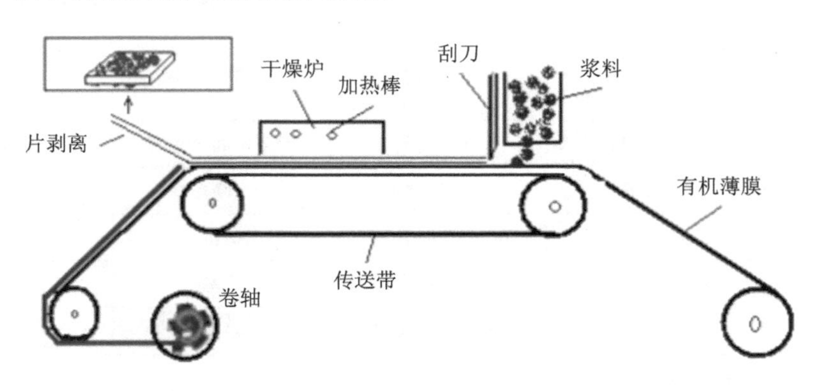


图 4.21 流延成型装置的示意图

浆料从料斗下部流至向前移动着的有机薄膜载体（如醋酸纤维素、聚酯、聚乙烯、聚丙烯、聚四氟乙烯等薄膜）上，膜坯的厚度由刮刀控制，而刮刀可由精密测微螺旋来调整其上、下位置；然后膜坯连同有机薄膜载体进入长达 20 m 的巡回热风干燥炉（图中以方框表示），烘干温度必须低于浆料溶剂的沸点，否则会使膜坯出现气泡，或由于温度梯度太大而产生裂纹；从干燥炉出来的膜坯(还保留一定的溶剂)可连同载体一起卷轴待用或在进行片剥离后储存；在储存过程中应使膜坯中的溶剂分布均匀，尽量消除湿度梯度。

在电子陶瓷工艺中，流延成型主要用以制取0.2 mm以下的膜坯，故首先要求陶瓷粉粒应具有粒度细、粒形好等特点，才能使浆料保持足够的流动性，以及在膜坯的厚度方向有足够的堆积个数。例如，在制取40 μm的膜坯时，要求2 μm以下粒径的粉料应不少于90%，这样才能保证每一厚度方向有20个以上的粉粒堆积，才能保证膜坯均匀、致密，否则，若膜厚40 μm，粉径10～15 μm，厚度方向平均3～4个粉粒，则即使胶合成膜也无法保证成瓷后的质量。对于流延成型所需要的超细粉料，可以通过精心安排的长时间球磨，或采用高效率的砂磨来获取。事实证明，粉料的粒度愈细，粒形愈圆润，则膜坯的质量愈高，可以在更低的温度下烧成致密陶瓷。故通常在流延成型中采用微米级的粉粒。当然，其中级配(即粒度分布)也是很重要的，这样可增加坯膜中粉料堆积密度。

各种添加剂的选择与用量，常可在一定范围内调整，根据粉料的物化特性及粉粒状况而定。表4.11所示为几种典型流延浆料配方，以供参考。

**表4.11　几种典型流延浆料配方**　%

| 陶瓷粉料 | 黏合剂 | 溶剂 | 增塑润湿剂 | 抗聚凝剂 |
|---|---|---|---|---|
| 氧化铝100.0<br>氧化镁0.25 | 聚乙烯醇缩丁醛4.0<br>聚乙烯乙二醇4.3 | 三氯乙烯39.0 | 辛基二甲酯3.6 | 鱼油 |
| 氧化铝、氧化锆、硅酸镁类瓷料96.3 | 聚乙烯醇缩丁醛2.5 | 甲苯20.0 | 聚乙烯烷基醚0.2<br>聚烷成乙二醇衍生物1.0 | — |
| 钛酸盐粉料76.3 | 聚乙烯醇缩丁醛2.5 | 甲苯20.0 | 乙酸三甘醇0.2<br>丙二醇三烷基醚0.2 | — |
| 铌铋镁低温独石瓷料100.0 | 聚乙烯醇水溶液85(浓度8.5%) | | 甘油6～7 | — |
| | 乙基纤维基溶液水溶液100(浓度8.5%) | | 甘油10.0 | — |
| 氧化铝123.12<br>氧化镁0.25 | 丙烯树脂系乳液12.96 | 去离子水31.62<br>除泡剂：石蜡系乳液0.13 | 聚乙二醇7.78<br>丁苄基酞酸酯57.02<br>非离子辛基苯氧基乙醇0.32 | 丙烯基磺酸4.54 |

有些除泡剂并不加入粉料中，而是在真空除气之前喷洒于浆料表面，然后搅拌除泡。例如，正丁醇、乙二醇各半的混合液就是很好的除泡剂，它能有效地降低浆料表面张力，在4000 Pa残压下的真空罐内，搅拌0.5 h，可基本将气体分离干净。在浆料泵入流延机料斗前，必须通过两重滤网，网孔分别为40 μm和10 μm，以滤除个别团聚或大粒的料粉及未

溶化的黏合剂。

2. 坯厚的控制

对于流延成型工艺来说，坯厚是由多种因素控制的，首先是堆积厚度大小，其次是干燥收缩大小。堆积厚度与刮刀口间隙、载体线速度和浆料流速有关，其中浆料流速又与浆料高度和浆料黏度有关；浆料的黏度由浆料的温度高低和溶剂含量多少有关；干燥收缩大小则由溶剂含量决定。它们之间的关系如图 4.22 所示。

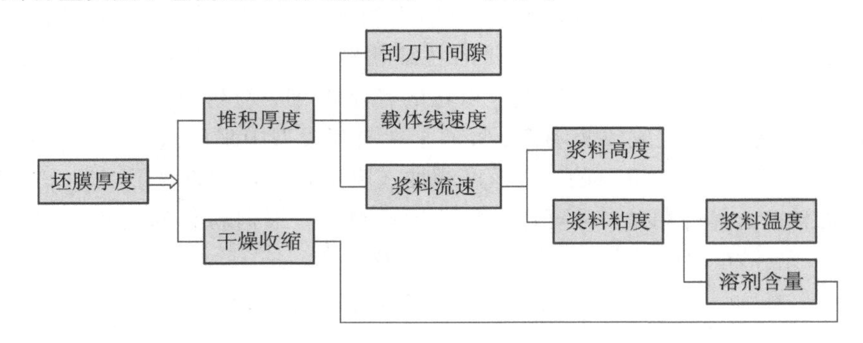


图 4.22 流延成型坯体的厚度控制

由图 4.22 可见，如加大刮刀口间隙、减慢载体线速度，则会提高浆料液面、降低浆料黏度，可使膜坯的堆积厚度加大，反之则相反。干燥收缩的大小主要决定于可挥发性溶剂(通常是水或酒精)的多少。如溶剂含量多，则收缩大，膜坯变薄。不过，从浆料的黏度方面考虑，如溶剂多、黏度小，则流动性大，则堆积厚度又可能加大，因而使膜坯加厚，可见两者是相互制约的。事实上，前述各项因素都只能在一定范围内调整，不能任意大幅度改变。在有关的生产操作规程上，主要是通过理论分析及试验总结来作出一些定量的规定。

从上述分析可知，在正常生产的情况下，刮刀口间隙的大小是最关键和最易调整的。因此，在自动化水平比较高的流延机上，在离刮刀口不远的膜坯上方，装有背散射式伽马射线测厚仪，或透射式 X 射线测厚仪，可连续对膜坯厚度进行检测，并将所测厚度偏离信息馈送到刮刀高度调节螺旋测微系统。采用了这种自动调厚装置后，可流延出厚度仅为 10 $\mu$m、误差不超过 1 $\mu$m 的高质量膜坯。因此，流延膜坯可比轧膜工艺的薄 1 个数量级。

流延成型技术的应用及超薄瓷片的获得，给电子设备、电子元件的微小型化以及超大规模集成电路的实现，提供了广阔前景。下面以陶瓷电容片为例说明片厚减薄的重要意义。

就电容器而论，在满足工作电压等级和能量损耗的条件下，希望它尽可能地做到体积小而容量大，即单位体积内的比电容量 $C_V$ 要大，如下式：

$$C_V = 0.885 \times 10^{-6}\,\frac{\varepsilon_r}{t^2} \tag{4.9}$$

式中，$C_V$ 为比电容($\mu$F/cm$^3$)；$\varepsilon_r$ 为相对介电常数；$t$ 为介质厚度(cm)。

由式(4.9)可知，比电容 $C_V$ 与介电常数 $\varepsilon_r$ 成正比，与介质厚度 $t$ 的平方成反比。

故提高比电容的途径有两种：一为寻求高 $\varepsilon_r$ 的陶瓷材料，二为尽可能地降低陶瓷介质的厚度。并且后者是二次方的关系，在某种意义上说来是更为有效的。

目前阻碍电容用陶瓷介质进一步薄化的关键，不在于其抗电击穿强度极限，而在于成型的工艺水平和陶瓷的机械强度。机械强度问题可以通过迭层烧结的独石化方式来解决，所以，膜坯的薄化成型工艺是提高比电容的关键问题。

流延成型的设备并不算复杂，可连续操作，生产效率高，自动化水平高，工艺稳定，坯膜均匀一致且易于控制，能提高膜坯质量和减薄膜坯厚度。

从另一方面看，在整个流延成型工艺过程中，没有使用外加压力，溶剂和黏合剂等的含量又较多，故其坯体密度是不够大的，其烧成收缩比轧膜成型的坯体还要大。轧膜坯体的烧结收缩率约为 16%～17%，流延成型可达 20%～21%，此点必须引起充分的注意。

### 4.3.3 注浆成型

注浆成型目前广泛地应用于日用瓷、建筑瓷、美术陶瓷等陶瓷工业中。它是一种主要以水为溶剂、黏土为黏合剂的流态成型方法。但电子陶瓷中忌用黏土，故使用不多，也有采用有机黏合剂取代黏土的改进注浆法。

**1. 注浆成型的机理**

注浆成型是基于石膏模能吸收水分的特性。一般认为注浆成型过程可分为三个阶段。从泥浆注入石膏模吸水开始到形成薄泥层为第一阶段。此阶段的动力是石膏模的毛细管力，即在石膏模毛细管力的作用下开始吸水，依靠近壁的泥浆中的、溶于水中的溶质质点及小于微米级的坯体粉粒进入石膏模的毛细管中。由于水分被吸走，使泥浆中的粉粒互相靠近，靠石膏模对粉粒、粉粒对粉粒的范德华吸附力而靠近模壁，形成最初的薄层。

形成泥层后，泥层逐渐增厚，直到形成注件为第二阶段。在此阶段，石膏模的毛细管力继续吸水，薄泥层继续脱水，同时，泥浆内水分向薄层扩散，通过泥层被吸入石膏模的毛细管中，其扩散动力为水分浓度差和压力差。泥层犹如一个滤网，随着泥层逐渐增厚，水分扩散的阻力也逐渐增大。当泥层增厚到所要求的注件厚度时，把余浆倒出，即形成雏坯。

从雏坯形成后到脱模为收缩脱模阶段(第三阶段)。由于石膏模继续吸水和雏坯的表面水分开始蒸发，雏坯开始收缩，脱离模型形成生坯，有了一定强度后就可脱模。图 4.23 所示是注浆成型过程的模型，将泥层和石膏吸水层作为两个连续层，以毛细管力作为动力(其大小估算为 0.015～0.064 MPa)，可建立石膏模吸水量 $Q$ 随时间变化的关系式，根据实际结果进行修正，可得到下列关系式：

$$Q^2 = \frac{2S^2 \cdot p_s \cdot n_g \cdot \alpha \cdot k_g \cdot k_s}{\eta(\alpha k_s + n_g \cdot k_g)} t = k_Q \cdot t \tag{4.10}$$

式中，$S$ 为注浆面积；$k_s$ 为泥层渗透率；$k_g$ 为石膏模渗透率；$p_s$ 为石膏模吸水层两端压差；$t$ 为时间；$\eta$ 为料浆黏度；$n_g$ 为石膏模气隙率；$\alpha$ 为系数；$\alpha=(1-c-n_s)/c$；$c$ 为料浆中固体的体积百分数；$n_s$ 为泥层空隙率。

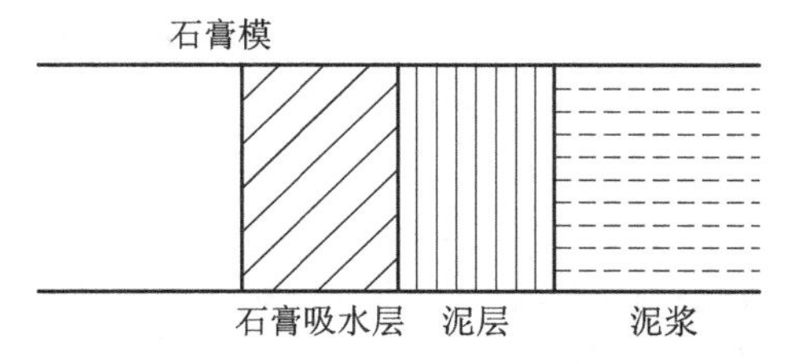


图 4.23　泥浆注浆成型过程的模型

实验表明，当水与石膏粉的比例为(70～80)∶100时，制成的石膏模在吸浆时具有最大的吸浆速度，而用其他膏水比制成的石膏模的吸浆速度均下降。

由式(4.10)可以看出，提高注浆速率的主要措施如下：

(1) 降低泥层阻力：泥浆中塑性原料含量多，固体颗粒较细，易形成较致密的坯体，其渗透性差，即 $k_s$ 较小，使注浆速率下降。

在保证泥浆具有一定流动性的前提下，减少泥浆中的水分，增加其比重，可提高吸浆速度。在泥浆中加入稀释剂可改善其流动性，但完全解凝的泥浆注浆后，其坯体致密度高，使泥层阻力增加反而影响注浆速率。

(2) 提高吸浆过程的推动力：吸浆过程的推动力主要指石膏模的毛细管力，其大小与石膏模的渗透率有关。按照前述具有最大的吸浆速度的膏水比制模，可获得最大毛细管力的石膏模。除此之外，增大泥浆与石膏模型之间的压力差来提高吸浆过程的推动力，这就是后面将提及的压力注浆、真空注浆和离心注浆等方法。

(3) 提高泥浆和模型的温度：温度升高，水的黏度下降，泥浆黏度也因而下降，流动性增大。实践证明，若泥浆温度为35～40℃，模型温度为35℃左右，则吸浆时间可缩短一半，脱模时间也相应缩短。

2. 浆料的制备

对注浆成型所用的料浆，必须具备如下性能：料浆的流动性要好；料浆的稳定性要好(即不易沉淀和分层)；料浆的触变性要小；料浆的含水量尽可能少，渗透性要好；料浆的脱模性要好；料浆中应尽可能不含气泡。

瘠性材料的料浆制备可采用使瘠性料悬浮的方法来进行。使瘠性料悬浮的方法有两种：一是控制料浆的pH值，二是通过有机胶体与表面活性物质的吸附。

1) 控制料浆的pH值

用控制料浆的pH值来使瘠性料悬浮的方法适用于呈两性物质的粉料，一些氧化物料浆的黏度和 $\zeta$ 电位与料浆的pH值有关，料浆 $\zeta$ 电位的含义如图4.24所示。

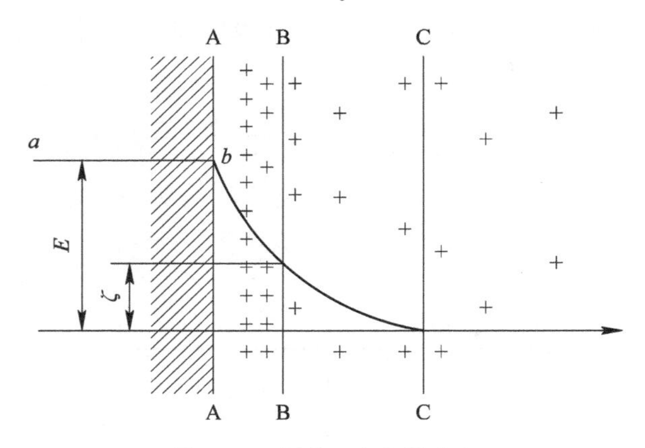


图4.24 料浆 $\zeta$ 电位的含义

在图4.24中，AA是氧化物的表面，它带有负电荷，可吸附浆料中带正荷的离子(如 $H^+$)，分别形成吸附层和扩散层。其中，吸附层中的离子结合力强，不随浆料的流动而流动(AA至BB为吸附层)；扩散层中的离子的结合力较弱，随浆料的流动而流动(BB至CC为扩散层），一般将吸附层和扩散层交界面处的电位定义为浆料的 $\zeta$ 电位。几种氧化物料浆的 pH 值与黏度和 $\zeta$ 电位的关系如图 4.25 所示。

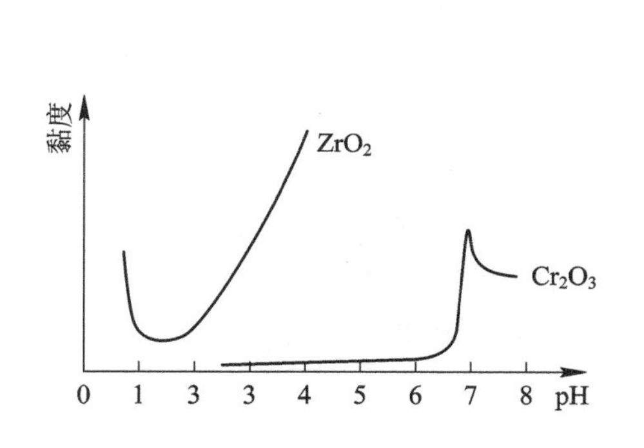


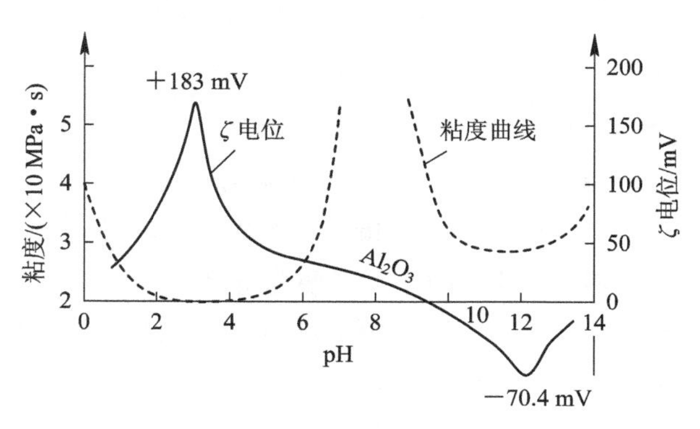


图 4.25 几种氧化物浆料 pH 值与黏度和 $\zeta$ 电位的关系

以 $Al_2O_3$ 料浆为例，从图 4.25 可见，当 pH 值从 1 变化到 14 时，料浆 $\zeta$ 电位出现两次最大值，当 pH=3 时，$\zeta$ 电位=+183 mV；当 pH=12 时，$\zeta$ 电位=−70.4 mV。对应于 $\zeta$ 电位最大值时，料浆黏度最低，而且在酸性介质中料浆黏度更低。这是因为在酸性介质中，$Al_2O_3$ 呈碱性，在颗粒表面会发生下列反应，形成 $Al_2O_3$ 胶粒(见图 4.26)：

$$Al_2O_3 + 6HCl = 2AlCl_3 + 3H_2O \tag{4.11}$$

$$AlCl_3 + H_2O = Al\,Cl_2OH + HCl \tag{4.12}$$

$$Al\,Cl_2OH + H_2O = Al\,Cl(OH)_2 + HCl \tag{4.13}$$

而在碱性介质中，$Al_2O_3$ 呈酸性，其表面会发生如下反应：

$$Al_2O_3 + 2NaOH = 2NaAlO_2 + H_2O \tag{4.14}$$

$$NaAlO_2 = Na^+ + AlO^{2-} \tag{4.15}$$

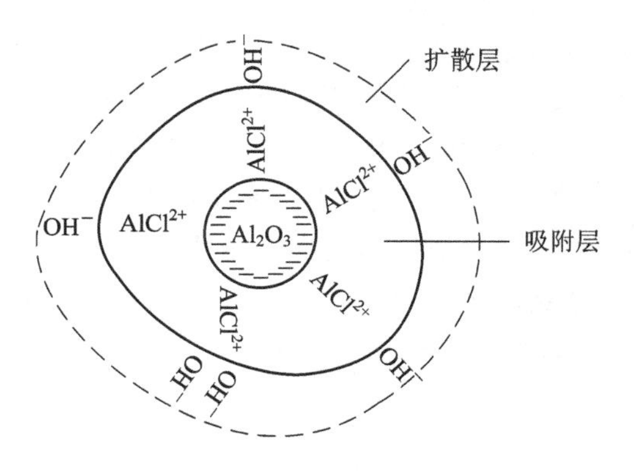


图 4.26 $Al_2O_3$ 胶粒

生产中常应用此原理来调节 $Al_2O_3$ 料浆的 pH 值，使之悬浮或聚凝，例如，在酸洗过程中加入 $Al_2(SO_4)_3$ 可使之聚凝；在生产 $Al_2O_3$ 制品时一般控制 pH=3～4，可使料浆获得较好的流动性和悬浮能力。

各种氧化物料浆在注浆时最适宜的 pH 值如表 4.12 所示。

表 4.12 各种氧化物料浆在注浆时最适宜的 pH 值范围

| 原料 | pH 值 | 原料 | pH 值 | 原料 | pH 值 |
|---|---|---|---|---|---|
| 氧化铝 | 3～4 | 氧化铍 | 4 | 氧化钍 | 3.5 以下 |
| 氧化铬 | 2～3 | 氧化铀 | 3.5 | 氧化锆 | 2.3 |

2) 有机胶体与表面活性物质的吸附

生产中常用阿拉伯树胶、明胶和羧甲基纤维素来改变 $Al_2O_3$ 料浆的悬浮性能。例如，在酸洗时，为使 $Al_2O_3$ 粒子快速沉降，可加入 0.21%～0.23%阿拉伯树胶；在注浆成型时，可加入 1.0%～1.5%的阿拉伯树胶以增加料浆的流动性。阿拉伯树胶对 $Al_2O_3$ 料浆黏度的影响如图 4.27 所示。

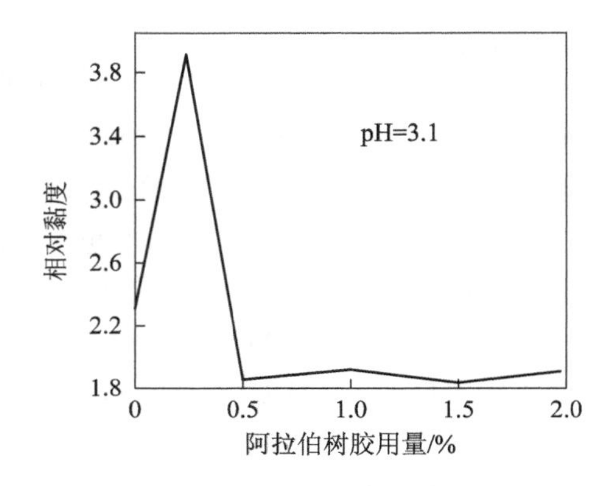


图 4.27 阿拉伯树胶对 $Al_2O_3$ 料浆黏度的影响

同一种物质，其用量不同时所起作用相反的原因就在于阿拉伯树胶是高分子化合物。当阿拉伯树胶用量少时，由于黏附的 $Al_2O_3$ 胶粒较多，使质量变大而引起聚沉；当增加阿拉伯树胶用量时，它的线型分子在水溶液中形成网络结构，在 $Al_2O_3$ 胶粒表面形成一层有机亲水保护膜，因此 $Al_2O_3$ 胶粒要碰撞聚沉就很困难，从而提高了料浆的稳定性。

有些与酸等起反应的水溶性料可以用表面活性物质来使料浆悬浮，例如，在 $CaTiO_3$ 料浆中加入 0.3%～0.6%的烷基苯磺酸钠，能得到很好的悬浮效果。

实际上，除上述添加物之外，还有许多使瘠性料悬浮的有机物，例如，在制备 α-SiC 浆料时可添加分散剂(如四甲基氢氧化铵(TMAH)、六偏磷酸钠(SHMP)、聚乙烯醇(PVA)、聚丙烯醇(PAA))和黏结剂(如水溶性酚醛树脂(PF)、PVA、聚乙二醇 6000(PEG6000)、聚乙二醇 400(PEG400))。

3. 注浆成型过程

由于要求料浆要具有充分的流动性，故除保证料粉的细度和粒形外，还必须加入大量的水分(30～35wt%)。将料浆充分搅拌均匀，然后倒入事先制作好的、吸水性很强的石膏模具中。由于料浆中的水分不断向石膏模壁渗透，因而料浆便沿石膏模壁结壳固化；到一定厚度后，使可倒出剩余料浆(实心产品则不用倒出，且应再加浆填平)。待水分被石膏模具充分吸收后，坯体亦朝内略有收缩，故脱模也不会有多大困难，图 4.28 所示为空心注浆(单面注浆)过程，图 4.29 所示为实心注浆(双面注浆)过程。

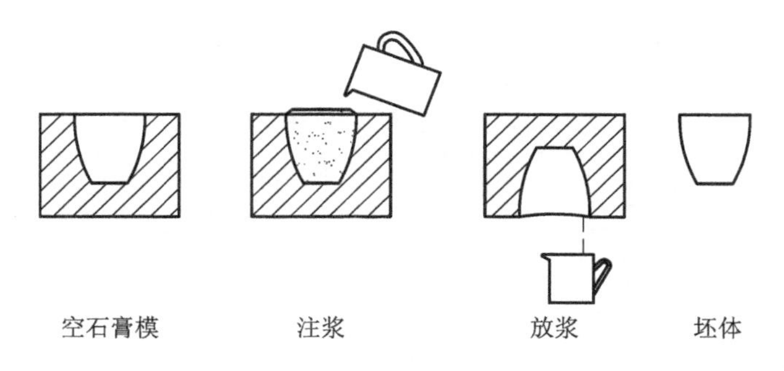


图 4.28　空心注浆(单面注浆)过程

图 4.29　实心注浆(双面注浆)过程

在注浆成型工艺中，由于水分只靠重力和毛细管作用而为石膏模所吸收，坯体本身是自然干燥。在整个过程中没有施加任何其他压力，故坯体制成后的密度和机械强度都是比较低的，烧制过程的收缩和形变也比较显著，故通常壁厚都不能制得过薄，以免干燥和装窑过程中开裂、变形。

为了缩短吸浆时间，提高浇注坯体的质量，常采用下列几种注浆方法：

(1) 压力注浆：一般增大泥浆压力的方法是提高浆桶的高度，利用泥浆本身的重力从模型底部进浆，也可用压缩空气将泥浆注入模型内。

(2) 离心注浆：由于离心力的作用使泥浆紧靠模壁脱水后形成坯体。这种方法得到的坯体厚度较均匀，变形较小。模型的转速应根据产品的大小而定。

(3) 真空注浆：一种方式是在石膏模外面抽取真空，增大模型内外压力差；另一种是全部处于负压下注浆，两种方式都可加速坯体形成。真空注浆还可减少气孔和针眼，提高坯体强度。

**4. 石膏模具的制作**

石膏模具的制作步骤如下：

(1) 煅烧生石膏。

石膏为一种天然矿产品，其成分为2水硫酸钙($CaSO_4 \cdot 2H_2O$)。将生石膏置于140～180℃下埋烧时，脱水而转化为半水石膏($CaSO_4 \cdot \frac{1}{2}H_2O$)，又称熟石膏。由生石膏制取半水硫酸钙时，温度要控制好，如超过400℃，半水硫酸钙即将转化为不溶于水的无水硫酸钙。

$$CaSO_4 \cdot 2H_2O \xrightarrow{150℃} CaSO_4 \cdot \frac{1}{2}H_2O + \frac{3}{2}H_2O \tag{4.16}$$

(2) 调石膏浆。在熟石膏中加一定比例水即可调成石膏浆，加水量各地有所不同，如表4.13所示为各地石膏与水的比例。

表 4.13 各地石膏与水的比例

| 模型用途 | 水：石膏 | | | |
|---|---|---|---|---|
| | 景德镇 | 醴陵 | 湖南建湘 | 唐山某厂 |
| 滚压 | 1∶1.3 | 1∶1.4～1.5 | 1∶1.25 | 1∶1.5 |
| 注浆 | 1∶1.2 | 1∶1.3 | 1∶1.1 | 1∶1.2～1.4 |

(3) 制母模和模围(按图纸)。

(4) 浇注石膏浆。

(5) 烘干。烘干温度为50～60℃。

**5. 注浆成型工艺的优缺点**

注浆成型并不需要什么高成本的设备或复杂的机器，就可以制造出大小不一、外形复杂的各种坯体。其操作技术简单，容易熟练掌握，这都是注浆成型工艺的优点。

不过，注浆成型工艺的劳动强度高，占地面积大，层次繁琐，生产周期长，不易机械化和自动化操作。更主要的是由注浆成型的坯件孔隙多、密度小、强度低、收缩大、形变显著。注浆成型坯件的主要缺陷包括开裂、气孔与针眼、变形、塌落、黏模等。对机械强度、几何尺寸、电气性能要求高的薄壁产品，一般都不用此法制作。

### 4.3.4 热压铸成型

热压铸成型工艺，与流延成型和注浆成型的不同之处，在于它并不使用溶剂，而是利用黏合剂——石蜡的高温变流特性，在一定压力下进行的铸造成型，在电子陶瓷工业中得到广泛应用。

**1. 热压铸成型工艺**

热压铸成型工艺是先使用煅烧过的熟瓷粉和石蜡等制成蜡块熔化，然后在压缩空气的作用下，使之迅速充满模具的各个部分，保压冷凝，使其脱模获得蜡坯；在惰性粉粒的保护下，将蜡坯进行高温排蜡，然后清除保护粉粒后得到半熟的坯体；此半熟坯体还要再一次经高温烧结才能成瓷。

由于蜡浆在80～100℃的温度下具有很好的流动性，能准确到达模具的各个缝隙、角落，故热压铸成型工艺适合于制造各种外形复杂、细小的电子元件。当蜡坯冷却到室温时，又具有一定的机械强度，甚至还可以进行少量的机械加工，而不至于崩塌、碎裂，这是用蜡增塑的好处。

图4.30所示为热压铸机示意图。

将蜡浆置于含有热塑性浆料的加热桶内，模具置于工作台上，压缩空气经阀门进入加热桶，将加热桶中的蜡浆压入模具中，由于钢模本身是冷的，视工件大小和钢模温度，稍许保压冷却(通常只需0.1～0.2 s)，即可卸压出模。如室温较高，则必须待钢模冷却至一定低的温度后，才能再一次使用。钢模温度也不能过低，以免蜡坯出现缺块。

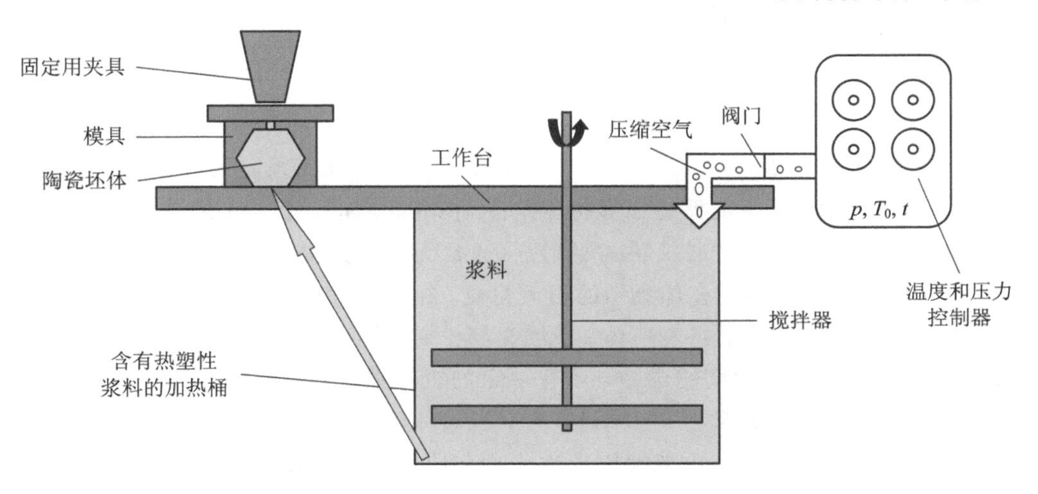


图 4.30 热压铸机示意图

**2. 蜡浆的制备**

蜡浆的制备是热压铸成型工艺中重要的一环，热压铸成型工艺流程图如图 4.31 所示。

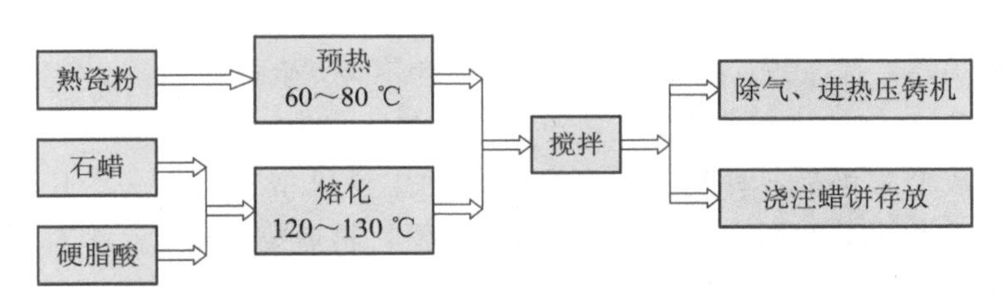


图 4.31 热压铸成型工艺流程

制备蜡浆使用的是经过事先煅烧的熟瓷粉，使用熟料的目的，除使反应充分均匀外，还可减少石蜡的用量、降低烧结收缩和变形。以石蜡作为增塑剂的优点，是它具有很好的热流动性、润滑性和冷凝性。不过，石蜡(烷属烃)是石油类产品，它是亲油而憎水的，而熟瓷粉又是离子性或强极性的物质，与油之间缺乏亲和力。所以，为了使熟瓷粉能与石蜡更好地结合，这里采用了硬脂酸或油酸一类的两性物质，作为粉料的表面活化剂或润湿剂。其作用机理：油酸的分子式为 $CH_3$-$(CH_2)_7$-CH＝CH-$(CH_2)_7$-COOH，而硬脂酸的分子式则为 $CH_3$-$(CH_2)_{16}$-COOH，其中羧基-COOH 是极性的，能与粉粒牢固地结合，其他烷基部分是典型油性的，和石蜡没有多大差别，能和它很好地熔合在一起，这样能使粉粒为石蜡所润湿。这样一来不仅可以提高蜡浆的热流动性和冷凝蜡坯的强度，而且可以减少石蜡用量，防止陶瓷粉分层、下沉。

表面活化剂的用量不大，随熟瓷粉的比表面(即细度)而有所变化，常用量约为(0.1～1) wt%，料粉越细，用量越多。石蜡的用量则决定于粉料的堆积间隙，因此与粉料的粒度、粒形、级配等均有关。显然，粉粒粗、粒形圆、级配好时，堆积密度大，石蜡用量就可以少一些，反之则相反。石蜡的常用量为(6～12)wt%，个别情况亦可达 20wt%。

熟瓷粉在拌蜡前应充分干燥，否则吸附水在高温下汽化，将使蜡浆性能变劣，流动性下降，使蜡坯气孔率增加或出现缺块。拌蜡的熟瓷粉应预热至 60～80℃再与熔化的石蜡混合搅拌，否则熟瓷粉过冷，遇蜡易凝固结成团块，难于搅拌均匀。不断搅拌排除蜡浆中的空气，然后倒入热压铸机，或者将其注入金属盘中冷却，制成蜡饼进行存放。

3. 高温脱蜡

如果将蜡坯直接进入窑炉烧结，随着温度的升高，会出现蜡浆流失、挥发、燃烧，瓷料将失去支持黏结而解体，不能保持原形状。所以，在升温之前，必须先将蜡坯埋入疏松、惰性的保护粉粒中，这种保护粉粒又称为吸附剂(通常为煅烧过的 $Al_2O_3$ 粉)，它是通过高温煅烧后，活性极低，不易与陶瓷体黏结的粗大粉粒。在升温过程中，石蜡虽已向吸附剂中流掺、扩散，但吸附剂却始终支持着坯体。继续提高排蜡温度，使石蜡全部挥发、燃烧，直至坯体中的瓷料之间有一定程度的烧结，具有一定的机械强度，而坯体与吸附剂之间，又不至发生黏结为止。此温度通常为 900～1100℃，视具体瓷料而定。如果这时继续升高炉温，直至坯件完全烧结成陶瓷，则可能使陶瓷件表面与吸附剂之间出现严重黏结。所以，必须及时降温，清除埋粉，然后再一次装窑烧结成瓷。

4. 热压铸成型的优缺点

热压铸成型可对多种原料(如矿物原料、氧化物、氮化物等)很好地成型，对于外型复杂、精密度高的中小型元件特别适用。所形成的坯体内部结构均匀；所用设备也不太复杂；模具用钢少，磨损小，寿命长；操作简易，劳动强度不大，生产效率高。特别是近年来发展起来的一种多模连续自动热压铸机，工效更是大为提高。所以说，不仅是目前，在今后的若干年内，热压铸成型将仍是各种复杂电子陶瓷件的主要成型工艺之一。不过，热压铸成型的缺点也是非常突出的，例如，工序过于繁杂，既要粉料煅烧，又要高温排蜡，耗能大、工期长，都使这种工艺的进一步推广受到限制。

## 4.4 3D 打印成型原理

现阶段国内外比较成熟并广泛应用的增材制造技术有光固化快速成型(SLA)技术，熔融沉积制造(FDM)技术，分层实体制造(LOM)技术及选区激光烧结(SLS)技术，其他众多技术可视为由上述技术衍生出的子技术。这些子技术很好地避免了 3D 打印巨头的专利垄断，使得更多的企业得以发展技术并抢占市场。下面将简要介绍上述几种典型 3D 打印的打印原理。

### 4.4.1 光固化快速成型

立体光刻成型(Stereo Lithography Apaoratus，SLA)是最早发展出来的 3D 打印技术，国内通俗称作光固化快速成型，经过几十年的发展，SLA 打印的精度、尺寸等都有了较大提升。

SLA 中光敏树脂的固化反应是一种释放热的聚合过程，它以化学交联反应为特征，聚合反应生成一种具有高度 3D 交联网络的不溶物，如图 4.32 所示。其机理是引发剂在光辐照下产生反应活性种(自由基或阳离子)，继而引发低聚物发生链反应聚合或交联。通常在链引发阶段仅需较低的活化能，如自由基链反应聚合约需 60 kJ/mol，聚合反应在室温环境下已足够快，反应速度取决于引发剂浓度及其吸收系数，光固化深度一般在几微米到

2 mm。聚合反应会放出大量的热量，在高速光打印时，如果树脂聚合反应释放的热量无法有效散发的话，打印区域的温度会升高超过单体稀释剂的闪点温度，导致固化层过度收缩变形、脆裂等。

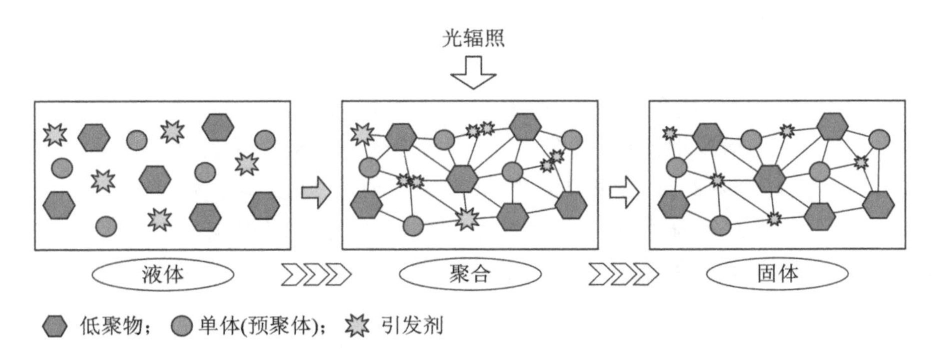


图 4.32 光聚合物固化机理

SLA 是一种利用有机物光聚反应的成型工艺，其系统原理如图 4.33 所示。SLA 系统主要由 355 nm 紫外激光器、刮刀及可升降成型台组成。SLA 系统利用计算机将实体进行分层划分，并控制仪器用层层固化的方式来实现零件成型。其中，由可升降成型台和刮刀控制垂直精度，由紫外激光器产生的紫外光斑和振镜系统控制水平精度。具体工作过程：仪器导入 CAD 模型后，在可升降成型台表面先通过刮刀附上一定厚度的陶瓷浆料；在电脑控制下，紫外激光器按照 CAD 模型对陶瓷膏料表面进行扫描，完成单层固化；之后可升降成型台下移相同距离，再通过刮刀附上一层新的陶瓷膏料，进而通过紫外激光扫描完成陶瓷浆料固化；通过计算机中的分层信息，重复上面的加工流程直至完成零件加工。特别地，由于该工艺采用了将陶瓷、金属与光敏树脂混合成型，再去除树脂的方法，因此不仅可以打印高分子有机物，也可以打印陶瓷和金属等材料，相较于其他成型工艺，SLA 成型速度快、加工精度高，但是由于材料和仪器昂贵，所以加工成本也较高。

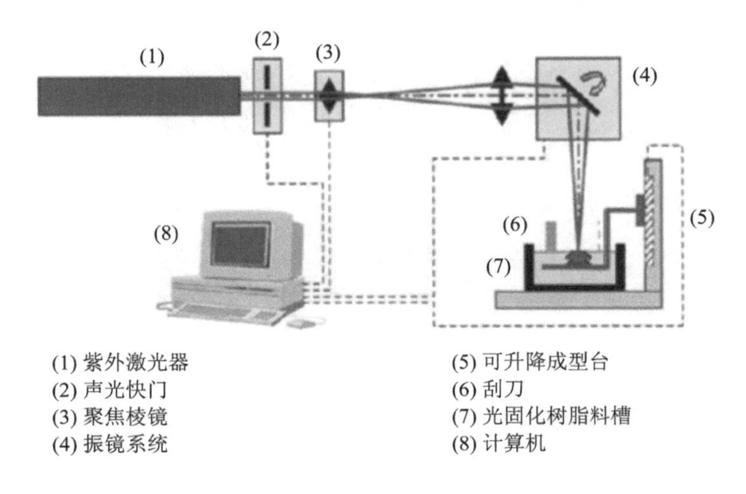


图 4.33 SLA 系统原理

SLA 技术的关键在于浆料具有良好的流变性和光固化特性。当以陶瓷浆料为原材料时，由于陶瓷粉末和树脂间的折射率相差比较大，会影响树脂的固化速度，导致打印精度较差，并且配制高固含量陶瓷浆料的难度也较大。当以陶瓷前驱体为原材料时，陶瓷前驱体多为液体，且侧链基团可设计性较强，可通过改性引入可光固化的基团，实现对陶瓷前驱体的光固化成型。例如，用异氰酸1，1-双(丙烯酰氧基甲基)乙酯(BAEI)对聚乙烯基硅氮烷进行改性，再引入可光固化的官能团，制得丙烯酸改性的聚硅氮烷，利用双光子吸收立体光刻技术成功打印了复杂微结构 SiCN 基陶瓷。

下列介绍用 SLA 技术制备 $Al_2O_3$ 基微波介质陶瓷的工艺。采用树脂基陶瓷浆料作为光固化材料，浆料中包括预混液(含双酚A环氧丙烯酸酯、N-乙烯基吡咯烷酮，两者按质量比 1∶3 混合)、光引发剂(2，2-二甲氧基-2-苯基苯乙酮)、硅烷偶联剂(KH570)、氧化铝陶瓷粉末。其中，预混液中双酚A环氧丙烯酸酯和N-乙烯基吡咯烷酮分别为光固化聚合物和反应稀释剂，调整两种物质的配比，可在保证浆料的黏结性能的前提下降低浆料的黏度。通过磁力搅拌将 KH570 包覆在氧化铝陶瓷粉末的表面，并与有机光固化树脂在球磨机中混合，可得到流动性良好的陶瓷浆料。通过调节各项成分比例，最终配得的陶瓷浆料中粉体约占 60 vol%，反应单体占 40 vol %，光引发剂的含量为反应单体的 1 wt%，分散剂含量为粉体的 6 wt%。浆料的黏度为 13.610 Pa·s。

为了使陶瓷浆料固化时不分层，分层厚度需小于固化深度。对于 500 mW 激光功率，5 mL 陶瓷浆料，0.2 g 光引发剂含量，可以实现最大 0. 213 mm 的固化深度。在成型过程中，选取了 0.1 mm 的分层厚度，在提高精度的同时保证了陶瓷浆料在打印时层与层之间有一半层厚重合，可做到黏接良好而不断层。

打印的坯体在 600℃下脱脂，保温 12 h；在 1700℃高温下烧结，保温 4 h。烧结后陶瓷的密度为 3.863 $g/cm^3$，是干压成型坯体密度的 97.5%。图 4.34 所示为 SLA 技术打印出来的陶瓷样品。

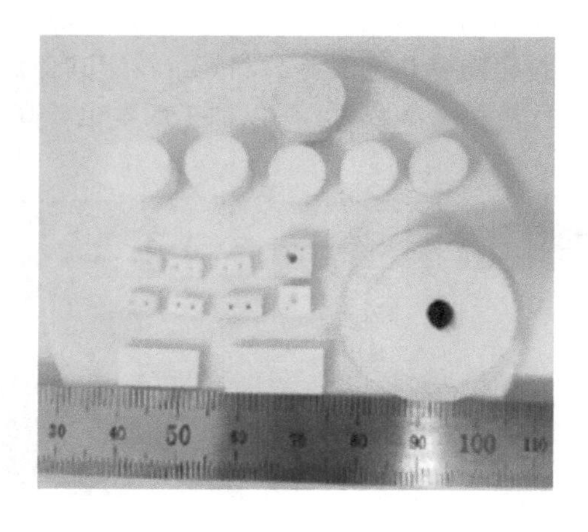


图 4.34 SLA 技术打印出来的陶瓷样品

### 4.4.2 熔融沉积制造成型与墨水直写打印成型

熔融沉积制造(Fused Deposition Modeling，FDM)成型是一种利用材料热塑性的挤出快速成型技术，如图 4.35 所示。通过将热塑性材料制备成丝状线材并利用液化器使其溶解，利用喷头路径控制成型精度，使熔融的材料挤出在平台指定位置，最后通过一层层的沉积制备实现了零件加工。

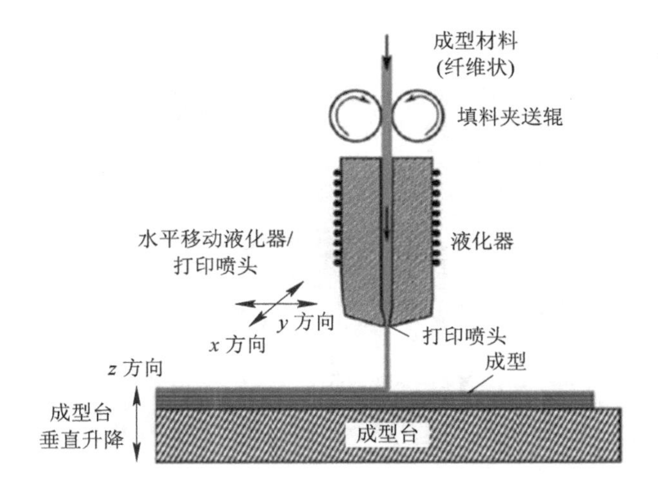


图4.35　典型挤出成型增材制造原理

另一种与FDM相似的制造技术为墨水直写打印(Direct Ink Write，DIW)成型，两者相同点在于均为挤出快速成型，不同点在于DIW是利用悬浮液的凝胶固化特性成型的。具体地，墨水直写打印技术是使用喷嘴将油墨挤出到平台上形成二维层，逐次添加随后的层以产生三维结构。油墨的固化可以通过改变酸碱度、蒸发、紫外光等手段实现。油墨溶液可能包括各种可印刷的材料，包括聚合物溶液、有机-无机混合物、凝胶以及单体树脂等。通过将悬浮液从喷头挤出固化在平台上并逐层堆叠的方式可以实现零件的三维成型。

虽然FDM/DIW的成型精度较低，但是由于其低廉的成本及简单的工艺，目前，这种挤出成型增材制造已经占据了最大的3D打印市场，且应用最为广泛的是Stratasys公司的设备。

在墨水直写打印技术打印聚合物转化陶瓷中最重要的是控制浆料的流变性，理想的流变性有利于防止长丝挤出后的变形和防止挤出过程中堵塞喷嘴。一般使用苯基倍半硅氧烷聚合物作为二氧化硅源，疏水性气相二氧化硅作为油墨流变改性剂，异丙醇作为溶剂，通过加入纤维或其他惰性填料配置具有一定流变性的油墨，用来打印生物陶瓷支架或其他支架。

## 4.4.3　分层实体制造成型

分层实体制造(Laminated Object Manufacturing，LOM)成型技术由美国Helisys公司的Michael Feygin于1986年研制成功。LOM系统原理如图4.36所示，LOM成型同样利用了材料的热塑性，但是LOM与FDM/DIW不同的地方在于LOM是一种面成型工艺，而FDM/DIW则为线成型工艺。LOM成型技术是通过将材料制成薄片状，并在表面附着一层热熔胶，即片材，接着利用激光通过光学仪器和轴定位设备对片材进行切割，然后通过层压辊热压片材，使上、下层材料相链接，最终通过计算机控制成型台下降，使材料一层层成型来实现实体零件的制备。由于LOM技术成型成本低、制件效率高、无法制备中空零件等特点，因此其广泛应用于产品概念设计、快速制模、预研开发等方面。

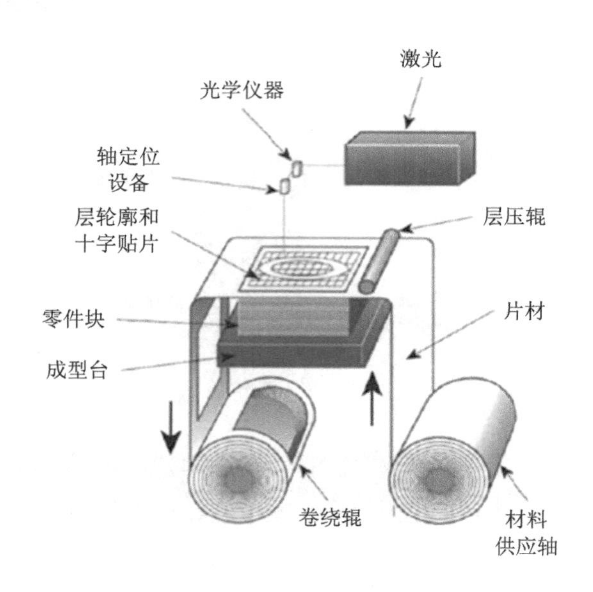


图 4.36 LOM 系统原理

## 4.4.4 选区激光烧结成型

如图 4.37 所示，选区激光烧结(Selective Laser Sintering，SLS)成型技术是基于粉末离散堆积制造原理，利用高能激光的热作用，将固体粉末材料层层黏结堆积，最终成型出零件原型或功能零件的。具体地，SLS 成型技术通过送料辊轴先在表面平铺一层粉末材料，再用加热装置加热料槽，使材料达到粉末烧结临界温度，然后控制激光束扫描使材料烧结并与已成型部分黏结，最终结合成型台的下降来层层成型，实现零件的快速制备。SLS 是 3D 打印技术重要的发展方向之一，可打印高分子、金属、陶瓷等多种材料，工艺简单，材料利用率高，其缺点是成品表面粗糙、成型时间长、成本较高。通过对比上述几种打印技术，可以获得表 4.14 所示信息。

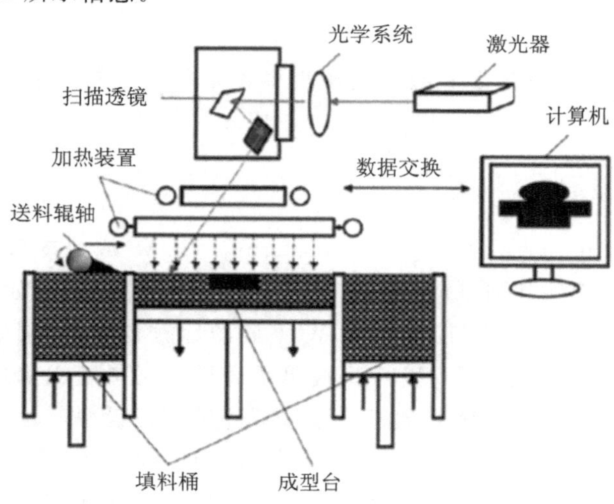


图 4.37 SLS 系统原理

表 4.14 3D 打印技术特点对比

| 成型技术 | 优势材料 | 材料类型 | 成型方式 | 相对密度 | 精度 | 成型速度 | 表面粗糙度 | 成本 |
|---|---|---|---|---|---|---|---|---|
| SLA | 光敏树脂复合物 | 浆料 | 光固化 | 95% | 高 | 快 | 低 | 高 |
| FDM | 热塑性塑料（如 ABS，PLA 等） | 线材 | 挤出成型 | 97% | 低 | 慢 | 高 | 非常低 |
| DIW | 树脂悬浮液 | 悬浊液 | 喷墨成型 | 96.9% | 低 | 慢 | 高 | 低 |
| SLS | 高分子粉末、金属粉末、陶瓷粉末 | 粉末 | 部分熔融 | 85% | 中 | 中 | 高 | 高 |
| LOM | 薄膜材料 | 片材 | 剪裁及黏结 | 99.3% | 高 | 中 | 低 | 高 |

从表 4.14 中可以发现，SLA 和 LOM 成型技术具有表面粗糙度低、精度高的特点，然而成本也相对高昂，比较适合于制备高精度小型化零件。相对地，FDM、DIW 和 SLS 成型技术的成型精度低、速度慢，但是成本也便宜。所以，FDM、DIW 和 SLS 技术比较适用于精度需求较低的器件的原型开发。综上所述，每种技术各有优缺点，在实际生产与开发新结构时，需要根据成本、外观、细节、力学性能、机械性能、化学稳定性以及特殊应用环境等因素折中选择一种或多种技术。

# 4.5 原位凝固成型原理

陶瓷浆料原位凝固成型是 20 世纪 90 年代迅速发展起来的一种新型胶态成型方法。其成型原理不同于依赖多孔模吸浆的传统注浆成型，而是通过浆料内部的化学反应形成大分子网络结构或陶瓷颗粒网络结构，从而使注模后的陶瓷浆料快速凝固为陶瓷坯体。

陶瓷浆料原位凝固成型主要包括凝胶铸成型（Gel-Casting）、直接凝固成型（Direct Coagulation Casting）、温度诱导絮凝成型（Temperature Induced Flocculation）、高分子凝胶注模成型（Polymer-Linking Gel-Casting）等。本节主要介绍前两种成型方法。

## 4.5.1 凝胶铸成型

凝胶铸成型是将传统陶瓷工艺和化学理论有机结合起来，将高分子化学单体聚合的方法灵活引入到陶瓷的成型工艺中，通过将有机聚合物单体及陶瓷粉末分散在介质中制成低黏度、高固型体积分数的浓悬浮体，并加入引发剂和催化剂，然后将浓悬浮体（浆料）注入非多孔模具，通过引发剂和催化剂的作用使有机聚合物单体交联聚合成三维网络状聚合物凝胶，并将陶瓷颗粒原位黏结而固化形成坯体。

### 1. 凝胶铸成型的工艺流程

凝胶铸成型的工艺流程如图 4.38 所示。

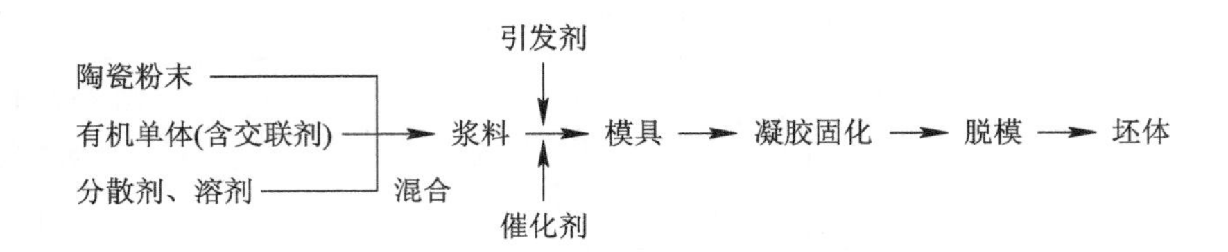


图 4.38 凝胶铸成型的工艺流程

2. 凝胶铸成型的工艺特点

(1) 成型坯体强度高，可机械加工成形状复杂的部件；

(2) 有机物含量少，排胶较容易；

(3) 净尺寸成型，表面光洁，可避免或减少烧成后的加工；

(4) 陶瓷浆料具有高的固相体积分数，一般大于 50 vol%；

(5) 由于陶瓷颗粒原位凝固，成型坯体内部均匀，缺陷少，保证了烧结后材料的高可靠性。

3. 应用实例

这里以凝胶铸成型工艺制作圆柱状微波介质陶瓷谐振器为例，具体步骤如下：

(1) 以碳酸氧化钡($BaCO_3$)、氧化钕($Nd_2O_3$)、氧化钐($Sm_2O_3$)、二氧化钛($TiO_2$)为原料，按($Ba_{6-3}x(Sm_{1-y}Nd_y)_{8+2x}Ti_{18}O_{54}$)配方进行配料，经球磨、预烧(1100℃)、第二次球磨、干燥制成粉料。

(2) 选用有机单体丙烯酰胺(AM)、交联剂 N，N-亚甲基双丙烯酰胺(MBAM)、分散剂甲基丙烯酰胺(PMAA-$NH_4$)和溶剂水，按一定比例配成溶液。

(3) 凝胶铸成型工艺要求浆料固相含量高且黏度低(<1.0 Pa·s)，用 PMAA-$NH_4$ 作分散剂(稀释成 10wt%的水溶液)，PMAA-$NH_4$ 分散剂的重量占陶瓷粉体重量的 0.45%，陶瓷粉体重量占比为 80%，其余为其他有机物。将氨水加入分散剂中，使 pH=9.2，并将上面制备的陶瓷粉体、分散剂与有机单体按组分放入球磨罐球磨后，倒出浆料，加引发剂和催化剂搅拌并真空除泡，浇注到不锈钢模具中成型，成型后脱模。

(4) 为防止烧结时出现开裂，在烧结前，将坯体放入 50°C 温箱中保温 10 h，然后取出进行烧结，并用网络分析仪测试其微波介电性能。实验结果表明，干燥后的生坯密度为 3.04 $g/cm^3$，比干压坯体的(3.68 $g/cm^3$)小，但在 1350℃下烧结，试样的无载品质因数 $Q$ 与测试频率 $f$ 的乘积($Q\times f=7495$ GHz)比干压成型样品的 $Q\times f$ 值($Q\times f=6305$ GHz)要高。

## 4.5.2 直接凝固成型

直接凝固成型是利用了胶体化学的基本原理，其成型原理是：分散在液体介质中的微细陶瓷颗粒，所受作用力主要有胶体双电层斥力和范德华力，而重力、惯性力等影响很小。根据胶体化学 DLVO 理论，胶体颗粒在介质中的总势能 $U_t$ 是双电层排斥能 $U_e$ 和范氏吸引能 $U_f$ 之和，即 $U_t=U_e+U_f$。如图 4.39 所示，当介质 pH 值发生变化时，颗粒表面电荷随之变化，在远离等电点 IEP(Zeta 电位值为 0 的点)，颗粒表面形成的双电层斥力起主导作用，使颗粒呈分散状态，即可得到低黏度、高分散、流动性好的悬浮体。此时，当增加与颗粒表面电荷相反的离子浓度，使双电层压缩，或者改变pH值靠近等电点，均可使颗粒间排斥能减小或为零，而范德华力占优势，使总势能显著下降，浆料体系将由高度分散状态变成凝聚状态。若浆料具有足够高的固相含量(>50 vol%)，则凝固的浆料有足够高的强度成型脱模。

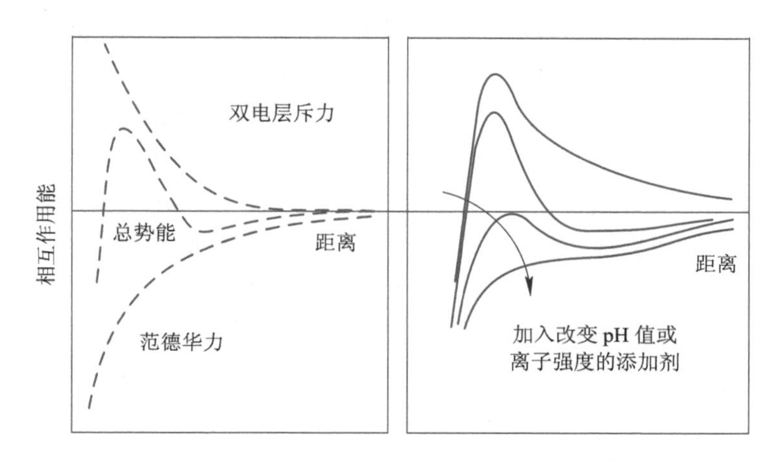


图4.39　水溶性悬浮体中颗粒相互作用

1. 直接凝固成型的工艺流程

直接凝固成型的工艺流程如图4.40所示。

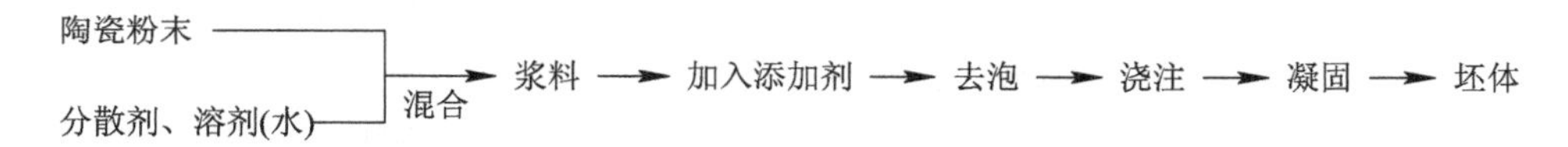


图4.40　直接凝固成型的工艺流程

2. 直接凝固成型的工艺特点

(1) 化学反应可控制，即浆料浇注前不产生凝固，浇注后可控制反应进行，使浆料凝固；

(2) 反应产物对坯体性能或最终烧结性能无影响；

(3) 反应最好在常温下进行；

(4) 不需要或只需少量的有机添加剂(≤1%)，坯体不需要脱脂，坯体密度均匀，相对密度高(55%～70%)，可以成型大尺寸、形状复杂的陶瓷部件。

直接凝固成型已经成功地应用于氧化铝、氧化锆、碳化硅和氮化硅等形状复杂的陶瓷部件的坯体成型。该成型方法中常用的反应体系为尿素体系，酰胺酶水解胺类物质体系，葡衡糖苷酶-葡萄糖体系，胶质、蛋白质水解酶体系。

3. 应用实例

这里介绍氧化铝陶瓷直接凝固注模成型的例子。

(1) 采用的氧化铝为工业$\alpha$-$Al_2O_3$，平均粒径为10 $\mu$m，浆料中添加的电解质为$NH_4NO_3$，将氧化铝按照70 vol%与去离子水混合并充分搅拌，按照0.1 mol/L的离子浓

度添加 $NH_4NO_3$，用 $NH_3 \cdot H_2O$ 来调节浆料的 pH 值，用行星球磨机混合 0.5 h，制成悬浮液。

(2) 将浆料在 60～70℃水浴加热约 10～20 min 后注入常温模具中，浆料迅速冷却，并转变为具有一定强度和弹性的固态坯体，在空气中放置一段时间即可脱模。

(3) 坯体脱模后放置在烘箱中于 80℃左右保温干燥 24 h，即可完全干燥。

实验结果表明，氧化铝浆料成型的固含量、pH 值以及浆料离子浓度、温度和悬停时间对凝固时间有不同的影响。在固含量小于 60%时，氧化铝浆料(pH=7 时)的黏度基本稳定；当 pH 值在 11 左右时，颗粒之间表现出最大的静电斥力，浆料具有好的流动性能，可以顺利充型；在固化过程中由于 $NH_3 \cdot H_2O$ 的挥发使得浆料逐渐回归中性(pH=6.5)，浆料黏度迅速增加，促进固化反应的发生。当离子浓度($NH^{4+}$ 和 $NO^{3-}$)较低时，浆料的黏度较低，流动性能好，利于充模。提高离子浓度可以使浆料黏度增加，趋向于固化；在保持浆料可以顺利充模的条件下提高浆料中离子浓度有助于固化。在高温下配制浆料时，可以保持浆料长时间的稳定悬浮，且浆料具有较低的黏度，可以顺利充型；将浆料注入低温模具中，浆料迅速冷却，黏度显著提高，并随时间延长而提高，最终导致固化。优化工艺参数，氧化铝浆料充模 10 min 后黏度与充模前黏度的比值达到 13，10 mm 厚度的坯体充模后 1 h，脱模强度达到 0.1 MPa，可以顺利脱模。

## 本章练习

1. 对陶瓷坯体有哪些要求？如何评价陶瓷坯体的质量？粉压坯体密度不一致的原因何在？如何提高其均匀性？坯体质量与成型压强的关系如何？

2. 如何能使瘠性粉料具有加工时所必需的塑性？试利用胶体化学的原理说明陶瓷浆料的悬浮、凝聚与稀释的过程，以及控制 pH 值所起的作用。

3. 塑化剂中各成分所起的作用如何？为什么有些塑化剂中可不用增塑剂、润滑剂，而有些又非用不可？

4. 试述陶瓷粉料造粒的作用与意义。

5. 塑法成型的工艺特点是什么？对粉粒与泥料有何要求？试从坯膜质量、工艺难度、经济效能等方面评价挤制成型与轧膜成型。

6. 流法成型对粉粒和浆料的要求与塑法成型有何差别？影响流延膜厚度的因素有哪些？应如何控制膜厚？

7. 热压铸成型工艺有何独到之处？试从工艺繁简、能量消耗等方面，对热压铸成型工艺进行评价。

8. 有哪些成型方法可以生产带状膜坯？试比较其优缺点与适用场合。

9. 坯膜厚度薄化有何意义和必要性？对电子工业将带来什么好处？当代工艺水平能生产多薄的坯片？坯片薄化受到哪些因素限制？薄化有止境吗？

10. 发挥你的智慧与才能，试设计或改进一种成型工艺。

# 第5章　电子陶瓷的烧结原理

烧结是电子陶瓷及其他陶瓷类产品的一个关键工艺。它是指将事先成型好的坯体，在高温作用下，经过一段时间而转变为陶瓷件的整个过程。坯体通常是由直径约为数微米或更细的粉粒组成。烧结温度通常为原料熔点(以绝对温度计)的1/2～3/4，高温持续时间约为1～2 h或更长。烧成的陶瓷件通常是机械强度高、脆而致密的多晶结构体。

在陶瓷的烧结过程中，可能出现相当多的玻璃相，如早期的黏土类陶瓷的烧结过程；在整个烧结过程中，也可能完全没有、或只有极少数液相出现。新型电子陶瓷的烧结，大多属于后一种类型。

近代陶瓷科学关于烧结问题的研究一直在进行，研究的焦点主要集中在下述三点：

(1) 烧结过程的推动力；

(2) 烧结过程中物质的传递机构(简称传质机构)；

(3) 烧结后期的气孔收缩与致密化过程。

在从理论上处理这些问题时，又存在两种不同的做法：一是从烧结热力学与烧结动力学的观点出发，不考虑烧结体内微观质点的具体结构及其变化细节，只解决整个烧结体系的可能性、变化方向、限度以及烧结速率问题，通常称为唯象理论或热力学理论；二是从烧结体的具体结构出发，提出一种几何模型，考虑到一些主要因素，采用数学近似法，以模拟烧结的动态过程，这种做法通常称为模型理论。这两种理论各有其优缺点和独到之处。但是，不管哪种理论，最终都必须经得起实践的检验，能够利用它来说明某些实验的规律，或用它来预测出某些实际的结果。能够被它说明的问题愈多，它就愈具有真理的普遍性。不过，陶瓷的烧结是一个由许多种因素共同决定的复杂过程，在进行理论分析或数学计算时，不得不强调某些主要因素的作用，而摒弃其余次要部分。由此而得出的各种简明的函数关系，通常都只适合于说明某一种或几种具体的烧结过程。目前还没有什么普遍适合的、能够精确分析各种具体机构的统一函数关系式。

事实上，在研究烧结的某一具体问题时，热力学理论与模型理论也不是截然分开的，往往彼此引证，相互补充。结合本专业课程的特点，在本章中叙述烧结推动力的问题时，将更多地借助于热力学的观点；在讨论烧结中的传质机构与致密化过程时，则将更多地使用一些几何模型。本章不作详尽的分析推导，只讲清各种基本原理，目的是正确地理解、分析和控制烧结过程中出现的有关现象，为获得和改进电子陶瓷的优良结构与性能指出方向。

# 5.1 热力学理论

经过烧结后，原来在坯体中处于物理接触状态的粉粒，转而进入相互紧密生长在一起的多晶陶瓷体结构。物质从物理接触状态转变为紧密多晶陶瓷结构的这一过程，就是我们所说的物质传递过程，简称为传质过程。如果这种传质过程是经过气态来完成的，称为气相传质过程；如果是经液体状态完成，则叫作液相传质过程；假使这种物质的传递只是通过固体的表面、界面或体内扩散来完成，未涉及到气态或液态的过程，那就是固相传质过程。

陶瓷结构中的物质，是处于一种自由能比较低的、比较稳定的状态，要想使陶瓷破坏，使其中的质点分散，则必须由外力对它作比较大的功；坯体基本仍是属于一种粉粒集合体，其中大量物质，乃至于整个物系，都处于自由能较高的介稳状态。要使这类物质破坏、分散，所需的功要小得多。根据自由能愈低，体系愈稳定的概念，介稳状态应朝稳定状态过渡。也就是说，在某一等温过程中，应朝着自由能下降的方向进行。但是常识告诉我们，如果不通过烧结，或某种极其巨大的压力，在人们力所能及的观察时间内，坯体将永远是坯体，并不会自动转化为陶瓷。可见要想使物质从介稳态朝更稳定状态转化的平衡过程能在较短的时间内完成，就需要一种能量的激活。所以，从自由能变化角度来说，陶瓷的烧结可以看作是一种激活状态下的稳定化过程。

## 5.1.1 热力学基本概念

本书涉及到的热力学基本概念包括以下几种：

(1) 内能：也叫热力学能，从微观的角度讲，内能是系统中各级粒子数量与自身能级相乘的总和，用 $U$ 表示，即

$$U = \sum n_i \cdot E_i$$

式中，$n_i$ 和 $E_i$ 分别为第 $i$ 级粒子的数量和能量。

能级与各级粒子个数的关系如图 5.1 所示。

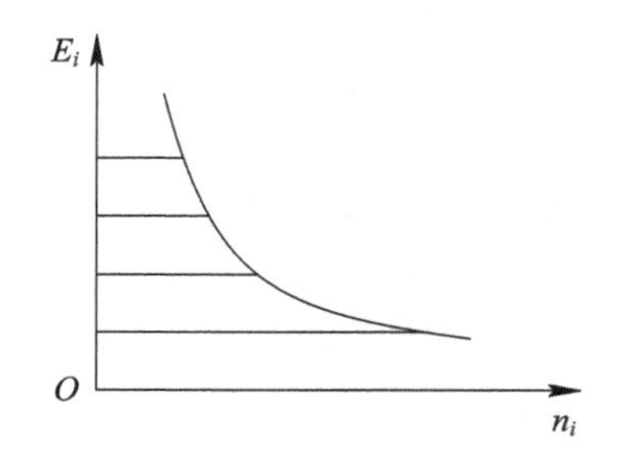


图 5.1 能级与各级粒子个数的关系

热力学第一定律是能量守恒原理的一种表达方式，即在一个热力学系统内，能量可从一种形式转变成另一种形式，但不能自行产生，也不能毁灭，故系统内能的改变等于供给系统的热量加上系统对外界所作的功(或外界对系统所作的功)：

$$dU = dQ + dW \tag{5.1}$$

式中，$U$ 是系统内能；$Q$ 为供给系统的热量；$W$ 为系统对外界所作的功。

(2) 作功：外界对系统作功(或系统对外界作功)，系统的能量会发生变化，而各能级上的粒子数量不变。系统对外界作功后能级与各级粒子个数的关系如图 5.2 所示。

(3) 热量：当系统吸热后，高能级上分布的粒子数增加，低能级上分布的粒子数减少，总粒子数不变。热量用 $Q$ 表示。系统吸热后能级与各级粒子个数的关系如图 5.3 所示。

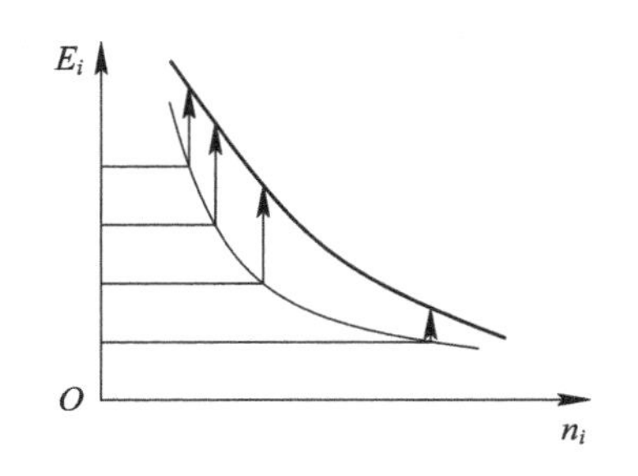


图 5.2 作功后能级与各级粒子个数的关系

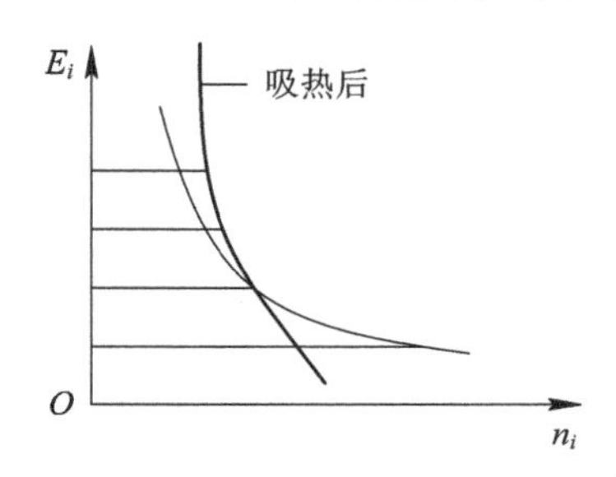


图 5.3 吸热后能级与各级粒子个数的关系

（4）熵：表示微观质点排列的混乱程度，用 $S$ 表示，则有：

$$S = K \cdot \ln\omega$$

式中，$K$ 为玻尔兹曼常数；$\omega$ 为微观状态数。

因为微观状态数 $\omega>1$，所以 $S>0$，也就是说 $S$ 总是大于零的。一般说来，系统愈接近理想的周期性排列，则其 $S$ 愈小；反之，缺陷越多，排列的混乱度越大，则 S 越大。所以对于气、液、固三态来说，应有

$$S_V > S_L > S_S \tag{5.2}$$

式中，下标 V 表示气态(Vapour)；L 表示液态(Liquid)；S 表示固态(Solid)。

（5）自由能：用 $F$ 表示，系统自由能的数学定义为

$$F = U - T \cdot S \tag{5.3}$$

式中，$U$ 为系统内能；$T$ 为系统温度；$S$ 为系统的熵。

当温度变化时，对式(5.3)两边求微分，可得

$$\mathrm{d}F = \mathrm{d}U - S \cdot \mathrm{d}T - T \cdot \mathrm{d}S \tag{5.4}$$

由式(5.1)和熵增原理可得 $\mathrm{d}S - \mathrm{d}Q/T = 0$。

由于只作体积功，则有

$$\mathrm{d}W = -p \cdot \mathrm{d}V$$

式中，$p$ 为压力，$V$ 为体积。

所以有：

$$\mathrm{d}F = T \cdot \mathrm{d}S - p \cdot \mathrm{d}V - S \cdot \mathrm{d}T - T \cdot \mathrm{d}S = -p \cdot \mathrm{d}V - S \cdot \mathrm{d}T \tag{5.5}$$

## 5.1.2 烧结过程的能态分析

陶瓷烧结过程中的不同物态和不同温度下的自由能变化如图 5.4 所示。一般而言，整个样品都是我们的研究对象——物质体系(简称物系)。

图 5.4 中的 a 表示物系处于坯体态；c 则表示物系处于陶瓷态；两者之间的自由能差 $\Delta F' = F_a - F_c$，产生自由能差的原因主要是由于坯体为粉粒结合体，在制粉过程中获得了大量的表面自由能。不过，从 a 到 c 还必须经过一个自由能更高的传质态 b(或叫离散态)。传质态与坯体态的自由能差 $\Delta F = F_b - F_a$，它是烧结传质时必须越过的势垒，又称为烧结峰。这种自由能差值不是一成不变的，而是和物系的其他热力学性质一样随状态而变。

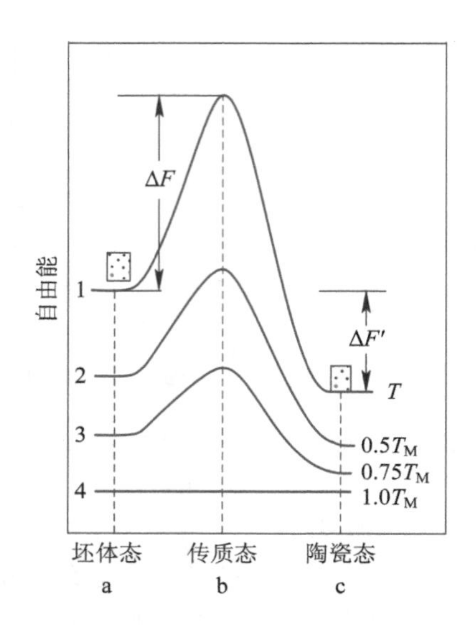


图 5.4 陶瓷烧结过程中的不同物态和不同温度下的自由能变化

如果忽略有效体积的变化(陶瓷烧结过程可看作准固态过程，体积变化不大，这种忽略不会带来太大的误差)，则式(5.5)变为

$$dF = -SdT \tag{5.6}$$

式(5.6)说明物系的自由能将随着温升而下降。

对图 5.4 中所示的陶瓷态 c、坯体态 a 和传质态 b 三者来说，则有 $S_b > S_a > S_c$。

由式(5.6)可知，随着温度上升，自由能 $F_a$、$F_b$、$F_c$ 均将下降，但由于其熵的大小不同，故其下降速度亦不同，熵大者下降快，熵小者下降慢。因而将出现如图 5.4 所示的温度升高，自由能差 $\Delta F$ 下降的情况。图中曲线 1 表示室温下的情况；曲线 2、3、4 分别表示在熔化温度 $T_M$ 的 0.5、0.75 及 1 倍时的情况。

在室温时，传质态与坯体态的自由能差 $\Delta F_1 = F_{b1} - F_{a1}$，定义 $\Delta F_1$ 为陶瓷的烧结峰，又称传质势垒。传质势垒的数值极大，且这时坯体态质点的平均动能又是如此之小，几乎所有质点都不可能越过传质势垒，也就是说，在室温下坯体不可能转变为陶瓷。随着温度的上升，$\Delta F$ 将逐步下降，当温度升高至 0.75$T_M$ 时，$\Delta F_3 = F_{b3} - F_{a3}$ 已降至相当低，再加上这时坯体态的平均热动能已相当高，故处于坯体态的质点有很大的可能性超脱原有结构，越过烧结峰而朝自由能更低的陶瓷态转化。当温度升高到熔化点温度 $T_M$ 时(曲线 4)，物系转入液态，坯体态、传质态、陶瓷态三者的自由能均统一为液态自由能 $F_4$。

升高温度后，物系自由能用数学式表示为

坯体态：
$$dF_a = -S_a \cdot dT \tag{5.7}$$

中间态：
$$dF_b = -S_b \cdot dT \tag{5.8}$$

烧结峰：
$$\begin{aligned}\Delta F' &= F_{b'} - F_{a'} = (F_b + dF_b) - (F_a + dF_a) \\ &= (F_b - F_a) + (dF_b - dF_a) \\ &= \Delta F + dT(S_a - S_b)\end{aligned} \tag{5.9}$$

因为
$$S_a < S_b，所以\ \Delta F' < \Delta F \tag{5.10}$$

也就是说，升高温度后，烧结峰降低，坯体获得足够的能量，可以越过烧结峰到达陶瓷态。

所以，当从自由能变化的角度来考虑陶瓷的烧结问题时，关键是如何促使坯体态的质点超过传质势垒朝自由能更低的陶瓷态转化。

显然，温度是一个最积极的因素。温度升高，既可使传质势垒下降，又可使物质的平均热动能增加，使自由能下降的平衡过程能更快地完成。如何降低烧结峰呢？一般有以下几条途径：

（1）粉料的活性越大，表面自由能越高，即 $F_a$ 越大，则相应的 $\Delta F=F_b-F_a$ 也就越低，故所需的烧结温度也就可以低一些，反之亦相反。

（2）如果在烧结过程中采用合适的烧结促进剂（或矿化剂），使坯体表面形成某种缺陷或中间化合物，因而使表面质点的自由能增加，进一步活化，或形成一种略高的能量阶梯，有利于跨越烧结势垒，则可使烧结温度降低。

（3）在高温下对坯体施加压力的所谓热压烧结或等静压烧结的情况下，坯体粉粒中的质点除受到高温作用外，同时还受到外加机械力的作用。这种额外的机械功将添加在高温热动能上，故在较低的烧结温度下，便可完成物质传递过程。所以热压烧结通常都可使烧结温度降低 100℃左右。

在烧结后期的致密化过程中，气泡的进一步排除，晶粒边界的进一步消失，都可以使物系的自由能降低。不过，这时自由能不能降得太低。和单晶相比，陶瓷体系的自由能还是比较高的，进一步的烧结（提高烧结温度或延长烧结时间）将使陶瓷中的晶粒过分长大，出现过烧现象。虽然自由能可降得更低，但获得的只是废品。

对于任何一种陶瓷烧结工艺的研究，往往可以通过对其烧结过程的能态分析来寻求有效措施，以降低工艺难度，提高烧结质量。

## 5.2 模型理论

从热力学的观点看，烧结是一种自由能下降的自持过程，正是由于这种自由能的下降形成了陶瓷烧结的推动力。烧结推动力除主要来自表面自由能的降低之外，位错、结构缺陷，弹性应力等的消失，以及外来杂质的排除等，也将使物系自由能降低，故这些也是烧结推动力。

上面讲的主要是指纯物质或单一化合物的烧结，在烧结过程中没有牵涉到化学反应（新物质及固溶体的生成或相变过程等）。如果在多元体系的烧结过程中，同时进行着化学反应，则其烧结时的推动力，还要考虑化学势能（自由能的一种形式）的降低。和图5.4 的情况相似，图 5.5 所示为烧结反应前后化学势能的变化，图中 $\mu_2=\mu_A+\mu_B$ 为烧结反应前反应物的总化学势能；$\mu_1=\mu_{AB}$ 为生成物的化学势能。$\Delta\mu'=\mu_2-\mu_1$ 为反应前后自由能的降低（放热）值——烧结的推动力。$\Delta\mu=\mu_3-\mu_2$ 称为反应活化能，也就是反应势垒，这里主要靠高温下增加热动能来克服。由于

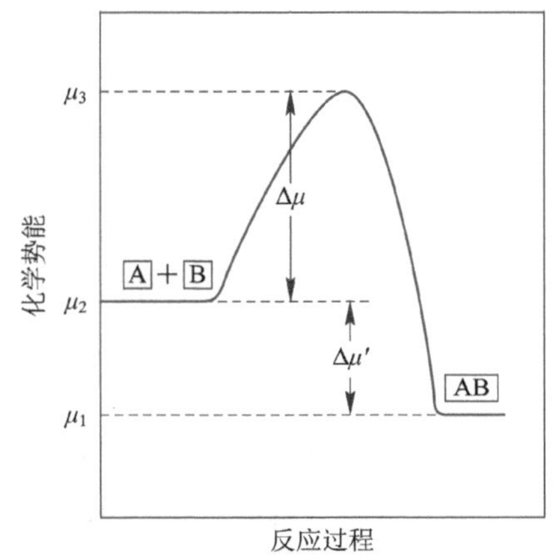

图 5.5 烧结反应前后化学势能的变化

反应主要是在固相下进行的，故一般质量作用定律在这里是不适用的，起决定作用的是物质的扩散过程。

显然，固相反应与固相烧结是相互关联又彼此有别的。为叙述方便，通常有意识地把它们区分开来。固相烧结主要指表面自由能下降的成瓷过程，而固相反应则主要指化学势能下降的新物质(或新相、固溶体)的生成过程。本章主要讲述单一物质的烧结过程，所以，本节主要叙述表面自由能下降的烧结推动力。物质传递过程就是表面自由能推动烧结进行而使自由能下降的过程，为了说明这类问题，首先必须建立起表面自由能与表面压强差的关系。

### 5.2.1 表面能的概念

固态物质(晶体)的表面自由能(简称表面能)$\gamma$是晶面原子排列方式的函数，同一晶体的不同晶面上的原子密度、排列方式是不同的，面间距也不一样，故有不同的表面能。通常原子密集度最大表面的表面能最低、最稳定，也就是说要增加这么一个单位表面，需要外力作功最小，故这种表面在自然情况或外力作用下最容易暴露，即与其“解理面”相对应。这是和液体不同的，因为液体通常是均匀的、各向同性的，且质点间不保留剪应力，故在表面自由能最小的趋势作用下，液滴呈球形，没有什么解理面。指出上述差异是为了对固体表面能有更准确的理解。不过，从客观统计的观点来看，从液态中得出的几个表面自由能关系式，对于陶瓷(多晶固体)还是基本适用的，为了叙述方便，下面将仍从液态表面能谈起，或者说把陶瓷简化为各向同性的均匀物体来处理。

下面先谈一下弯曲液面两侧的压强差$\Delta p$。设有一细管，插入液体中，吹气使管底端成一气泡。如忽略重力的作用，则形成气泡所作的功，将全部消耗在表面自由能的增加上，达到平衡状态时有

$$\Delta p \mathrm{d}V = \gamma \mathrm{d}A \tag{5.11}$$

式中，$\mathrm{d}V$为球形气泡的体积微增量，$\mathrm{d}V = 4\pi r^2 \mathrm{d}r$；$\gamma$为表面自由能；$\mathrm{d}A$为气泡面积微增量，$\mathrm{d}A = 8\pi r \mathrm{d}r$，$r$为球的半径。

将$\mathrm{d}V$与$\mathrm{d}A$的表达式代入式(5.11)，可得

$$\Delta p = \frac{2\gamma}{r} \tag{5.12}$$

如气泡为椭球形，则有

$$\Delta p = \gamma\left(\frac{1}{r_1} + \frac{1}{r_2}\right) \tag{5.13}$$

式中，$r_1$、$r_2$为两曲率半径。

如气泡表面呈马鞍形，则$r_1$、$r_2$的取值一为正，另一为负。

由式(5.12)及式(5.13)可知：

(1) 如气泡呈球形，它将承受来自液面的压力，并力图使气泡缩小，且$\gamma$愈大，$\Delta p$愈大；$r$愈大，$\Delta p$愈小。

(2) 如气孔呈凹状，液面呈凸状，则气孔的$r$为负值，液面将给液滴一压力，力图使液面呈球形，以保持表面自由能最小。

(3) 如气液分离处为平面，则$r=\infty$，$\Delta p=0$，液面两侧不存在压强差，处于一种平衡状态。

(4) 如液面呈如图5.6所示的波浪状，则相对于液体来说：凹面 $r_1$ 为负，有朝外拉的力 $\Delta p_1$；凸面 $r_2$ 为正，有朝内的压力 $\Delta p_2$；总的效应是力图使液面拉平，以达到平衡。

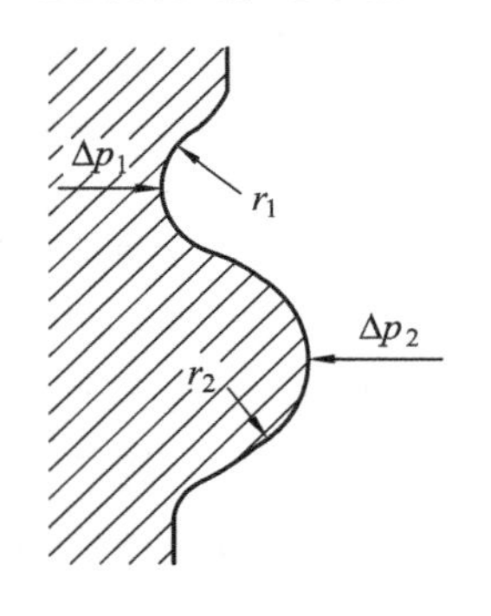

图5.6 波浪状表面的压强差

上述情况对于多晶结构的陶瓷来说也是适用的，因为一般陶瓷只有宏观各向同性，晶粒中的解理面相对于宏观表面可忽略不计。对于一般晶态氧化物，其表面自由能 $\gamma$ 约为 $10^{-14}$ J/cm$^2$ 左右，对于曲率半径为1 μm的粉粒，其表面两侧的压力差(朝体内压)约为20个大气压。如果两个这样小的球状粉粒相接触，在切点处(即所谓颈部，参看图5.7)可看作一个凹面，其曲率半径将远小于2 μm，故朝外拉的作用力更大。可见，在由微粉粒压成的陶瓷坯体中，各凹、凸面之间存在有几百个大气压的压强差。不过，在室温时，晶粒内部的结合力远大于面间压力差，故 $\Delta p$ 不足以使晶体变形，只有在高温作用下，$\Delta p$ 才能推动着物质采取各种方式传递。

### 5.2.2 传质的基本关系式

为了定量地表达各种形式的物质传递过程，蒸气压(或叫分气压)这个概念是很重要的，它反映了每一物质朝其相邻空间挥发的可能性。显然，它与表面活性亦即表面形状有关。例如，凸面活性大，则其相邻空间的平衡蒸气压高，凹面则相反。下面我们来建立曲率半径与平衡蒸气压之间的定量关系。在等温膨胀过程中，膨胀功与蒸气压的关系为

$$V\Delta p = RT\ln\left(\frac{p}{p_0}\right) \tag{5.14}$$

式中，$V$ 为摩尔体积；$\Delta p$ 为压强的变化量(压强差)；$R$ 为气体常数；$T$ 为绝对温度；$p$ 和 $p_0$ 为两种不同的蒸气压。这里假设 $p_0$ 为平面上的蒸气压，$p$ 为曲面上的蒸气压。

将表面自由能与压强差的关系式(5.12)代入式(5.14)，则有

$$\frac{2\gamma V}{r} = RT\ln\left(\frac{p}{p_0}\right) \tag{5.15}$$

将分子量 $M$，密度 $\rho$ 代入式(5.15)，则得

$$\ln\left(\frac{p}{p_0}\right) = \frac{2\gamma M}{\rho RTr} \tag{5.16}$$

式(5.14)～式(5.16)均说明了蒸气压 $p$、表面自由能 $\gamma$ 和颗粒半径 $r$ 的关系，是烧结动力学中的基本方程，又称开尔文方程，由式中可知，相对于固体来说，蒸气压具有以下特点：

(1) 凸面时，$r$ 为正，$p>p_0$，蒸气压比平面上的蒸气压高；

(2) 凹面时，$r$ 为负，$p<p_0$，蒸气压比平面上的蒸气压低；

(3) 表面自由能越大，则由曲率引起的蒸气压差也越大；

(4) 小颗粒上的蒸气压最大，窄缝处的蒸气压最小。

此外，只要把蒸气压的概念延伸一下，则开尔文方程就可用于固-液之间和固体内部的传质过程。例如，若在固、液两相之间，将固体的溶入比作气相的蒸发，将平衡溶解度比作蒸气压，则开尔文方程可用于液相传质。又如，若将固体中的气泡看作是小的“空粒”，则固体内空格点浓度则类似此“空粒”的蒸气压，故同样可用以处理固体扩散传质，这些现象之

间是有一定相互对应性的。

### 5.2.3 气相传质机构

由气体动力学可知，如在两处空间出现气压差，则气态分子将更多地从高压处扩散至低压处，故气相传质的必要条件是两处保留一定的压强差。为了对压强差建立一个定量的概念，以平面上的蒸气压 $p_0$ 作为参考，若曲面上的蒸气压为 $p$，则压强差为 $\Delta p=p-p_0$，当 $\Delta p$ 不太大时，例如，当 $\Delta p/p_0<0.1$ 时，$\ln(p/p_0)=\ln(1+\Delta p/p_0)\approx\Delta p/p_0$，利用式(5.16)，可以近似地得到压强差与曲率半径成反比的关系式，即

$$\Delta p=\frac{2p_0\gamma M}{\rho RTr} \tag{5.17}$$

现在考虑在双球模型中，气相传质的压强差关系。图 5.7 所示为气相传质的双球模型。

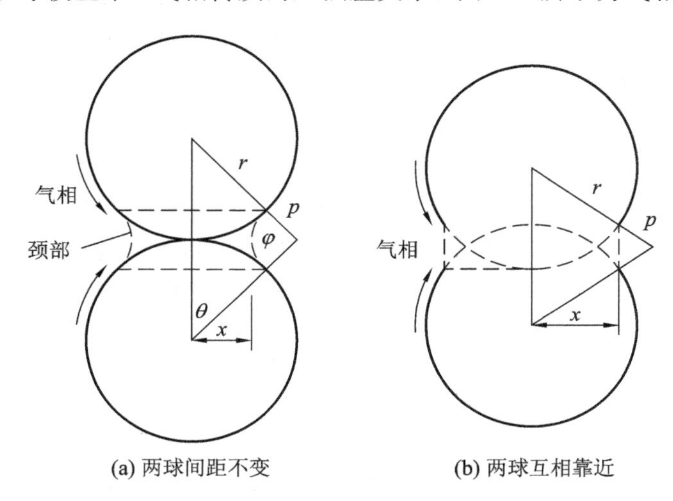


图 5.7 气相传质的双球模型

在图 5.7 中，如球状粉粒的半径 $r$ 是正值，则球表面的 $\Delta p$ 为正；如在两球接触处的所谓“颈部”，是凹面，则半径 $r'$ 是负值，$\Delta p$ 为负，即低于平面的蒸气压，球面与颈部之间存在总压强差为

$$\Delta p+\Delta p'=\frac{2p_0\gamma M}{(\rho RT)\left(\dfrac{1}{r}+\dfrac{1}{r'}\right)} \tag{5.18}$$

从图 5.7 及式(5.18)可知，在传质初期，$r$ 和 $r'$ 都最小，故总压强差最大，即这时有大量的质点从球面蒸发，再扩散到颈部并在该处凝结。在动态的情况下，颈部也是有物质蒸发，并扩散到球面凝结的。不过，在平衡的情况下，必然是球面蒸发多而凝结少，颈部则蒸发少而凝结多，故不同曲面之间的气相传质，又叫作蒸发-凝结过程。

如在一密闭容器中同时存在粗细两种粉粒，在气态传质过程中，借助于蒸发-凝结方式，细粉粒将不断变小乃至于消失；粗粉粒则将逐步长大。这种传质机构主要出现在烧结初期，如果粒径小至微米级的话，当以绝对温度计的烧结温度 $T_S$ 达到原料晶体熔点 $T_M$ 的一半左右时，即可观察到明显的蒸发-凝结过程。

随着时间的增长，蒸发-凝结过程将使球面和颈部的曲率半径都变大，即总压强差下

降，故传质速度会逐渐慢下来。

非常明显，在多球接触的坯体中，这种气相传质过程，只能改变气孔的外形，而不能使气孔消失。故能使烧结体具有一定的强度，但不会引起明显的收缩。

直到粉粒间气泡呈球状时，各处曲率相等，压强差消失，蒸发-凝结过程终止。这时坯体中粉粒的比表面，或者坯体的总表面积，已显著下降。也就是说在推动气相传质的过程中，物系耗去了大量的表面自由能。

现在再来检验一下式(5.18)在实际的陶瓷工艺中是否有效。式(5.17)简化的条件是 $\Delta p$ 不大，亦即 $r$ 不能太小，那么到底多大的粉粒半径能满足 $\Delta p/p_0=0.1$ 的要求呢？下面以 $Al_2O_3$ 粉料为例来求证，由式(5.18)可知

$$r=\left(\frac{p_0}{\Delta p}\right)\cdot\left(\frac{2\gamma M}{\rho RT}\right) \tag{5.19}$$

对氧化铝粉料说来，表面自由能 $\gamma=2$ N/m；摩尔体积 $V=M/\rho=25.4$；气体常数 $R=8.3$ J/℃·mol；设 $T=2000$ K，$p_0/\Delta p=10$，则可求得 $r=6\times10^{-6}$ cm，即粉粒半径应大于 600 Å，可以说目前陶瓷工艺中还难于得到这么小的粉粒，故压强差与粉粒半径成反比的式(5.18)，可以适合于陶瓷工艺中的所有粉粒。

### 5.2.4 液相传质机构

液相传质的必要条件：① 烧结过程中必须有液相出现；② 液相对固相应能起润湿作用；③ 液相中出现固相物质的浓度差。

条件①可通过低熔点物质、助熔剂的引入，或低共熔物的生成来满足。条件②中的润湿有三种情况，如图 5.8 所示。当湿润角 $\theta<90°$ 时，液相能较好湿润固相表面；当湿润角 $\theta>90°$ 时，液相的湿润能力较差；当湿润角 $\theta=0°$ 时，液相完全湿润固相表面。通常情况下，液相在固相表面可以达到良好的润湿，特别是当生成了低共熔物的液相时，这些液相总是对固相有很好的润湿作用。条件③的满足，有赖于可溶解性及固液界面中曲率半径差的出现。

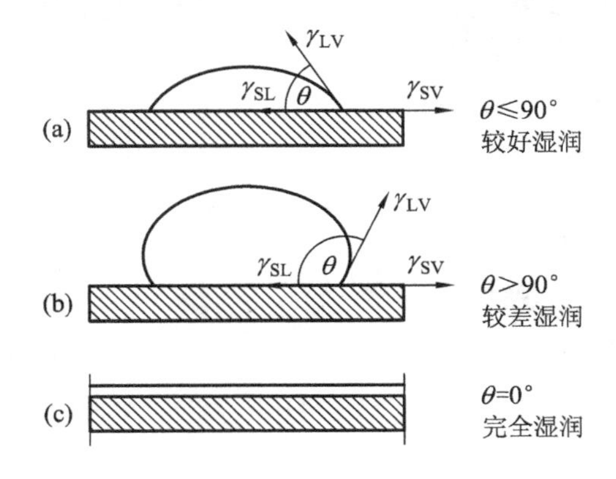


图 5.8 润湿的三种情况(图中 $\gamma$ 为界面能，下标 SV 表示固气界面，SL 表示固液界面，LV 表示液气界面)

如果液体取代了气体而出现在固体表面时，则固-液分界面将取代气-固表面，固-液界面自由能将取代固体表面自由能；固体在液体中的平衡溶解度将取代前述的平衡蒸气压。经过这样类比、代替之后，则前面讲过的有关表面自由能的概念，以及气相烧结传质的基

本关系式在这里就都可以应用了。

液相的出现，除了润湿、包裹固粒之外，由于表面张力的作用，将使固相更加拉近、靠拢，并填充固粒间的空隙(即取代气相)，在这里暂时无视气孔的存在，即回避气孔消失的问题。由于固-液界面中存在曲率半径的差异，故曲率半径小的粉粒活性大，表面自由能高，易于溶入液相，即其相邻液体中的平衡浓度高；曲率半径大，或为负的固体表面，则恰好相反。故彼此之间出现浓度差，因而推动物质的传送。在动态过程中，虽然各种形式的固粒表面同时都有固相物质溶入液相中，同时也有溶解物在表面凝结(析晶)，然而在浓度差的推动下，必然出现小粒、凸面溶入多，析出少；粗粒、凹面则溶入少而析出多。所以，液相传质机构又叫溶入-析出过程。

如果液相对固相的润湿性能不太好，则固态粉粒之间将仍保持接触。这时溶入-析出过程将和蒸发-凝结过程一样，通过颈部生长来进行。直到最后，多粒体间的液滴呈球状，溶入-析出过程才能结束。如果液相对固相的润湿性能很好，液相将包围所有固相表面，固相之间几乎不再相互接触，固相颗粒类似悬浮于液相之中，如图 5.9(a)所示，图中 $\theta$ 表示湿润角，$\theta=0°$ 表示完全湿润，椭球形为固相颗粒，其余为液相。在浓度差的推动下，将出现大粒长大，小粒变小或消失的过程。在这种粉粒为液相完全包围的体系中，在小粒消失之前，随着传质过程的进展，液相中浓度差并不下降，反而增加，直至小粒消失为止。在小粒消失之后，各固体晶粒之间只要存在粒径大小的差异，或由于粒形不同而引起表面活性差异的存在，就会有浓度差，液态传质将继续下去。和气相传质的过程相似，液相传质的结果将使固-液界面或固-固界面逐步减少，自由能降低，物系趋于稳定。其他湿润情况如图 5.9(b)、(c)、(d)、(e)所示，黑色部分为液相，与图 5.9(a)相反，$\theta=135°$ 表示湿润较差，此时液相在表面张力下形成液滴，填充晶粒间的空隙，促进烧结。

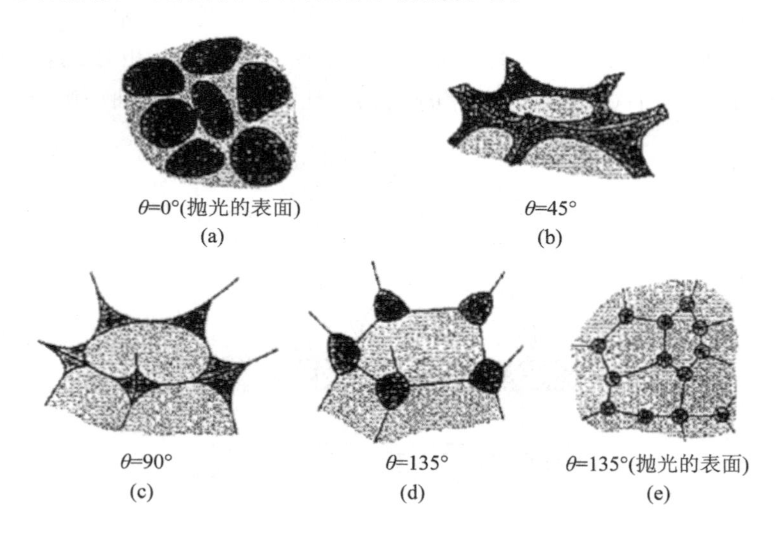


图 5.9 液相传质模型

此外，通常固-液界面自由能要比固-气表面自由能小，溶入要比蒸发容易，而且溶入物在液体中的扩散也是相当快的，通常液体中的扩散系数要比固体中的大好几个数量级。所以，液相传质的存在，将使烧结进程大为加速，并可使烧结温度比不出现液相的大为降低。

### 5.2.5 固相传质机构

固相传质机构中所考虑的过程，只是固体内部、固粒与固粒之间、内部与表面或界面之间的物质传递过程。在讨论固相传质问题时，将暂时忽略气相及液相的作用及其相关过程。固相传质机构的基本过程是质点在体内、表面或界面上的扩散，可以想见，当温度不太高时，在结构完整、规律的晶体中，质点之间是靠得比较近的，其配位环境是比较紧凑的。质点在完好晶格中的扩散是极其困难的。不过，由于高温或其他原因，致使在晶格结构上出现一些质点的空缺(如缺位、空格点)时，情况将大不相同，这和空穴(电子)电导及缺位离子电导中的情况相似，由于相邻质点依次向空格点转移，故将非常有利于物质的传递。所以固相传质问题，从本质上说，是属于空格点的扩散过程。在个别情况下，也可能由于存在外加机械力或表面张力所引起的所谓塑性流动及黏滞流动传质过程，但对绝大多数电子陶瓷的烧结说来，主要过程仍属于空格点的扩散。

要想出现有方向性的空格点扩散(因而出现有方向性的质点流)，则必须出现或保持一定的空格点浓度差。在弄清楚了空格点、空格点源、空格点浓度及其浓度差，并弄清其基本概念及产生原因后，固相传质机构就一目了然了。

下面从两个方面介绍固相传质机理。

**1. 空格点的来源及空格点扩散流的计算**

1) 空格点的定义

空格点是指周期性晶格位置上的正常原子或离子的空缺。在符合化学计量比的氧化物陶瓷晶体中，由于电中性的要求，从统计的角度看，正离子和负离子缺位的数量总是等量出现的，即平均每一个氧离子缺位的出现，就有两个 1 价金属离子 $M^{+}$，或一个 2 价金属离子 $M^{2+}$ 缺位同时出现。这种结构上的不完整性，也叫作肖特基缺陷。

M O M O M
M O $\boxed{V_M}$ O M
M O M O M
M $\boxed{V_O}$ M O M
M O M O M

**图 5.10 MO 中的空格点**

图 5.10 所示为两价金属氧化物 MO 中的空格点。方框内的 V 表示缺位，其下标 O 或 M 分别指氧或金属。由于它总是保持电中性，故又叫中性缺陷，这种缺陷浓度与温度有很大的关系，故它是热缺陷的主要形式之一。缺陷的种类还有好几种，它们都有利于扩散传质，但本章只借助于肖特基模型来叙述。因为在高温烧结的情况下，这种热缺陷是最典型、最重要的。

2) 空格点的来源与空格点浓度

肖特基缺陷的形成，是在热运动的作用下，构成氧化物表层的正、负离子离开原有位置，扩散至更外一排，并留下相应的空格点。这种空格点又可能为更内一排的格点上的同类离子所占有，并空出其自身的格点，就这样逐步地将正、负离子的空格点扩散至体内各部分。所以，肖特基缺陷的形成过程就是自由表面空格点，在热运动作用下逐步向体内扩散的过程。因此，自由表面(包括体内空孔、裂缝、各种结构间隙)能够源源不断地向体内提供大量的空格点，故它们都属于空格点的来源。

从热力学计算中可知，如忽略结构改变时所引起的附加熵变，在平表面下的空格点浓

度 $C_0$ 可以用下式表示：

$$C_0 = \frac{n}{N} = \exp\left(-\frac{\Delta E}{2kT}\right) \tag{5.20}$$

式中，$N$ 为晶体中的总格点数，$n$ 为总缺位数，$\Delta E$ 为形成一对肖特基缺陷（正、负空格点）时所需的能量；$k$ 为玻耳兹曼常数；$T$ 为绝对温度。

由式(5.20)可知，空格点浓度 $n/N$ 与绝对温度呈指数关系。当温度足够高时，这种浓度将显著增加，当然，它与缺陷形成能的关系也是很大的。对于电子陶瓷原料来说，肖特基缺陷的形成能约为 $\Delta E=6$ eV，在室温直至几百度（℃）内，其缺陷浓度仍极低（800℃，$3\times10^{-42}$），故不应期望有明显体扩散的出现；在高达 1500～2000℃ 的烧结温度附近时，缺陷浓度已相当可观（1800℃，$5\times10^{-8}$），体扩散传质变得很重要。在升温过程中，当空格点浓度来不及平衡时，在平表面下与体内将出现较大的浓度差，故将迫使空格点向体内扩散，降温时则与此相反。对于淬火样品来说，空格点来不及向表面扩散，故将有大量的热缺陷“冻结”于体内，影响产品性能。

当固体表面曲率不同时，其表面压强差的大小和方向也不同，因而形成肖特基缺陷时所需的能量也不同，所以不同曲率表面下的空格点浓度也不同。总的说来，凹表面或小空孔有朝表面外拉的压强差，空格点形成能较低，浓度比平面下的大，且空孔越小，形成能越低，越能提供空格点，则其附近表面下的空格点浓度越大。反之，在凸面下将出现朝表面内压的作用力，易于填补缺陷，使空格点消失，故其处空格点浓度特别低。并且表面曲率半径越小、越尖，其空格点浓度越低，故可看作接收或消失空格点的“汇”或“井”。

下面应用开尔文方程建立空格点浓度与曲率半径的关系，将 $r$ 定义为空孔的曲率半径，空格浓度 $C$ 相当于气体的压强 $p$，参照式(5.16)可得

$$C = C_0 \exp\left(\frac{2\gamma V}{rRT}\right) \tag{5.21}$$

$C_0$ 即为平面下的空格浓度，再参照式(5.17)，可得浓度差 $\Delta C$ 与曲率半径的关系：

$$\Delta C = \frac{2C_0\gamma V}{rRT} \tag{5.22}$$

在式(5.22)中，对于凸面，曲率半径为负值，$\Delta C$ 为负值，即空格点浓度比平表面下低，在尖凸面与小空孔之间将出现最大的浓度差。

3) 空格点扩散流

在式(5.22)中，如以原子或空格点的体积 $a^3$ 和玻耳兹曼常数 $k$ 来代替摩尔体积 $V$ 和气体常数 $R$，则浓度差公式变为

$$\Delta C = 2\frac{\gamma a^3}{kTr}C_0 \tag{5.23}$$

将(5.20)式代入式(5.23)可得

$$\Delta C = 2\frac{\gamma a^3}{kT}\cdot\frac{1}{r}\cdot\exp\left(-\frac{\Delta E}{2kT}\right) \tag{5.24}$$

由菲克定律(Fick's Law)可知，扩散流为扩散系数 $D$ 和浓度梯度的乘积，即

$$J = -D\frac{\partial C}{\partial x} \tag{5.25}$$

负号说明扩散向低浓度方向进行，且

$$D = D_0 \exp\left(-\frac{\varepsilon}{kT}\right) \tag{5.26}$$

式中，$\varepsilon$ 其为扩散激活能，即空格点在体内被取代时所需要的激活能，$D_0$ 是与晶格结构和扩散方向有关的常数，以式(5.26)代入式(5.25)可得

$$J = -\frac{\partial C}{\partial x} D_0 \exp\left(-\frac{\varepsilon}{kT}\right) \tag{5.27}$$

设产生空格点浓度差的两处距离为 $x$(即所考察的传质距离)，且以平均浓度梯度 $\Delta C/x$ 代替浓度梯度，则平均空格点扩散流为

$$J = -2\frac{\gamma a^3}{kT} \cdot \frac{D_0}{rx} \cdot \exp\left(-\frac{\Delta E/2 + \varepsilon}{kT}\right) \tag{5.28}$$

由式(5.28)可知，扩散流 $J$ 与缺陷形成能 $\Delta E$、扩散能 $\varepsilon$ 和绝对温度 $T$ 都具有指数关系，通常 $\varepsilon$ 可以用实验方法来确定，式(5.28)是体扩散传质的一个很重要的关系式，特别是在高温阶段和烧结后期。

为了陈述问题时简明一点，前面并没有把氧离子和金属离子的扩散情况区分开来。其实在同一物体中，不同离子具有不同的缺陷形成能和扩散激活能，故其扩散流的大小是不同的。

2. 空格点的扩散形式

空格点的扩散形式主要有表面扩散和界面扩散两种，除此之外，还有塑性流动传质和黏滞流动传质。

1) 表面扩散

上面着重谈了体内出现空格点浓度差时所引起的扩散传质过程。实际上，由于粉粒体内周期性晶格场到此终止，以及制粉过程中受到各种机械力的作用，粉粒表面结构的不完整、缺陷、形变远比体内多。所以，粉粒表层(几个至几百个原子厚度)的空格点形成能、扩散激活能，都比体内小，故其扩散系数和扩散流都比体内大。这样一来，在不同曲率的表层之间，将出现大量的空格点流。事实上，这些处于原料粉粒表层的质点，都不同程度地具有较高的活性。当温度还不太高时，首先是活性最大的那一部分质点在热振动的情况下可能离开原有平衡位置，而转移到表面上的另一个平衡位置上去。温度逐渐升高，能够作表面迁移的质点数越多。所以，在较高温度下这种表面质点的扩散、迁移与换位，进行得相当频繁、剧烈，和液面中的布朗运动相似。有人认为，只要温度相当高，所有表面质点都可以轻而易举地进行这种“环球旅行”。由此可以证明，这种表面扩散能在较低的温度下出现。通常在烧结温度 $T_s = T_M/4$ 时，即有明显的表面扩散传质；而体扩散则往往要在 $T_s \geqslant (1/2 \sim 1/4) T_M$ 时才比较明显。图5.11所示为表面扩散流的方向，从图中可以看出，空格点是从高空格点浓度的凹面处向低空格点浓度的凸面处进行表面扩散的。

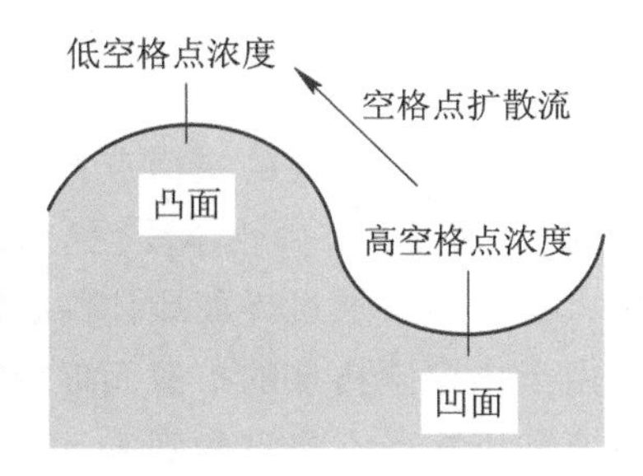


图5.11 表面扩散流的方向

2）界面扩散

晶界是指相邻晶粒的接界处，由于晶粒各自取向不同，在传质过程中，虽然颈部已经填满，但必然会明显地出现晶界，即所谓固-固界面。和表面情况相似，在固-固界面也会出现晶格周期场的终断或转续，再加上可能有杂质的富集，故界面处的结构比较残缺、零乱，或者可将界面看作两个表面的弥合，故在界面及其两侧一定宽度内，空格点形成能及扩散系数 $D_b$ 要比体扩散系数 $D$ 大好几个数量级，所以，界面扩散是一种非常重要的传质渠道。特别是在烧结的中后期，界面扩散对于排除气孔的致密化过程来说尤为重要。

图 5.12 所示为扩散传质的三球模型，其中标出了在烧结初期出现的几种扩散传质机构。

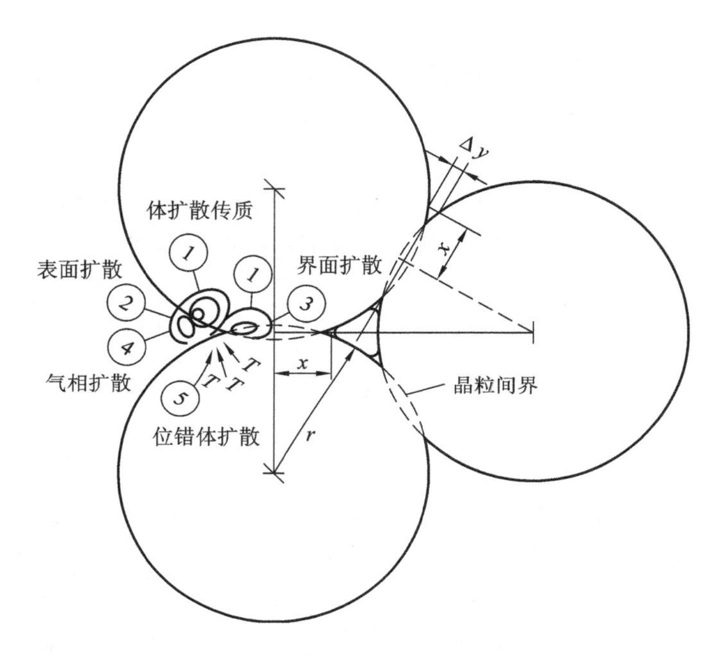


图 5.12　扩散传质的三种模型

颈部乃是主要的空格点源，箭头的指向表示质点流，空格点流的方向则正好和它相反。在球-球接触处，由于承受压应力，空格点浓度特别低，该处便成了空格点的“汇”，即其中的大量物质将通过界面或体内扩散至颈部，因而使球心间的距离缩短了 $\Delta y$。图中也表示出了由于体内空格点的扩散而促使位错的消失，$T$ 表示刃形位错线。因为该处也存在压应力，故有利于接受空格点的到来。

扩散传质的必要条件是存在空格点浓度差。这主要是由于表面曲率不同而引起的。传质的结果是表面正、负曲率半径均变大，表面愈益平展，因而总表面积下降，亦即降低了物系的表面自由能，这就是扩散烧结的推动力。体扩散和界面扩散都能使颗粒间距缩短，故都有利于坯体的收缩，可望通过这些传质机构来获得致密陶瓷。

3）塑性流动传质

在烧结的情况下，如在晶粒间出现侧向作用力，它将使局部晶面承受一种剪应力。如果这种剪应力超过晶面间的结合强度，将引起整排质点沿着作用力滑动，经过 1 个或多个晶格常数的滑动距离后，由于作用力的缓和，滑动质点将重新停下并牢固结合。这种塑性流动传质主要是在外力推动下进行的，即缓和了外应力。在热压烧结中经常出现这种传质机构。

4）黏滞流动传质

如果上述的粉粒之间的侧向作用力，或者有比较强大的表面张力，出现在无定形颗粒间，这时将不是出现突如其来的整排晶粒滑动，而是有关质点之间的缓慢而又明显的移动（蠕变），这种移动叫作黏滞流动传质，这种传质机构主要出现在无定形体（玻璃体）的烧结过程中。在液相含量很高时，液相具有牛顿型液体的流动性质，这种粉末的烧结比较容易通过黏性流动而达到平衡。对于电子陶瓷的烧结说来，这种现象是较少出现的。

## 5.3 粒界的形成及其移动过程

陶瓷的烧结过程可以看作是物系自由能的下降过程，如果避开化学反应过程，那么在烧结过程中，起主导作用的是粉料表面自由能的下降。更确切一点说，在烧结的前期，推动力主要是表面自由能的下降；而在烧结后期，其主要推动力是界面自由能的下降。根据陶瓷显微结构的组成可知，陶瓷的内部主要存在固-固界面、固-固-气界面、固-固-液界面。如果陶瓷非常致密，没有气孔，则只存在固-固界面；如有气孔存在，则为固-固-气界面；如有液相（即玻璃相）存在，则为固-固-液界面。如图 5.13 所示是陶瓷显微结构中的三种界面。

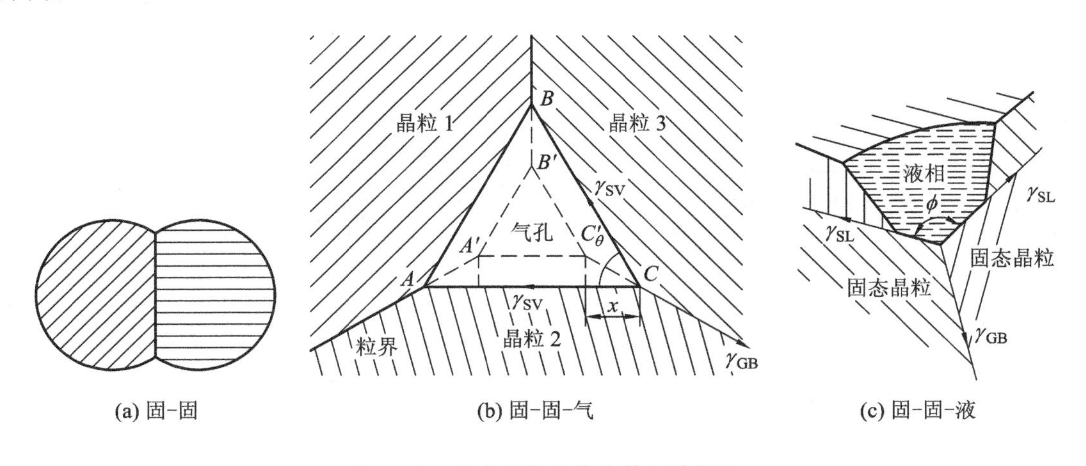


图 5.13 陶瓷显微结构中的三种界面

### 5.3.1 界面平衡条件

在晶态粉粒的烧结过程中，晶粒间的界面自由能 $\gamma_{GB}$、表面自由能 $\gamma_{SV}$、晶粒与液相间的界面自由能 $\gamma_{SL}$ 三者间的关系，直接决定晶粒的结合形态。设想一个二维的计算方式，令三个柱状粉粒紧密相切，从轴向看，可用其表面投影的线段长度来表示有关表面积和界面积；用不同的斜线表示不同的晶粒取向；用中间空白处表示气孔；用短线或麻点表示液相；用虚线表示经过一段时间烧结后的可能边界。图 5.14 所示是三个紧密接触的晶粒，两晶粒间存在界面，界面处存在界面能，即存在界面作用力，其方向为界面处切线方向，其大小为单位长度的界面能，设相邻界面的夹角为 $\theta$，由平面几何知识和力学知识可知，当 $\theta=120°$ 时，三个晶粒处于平衡状态。在实际的陶瓷显微结构中，三个相邻晶粒的平面夹角也呈 120°，如图 5.15 所示是 CLTA 陶瓷的扫描电子显微照片(SEM)。

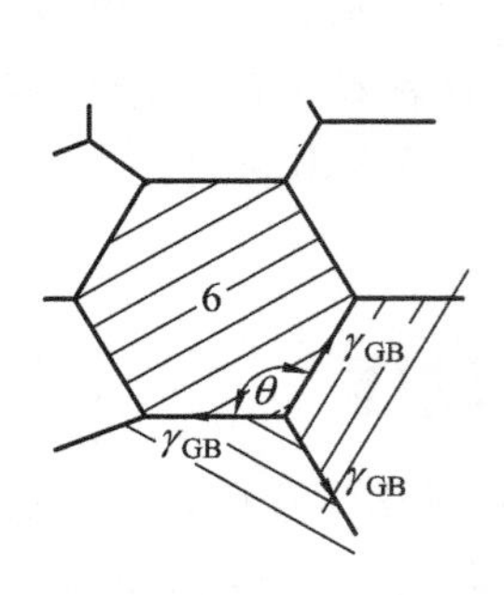


图 5.14 固-固界面

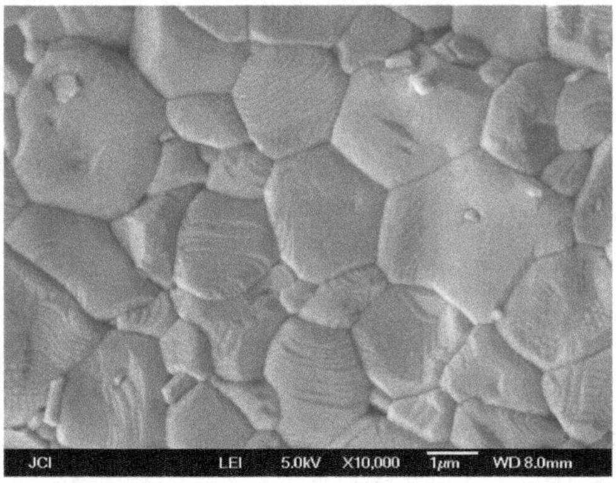

JCI LEI 5.0kV X10,000 1μm WD 8.0mm

图 5.15 CLTA 陶瓷的扫描电子显微照片

下面来分析固-固界面与气孔的平衡，图 5.16 所示是三个晶粒间存在气孔的示意图。实线表示原始位置，虚线表示平衡位置。

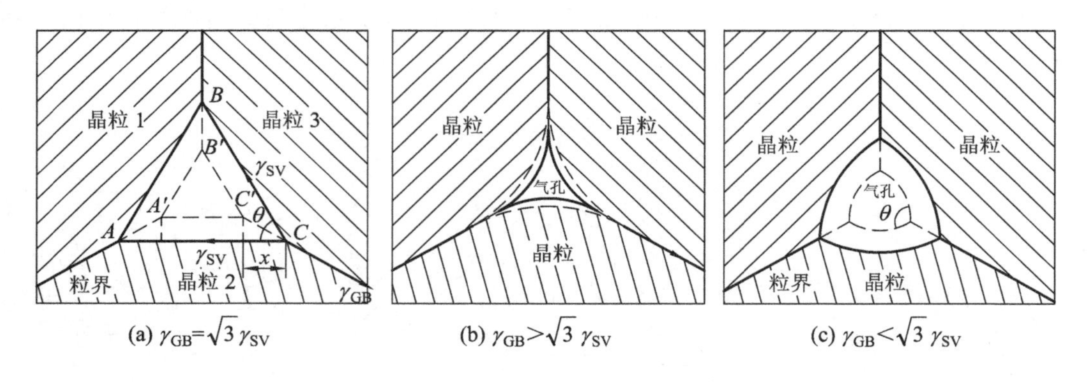


(a) $\gamma_{GB}=\sqrt{3}\gamma_{SV}$　(b) $\gamma_{GB}>\sqrt{3}\gamma_{SV}$　(c) $\gamma_{GB}<\sqrt{3}\gamma_{SV}$

图 5.16 固-固-气界面

晶粒间的界面自由能用 $\gamma_{GB}$ 表示，晶粒与气孔间的表面自由能用 $\gamma_{SV}$ 表示。考虑到对称性，当达到平衡时，$\theta=60°$。应用三角函数的关系，可得如下关系式：

$$2\gamma_{SV}\cos\left(\frac{\theta}{2}\right)=\gamma_{GB} \tag{5.29}$$

代入 $\theta=60°$，可得到固-固-气界面平衡时的关系式：

$$\gamma_{GB}=\sqrt{3}\gamma_{SV} \tag{5.30}$$

当气孔从 $ABC$ 收缩至 $A'B'C'$ 时，气-固表面自由能下降为

$$\Delta E_{SV}=6x\gamma_{SV}$$

而固-固界面能增加为

$$\Delta E_{GB}=(AA'+BB'+CC')\gamma_{GB}=\frac{3x\cdot\gamma_{GB}}{\cos(\theta/2)}=\frac{\gamma_{GB}6x}{\sqrt{3}}$$

物系总的自由能变化量为

$$\Delta E_{GB} - \Delta E_{SV} = \frac{3x}{\cos(\theta/2)} \cdot \gamma_{GB} - 6x \cdot \gamma_{SV}$$

$$= \frac{\gamma_{GB} \cdot 6x - \sqrt{3}\gamma_{SV} \cdot 6x}{\sqrt{3}}$$

将式(5.30)代入 $\Delta E_{GB}$，得到 $\Delta E_{GB}=\Delta E_{SV}$，也就是说，气孔收缩前后体系自由能无变化，这种气孔处于平衡状态，即既不收缩，也不长大。

如果不满足式(5.30)，则表明平衡状态被破坏了。如果 $\gamma_{GB}>\sqrt{3}\gamma_{SV}$，增长粒界(即气孔减小)，则导致体系的自由能增加，体系不稳定；而减小粒界(即气孔增大)，则体系的自由能将减小，使体系趋于新的平衡状态，即气孔增大，如图 5.16(b)所示。如果 $\gamma_{GB}<\sqrt{3}\gamma_{SV}$，增长粒界(即气孔减小)，则导致体系的自由能减小，使体系趋于新的平衡状态；而减小粒界(即气孔增大)，则体系的自由能将增加，体系不稳定，所以气孔缩小，如图 5.16(c)所示。

如果构成气孔的粉粒多于三个，则平衡时槽角 $\theta>60°$(正多边形的内角为 $(n-2)\cdot180/n$)，气孔与粒界的平衡条件如式(5.29)。

对于绝大多数电子陶瓷来说，有 $\gamma_{GB}<\gamma_{SV}$，设 $\gamma_{GB}=\gamma_{SV}/2$，将其代入式(5.29)，求得 $\theta=150°$，相当于平面正 12 边形的内角。

这就意味着：围成平面气孔的等径晶粒，如果晶粒超过 12 个时，在烧结过程中气孔将长大；少于 12 个时，气孔将收缩。对于成型良好的粉粒，这种平面大于 12 球(或者立体大于 46 球)架空的气孔，是不容易碰到的，故在烧结过程中，气孔几乎总是趋向收缩，陶瓷件几乎总是定向致密。因而物系的自由能也就趋向于降低。

不过，如果在坯体中有局部明显缺陷，或混入有机物粗粒，则完全有可能出现槽角 $\theta>150°$的架空情况，在烧结过程中就可能出现所谓熔洞或内裂。

出现于陶瓷件外表面(自然表面)上的粒界，同样存在 $\gamma_{GB}$ 和 $\gamma_{SV}$ 的平衡问题，$\gamma_{GB}$ 愈大，则槽角愈深；如 $\gamma_{GB}=\gamma_{SV}$，则槽角 $\theta=120°$；通常 $\gamma_{GB}<\gamma_{SV}$，则 $\theta>120°$。故几乎所有陶瓷的自然表面，都可在显微镜下直接观察到明显的粒界。由于不同交角的粒界，其 $\gamma_{GB}$ 值也不相同，故在同一自然表面上，槽角显得大小宽窄不一样。

### 5.3.2 固-固界面与液相平衡

如果在烧结过程中颗粒之间出现液相时，前面关于粒界平衡的分析，在这里也是基本适用的，这时气-固表面被液-固界面取代，$\gamma_{SV}$ 换成 $\gamma_{SL}$，其平衡关系式为

$$2\gamma_{SL}\cos(\phi/2) = \gamma_{GB} \tag{5.31}$$

式中，$\phi$ 通常称为二面角。

如图 5.17 所示，$\gamma_{SL}$ 的大小决定于固-液的相互作用能，或叫润湿性、亲和力等。如果固-液之间相互吸引的作用能大、附着强，则 $\gamma_{GB}>\gamma_{SL}$，固-液界面将处于润湿状态；反之，固-液之间相互吸引的作用能小，或存在推斥力，难于附着，则 $\gamma_{GB}<\gamma_{SL}$，固-液界面处于不润湿状态。$\gamma_{GB}$ 与 $\gamma_{SL}$ 之间的相对数值不同，则固-液之间的二面角 $\phi$ 也不同，因而液相在固粒间将有不同存在方式。如图 5.9 所示(见 5.2.4 节)是液相在固粒间的分布情况。

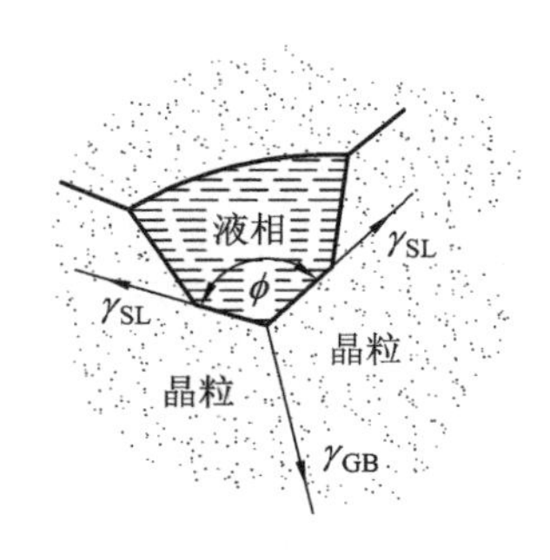


图 5.17 $\gamma_{GB}$与$\gamma_{SL}$的平衡

如果 $\gamma_{GB} \leqslant \gamma_{SL}$，则 $\phi \geqslant 120°$，液相处于固粒交界角之间，略呈球状，如图 5.9(d)和图 5.9(e)所示，是一种不润湿状态；如果 $\gamma_{GB}=(1-\sqrt{3})\gamma_{SL}$，则 $\phi=90°$，液相包围固粒，如图 5.9(c)所示；如果 $\gamma_{GB}>\sqrt{3}\gamma_{SL}$，则液相与界面将失去平衡，液相向所有界角和部分界面渗透，形成三棱柱网格，如图 5.9(b)所示；如果 $\gamma_{GB}=2\gamma_{SL}$，则 $\phi=0$，固粒全部被液相所包围，处于全润湿状态，如图 5.9(a)所示。

由上述分析可知，液相在固粒间的分布，完全决定于两类界面之间的相互作用能，即 $\gamma_{GB}$和 $\gamma_{SL}$之间的相对数值。液相在固粒间的分布方式，不仅影响着烧结质量与传质过程，而且将很大程度地决定着电子陶瓷的各项性质。因为电子陶瓷的各种特性，除与构成陶瓷的各相物质本身特性密切相关外，且与各相之间的相互分布形式关系很大。例如，如果液相处于全润湿状态，那么陶瓷结构中的固粒将为玻璃相所包裹、分隔，这时玻璃相将对陶瓷的热导、机械强度、绝缘性能、抗化学腐蚀性等起着控制作用；但如果液相处于界角凝集的不润湿状态，则对上述性能影响很小。陶瓷的介电性能也是一样，除其介电常数及其温度系数更多地决定于相成分，而与相分布关系较小外，其余如介质电导、介电损耗、抗电强度等，除与相成分密切相关外，都很大程度地决定于相分布。

### 5.3.3 粒界移动与晶粒长大

上面曾经提到，由于坯体中各晶粒的原始取向是任意的，在相邻晶粒接触处，随着颈部长大，将形成晶粒间界(简称粒界)。这种晶粒间界并不是一成不变的，由于界面两侧的曲率半径是符号相反的(一侧为正，另一侧为负)，故产生了压强差，因而推动粒界移动，如图 5.18 所示。

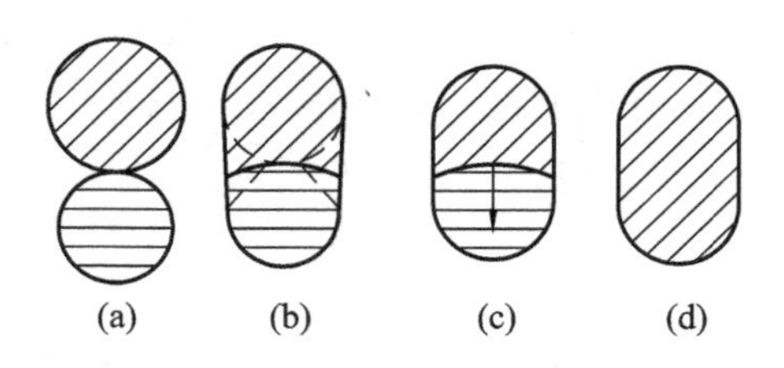


图 5.18 两晶粒的粒界移动

这时，从粒界处看，细粒是个凸面，具有比平面高的活性，表面有向里压的趋势；粗粒处则正好是一凹面，具有比平面低的活性，并有向外扩的趋势。即在界面两侧存在着压强

差，如细粒曲率半径 $r_1$ 为正，则粗粒曲率半径 $r_2$ 为负，而 $r_1=-r_2$，故其总压强差为

$$\Delta p = \Delta p_1 - \Delta p_2 = \frac{2\gamma_{GB}}{r} \tag{5.32}$$

如果两边乘以摩尔体积，则可得曲面两侧的自由能差 $\Delta F$ 为

$$\Delta F = V\Delta p = \frac{2V\gamma_{GB}}{r} \tag{5.33}$$

在这种压强差或自由能差的推动下，伞形曲面将不断朝曲率中心，即朝细粒方向运动，每前进一步，界面就缩小一些，故移动将一直维持下去，直至界面完全消失为止。这就是粗粒扩大，细粒缩小及消失的过程。如图 5.18(c)和图 5.18(d)所示。这种粒界的移动过程，也是粉粒的再结晶过程，因为从界面开始，细粒的全部质点，都逐步地重新按粗粒的晶向进行了一次再结晶。

这种再结晶过程的基本动作，是质点(主要是正、负离子)在界面两侧的跃迁，图 5.19 所示是这类跃迁的简化示意图。图 5.19(a)所示为界面结构，图中弧线表示界面，是一根虚拟的曲线，A 是细粒侧，B 是粗粒侧。图 5.19 (b)所示为界面两侧及其跃迁过程的自由能位，$\Delta F$ 就是式(5.33)中的自由能差，$\Delta F'$为自 A 至 B 所需的跃迁激活能，而自 B 至 A 所需的跃迁激活能为 $\Delta F'+\Delta F$，故在平衡的情况下，将有由 A 至 B 的净跃迁，即随着时间的增加，将不断有质点离开晶粒 A 的结构，越过界面而在晶粒 B 处定向结晶。

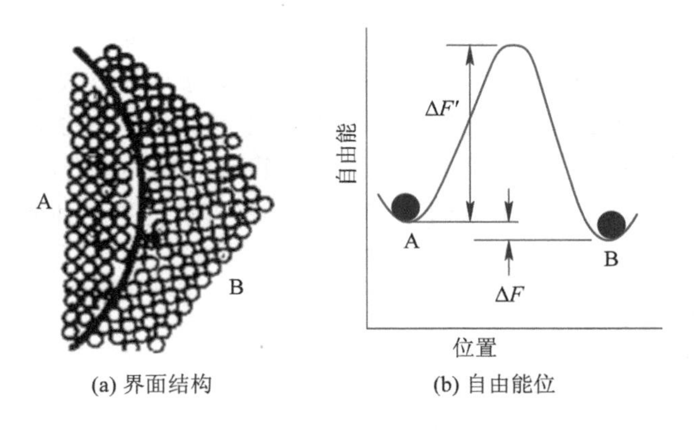


图 5.19　质点在界面处的跃迁及自由能位

设 $a$ 为质点两相邻位置的距离，质点的热振动频率为 $\nu$，则每一质点单位时间内越过界面的次数分别为

自 A 到 B

$$f_{AB} = \nu\exp\left(-\frac{\Delta F'}{kT}\right) \tag{5.34}$$

自 B 到 A

$$f_{BA} = \nu\exp\left(-\frac{\Delta F'+\Delta F}{kT}\right) \tag{5.35}$$

则界面的移动速度为

$$v = a\cdot(f_{AB} - f_{BA}) = a\nu\exp\left(-\frac{\Delta F'}{kT}\right)\left(1-\exp\frac{\Delta F}{kT}\right) \tag{5.36}$$

将式(5.36)化简得

$$v = a \cdot (f_{AB} - f_{BA}) = \frac{2a \cdot \nu \cdot V}{kT} \frac{\gamma_{GB}}{r} \exp\left(-\frac{\Delta F'}{kT}\right) \tag{5.37}$$

由式(5.37)可知，粒界的移动速度随温度按指数规律增加，与界面自由能 $\gamma_{GB}$ 成正比，与粒界曲率半径成反比。可见，在晶粒较细、温度较高时，粒界移动较快。

陶瓷坯体是由许多粉粒组成的，其中的晶界移动并不像两球模型中那么简单，各个部分都具有相互制约作用。在高度简化的情况下，如果假定：界面的曲率半径 $r$ 正比于平均粉粒直径 $D$，因而可得到晶界的移动速度(晶粒的长大速度)反比于平均粒径 $D$，联系式(5.37)，在温度恒定的情况下可得

$$v = \frac{d(D)}{\mathrm{d}t} = A \cdot \frac{\gamma_{GB}}{D} \tag{5.38}$$

式中，$A$ 是比例常数。

比例常数 $A$ 和粉粒的几何形状及微观结构等有关，整理并积分可得

$$D_t^2 - D_0^2 = 2A\gamma_{GB} \cdot t \tag{5.39}$$

式中，$D_0$ 为 $t=0$ 时的粉粒直径，当 $D_0$ 相对于 $D$ 比较小时，式(5.39)还可以进一步简化为

$$D_t = k_t \cdot t^n \tag{5.40}$$

式中，$k_t$ 为一常数。

事实证明，不少材料的烧结粒长都大致符合式(5.40)所示的简单关系，按照式(5.40)，指数 $n$ 应该为 0.5，而实际上总是小于 0.5，约为 0.2～0.5。其原因是晶界中还可能存在气泡、杂质等，将阻碍粒界的移动，使其移动速度并不像设想的那么快。可见，在烧结过程中晶粒总是要长大的。通常是相对较粗的粉粒将扩张、长大，而较小的粉粒将缩小或消失。晶粒长大的结果使物系的总表面积及界面积下降，即物系的自由能降低、趋向稳定。对于一般电子陶瓷而言，当平均粒径自 1 μm 长大至 1 cm 时(自然这是一种高度夸张的情况)，这种自由能的下降约为 0.4～20 J/g。

### 5.3.4 粒界平衡

在烧结初期，由于粉粒的平均直径较小，特别是有很多细小的粉粒存在，故粉粒生长的速度是很快的。这时存在于坯体中的那些相对较粗的粉粒，事实上成了再结晶的中心。从这些中心向外延伸、扩展，吞并掉相邻的细粒，直到由不同中心扩展来的晶粒相遇时，才能形成一个暂时相对稳定的粒界，称为晶粒长大，或更准确地叫作常规晶粒长大、一次晶粒长大。由这种一次晶粒长大所形成的粒界，还会不会再移动呢？这要看其是否满足粒界平衡的条件。从二维的情况看，如果三个扩展的晶粒相遇，构成了共同的粒界，且彼此的界面夹角均为 120°，这种粒界将相对地稳定下来，称为平衡粒界。

图 5.20 所示为多晶粒界的二维示意图。图中箭头表示粒界移动的方向，数字说明多边形的边数。图中表明，所有六边形的边界及其他具有 120°夹角的边界，都保持平直，并能相对稳定；平面多于六边的晶粒，其内角将大于 120°，在界面力的作用下，将使其界面向外弯曲；同理，平面小于六边的晶粒，其内角必小于 120°，界面则向内弯。所有这些粒界都是可能移动的，是不够稳定的。如果烧结继续进行下去，粒界将继续朝曲率中心(即小粒方向)移动。如果烧结就此停止或温度降低，粒界亦将就此冻结下来。图 5.21 所示是一种烧结良

好的、接近理论密度的氧化铝陶瓷晶粒显微结构。其中的大多数粒界都比较平直，且交角都接近120°。事实证明，绝大多数烧结良好的陶瓷，在其显微结构中，都可以观察到许多六边形的晶粒，以及大量120°的粒界角。

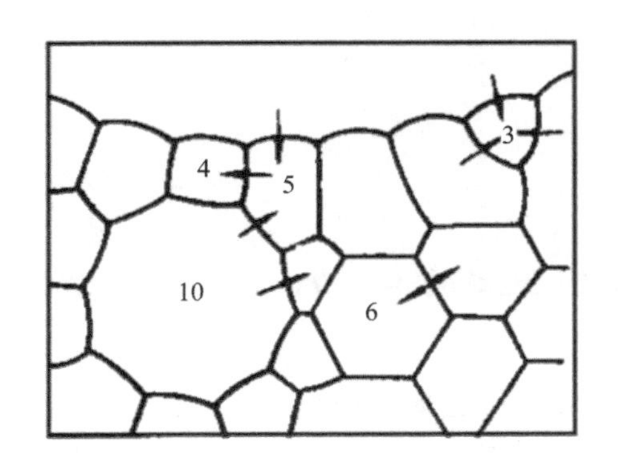


图5.20 多晶粒界二维示意图

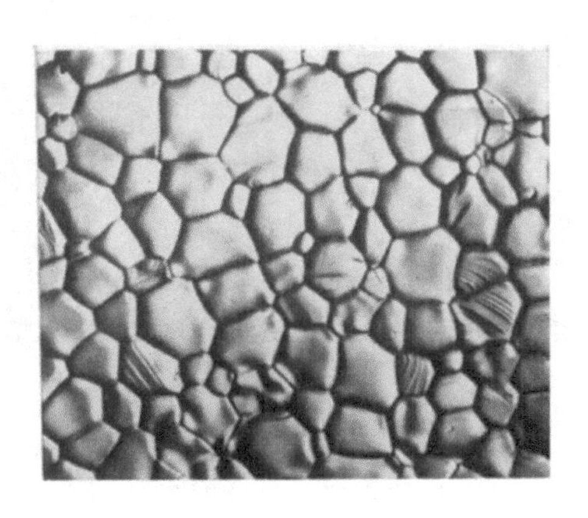

图5.21 氧化铝陶瓷晶粒的显微结构

### 5.3.5 二次晶粒长大

二次晶粒长大是出现在烧结后期的一种晶粒过分增大现象，是少数较大的晶粒，靠消耗相邻已长成的较小晶粒而长大，与陶瓷的致密化过程密切相关。

二次晶粒长大又叫作二次再结晶、间歇粒长或反常粒长等。因为一次晶粒长大的过程是以许多相对较粗的粉粒为中心，吞并相邻晶粒，进行的一次再结晶，经过一段时间后，这些各自以本身为中心的一次再结晶，将扩大、发展，并彼此相遇而形成了相互接壤的粒界。一次粒长所形成的粒界，并不是固定不动的。只有那些六边形的平直界面，或以120°相交的界面，才是相对稳定的。但是，在实际的烧结体中，远非所有晶粒都是六边形、所有交角都是120°的。那些从平面看大于六边或比六边大得多的晶粒，其内角远大于120°，并具有朝外弯的界面曲率，至于那些从平面看小于六边的晶粒，则正好相反，内角小于120°，界面朝内弯，如图5.20所示。所以，如果烧结再进行下去或温度继续升高，这些初次粒长所生成的相对粗的晶粒，将由于其向外弯的粒界的移动，势必吞并掉一次粒长所形成的相邻相对小粒，即以大粒为中心，重新进行一次再结晶。这样发展下去，则大粒愈大、边数愈多、内角愈大，往外扩张的势头也愈大，尤其对于个别特大晶粒，将发展成一种难以控制的局面。如温度再提高一点，则这种现象将更为显著。图5.22所示为二次粒长所形成的特大晶粒的显微结构图，这种特大晶粒的直径，与其附近的由一次粒长生成的相对稳定粒径相比，要大得多，至于其体积比，还有一个3次方的关系，则要大好几百倍了。

当然，这种特大晶粒也必须是逐步形成的。在不太高的温度下，烧结一段时间之后，一次粒长会相对地变慢或停止下来，晶粒大小相差不多的一次晶粒，构成近乎平直的粒界，处于势均力敌的状态。只有个别边数特别多、界面显著向外弯的粒界，才可能有明显的移动。这是处于二次粒长的初期，这时可以认为，二次粒长的速度取决于大粒的边数。不过，当大粒的直径达到比近邻平均粒径大许多倍的时候，大粒界面的曲率事实上主要决定于与

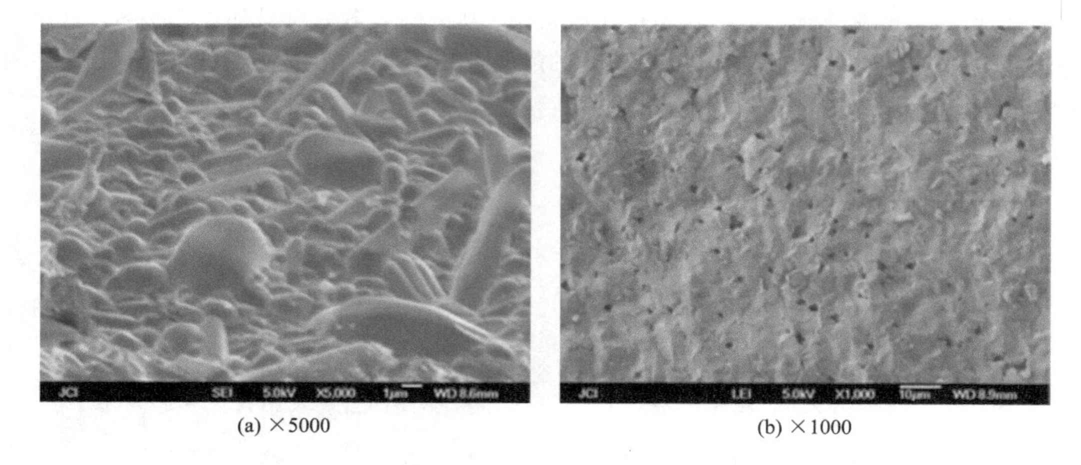


(a) ×5000 (b) ×1000

图 5.22 硅酸锌陶瓷的合成粉料行星球磨 9 h 后烧结的 SEM 图

它接壤的小粒的直径，故这时的二次粒长速度，将与小粒的平均直径倒数 $1/D_{平均}$ 成正比。由于 $D_{平均}$ 在这时不会有明显的增大，即二次粒长将恒速长大，显然，在达到恒速长大之前，二次粒长的速度是比较慢的，可将这种慢速过程与过冷液体的析晶相比拟，称为二次粒长的成核过程。在一般的电子陶瓷中，二次粒长是屡见不鲜的，其粒长速度与坯料粉粒的细度有明显的关系。在同样烧结温度下，粉料粒径越细，二次粒长速度越大，最终的二次粒径也越大；粉料粒径愈粗，二次粒长速度愈慢，则二次粒长所生成的粗粒的最终粒径，比细粉料的还要小。因为，当粉料的初粒愈细时，一次晶粒的平均粒径较小，出现偶然粗粒的可能性也较大，故使二次晶粒成核容易，在恒速长大时的粒长速度($1/D_{平均}$)也大，故极易长成大型二次晶粒。当粉料的初粒径较大时，则正好相反，一次晶粒的平均粒径 $D_{平均}$ 较大，成核较难，后期恒速长大时的速度也较慢，故形成的二次晶粒也就比较小。所以坯料中的粉粒愈细，愈要注意防止二次粒长的发生。

要想获得致密的陶瓷，必须有效地防止过早出现二次晶粒长大和合理控制烧结速度。如果烧结温度过低，当然不会出现二次粒长，但陶瓷却无法在合理的时间内烧好。提高烧结温度肯定可以加快烧结速度，但又可能发展二次晶粒长大，同样难于获得致密陶瓷。

因此，为了能在合适的保温时间(对于小型电子瓷件通常为 1～2 h 或稍多一些)内将工件“烧熟”，而又不会有过分的二次粒长发生，就可以有意识地添加一些杂质。这类杂质的含量不多，对瓷件的基本性能无损，但对致密陶瓷的获得却能起到极其有效的促进作用。例如，在 $Al_2O_3$ 瓷中加入 0.5wt%的 MgO，可制得透明度很高的、几乎不含气孔的陶瓷，可以作为高温、高压钠放电灯的密封材料。还有一个更突出的例子，是在 $Y_2O_3$ 粉料中，添加 10 mol%的 $ThO_2$ 可以获得透明度极高的、光各向同性的陶瓷，其中剩余的气孔已降低到 $10^{-6}$(体积)的数量级。此外，还有在 $ThO_2$ 中添加 CaO，$BaTiO_3$ 粉料中添加 ZnO，MgO 粉料中加 $Al_2O_3$，都可以防止二次晶粒长大，形成细晶致密的陶瓷。这类添加物通常称为“粒长阻滞剂”或“烧结促进剂”。对于初期的晶粒长大，它们几乎不起任何阻滞作用。在同样的烧结温度下，在瓷件致密度达到 95%的理论密度前，不管是否存在添加剂，所需要的烧结时间都是一样的。只有到了烧结的后期，这种阻滞剂的作用才显得突出。它们将能够拖住或减缓粒界的移动，使气泡能适时地借助于界面扩散而消失，因而得到高度致密的陶瓷。这时如果不存在阻滞剂，则可能因二次粒长的显著出现，而使气泡大量陷入体内，致使不可能得到致密陶瓷。

关于这类添加剂的作用机理，有下面几种可能的作用过程。

(1) 在烧结的初始阶段，粉体的比表面大，分配到单位表面上的添加剂数目少，再加上这时的气孔率还很高，故对粒界运动起牵制作用的主要是气孔，相比之下，添加剂几乎不起作用。

随着烧结的进行，晶粒不断长大，总的比表面(包括界面)下降，单位表面上所含的添加剂数目增加，同时气孔率已大为降低，故添加剂的阻滞作用将逐步有所体现。到了烧结的后期，界面越来越少，单位界面所含的添加剂浓度显得相当大，此时界面曲率也相对较小，再加上少量气泡的存在，故可防止二次粒长的发生。这里添加物只起到烧结后期的阻滞作用，就是单纯的阻滞剂。

(2) 添加剂的分布方式通常都是弥散并附着于粉粒的自由表面上，当坯体内的气孔含量还比较多的时候，它可能更多地存在于气-固表面，并使其表面自由能 $\gamma_{SV}$，比不存在添加物时，有较明显的下降。这将改变气孔的外形，减缓气孔的收缩速率，因而控制了粒界运动，给出了充分的排气时间。此时，添加剂起了阻滞作用。

随着烧结的进行，当添加剂在表面的浓度不断加大时，它将进一步向晶粒间界扩散。这时它可能使 $\gamma_{GB}$ 下降，因而加快气孔收缩，有利于致密化，这时添加剂起了促进作用。

(3) 另一种可能的作用是，这种作为阻滞剂而添加的物质，还有可能使表面传质速度加快，即同时起到阻滞作用和接触作用。其具体过程可能是形成了某种中间化合物，使基质粉粒表面的活性提高，加快了空格点的表面扩散过程，使气孔能通过粒界快速收缩，使它在粒界尚未离开之前即已消失，或已缩小到可以跟上粒界一起移动的程度，因而不至于陷入晶粒内。到了烧结后期，这种添加物在界面浓度显著加大时，同样可以起到阻止二次粒长的作用。故在这种方式中，添加剂所起的作用是先促进、后阻滞。

除了上述三种情况之外，还可能有其他形式的作用，所有这些作用过程，可能单独出现、同时存在或交替作用。

## 5.4 烧成制度

烧成制度主要包括4个方面，即升温过程、最高烧结温度与保温时间、降温方式、气氛的控制。这些制度的确定，除和原料的成分、颗粒粒径分布、成型方式、化学反应过程等有关外，还与窑炉结构、加热类型、装窑方式等有关。这里只从工艺原理出发，提出考虑问题的方法和注意事项。

正确、合理的烧成制度的制订，应以能用最经济的方式(包括速度快，周期短)，烧出高质量的陶瓷件为原则。故在拟订烧成制度时，应同时考虑质量指标和经济指标，通常的做法是在达到必要的质量指标的情况下，力求做到更好的经济指标。因此，通过实践看其能否获得质优价廉的产品，就是检验所订烧成制度是否合理的标准。

陶瓷相图、综合热分析曲线、X射线衍射数据以及显微观察结果等，都是拟订烧成制度时的科学依据。

### 5.4.1 升温过程

从室温升至最高烧结温度的这段时间叫作升温期。在满足产品性能要求的情况下，升温速度应尽可能快些。在这一时期必须考虑下列几个问题。

（1）从产品大小与装窑方式考虑：一般说来，在对大件、厚壁、结构复杂和厚薄不一的产品进行明烧时，升温速度应该慢些，以免由于局部温差过大、膨胀不一而引起变形或开裂；对装于匣钵内、埋于垫粉中或多片垛烧的小型产品，由于其传热比较平均，升温速度可稍快些。不过，当采用匣钵、埋粉、垫片、压片时，自然能使传热比较均匀，但这些不属于产品的装架件，除占去窑炉的一部分有效空间外，还要吸收大量的热，故应全面衡量、合理使用，能不用时，尽量不用或少用。

（2）从瓷件的烧结过程考虑，对下述几种情况应有足够的重视：

① 如坯体中有气体析出时，升温速度要慢。例如，吸附水的挥发、有机黏合剂的燃烧都将在低温区完成，故直至400～500℃之前，升温速度不宜过快。此外，结晶水的释放和碳酸盐或氢氧化物的分解，都有不同程度的气体析出，这时的升温速度也要放慢，相关参数可在有关差热分析和失重数据中找到。

② 当坯体成分中存在多晶转变时，应密切注意。如系放热反应，则应减缓供热，以免出现热突变，加剧体效应而引起工件开裂；如系吸热反应，则适当加强供热，并注意其温度是否上升，待转变完后，则应减缓供热，勿使升温过快。相变温度亦可在综合热分析数据中找到。

③ 当有液相出现时升温要谨慎。由于液相具有润湿性，可加强粉粒间的接触，有利于热的传递和减缓温度梯度，且由于液相的无定形性，可以缓冲相变的定向胀缩，有利于提高升温速度。如果升温过猛，局部液相过多，由于来不及将固相溶入其中而使黏度加大时，则有可能由于自重或内应力的作用而使陶瓷变形、坍塌，故升温速度不能太快。特别是当液相由低共熔方式提供时，温度稍许升高将使液相含量大为增加，或黏度显著下降。只有当固相物质逐步溶入或新的化合物形成，使黏度上升或消耗液相时，才能继续升温。

一般而言，中等升温速度为30～50℃/h；慢速升温速度为10～20℃/h；快速升温速度则可达100℃/h或更快些。

④ 此外，不同的电子陶瓷还可能有其特殊的升温方式，如中间保温、突跃升温等。以$BaTiO_3$或$PbTiO_3$为基本成分的正温度系数热敏电阻陶瓷即为一例。如果在700～800℃，突跃升温至1100～1200℃，往往可以获得优异的阻-温特性。

### 5.4.2 最高烧结温度与保温时间

最高烧结温度与保温时间之间有一定的相互制约特性，可以一定程度地相互补偿。除个别结晶特别强和烧成温区非常窄的例子外，通常最高烧结温度与保温时间之间是可以相互调节的，以达到一次晶粒发展成熟，晶界明显、交角近120°，没有过分二次晶粒长大，收缩均匀、气孔少，瓷件致密而又耗能少为目的。

**1. 最高烧结温度的确定**

在生产上或研究工作中，某一具体瓷料最高烧结温度的确定，当然可在其有关相图中找到有关的数值，但这只能作为参考，更主要的还是要靠综合热分析等具体实验数据来决定。因为，在相图中所反映的往往只是主要成分而不是所有成分，而且粉粒的粗细与配比，成型压力与坯密度，添加剂的类型与用量、分布与混合情况等，都与最高烧结温度密切相关，这些在相图中是无法全面反映的。

在生产中确定最高烧结温度的主要依据是测量其体积密度。图 5.23 所示是烧结温度对 $CaTiO_3$-(La, Nd) $AlO_3$ 陶瓷的体积密度的影响。从图中可以看出，2＃和 3＃样品的体积密度在 1360℃达到最大；4＃样品的体积密度比其他样品都高，且随烧结温度(1320～1400℃)轻微增加；而 1＃样品的体积密度随烧结温度迅速增加，即使在 1400℃烧结，其体积密度也小于其他样品在 1320℃烧结时的体积密度。对同一组成而言，陶瓷的电性能(特别是介电常数和介电损耗)与体积密度基本一一对应。在最佳烧结温度附近，电性能出现轻微波动也属正常现象。图 5.24 所示为上述样品的 $Q\times f$ 值($Q$ 是介电损耗的倒数)与烧结温度的关系，4＃样品的性能波动较大。

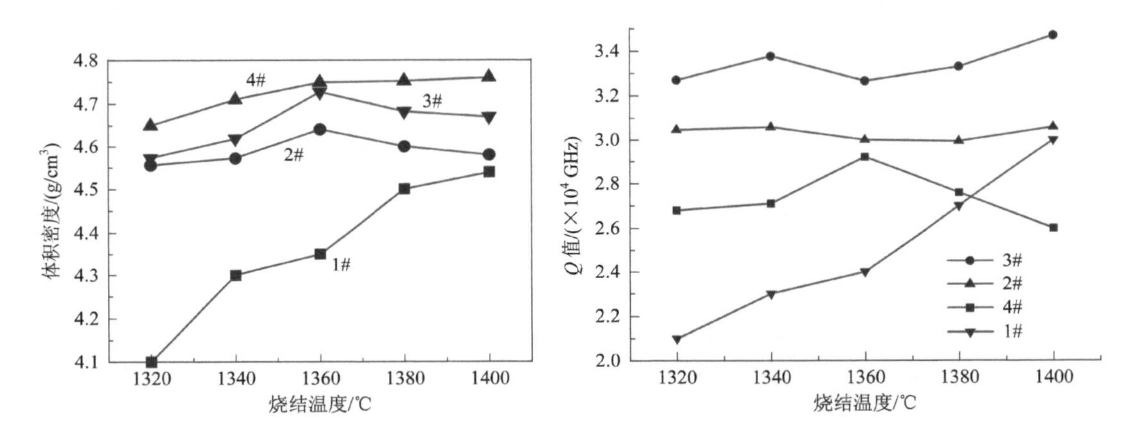


图 5.23 体积密度与烧结温度的关系

图 5.24 $Q\times f$ 值与烧结温度的关系

对电子陶瓷的批量生产来说，由于粉料的分散性、窑炉的空间大小、坯体位置的随机性、测温装置的位置固定，决定了对一整窑的陶瓷来说，不存在唯一的最佳烧结温度点，而应该是一个合理的烧结温度范围，例如，对图 5.23 中 2＃至 4＃样品来说，1320～1400℃就是一个比较合理的烧结温度范围。

在一个合理的烧结温度范围内，究竟选哪个温度作为最高烧结温度，要具体问题具体分析。对于结晶能力强，烧成温区窄的瓷料，宜选取下限，并适当延长保温时间；对于成分复杂，结晶能力不太强，二次晶粒长大能有效控制，烧成温区放宽的瓷料，可考虑烧成温度选高一些，以便缩短保温时间，节约能量，较为经济。

**2. 最高烧结温度与保温时间的关系**

对于绝大多数新型电子陶瓷，烧结后期的再结晶过程主要都是受制于扩散传质机构。晶界的移动速率 $v$ 与绝对温度 $T$ 呈指数关系，可近似地改写成：

$$v = v_0 e^{-\frac{b}{T}} \tag{5.41}$$

式中，$v_0$ 为与界面能、界面曲率等关系较大，但与温度关系不太大的频率因子；$b$ 为与跃迁激活能有关的系数。

如果考虑到一次晶粒长大时晶界移动的平均距离为 $x$，则有

$$x = vt = v_0 e^{-\frac{b}{T}} \cdot t \tag{5.42}$$

式中，$t$ 为扩散时间，也就是相应的保温时间。

如果将式(5.42)中的 $T$ 换成 $T_s$，便可整理得出最高烧结温度 $T_s$ 与保温时间 $t$ 的关系：

$$t = t_0 e^{\frac{b}{T_s}} \tag{5.43}$$

式中，$t_0 = x/v_0$。

由式(5.43)可知，保温时间与烧结温度之间具有指数关系，在要求晶界移动相同距离的情况下，$T_s$ 略加变动，$t$ 必须作很大的调整。对于一般小型电子元件，以及一般烧成温区较宽的陶瓷，可先定下保温时间(1～3 h 或更长些)，再选定最高烧结温度。因为保温时间过短，则不易准确控制，难使温度均匀；保温时间过长，则又浪费热能。不过，对于烧成温区特别窄的瓷料，则宁可 $T_s$ 选得低些，保温时间选得长些，以避免因温度的偶然往上偏而出现的过烧现象，导致产品报废。对于欠烧或生烧的产品，通常是可以通过回炉来加以挽救的。个别要求特别高的陶瓷，其保温时间可长达 36～48 h，如细晶透明陶瓷。对有的微波介质陶瓷来说，延长保温时间可以提高其 $Q$ 值，如 $Ba(Mg, Ta)O_3$-$BaSnO_3$ 陶瓷，当保温时间从 6 h 延长至 20 h，10 GHz 频率下的 $Q$ 值甚至可提高 1 倍，如图 5.25 所示。

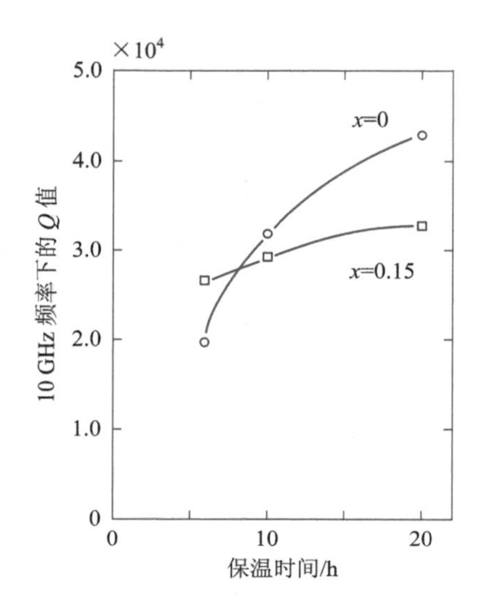


图 5.25 $Ba(Mg, Ta)O_3$-$BaSnO_3$ 陶瓷的 $Q$ 值与保温时间的关系

**3. 粉料粒度与最高烧结温度的关系**

一般说来，粉料粒度愈细、活性愈高，越容易烧结，这对烧结初期来说是显而易见的，但并不见得细粒工件的最终密度，就必须比粗粒工件的大，这还得看烧结温度和保温时间是怎样安排的。当烧结温度恒定时，细粒与粗粒坯体之间的收缩情况，完全可能出现如图 5.26 所示的情况。

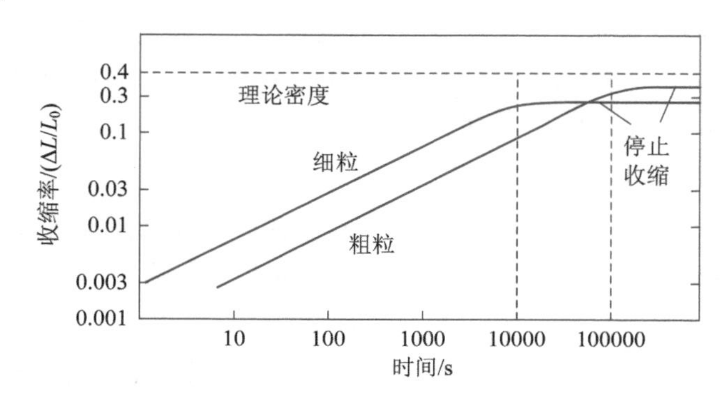


图 5.26 收缩率与烧结时间的关系

在开始的一段时间，细粒的收缩率几乎比粗粒大一个数量级。例如，当线收缩达3%时，细粒坯体只要100 s，而粗粒的则要1000 s之多，如果烧结在3 h前结束，则用细粒坯体可获得较大密度的瓷件。不过，如果将烧结时间持续1天以上，则情况相反。粗粒坯体的最终密度要大。这是由于通常细粒坯体的有效密度小(界面多、粒配不好、黏合剂较多等)、晶界移动快、收缩快，有些闭气孔无法排除，到第3 h末收缩就终止了。至于粗粒坯体，虽然活性低、收缩慢，但由于粒界移动不快，气孔基本存在于晶界，只要时间足够长，终会排除得相当彻底。显然，就上述情况，如果降低烧结温度，适当延长保温时间，细粒坯体同样可以获得致密陶瓷，而粗粒坯体则难于获得致密陶瓷。这是完全可以想见的。

如果在升温速度和保温时间恒定不变的情况下，则可明显地看到，粉粒越细则所需的烧结温度越低。图5.27是氧化铝陶瓷的例子，图中以球磨时间来表示粉粒的细度，横坐标表示试验所选用的5个最高烧结温度，纵坐标表示显气孔率，也就是开口气孔率。由图可见球磨168 h和63 h的料坯，不用达1600℃的高温，烧结即已明显进行；球磨48 h和24 h的料坯，则到1710℃时开口气孔才能明显消失；球磨12 h和4 h的料坯，则必须在高达1765℃或1835℃的高温下，烧结才进行得比较明显。微粉坯体在高温下烧结时开口气孔反而增加的现象显然是由于过烧，出现晶界间隙和闭气孔开裂引起的。可见，粗粒坯体必须用高温烧结，细粒坯体则必须采用较低的温度，才能获得致密陶瓷。

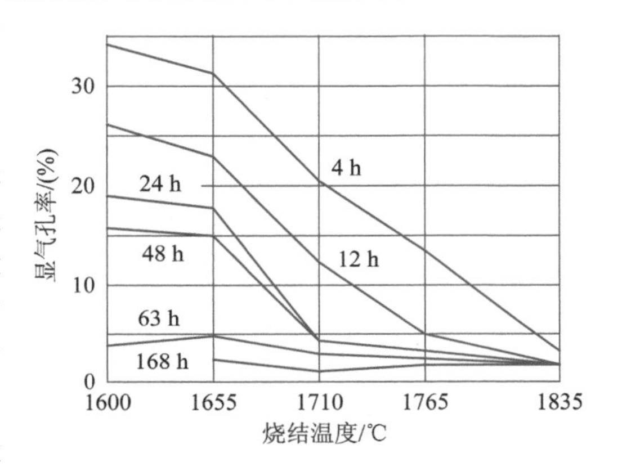


图5.27 $Al_2O_3$陶瓷显气孔率与烧结温度的关系

## 5.4.3 降温方式

所谓降温方式，是指陶瓷件烧好后的冷却速度及其有关问题。根据冷却速度快慢的要求，可以采用下列几种降温方式。

(1) 保温缓冷。根据窑炉结构，热容量的大小，可采取少量供热缓冷，使炉温按10～30℃/h或其他更合理的缓速下降。这种方式适用于大工件，结构复杂，线膨胀系数大，或降温期有多晶转变的产品，对于一般小型产品，则没有必要这样做，以免浪费能源，拖延生产周期。

(2) 随炉冷却。当保温期结束后便可切断热源，让其自然冷却，待降至200℃左右，便可开炉取件。随炉冷却操作简便，劳动强度不大，是一般没有特殊要求的产品，特别是小型窑炉中最常采用的方法。对于大型窑炉来说，其热容量过大，自然散热过慢，这个时间可长达数天之多，为缩短生产周期，加快设备流转，必须采取适当的通风散热等措施。

(3) 淬火急冷。采用这种降温方式是由于产品的结构或性能方面的要求。因为淬火急冷能将高温时的相结构尽量地保存下来。例如，防止在慢速降温时可能出现的化合物分解、固溶体脱溶、玻璃相下降、粒界过分移动、晶粒进一步长大、不必要的多晶转变、易挥发成分的进一步丧失、氧化还原反应的继续进行、某些物质(如独石电容中的银电极)的扩散等。

根据需要和可能，可以采用水中淬火、油中淬火、石棉等无机粉末淬火、鼓风急冷、炉外静置冷却(或叫空气淬火)等方式。这种冷却方式，一般都只适用于小产品，对大件来说，这种降温方式，往往由于体效应过大，而使瓷件炸裂。图 5.28 所示是小产品的烧成曲线，从常温(25℃)到最高温度(1320℃)需 10 h，属于升温阶段，升温阶段可根据产品中含塑化剂量的多少来确定升温速度，一般在 600℃之前为排胶期，升温速度宜慢，如小于 100℃/h，之后升温速度可适当加快，但不能超过发热体的极限速度；在最高温度下持续 2 h，属于保温阶段；从最高温度降至常温，大约 12 h，属于降温阶段，小产品在这个阶段可以随炉冷却，即在保温后，直接切断电源。

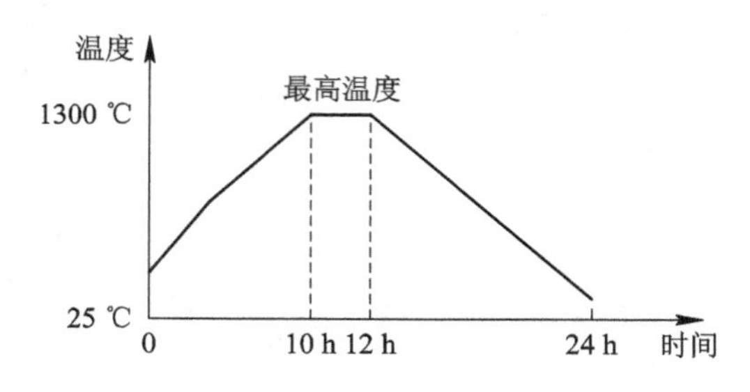


图 5.28 小产品的烧成曲线

### 5.4.4 气氛控制

气氛对产品的烧成和性能都很重要。例如，$Al_2O_3$ 瓷在氢气氛中烧成时不仅烧成温度可降低 300℃，而且瓷坯致密度也有提高，如图 5.29 所示，这是因为还原气氛将使晶粒中出现较多的氧缺位，有利于氧离子的扩散传质，这对绝大多数氧化物陶瓷的烧结来说都是有利的。但对金红石($TiO_2$)陶瓷，则需要在氧化气氛中烧结，因为 $Ti^{4+}$ 在还原气氛中会变成 $Ti^{3+}$。

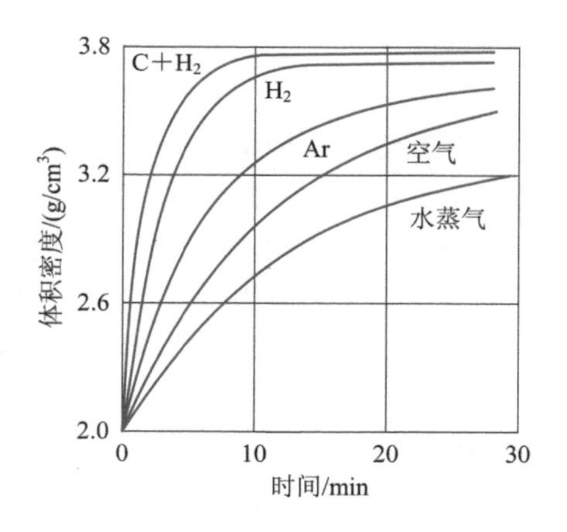


图 5.29 气氛对 $Al_2O_3$ 烧结的影响(1650℃)

在电子陶瓷中有许多化合物具有高的蒸气分压，在较低的温度下就大量挥发，如 PbO、SnO、CdO 等。含有这类化合物的瓷料，如果在空气中燃烧，由于挥发成分跑掉，不能保证瓷体组分配比，瓷体也不能烧结。如果把这种瓷料密封在容器中，在一定温度下，挥发成分将气化到容器空间形成挥发气氛，挥发气氛达到一定的平衡蒸气分压后停止挥发。温度越高，平衡蒸气分压越大。若密封容器漏气或容器壁与挥发气氛有化学反应，则容器内的挥发气氛蒸气分压将下降，平衡被破坏，挥发成分将继续气化，以恢复到原来的平衡蒸气分压。根据这个原理，防止瓷料中挥发成分跑掉的办法是降低烧成温度和密封烧结。通常，常压下降低烧成温度难以实现。当前最常用的控制挥发性气氛的方法是密封烧结。对含挥发成分的压电陶瓷等坯体，气氛对烧结的影响尤其重要，烧成时必须用保护气氛来防止坯料组分的变动，避免成为多孔瓷体。图 5.30 为含 PbO 瓷料(PZT)烧结的常用方法。

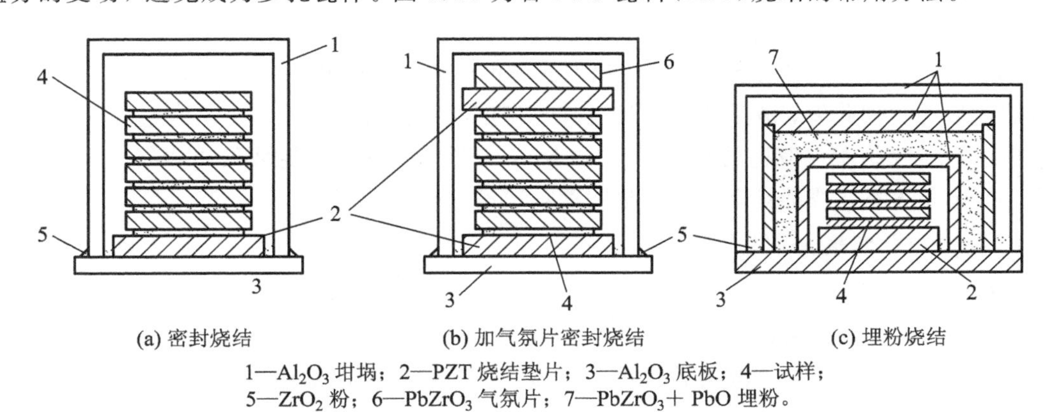


图 5.30 PZT 陶瓷的几种烧结方法

高压钠蒸气灯用氧化铝透光灯管，必须在真空或氢气中进行特殊气氛烧结。为使烧结体具有优异的透光性，必须使烧结体中气孔率尽量降低(直至零)，但在空气中烧结时，很难消除烧结后期晶粒间存在的孤立气孔。除 $Al_2O_3$ 透光体之外，MgO、$Y_2O_3$、BeO、$ZrO_2$ 等透光体均采用气氛烧结。

低温共烧陶瓷(LTCC)一般采用贱金属铜(Cu)作为内导体，但铜易氧化，因此实施还原烧结环境是非常必要的，控制以铜为内导体的多层坯体的烧结远比控制以银和钯为内导体的坯体的烧结难。

虽然低温共烧陶瓷中铜的烧结经常是在氮气氛中进行的，大气中的氧杂质会促使氧化，因此控制氧浓度是非常重要的。

## 5.5 热压烧结

热压烧结是在高温烧结过程中，对坯体施加足够大的机械作用力，达到促进烧结的目的。在电子陶瓷中，有许多在无压烧结工艺中难以烧结的材料，如 $Al_2O_3$、BeO、SiC、BN、AIN 等，它们都可以通过热压工艺很好地烧结。通常，用无压烧结可以烧结的材料，若用热压烧结，其烧结温度可降低 100～150℃。因为无压烧结的推动力是粉体的表面能，当粉体粒子为 5～50 μm 时，这种推动力大约是 1～7 $kg/cm^2$。热压烧结所加压力为 100～150 $kg/cm^2$，比无压烧结推动力大 20～1100 倍。

### 5.5.1 间歇热压烧结

间歇热压烧结是最早使用的一种热压烧结工艺。它与一般烧结工艺的不同之处就在于高温烧结过程中，对工件施加了足够大的机械作用力。正是这种机械力的作用，给陶瓷的烧结带来如下的好处。

(1) 使烧结可以在较低的温度下进行，保温时间也可相应的缩短。这不仅回避了更高温度带来的一系列问题，且对于某些易挥发成分的控制说来，也是很有好处的。

(2) 由于烧结温度较低，可以有效地避免二次晶粒长大，这对于结晶能力特别强、烧成温区较窄的陶瓷料是极其重要的。只要适当地调节压力、温度和保温时间，便可成功地控制晶粒大小，因而也就控制了其一系列的电气物理性能。

(3) 由于在热压烧结过程中，始终保留充分的粒界，有利于气相的彻底排除，加上压力能有效地促进工件收缩，故易于得到接近理论密度的致密陶瓷。

由于热压烧结所得陶瓷的晶粒均匀、细小，粒界结构紧密，界面处很少有气体或杂质凝集，故这类陶瓷通常都具有一定的透明度和较高的机械强度。

1. 一般工艺要求

间歇热压烧结必须在特制的热压炉中进行，图 5.31 所示是其中一种比较复杂、要求较高的热压炉。该装置还可以进行真空热压烧结，如果只采用一般常压下的气氛烧结，则可将真空罩去掉，将热反射片改为较厚的、能和大气分隔的保温炉壁即可。加压活塞也不必采用波纹管密封，只要不断地通入所需气氛，保持其适当外溢即可。

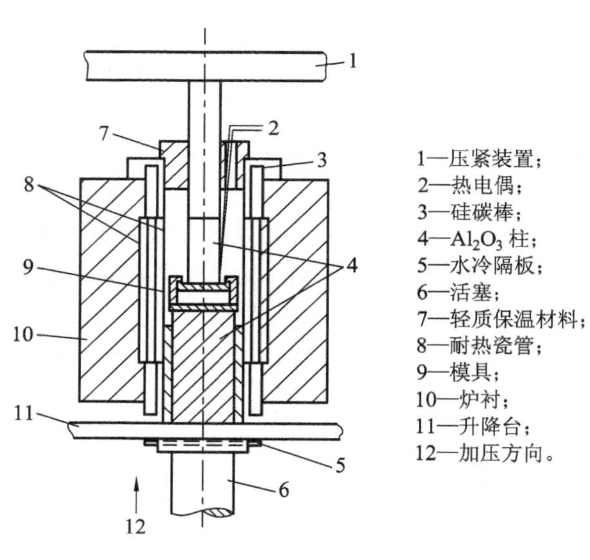


图 5.31 热压炉

通常对热压粉料都有比较高的要求。为了尽量提高热压效率，要求粉粒有足够的细度，避免水分及其他有害气体的吸附。通常料粉都必须通过预烧、预成型，然后才置入热压模内进行热压烧结。

一般热压温度大约为 800～1400℃，个别的可能高达 1700～1800℃，压强的大小根据热压模具在高温下的抗压强度而定，一般大于 10 MPa，加热时间一般都比较短，约为几十分钟，但个别也有长达几十小时的。热压时可以采用各种不同的加压方式，例如，可以自始至终加以最大压力，或温度与压力伴随着增加，保温时保压，降温时降压；或先不加压，中、后期逐步或一次加至最大压力。一般认为后者比较合理，因为升温前期不加压，有利于排除吸附物或个别有机黏合剂等；待原料变软，烧结可能开始时，约为($0.5\sim0.6T_s$)，加上压力才能起到应有的作用。常用压强约为2～40 MPa，试验证明，压强太低，则热压的促进作用不够明显；压强太高，则热压促进作用早已趋近饱和，不会与压俱增，导致模具负担加重，害多利少，故无此必要。

在控制晶粒生长方面，压强、温度与保温时间三者是相互制约的。不过，其中温度仍是最活跃的因素，在压强满足一般要求的情况下，保温时间与热压温度之间具有类似于式(5.43)的关系。

**2. 热压模具**

热压模具是热压工艺中一个较难解决的问题，它必须具有高度的热稳定性和高温机械强度(特别是高温抗张强度)，同时要有足够的化学惰性，在高温下不氧化，不与陶瓷料或瓷粉反应和黏结，此外，还要具有足够的抗磨能力。如图5.32所示是热压模具结构图。

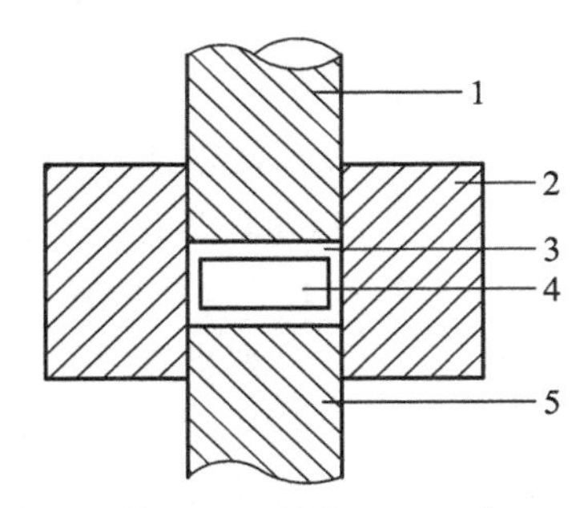


1—上压模；2—模套；3—垫粉；4—工件；5—下压模。

图5.32 热压模具结构

一般金属材料的高温强度不够，且易氧化，故很少在电子陶瓷热压工艺中采用。石墨虽在2500℃下仍能承受0.1 MPa以上的压强，但只限于在保护性气氛下工作，故对于电子陶瓷不利。$Al_2O_3$在电子陶瓷中使用得比较普遍，能工作于1200℃，且有足够的抗压强度，但是，即使采用静水压成型，抗张强度仍有不足。SiC模具有一定的可取之处，它能工作于1500℃下，且有足够的抗压和抗张强度。实践证明，即使在1200℃下的氧气中工作，SiC模具仍有足够的化学稳定性。表5.1所示为单轴加压的热压模型材料的温度范围、压力大小以及气氛条件。

表5.1 单轴加压的热压模型材料

| 模型材料 | 最高使用温度/℃ | 最高使用压力/MPa | 备　注 |
|---|---|---|---|
| 石墨 | 2500 | 70 | 中性气氛 |
| 氧化铝 | 1200 | 210 | 机械加工困难、抗热冲击性弱、易产生蠕变 |
| 氧化锆 | 1180 | — | |
| 氧化铍 | 1000 | 105 | |
| 碳化硅 | 1500 | 280 | 机械加工困难、有反应性、价高 |
| 碳化钽 | 1200 | 56 | |
| 碳化钨、碳化钛 | 1400 | 70 | |
| 二硼化钛 | 1200 | 105 | 机械加工困难、价高、易氧化、易产生蠕变 |
| 钨 | 1500 | 245 | |
| 钼 | 1100 | 21 | |
| 耐腐蚀高温镍 | 1100 | — | 易产生蠕变 |
| 合金不锈钢 | | | |

为避免高温下陶瓷料与压模的黏结以及为延长模具的使用寿命，在模套与塞柱之间不能采取紧配合，要留出一定的间隙。为使模具与工件不至出现黏结，工件周围都必须铺上一厚层惰性垫粉，如图 5.32 所示，这类垫粉是经过高温钝化的粗粒耐火物，如 $ZrO_2$、MgO 等。即使如此，黏模现象也未完全解决。

和干压成型的情况相似，由于摩擦阻力的作用，工件内部必然会出现压力梯度不够均匀的现象，故产品尺寸不宜过高。即使双向先后加压，也还存在横向欠压的问题。

### 5.5.2 连续热压烧结

间歇热压烧结工艺不仅黏模问题严重，装料、卸模麻烦，生产效率极低，热能也没有很好利用。为解决这一问题，发展了一种新型的连续热压烧结工艺。其操作原理和剖面结构如图 5.33 所示。模套本身也是炉管，外绕电热丝，其外再用氧化铝支承箍箍紧，以保持足够的纵向强度。上压模所受温度不高，材料可用钢，并加水冷却，保持上层料粉生烧和不致黏模。下压模除初始阶段承受高温作用外，只起支持作用。整个连续热压过程并未使用垫粉，而是在加热状态连续推动，不会和模套黏连。高温下料软的摩擦损耗小，模具寿命高。

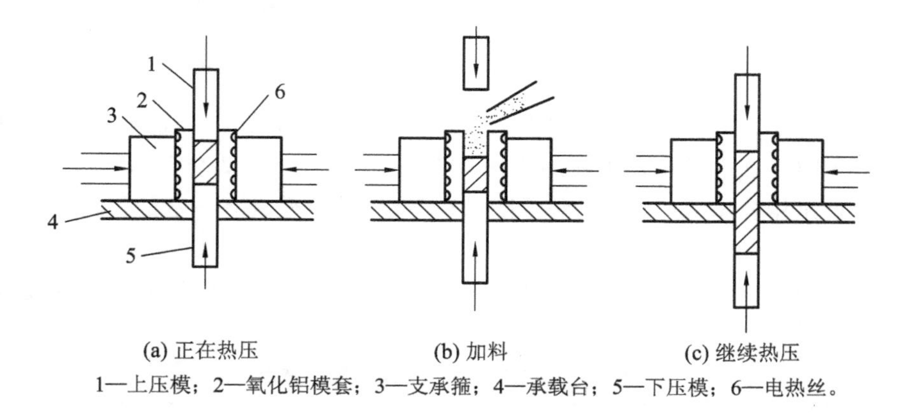


(a) 正在热压　　(b) 加料　　(c) 继续热压

1—上压模；2—氧化铝模套；3—支承箍；4—承载台；5—下压模；6—电热丝。

图 5.33　连续热压原理

当温度达到一定高度后，将特定量粉料加入模套内，使上压模下降，加压烧结。在保持粉料能够承受一定压力的情况下，使上、下压模连同压料，以每小时 1～15 cm 的速度连续下降。下降到一定位置(即热压一定时间)后，再提起上压模，加料再压。就此不断重复，直至达到所需长度。由于整个模套上部和中部存在温度梯度，上压模温度较低，故每次所加新料只是底层与老料相接段的一定厚度得到充分的烧结，顶层仍保持生烧状态。这样有利于和下一次所加新料相接过渡。因而可以连续热压出均匀致密、晶粒细小、不带分层痕迹、不同直径和长度的棒状陶瓷。

热压粉料不用预压，热能利用合理，自动化水平高。目前已进入工业水平生产，用以制作透明陶瓷、光电陶瓷、铁电陶瓷、压电陶瓷、铁氧体陶瓷等新型电子陶瓷，以及航天技术，核装置等使用的特种陶瓷。

### 5.5.3 热压烧结传质机理

在高温烧结的情况下，引进外加压应力，将出现两种明显的传质机构，即粒界滑动传质和挤压蠕变传质。

1）粒界滑动传质

粒界滑动传质是一种效率极高的传质机构。由于外加压应力的作用，粉体中的粉粒有直接填充堆积间隙的趋势。因而使相邻粉粒间可能出现剪应力，或可能出现粒界相对运动或粒界滑移。当压力小、温度低的时候，粉粒间的啮合摩擦力大于这种剪应力，滑动不能出现，随着温度上升，粉粒的可塑性增加、机械强度下降，当有足够大的压应力出现时，晶界滑动就变得可能。这里又有两种方式的晶界滑动：高温低压时以塑性滑移为主；低温高压可能出现超越抗剪强度的碎裂型滑移为主。伴随着粒界滑移，将出现大量粉粒碎片。可见，这两种粒界滑移传质的出现，使坯体中的堆积间隙迅速地、很大部分地得到填充，亦即气孔率将快速下降或体密度迅速增加。

2）挤压蠕变传质

挤压蠕变传质是一种相对慢速的传质机构。前面考虑的主要是剪应力作用下的粒界滑动，这里考虑的则主要是相对静止粒界在正压力作用下的缓变过程。

如图5.34所示是承受对角应力的滑动与挤压共存的模型。图5.34（a)所示为晶粒受压的初期滑动阶段，这时主要以晶粒间的界面滑移为主，箭头指出了粒界的滑移方向。图5.34(b)所示为随着滑动的进行，必然出现的挤压粒界。随着挤压粒界的增加，滑动粒界上所承受的平均剪应力将逐步减小，直到不足以克服晶面碎裂、滑移或摩擦所需的作用力为止，挤压蠕变传质将逐步上升为主要过程。这时，所有水平粒界都可以看作空格点，而所有非水平粒界，都可以相对地看作为空格点源。

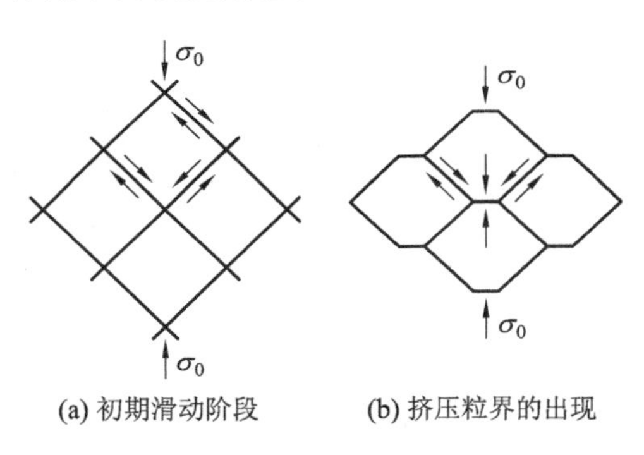


图5.34 晶界滑动与挤压的发展

## 5.5.4 热压制度

热压烧结陶瓷件密度的迅速提高主要是初期的大量粒界滑动、塑流传质及粉料重排引起的。如果缺乏足够的温度和压力，则不能大量地出现这种快速高效的传质，导致中、后期不能得到较高的致密度。过分地拉长保温时间对于致密化的收效是甚微的。可见，温度、压力与烧结时间三者中，前两者的作用较为明显，而前两者中，又应以温度为主，压力为辅。光靠温度也可烧结成瓷，而只有压力，则不能使坯体转化为瓷。

热压烧结的温度与压力极限通常取决于热压模具的材料与结构。对于某种已定材料、结构的模具来说，当烧结温度较低时，能够承受较大的压力；而当烧结温度较高时，则允许承受的压力较小。故当模具在强度极限情况下工作时，要想获得晶粒细微的材料，宜用高压低温；如允许晶粒较粗，则可采取高温低压方案，效率可提高。

温度和压力之间存在相互制约、互为因果的关系，没有一定温度，坯体没有热塑性，又不利于加压。有了一定的温度，如压力不当也达不到应有的效果。在热压时，如果热压温度较低，可以提高压力；相反，如果温度较高，则压力可以降低。具体热压制度的选择取决于坯料的性能和热压设备等条件。表 5.2 所示为热压制度的四种类型。

表 5.2 热压制度的四种类型

| 加压方式 | 加温方式 | 简图（虚线为温度线，实线为压力线） | 方法简称 | 主要特点 |
| --- | --- | --- | --- | --- |
| 一次加压 | 连续加温加压保温 | 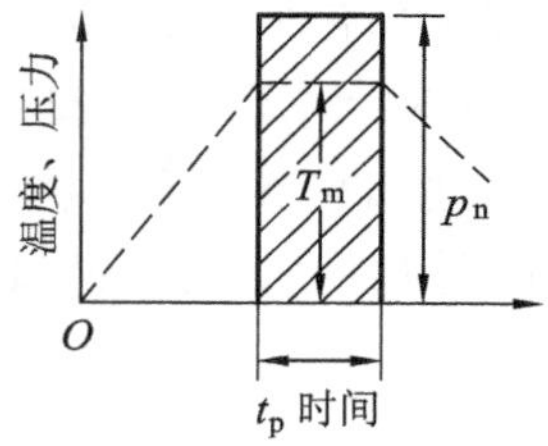 温度、压力；$T_m$；$p_n$；O；$t_p$ 时间 | SP | 升温至最高温度 $T_m$ 后，加压 $p_n$，保温 $t_p$ 小时后，即卸压降温。<br>生产简便，效率一般 |
| | 变压连续加温<br>保温保压 | 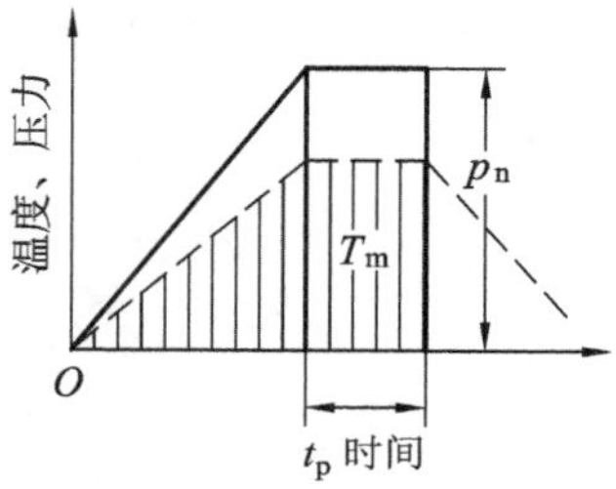 温度、压力；$p_n$；$T_m$；O；$t_p$ 时间 | GP | 随炉温上升，坯体逐渐膨胀而增大，待温度达 $T_m$ 后，相当于加压 $p_n$，保温 $t_p$ 小时后，降温。<br>生产控制稍复杂，热压效果较好 |
| 两次加压间断加压 | 低压连续加温保压保温、去压、保温退火 | 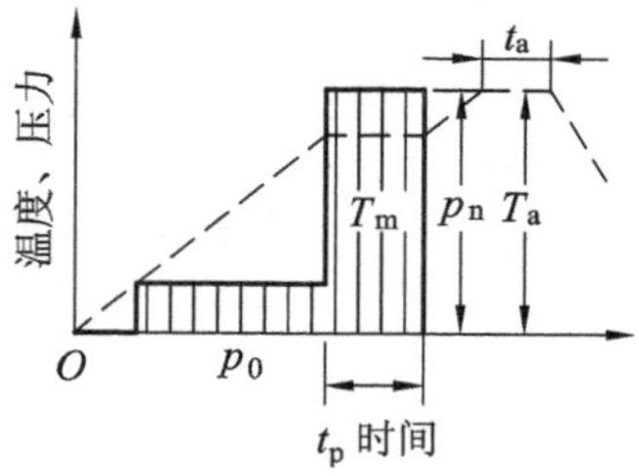 温度、压力；$t_a$；$T_m$；$p_n$；$T_a$；O；$p_0$；$t_p$ 时间 | AP | 低温下加较小压力 $p_0$，达到 $T_m$ 后，加压至 $p_n$，保温 $t_p$ 后去压，再升温至 $T_a$，保温 $t_a$，进行高温退火。<br>生产控制复杂，热压效果较好，高温退火利于消除内应力，利于控制晶粒大小 |
| 多次加压间断加压 | 低压连续加温保压保温、加压降温 | 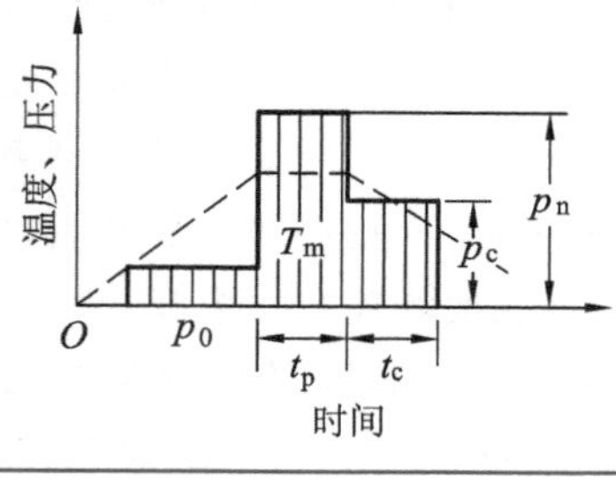 温度、压力；$p_n$；$T_m$；$p_c$；O；$p_0$；$t_p$；$t_c$；时间 | CP | 低温下加较小压力 $p_0$，达到 $T_m$ 后，增大压力至 $p_n$，保温 $t_p$ 后，降温；第三次加压 $p_c$，保压 $t_c$ 后全部卸压。<br>生产控制复杂，热压效果较好，三次加压有利于提高致密度 |

图 5.35 所示为热压制度对 PZT 陶瓷致密度的影响，采用表 5.2 中的 SP 热压方式，在 1100℃烧结的密度达到 8.0 g/cm³，而在 PbO 气氛中普通烧结，则需在将近 1400℃的高温下烧结，其密度才可达到 8.0 g/cm³。

① 在 PbO 气氛中普通烧结，坯体成型压力为 98 MPa；② 从常温到最高烧结温度（$T_m$）

都维持 $p_n=9.8$ MPa，$t_p=30$ min；③ 从常温到 $T_m$ 都维持 $p_n=68.6$ MPa，$t_p=30$ min；④ 直到 $T_m$ 开始加压，$p_n=68.6$ MPa，$t_p=30$ min。

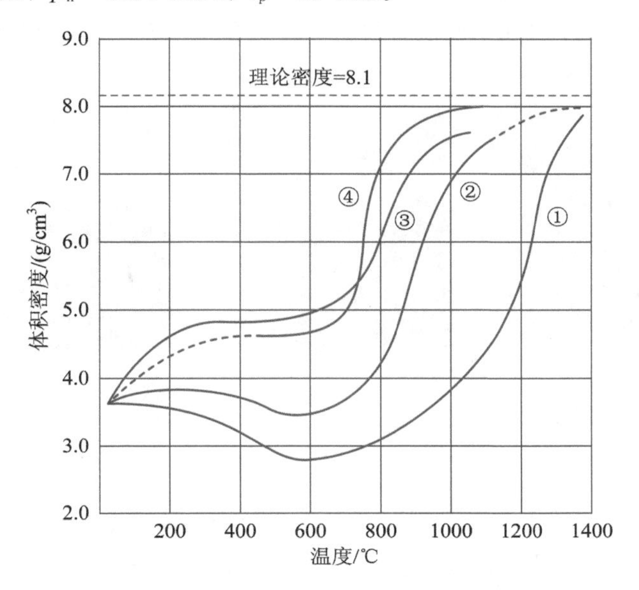


图 5.35 热压制度对 PZT 陶瓷致密度的影响

## 5.6 其他烧结技术

### 5.6.1 微波烧结

传统烧结方法是通过热传导和热辐射的方式将热从材料表面传到内部直至达到热平衡，为使材料内外组织形态相同，材料内、外部的温度梯度不宜过大，因此必须控制烧结过程的升温速率，导致升温加热阶段耗时较长，造成大量热损失，并且烧结过程经常伴随着晶粒的快速长大。微波烧结与传统烧结方式不同，它是将电磁能以波的形式渗透到介质内部引起介质损耗而发热，因此具有快的加热和烧结速度(一般可达每分钟升温 50℃以上，这取决于样品及其本身的承受能力)，且内外同时发热而使试样内部温度梯度小，发热均匀，充分显示出其高效率节能的最大优点，这对于制备超细晶粒结构的高密度、高强度、高韧性陶瓷方面非常有利。微波烧结无须经过传导，因而没有热惯性，具有即时性，它意味着热源可以瞬时被切断和即时发热，体现了节能与易于控制的特点。

1. 微波烧结理论

在电磁场作用下，材料会产生如电子极化、原子极化、偶极子转向极化和界面极化等一系列的介质极化现象，利用材料的介质损耗可实现烧结致密化；材料本身吸收的微波能转化为内部分子的动能和势能，使材料内外均匀受热，材料内部温度梯度小，其烧结速度快的特点使得晶粒来不及长大就已完成烧结，从而显著提高材料的力学性能，这就是微波烧结理论。

材料与微波的相互作用方式可分为 3 种(见图 5.36)，即透过微波(低介电损耗材料)、吸收微波(高介电损耗材料)和反射微波。在复合或多相材料中还存在混合吸收现象，即一个相为高损耗材料，而另一个相是低损耗材料。微波混合加热是混合吸收的一个典型例子，通过添加吸波物相控制加热区域，利用强吸波材料预热微波透明材料来实现烧结低损耗材料的制备。

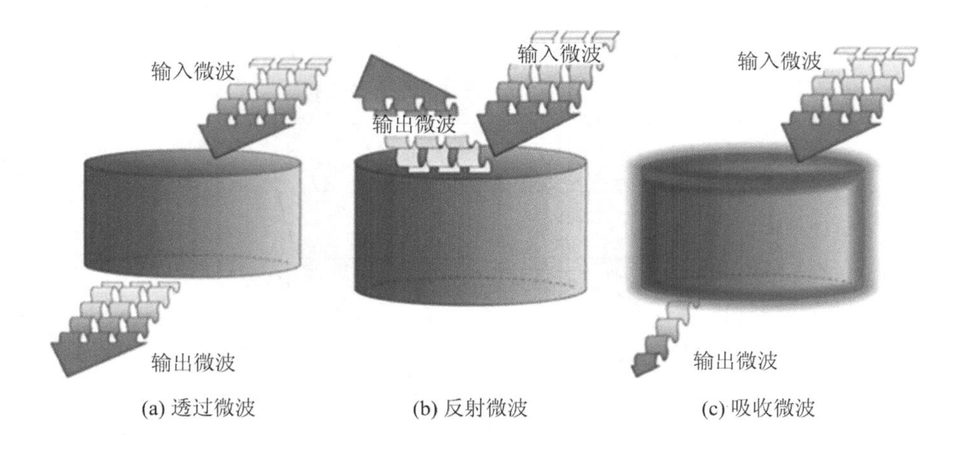


图 5.36 微波与材料相互作用的 3 种方式

微波与材料的相互作用中有两个重要参数：吸收功率 $P$($W/m^3$)和微波的穿透深度 $D$(m)。与传统加热不同，这些参数主要受材料的介电性能影响。吸收功率 $P$ 的计算公式为

$$P=\sigma\left|E\right|^2=2\pi f\varepsilon_0\varepsilon''_{\text{eff}}\left|E\right|^2=2\pi f\varepsilon_0\varepsilon'_{\text{eff}}\cdot\tan\delta\cdot\left|E\right|^2 \tag{5.44}$$

式中，$\sigma$ 为电导率；$E$ 为内部电场强度；$f$ 为微波频率；$\varepsilon_0$ 为真空介电常数；$\varepsilon''_{\text{eff}}$ 为相对有效介电常数的虚部；$\varepsilon'_{\text{eff}}$ 为相对介电常数的实部；$\tan\delta$ 表示介电损耗。

由式 (5.44)可见，材料的介电性质在吸收功率中起重要作用，吸收的大部分微波功率在材料内转化为热量，其转化关系为

$$\frac{\Delta T}{\Delta t}=\frac{2\pi f\varepsilon_0\varepsilon''_{\text{eff}}\left|E\right|^2}{\rho C_{\text{P}}} \tag{5.45}$$

式中，$T$ 为温度；$t$ 为时间；$\rho$ 为密度；$C_{\text{P}}$ 为热容量(或比热容)。

当微波频率 $f$、电场强度 $E$ 不变时，低损耗的介质材料比高损耗材料的耗能功率低且升温速率慢。当 $E$ 变化时，对于低损耗材料，想获得合适的升温速率，则需要高场强，但此时材料易产生电击穿破坏；对于高损耗材料，由于功率渗透深度有限，微波能大部分被材料表面吸收，易造成材料的不均匀加热。

穿透深度 $D$ 表示材料加热时的均匀性，其计算公式如下：

$$D=\frac{3\lambda_0}{8.686\pi\tan\delta\left(\varepsilon'_{\text{r}}/\varepsilon_0\right)^{\frac{1}{2}}} \tag{5.46}$$

式中，$\lambda_0$ 为入射波长；$\tan\delta$ 为介质材料的介电损耗；$\varepsilon'_{\text{r}}$ 为介质材料的相对复介电常数的实部。

由式(5.46)可知，在一定频率下，$\tan\delta$ 和$\varepsilon'_{\text{r}}$ 的值越高，穿透深度越小。材料的吸波性取决于材料的介电常数，若材料的吸波性随温度的升高而增加，则会在加热过程中出现热失控现象，热失控现象与材料的物理性能、微波频率、外加磁场强度、穿透深度、粉末粒径和烧结件的几何尺寸有关。热失控的主要问题是介质损耗因数随温度变化而迅速升高，这导致局部升温加速，温度的进一步升高产生热失控。

对许多材料来说，微波加热能够比传统方法获得更高的加热速率。这主要是由于微波功率主要是直接沉积在正在加热的材料内部。因此，微波加热过程并不仅仅依靠热传导来散热和传输热量。微波加热材料内部的温度由热传导方程决定：

$$\rho C_{\mathrm{P}} \frac{\Delta T}{\Delta t} = w + \nabla(k \cdot \nabla T) \tag{5.47}$$

式中，$w$ 为在材料中释放能量的局部密度；$k$ 为导热系数。

对于微波加热，$w$ 可表示为

$$w = \omega \frac{\varepsilon_0 \varepsilon_r'' |E|^2 + \mu_0 \mu_r'' |H|^2}{2} \tag{5.48}$$

式中，$\omega$ 为微波的角频率；$\varepsilon_0$ 为真空中的介电常数；$\varepsilon_r''$ 为相对复介电常数的虚部；$\mu_0$ 为真空中的磁导率；$\mu_r''$ 为相对复磁导率的虚部；$E$ 为电场强度；$H$ 为磁场强度。

式(5.48)表明，在电磁场作用下($\omega \neq 0$)，微波能量密度在材料中的分布是不均匀的。例如，在稳定状态下($\Delta T/\Delta t = 0$)，$k$ 不依赖于温度，$w$ 为均匀分布。温度 $T$ 的分布呈抛物线型，在材料的核心处有最大值。这通常被称为逆温度剖面，专门用于微波加热。如果吸收的微波功率 $w$ 的分布是不均匀的，那么温度分布在短时间内遵循功率分布，但在较长时间内，它由整个工件尺寸的热传导决定。

对于正在烧结的粉末材料，式(5.45)中使用的参数随孔隙率的变化而变化。如果忽略孔隙中空气的比热容，则比热容 $C_p$ 随密度呈线性增长：

$$C_{\mathrm{P}} = (1 - \theta) C_{\mathrm{P0}} \tag{5.49}$$

式中，$\theta$ 为孔隙率，定义为与多孔材料总体积相关的孔隙体积；$C_{\mathrm{P0}}$ 为全致密材料的比热容。

导热系数 $k$ 取决于材料的微观结构。一般情况下，可以在近似范围内确定。在有效介质近似范围内，可以得到以下多孔材料的有效热导率方程，为了简化，忽略空气的热导，则导热系数 $k$ 与气孔率的关系式为

$$k = \left(1 - \frac{3}{2}\theta\right) k_0 \tag{5.50}$$

式中，$k_0$ 为全致密材料的导热系数。

式(5.50)的边界条件考虑了材料表面的热损失，热损失和沉积功率决定材料中温度的不均匀程度。为了提高均匀性，在微波处理系统中采用了各种保温手段。

许多情况下也要考虑烧结件周围气体的对流热损失。对于微波烧结的简单情况，可以仅基于热传导方程进行建模。但随温度和时间变化的材料参数对电磁场分布会产生很大影响，因此还需要自洽电磁和热仿真过程模拟。陶瓷的微波加热与陶瓷性能对温度的依赖性有关，可采用基于有限元的商业软件 COMSOL 等来模拟其热效应。

**2. 微波促进材料烧结的机理探讨**

微波烧结作为一门物理与材料交叉的学科，需要研究时间和空间的影响，即烧结腔体中的电磁场、温度和反映材料变化的变量的影响，如主要由温度决定的应力、孔隙率、粉末粒径等。研究要素主要有以下三点：

(1) 样品内部的电磁场分布，由随温度或材料结构变化的介电常数和磁导率、微波炉的尺寸和性能、微波源和传输线等设备的参数决定；

(2) 样品内部的温度分布，由电磁场在材料中的分布、材料的热导率和吸波性等决定；

(3) 烧结件的性质，如致密度和几何尺寸、烧结件的应力张量分量、孔隙率和平均粒度等。

对介电损耗较低的材料来说，在加热初期，微波与材料处于相互作用的适应期，升温速率较慢，可通过微波混合加热法来提高材料在加热初期的升温速率，这种方法主要是在特定温度范围内采用吸波性能较好的材料(如 SiC)作基座，以提供额外的热量来加热试样；或者采用传统热源和微波热源同时加热。这两种方法不仅能够有效提高材料在加热初期的升温速率，还能使其加热更均匀。随着材料的进一步升温，材料的 $\tan\delta_{eff}$ 会随温度的升高而急剧增大，材料对微波的吸收效率也进一步提高，升温更快，更高的温度又反过来促使 $\tan\delta_{eff}$ 进一步升高，这种反复的相互影响使得升温速率急剧增大。当升温速率达到一定程度时，随着温度的升高，升温速率趋于平缓且温度达到饱和。

综上所述，在微波加热过程中，材料的升温是由于介质内部的各类极化跟不上外电场的变化，使微波能在介质内部产生功率损耗并转化为热能。微波加热具有快速烧结、快速致密化、晶粒生长小等特点，但也存在着微波适应性问题，在整个加热过程中，介质材料的本身结构、性能因素和微波场的特性等都会对加热过程产生影响，深入探究这些过程对获得优良性能的陶瓷有着重要的意义。

**3. 微波烧结实例**

用微波烧结钛酸镁介电陶瓷，配方中添加不同比例的 CuO 作为烧结助剂，如表 5.3 所示。

**表 5.3 添加 CuO 的钛酸镁介电陶瓷的烧结工艺与性能**

| 添加量 /wt% | 烧结方法 | 烧结温度 /℃ | 保温时间 /min | 总烧结时间 /h | 致密度 /(g/cm³) | 表观气孔率 /% | 介电常数 /10 kHz | 介电损耗 /10 kHz |
|---|---|---|---|---|---|---|---|---|
| 0%CuO | 常规 | 1450 | 120 | 17.70 | 3.46 | 1.1 | 19.36 | 0.01 |
| 0%CuO | 微波 | 1450 | 45 | 1.74 | 3.50 | 0.35 | 19.43 | 0.0013 |
| 1.5%CuO | 常规 | 1340 | 120 | 7.75 | 3.51 | 0.48 | 17.57 | 0.0025 |
| 1.5%CuO | 微波 | 1310 | 45 | 1.63 | 3.54 | 0.15 | 19.19 | 0.0022 |

用 MW－L0316V 型微波实验炉进行微波烧结，圆片生坯置于炉膛中，在大气中烧结，所使用的微波源的频率为 2.45 GHz，微波实际输出功率为 0.3～3 kW，连续可调。由于钛酸镁基微波介电陶瓷具有低的介电损耗，在试验中，选用片状 SiC 作为辅助烧结材料，分别置于图 5.37 所示的试样台的周围和底部。在烧结的前 10 min 输出功率为 0.5 kW，待温度达到 500℃后，以 20℃/min 的升温速率逐渐升温至最终烧结温度。

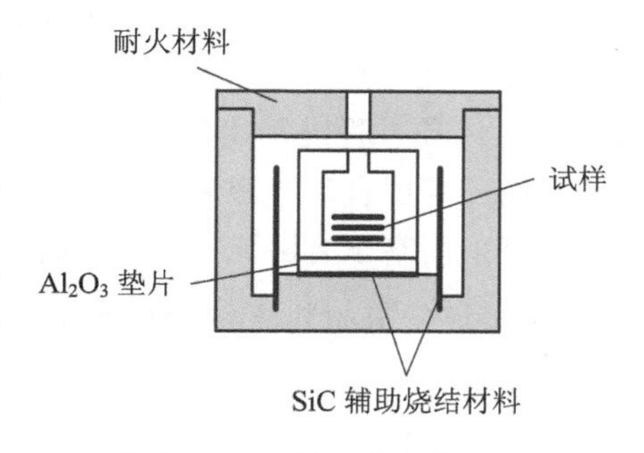


图 5.37 微波烧结炉的结构

将经微波烧结后的试样制成电容器，测试其介电性能，列于表 5.3 中，并与常规烧结的性能进行比较，从中可知，微波烧结时间短，温度低，体积密度稍大一点，介电损耗低一点。

### 5.6.2 冷烧结

#### 1. 冷烧结致密化机制

陶瓷材料的冷烧结技术是基于自然现象(如珍珠钻石的形成、沉积岩的产生)而提出的，因此可用“溶解-析出”机制解释陶瓷材料的致密化过程。图5.38所示为冷烧结过程不同阶段的致密化机制。

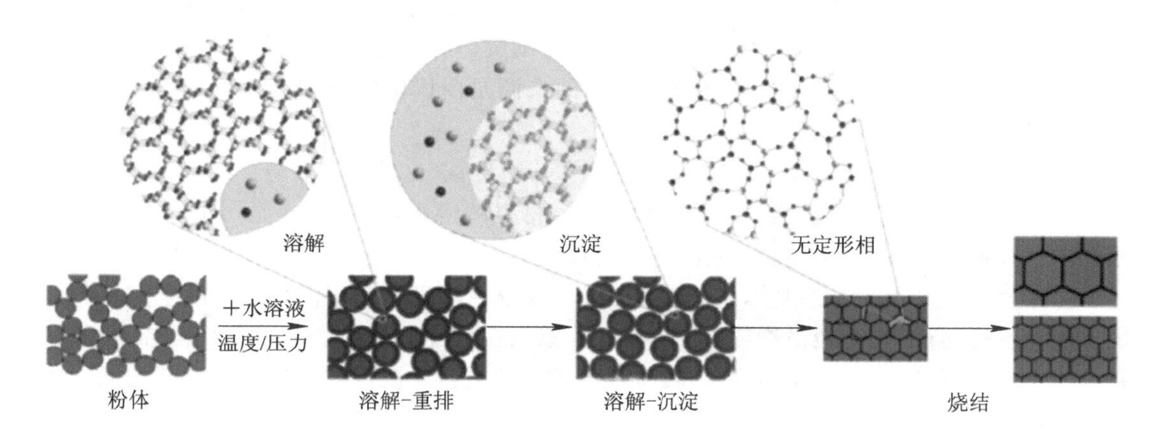


图5.38 冷烧结过程不同阶段的致密化机制

第一阶段是溶解-重排过程，水溶液形式的中间液相将陶瓷粉体均匀润湿，并在陶瓷颗粒表面形成一层液膜。中间液相使颗粒尖锐表面局部溶解，并作为润滑剂促进颗粒重排和滑动。在外加压力的帮助下，液相很容易重新分布并填充到颗粒间质中，在烧结早期使初始颗粒压实。

第二和第三阶段主要进行溶解-沉淀过程和晶体生长。在该过程中，中间液相的蒸发使溶液达到过饱和状态，从而促使溶解的陶瓷颗粒不断以沉淀形式析出。由于颗粒接触区域的化学势高于气孔区域，溶解的原子团簇或离子移动并沉淀在具有较低化学势的间隙位置，从而降低了表面自由能并逐步实现了陶瓷的致密化。溶解-沉淀过程中形成的沉淀物可能是结晶相，也可能是非结晶相。非结晶相包覆在晶粒的周围从而抑制晶粒的进一步生长，因此冷烧结技术在一定条件下可以实现纳米陶瓷或者亚微米陶瓷的致密化烧结。

除了溶解-沉淀机制，通过位错运动或黏性流动的塑性变形也有助于在足够高的施加压力下的致密化过程。

有三种可能利于颗粒压实过程的机制，可增强颗粒在应力、化学浓度和表面张力梯度下的质量输运。由于在这一阶段液相被引入到固体中，所以存在三种类型的界面。

(1) 液体增强固-固界面蠕变(在地质学中称为压力解)。液体增强蠕变是一种广泛应用于各种现象的机制。从微观上讲，在晶粒尺度上，由于晶粒之间的应力差异，在晶粒-晶粒接触处引入了增强的溶解度。液体增强蠕变一般包括粒间界面的溶解和扩散质输运，溶解发生在颗粒-颗粒接触处，溶质沿水膜扩散，当液相重新分布并填入晶粒-晶粒界面时，溶质析出到孔隙中。

(2) 液-液界面的马朗戈尼流。从流体流动的角度来看，它描述了沿着液-液界面的质量输运状况，质量输运的产生是由于它们之间的表面张力梯度的存在，该表面张力梯度可由化学浓度梯度或温度梯度引起。在固定温度的环境下，由于材料的溶解发生在靠近固体表面的水膜层，水溶液中的溶质浓度在远离固体表面处逐渐变得稀少，所以通过浓度梯度可产生马朗戈尼流。水溶液中的溶质浓度在远离固体表面的过程中逐渐稀释。此外，上述压力的增强会导致颗粒溶解度不同，这可能是产生浓度梯度的另一个来源。在这种情况下，在颗粒-颗粒接触区域表现出局部的不均匀溶质分布。

(3) 固-液界面的扩散迁移。扩散迁移描述的是在溶质的化学浓度梯度的驱动下，胶体粒子的迁移，它是通过在固-液界面产生滑移来驱动胶体在流体中的迁移的。有研究认为它与晶体溶解、结晶或蒸发有关。这些观察结果的来源是由固液浓度梯度诱导而导致蒸发发生的界面或表面。

总之，以上表明粒子压实是多重作用的结果，即机械-化学耦合效应。

冷烧结过程的主要阶段通常涉及颗粒重排、材料的溶解(如果材料是可溶性的)、热液晶体的生长或形成玻璃/中间相，晶粒生长或再结晶。这些步骤已在图 5.38 中进行了图解，还可以用热力学和动力学的基本机制加以说明。在第一阶段的开始，在用适量的水溶液(或纯水或挥发性溶质)均匀地滋润颗粒整体后，有意地在颗粒与颗粒接触处引入液相，并在颗粒表面形成一层液膜。液相润滑颗粒表面有利于颗粒重排，使颗粒的锋利边缘部分溶解到液相中，从而为颗粒滑动提供了更多的空隙空间。在外加压力的帮助下，液相很容易重新分布并填充到颗粒间质中，从而在烧结早期实现初始颗粒的压实。第二、第三阶段分别是陶瓷颗粒的溶解-析出和晶体生长阶段，在高于水溶液沸点的温度下，通过蒸发去除陶瓷颗粒间的液相，液相的蒸发使陶瓷颗粒间隙处达到过饱和状态，并使颗粒接触区的化学势高于晶体，此时溶解的原子或离子簇将在晶体处析出，从而促进陶瓷材料的致密化。

**2. 冷烧结实例**

原料为 $BaTiO_3$(99.9%，50 nm)、$Ba(OH)_2$(无水，94%～98%)和 $TiO_2$(金红石，>99.5%)。将去离子水与相应的化学物质混合制成 $Ba(OH)_2/TiO_2$ 悬浮液；$Ba(OH)_2$：$TiO_2$ 的摩尔比为 1.2∶1；$Ba(OH)_2$ 的浓度为 0.1 mol/L。将重量比大约为 25%的 $Ba(OH)_2/TiO_2$ 悬浮液加入到 $BaTiO_3$ 纳米颗粒中形成陶瓷颗粒，混合物用杵和臼研磨。先在室温(25℃)下，在 430 MPa 下单轴挤压 10 min，然后以 9℃/min 的速率升温至 180℃。恒温 1 min～3 h，得到一系列样品。首先将制备好的陶瓷球团在 200°C 下烘烤一夜以去除可能的水残渣，然后在 700～900℃下以 5℃/min 的升温速率在空气中进一步退火 3 h。以丙酮为液体介质，用阿基米德法测定其密度。$BaTiO_3$ 的理论密度为 6.02 $g/cm^3$。

有趣的是，采用冷烧结工艺制备的 $BaTiO_3$ 陶瓷的密度甚至可以达到 5.6 $g/cm^3$(如果理论密度为 6.02 $g/cm^3$，则相对密度为 93%)。

## 本章练习

1. 从热力学的角度出发，说明为什么在陶瓷的烧结过程中高温有利于物质传递和生成陶瓷。

2. 从物质传递、晶粒长大、二次粒长和固相反应出发，说明陶瓷烧结过程中存在哪几种推动力，其来源、大小及重要性。

3. 开尔文方程的立论根据是什么？说明式(5.16)的物理意义。试比较并说明开尔文方程在气态、液态和固态传质中的作用和含义。

4. 固态传质过程中能否把氧或金属离子的缺位作为一种物质来处理？何处是缺位源？何处是缺位汇？试比较体扩散、界面扩散和表面扩散三种传质机构。

5. 粒界能存在于何处？哪一种界面能最小？如何估计其量值？各种粒界是如何平衡的？为什么烧结良好的陶瓷，其固相粒界常呈120°交角？粒界移动的推动力是什么？有哪些因素、用什么方法可以控制粒界的移动？其过程如何？

6. 什么叫二次粒长？说明其在烧结中的作用。从二次粒长的成因及控制方法谈如何获得致密的陶瓷。

7. 有两种瓷料在1300℃时其表面能分别为0.6 N/m和0.28 N/m，若5 μm大小的气孔在一个大气压的空气中被封闭，设孔中的$O_2$可通过瓷体扩散或被吸收，而$N_2$则不能，试问，当孔壁收缩压与气体扩张压达到平衡时，两者残存的气孔直径各为多少？

8. 为获取致密陶瓷应如何选择添加剂、环境气氛、坯体密度，以及如何考虑升温过程、最高烧结温度、保温时间和降温方式？为什么说最高烧结温度与保温时间之间有一定的互补作用？原因何在？其中存在哪种函数关系？

9. 在热压烧结过程中，压力是如何促进烧结的？其致密化机理如何？在图5.39所示的实验结果中，在热压压强一定时，如何分析热压温度、保温时间以及粉料粒径间的关系？能否用经验公式表达三者间的函数关系？

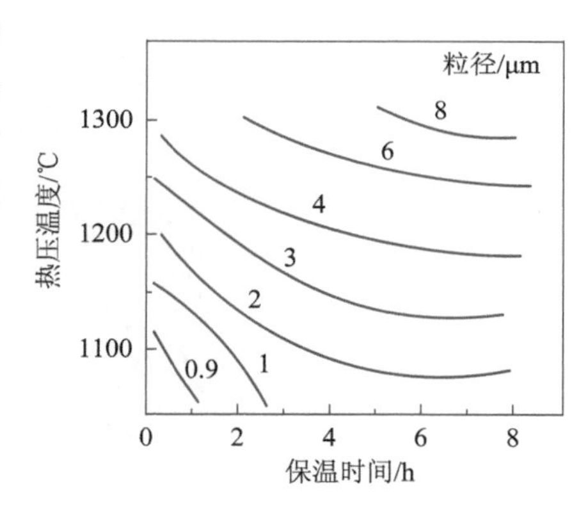


图5.39 题9图

10. 为什么超高热压能合成前所未有的新物质，这对材料科学有何意义？

11. 某气敏元件需要将半导体陶瓷制成多孔状，以便提高其灵敏度和响应度。试从工艺原理出发，提出一些有利于形成多孔瓷的措施。

6

# 第6章　电子陶瓷的加工工艺

经过烧结的电子陶瓷必须进行后续的加工处理，才能制作成所需的电子元器件，正如古人言：玉不琢，不成器。例如，平板电容器就是在薄圆片介质陶瓷的正反面形成导电的电极。电子陶瓷的加工是根据电子陶瓷的用途来划分的，主要包括陶瓷表面金属化、机械加工、表面施釉、陶瓷与金属的封接等。

## 6.1　陶瓷表面金属化

随着材料科学和工艺的发展，现代陶瓷材料已从传统的硅酸盐材料，发展到涉及力、热、电、声、光等多个方面具有多种功能的陶瓷材料。将陶瓷材料表面金属化，可使它成为既具有陶瓷特性，又具有金属性质的一种复合材料，同时，陶瓷的表面金属化还可以应用于陶瓷与金属封接方面。图6.1所示是表面涂覆银层的压电陶瓷元件。

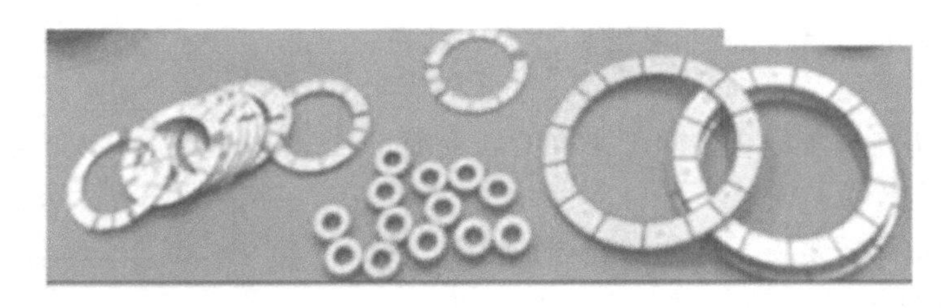

图6.1　表面涂覆银层的压电陶瓷元件

陶瓷表面金属化的用途主要有以下两个方面：

(1) 制造电子元器件。通过化学镀、真空蒸镀、离子镀和阴极溅射等技术，可使陶瓷片表面沉积上Cu、Ag、Au、Pt等具有良好导电性和可焊性的金属镀层，这种复合材料常用来生产集成电路、电容器等各种电子元器件。陶瓷表面金属化已成为高技术产业比较重要的工艺技术，如陶瓷基印制电路板、多层芯片封装、微电子和精密机械制造等。它赋予电子元器件以高密度、高性能和严酷工作环境下的高稳定性。

(2) 用于电磁屏蔽。电子仪器的辐射和干扰不仅妨碍其他电子设备的正常工作，而且危害人体健康。在陶瓷片上化学镀Co-P和Co-Ni-P合金，可使沉积层中含磷量为0.2%～9%，其矫顽磁力为200～1000奥斯特，常作为一种磁性镀层来应用，由于其抗干扰能力强，作为最高等级的屏蔽材料，可用于高功率和非常灵敏的仪器，主要用于军事工业产品，用来生产防电磁波的屏蔽设施。

陶瓷的金属化方法有很多，本章只介绍被银法、化学镀镍法和真空蒸发镀膜三种。

### 6.1.1 被银法

被银法又称为烧渗银法，这种方法是在陶瓷的表面烧渗一层金属银，作为电容器、滤波器的电极或集成电路基片的导电网络。银的导电能力强，抗氧化性能好，在银面上可直接焊接金属。烧渗的银层结合牢固，热膨胀系数与瓷体接近，热稳定性好。此外，烧渗的温度较低，对气氛的要求也不严格，烧渗工艺简单易行。因此它在压电陶瓷滤波器、瓷介电容器、印刷电路及装置瓷零件的金属化上用得较多。被银法也有缺点，例如，金属化面上的银层往往不均匀，甚至可能存在孤独的银粒，由此造成电极的缺陷，使其电性能不稳定。此外，在高温、高湿和直流(或低频)电场作用下，银离子容易向介质中扩散，造成介质的电性能剧烈恶化。因此，在上述条件下使用的陶瓷材料，不宜采用被银法。

1. 被银法的工艺流程

被银法的工艺流程如下：

1）瓷件的预处理

瓷件金属化之前必须预先进行净化处理。清洗的方法很多，通常可用70～80℃的热肥皂水浸洗，再用清水冲洗；也可用合成洗涤剂超声波振动清洗；小量生产时，可用酒精浸洗或蒸馏水蒸洗。清洗后在100～110℃烘箱中烘干。当对银层的质量要求较高时，可放在电炉中煅烧到550～600℃，烧去瓷坯表面的各种有机污物。对于独石电容则可在轧膜、冲片后直接被银。

2）银浆的配置

用于电容器陶瓷的电极银浆，除了通常要求的涂覆性能、抗拉强度、易焊性外，有时更强调电容器的损耗角正切值(tan$\delta$)不应大于某一值，以及电容器的耐焊接热性能更好。

银浆的种类很多，按照所含银原料的不同，可分为碳酸银浆、氧化银浆及分子银浆。按照用途的不同，可分为电容器银浆、装置银浆及滤波器银浆等。几种电子陶瓷银浆的配方如表6.1所示。

表6.1 几种电子陶瓷银浆配方

| 主要成分 | 碳酸银浆 | 氧化银浆 | | | 分子银浆 | | |
|---|---|---|---|---|---|---|---|
| | | Ⅰ类瓷介质电容器 | Ⅱ类瓷介质电容器 | 独石电容器 | 瓷介电容器 | 独石电容器 | 独石电容器端头 |
| 碳酸银 | 100 | — | — | — | — | — | — |
| 氧化银 | — | 100① | 100 | 100 | — | — | — |
| 金属银粉 | — | — | — | — | 100 | 100 | 100 |
| 含银量/% | — | 70 | 66 | 67 | — | 71.4 | 67.8 |
| $Bi_2O_3$ | 1.32 | 2.0 | 1.53 | 1.56 | 6.0 | — | 3.9 |
| 硼酸铅 | — | — | 1.0 | 1.45 | — | — | — |
| LiF | — | — | — | 0.58 | — | — | — |

续表

| 主要成分 | 碳酸银浆 | 氧化银浆 | | | 分子银浆 | | |
|---|---|---|---|---|---|---|---|
| | | Ⅰ类瓷介质电容器 | Ⅱ类瓷介质电容器 | 独石电容器 | 瓷介电容器 | 独石电容器 | 独石电容器端头 |
| 蓖麻油 | — | — | 6.3 | 6.7 | 6.3 | — | 3.9 |
| 大茴香油 | — | — | — | — | —57 mL | — | — |
| 松香、松节油② | 150 | 22 | 19.7 | 20 | — | — | — |
| 松节油 | — | 9.0 | 18.3 | 17.5 | 34 mL | — | — |
| 硝化纤维 | — | — | — | — | 30 | — | — |
| 乙基纤维素 | — | — | — | — | — | 1.4 | 2.3 |
| 松油醇 | — | — | — | — | — | 38.6 | 28.3 |
| 邻苯二甲酸二丁酯 | — | — | — | — | 49 mL | — | 9.1 |
| 环己酮 | — | — | — | — | 275 mL | — | 适量 |
| 烧银温度/℃ | 550±20 | 860±20 | 850±20 | 840±20 | 840±20 | 840±20 | 840±20 |

注：① 表中除注明外，数据单位为 g。② 松香、松节油的配比为松香：松节油＝1：(1.8～2.0)(质量比)，松香加入松节油中，加热到 90～100℃，待熔化后趁热过滤。

从表 6.1 中可以看出，银浆的配方主要是由含银原料、助熔剂及黏结剂组成。

(1) 含银原料。含银原料主要有碳酸银($Ag_2CO_3$)、氧化银($Ag_2O$)及金属银粉(Ag)。碳酸银可由硝酸银与碳酸钠或碳酸氨的水溶液作用而得到，其反应式为

$$3AgNO_3 + Na_2CO_3 \longrightarrow Ag_2CO_3 + 2NaNO_3 \tag{6.1}$$

$$2AgNO_3 + (NH_4)_2CO_3 \longrightarrow Ag_2CO_3 + 2NH_4NO_3 \tag{6.2}$$

碳酸银在烧渗中放出大量 $CO_2$ 及 $O_2$，易使银层起泡或起鳞皮。又由于它易分解成氧化银，使银浆的性能不稳定，因此用得不多，常用于云母电容器的制造中。

氧化银可由碳酸银加热分解而得到。碳酸银的分解反应为

$$Ag_2CO_3 \longrightarrow Ag_2O + CO_2 \tag{6.3}$$

氧化银较碳酸银稳定，市场上有瓶装的氧化银试剂出售。在小批量生产时可直接使用纯的氧化银浆，但其粒度较粗，烧渗后的银层质量不如自制的好。

为了提高银浆中的含银量，便于一次涂覆或丝网印刷，同时为了在烧渗过程中没有分解产物，可采用分子银浆。分子银可直接用三乙醇脂还原碳酸银而得到，其反应式为

$$Ag_2CO_3 + N(CH_2CH_2OH)_3 \longrightarrow N(CH_2COOH)_3 + 12Ag + 6CO_2 + 3H_2O\uparrow \tag{6.4}$$

$$AgNO_3 + NH_4OH \longrightarrow AgOH + NH_4NO_3 \tag{6.5}$$

$$2AgOH \longrightarrow Ag_2O + H_2O \tag{6.6}$$

也可将硝酸银加入氨水后，用甲醛或甲酸还原而得到，其反应式为

$$Ag_2O + CH_2O \longrightarrow HCOOH + 2Ag \tag{6.7}$$

$$Ag_2O + HCOOH \longrightarrow 2Ag + CO_2 + H_2O \tag{6.8}$$

这些反应最好在乳化液中进行。对于溶剂、乳化剂的选用，溶液的浓度、反应温度、操作速度等都应严格控制。

(2) 助熔剂。为了降低烧银温度并促进银的烧渗过程，使金属银在低于850℃时就与瓷件表面紧密而牢固地结合，需要加入适量的玻璃助熔剂，一般采用氧化铋、硼酸铅或特制的熔块。如助熔剂的含量不足，则烧银的温度增高，银层黏附不牢，会降低银层的导电能力。银浆的用途不同，助熔剂的种类及含量也各异。对于用作独石电容、丝网印刷的分子银浆，甚至可以不加助熔剂。

硼酸铅助熔剂是取 PbO 及 $H_3BO_3$ 在 600～620℃熔融合成的。其反应式为

$$PbO + 2H_3BO_3 \longrightarrow PbB_2O_4 + 3H_2O \tag{6.9}$$

将合成的熔液倾入冷水中淬冷；用蒸馏水煮沸 3～6 h，去除未反应完全的 $H_3BO_3$，得到硼酸铅熔块，将熔块洗净后烘干，再研磨过筛备用。装置瓷银浆所用的铅硼熔块配方为二氧化硅26%、铅丹46%、硼酸17%、二氧化钛4.3%、碳酸钠6.7%。将各组分混合研磨后在1000～1100℃熔融。铋镉熔块配方为氧化铋40.5%、氧化镉11.1%、二氧化硅13.5%、硼酸33.0%、氧化钠1.9%。

将上述组成混合研磨后在800℃熔融。这些熔块在水淬后要洗净，球磨后过万孔筛备用。

(3) 黏结剂。黏结剂的作用是使银浆具有良好的润湿性、流平性和触变性，以便能很好地黏附在瓷件的表面。但黏结剂并不参与银的烧渗过程，要求将它在低于350℃的温度下烧除干净，并且最好不残余任何灰分。黏结剂的组成很复杂，可根据需要进行调节。它主要包括树脂、溶剂和油三大类。树脂影响银浆的黏合力，常用的有松香、乙基纤维素及硝化纤维素等。溶剂主要影响银浆的稀稠及干燥速度，常用的有松节油、松油醇及环己酮等。树脂和溶剂相互搭配使用，松香配松节油，乙基纤维素配松油醇，而硝化纤维素配乙二醇乙醚或环己酮加香蕉水。为了使银浆涂布均匀、致密、光滑，以得到光亮的烧渗银层，还要加入一些油类，常用的有蓖麻油、亚麻仁油、花生油及大豆香油。有的油需单独加入，也有的需制成混合油加入。目前，为了提高银浆的涂覆性能，在使浆料的分散体系稳定的同时改善银浆的流平性和润湿性，以及增加补强性等，常在有机载体中添加有机硅(含量为0.11%～0.18%)，促进银浆的流平性和填料的分散性；添加钛酸酯偶联剂(含量为0.15%～1%)后，在联结无机填料和有机基体树脂方面有明显效果。

3) 银电极浆料的制备

银电极浆料制备的工艺流程如图6.2所示。

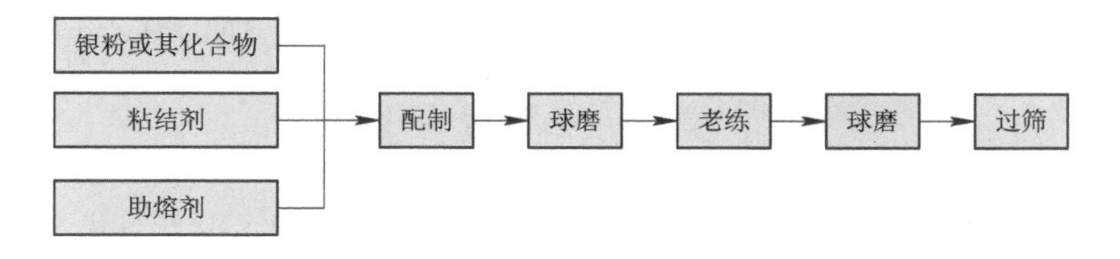


图6.2　制备银电极浆料的工艺流程

银浆由银粉或其化合物、黏结剂和助熔剂等组成，这些原料应该有足够的细度和化学活性。将制备好的含银原料、助熔剂和黏结剂按一定配比进行配制后，放入刚玉或玛瑙磨罐中，用玻璃球或高铝瓷球作研磨体，料球比为 1∶(1～1.5)，球磨 40～90 h，使粉体粒度＜5 μm，并混合均匀。如果刚球磨好的银浆的性能不稳定，可加热至 50℃并存放 1～2 d 进行老练，然后再球磨几小时，过万孔筛即可使用。制备好的银浆不宜长期存放，否则会聚集成粗粒，影响质量。一般银浆的有效储存期在冬天为 30 d，夏天为 15 d。

4) 涂敷工艺

涂银的方法很多，有手工、机械、浸涂、喷涂或丝网印刷等。涂敷前要将银浆搅拌均匀，必要时可加入适量溶剂，以调节银浆的稀稠。对于孔较多，除个别端面外，其余部位都要为银层的陶瓷元件，采用浸银工艺可以提高工效，如图 6.3 所示的介质陶瓷滤波器就可采用这种浸银工艺，至于不需要银层的部位可采用 6.5 节提到的激光刻蚀或喷砂工艺去掉银层。

图 6.3 浸银的介质陶瓷滤波器

对于表面有图案的陶瓷元件，采用印刷工艺可使产品的一致性较好，如图 6.4 所示是用于介质滤波器的印有耦合电容的 $Al_2O_3$ 基板，基板下面没有电极，这种带图案的电极就是印刷而成的，但是电极线条宽度不能太细或间距不能太窄，否则会断线或因毛刺产生连线。

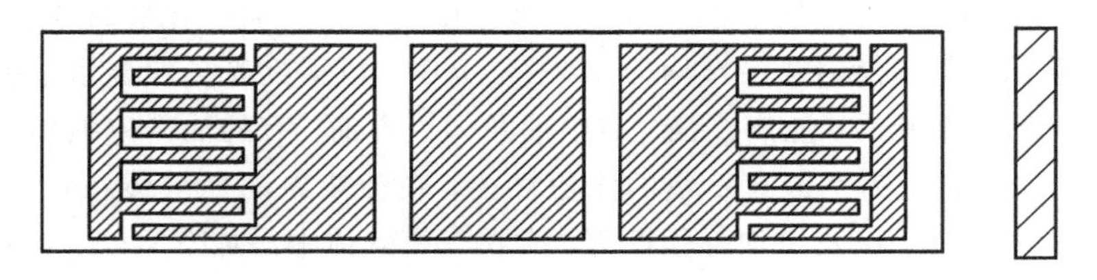

图 6.4 印刷电极图案的 $Al_2O_3$ 基板

由于手工一次涂银的银层厚度只有 2.5～3 μm，并且难以均匀一致，甚至会产生局部缺银现象，因此生产上有时采用二被一烧、二被二烧和三被三烧等方法。一般二次被银可得到厚度达 10 μm 的银层。银层的厚度对用于微波频率的介质器件来说是非常重要的，要求其厚度要大于趋肤深度 $\delta$，否则器件的通带内插入损耗会增大。$\delta$ 的计算公式如下：

$$\delta = \sqrt{\frac{1}{\pi f \mu \sigma}} \tag{6.10}$$

式中，$f$、$\mu$ 和 $\sigma$ 分别为工作频率、银层的磁导率和电导率。

例如，在 400 MHz 频率下，将 $\mu = 4\pi \times 10^{-7}$ H/m 和 $\sigma = 6.17 \times 10^{7}$ S/m 代入式(6.10)，得 $\delta = 3.2$ μm，也就是说，银层的厚度至少要大于 3.2 μm。

其实，银层的厚度对焊接质量的影响也很大。在银层较薄时，焊接时会出现“飞银”，导致无法焊接，即使焊上，银层附着力也会很小。

5）丝网印刷技术

丝网印刷的基本原理是用感光照相技术在约200目的尼龙网上制成模板，使用丝网印刷机在陶瓷上印刷银浆。随着电子器件的小型化、功率化，对陶瓷金属化的要求也越来越高，丝网印刷工艺在陶瓷金属化中的应用越来越广泛。

（1）丝网印刷的特点。

① 可以适用于不同形状、不同面积、不同材料的印刷，例如，可以用于平面，也可以用于形状特殊的凹凸体，在玻璃、陶瓷、塑料等材料上均适用；

② 丝网印刷版面柔软，富有弹性，所以不仅能在柔软的薄面体上进行印刷，也可在易碎的脆性物体上进行印刷；

③ 印刷层的厚度容易调节，立体感强；

④ 适用于各种不同的浆料印刷；

⑤ 丝网印刷设备成本低，容易形成规模化生产。

（2）丝网印刷使用的主要材料。

① 丝网。目前常用的丝网是尼龙丝网，尼龙丝网具有表面光滑、浆料通透性能好、使用寿命长、耐酸和耐有机溶剂性好等优点。丝网的目数一般为120～300目。

② 绷网。一般网框选用铝框，绷网工序直接影响制版的质量，绷网的质量要点是控制好张力。绷网时丝网要有一定的张力，且张力要均匀。

③ 丝网感光胶。丝网印制版对感光胶材料的主要要求是制版性能好、易于涂布的感光光谱范围（紫外线）、显影性能好、分辨率高。感光胶的主要成分是成膜剂、感光剂和助剂。

④ 刮板材料。刮板材料有聚酯化合物、橡胶、PVC等。

⑤ 底版。底版是丝网印刷制版的依据，它来源于设计原稿。目前，原稿的设计均采用CAD方法设计，底版的材料一般用软片。

现用的丝网印刷属于手动或平面印刷，主要涉及手动式或平面印刷机，它的工作原理如图6.5所示。

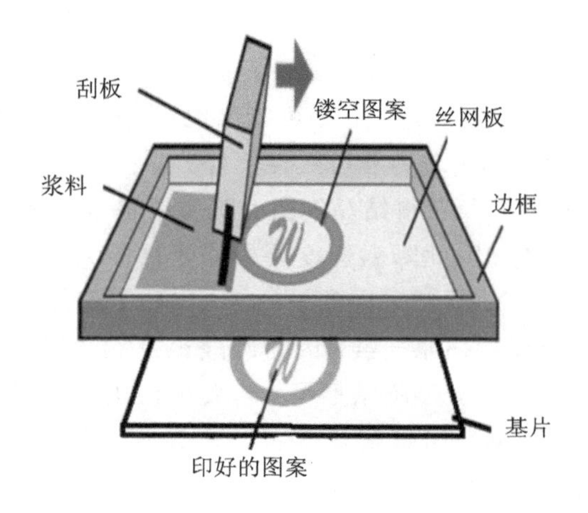


图6.5 丝网印刷工作原理

在丝网印刷过程中，浆料经过网孔（镂空图案）转移并沉淀到基片上，此时，基片吸附在平台上，刮板挤压浆料和丝网板，边框使丝网板与基片形成一条压印线，丝网具有张力，对刮板产生回弹力，该力使丝网板除压印线外不与基片接触，浆料在刮板的挤压力作用下，通过网孔从运动着的压印线转移并沉淀到基片上，产生了所需的图形。在印刷过程中，丝网板和刮板相对运动，挤压力和回弹力也随之移动，丝网板在回弹力作用下及时回位，与基片脱离接触，也就是说丝网板在印刷过程中，不断处于变形和回弹之中。当手工印刷时，操作工人的熟练程度直接影响压印线的形成，印刷时刮板直线前进，不能左右晃动，不能前慢后快，刮板的倾斜角要保持一致。

6）烧银

烧银的目的是在高温作用下使瓷件表面形成连续、致密、附着牢固、导电性良好的银层。烧银前要在60℃的烘箱内将银浆层烘干，使部分溶剂挥发，以免烧银时银层起鳞皮。烧银设备可用箱式电炉或小型电热隧道窑。银的烧渗过程可分为四个阶段。

（1）室温～350℃：主要是烧除银浆中的黏结剂。溶剂首先挥发；在200℃左右，树脂开始熔化，使银膏均匀地覆盖在瓷件表面；温度继续升高，所有的黏结剂碳化分解，全部烧除干净。这一阶段因有大量气体产生，要注意通风排气，并且升温速度每小时最好不超过150～200℃，以免银层起泡或开裂。

（2）350～500℃：主要是将碳酸银及氧化银分解还原为金属银，速度可稍快，但因仍有少量气体逸出，也应适当控制。其反应式为

$$Ag_2CO_3 \longrightarrow Ag_2O + CO_2 \tag{6.11}$$

$$2Ag_2O \longrightarrow 4Ag + O_2 \tag{6.12}$$

（3）500℃～最高烧渗温度：在500～600℃，硼酸铅先熔化成玻璃态。随着温度的升高，氧化铋等也相继熔化。它们和还原出来的银粒构成悬浮态的玻璃液，使银粒晶体彼此黏接。又由于玻璃态与瓷件表面的润湿性，银粒能够渗入瓷件的表层。瓷件的表层也部分熔入玻璃液中，形成中间层，从而保证银层与瓷件之间牢固地黏接在一起。银的熔点为960℃左右，烧银的温度最高不要超过910℃，否则银的微粒将互相熔合在一起聚成银滴。此外，玻璃液的黏度也会过度降低，造成所谓的飞银现象。最佳的烧渗温度视银浆中熔剂的熔点、含量及瓷件的性质而定，大多数瓷介电容器的最终烧结温度为(840±20)℃左右。为了保证有较好的效果，一般在最高温下保温10～30 min。这一阶段的升温速度，每小时最好不要超过300℃。如果升温速度过高，则可能出现“飞银”，即在陶瓷表面形成银珠；如果烧银最高温度过低，则银层的附着力和可焊性不好。

（4）冷却阶段；从缩短周期及获得结晶细密的优质银层角度来看，冷却速度越快越好。但降温过快，要防止瓷件开裂，因此降温速度要根据瓷件的大小及形状等因素来决定，一般每小时不要超过350～400℃。通常采用随炉冷却，以防止瓷件炸裂。

烧银的整个过程都要求保持还原气氛。因为碳酸银及氧化银的分解是可逆过程，如不及时把二氧化碳和氧气排出，银层会还原不足，增大了银层的电阻和损耗，同时也降低了银层与瓷件表面的结合强度。对于含钛陶瓷，在500～600℃的还原气氛下，$TiO_2$ 会还原成低价的半导体氧化物，使瓷件的电气性能大大恶化。

除烧渗银作电极外，对于高可靠性的元件，有时还要求烧渗其他贵金属，如金、铂、钯等。其烧渗方法类似被银法，只是烧渗温度可能提高。

7）银层质量的检验

评价银层质量的指标有银层厚度的均匀性、银层导电性、银层附着力、耐焊接热性能等。

对银层厚度均匀性的判断可用肉眼直接观察，看表面的银层是否有缺银、花银或起皮等现象。

银层附着力的测量可按照国家标准SJ/T143—1996“被银陶瓷零件”中的要求、试验方法、检验规则来实施。试验时用误差不大于5%的任何拉力试验机，通过在焊接在金属层上的铜质试验工具上加负荷的方法进行检验。较简易的方法是吊砝码，当银层被拉脱时，砝码总质量即为银层的拉脱力。试验工具的焊接端头应与瓷件的表面形状相吻合，并垂直于金属层；试验面积为4～12 $mm^2$，可用贴纸板的方法控制，如图6.6所示。

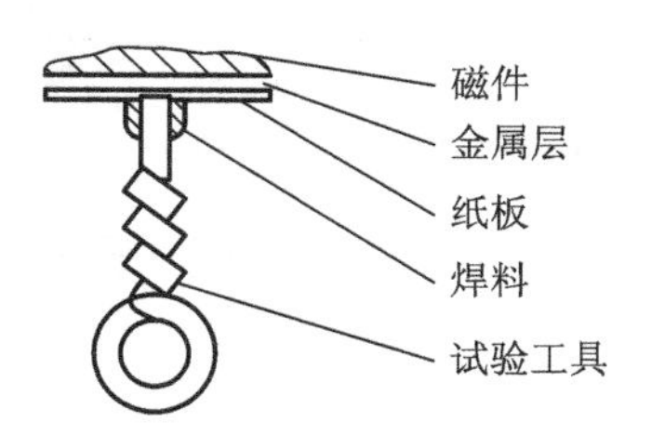


图6.6 拉力试验示意图

把零件固定在试验装置上，然后沿试验工具轴向加负荷，施于工具上的负荷应缓慢均匀地增加。金属层与瓷件表面的连接强度可按下式计算：

$$\sigma = \frac{F}{S} \tag{6.13}$$

式中，$\sigma$ 为瞬时拉力强度(Pa)；$F$ 为拉脱力(N)；$S$ 为试验面积($m^2$)。

实验结果表明，如果用天然石榴石、金刚砂W40微粉细磨瓷件表面，再采用超声波清洗及煅烧，然后在最佳温度下烧渗银，可使 $\sigma$ 达到最大，约为1800 $N/cm^2$。

银层导电性可用四探针法测量其方阻。当将1、2、3、4四根金属针排成一直线并压接在被测材料上时，在1、4两根探针间通过电流 $I$，则在2、3探针间产生电位差 $V$，如图6.7所示。

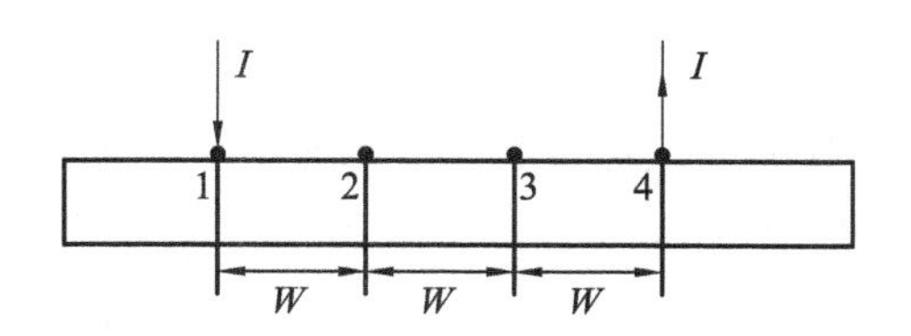


图6.7 四探针测量电阻率的示意图

则材料方阻 $R_{\square}$ 为

$$R_{\square} = C\frac{V}{I} \quad (\Omega/\square) \tag{6.14}$$

式中，$C$ 为探针修正系数(cm)，由探针的间距 $W$ 决定，理论值 $C=4.5324$。

**2. 中高温电极的形成**

中高温电极是指在900℃以上形成的电极。中高温电极中的导电材料通常采用合金，如银钯合金、金钯合金等。浆料的其他组成和银浆没有本质区别。下面仅讨论导电成分的制备。表6.2所示为两种中高温电极浆料的配方及其性能。

金粉的制备方法是用抗坏血酸还原氯金酸，反应式如下：

$$2H(AgCl_4) + 3C_6H_6O_6 \rightarrow Au + 3C_6H_6O_6 + 8HCl \quad (6.15)$$

用王水溶化纯金 20g，加热，用盐酸赶净硝酸，再在水浴下用蒸馏水除去过量盐酸，即可制得三氯化金($AuCl_3$)针状结晶。

表 6.2 两种中高温电极浆料的配方及其性能 %

| 组分 | 银钯电极浆料 | 金钯电极浆料 |
| --- | --- | --- |
| 银粉 | 71.08 | — |
| 金粉 | — | 90.00 |
| 钯粉 | 23.69 | 100.00 |
| 氧化镉 | 5.26 | — |
| 硼酸铅 | 3.16 | — |
| 硼硅铅玻璃粉 | — | 5.43 |
| 生瓷粉 | 2.11 | 3.26 |
| 有机黏结剂 | 20 | 30 |
| 最高烧渗温度/℃ | ≥1120 | ≥1120 |
| 方阻/(Ω/□) | 0.03 | 0.07 |

用 680 mL 浓 HCl 溶解 $AuCl_3$，用蒸馏水稀释至 4100 mL，加入 207 mL 乙二醇作分散剂，在搅拌的情况下加入 10%浓度的抗坏血酸水溶液 330 mL。这时反应液颜色由金黄经过绿色变成无色透明，最后变成浑浊，待褐色金粉沉淀后，水洗至中性，最后以无水乙醇洗涤一次，在低温(约 50℃)下烘干。

钯粉制备方法是碱性溶液中以抗坏血酸还原氯亚钯酸，反应式如下：

$$H_2(PdCl_4) + C_6H_8O_6 \longrightarrow Pd + C_6H_6O_6 + 4HCl \quad (6.16)$$

10 g 纯钯溶于王水中，微热除去 $HNO_3$ 和 HCl，析出棕褐色结晶。用 700 mL 蒸馏水微热溶解，加入 10%浓度 NaOH 水溶液调至 pH=4～5 后，加入 50 mL 乙二醇作分散剂，在搅拌下迅速加入 10%浓度的抗环血酸水溶液 100 mL，静置至钯粉沉淀后，滤去溶液，反复用蒸馏水洗至中性，低温烘干。

银钯比例与烧渗温度的关系如下：

| Ag/Pd | 90/10 | 70/30 | 30/70 | 100 Pd |
| --- | --- | --- | --- | --- |
| 烧渗温度 | 900℃ | 1100℃ | 1300℃ | 1370℃ |

**3. 钼锰浆料**

采用钼、钨或铼等难熔金属粉末，添加锰、铁等在还原气氛中烧渗的浆料进行金属化，这种方法适用于许多电真空瓷、集成电路管壳瓷的金属化。表 6.3 所示为几种瓷料用金属化浆料的组成。

表 6.3 几种瓷料用金属化浆料组成

| 陶瓷材料 | 浆料组分 | 组成/(wt%) |
|---|---|---|
| 滑石瓷 | Mo∶Fe | 98∶2 |
| 镁橄榄石瓷 | Mo∶Mn | 96∶4 |
| 75% $Al_2O_3$ 瓷 | W∶TiC∶Fe | 60∶10∶30 |
| 95% $Al_2O_3$ 瓷 | Mo | 100 |
| | Mo∶Mn | 80∶20 |
| | Mo∶Mn∶Si | 80∶20∶5(超过 100%) |
| 97% $Al_2O_3$ 瓷 | Mo∶Mn∶MoB | 62∶20∶17.5 |
| | Mo∶Mn∶ $MoSi_2$ | 77∶20∶3 |
| 99% $Al_2O_3$ 瓷 | Mo∶Mn∶MoB∶釉 | 74∶15∶5∶6 |
| | Mo∶Mn∶ Si | 80∶20∶5(超过 100%) |
| | W∶$Y_2O_3$ | 95∶5 |
| 蓝宝石 | Mo∶Mn∶$V_2O_5$ | 75∶20∶5 |
| 红宝石 | Mo∶玻璃 | 70∶30 |
| 氧化铍瓷 | Mo∶Mn∶Si | 80∶20∶5(超过 100%) |
| | Mo∶Mn∶Si∶MgO | 90∶10∶2∶3(超过 100%) |

钼、钨、锰等金属粉末颗粒较粗，需要在球磨、振磨或其他磨机中进行粉碎，常用丙酮或无水乙醇作介质，用硬质合金或淬火钢球为研磨体，料∶介质∶球＝1∶1∶6。要求粉碎后的粉末比表面大于 4000 $cm^2/g$(平均直径约为 1.5 $\mu m$)。粉碎时间通常依粉碎细度而定，干燥时应防止燃烧，先在 18～25℃通风柜中干燥 1 昼夜，在 85～90℃干燥箱中干燥 4 h。这一过程中所用黏结剂与前面类似。表 6.4 所示的配方供参考(按重量百分比)。

表 6.4 钼锰浆料的组成

| 浆料 | Mo 粉 | Mn 粉 | 95 瓷粉 | 75 瓷粉 | 分散介质*(外加) | 烧渗温度/℃ |
|---|---|---|---|---|---|---|
| 1# | 69.13 | 11.77 | 19.10 | — | 25 | 1700 |
| 2# | 60 | 15 | — | 25 | 23 | 1640 |

* 分散介质的配方为：松油醇∶乙基纤维素＝94∶6。

## 6.1.2 化学镀镍法

化学镀镍法可代替烧渗银的工艺，它具有如下优点：

(1) 镀层厚度均匀，能使瓷件表面形成厚度基本一致的镀层；

(2) 沉积层具有独特的化学、物理和力学性能，如抗腐蚀、表面光洁、硬度高、耐磨良好等；

(3) 投资少，简便易行，化学镀不需要电源，施镀时只需直接把镀件浸入镀液即可。

化学镀镍法适用于瓷介质电容器、热敏电阻等几种陶瓷零件。化学镀镍法是利用镍盐溶液在强还原剂(次磷酸盐)的作用下，在具有催化性质的瓷件表面上，使镍离子还原成金属，次磷酸盐分解出磷，从而获得沉积在瓷件表面的镍磷合金层的方法。次磷酸盐的氧化和镍还原的反应式为：

$$Ni^{2+} + [H_2PO_2]^- + H_2O \longrightarrow [HPO_3]^{2-} + 3H^+ + Ni \tag{6.17}$$

次磷酸根的氧化和磷的析出反应式为

$$3[H_2PO_2]^- + H^+ \longrightarrow [HPO_2]^{2-} + 3H_2 + 2P \tag{6.18}$$

由于镍磷合金有催化活性，能构成自催化镀，使得镀镍反应得以继续进行。自催化镀指不添加催化剂，能自发进行的化学镀。上述反应必须在与催化剂接触时才能发生。瓷件表面均匀地吸附一层具有催化活性的颗粒，这是表面沉镍工艺的关键。为此，先使瓷件表面吸附一层 $SnCl_2$ 敏化剂，再把它放在 $PdCl_2$ 溶液中，使贵金属 Pd 还原并附在瓷件表面上，成为诱发瓷件表面发生沉积镍反应的催化膜。

化学镀的工艺流程为：陶瓷片→水洗→除油→水洗→粗化→水洗→敏化→水洗→活化→水洗→化学镀→水洗→热处理。

下面详细介绍化学镀工艺中各个工序的具体内容和要求。

1）表面处理

表面处理的目的是除掉瓷件表面的油污和灰尘，以增加化学镀层和基体的结合强度。经过高温煅烧的新瓷件，如果没有受到油污染，一般是用蒸馏水超声波清洗三次，每次15～30 min。如果受到油污染，可用汽油、三氯甲烷等油溶剂浸泡，或用 OP 液清洗除油，最后用蒸馏水洗净。

下列除油脱污液配方仅供参考：

碳酸钠 25 g，磷酸三钠 15 g，OP 乳化剂 38 g，水 1000 mL；在 70～80℃下浸泡 10 min。

2）粗化

粗化的实质是对陶瓷表面进行刻蚀，使表面形成无数凹槽、微孔，造成表面微观粗糙，以增大基体的表面积，确保化学镀所需要的“锁扣效应”，从而提高镀层与基体的结合强度；化学粗化还可去除基体上的油污和氧化物及其他的黏附或吸附物，使基体露出新鲜的活化组织，提高对活化液的浸润性，有利于活化时形成尽量多的分布均匀的催化活性中心。粗化是要求瓷件表面形成均匀的粗糙面，但不允许形成过深的划痕。粗化有机械、化学、机械-化学法。机械法可用研磨、喷砂等；化学法可将瓷件浸泡在弱腐蚀性的粗化液中。粗化液配方(仅供参考)为：

氢氟酸 100 mL，硫酸 10 mL，铬酐 40 g，水 100 mL；在 20℃下刻蚀 5～20 min。

3）催化

催化操作可使陶瓷粉体表面具有活性，使化学镀反应能够在该表面进行。催化的好坏影响反应的进行，更会影响镀覆的质量，尤其是镀覆的均匀性。一般催化溶液为贵金属盐，如银盐和钯盐，该处理方法一般分为敏化和活化两步。

敏化一般是将样品在氯化亚锡中浸渍，使陶瓷表面形成一层含 $SnCl_2$ 的胶体粒子。敏化通过把瓷件浸泡在由氯化亚锡和中间介质组成的敏化液中实现，它的组成为：$SnCl_2$ 5g、HCl 3g 和水 1000 mL；浸泡时间约为 15 min。

活化是将敏化处理后的瓷件迅速浸泡于活化液中，防止锡的氧化，通过置换反应在陶瓷表面形成贵金属的催化核，这是化学镀成功与否的关键。例如，在陶瓷表面沉积一层钯，形成诱发镍沉积反应的催化剂层，其活化液的组成为：$PdCl_2$ 2g、HCl 2.5 g、水 1000 mL；浸泡时间约为 5 min。在吸附 $SnCl_2$ 的瓷件表面上发生 $Pd^{2+}$ 还原和 $Sn^{2+}$ 氧化反应，反应式如下：

$$SnCl_2 + PdCl_2 \longrightarrow Pd + SnCl_4 \tag{6.19}$$

4）预镀

预镀是在瓷件表面形成很薄的均匀的金属镍膜并清洗掉多余的活化液的过程。预镀液的组成为：次亚磷酸钠 30 g、硫酸镍 0.048 g、水 1000 mL；预镀 3～5 min。

5）终镀

终镀是指在瓷件表面形成均匀的一定厚度的镍磷合金层。镀液有酸性和碱性两种。碱性镀液在施镀过程中逸出氨，使镀液的 pH 值迅速下降，为维持一定的沉积速率，必须不断地添加氨水。

碱性镀液的配方为：氯化镍 50g、氯化铵 40g、次亚磷酸钠 30g、柠檬酸三钠 45g，氨水适量、水 1000 mL，pH 值为 8～10，沉积温度为 80～84℃。pH 值升高，会使反应速度过快，影响镀层光泽；pH 值过低，镀层含磷量增加，镀层与瓷件结合变坏。

终镀温度一般控制在 60～80℃。镀液温度过低，镀层含磷量较高，镀层光亮，但与瓷件结合强度低；温度过高，反应速度过快，引起镀液自然分解，镀液浑浊。下面列出几种典型配方。

• 用于镁镧钛瓷的酸性镀液配方为：硫酸镍 50 g、无水乙酸钠 10 g、次亚磷酸钠 10 g、水 1000 mL。

• 适用于 95%氧化铝陶瓷的镀镍参考配方为：硫酸镍 25 g/L、次亚磷酸钠 30 g/L、柠檬酸钠 10 g/L，pH 值为 8.5～9.5，镀液温度为 70～80℃，终镀时间为 15 min。

• 适用于石英玻璃的镀镍参考配方为：硫酸镍 40 g/L、柠檬酸钠 50 g/L，pH 值为 5～6，镀液温度为 50～55℃，终镀时间为 10 min。

对于各种电子陶瓷，如压电陶瓷、PTC 热敏陶瓷等，适当调整镀液配方，能获得良好的镀层和欧姆接触的效果。

6）热处理

由于化学镀镍后形成的金属镍层(由超细的镍微粒组成)与瓷件的结合强度较低，表面易氧化，镍层松软，故化学镀镍后需进行处理。经热处理后，金属镍层中的晶粒长大，结晶程度趋于完全，机械强度和瓷件的结合强度大大提高，但可焊性略有降低。热处理条件为：升温速度为 400℃/h，在 400℃保温 1.5 h，随炉冷却。为防止镍层氧化，在整个热处理过程中，都应通入氮气，其流速为 0.5～0.8 L/min。

影响陶瓷表面化学镀的因素很多，主要有下列几个方面：

(1) 镀液中各组元浓度的影响。镀液中金属离子浓度、还原剂浓度增大会提高氧化还原电位差，加快金属沉积速度。自由金属离子浓度过高，特别是在碱性条件下，易生成金属化合物的沉淀，必须加入配合剂以减少自由金属离子的浓度，防止沉淀和镀液分解。当配合剂与金属离子配比适中时，能提高沉积速度；而当配比太高时，沉积速度将线性下降。

(2) 镀液温度的影响。温度升高也会提高氧化还原电位差，加快化学反应，提高镀速。也有学者认为，在较低温度时，催化表面有吸附层形成，使催化反应具有较高的活化能，所以反应速度较慢。

(3) 镀液 pH 值的影响。用作配合剂的有机酸或有机酸盐在镀液中存在电离(有机酸)或水解(有机酸盐)平衡现象，两者都受到溶液 pH 值的严重影响。pH 值对配合剂的存在形态有明显影响，氧化还原的难易程度随 pH 值变化而发生改变，镀速也随之发生改变；另一方面，无论采用何种还原剂，在氧化还原反应过程中都有 $OH^-$ 的消耗或 $H^+$ 生成，使溶液 pH 值发生改变。反过来，pH 值会严重影响反应速度。在碱性条件下，pH 值越高，镀速越快。

### 6.1.3 真空蒸发镀膜

真空蒸发镀膜又称为真空蒸镀，它是在功能陶瓷表面形成导电层的方法，如镀铝、铜等，具有镀膜质量较高、简便实用等优点。该方法配合光刻技术，可以形成复杂的电极图案，如叉指电极等。用真空溅射方法(如阴极溅射、高频溅射等)可形成合金和难熔金属的导电层以及各种氧化物、钛酸钡等化合物薄膜。

真空蒸发镀膜是以加热镀膜料使之汽化的一种镀膜技术，真空蒸发镀膜原理如图 6.8 所示。

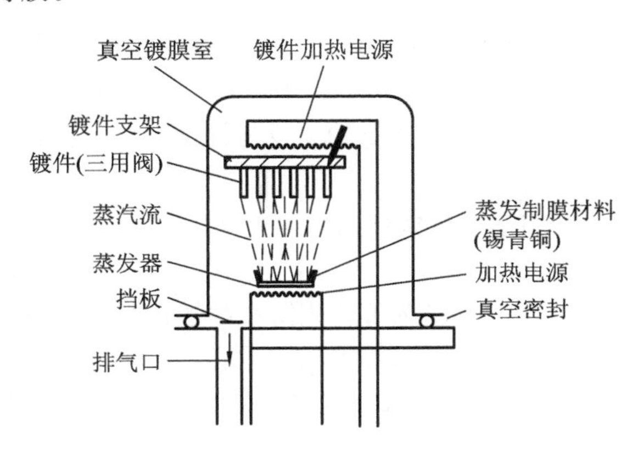


图 6.8 真空蒸发镀膜原理

在真空状态下，将蒸发制膜材料(也称待镀材料)加热后，达到一定的温度即可蒸发。这时，待镀材料以分子或原子的形态进入真空镀膜室，由于其环境是真空，因此，待镀材料无论是金属还是非金属，在这种真空条件下，蒸发要比常压下容易得多。一般来说，金属及其他稳定化合物在真空中只要加热到能使其饱和蒸气压达到 1.33 Pa 以上时，均能迅速蒸发。

常用的加热法有电阻加热法和电子束加热法。电阻加热法是用高熔点金属(钨、铂)做成丝或舟型加热器，用来存放待镀材料，利用大电流通过加热器时产生热量的原理来形成加热电源。电子束加热法的加热电源是由一个提供电子的热阴极、加速电子的加速极和阳极(待镀材料)组成，其特点是能量高度集中，能使待镀材料的局部表面获得极高的温度，通过对电参数的调节，便能方便地控制汽化温度，且可调节的温度范围大，即对高、低熔点的待镀材料都能加热汽化。真空镀膜室是使待镀材料蒸发的蒸发空间，支撑镀件的镀件支架是真空蒸发镀膜设备的主要部分。

## 6.2 陶瓷的机械加工方法

前面的章节已经介绍过，陶瓷是由粉末成型后经高温烧结而成的，由于烧结收缩率大，无法保证烧结后瓷体尺寸的精确度。同时，传统陶瓷以及作为工程部件的特种陶瓷都有尺寸和表面精度要求，因此烧结后需要再加工。例如，沿厚度方向振动的压电振子的频率常

数 $N$ 是定值，由于 $N=f\times t$，$f$ 和 $t$ 分别是谐振频率和振子的厚度，因此可通过改变厚度来调整频率的高低。

由于包括工程陶瓷在内的所有陶瓷，其晶体结构几乎都是由离子键和共价键组成的，这类材料具有高硬度、高强度、脆性大的特性，属于难加工材料。

根据加工能量的供给方式可将陶瓷的机械加工方法进行分类，具体分类方法如表6.5所示。

表6.5 陶瓷的机械加工方法分类

<table>
<tr><th>分类方式</th><th colspan="3">加工方法</th></tr>
<tr><td rowspan="10">机械</td><td rowspan="8">磨料加工</td><td rowspan="3">固结磨料加工</td><td>磨削</td></tr>
<tr><td>珩磨</td></tr>
<tr><td>超精加工</td></tr>
<tr><td rowspan="5">悬浮磨料加工</td><td>砂布砂纸加工</td></tr>
<tr><td>研磨</td></tr>
<tr><td>超声波加工</td></tr>
<tr><td>抛光</td></tr>
<tr><td>滚筒抛光</td></tr>
<tr><td rowspan="2">刀具加工</td><td colspan="2">切削加工</td></tr>
<tr><td colspan="2">切割</td></tr>
</table>

## 6.2.1 陶瓷的切削加工

陶瓷材料的切削加工特点如下：

(1) 陶瓷材料具有很高的硬度、耐磨性，对于一般工程陶瓷的切削，只有超硬刀具材料才能够胜任。

(2) 陶瓷材料是典型的硬脆材料，其切削去除机理为：因刀具刃口附近的被切削材料易产生脆性破坏，而不是像金属材料那样产生剪切滑移变形，加工表面不会由于塑性变形而导致加工变质，但切削产生的脆性裂纹会部分残留在工件表面，从而影响陶瓷零件的强度和工作可靠性。

(3) 陶瓷材料的切削特性与材料种类、制备工艺有关，断裂韧性较低的陶瓷材料容易切削加工。

陶瓷与金属材料在切削加工方面存在着显著的差异，由于工程陶瓷材料硬度高、脆性大，车削难以保证其精度要求，表面质量差，同时加工效率低，加工成本高，所以车削加工陶瓷零件应用不多。陶瓷材料的切削首先应选择切削性能优良的新型切削刀具，如各种超硬高速钢、硬质合金、涂层刀具、金刚石和立方氮化硼(c-BN)陶瓷等。金刚石是自然界最硬的材料，其显微硬度高达10 000 HV，多晶金刚石刀具难以产生光滑的切削刃，一般只用于粗加工。在对陶瓷材料进行精车时，必须使用天然单晶金刚石刀具，采用微切削方式；其次，车削陶瓷时，在正确选择刀具的前提下，还要考虑选择合适的刀具几何参数。由于切削陶瓷材料时，刀具磨损严重，可适当加大刀具圆弧半径，以增加刀尖的强度和散热效率。切削用量的选择也影响加工效率和刀具的耐用度，根据切削条件和加工要求，确定合理的切削速度、切削深度和进给量。同时，陶瓷零件必须装夹在特别设计的专用夹具上进行车削，并且在零件的周围垫橡胶块以缓冲震动，防止破裂。正确实施冷却润滑，减少陶瓷零件与刀具之间的摩擦和变形，对提高切削效率、降低切削力和切削温度都是有益的。

### 6.2.2 陶瓷的机械磨削加工

#### 1. 磨削加工机理

磨削加工就是用高硬度的磨粒、磨具来去除工件上多余材料的方法。磨削过程大体可分为三个阶段：弹性变形阶段(磨粒开始与工件接触)、刻划阶段(磨粒逐渐切入工件，在工件表面形成刻痕)、切削阶段(法向切削力增加到一定程度，切削物流出)。在磨削陶瓷和硬金属等较脆材料时，磨削过程及结果与材料剥离机理紧密相关。材料去除剥离机理是由材料特性、磨料几何形状、磨料切入运动以及作用在工件和磨粒上的机械及热载荷等因素的交互作用决定的。陶瓷属于硬质材料，其磨削机理与金属材料的磨削机理有很大的差别。通常情况下，在陶瓷磨削过程中，材料脆性剥离是通过空隙和裂纹的形成或延展、剥落及碎裂等方式来完成的，具体方式主要有：晶粒去除、材料剥落、脆性断裂、晶界微破碎等。在晶粒去除过程中，材料是以整个晶粒从工件表面上脱落的方式被去除的。陶瓷材料和金属材料的磨削机理如图 6.9 所示。金属材料依靠磨粒切削刃引起的剪切作用产生带状或接近带状的切屑，而磨削陶瓷时，在磨粒切削刃撞击工件瞬间，材料内部就产生裂纹，随着应力的增加，间断裂纹逐渐增大、连接，从而形成局部剥落。因此，从微观结构设计的角度来看，可加工陶瓷材料的共同特点是：在陶瓷基体中引入特殊的显微结构，如层状、片状、孔形结构，在陶瓷内部产生弱结合面，偏转主裂纹，耗散裂纹扩展的能量，使扩展终止。间断的裂纹连接并交织形成网络层，使材料容易去除，最终提高了陶瓷的可加工性。

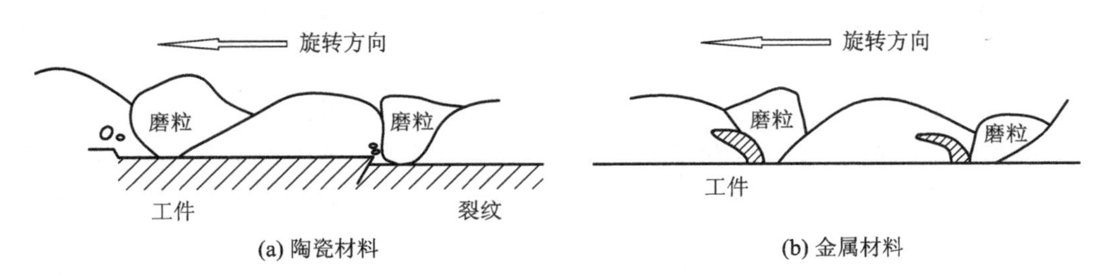


图 6.9 陶瓷材料和金属材料的磨削机理

#### 2. 磨削工艺

1) 砂轮和磨料的选择

陶瓷的磨削加工一般选用金刚石砂轮来磨削。金刚石砂轮磨削剥离材料的机理是在磨粒切入工件时，磨粒切削刃前方的材料受到挤压，当应力值超过陶瓷材料承受极限时被压溃，形成碎屑；另一方面，磨粒切入工件时由于压应力和摩擦热的作用，磨粒下方的材料会产生局部塑性流动，形成变形层。当磨粒划过后，由于应力的消失，引起变形层从工件上脱落，形成切屑。

对于磨料的选择，就粒度的标准而言，依精磨和粗磨的要求不同而不同。磨料粒度越大，研磨后工件表面粗糙度越高，磨料滚动嵌入工件并切削的能力越强，研磨量也越大，而过细的颗粒在研磨中不起作用。粗磨时金刚石的粒度为80～140目；精磨时的粒度为270～400目。球形颗粒的金刚石粉的研磨效果较好。

2）工艺参数的选择

(1) 砂轮磨削速度。随着磨削速度的增大，法向磨削力和切向磨削力均减小，但力的减小趋势逐渐变缓。这主要是因为随着磨削速度的增大，一方面使磨粒的实际切削厚度减小，降低了每个磨粒上的切削力；另一方面是磨削时产生的高温提高了陶瓷材料的断裂韧性，增加了塑性变形。因此，适当地增大磨削速度，既可以增强磨削砂轮的自锐能力，获得较高的去除率；又可以增加塑性变形，改善工件的表面质量。但是磨削速度不能太大或太小。如磨削速度太大，则会加剧砂轮的热磨损，引起砂轮黏结颗粒的脱落，并且还会引起磨削系统的振动，增大加工误差；如磨削速度太小，则会增大每次切削刃上的切深，导致磨粒碎裂和脱落。

用砂轮磨削加工陶瓷材料比加工金属材料的转速要适当低一些。如果采用冷却液，且使用树脂黏结的砂轮，则推荐线速度范围为20～30 m/s。应该避免无冷却液磨削的情况，但有特殊情况非采用不可时，砂轮的转速要比有冷却液磨削的转速低很多。

(2) 工件给进速度。随着工件进给速度的增加，法向磨削力和切向磨削力均增大，可大大提高磨削效率，但磨削力的增大趋势会逐渐变缓。当工件进给速度较高时，磨削力总的增加幅度不大。例如，在一定条件下加工 $Al_2O_3$ 和 $Si_3N_4$ 时，随着工件进给速度的提高，磨削力有明显的增长，但在随后继续增大工件进给速度时，由于磨粒实际切削厚度的增大，脆性剥落增多，故磨削力反而减小。

总的来讲，工件进给速度对磨削力的影响并不显著，而且影响比较复杂；不同的陶瓷材料以及在不同的磨削条件下，工件进给速度对磨削力的影响也不完全相同。

(3) 冷却液的选择。由于磨削加工速度高、消耗功率大，且其能量大部分转化为热能，故在磨削加工中，磨削液(冷却液)的适当选用有利于降低磨削温度、减小磨削力、提高工件的表面质量、延长砂轮的使用寿命。研究表明，不同种类的磨削液对磨削力有很大的影响，而磨削液的渗透能力越强，磨削力越小。在陶瓷磨削加工中，采用煤油作为磨削液比较好，因为煤油不仅是良好的冷却液，而且具有防止设备生锈的特点，但煤油的气味大、价格高，而且易起火，不安全。所以，目前一般采用水溶性冷却液进行磨削，水性磨削液又可分为乳化油、微乳液和合成液等。

(4) 磨削深度 $\delta_p$。研究表明，法向切削力 $F_n$ 与磨削砂轮的实际磨削深度 $\delta_p$ 间存在如下关系：

$$F_n = F_0 + C_a\delta_p \tag{6.20}$$

式中，$C_a$ 是由磨削条件决定的常数；$F_0$ 是当实际切削深度为零时的值。

从式(6.20)中可以看出，当增大切削深度时，磨削力成正比增大。当磨削深度很微小时，由于陶瓷发生显微塑性变形，磨削力很小。增大磨削深度，使得参与磨削的有效磨粒数量增多，同时接触弧长增大，磨削力将呈线性增加。当达到临界切深、出现脆性断裂时，该磨削力有所下降并不断波动，这表明绝大多数陶瓷材料的去除是由于脆性断裂的作用，而磨削力随着塑性变形而增大。在实际的磨削加工中，由于其他磨削条件(如砂轮转速、工件进给速度等)的影响，使得磨削深度的变化呈现出一定的随机性。

(5) 磨削方式、方向及机床刚性。磨削方式不同导致磨削特性不同，例如，在平磨时，采用杯式砂轮一般比直线砂轮磨削的表面粗糙度要好，效率也高，可以降低成本。

磨削过程中会产生裂纹，对材料的强度产生影响，但这种影响的程度与磨削的方向有关。磨削方向顺着材料成型时所施加压力的方向比逆着材料成型时施加压力的方向造成的断裂程度小得多，但在实际生产中，如果没有某种形状或结构上的标记，烧结后的陶瓷材料一般很难判断其成型时所施加压力的方向。不过应当尽可能地使磨削方向与成型压力方向一致，以便减少磨削时，因方向的选择不对而造成的对工件的损坏。

另外，在进行磨削加工时，机床磨削盘的刚性和磨床的稳定程度对磨削效果也有很大的影响，采用刚性好(特别是主轴刚性)、稳定、不容易发生振动的磨削盘或磨床，对被加工材料的表面粗糙度和精度是有好处的。

### 6.2.3 超精密研磨

研磨加工是历史最久、应用广泛且还在不断发展的加工方法。古代人们将研磨用于擦光宝石、铜镜等，近代研磨作为抛光的前道工序，用于加工最精密的零件，如透镜和棱镜等光学零件。最近的发展趋势是将加工对象从金属、玻璃等转化为 X 射线光学元件(如反射镜、透镜、分光镜等)、电子工业的各种功能陶瓷元器件材料。

在现代微电子、信息、光学等领域，为实现功能陶瓷材料的应有功能，通常将超精密研磨作为功能陶瓷元器件材料的最终加工方法。例如，半导体集成电路的硅、锗、砷化镓基片，铁氧体磁头，宝石红外窗口，压电水晶振子基片，声表面波器件的铌酸锂基片，激光反射镜，光学玻璃棱镜及大型天体望远镜透镜等，均需要用超精密研磨加工来实现。超精密研磨加工涉及的材料有硅、砷化镓等半导体材料，蓝宝石、铌酸锂($LiNbO_3$)等光电子材料，压电材料，磁性材料，光学材料等。

**1. 超精密研磨及其特点**

超精密研磨属于游离磨粒切削加工，是指用注入磨料的研具来去除微量的工件材料，以达到高级几何精度(优于 0.1 μm)和优良表面粗糙度($Ra<0.01$ μm)的方法。超精密研磨加工是在研磨加工完成的基础上进行的。为了讨论方便，本书有时把超精密研磨称为抛光。

超精密研磨技术主要有两类，一类是以降低表面粗糙度或提高尺寸精度为目标的；另一类是以实现功能材料元件的功能为目标的。这就要求解决与高精度相匹配的表面粗糙度和极小的变质层问题。对于电子材料的加工，除了要求高形状精度外，还必须达到物理或结晶学的无损伤理想镜面。

**2. 功能陶瓷的研磨机理**

研磨是在刚性研具(如铸铁、锡、铝等软质金属或硬木、塑料等)上注入磨料，在一定压力下，通过研具与工件的相对滑动，借助磨粒的微切削去除被加工表面的微量材料，以提高工件的尺寸、形状精度和降低表面粗糙度的精密加工方法。

大多数功能陶瓷是硬脆材料。对硬脆材料进行研磨，磨料应具有滚轧作用或微切削作用。磨料作用机理的模型如图6.10所示。磨粒作用在有凸凹和裂纹的表面上，随着研磨加工的进行，一部分磨粒由于研磨压力的作用而被压入研磨盘中，只用露出的尖端刻划工件表面进行微切削加工；另一部分磨粒则在工件与研磨盘之间发生滚动，产生滚轧效果，使工件表面产生微裂纹。裂纹扩展后使工件表面产生脆性崩碎形切屑，达到表面去除的目的。

由于硬脆材料的抗拉强度比抗压强度小，在对磨粒加压时，就在硬脆材料加工表面的拉伸应力最大部位产生微裂纹。当纵横交错的裂纹扩展并互相交叉时，受裂纹包围的部分就会破裂并崩离出小碎块来。这就是硬脆材料研磨时切屑生成和表面形成的基本过程。

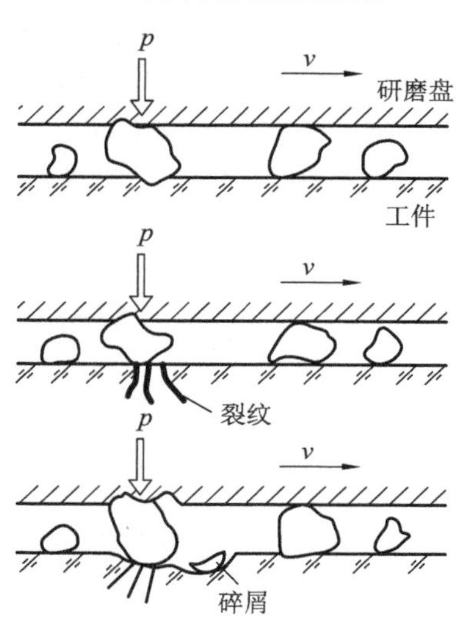


图6.10 磨料作用机理的模型

如果把包含裂纹区域的最小半径定义为裂纹的长度，则可认为表面及内部的裂纹长度是大体相等的。在硅、钠玻璃和锗等材料上做的试验结果已证实了荷重越大，在水平方向扩展的裂纹长度越长(见图6.11)这一现象。图6.12所示的是由压入所引起的变形破坏区的模型。图中$a$为压痕半径，$R_s$为表面上裂纹长度，$c$为弹性变形范围的边界。根据这一模型，就可以解释研磨过程中不仅有带裂纹的研磨痕，而且还掺杂一些由塑性变形而引起的研磨痕的现象。研磨中常见的研磨痕有压痕(包括有裂纹和无裂纹两种情况)和划痕(包括周围破碎、两侧有裂纹和无破碎三种情况)。

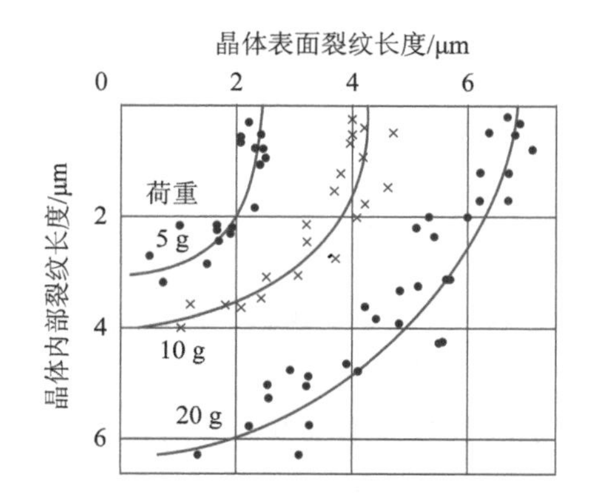


图6.11 在单晶硅内传播的裂纹的扩展范围

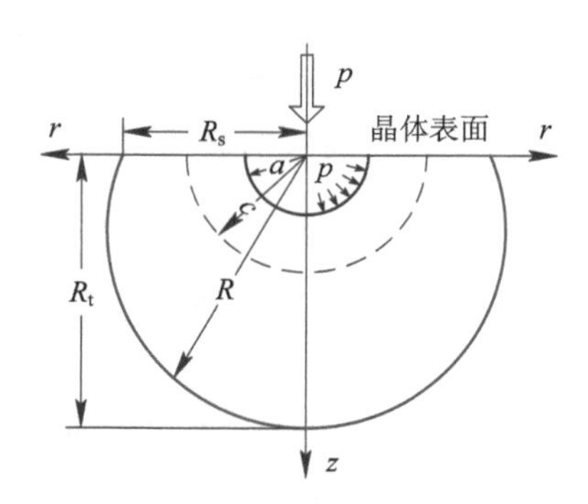


图6.12 压入变形破坏区的模型

研磨玻璃、单晶硅等硬脆性材料时，要求研磨加工后的理想表面形态是由无数微小破碎痕迹构成的均匀无光泽面。一般认为，在以磨粒滚动为主的研磨工作状态下，可产生均匀无光泽的研磨加工表面。研磨过程中磨粒的滚轧和微切削作用随着工件和研具的材质、磨粒、研磨压力及研磨液等研磨条件的不同而不同，在用铸铁研磨盘研磨硅片时，带有裂纹的压痕是研磨作用的主要形式。在研磨硬脆材料时，重要的是控制裂纹的大小和均一程度。选择磨料的合适粒度及控制粒度的均一性，可避免产生特别大的加工缺陷，有利于最后工序的镜面抛光。

图 6.13 所示为加工要求与研磨条件的关系，从图中可以看出，研磨质量的好坏是由磨料种类、磨料粒度、加工压力和加工速度决定的，而这些因素与给定条件有关。例如，磨料种类由工件的种类和加工成本来确定，对硬质工件，如氧化铝陶瓷，需要采用金刚石磨料，如果觉得金刚石价格高，还可选择碳化硅或碳化硼磨料。

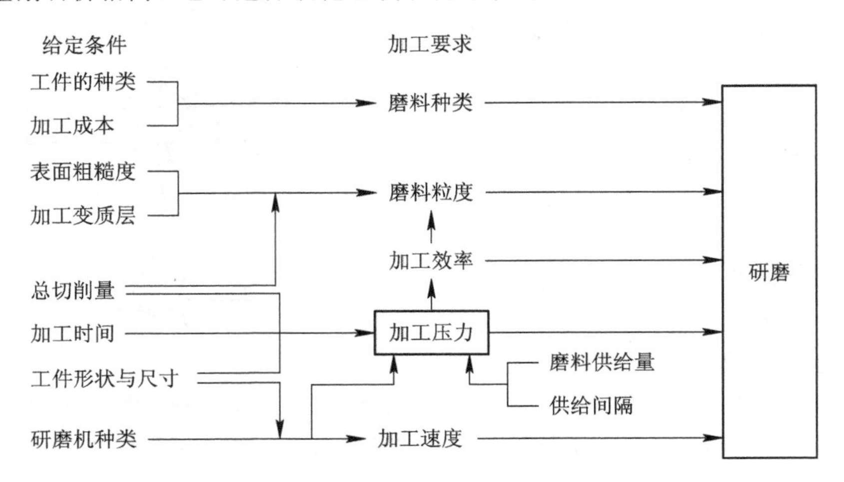


图 6.13　加工要求与研磨条件的关系

根据加工要求以及研磨过程中单颗磨粒的作用力 $p_i$ 和磨粒的短径 $\eta_i$ 之间的关系，可以推导出研磨加工量 $W$ 和加工效率 $H$ 的数学表达式：

$$W = w_g \cdot n \cdot \frac{t}{\Delta t} \tag{6.21}$$

$$H = \frac{W}{s} \cdot w_g \cdot p \cdot t \tag{6.22}$$

式中，$p$ 为加工压力；$n$ 为磨粒个数；$w_g$ 为每次供给磨料的数量；$\Delta t$ 为磨粒作用的时间间隔；$s$ 为单位时间内磨粒的表面积，$t$ 为研磨时间。

$$p = n \cdot \overline{p_i},\ p_i = k_1 \cdot \eta_i,\ \Delta t = k_2 \cdot \frac{1}{N} \cdot \frac{1}{v},\ s = k_3 \cdot N \cdot \overline{\eta_i^2}$$

式中，$k_1$、$k_2$ 和 $k_3$ 为实验常数；$\overline{p_i}$ 为单颗磨粒的平均作用力；$\overline{\eta_i}$ 为磨粒的平均短径；$N$ 为单位时间作用的磨粒数。

如果磨料的粒度相同，要获得高的加工效率，就要提高加工压力 $p$ 并加大磨粒个数 $n$，或者增大研磨速率 $v$ 或每次供给磨料的数量 $w_g$ 以及减少磨粒作用的时间间隔 $\Delta t$ 等。另外，加工表面粗糙度是由所使用的磨料的粒度大小自动决定的。

3. 抛光

抛光指用高速旋转的低弹性材料(棉布、毛毡、人造革等)抛光盘，或用低速旋转的软质弹性或黏弹性材料(塑料、沥青、石蜡、锡等)抛光盘，加抛光剂，具有一定研磨性质的获得光滑表面的加工方法。抛光一般不能提高工件形状精度和尺寸精度。近代发展的加工方法，如浮动抛光、水合抛光等，除能降低表面粗糙度、改善表面质量，还能同时提高形状精度和尺寸精度。

抛光与研磨在磨料和研具材料的选择上不同。抛光通常使用的是 1 μm 以下的微细磨粒，抛光盘用沥青、石蜡、合成树脂和人造革、锡等软质金属或非金属材料制成。在对硬脆材料进行研磨时，当磨粒小到一定的粒度，并且采用软质材料研磨盘时，由于磨料与研磨盘的性质(磨料的夹持方式)的不同造成研磨与抛光的差异，工件材料的去除机理及表面形成机理随之发生变化。除机械切削作用外，加工氛围的化学反应起了重要作用。研磨是用比较硬的金属盘作研具，材料的破坏以微小破碎为主；抛光是用弹性研具进行的，它加给磨料的作用不能使工件产生裂纹。抛光加工时磨粒的作用模型如图6.14所示。可见，由抛光盘弹性地夹持住微细磨粒来加工工件时，磨粒对工件的作用力很小，因而即使抛光脆性材料也不会发生裂纹。

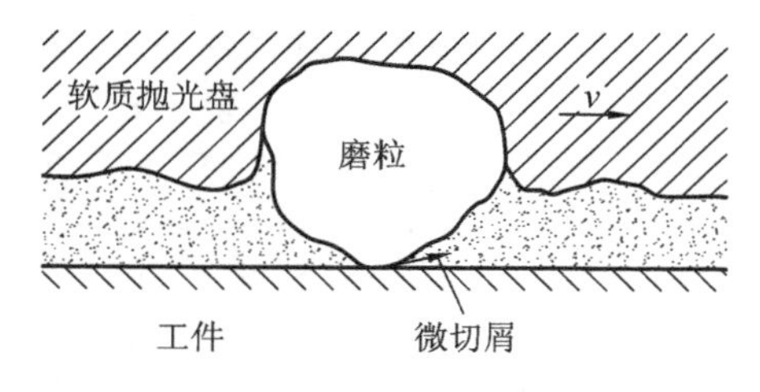

图6.14 抛光加工时磨粒的作用模型

1) 抛光机理

由于抛光过程的复杂性和不可视性，抛光机理不能从理论上给出解释，而是根据特定实验的结果来加以说明。到目前为止还难以形成一个完整的学说。对于脆性材料的抛光机理，归纳起来主要有如下解释：

认为抛光是以磨粒的微小塑性切削生成切屑为主体而进行的；在材料切除过程中会由于局部高温、高压而使工件与磨粒、加工液及抛光盘之间存在着直接的化学作用，并在工件表面产生反应生成物。由于这些作用的重叠，以及抛光液、磨粒及抛光盘的力学作用，使工件表面的生成物不断被除去而使表面平滑化。

采用工件、磨粒、抛光盘和加工液等的不同组合，可实现不同的抛光效果。工件与抛光液、磨料及抛光盘间的化学反应有助于抛光加工。

2) 微小机械去除与化学作用

抛光加工面的表面粗糙度是机械的、化学的切屑形成后的痕迹，而存在于加工变质层中的弹塑性变形及微小裂纹可认为是由生成切屑的机械能的一部分产生的。因此，为保证加工质量，在超精密抛光中，应采用使表面粗糙度低和变质层小的切屑生成条件。

设想材料去除的最小单位是一层原子，那么，最基本的材料去除是将表面的一层原子与内部的原子切开。事实上，完全除去材料一层原子的加工是不可能的。机械加工必然残留有加工变质层，并且由于工件材料性质及加工条件的不同，加工变质层的深度也不同。由于加工中还伴随着化学反应等复杂现象，因此，抛光加工中，材料去除层的厚度为从一层原子到数层原子乃至数十层原子的几种状态的复合。

目前，抛光加工中材料的去除单位已达纳米甚至是亚纳米级，在这种加工尺度内，加工氛围的化学作用就成为超精密抛光加工不可忽视的一部分。例如，在玻璃的光学抛光中，氧化物磨粒的机械作用可产生软质变质层，使得材料的去除率高。在硅片的机械化学抛光中，加工液在硅片表面生成水合膜，可以使加工变质层减少。因此，加工过程中的化学反应对材料的去除及减少加工变质层是有利的。例如，在用干式机械化学法抛光蓝宝石时采用石英玻璃抛光盘，及干燥状态下的0.01 μm直径的$SiO_2$磨粒，磨粒与蓝宝石之间发生界面固相反应，生成富铝红柱石(Mullite)，然后再将其从蓝宝石表面剥离，即实现了抛光加工。

4. 加工工艺参数

加工工艺参数对实现超精密研磨至关重要。超精密研磨的主要工艺因素如表6.6所示。作为最终加工工序的研磨与作为超精密抛光的前工序的研磨要求是不同的，其加工条件也不同。如将研磨作为最终加工，则需选择与抛光工序同样的加工条件。

表6.6 超精密研磨的主要工艺因素

| 项目 | 内容 | |
|---|---|---|
| 研磨法 | 加工方式 | 单面研磨、双面研磨 |
| | 加工运动 | 旋转、往复摆动 |
| | 驱动方式 | 手动、机械驱动、强制驱动、从动 |
| 研具 | 材料 | 硬质、软质(弹性、黏弹性) |
| | 形状 | 平面、球面、非球面、圆柱面 |
| | 表面状态 | 有槽、有孔、无槽 |
| 磨粒 | 种类 | 金属氧化物、金属碳化物、氮化物、硼化物 |
| | 材质、形状 | 硬度、韧性、形状 |
| | 粒径 | 几十微米至几十纳米 |
| 研磨液 | 水质 | 酸性、碱性、界面活性剂 |
| | 油质 | 界面活性剂 |
| 加工参数 | 研磨速度 | 1～100 m/min |
| | 研磨压力 | 0.01～30 N/cm$^2$ |
| | 研磨时间 | ～10 h |
| 环境 | 温度 | 室温变化±0.1℃ |
| | 尘埃 | 利用洁净室、净化工作台 |

研磨方式有单面研磨和双面研磨两种，双面研磨能高效率地研磨工件的平行平面和圆柱面、圆球面等。平行平面硬脆材料工件的厚度不能低于几十微米，否则，易产生碎片。在单面研磨薄片工件时，易产生粘贴变形。

超精密研磨用的研磨机应具有较复杂的研磨运动轨迹，以便均匀地加工工件，并能进行研具精度的修整。

研具工作面的形状精度会反映到工件表面上，所以，必须减少研具工作面的磨损和弹性变形。研具材料对保证加工质量和精度非常重要。

磨粒和研具对工件表面的机械作用程度，直接影响到表面粗糙度和加工变质层深度。为了获得高的表面质量，需要选用微细的磨粒，以及弹性研具材料，使磨粒对工件表面的作用力均化分布。另外，研磨速度和研磨压力等，与研磨加工效率有关。如研磨速度和压力过大，则会造成表面质量下降，甚至会引起脆性材料薄片工件破碎。

研磨和抛光时的发热会导致工件和研具产生热变形，同时在局部的磨粒作用点上也会产生相当高的温度，这会产生研磨加工变质层。研磨液具有供给磨粒、排屑、冷却和润滑效果。若能适宜地供给研磨液，可以保证研具有良好的耐磨性和工件的形状精度。功能陶瓷材料的研磨液一般用纯净水加磨料配制而成。但是，如果工件在超精密研磨中不允许存在加工液膜，则必须采用干式研磨法。

研磨速度、研磨压力和研磨液浓度是研磨加工的主要工艺参数。在研磨机、研具和磨料选定的条件下，这些工艺参数的确定是保证加工质量和加工效率的关键。研磨效率也称作材料去除率，以单位时间内材料去除层厚度或被去除的质量来表示。

研磨速度是指工件与研具的相对速度。研磨速度增大会使研磨效率提高。但当速度过高时，由于离心力作用，研磨剂甩出工作区，研磨运动平稳性降低，研具磨损加快，从而影响研磨加工精度。一般粗研多用较低速、较高压力，精研多用低速、较低压力。

研具单位面积上的研磨痕数量与留存的磨料粒子数量之比称为磨料作用率。磨料作用率与研磨压力之间的关系如图6.15所示。由图可见，随着研磨压力的增加，磨料作用率增加。也就是说，单颗磨粒作用在工件表面上的力增加，使得在工件表面上产生的裂纹长度增加，进而引起工件表面的去除率增加。在一定范围内，增加研磨压力可提高研磨效率。但当压力大到一定值时，由于磨粒破碎及研磨接触面积增加，实际接触点的接触压力不成正比例增加，研磨效率提高并不明显。

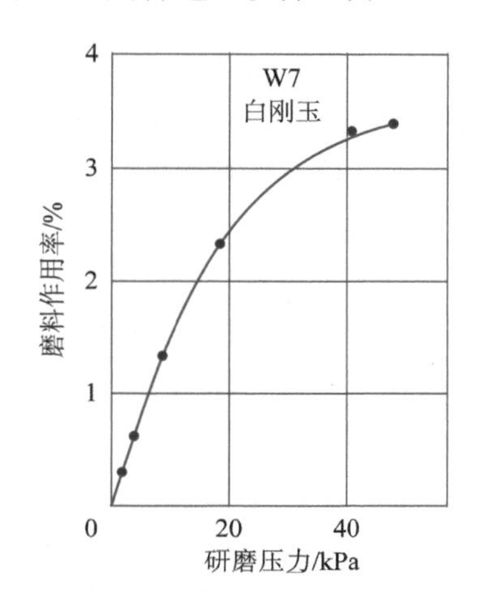


图6.15 磨料作用率与研磨压力之间的关系

研磨压力的计算公式如下：

$$p_0 = \frac{F}{NA} \quad (\text{MPa}) \tag{6.23}$$

式中，$F$为工件研磨表面所承受的总压力(N)；$N$为每次研磨的工件总数；$A$为单个工件的实际接触面积($mm^2$)。

对于同样的磨粒，研磨压力减少对降低表面粗糙度有利。在功能陶瓷材料最终抛光阶段，如仅靠工件自重进行悬浮抛光，则可获得极好的表面质量。

5. 研磨盘

研磨盘是用于涂敷或嵌入磨料的载体，使磨粒发挥切削作用；同时又是研磨表面的成形工具。研磨盘本身在研磨过程中与工件是相互修整的，研磨盘本身的几何精度按一定程度“转写”到工件上，故要求研磨盘的加工面有高的几何精度。对研磨盘的主要要求如下：

(1) 材料硬度一般比工件材料的硬度低，组织均匀致密，无杂质、异物、裂纹和缺陷，并有一定的磨料嵌入性和浸含性。

(2) 结构合理，有良好的刚性、精度保持性和耐磨性，表面应具有较高的几何精度。

(3) 排屑性和散热性好。

常用的研磨盘材料有铸铁、黄铜、玻璃等。为了获得良好的研磨表面，有时需在研磨盘面上开槽。槽的形状有放射状、网格状、同心圆状和螺旋状等。槽的形状、宽度、深度和间距等要根据工件材料质量、形状及研磨面的加工精度来选择。在研具表面开槽有如下的效果：

（1）可在槽内存储多余的磨粒，防止磨料堆积损伤工件表面。

（2）加工中作为向工件供给磨粒的通道。

（3）作为及时排屑的通道，防止研磨表面被划伤。

将金刚石或立方氮化硼磨料与铸铁粉末混合后，烧结成小薄块，或用电铸法将磨粒固着在金属薄片上，再用环氧树脂将这些小薄块粘贴在研磨盘上，可制成固着磨料研磨盘。固着磨料研磨盘适用于精密研磨陶瓷、硅片、水晶等脆性材料，研磨盘表面精度保持性好，研磨效率高。

6. 抛光盘

实现高精度平面抛光的关键在于抛光盘的平面精度及其精度保持性。所以，采用高平面精度的抛光盘是获得工件高平面精度的加工基础。因此，抛光小面积的高精度平面工件时要使用弹性变形小并始终能保持平面度的抛光盘。

采用特种玻璃或者在平面金属盘上涂一层弹性材料或软金属材料作为抛光盘，都可以得到好的表面加工质量。为获得无损伤的平滑表面，在工件材料较软时，如加工光学玻璃时，有时使用半软质抛光盘（如锡盘、铅盘）和软质抛光盘（如沥青盘、石蜡盘）。使用软质抛光盘的优点是抛光表面加工变质层和表面粗糙度都很小，其缺点是不易保持平面度，因而影响工件的平面度。

当使用软质抛光盘时，为确保抛光加工的高精度，可采取以下措施：

（1）尽可能用耐磨损变形的抛光盘；

（2）废弃已磨损变形的抛光盘；

（3）修正磨损变形，可采用人工修整，抛光盘的形状用标准平板与抛光盘对研修整。

图 6.16 所示是在使用有弹性的无纺布抛光盘时，试件抛光量与平面度之间的关系曲线。由图 6.16 可见，平面度误差随抛光量的增大而增大，最终平面度 $S_f$ 达到常值，且最终平面度误差 $\Delta S$ 随抛光压力的增加而增大。图 6.17 所示是抛光盘变形量与最终平面度的关系。由图可见，$S_f$ 随着抛光盘变形量的增大而成比例地增加。

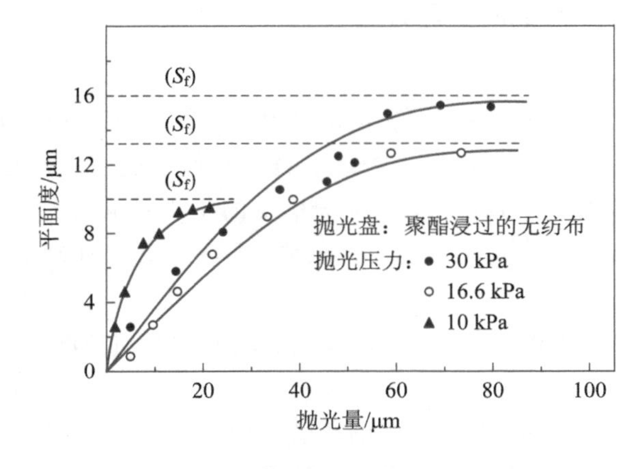

图 6.16 抛光量与平面度之间的关系曲线

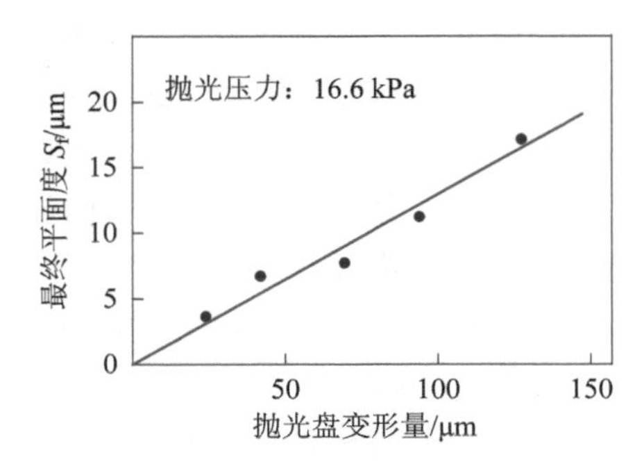


图 6.17 抛光盘变形量与最终平面度的关系

抛光盘的弹性变形会使试件产生“塌边”现象。就沥青抛光盘而言，由于沥青的黏度与加工温度之间有极敏感的依存性(见图 6.18)，对牌号为 G-55 的沥青，当抛光盘表面温度变化 1℃，沥青的黏度就变化 $2\times10^{7}$ Pa·s 以上。其他牌号的沥青的黏度随温度的变化更大。所以只要抛光温度稍有变化，沥青抛光盘就会产生较大的变形，进而恶化工件的平面精度。

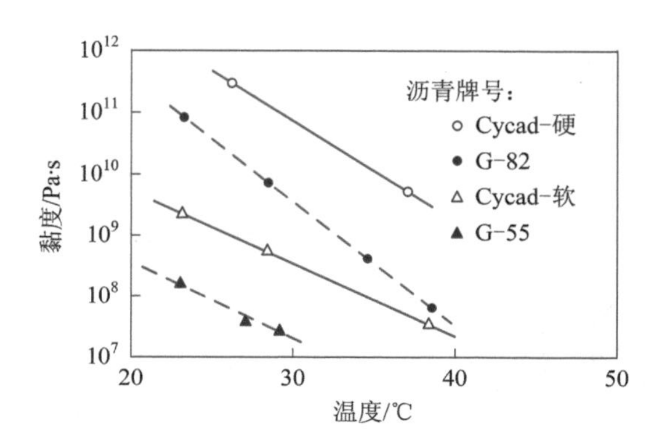


图 6.18　各种沥青黏度与加工温度间的依存性

这种“塌边”现象是由于抛光盘的弹性变形所引起的工件表面压力分布不均匀的结果。如图 6.19 所示，在抛光初期(见图 6.19 (a))，工件的边缘受到抛光盘的变形阻力较工件中部大，因此，抛光初期工件边缘较中部的去除量大。到抛光的后期(见图 6.19 (b))，工件已“塌边”，其边缘处的抛光盘变形量较抛光初期阶段减少，工件表面上各点所受的抛光盘变形阻力逐渐趋于一致。最终，工件表面各点的抛光量趋于相等。因此，如果使用弹性抛光盘，试件的“塌边”现象是不可避免的，而使用具有较大刚性的抛光盘则可避免“塌边”现象。

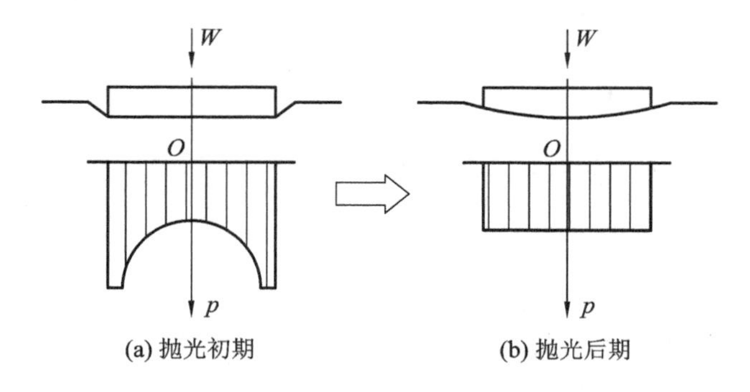


图 6.19　表面压力分布转移过程模型

使用沥青抛光盘可获得高表面质量的光学元件。沥青是一种黏弹性类材料，具有延弹性，并且在某个瞬时力作用下，它又表现出一种不相应的类刚性性能。抛光时，在工件表面与沥青盘表面紧密贴合处，利用沥青的类刚性性能，可以冲击工件表面的微小尖峰。同时，抛光时磨料微粉又吸附在沥青盘表面。因此，磨料微粉配合抛光盘的机械作用对工件的表面粗糙度起直接影响。只要使每个机械作用减至最小值就可保证获得超平滑工件表面。图 6.20 所示为表面粗糙度的基本形成模型。假设在抛光盘与工件之间存在着大磨粒或灰尘粒子(见图 6.20(a))，这些颗粒将在工件表面产生摩擦痕迹，表面粗糙度即由这些交错的擦痕产生，并且其数值与颗粒直径 $d$ 及抛光盘材料的压痕硬度 $H_p$ 成正比，与工件的压痕硬度 $H_w$ 成反比。因此，软质抛光盘有利于防止大颗粒恶化工件表面的粗糙度。

在图 6.20(a)中，磨粒的压痕深度为

$$t_w = \frac{d \cdot H_p}{4H_w} \tag{6.23}$$

$$R_{max} = f(t_w) \tag{6.24}$$

式中，$R_{max}$为工件表面粗糙度。

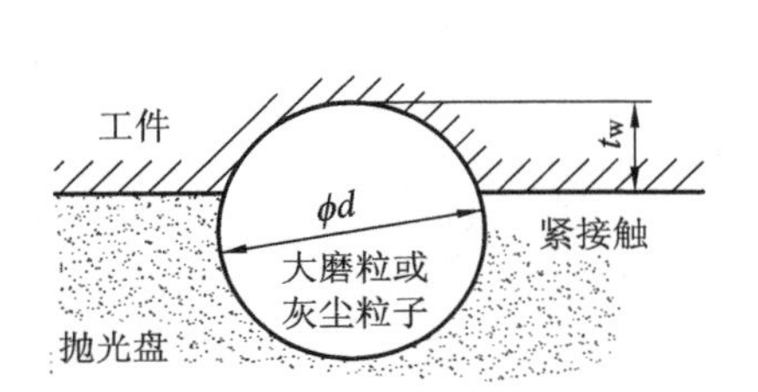


(a) 工件、抛光盘与磨粒或灰尘间的关系

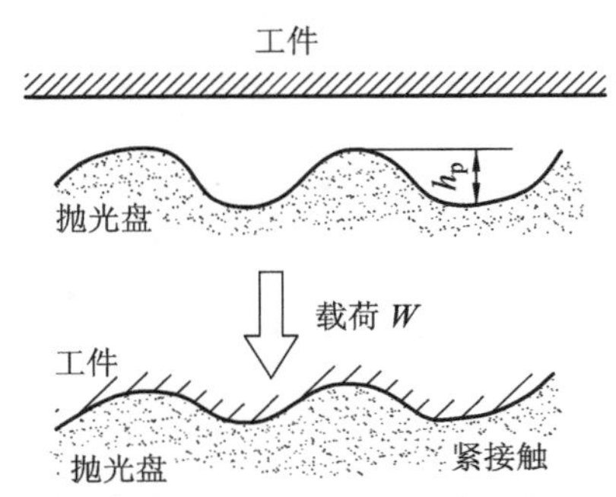


(b) 抛光盘表面结构与抛光压力的不均匀性间的关系

图 6.20　表面粗糙度的基本形成模型

另一方面，考虑抛光盘表面的微小不规则性及表面存在的微细磨料(见图 6.20(b))。抛光盘表面的这种微小不规则也将在工件表面形成表面粗糙度。在适当的载荷 $W$ 作用下，当抛光盘与工件表面紧密接触时，抛光盘表面的小尖峰与凹谷之间将产生压力差 $\Delta p$。在正常抛光条件下，材料的去除率与抛光速度 $v$，压力 $p$ 和时间 $t$ 成正比。抛光盘施加给工件表面各点不均匀的压力 $\Delta p$ 使得工件表面各点的材料去除率不等，进而产生表面粗糙度，且与抛光盘表面不均匀高度 $h_p$ 成正比，与抛光盘弹性变形量 $\xi$ 成反比。因此，抛光盘本身必须表面平滑且弹性适中。

在图 6.20(b)中，抛光盘施加给工件表面各点不均匀的压力为

$$\Delta p = \frac{h_p}{\xi} \tag{6.25}$$

$$R_{max} = f(\Delta p) \tag{6.26}$$

式中，$h_p$ 为抛光盘表面不均匀高度，$\xi$ 为抛光盘的弹性变形量。

磨料按硬度可分为硬磨料和软磨料两类。研磨用磨粒应具备下列性能：

(1) 磨粒形状、尺寸均匀一致；

(2) 磨粒能适当地破碎，使切刃锋利；

(3) 磨粒熔点要比工件熔点高；

(4) 磨粒在研磨液中容易分散。

对于抛光粉，还要考虑其与工件材料作用的化学活性。功能陶瓷研磨液主要起冷却润滑、在研磨盘表面均布磨粒和排屑作用。对研磨液有以下要求：

(1) 能有效地散热，防止研磨盘和工件热变形；

(2) 黏性低，以提高磨料的流动性；

(3) 不会污染工件；

(4) 化学物理性能稳定，不会分解变质；

(5) 能较好地分散磨粒。

玻璃、水晶、半导体等硬脆材料常用纯水来配制研磨液。添加剂在研磨过程中能起防止磨料沉淀和凝聚以及对工件的化学作用，以提高研磨效率和质量。

### 6.2.4 切割

对陶瓷材料进行切割的方法有很多种，综合归纳如表6.7所示。

表6.7 陶瓷材料切割方法

<table>
<tr><th>按物理量划分</th><th colspan="4">加工方式</th></tr>
<tr><td rowspan="8">力学(机械)</td><td rowspan="8">磨料加工</td><td rowspan="4">固结磨料<br>(磨削刀割)</td><td rowspan="2">金刚石砂轮</td><td>外圆形</td></tr>
<tr><td>内圆形</td></tr>
<tr><td colspan="2">金刚石砂轮磨料镶嵌钢刃</td></tr>
<tr><td colspan="2">金刚石带锯(直线运动)</td></tr>
<tr><td rowspan="4">悬浮磨料</td><td colspan="2">研磨方式切割</td></tr>
<tr><td colspan="2">喷射切割</td></tr>
<tr><td colspan="2">超声波切割</td></tr>
<tr><td colspan="2">高速水流切割</td></tr>
<tr><td>电学</td><td colspan="4">电子束切割</td></tr>
<tr><td>光学</td><td colspan="4">激光切割</td></tr>
<tr><td>热学</td><td colspan="4">热切</td></tr>
</table>

工业上，采用磨料加工的切割方法能得到精度相当高的切割面，其中大多采用金刚石砂轮进行切割。现在有十几微米厚的金刚石砂轮，在精密切割、切槽或锯切中发挥了很大的作用。如果采用侧面有锥度的切割砂轮，那么就能避免侧面磨料变钝引起的不良影响。

电子陶瓷元件的尺寸普遍较小，在加工前往往制成较大的陶瓷块，然后切割成薄片，再加工(如表面金属化等)，最后切割成所需的尺寸，如图6.21(c)所示的薄片(厚0.3 mm)是由图6.21(a)所示的大块陶瓷(30 mm×20 mm×7 mm)切割和后续加工而成的，从图6.21(c)还可看出薄片上面有12个相同的图案，将这12个图案再切割成12个更小的方片，即构成了12个陶瓷元件(图中所示为压电陶瓷滤波器)。

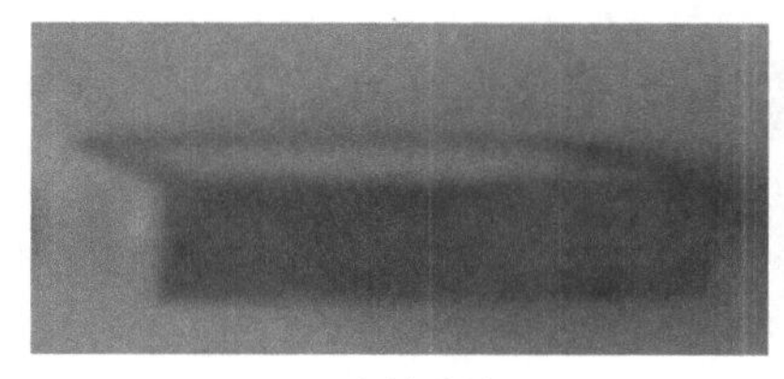

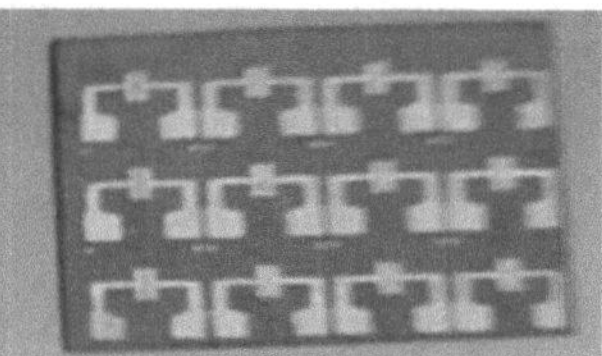

(a) 大块陶瓷　　(b) 金属化后的薄片　　(c) 表面腐蚀后的薄片

图6.21 切割前后的陶瓷

采用前面第4章介绍的挤制成型工艺制成的管状陶瓷电容器，实际上也是由长度很长的空心管(一般有300 mm长)切割而成的(长度约10 mm)。

此外，利用激光也可以进行切割，激光切割的特点是切割宽度窄，可进行曲线切割，但是激光切割的厚度受到一定的限制，也就是说不能太厚。实际上经常采用激光在陶瓷片上划痕，然后用手折断。

用高速水流也能切割，如图6.22所示是水流切割的陶瓷基板，基板上的槽的轮廓非常清晰和整齐。另外在用水流切割时，基板的厚度可不受限制，这正是水滴石穿的效果。

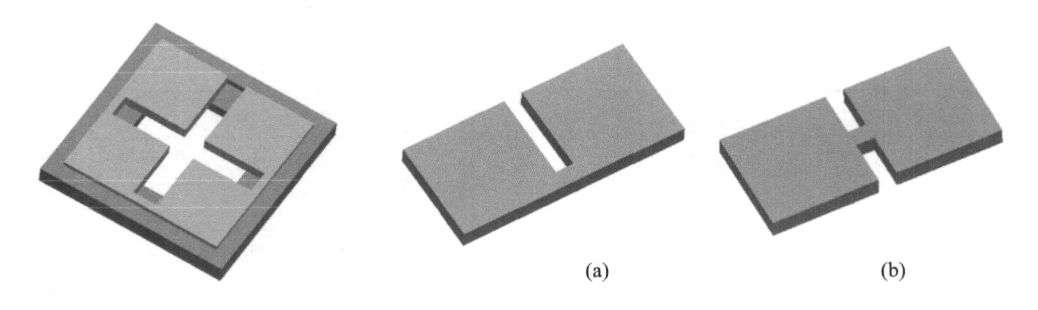


图6.22 水流切割的陶瓷基板

## 6.3 电子陶瓷的表面施釉

釉是一种玻璃质，它是根据坯体性能的要求，利用陶瓷原料在高温下熔融并被覆在坯体表面的富有光泽的玻璃层。

电子陶瓷表面施釉的目的主要是防潮保护作用，也能提高制品的机械强度和化学稳定性，以及使表面具有光亮、清洁、美观、不容易玷污的作用。施以深颜色的釉，如棕釉、黑釉等，还可提高瓷件的辐射散热能力。

对釉料及在制品表面所形成的釉层的要求如下：

(1) 釉浆的悬浮性要好；

(2) 釉的烧成温度范围要宽，对高温釉来说，釉的成熟温度要与坯体相适应；

(3) 制品上形成的釉层要具有较高的机械强度和硬度，有良好的弹性和热稳定性；

(4) 釉层要有较高的比表面电阻，对制品的介电损耗影响不大；

(5) 低温釉要与胎体的烧成温度相适应；

(6) 釉的膨胀系数要与坯体的热膨胀系数相适应。

### 6.3.1 釉的分类

釉的分类方法很多，最常用的是下列两种分类方法。

#### 1. 按釉的烧成温度分类

1) 高温釉(难熔釉)

高温釉中含有较多的 $SiO_2$ 和 $Al_2O_3$。其主要原料是长石、石英和黏土，有时还用滑石。根据不同的配方，釉的成熟温度为1250～1400℃。这类釉的特点是和制品一起一次烧成。

2）低温釉（易熔釉）

低温釉中含有较少的 $SiO_2$ 和 $Al_2O_3$。其主要原料是铅丹（$Pb_3O_4$）、硼酸、方解石、石英和黏土等。低温釉的成熟温度低于1250℃。这类釉的特点是不能和制品一起一次烧成，而是先将瓷体烧好，然后再上釉，第二次烧成。

**2. 按釉料的制备方法分类**

1）生料釉

生料釉所用的原料都是没有经过预烧的，而且所用原料都不溶于水。生料釉可以是高温釉，也可以是低温釉。

2）熔块釉

制成熔块釉的原因是这类釉中有部分原料是溶于水的，如硼酸、硼砂等，也有部分原料是有毒的，如铅丹等。因此，须先将可溶于水的或有毒的原料预先烧成熔块，再将熔块粉碎配成釉料。这类釉属于低温釉。

## 6.3.2 釉的组成与结构

釉的成分和玻璃没有多大区别，主要是含有自身能够单独形成玻璃的所谓网络形成剂，如 $SiO_2$、$B_2O_3$、$P_2O_5$ 等，用以调节热学、电学、化学、机械及工艺性能的成分，叫网络变性剂（又称网络修饰剂），如 BaO、PbO、ZnO、MgO、CaO、$K_2O$、$Na_2O$ 等，以及作用介于网络形成剂和网络变性剂两者之间的网络中间剂，如 $Al_2O_3$ 和 BeO 等。上述物质多取自化工原料。早期的陶瓷釉料多采自天然矿石，如长石、黏土、石英等，由于这类物质含杂质过多，不能确保纯度，影响各项性能，故在电子陶瓷中较少使用。

表示釉料组成有以下三种方法：

（1）以各种原料的用量来表示，这种方法适用于生产车间，便于操作工人称料；

（2）以釉料中各种氧化物组成的重量百分比来表示；

（3）以各种氧化物组成的分子数表示，并将碱性氧化物作为第一项，中性氧化物作为第二项，酸性氧化物作为第三项，将所有的分子数通过计算调整，使碱性氧化物分子数的总和等于1。例如，

$$\left.\begin{matrix}0.222Na_2O\\0.175K_2O\\0.506CaO\\0.097MgO\end{matrix}\right\}\left.\begin{matrix}0.757Al_2O_3\\0.32Fe_2O_3\end{matrix}\right\}6.11SiO_2 \tag{6.27}$$

表6.7为两种薄膜电路基片用釉的化学成分及其性能。成分中的前两项 $SiO_2$、$B_2O_3$ 为玻璃形成剂，$SiO_2$ 多则熔点高，$B_2O_3$ 多则熔点低，但 $B_2O_3$ 的水解稳定性差，故不宜多用。除 $Al_2O_3$ 外，其他氧化物都可以看作是网络变性剂。其中，$K_2O$、$Na_2O$ 的引入能使熔点显著降低，但同时会带来绝缘电阻下降、介电损耗增加、化学稳定性变劣等问题，故亦不宜多用。如果同时添加 BaO、PbO 等，则可以降低碱性离子的活性，使上述各项性能提高。

一般说来，阳离子化合价高、键能大的物质，其线膨胀系数小。反之，低价的、处于混乱无定形结构中的弱键合离子的出现，可使釉或玻璃的线膨胀系数升高，不过以结晶状存

在的低价离子例外，例如，已经发现锂霞石($Li_2O\cdot Al_2O_3\cdot SiO_2$)具有负的线膨胀系数。总的来说，宏观的线膨胀系数是具有一定的微观加和性的，在混合成分中，线膨胀系数大的成分多，则其总体线膨胀系数大。故改变各种网络变性剂的含量，既可调整其电性能与结构，也可同时调整线膨胀系数。一般认为釉层的线膨胀系数以接近或略小于陶瓷体的为好，不宜比它大，否则在烧釉后的冷却阶段将出现裂纹，影响其致密性和光洁度。

表 6.7　两种薄膜电路基片用釉的化学成分及其性能　　wt%

| 成分与性能 | | | $Al_2O_3$ 瓷用釉 | BeO 瓷用釉 |
|---|---|---|---|---|
| 成分 | $SiO_2$ | | 50 | 41.7 |
| | $B_2O_3$ | | 5 | 4.2 |
| | $Al_2O_3$ | | 6 | 5 |
| | PbO | | — | 17 |
| | BaO | | 25 | 20.8 |
| | ZnO | | 1.75 | 1.4 |
| | CaO | | 10 | 8.3 |
| | $K_2O$ | | 1.6 | 0.5 |
| | $Na_2O$ | | 1.65 | 1.1 |
| 性能 | 腐蚀量/($mg/cm^2$)<br>(在 HF∶$HNO_3$=1∶1 中 15 s) | | 2.61 | 3.17 |
| | 软化点/℃ | | 800 | 730 |
| | 热膨胀系数/(ppm/℃) | | 7.7 | 7.9 |
| | 方阻/(Ω/□) | 300℃ | $9\times10^{12}$ | $1\times10^{13}$ |
| | | 500℃ | $1.8\times10^{10}$ | $1\times10^{11}$ |
| | 表面光洁度/μm | | <0.01 | <0.01 |

下面列出两种以矿物组成表示的釉料配方，分别是适用于滑石瓷和高铝瓷的高温釉和低温釉。

(1) 高温釉配方：长石 80%，滑石 17.5%，膨润土 2.5%，烧成温度 1300～1380℃，其性能如下：釉的比重(上釉时)1.26～1.30 $g/cm^3$，在(100±5)℃的体积电阻率$10^{13}$ Ω·m，在 20～100℃内的线膨胀系数 5～6 ppm/℃。

(2) 低温釉配方：熔块 70%，高岭土 27%，萤石 3%，烧成温度 800～1100℃。熔块配方为铅丹 43%，硼酸 30%，石英 24%，高岭土 3%，熔制温度 1200℃；其性能如下：釉的比重(上釉时)1.75～1.80 $g/cm^3$，(100±5)℃的体积电阻率 $10^{14}$ Ω·m，在 20～100℃内的线膨胀系数 4 ppm/℃。

就相组成来说，釉和瓷相似，它也含有三种相成分，即晶相、玻璃相和气相。釉的结构还包括坯体表面上所形成的坯-釉中间层，也叫过渡层。

釉中晶相的来源，一方面是釉中析出的细晶，另一方面是原料中没有完全熔化成玻璃的成分。釉中的气相是釉料中某些原料分解释放出来的气体以及坯体中逸出的气体跑到釉中而未得到排除所造成的。

涂在坯体上的釉料，经高温烧结后，除了在表面形成一层光洁的釉层外，还在和坯体接触的地方形成一个中间层。这个中间层是由釉料中的某些成分和坯体中的某些成分相互作用，生成的互相渗透而又结构牢固的一层过渡层，过渡层的存在使釉层和坯体相互紧密结合起来，也很好地填充了坯体表面的孔隙，改善了瓷体的性能。

### 6.3.3 表面施釉工艺

表面施釉工艺主要分为釉浆制备、涂釉、烧釉三个过程。

1）釉浆制备

不管是生料釉还是熔块釉都要进行湿球磨，料：球：水＝1.1：0.8～1：1，而且要求颗粒很细，细磨的釉料可以使各种料均匀混合，并且颗粒小能使反应接触面扩大，容易熔融，降低烧成温度，产生良好的光泽。细磨的釉料通常需要过万孔筛，筛余量小于0.05％。料浆的浓度要控制，一般比重为1.25～1.80 g/cm$^3$。

2）涂釉

为了保证釉浆和坯体有良好的黏附，坯体要先经清洁处理，除去尘垢和杂质。按照工艺要求，釉浆可涂于已烧好的瓷件上或直接涂于烧结前的坯体上(一次烧成)，如果坯体某部分不上釉，则用一混合物(用等量的石蜡、松香和地蜡配制)覆盖起来。对于上高温釉的制品，一定要把坯体干燥到含水量为1％～3％才能施釉。按照瓷体形状或其他工艺要求，可采用浸釉法、浇釉法、刷釉法和喷釉法等方法，使工件被上一层厚薄均匀的釉浆。浸釉法是用得最广而又简单的方法，它是用手或其他工具拿着坯体放入釉中，然后取出，坯体表面则上了一层均匀的釉。浇釉法是用工具把釉浆浇到坯体上，大的瓷套管或一面上釉的瓷板等可用此法。但此法使釉层厚度不均匀。实际工作中，将坯体放在旋转的轱辘车上，往坯体的中央浇上适量的釉浆，釉浆立即因旋转离心力的作用，往坯体的外缘散开，而使制品的表面施上一层厚薄均匀的釉。甩出的多余釉浆，可以收集循环使用。刷釉法是用刷子或毛笔蘸上釉浆涂到坯体上，这种方法适用于局部上釉或补釉。喷釉法是用喷枪利用压缩空气把釉浆喷到坯体上，此法可以在坯体表面获得均匀一致的釉层。

3）烧釉

待釉浆充分干燥后，将涂好釉的坯体放进窑炉，按特定的升、降温方式烧釉，在高温下出现液相，经过化学反应，液相扩散匀化，并与陶瓷件间形成一种牢固结合的过渡层。如烧釉温度太低，则反应不充分，釉度不均匀，表面粗糙且黏附不牢；如烧釉温度过高，则由于液相过稀，在重力作用下出现釉层流集或流失，上、下不均，还可能侵蚀陶瓷体，不能达到要求。

## 6.4 陶瓷与金属的封接技术

陶瓷与金属的封接技术在现代工业技术中有着十分重要的意义，陶瓷与金属的封接广泛用于真空电子技术、微电子技术、激光和红外技术、宇航工业、化学工业等领域。由于陶瓷固有的物理和化学特性，许多适用于金属的连接方法在用于陶瓷连接时将存在很大困难或根本无法实现。因此，在陶瓷与金属的连接过程中，应选用适当的连接方法。陶瓷与金属的连接方法有多种，如机械连接、黏结剂黏接、熔焊、固态扩散连接、热等静压连接、摩擦焊、玻璃封接、过渡液相连接、自蔓延高温合成连接、离子注入技术、活性钎焊技术以及陶瓷表面金属化后的间接钎焊等，每种方法有各自的优缺点。陶瓷与金属的连接不管采用哪种类型的封接工艺，都必须满足下列性能要求：

(1) 电气特性优良，包括耐高电压、抗飞弧，具有足够的绝缘、介电性能等；

(2) 化学稳定性高，能耐适当的酸、碱清洗，不分解，不腐蚀；

(3) 热稳定性好，能够承受高温和热冲击作用，具有合适的线膨胀系数；

(4) 可靠性高，包括足够的气密性、防潮性和抗风化作用等。

上面四项性能要求中，前两项为一般电子器件的共同要求，它主要决定于原材料的选择，后两项是陶瓷与金属封接所应具有的特殊要求，既有材料问题，也有大量的工艺问题。从物理性质和结构角度来看，主要是黏结和膨胀两类问题。

要想得到致密且牢固的连接，应满足如下条件：

(1) 封接剂与金属及陶瓷间应有良好的润湿作用，并且在其间应有一定的化学反应机制，能形成一层连续的、化学结合型的过渡性组织层。这种过渡性组织层既不是单纯的物理吸附，又不会过分熔蚀而丧失各自的功能。

(2) 相互黏结的陶瓷和金属的热膨胀系数应尽可能接近。不过，由于陶瓷的机械强度和热冲击稳定性通常都比玻璃的高，所以和金属与玻璃封接相比，金属与陶瓷间允许有较大的膨胀系数差，一般认为当其差值在±0.2 ppm/℃时，具有良好的热稳定性，甚至在高达1 ppm/℃时，也还可以使用。其实，两者之间的膨胀系数允许差值，还与黏结层的厚度有很大的关系。实践证明，如果封接层的厚度减薄至2～10 μm，当膨胀系数大致为(3～4)ppm/℃时，仍能正常地工作。下面结合具体的工艺讲述玻璃焊料封接。

### 6.4.1 玻璃焊料封接

玻璃焊料封接(glass welding)又称氧化物焊料法，即利用附着在陶瓷表面的玻璃相(或玻璃釉)作为封接材料。玻璃焊料适合于陶瓷和各种金属合金的封接(包括陶瓷与陶瓷的封接)，特别是强度和气密性要求较高的功能陶瓷，如集成电路、高密度磁头的磁隙、硅芯片、底座、传感器、微波管、真空管、高压钠灯管(针)与氧化铝透明陶瓷管的封接等。

#### 1. 玻璃焊料与金属封接条件

1) 两者的膨胀系数接近

一般来讲，在从室温到低于玻璃退火温度上限的温度范围内，玻璃和金属的膨胀系数应尽可能一致，以便于制得无内应力的封接体。如果玻璃和金属的膨胀系数差别过大，则会受热胀冷缩的影响，在封接体中产生不应有的应力，当应力值超过玻璃的强度极限时，封接界面处就会出现开裂或封接强度急剧减弱，导致元件损坏和失效的现象，即使在短时间内没有开裂，但随着使用时间的延长，由于玻璃体承受不了应力的作用，也会逐渐产生微裂纹，这就是人们常说的慢性漏气。尤其是当电子器件受到震动和碰撞时，微裂纹会迅速蔓延和扩展，导致封接件损坏。

当然，要使两种材料的膨胀系数曲线完全一致是不可能的，由图 6.23 可知，金属的膨胀系数在没有物相变化的情况下几乎是个常数，而玻璃的膨胀系数在超过退火温度后会急剧上升。当温度超过软化点后，玻璃因处于黏滞状态，故应力会自动消失而使膨胀系数又趋于稳定。如果玻璃和金属的膨胀系数在整个温度范围内的差值不超过 10%，便可将应力控制在安全范围内，玻璃就不会炸裂。玻璃或玻璃釉的膨胀系数，随成分和结构不同而异。为了降低熔点，提高低温流动性，又要确保电气、化学性能，可用高 PbO 配方的玻璃或玻璃釉，但 PbO 本身的膨胀系数比较大，故关键问题是如何调整成分以减小膨胀系数，例如，在玻璃或玻璃釉中能自然析出锂霞石或直接加入这种成分，则可使其膨胀系数降低。

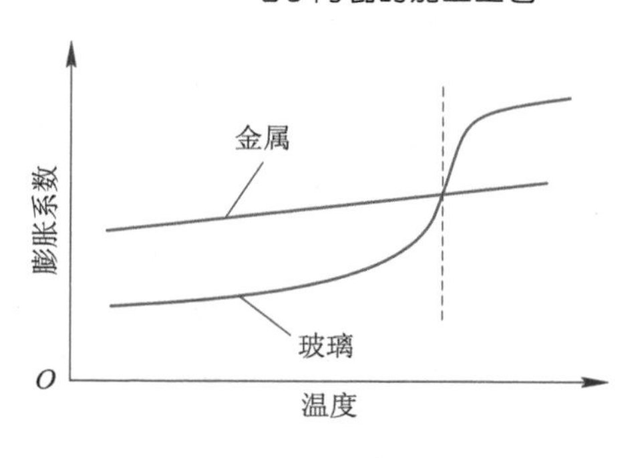


图 6.23 玻璃和金属的热膨胀特性

2）玻璃能润湿金属表面

以液滴与基板的交界线作为润湿角的一边，在液滴边缘与基板相连接的地方作切线，便构成润湿角的另一边，这两条边之间的夹角 $\theta$ 叫润湿角，如图 6.24 所示。润湿角 $\theta$ 是液体对固体润湿程度的度量。当 $\theta$ 小于 90°时，发生浸润；当 $\theta$ 大于 90°时，不发生浸润。在通常情况下，玻璃和纯金属表面几乎不润湿（润湿角 $\theta$ 很大），但在空气和氧气介质中，则润湿情况会出现明显改善，这是由于金属表面形成了一层氧化膜而促进润湿的缘故。衡量润湿性的优劣以润湿角表示。

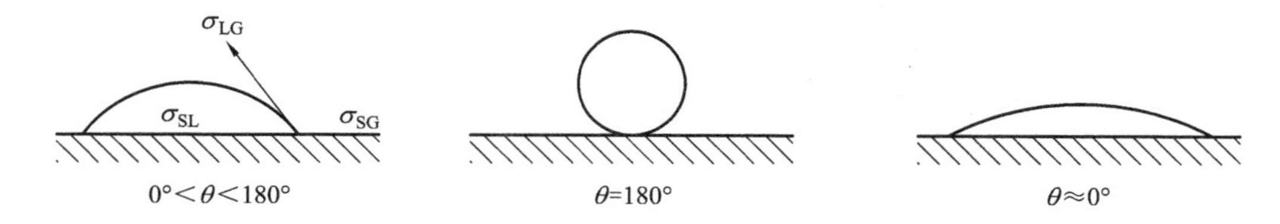


图 6.24 玻璃液滴在金属表面上的润湿

**2. 玻璃焊料与金属封接的工艺参数**

玻璃与金属封接的工艺参数包括温度、时间和气氛。根据玻璃焊料的黏温曲线、差热曲线及拉曼曲线，可选择合适的封接温度和时间。温度是玻璃与金属封接中最关键的参数之一，它根据封接类型及材料的选择而不同。封接温度低，焊料与焊件之间传质不够充分，润湿不好，封接材料难以进行有效充分的封接；封接温度高，可以增进传质，但温度过高，金属表面过分氧化，会导致封接件质量降低。对于玻璃焊料来说，其最大的特性在于它有较低的软化点，封接温度相应低，封接时也就首先要考虑黏度要求，封接玻璃的流动性取决于两个部件之间的吻合、焊料玻璃的排列及所需的时间。一般来讲，玻璃焊料熔封时的最佳黏度范围为 $10^3 \sim 10^5$ Pa・s，在这个黏度范围内的封接体不会发生变形。封接温度与时间存在相关性，在较高温度下较短时间内封接，可以获得和较低温度下较长时间内封接一样的效果。实践表明，在融化温度以上 60℃左右进行封接，效果良好。同时，考虑到电子器件的耐热特性，还应使封接温度降至 500℃以下。玻璃焊料与金属封接件由于具有许多优良的性能，如密封性好、耐压、耐腐蚀、简单易行等特点，广泛用于电池、电子、汽车、家电、医疗、照明、仪器仪表及军工等行业。图 6.25 所示为集成电路封接装置剖视图。

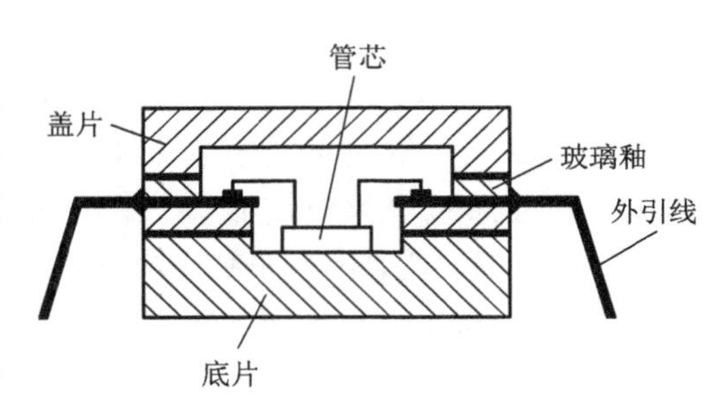


图 6.25 集成电路封接装置剖视图

由于集成电路本身的耐热能力不高，故封接最好在 400℃左右进行，因此要求玻璃釉的成分中应具有较多的低熔点物质，目前最常用的是 $B_2O_3$-PbO-$SiO_2$ 和 $B_2O_3$-PbO-$Li_2O$ 系玻璃；为了确保足够的介电与化学稳定性，熔点较低的 $B_2O_3$ 和碱金属氧化物含量也不宜过多，所以只能含比较多的 PbO，但由于铅蒸气具有较大毒性，也不能过多使用。

## 6.4.2 烧结金属粉末封接

用烧结金属粉末将陶瓷和金属件焊接到一起的主要工艺分为两个步骤：陶瓷表面金属化和加热焊料使陶瓷与金属焊封。陶瓷表面金属化已在 6.1 节作了详细介绍，下面叙述表面金属化的陶瓷与金属进行焊接的工艺过程。

陶瓷与金属的焊接通常是在还原性的气氛保护下进行的。焊料温度一般都是比较高的，视工件的耐热能力及焊料的种类而定。如温度太低，则焊料虽可熔化但流动性不好，不能润湿和填充所有的封焊间隙，气密性不好，机械强度不高；如温度太高，则可能使熔融的焊料将金属化薄层溶解、侵蚀，甚至将金属件熔蚀，形成缺口或脱焊。合适的焊封温度以能在焊封间隙中形成一层厚为 10～50 μm 的、均匀而致密的焊封层为宜。对于半导体器件的焊封，一般焊封温度应控制在 500℃以下；对于电子管的焊封，常为 800～1000℃；个别硬质金属大件的焊封温度可高达 1800℃。

应用上述工艺，可以得到抗张强度大于 0.7 MPa，几乎是绝对密封的金属陶瓷封接。下面以 $Al_2O_3$ 单晶及 $Al_2O_3$ 陶瓷表面为例，采用 Mo-Mn-$SiO_2$ 系浆料进行的金属化的封装过程加以说明。

金属钼的线膨胀系数 $\alpha$ 比 $Al_2O_3$ 瓷的要小，将钼加入金属浆料中，可以调整金属化层的 $\alpha$ 值。烧渗是在潮湿的氢、氮混合气氛中进行的，当温度高达 1800℃时，熔融的 $SiO_2$ 玻璃就能与钼粉形成合适的润湿，并能与 $Al_2O_3$ 很好地结合，而且具有高度的气密性。不过，如果在玻璃形成剂 $SiO_2$ 中，添加改性剂 MnO，则可使金属化温度进一步降低。

如果只使用金属钼粉，则在高温作用下，虽然钼粒与钼粒、钼粒与 $Al_2O_3$ 间有一定程度的烧结，但仍是疏松多孔的，机械强度和气密性均远不能满足要求；如果同时采用 Mn、MnO 时，MnO 将和 $Al_2O_3$ 反应生成具有尖晶石结构的 $MnAl_2O_4$，它自成独立晶相。虽然能够黏附在 $Al_2O_3$ 及钼粒上，但流动性不大，仍旧存在不少结构间隙；如果同时采用 Mo、Mno、$SiO_2$ 时，情况就要好得多。因为熔融态的 $SiO_2$ 将润湿和填充这些结构间隙，并将 Mo、$MnAl_2O_4$、$SiO_2$ 三者牢固地、致密地黏接在一起，形成良好的封接。

金属浆料中所含三种成分的合适比例，按质量计为 MO 80%、MnO 15%、$SiO_2$ 5%。

在1200℃下进行烧渗，即可和$Al_2O_3$生成$M-MnO-Al_2O_3$系低共熔物，并和$SiO_2$组成玻璃状物质。在冷却时，$MnAl_2O_4$将从液态中析出，剩余的玻璃相则填充、黏接于烧结态钼粒、尖晶石相和$Al_2O_3$基片之间。

上面提到的是在单晶表面发生的情况，如果在含$Al_2O_3>99\%$的陶瓷表面上进行金属化，则其过程和在单晶表面的情况几乎完全一样。不过，如果在陶瓷的结构中含有较多的玻璃相时，如含$Al_2O_3$为95%～97%的陶瓷，在金属化浆料中可以少加或不加形成玻璃相的$SiO_2$成分。

如果与陶瓷相封接的金属件是由铜镍合金制成的，则可以采用铜作为焊料，因为在1100℃的焊接温度下，铜并不会侵蚀钼，故可得到比较牢靠的封接，尽管如此，如果操作时间过长，焊接也可能不成功，因为镍对钼有侵蚀作用，当加热时间过长时，金属件铜镍合金中的镍将熔入铜焊料中，当液态铜焊料中含有镍时，将有助于钼的熔入，因而将金属薄层破坏，使封接结构疏松、泄气，故对于不同的金属件，不同的焊料，应严格控制其封接温度及时间，常用的焊料还有银、黄铜及其他铜合金。

采用烧结金属粉末封接工艺应遵循两个原则：一是金属的熔点比金属化的温度高200℃以上，且焊料、金属件的成分不能和金属化中的金属形成合金；二是金属件与陶瓷件的膨胀系数尽可能接近。

### 6.4.3 封接的结构形式

虽然应用于电子元件、器件中的陶瓷与金属的封接的种类繁多，形式不一，但就基本结构而言，不外乎对封、压封、穿封三种，如图6.26所示。如果元件本身结构比较简单，则可以使用其中一种，如小型密封电阻、电容、电路、基片等；如果元器件本身比较复杂，则可能由其中的2～3种形式组合而成，如穿心式电容器、陶瓷绝缘子、真空电容器等。

1. 对封

对封是通过焊封将金属直接平焊于金属化后的陶瓷端面上。如图6.26(a)、(b)所示，这是一种工艺上最简单、最方便的封接方法。在图6.26(b)所示的夹层对封中，应力是均衡的，而在图6.26(a)所示的端头对封中，瓷件在一边，则应力不均衡。当金属件不太厚时，这样也能很好地工作；当金属件过薄时，则不宜用直接对封，应改用如图6.26(c)所示的外压封方式。

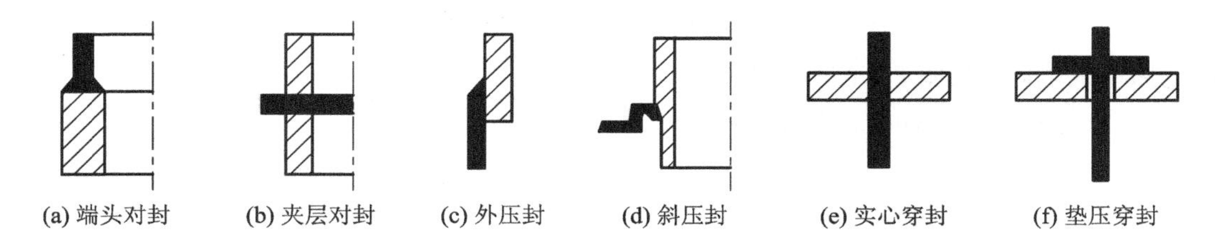


图6.26 陶瓷与金属封接的主要结构形式

2. 压封

由于陶瓷的抗压强度远大于其抗张强度，故当陶瓷与线膨胀系数大的金属(如银、铜、铁、镍等)焊封时，应采用如图 6.26 (c)所示的外压封，即金属件在外，瓷件在内，在加热焊接时，金属套在瓷件外，冷却过程中金属能将瓷件箍紧，可保证足够的强度及气密性。

图 6.26(d)所示是图(c)的一种改进，这样设计不仅可以大大降低焊接前后配合加工的精度要求，而且可以使金属件与瓷体间保持一定的弹性结合，使这种封接能在更大的温度范围内工作，并能承受更大的热冲击作用。

**3. 穿封**

当穿过瓷件的金属件的直径较细，如不大于 1 cm，可以直接采用如图 6.26(e)所示的实心穿封。这是由于线径小，其膨胀累计值不大，金属有较好的形变能力，故不容易使瓷件炸裂；当金属件较粗，并且与瓷件的线膨胀系数又相差较大时，有将瓷件胀破之虑，应改用如图 6.26(f)所示的垫压穿封。当瓷件直径较大，且与金属件之间留有空隙时，如将金属压片制成波纹形，则还可以承受更大的热变化。

很明显，常见的穿心式电容器或绝缘套管等，其焊封方法是由外压封与实心穿封或斜压封与垫压穿封组合而成的。在 $Al_2O_3$ 瓷管绝缘的大功率真空可变电容器中，由于其结构比较复杂，气密性要求高，还要使片距可调，因此要用上差不多三种焊封方式。

## 6.5 其他加工技术

### 6.5.1 激光加工

激光加工作为一种非接触、无污染、低噪声、节省材料的绿色加工技术，具有信息时代的特点，便于实现智能控制，实现加工技术的高度柔性化和模块化，可实现各种先进加工技术的集成。

激光加工是利用能量密度极高的激光束照射到被加工陶瓷工件表面上，工件表面局部吸收激光能量，使自身温度上升，从而改变工件表面的结构和性能，甚至造成不可逆的破坏。例如，光能转变为热能，使局部温度迅速升高，产生熔化以至汽化并形成凹坑。随着能量的继续吸收，凹坑中的蒸气迅速膨胀，相当于产生了一个微小爆炸，把熔融物高速喷射出来，同时产生一个方向性很强的冲击波。这样，材料就在高温、熔融、汽化和冲击波的作用下被蚀除，从而进行打孔、画线、切割以及表面处理等加工。

在电子陶瓷元件的制造过程中，也可采用激光对产品进行加工，例如，用激光调整厚膜电路中的电阻，如图 6.27 所示。

厚膜电路中电阻器的阻值 $R_1$ 的计算公式为

$$R_1 = R_s \frac{L}{W} \tag{6.28}$$

式中，$R_s$ 为厚膜的表面电阻。

调整后的阻值为 $R_2$，经过计算可得到

$$R_2 = \frac{1}{x} \cdot \ln\left(\frac{1}{1-x}\right) \cdot R_1 = n \cdot R_1 \tag{6.29}$$

式中，$x$ 是刻蚀的长度与 $W$ 之比；$n$ 是前后阻值之比。

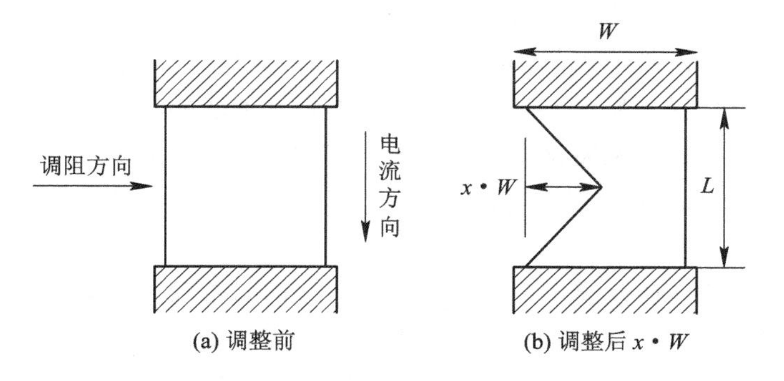

(a) 调整前　(b) 调整后 x · W

图 6.27　激光调阻示意图

由式(6.29)可知，随着 $x$ 的增大，阻值也增大，例如，$x=0.5$，$n=1.386$。

激光还可用于刻蚀介质同轴滤波器的输入输出(I/O)电极图形或者调整滤波器的频率，如图 6.28 所示，图 6.28(a)中白色为银层，黑色 L 形沟为激光去掉的部分，图 6.28(b)中深色(黄色)为铜层，用激光将孔内的铜层去掉，从而升高滤波器的频率。

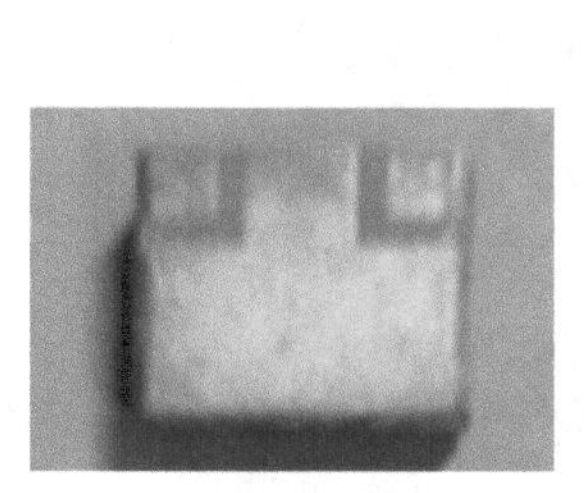
(a) I/O电极

(b) 调频率

图 6.28　激光刻蚀介质同轴滤波器

当前用于激光加工的激光器主要有三类：$CO_2$、Nd：YAG 和准分子(Kr、ArF)激光器，另外还有光纤激光器、飞秒激光器及半导体激光器等新型激光器。一般加工工程陶瓷使用的是 $CO_2$ 激光器，$CO_2$ 激光有高的可用功率和长脉冲时间，可以进行高速加工。但 $CO_2$ 激光易被工程陶瓷吸收且其工作焦点大，往往对工件易产生较大的热影响区，易使脆性高的工程陶瓷破裂。在激光加工过程中，光斑的功率密度要达到 $10^4 \sim 10^7$ W/cm$^2$，而一般的激光器的输出功率为 $10^3$ W/cm$^2$ 左右，因此，必须将激光光束进行聚焦，以获得足够的功率密度。

激光加工技术在与传统工艺的竞争中，在许多方面显示出其独特的优越性，不仅提高了效率，节省了材料，提高了质量，而且导致设计思想更新，工艺流程改进，从而赋给产品更高的附加值。与普通加工技术相比，激光加工技术具有以下不可比拟的优点：

(1) 激光加工为无接触加工，其主要特点是无惯性，因此加工速度快、无噪声。由于光束能量和光束的移动速度都是可以调节的，因而可以实现各种复杂面型的高精度加工。

(2) 激光束不仅可以聚焦，而且可以聚焦到亚微米量级，光斑内的能量密度或功率密度极高，用这样小的光斑可以进行微区加工，也可以进行选择性加工。

(3) 由于光束照射到物体表面是局部的，虽然加工部位的热量很大、温度很高，但移动速度快，对非照射部位没有什么影响，因此其热影响区很小。

(4) 激光加工不受电磁干扰，与电子束加工相比，其优越性就在于可以在大气中进行，在大工件加工中，使用激光加工比使用电子束加工要方便很多。

(5) 激光易于导向聚焦和发散，根据加工要求可以得到不同的光斑尺寸和功率密度，通过外光路系统可以使光束改变方向，因而可以和数控机床、机器人连接起来，构成各种加工系统。

目前，激光在金刚石拉丝模和手表钻石的加工、金刚石和工程陶瓷的切割、发动机陶瓷缸体绝热板打孔等方面的应用取得了较大的进展。随着集成电路的集成度不断提高，印刷电路板上的元器件数以几何指数增加，印刷电路的线间距离已小到 0.15 mm 以下，为了提高电路板布线密度，要使用多层电路板。因此，互联多层板的微通孔技术显露出越来越高的重要性。然而，通孔的直径一般为 25～250 μm，用传统的机械钻孔工艺不仅难以大批量加工 250 μm 以下的通孔，更不可能加工盲孔。用激光不但能快速地加工出高质量的小孔，而且可以加工盲孔和任意形状的孔，还能完成电路板外形轮廓切割。因此激光微孔加工技术目前已成为多层电路板加工的主流。但由于激光加工是一种瞬时、局部融化、汽化的热加工，影响因素很多，因此在精微加工时，受聚焦和控制技术的限制，激光加工难以保证较高的重复精度和较低的表面粗糙度。此外，激光加工设备复杂昂贵，加工成本高。

## 6.5.2 超声波清洗

### 1. 基本原理

超声波是超声波机产生的一种频率高于 20 kHz 的声波。超声波机的组成如图 6.29 所示，由超声频电源所提供的电能经超声换能器转变为超声频机械振动，并通过清洗槽壁向盛在槽中的清洗液辐射超声波。清洗液将超声波传导到被清洗的工件。在超声波的作用下，浸在清洗液中的工件表面的污物迅速被除去。其中，超声波机中的超声换能器主要是由压电陶瓷制造的，如图 6.30 所示的夹心式超声换能器是由压电陶瓷圆片的面夹以金属盖板而组成的夹心式超声换能器，也被称为朗之万换能器。这种换能器的优点是振动幅度大、共振频率低、抗震能力强。

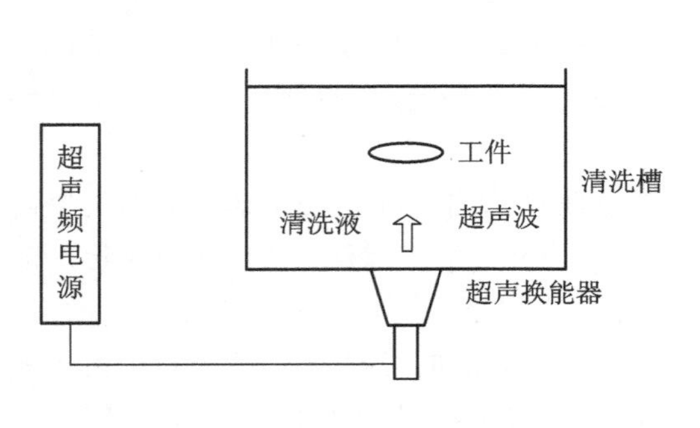


图 6.29 超声波机的组成

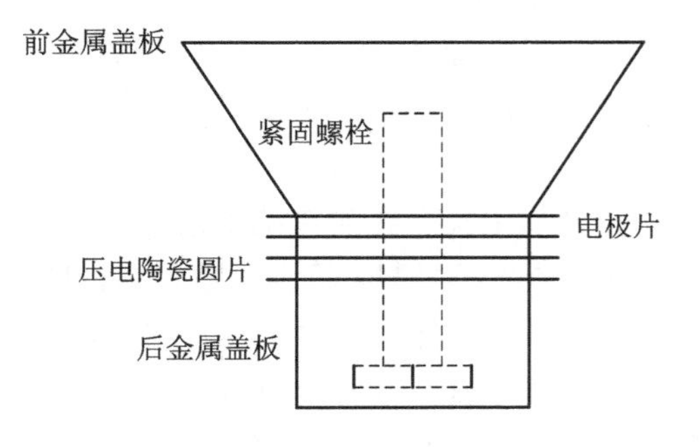


图 6.30 夹心式超声换能器

在超声波清洗机理中，最重要的作用机理是超声空化。超声空化是指液体中的小泡核在超声作用下高速振荡、生长、收缩、再生长、收缩并最终坍塌的动态过程。这种瞬间坍塌引起的局部高温高压，为一般条件下难以或不可能实现的化学反应提供了极端条件，同时为加速化学反应提供了更多的空间和通道。超声波清洗主要利用了超声空化作用产生的化学和机械效应。空化作用一方面使污染物迅速剥落，另一方面在坍塌过程中产生局部高温高压来加速水分子的热解，生成高度活性的自由基( ·H 和·OH)和活性物质，分散、乳化、剥离污物而达到清洗目的。超声空化除污过程可用图 6.31 来形象表示。

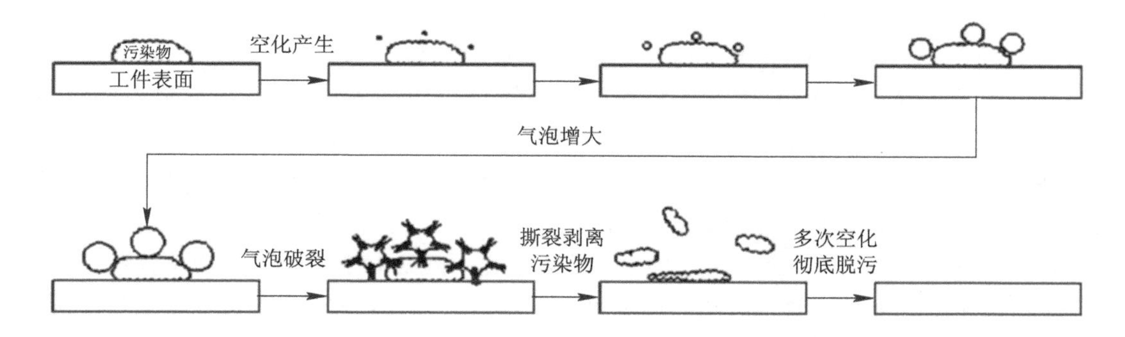


图 6.31 超声空化除污过程

超声波频率高、波长短，其传播具有较强的方向性，可聚集成定向狭小的线束，反射能力强，功率大，能量集中且比一般声波大得多，具有绕射、衍射、投射等特性，可以在缝隙孔洞内部产生空化并去污，常常用于表面形状较复杂，带有细孔、狭缝的工件清洗。超声清洗的适用性很广，尤其是对于金属、玻璃和塑料等材质，洗涤速度快、效果好，在某些条件下可以使用水来代替化学试剂进行清洗，避免对环境产生二次污染。

**2. 影响因素**

为了确保超声波清洗的质量，必须要选择适宜的清洗工艺，控制好功率密度、超声波频率、超声波清洗时间等指标，超声波清洗的主要影响因素如图 6.32 所示。

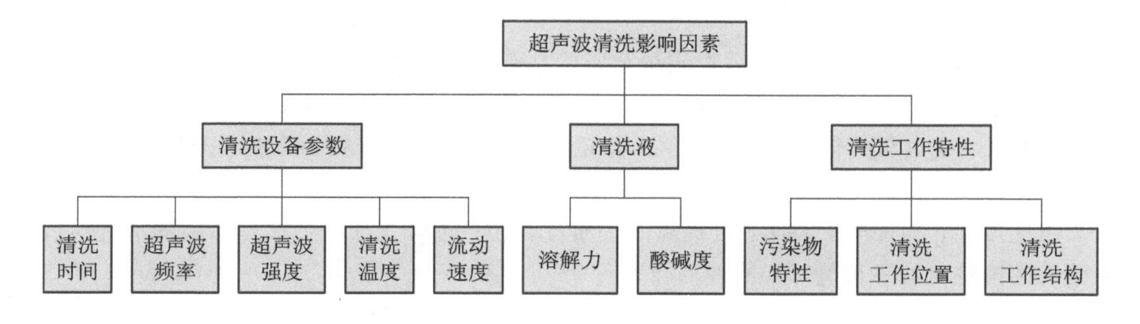


图 6.32 超声波清洗的主要影响因素

(1) 超声波频率的选择。超声波清洗系统中最为关键的就是选择好超声波频率，这对最终的清洗效果起着决定性影响，频率提高会提高空化阈(在液体中产生空化的最低声强或声压幅值称为空化阈)，使之难于发生空化；频率越低，空化强度高，腐蚀能力强，清洗效果越好，但是在清洗过程中会产生较大的噪音，设备的体积也大。目前超声波清洗机的工作频率根据清洗对象大致分为三个频段：低频超声清洗(20～50 kHz)、高频超声清洗(50～200 kHz)和兆赫超声清洗(700～1000 kHz)。低频超声清洗适用于大部件表面或者污染物和清洗件表面结合强度高的场合；高频超声清洗适用于计算机、微电子元件的精细清洗，如磁盘、驱动器、读写头、液晶玻璃及平面显示器微组件和抛光金属件等的清洗；兆赫超声清洗适用于集成电路芯片、硅片及薄膜等的清洗。如果没有特殊的要求，超声波频率一般控制在 20 kHz 左右，此时空化效果理想，清洗效果也非常好。国内目前超声波清洗机的超声波频率为 15～40 kHz。

(2) 超声波强度的选择。超声波强度(简称声强)是指单位面积的超声功率。空化作用的产生与超声波强度有关。在通常情况下，在单位面积超过 0.3 W 超声功率(输入功率为 1 W)时，就会产生空化作用。一般来说提高声强会增强空化，声强愈高，空化愈强烈。但声强达到一定值后空化趋于饱和。声强过大会产生大量气泡，增加散射衰减，同时声强增大会增加非线性衰减，从而减弱远离声源地方的清洗效果。在超声波清洗过程中，随着超声波强度的增加，清洗效果也会逐渐提高，但是超声波强度过高，容易对清洗件造成侵蚀影响，损伤清洗件的表面，这就是常说的空化腐蚀。这一问题对于各类镀层清洗件的影响非常突出。为了在保证清洗效果的同时避免对清洗件造成损伤，对于形状复杂、油污情况严重、有盲孔或者深孔的被清洗件，可以适当增加超声波强度，以抵消作用距离短、衰减大的问题。如果清洗液的黏度较小，可以适当减小超声波强度。

(3) 清洗时间的控制。超声波清洗时间与清洗效果有着直接关系，如果清洗时间过短，则无法达到清洗要求；如果清洗时间过长，则不仅影响工效，而且会由于清洗的空化腐蚀作用影响清洗件的表面质量。

(4) 放置方式与清洗时间。一般情况下，在放置方式的选择上，是将被清洗件直接放置在槽内，对于外形尺寸较大的零件，多采用局部清洗法，即先将被清洗件部分放置在槽内，在清洗完毕后，再将其余部分放置在槽内，直到完全清洗完毕。清洗质量与清洗时间及清洗效率有关：

$$\frac{\Delta G}{G} = 1 - \exp(-Qt^{0.5}) \tag{6.30}$$

式中，$\Delta G$ 和 $G$ 分别是清洗掉的污物质量和原始具有的污物质量；$t$ 是清洗时间；$Q$ 是清洗效率系数，$Q$ 数值越大，清洗质量越好，清洗效率越高。$Q$ 与超声波强度以及由超声造成的空化程度有关。$Q$ 也与其他声学参数有关，如超声频率、超声场分布、清洗液的性质、环境条件、被清洗污染物的性质等。

由此可知，延长清洗时间，可提高清洗质量。对不同清洗对象要求有不同的清洗时间。电路板的清洗时间一般为 3 min 左右。

(5) 清洗液的选择。清洗液的选择要满足几个要求，一是要对油脂、油污、膏状黏附物起到良好的溶解效果，并具备合适的表面张力、黏度和密度，确保空化作用可以顺利完成；二是要尽可能减少超声波在清洗液中的能量衰减；三是要安全无毒，对环境的副作用小。

清洗液的酸碱度会直接影响超声波的清洗效果。酸性清洗液在去除氧化物、油脂和污垢方面非常有效，通常用于清洁金属和陶瓷表面，但是应注意酸性清洗液会对某些材料造成腐蚀，如铝和镁等金属以及玻璃；碱性清洗液能很好地去除油脂、污垢和蛋白质，通常用于清洁玻璃器皿、塑料制品和精密仪器，但是应注意碱性清洗液也会对某些材料造成腐蚀，如铜和铝等金属以及聚酰胺等塑料。因此，在选择清洗液时需要考虑其酸碱度及被清洁材料的材质。对于一些多种材料的混合物，可以选择中性清洗液，因为它们在去除油脂和污垢时不会对材料造成腐蚀。此外，还应注意清洗液的浓度。如果浓度过高，会对被清洁材料产生腐蚀作用；如果浓度过低，则会降低清洁效果。

目前，常用的超声波清洗液有金属清洗液、碱性清洗液、混合烃类有机溶剂、卤代烃类有机溶剂等。其中，卤代烃类有机溶剂对油污的溶解效用更高，振荡程度高，更加适宜应用在超声波清洗领域中。

（6）清洗的温度。清洗温度是影响清洗速度的重要因素，适当地提高清洗液温度，可增加空化能力，缩短清洗时间。经实验，当采用醇类清洗液时，一般清洗温度控制在45℃左右为宜。

具体的清洗流程可以分为洗涤、漂洗、脱水、干燥四个流程。洗涤是利用有机溶剂的溶解达到去污作用，再借助清洗液的湿润、渗透以及乳化来完成去污；漂洗则是通过清水的作用将洗涤液脱离清洗工件表面；在漂洗之后，清洗物中有大量水分，需要采用脱水机进行脱水处理；最后，利用风速、温度让清洗件表面快速干燥，达到清洗效果。

## 6.5.3 极化

在刚烧结的压电陶瓷的上、下表面涂覆电极后，它充其量只是陶瓷电容器，并不具有压电性，只有在经极化处理后，才具有压电性。所谓极化就是在压电陶瓷上加一个强直流电场(或电压)，使陶瓷中的电畴沿电场方向取向排列。在极化时，陶瓷中的电畴沿外电场方向转向，如图6.33所示。

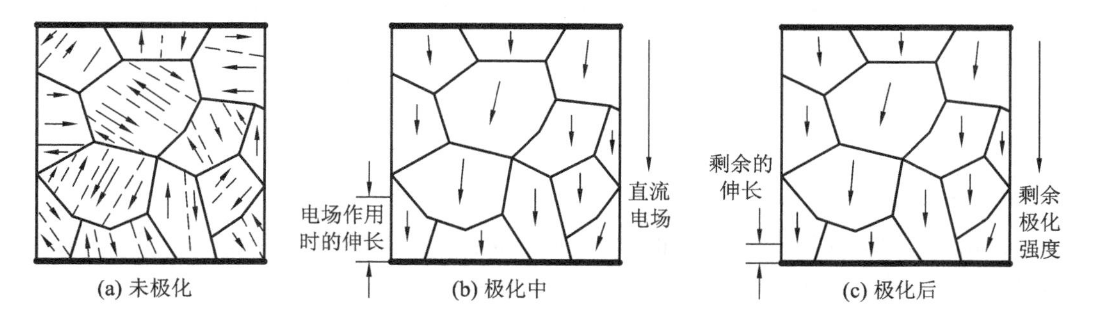


图6.33 压电陶瓷的极化过程

要使压电陶瓷得到完善的极化，充分发挥其压电性能，就必须合理地选择极化条件，即极化电场(样品单位长度上的极化电压)、极化温度和极化时间。

### 1. 极化电场

只有在极化电场作用下，电畴才能沿电场方向取向排列，所以极化电场是极化诸条件中的主要因素。极化电场越高，促使电畴取向排列的作用越大，极化就越完善。一般以$k_P$达到最大值的电场为极化电场。但应注意，不同的机电耦合系数达到最大值的极化电场不一样。例如，在钛酸铅中，$k_P$与$k_{31}$在2 kV/mm时达到最大，而$k_{33}$、$k_{15}$、$k_t$在6 kV/mm时才接近最大。所以，极化电场的大小应根据具体情况而定。

在极化温度与极化时间相同的条件下，机电耦合系数与极化电场的关系如图6.34所示。样品成分为$Pb_{0.92}Mg_{0.04}Sr_{0.025}Ba_{0.015}(Zr_{0.5}Ti_{0.5})O_3+0.5wt\%6CeO_2+0.2wt\%MnO_2$，极化温度

为 120℃，极化时间为 10 min。

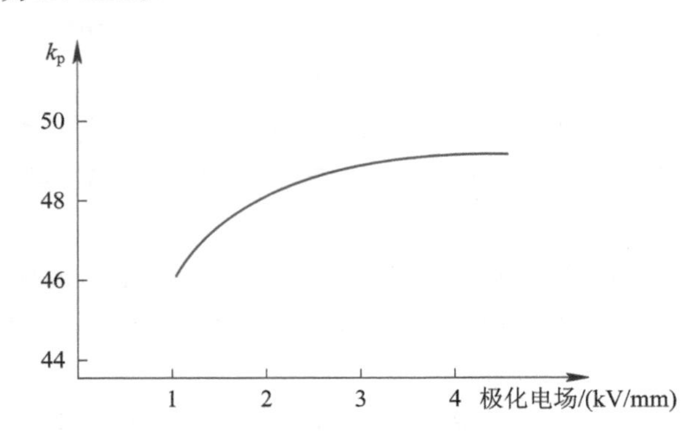


图 6.34 机电耦合系数与极化电场的关系

从图 6.34 中可以看出，在此样品的极化电场等于 3 kV/mm 时，极化达饱和状态，再增加电场，作用不大。

极化电场必须大于样品的矫顽场，而且应为矫顽场的 2～3 倍。矫顽场与样品的成分、结构及温度有关。以锆钛酸铅而论，在四方相区，其矫顽场随锆钛比的减小而变大，因此，极化电场也应随之加大。表 6.8 所示为经铈、锰改性的锆钛酸铅系统中四个配方的实验结果。从表 6.8 中可以看出，随着锆含量的减小，极化电场需加大。

表 6.8 极化电场与锆含量的关系

| 锆含量 | 极化温度/℃ | 极化时间/min | 极化电场/(kV/mm) |
|---|---|---|---|
| 50 | 120 | 15 | 3.0 |
| 46 | 120 | 15 | 3.5 |
| 40 | 120 | 15 | 4.0 |
| 34 | 120 | 15 | 4.5 |

除锆钛比以外，取代元素和添加物对矫顽场也有影响。例如，钛酸铅陶瓷很难极化，而以镧取代部分铅后，极化电压可以降低。这是因为镧取代铅后引起晶轴比 $c/a$ 减小的缘故。在室温时，钛酸铅的 $c/a=1.063$，而 $Pb_{0.91}La_{0.09}TiO_3$ 的 $c/a=1.036$。由此可见，$c/a$ 越小，则极化时电畴作 90°转动所造成的内应力越小，实现电畴 90°转向比较容易，故极化比较充分。又如，在锆钛酸铅系统中，以镧取代部分铅，或以铌取代部分钛或锆，将形成铅空位，使畴壁运动比较容易，故此种材料的极化电场可以降低；如以铁取代部分钛或锆，或以钾取代部分铅，则起相反的作用，使矫顽场变大，此种材料需要较高的极化电场。

矫顽场随温度的升高而降低。因此，若极化温度较高，则极化电场可以相应减小。

在实际选择极化电场时，有时受到击穿强度的限制(即在较高极化电场作用下，样品被击穿)。击穿场强因样品中存在气孔、裂缝及成分不均匀而急剧下降。因此，在前面各工序中，必须尽量设法保证样品的致密度和均匀性。

击穿场强与样品的厚度也有关系。在对某种锆钛酸铅陶瓷的研究中，得出其击穿场强与厚度的关系大致符合下面的经验公式：

$$E_b = 27.2t^{0.39} \tag{6.31}$$

式中，$E_b$ 为击穿场强(kV/cm)；$t$ 为厚度(cm)。

这一关系可作为许多压电陶瓷击穿性能的代表。将式(6.31)绘成曲线，如图 6.35 所示。从图 6.35 中可以看出，随着厚度增加，击穿场强下降。

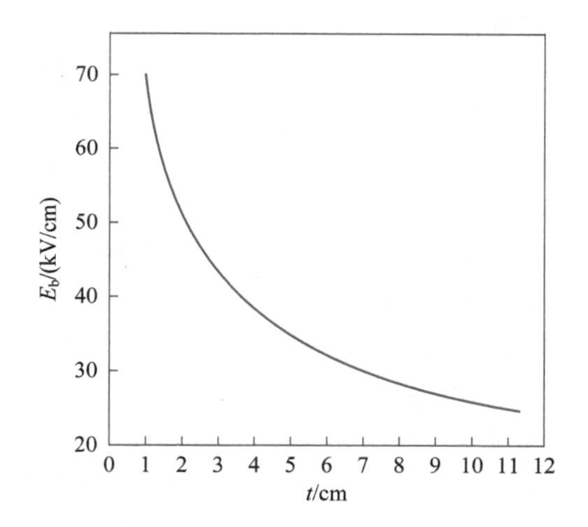


图 6.35　击穿场强 $E_b$ 随厚度 $t$ 的变化

如果改用相对击穿场强和相对厚度，则式(6.31)可写成

$$\frac{E_b}{E_{b0}} = \left(\frac{t}{t_0}\right)^{0.39} \tag{6.32}$$

式中，$E_{b0}$ 为已知厚度为 $t_0$ 的样品的击穿场强。

其相应曲线如图 6.36 所示。当我们知道了某个厚度为 $t_0$ 的样品的击穿场强 $E_{b0}$ 以后，可直接找出其他厚度样品的击穿场强 $E_b$。

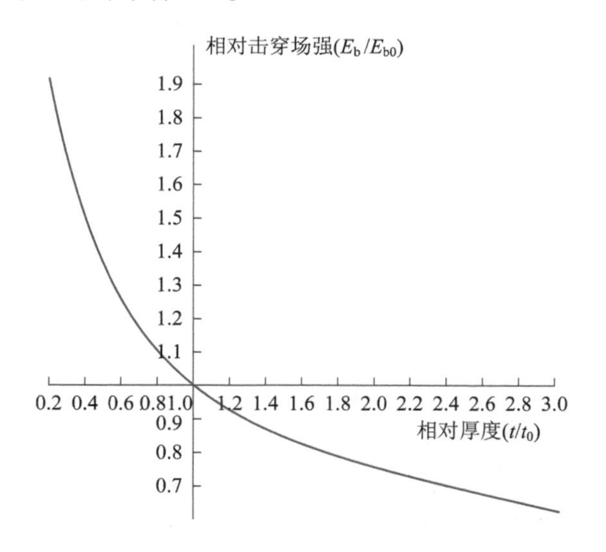


图 6.36　相对击穿场强随相对厚度的变化

**2. 极化温度**

在极化电场和极化时间一定的条件下，当极化温度高时，电畴取向排列较易，极化效

果较好。这个问题可从两方面理解。

(1) 结晶各向异性随温度升高而降低。例如，钛酸铅在居里点以下是四方结构，在居里点以上是立方结构，在室温时，$c/a=1.063$；在 200℃时，$c/a=1.050$。由此可见，在居里温度以下，随着温度的升高，晶轴比 $c/a$ 变小，电畴作 90°转向所造成的内应力变小，即电畴转向所受到的阻力变小，所以极化比较容易进行。实验表明，钛酸铅的极化温度对极化效果有很大的影响。在室温时，即使加 10 kV/mm 的电场也不出现压电性能；在 200℃时，加 5.5 kV/mm 的电场就能充分极化。其他压电陶瓷也有类似的现象。

(2) 杂质所引起的空间电荷效应。有些杂质使样品中出现大量空间电荷，空间电荷在样品中产生一个很强的电场，该电场对外加极化电场有屏蔽作用。温度越高，电阻率越小，由空间电荷产生的电场的屏蔽作用就越小，故极化效果越好。图 6.37 所示为机电耦合系数与极化温度的关系。样品的主要成分为 $Pb(Zr_{0.52}Ti_{0.48})O_3$，极化电场为 5 kV/mm，极化时间为 60 min。从图 6.37 中可以看出，加 0.1 wt% $Fe_2O_3$ 的样品及加 0.5 wt% $Cr_2O_3$ 的样品，$k_P$ 随极化温度的升高而显著上升，这是由于这些样品中空间电荷较多的缘故，加 0.5 wt% $Nb_2O_5$ 或加 0.3 wt% $Cr_2O_3$ 的样品，$k_P$ 与极化温度基本无关。这是由于此类样品中基本上没有空间电荷，而且在所试验的温度范围内，结晶各向异性的变化也很小。

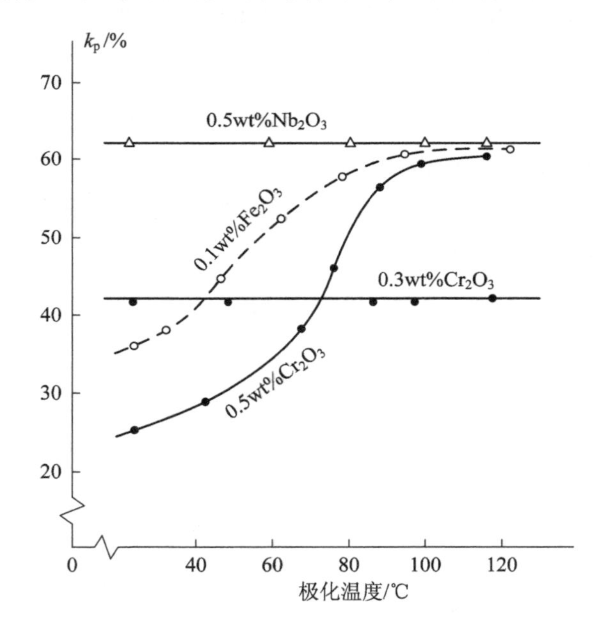


图 6.37 机电耦合系数与极化温度的关系

由此可见，一般说来，提高极化温度对改善极化效果有好处，但对 $k_P$ 与极化温度基本无关的样品，则可不必提高极化温度。实验表明，以 $La_2O_3$、$Nb_2O_5$、$Ta_2O_5$、$Sb_2O_3$、$Bi_2O_3$、$WO_3$ 和 $Th_2O_3$ 等为添加物的锆钛酸铅，其 $k_P$ 与极化温度基本无关，故可在较低温度下极化；以 $Fe_2O_3$、CoO、NiO、$Ln_2O_3$、$Ga_2O_3$ 和 $Ag_2O$ 等为添加物的锆钛酸铅，则要求在较高温度下极化，才有较大的 $k_P$。

在实际选择极化温度时，都是以温度高一些为好，因为提高极化温度可以缩短极化时间，提高生产效率。一般锆钛酸铅及三元系压电陶瓷都选在 100～150℃的温度下极化。从陶瓷的电阻率来说，要求在上述温度范围内，陶瓷的电阻率为 $10^9 \sim 10^{11}$ (Ω·cm)(电阻率可从极化时所加电压及漏电电流来粗略估计)。如电阻率太大，则因空间电荷屏蔽作用大而使极化难以完善；如电阻率太小，则因漏电电流大而使样品实际承受的电压很低，即电压加不上去。

在提高极化温度时，通常遇到的问题是电阻率太小，漏电严重。电阻率太小，除了与配方有关以外，还与工艺过程有密切的关系。如陶瓷的致密度不好，则电阻率显著变小。因此，在成型、烧结等各个工序中都要注意提高致密度的问题，以保证有高的电阻率。对于电阻率小的样品，只有通过降低极化电场和延长极化时间来加以补救。

**3. 极化时间**

极化时间长，电畴取向排列的程度高，极化效果较好。在极化初期，即电场刚加上以后，主要是180°电畴的反转，以后的变化才是90°电畴的转向。因为180°电畴的反转不会引起内应力，短时间内即可实现，90°电畴的转向则由于内应力的阻碍而较难进行。极化时间的长短还会影响老化特性，目前采用的极化时间为几分钟到90 min。

对不同的材料，适宜的极化时间可以相差很大。例如，锆钛酸铅陶瓷，只是添加物稍有不同，有的在2 kV/mm的电场下只要几秒，机电耦合系数就达到饱和值；也有的在同样条件下，其机电耦合系数实际上等于零，只有在4 kV/mm的电场，经若干分钟极化后，机电耦合系数才能达到饱和值。显然，对同一种材料，极化时间与极化电场、极化温度有关。电场越强，温度越高，则极化时间可以缩短。

以上分别讨论了三种极化条件。对于不同成分的材料，其适宜的极化条件是不同的，应该通过试验，找出最佳的极化条件，以充分发挥材料的压电性能，并节省时间和提高成品率。即使对于同种配方的材料，也可能因工艺条件的差别而需要改变极化条件。例如，如果样品的致密度高，则可选取较高的极化电场，相应的极化时间可缩短一些；如果样品的绝缘电阻低，高温下极化有困难，则可适当降低温度并延长极化时间来达到较好的效果。

目前生产最多的锆钛酸铅压电陶瓷的极化条件为：极化电场为3～5 kV/mm，极化温度为100～150℃，极化时间为20～60 min。

**4. 极化工艺**

极化所用的设备主要有直流高压电源、高压电表、极化池、导电温度表、电子继电器等。因空气的击穿强度较低，在室温下只有2 kV/mm，而有机硅油或变压器油的绝缘性好，并且油的温度较易保持恒定，所以通常都用油浸极化，即将样品放在有机硅油或变压器油中极化。

上电极后的样品，经磨边、清洗、烘干后，用绝缘电阻表一一检查，将电阻太小的剔出；通电，加热极化池，使油温升到所需要的极化温度(由电子继电器配合导电温度表控制温度)；将样品放到极化池内正、负电极之间；接通电源开关，预热几分钟后打开高压开关，逐步升高电压到所需数值；由定时钟计时；极化完后，关掉高压开关，放电，取出样品用甲苯或四氯化碳清洗。

极化过程中常会发生击穿现象。压电陶瓷的击穿大致分为三种类型：

(1) 由于样品内存在气孔、夹层或裂缝，引起击穿强度下淬而击穿。这种击穿发生在气孔、夹层或裂缝处。

(2) 烧成时失铅或烧成时氧气供应不足，使样品边缘部分被还原。这种击穿发生在边缘处。

(3) 极化时电畴作 90°转向(或其他非 180°转向)，在样品内部造成很大的应力。由于各处应力分布不均匀，形变不一致使样品碎裂。这种现象主要发生在尺寸较大、形状较复杂的样品中，虽然是一种机械损坏，但也是由电场引起的，故也属于“击穿”。

为了减少击穿现象，提高成品率，应该注意以下几点：

(1) 在成型、烧成等工序中，防止分层、裂缝和出现气孔，提高致密度。

(2) 烧成时防止失铅，烧银时注意通风。

(3) 极化时逐步缓慢地升高电压，防止样品突然发生剧烈的形变。

**5. 高温极化**

以上讨论的极化方法都是在居里温度以下进行极化需要的电压，一般在 3 kV/mm 以上。对于尺寸大的样品，如高压陶瓷变压器的发电部分长达十几厘米，需要几十万伏的高压设备，这成为生产上的一大难题。过去曾采用所谓分段极化法，不但极化的效果差而且手续繁杂。下面介绍的高温极化方法，可解决这个难题。

高温极化的工艺过程：将样品放到电炉中，加热到居里温度以上(高于居里温度 10～20℃)，加上较弱的直流电场(30～40 V/mm)；接着使炉温以每分钟 5℃的降温速度下降到远离居里温度以下(如小于 200℃)，同时缓缓增加电场到 200 V/mm 左右；随后使炉温尽快地冷却到 100℃左右(如采用通风冷却的办法)，同时使电场增加到 300 V/mm 左右；在 100℃以下撤除外加电场，取出极化的样品。表 6.9 所示为某种材料的高温极化温度和电压的数据。

**表 6.9 某种材料高温极化的典型数据(样品沿极化方向的长度为 6 cm)**

| 温度/℃ | 330 | 310 | 290 | 270 | 260 | 200 | 150 | 100 |
|---|---|---|---|---|---|---|---|---|
| 电压/kV | 2.0 | 3.0 | 5.0 | 6.5 | 8.0 | 11.0 | 14.0 | 20.0 |

采用高温极化工艺，对锆钛酸铅二元系及铌镁-锆-钛酸铅三元系的多种配方的样品进行极化试验，均获得了较好的结果。表 6.10 所示是采用两种不同极化方法所得到的数据对比。将被银后的样品分成两组，每组六片，一组按照普通方法极化，其条件是：100℃、3 kV/mm、15 min；另一组按高温极化法极化，最大电场为 450 V/mm。表 6.10 中的所得数据是每组六个样品的平均值。

**表 6.10 两种极化方法对比**

| 参　数 | 普通方法 | 高温极化 |
|---|---|---|
| $k_p$ | 0.58 | 0.59 |
| $Q_m$ | 800 | 900 |
| $\varepsilon_{33}^T$ | 1400 | 1800 |
| $\tan\delta$ | 0.03 | 0.05 |
| $d_{33}$ | 400 pC/N | 420 pC/N |

从表6.10中可以看出，高温极化的样品的$k_p$、$Q_m$、$d_{33}$均不低于普通方法极化的样品；但高温极化样品的介电常数和介质损耗却显著增大。其介质损耗增大的原因，可能是陶瓷在高温极化时进行了某些电化学反应，使电极材料进入了陶瓷内部。所以，高温极化时间不宜停留过长。若选用其他新电极材料来代替铜电极，也可能克服此缺点。

当压电陶瓷降温到居里温度时，发生顺电-铁电相变，产生自发极化。高温极化方法就是在铁电相形成之前就加上电场，使顺电-铁电相变在外加电场的作用下进行，电畴一出现，就沿电场方向取向。这是由于高温时，畴壁运动比较容易，且结晶各向异性比较小，电畴作非180°转向不致受到很大的阻力，所以，只要很低的电场就可得到在低温时很高电场的极化效果。另外，由于高温时结晶各向异性比较低，极化时电畴作非180°转向所造成的应力和应变比较小，因而样品极化时发生碎裂的可能性比较小。

高压极化对不同配方的材料、极化的条件应有所不同。有些材料的电阻率在高温下很低，往往会导致电击穿，此时应注意降低极化电压。

## 本章练习

1. 陶瓷材料和金属材料的磨削机理有什么不同？

2. 简述陶瓷表面施釉的作用、分类和基本组成。

3. 被银法适用于哪些应用领域？

4. 银浆有哪几种？如何把银浆稀释？

5. 试论述烧银的过程。

6. 化学镀镍工艺适用于哪些瓷件的金属化？

7. 钼-锰金属化及其封接要经过哪几道工艺？常用的封接形式有哪些？

8. 要获得良好的、牢靠的、具有气密性的金属与陶瓷间的封接，最重要的是必须获得一种理想的、金属与陶瓷间的过渡层，应如何从微观结构、成分选择和工艺措施来考虑这一问题？

# 7

# 第 7 章　典型电子陶瓷的组成与性能

电子陶瓷的种类很多，其分类参见表 1.2，本章主要介绍介电陶瓷中的介质陶瓷、压电陶瓷和几种半导体(敏感)陶瓷的组成与性能。

## 7.1　介质陶瓷

介质陶瓷是介电陶瓷中的一种，是指在电场作用下能产生极化现象的一类陶瓷，本节主要讨论电容器介质陶瓷、半导体介质陶瓷和微波介质陶瓷的组成与特性。

### 7.1.1　电容器介质陶瓷

#### 1. 电容器介质陶瓷的分类

电容器种类繁多，其中起关键作用的是介质材料。一般对作为介质材料的陶瓷的性能有以下要求：

(1) 为达到高比容量的目的，应采用相对介电常数 $\varepsilon_r$ 尽可能高的材料；

(2) 为了保证电容器具有纯容抗，避免在极化过程产生能量损耗而导致发热，要求其有尽可能低的损耗角正切($\tan\delta$)值，特别是在高频或脉冲条件下使用时，$\tan\delta$ 值要尽量低；

(3) 还应具有高的绝缘电阻值，并保证电阻值在不同频率与温度条件下尽可能稳定，避免因为杂质的分解和材料的老化等引起绝缘电阻值下降；

(4) 要求介质材料具有高的击穿电场强度。

根据 GB 5595—1996 的分类方法，电容器用介质陶瓷可分为以下三类：

Ⅰ类瓷：用于制造高频陶瓷电容器。

Ⅱ类瓷：用于制造低频陶瓷电容器。

Ⅲ类瓷：用于制造半导体陶瓷电容器。

由于Ⅰ类瓷的损耗很小，适于制造高频电路中应用的电容器，故又称为高频瓷；Ⅱ类瓷损耗较大，只适用于制造低频电路中应用的电容器，因此又称为低频瓷。Ⅰ类瓷的相对介电常数都不高，其中，$\varepsilon_r$ 较低的称为低介瓷(如氧化铝瓷和基板陶瓷)；较高的称为高介瓷。Ⅱ类瓷的相对介电常数普遍很高，故Ⅱ类瓷又被称为强介瓷，其主要成分是 $BaTiO_3$ 及其固溶体。

高介瓷的主要成分为二氧化钛、碱土金属和稀土金属的钛酸盐；此外，还包括碱土金属的锆酸盐、锡酸盐等。高介瓷的主要特点：相对介电常数较大，一般为 12～600；介电损耗小；介电常数的温度系数 $\alpha_\varepsilon$ 变化范围宽。

根据 $\alpha_\varepsilon$ 的数值不同，高介瓷一般可分为高频温度补偿型介质陶瓷和高频温度稳定型介质陶瓷两类。

**2. 电容器介质陶瓷的性能**

电容器介质陶瓷和一般介质陶瓷一样，其电性能主要包括介电常数(常用相对介电常数 $\varepsilon_r$ 表示)、介电损耗(用 $\tan\delta$ 表示)、介电常数的温度系数(用 $\alpha_\varepsilon$ 表示)，还包括抗电强度和绝缘电阻。下面介绍其主要性能。

1）介电常数

介电常数是衡量电介质储存电荷能力的参数，通常又叫介电系数或电容率。理论分析和实验研究证实，陶瓷中参加极化的质点只有电子和离子，这两种质点以多种形式参加极化过程。表 7.1 所示为各种极化形式的特点比较。

**表 7.1 各种极化形式的特点比较**

| 极化发生形式 | 具有此种极化的电介质 | 极化的频率范围 | 和温度的关系 | 能量损耗 |
|---|---|---|---|---|
| 电子位移极化 | 一切陶瓷介质 | 从直流到光频 | 无关 | 没有 |
| 离子位移极化 | 离子组成的陶瓷介质 | 从直流到红外线 | 温度升高，极化增强 | 很微弱 |
| 离子松弛极化 | 离子组成的玻璃、结构不紧密的晶体及陶瓷 | 从直流到超高频 | 随温度变化有极大值 | 有 |
| 电子松弛极化 | 钛质瓷及高价金属氧化物基础的陶瓷 | 同上 | 同上 | 有 |
| 自发极化 | 温度低于居里温度的铁电材料 | 同上 | 随温度变化有特别显著的极大值 | 很大 |
| 界面极化 | 结构不均匀的陶瓷介质 | 从直流到音频 | 随温度升高而减弱 | 有 |
| 谐振式极化 | 一切陶瓷介质 | 光频 | 无关 | 很大 |
| 极性分子弹性联系转向极化，极性分子松弛转向极化 | 有机材料 | 从直流到超高频 | 随温度变化有极大值 | 有 |

2）介电损耗

陶瓷介质在电导和极化过程中有能量消耗，即一部分电场能转变为热能，单位时间内消耗的电能即为介电损耗。

在直流电场作用下，介电损耗仅由电导引起，用电导率表示介质损耗的大小，单位体积的介电损耗为

$$p=\sigma\cdot E^2 \tag{7.1}$$

式中，$\sigma$ 为电导率；$p$ 为介电损耗；$E$ 为电场强度。

由式(7.1)可知，当电场强度一定时，介电损耗与电导率成正比。

在交流电场作用下，极化和电导共同引起介电损耗，可利用有耗介质构成的电容器等效电路来研究。一般有两种等效电路，如图7.1所示。

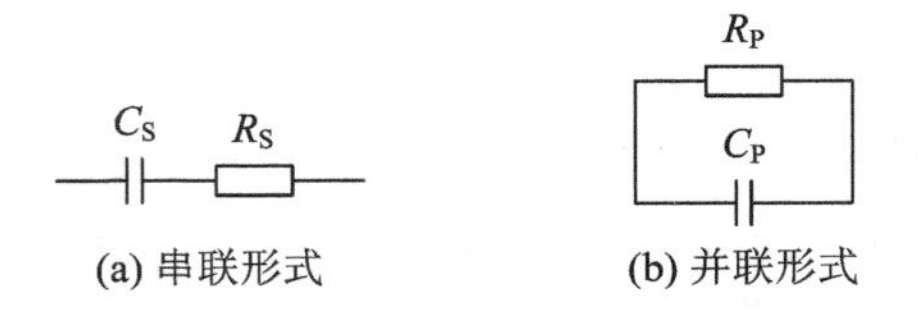


图7.1 电容器的等效电路

按照电容器介电损耗的定义，上述两种等效电路的介电损耗可用下式表示：

$$\tan\delta_S=\omega\cdot C_S\cdot R_S \tag{7.2}$$

$$\tan\delta_P=\frac{1}{\omega\cdot C_P\cdot R_P} \tag{7.3}$$

式中，$\tan\delta_S$ 和 $\tan\delta_P$ 分别表示串联等效电路的介电损耗和并联等效电路的介电损耗；$\omega$ 是角频率。

3）介电常数的温度系数

介电常数的温度系数 $\alpha_\varepsilon$ 表示温度每变化1℃介电常数的相对变化率，可用下式表示：

$$\alpha_\varepsilon=\frac{\Delta\varepsilon_r}{\varepsilon_{r0}\Delta T} \tag{7.4}$$

式中，$\Delta\varepsilon_r$ 是当温度变化了 $\Delta T$ 时，相对介电常数的变化量；$\Delta T$ 是某一温度 $T$ 与常温(25℃)的温度差；$\varepsilon_{r0}$ 是常温下的相对介电常数。

实际测量的是电容器的温度系数 $\alpha_c$，它的定义与 $\alpha_\varepsilon$ 类似，可写成下式：

$$\alpha_c=\frac{\Delta C}{C_0\Delta T} \tag{7.5}$$

式中，$C_0$ 为常温下(25℃)的电容量；$\Delta C$ 是当温度变化了 $\Delta T$ 时电容的变化量。

两者的关系如下：

$$\alpha_\varepsilon=\alpha_c+(1+2\mu)\alpha_l \tag{7.6}$$

式中，$\alpha_l$ 为陶瓷的线膨胀系数；$\mu$ 为材料的泊松比。

对于多相陶瓷体系，介电常数和介电常数的温度系数可以通过改变各组分的含量来进行调节，满足以下“混合物”法则：

$$\alpha_\varepsilon=\sum_{i=1}^{n}x_i\alpha_{\varepsilon i} \tag{7.7}$$

$$\ln\varepsilon_r=\sum_{i=1}^{n}x_i\ln\varepsilon_{ri} \tag{7.8}$$

式中，$\varepsilon_r$ 和 $\varepsilon_{ri}$ 分别为陶瓷和陶瓷各组分的介电常数；$\alpha_\varepsilon$ 和 $\alpha_{\varepsilon i}$ 分别为与之对应的温度系数；

$x_i$ 为各组分的体积百分比。

一些用于高介瓷的氧化物及其盐类的介电性能如表 7.2 所示。利用表 7.2 中优选的化合物，参照“混合物”法则，可配制出许多具有各种介电常数和温度系数的高介瓷系列。

表 7.2 一些氧化物及其盐类的介电性能

| 组别 | 化合物名称 | 化学式 | 介电常数 | $\alpha_\varepsilon \times 10^{-4}$/℃ | | $\tan\delta/10^{-4}$ |
|---|---|---|---|---|---|---|
| | | | | −60～20℃ | 20～80℃ | |
| $\alpha_\varepsilon > 0$ | 偏钛酸镁 | $MgTiO_3$ | 20 | — | +200 | 1～2 |
| | 正钛酸镁 | $Mg_2TiO_4$ | 16 | −10 | +40 | 1～2 |
| | 钛酸镍 | $NiTiO_3$ | 18 | +40 | +70 | 2～3 |
| | 硅钛酸钙 | $CaTiSiO_5$ | 45 | — | +1200 | 5 |
| | 二氧化锆 | $ZrO_2$ | 18 | — | +160 | — |
| | 锆酸镁 | $MgZrO_3$ | 16 | — | +30 | — |
| | 锆酸钙 | $CaZrO_3$ | 28 | +50 | +65 | 2～4 |
| | 锆酸锶 | $SrZrO_3$ | 30 | +60 | +60 | 2～4 |
| | 锡酸钙 | $CaSnO_3$ | 16 | +100 | +115 | 3 |
| | 锡酸锶 | $SrSnO_3$ | 12 | — | +180 | 3 |
| $\alpha_\varepsilon \approx 0$ | 四钛酸钡 | $BaTi_4O_9$ | 40 | ≈0 | ≈0 | 2～4 |
| | 二钛酸镧 | $La_2Ti_2O_7$ | 50 | ≈0 | ≈0 | 1～2 |
| $\alpha_\varepsilon < 0$ | 二氧化钛 | $TiO_2$ | 100 | −1000 | −850 | — |
| | 钛酸钙 | $CaTiO_3$ | 150 | −2300 | −1500 | 2～4 |
| | 钛酸锶 | $SrTiO_3$ | 270 | — | −3000 | 2～4 |
| | 钛酸锆 | $ZrTiO_3$ | 40 | −120 | −90 | 2～3 |
| | 锆酸钡 | $BaZrO_3$ | 40 | −900 | −500 | 2～4 |
| | 锡酸钡 | $BaSnO_3$ | 20 | −80 | −40 | 4 |

### 7.1.2 高频温度补偿型介质陶瓷

在高频振荡回路中，由于电感器及电阻器通常具有正温度系数，为了保持回路谐振频率的稳定性，要求电容器的介质材料具有负温度系数，常用的介质材料有 $TiO_2$、$CaTiO_3$ 和以 $TiO_2$ 为基础的固溶体。常用的温度补偿型介质陶瓷有金红石瓷和钛酸钙瓷。

**1. 金红石瓷**

金红石瓷的主晶相是金红石结构的 $TiO_2$。金红石瓷是含钛陶瓷，在含钛陶瓷中共同存在的一个问题是钛离子的还原变价。钛离子还原会引起材料体积电阻率下降，介电损耗急剧增大，抗电强度降低，从而使含钛陶瓷的介电性能恶化。

1）金红石瓷的配方

目前，金红石瓷的配方很多，表 7.3 所示为几个金红石瓷的典型配方。

表 7.3 金红石瓷的典型配方

| 编号 | $TiO_2$ | $Zr(OH)_4$ | $ZrO_2$ | $BaCO_3$ | $H_2WO_4$ | $CaCO_3$ | $CaF_2$ | ZnO | $Li_2CO_3$ | 碳酸铈 | 氧化镧水化物 | 高岭土 | 膨润土 |
|---|---|---|---|---|---|---|---|---|---|---|---|---|---|
| 1 | 87 | — | 5 | 2 | — | — | 1 | — | — | — |  | 5 | — |
| 2 | 87 | — | 5 | 2 | — | — | 1 | — | — | — | — | 3 | 2 |
| 3 | 88 | — | 3.5 | 0.5 | — | 0.5 | 2 | — | — | — | — | 5.5 | — |
| 4 | 90 | — | — | 0.9 | 1.8 | — | 1.8 | 0.9 | — |  | — | — | 4.8 |
| 5 | 85 | 5 | — | — | — | — | — | — | — | — | 10 | — | — |
| 6 | 79 | 10 | — | — | — | — | — | — | — | — | 10 | — | — |
| 7 | 94 | — | — | — | — | — | — | — | 4 | 2 | — | — | — |

下面就配方中各种组成的作用或要求作简要说明。

① 高岭土、膨润土。

$TiO_2$ 没有可塑性，高岭土的加入一方面增加可塑性，另一方面降低烧结温度。当采用挤制和轧膜等塑法成型时，对可塑性要求更高，需要用部分膨润土代替部分高岭土，但一般应少于 4%。

② 碱土金属化合物。

由于引入了部分高岭土、膨润土，带入了碱金属离子，使电性能恶化，因此须引入碱土金属离子，利用压抑效应提高电性能。另外，它们也可起降低烧结温度的作用。一般 $CaF_2$ 加入量要少于 2%～3%，ZnO 加入量为 1%左右。

③ $ZrO_2$。

金红石的高温结晶能力很强，如烧结温度稍高或保温时间稍长，则易形成粗晶结构，使材料的微观结构不均匀、密度降低、气孔率增大，造成材料电性能恶化，尤其是在潮湿环境中工作时会吸湿，使 $\tan\delta$ 迅速增大。此外，由于瓷体结构不均匀造成的界面极化，会使得材料的 $\tan\delta$ 随频率发生变化。为了克服上述问题，常加入 $ZrO_2$ 阻止粗晶形成，促使瓷质结晶细密均匀，改善材料的防潮稳定性及频率稳定性。此外，$ZrO_2$ 还有抑制钛离子还原的作用，提高陶瓷的电气性能。氧化锆的用量一般不宜过多，通常为 5%左右。除 $ZrO_2$ 外，$TeO_2$、$V_2O_3$、$WO_3$ 等化合物也有类似的作用。

2）金红石瓷生产中需注意的问题

金红石瓷生产中需注意以下几个问题：

① 严防 $SiO_2$ 杂质的进入。因为随着 $SiO_2$ 杂质含量的增加，介电常数下降，介电常数的温度系数的绝对值变小，$\tan\delta$ 不论在常温或受潮时都显著增加，所以，球磨时必须用刚玉磨球及内衬。

② 严格控制烧结温度。烧结温度一般以1325±10℃为宜。如温度过高，则使二氧化钛严重结晶，而且还可能产生高温失氧还原，导致电性能恶化。例如，在中性气氛、高温下(>1400℃)会发生如下反应：

$$2TiO_2 \longrightarrow Ti_2O_3 + 0.5O_2 \tag{7.9}$$

快速冷却能够防止金红石晶体重结晶，使瓷体晶粒细而致密，从而提高瓷件的热稳定性、频率稳定性及介电强度。

③ 严格控制气氛，保证在氧化气氛下烧结。

因为在还原气氛和弱还原气氛下，高价钛易还原成低价钛，反应过程如下：

$$TiO_2 + (CO)_x \longrightarrow TiO_{2-x} + (CO_2)_x \tag{7.10}$$

在这种情况下，介电损耗增大，比体积电阻减小，介电强度降低，介电常数增大。此外，不宜用碳化硅作承烧板和匣钵，因为高温下碳化硅会与氧结合放出CO。

应该指出，被还原了的金红石瓷可在氧化气氛中复烧，使其重新氧化而恢复原有的介电性能，这对于厚度较小的产品特别有效。

**2. 钛酸钙瓷**

钛酸钙瓷以钛酸钙($CaTiO_3$)为主晶相，具有钙钛矿结构。$CaTiO_3$陶瓷的介电常数为140～150，介质损耗小，为$(2\sim4)\times10^{-4}$，$\alpha_\varepsilon$为$-1000\sim1500$ ppm/℃(ppm是溶液的浓度单位，1 ppm是百万分之一)。$CaTiO_3$陶瓷常用作高频温度补偿型电容器的陶瓷介质，还可作为各种电容器瓷料的温度系数调节剂，如$MgTiO_3$-$CaTiO_3$陶瓷。钛酸钙瓷的烧成要求在氧化气氛下进行。

在$CaTiO_3$陶瓷中添加0.1 wt%～0.5 wt%的$Nb_2O_5$、$La_2O_3$、ZnO、NiO，能够有效地降低其烧结温度，使其在1260～1300℃烧结；添加剂对其介电常数几乎没有影响，但却能在较大程度上降低材料的介电损耗，在10 kHz～20 MHz时其相对介电常数为175，介电损耗为$10^{-4}$。

1) 钛酸钙瓷的配方

由于纯钛酸钙瓷的烧结温度较高，烧结温度区间很窄，以至不能在生产上使用。人们在实践中发现，在其中加入少量二氧化锆不仅能降低烧成温度、扩大烧结范围，而且能有效阻止钛酸钙在高温下晶粒长大。因此钛酸钙瓷的制备一般分两步进行，即先合成$CaTiO_3$，然后再配方。典型的配方为：$CaTiO_3$烧块99%，$ZrO_2$ 1%。

采用以上配方的瓷料的烧结温度为(1360±20)℃。为了进一步降低烧结温度，改善烧结性能和结晶状态，从而提高介电性能，还可加入少量氧化钴(<2.5 wt%)。

钛酸钙瓷的性能与钛酸钙烧块的组成有关，一般应按$CaTiO_3$的化学组成投料合成，当有过量$CaCO_3$时，会生成部分$Ca_3Ti_2O_3$($\varepsilon_r=55$)，使材料的$\varepsilon_r$下降。因此，在配方中宁可将$TiO_2$稍稍过量。烧块的质量可以由测定游离氧化钙的含量来评价。在$TiO_2$-CaO系统中，随配方中$TiO_2$与CaO的比例不同，陶瓷的性能各异，尤其是在CaO的摩尔百分含量超过$TiO_2$的摩尔百分含量时，陶瓷的介电常数和负温度系数大大降低。钛酸钙瓷的介电性能与摩尔数比的关系如表7.4所示。

表 7.4 钛酸钙瓷的介电性能与摩尔数比的关系

| 摩尔比 | CaO | $TiO_2$ | 烧成温度/℃ | 吸水率/% | $\varepsilon_r$ (25±5)℃ (1 MHz) | $\alpha_\varepsilon$/(ppm/℃) | $\tan\delta/10^{-4}$ (20℃) (1 MHz) | 备注 |
|---|---|---|---|---|---|---|---|---|
| $1CaO \cdot 6TiO_2$ | 10.5 | 89.5 | 1275 | 0 | 117 | −1200 | 2.5 | — |
| $1CaO \cdot 2TiO_2$ | 26.0 | 74.0 | 1310 | 0 | 147 | −1500 | 2.5 | — |
| $2CaO \cdot 3TiO_2$ | 31.9 | 68.1 | 1310 | 0 | 151 | −1650 | 3.0 | — |
| $1CaO \cdot 1TiO_2$ | 41.2 | 58.8 | 1400 | 0.001 | 143 | −1800 | 2.5 | 化合物 |
| $3CaO \cdot 2TiO_2$ | 51.3 | 48.7 | 1500 | 0.02 | 55 | −260 | 1.0 | — |
| $2CaO \cdot 1TiO_2$ | 58.4 | 41.6 | 1500 | 0.01 | 40 | −155 | 2.0 | — |
| $3CaO \cdot 1TiO_2$ | 67.8 | 32.2 | 1500 | 0.01 | 34 | −100 | 2.0 | — |

此外，如果希望降低瓷料的温度系数的绝对值，则可加入 $La_2Ti_2O_7$；如果希望瓷料的介电常数增大，则可用 $SrTiO_3$ 和 $Bi_2Ti_2O_7$ 来调整性能。

2) 钛酸钙瓷的生产工艺

钛酸钙瓷是一种含钛陶瓷，因此它的合成与烧结必须在氧化气氛中进行。在烧结时用 $ZrO_2$ 或深度过烧的 $CaTiO_3$ 作垫片，用 $ZrO_2$、过烧的 $CaTiO_3$ 及 $Al_2O_3$ 作撒粉。采用 $ZrO_2$ 作撒粉性能最好，但成本高。另外，在烧结时不能采用 $SiO_2$ 或 SiC 作垫片和撒粉。

原料在球磨时 CaO 可能水解生成水溶性 $Ca(OH)_2$，故球磨后应进行烘干，而不能用过滤除水，否则会因 $Ca(OH)_2$ 流失而影响配比。

钛酸钙瓷的结晶能力较强，为防止晶粒长大，要控制好烧结温度和保温时间。生产中往往采用高温快速冷却来控制晶粒长大。但由于瓷坯的线膨胀系数较大，采用高温快速冷却易使制品变形开裂。

国内主要采用的有钛锆系、镁镧钛系及硅钛钙系列。此外，还有铌酸钠-钛酸锶系。表 7.5～表 7.8 所示分别为四个系列的瓷组成与介电性能的关系。

表 7.5 钛锆系瓷组成与介电性能的关系

| 组别 | $TiO_2/ZrO_2$ | $\varepsilon_r$ | $\alpha_\varepsilon$/(ppm/℃) | 备注 |
|---|---|---|---|---|
| 1 | 20/80 | 31 | +(30±30) | — |
| 2 | 54/46 | 27 | +(75±30) | — |
| 3 | 70/30 | 47 | −(470±90) | — |

表 7.6 Ca-Mg-La-Ti 系瓷组成与介电性能的关系

| 组别 | 成分/wt% | | | | $\varepsilon_r$ | $\alpha_\varepsilon$/(ppm/℃)(20～85℃) | $\tan\delta/10^{-4}$(20℃) | $\rho_v$/(Ω·m) | $E_p$/(MV/m) |
|---|---|---|---|---|---|---|---|---|---|
| | CaO | MgO | $La_2O_3$ | $TiO_2$ | | | | | |
| 1 | 0 | 11.9 | 38.6 | 49.6 | 30 | +8～−8 | 1.2 | $>10^9$ | 35 |
| 2 | 0 | 5.7 | 34.7 | 59.6 | 33 | −(36～53) | 1.5 | $>10^9$ | 34 |
| 3 | 0 | 8.3 | 24.6 | 67.10 | 35 | −(90～105) | 1.0 | $>10^9$ | 40 |
| 4 | 9.66 | 12.4 | 27.16 | 51.07 | 45 | −(175～185) | 4.0 | $>10^9$ | 36 |
| 5 | 13.29 | 8.69 | 28.09 | 49.93 | 55 | −(246～260) | 4.0 | $>10^9$ | 30 |
| 6 | 19.82 | 2.0 | 30.83 | 47.35 | 75 | −(370～386) | 3.5 | $>10^9$ | 24 |
| 7 | 24.40 | 2.26 | 22.87 | 50.47 | 85 | −(470～505) | 3.5 | $>10^9$ | 35.5 |
| 8 | 31.41 | 1.28 | 13.41 | 53.88 | 100 | −(750～810) | 2.0 | $>10^9$ | 24.8 |

表 7.7 $CaTiSiO_3$-$CaTiO_3$ 系瓷组成与介电性能的关系

| 组　成 | | | | $\varepsilon_r$(1 MHz) | $\alpha_\varepsilon$/(ppm/℃)(20～85℃) | $\tan\delta/10^{-4}$(1 MHz) | 预烧温度/℃ | 烧成温度/℃ |
|---|---|---|---|---|---|---|---|---|
| $CaTiO_3$/$CaTiSiO_3$/mol | 质量/g | | | | | | | |
| | $CaCO_3$ | $TiO_2$ | $SiO_2$ | | | | | |
| 0.668∶0.332 | 25 | 20 | 5 | 112 | −680 | 4 | 1100 | 1300 |
| 0.5∶0.5 | 25 | 20 | 7.5 | 82 | ±25 | 4 | 1100 | 1300 |
| 0.334∶0.666 | 25 | 20 | 10 | 55 | +510 | 3 | 1100 | 1300 |

表 7.8 $CaTiSiO_3$-$SrTiO_3$-$TiO_2$ 系瓷组成与介电性能的关系

| 组成/(mol%) | | | $\varepsilon_r$(1 MHz)(20℃) | $\alpha_\varepsilon$/(ppm/℃) | $\tan\delta/10^{-4}$ | | $E_p$/(MV/m) |
|---|---|---|---|---|---|---|---|
| $CaTiSiO_3$ | $TiO_2$ | $SrTiO_3$ | | | (1 MHz，20℃) | (1 MHz，20℃) | |
| 69.6 | 0.5 | 30 | 129 | −700 | 4 | 4.3 | 45.8 |
| 55 | 40 | 5 | 92 | +150 | 2 | 1.8 | 50.2 |
| 40 | 49 | 11 | 109 | ±15 | 2.2 | 1.9 | 50.5 |
| 30 | 69 | 1 | 108 | −50 | 2.9 | 3.2 | 48.8 |
| 11.9 | 88 | 0.1 | 105 | −460 | 3.2 | 3.4 | 42.3 |

### 7.1.3 高频温度稳定型介质陶瓷

一些电子元件要求有很低的 $\alpha_\varepsilon$，以保证使用时的稳定性。高频温度稳定型介质陶瓷即能满足此要求，其主要特点是 $\alpha_\varepsilon$ 值很低，甚至接近于零，常见的有钛酸镁瓷、锡酸钙瓷等。

**1. 钛酸镁瓷**

钛酸镁瓷以正钛酸镁为主晶相。正钛酸镁属于 $TiO_2$-MgO 二元体系化合物之一。该二元系统有三种化合物存在：正钛酸镁（2Mg · $TiO_2$）、二钛酸镁（MgO · 2$TiO_2$）和偏钛酸镁（MgO · $TiO_2$）。其介电性能如表 7.9 所示。

表 7.9 $TiO_2$-MgO 二元体系化合物的介电性能

| 晶体名称 | 晶体结构 | $\varepsilon_r$ (20℃，1 MHz) | $\tan\delta/10^{-4}$ (20℃，1 MHz) | $\alpha_\varepsilon$/(ppm/℃) (20～80℃) |
|---|---|---|---|---|
| 正钛酸镁 | 尖晶石型 | 14 | <3 | +60 |
| 二钛酸镁 | 尖晶石型 | 16 | 8～10 | +204 |
| 偏钛酸镁 | 钛铁矿型 | 14 | <3 | +70 |

由表 7.9 可知，正钛酸镁的介电常数（$\varepsilon_r$）和介电损耗（$\tan\delta$）都较小，$\alpha_\varepsilon$ 为较小的正值；二钛酸镁的 $\tan\delta$ 较大，$\alpha_\varepsilon$ 为较大的正值，不宜用作介质瓷；偏钛酸镁的介电性能较好，但烧成温度范围窄，易生成粗晶，使气孔率增大，电性能恶化。正钛酸镁和二钛酸镁都是稳定的化合物，但偏钛酸镁只有在非常特殊的条件下才能生成，通常总是倾向于生成正钛酸镁。

钛酸镁瓷很适于制造高频热稳定型电容器。通常钛酸镁瓷中 $TiO_2$ 与 MgO 的配比约为 60∶40，为了使 $\alpha_\varepsilon \approx 0$，同时 $\varepsilon_r$ 值有所提高，常在 $TiO_2$-MgO 体系中添加 CaO 或 $CaCO_3$，使其与瓷料中过剩的 $TiO_2$ 形成 $CaTiO_3$，制得 $MgTiO_3$ 和 $CaTiO_3$ 的固溶体，使 $\alpha_\varepsilon \approx 0$，可由式（7.7）计算 $CaTiO_3$ 的添加量。

对于 $MgTiO_3$ 和 $CaTiO_3$ 二元组成，可得到

$$\alpha_\varepsilon = x_1 \cdot \alpha_{\varepsilon 1} + (1 - x_1) \cdot \alpha_{\varepsilon 2} \tag{7.11}$$

代入数值得

$$x_1 = 4.458 \text{ wt}\%$$

钛酸镁瓷的主要缺点是烧结温度过高（1450～1470℃），且烧成温度范围过窄（5～10℃），过烧使晶粒生长过快，气孔率增加，从而使电性能恶化。常采用萤石（$CaF_2$）作为熔剂，$CaF_2$ 能与过剩的 $TiO_2$ 生成 $CaTiO_3$，使钛酸镁瓷的 $\alpha_\varepsilon$ 值向负温方向移动，从而达到调整热稳定性的目的。

**2. 锡酸钙瓷**

在各种锡酸盐中，$CaSnO_3$ 是最适于制造高频热稳定型电容器的材料。$CaSnO_3$ 具有钛矿型结构，$\varepsilon_r$=14，$\alpha_\varepsilon$=+(110～115)ppm/℃，$\tan\delta = 3\times10^{-4}$，烧结温度为 1500℃。如引入 $\alpha_\varepsilon$ 作为调节剂的 $CaTiO_3$ 或 $TiO_2$，则可使 $\alpha_\varepsilon$ 值接近于 0，使介电常数提高。

$CaSnO_3$ 具有很强的结晶能力，容易产生二次再结晶，使晶粒长大成粗晶；因此材料在高温下停留时间要短，冷却也要尽可能快，但这样就限制了坯体的大小和形状。

表 7.10 所示为 4 个锡酸钙瓷的实用配方。

表 7.10 锡酸钙瓷的 4 个实用配方

| 原料名称 | $\alpha_c$ =＋(33±30)ppm/℃ | | $\alpha_c$ =－(47±30)ppm/℃ | |
|---|---|---|---|---|
| | 1 | 2 | 1 | 2 |
| 锡酸钙烧块Ⅰ | 90% | — | 90% | — |
| 锡酸钙烧块Ⅱ | — | 90.5% | — | 90.5% |
| 氧化锆 $ZrO_2$ | — | 2.0% | — | 2.0% |
| 膨润土 | 7.5% | 7.5% | 6% | 7.5% |
| 氧化锌 | 2.5% | — | 2.5% | — |
| 钛酸钙($CaTiO_3$ 外加) | 2.4% | 3.0% | 6.5% | 6.5% |
| 烧结温度/℃ | 1370±20 | 1370±20 | 1370±20 | 1370±20 |

表 7.10 中锡酸钙烧块Ⅰ和锡酸钙烧块Ⅱ的化学组成如表 7.11 所示。

表 7.11 锡酸钙烧块Ⅰ、Ⅱ的化学组成

| 原料名称 | 烧块Ⅰ | 烧块Ⅱ |
|---|---|---|
| $SnO_2$ | 53.9% | 54.2% |
| $CaCO_3$ | 40% | 39.7% |
| $BaCO_3$ | 4% | 3.6% |
| $TiO_2$ | 1.5% | 1.4% |
| $SiO_2$ | — | 1.1% |
| 合成温度 | 1270℃×(2～4)h | |

除了锡酸钙具有正的介电常数的温度系数外，其他锡酸盐的介电常数的温度系数也是正的，如表 7.12 所示。

表 7.12 锡酸盐的介电特性

| 名称 | $\varepsilon_r$ (20℃，1 MHz) | $\tan\delta/10^{-4}$ (20℃，1 MHz) | $\alpha_c$/(ppm/℃) | 烧结温度/℃ |
|---|---|---|---|---|
| $CaSnO_3$ | 14 | 3 | +100 | 1600 |
| $SrSnO_3$ | 18 | 3 | +180 | 1700 |
| $BaSnO_3$ | 20 | 4 | −40 | 1700 |
| $MgSnO_3$ | 33 | 223 | +6300 | 1540 |
| $Bi_2(SnO_3)_3$ | 30 | 61 | +500 | 1150 |
| $PbSnO_3$ | 12 | 200 | +1800 | 940 |
| $CoSnO_3$ | 13 | 161 | +10 400 | 1260 |
| $NiSnO_3$ | 10 | 456 | +19 700 | 1430 |
| $ZnSnO_3$ | $\rho_v$ 均为 $10^3$～$10^7$ Ω·cm 的半导体 | — | — | 1430 |
| $CuSnO_3$ | | — | — | 1260 |
| $CdSnO_3$ | | — | — | 1150 |
| $FeSnO_3$ | | — | — | 1200 |
| $Fe_2(SnO_3)_3$ | | — | — | 1200 |
| $MoSnO_3$ | | — | — | 1315 |

### 7.1.4 低频介质陶瓷

低频介质陶瓷材料的特点是在低频下的介电常数高，一般为200～20000，介电损耗较大，介电常数随温度和电场强度的变化呈强烈的非线性。

**1. 低温烧结Ⅱ型MLCC瓷料的配方和性能**

国内Ⅱ型MLCC瓷料主要可归纳为两类系统，简单介绍如下。

1) $Pb(Mg_{1/3}Nb_{2/3})O_3$-$PbTiO_3$-$Bi_2O_3$ 系统

$Pb(Mg_{1/3}Nb_{2/3})O_3$ 可缩写为PMN，是该系统的主晶相。PMN是复合钙钛矿型的铁电体，其居里温度 $T_c=-15$℃。在居里温度时，$\varepsilon_r=1260$；在常温时，$\varepsilon_r=8500$，常温时的 $\tan\delta<100\times10^{-4}$。PMN在不同频率的弱电场作用下，$\varepsilon_r$ 与 $\tan\delta$ 随温度的变化如图7.2所示。

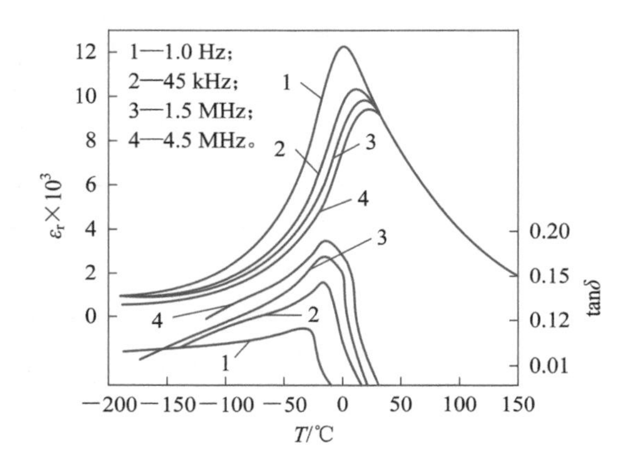


图7.2 PMN的 $\varepsilon_r$ 与 $\tan\delta$ 随温度的变化

从图7.2中可看出，随着频率增加，居里温度向高温方向移动，但 $\varepsilon_r$ 下降，$\tan\delta$ 增大。PMN的理论密度为8.12 g/cm$^3$，呈透明的浅黄色。

用差热分析及X射线衍射法对 $PbO:Nb_2O_5:MgO=3:1:1$ 的混合物在加热时生成PMN的过程进行研究，其主要结论为混合物加热到650℃时，存在PMN的焦绿石相；加热约至790℃时，伴随着液相的形成，焦绿石相转变为钙钛矿型PMN。差热分析曲线显示，在815℃时，差热曲线上有一吸热峰。在820℃烧成试样的X射线衍射图上呈现出钙钛矿型PMN的特征谱线，说明PMN的形成温度在820℃左右。这对确定合成料的预烧温度是有指导意义的。PMN的成瓷温度为1050～1100℃。PMN具有高的介电常数，$\tan\delta$ 也较小，同时，其成瓷温度也较接近于银电极的烧渗温度(900～910℃)。所以PMN可以用来制作低温烧结MLCC(多层低温共烧陶瓷电容器)。PMN的不足之处是居里温度较低和负温损耗较大。为了使PMN的居里点移入经常使用的温度范围内，通常使用 $PbTiO_3$ 作为移峰剂。$PbTiO_3$ 属钙钛矿型铁电体，其居里温度为500℃，常温介电常数为150，$\tan\delta<300\times10^{-4}$。$PbTiO_3$ 单晶的介电常数与温度的关系如图7.3所示。

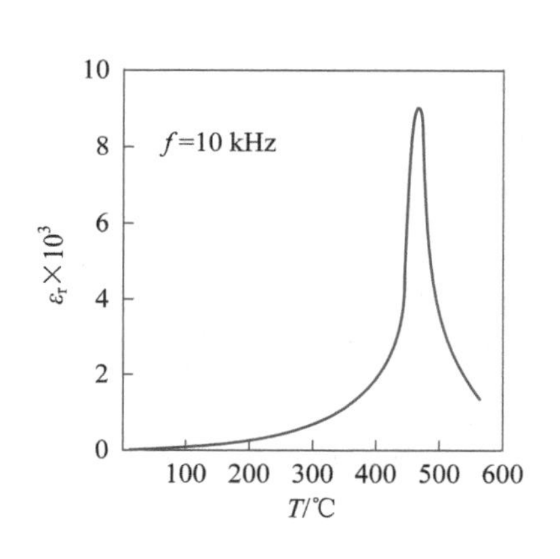


图 7.3 $PbTiO_3$ 单晶的介电常数与温度的关系

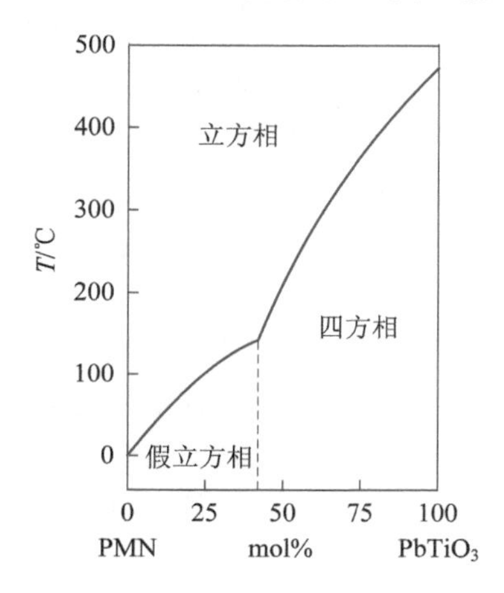


图 7.4 $PbTiO_3$-PMN 系统的居里温度

$PbTiO_3$ 可与 PMN 形成连续固溶体，如图 7.4 所示为 $PbTiO_3$-PMN 固溶体的组成与居里温度的关系图，随着 $PbTiO_3$ 含量的增加，居里温度提高，同时晶相组成也发生变化，当 $PbTiO_3$ 的含量小于40 mol%时，假立方相和立方相共存，而当 $PbTiO_3$ 的含量大于40 mol%时，假立方相转变为四方相。如果引入适量 $PbTiO_3$，可以获得在室温下具有较高的介电常数和低的温度变化率的瓷料。$PbTiO_3$-PMN 系统电性能的温度特性如图 7.5 所示。

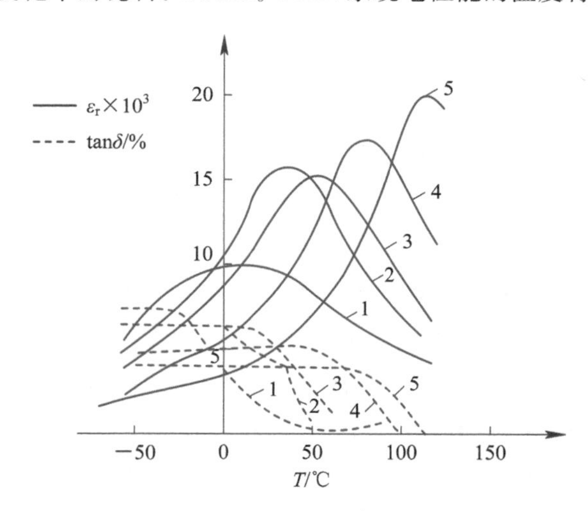


图 7.5 $PbTiO_3$ - PMN 系统电性能的温度特性

图 7.5 中按编号 1～5 的顺序，$PbTiO_3$ 的加入量分别为 10 mol%、14 mol%、20 mol%、30 mol%和 40 mol%，烧成温度为 1100℃。由图 7.5 可看出，一般 $PbTiO_3$ 的加入量为 10 mol%～14 mol% 较为合适。在 PMN 中加入一定量的 $PbTiO_3$ 后，烧成温度仍为 1100℃，显然仍不能与银电极配合。故需要引入助熔剂，以使瓷料烧成温度降至 900℃。通常引入 $Bi_2O_3$ 可使瓷料在较低温度下出现液相，即降低瓷料的烧结温度。根据实验，$PbMg_{1/3}Nb_{2/3}O_3$-0.14$PbTiO_3$-0.04$Bi_2O_3$ 的组成可以获得较好的效果。这种瓷料在组成方面的稍许变动，对性能不会造成很大影响。例如，为了弥补烧结过程中 PbO 及 $Bi_2O_3$ 的挥

发，PbO 及 $Bi_2O_3$的用量可以根据计算用量再加 3%～5%，MgO 的用量必须比配方过量才能在 900℃下达到致密烧结，实用配方比理论计算用量多 15%～20%。实际的配方为：$Pb_3O_4$ 63.30 wt%，$MgCO_3$ 9.43 wt%，$Nb_2O_5$ 20.05 wt%，$TiO_2$ 2.74 wt%，$Bi_2O_3$ 4.48 wt%。实践证明，这种瓷料可不必预先分别合成 PMN 和 $PbTiO_3$，只要按配方一次配料即可。这种瓷料在 900℃烧成后，其居里温度约为 0℃，室温的介电常数约为 6300，tanδ 为 $50\times10^{-4}$，绝缘电阻为 $10^{11}$ Ω。

在生产与使用中发现这种瓷料有严重的电性能老化现象，即绝缘电阻在高温和直流电场作用下，随时间延长而逐渐降低，甚至由其制成的电容器在低压下会发生击穿，使产品质量的可靠性下降。老化的主要原因是瓷体烧结不够致密，气孔多。为了提高 MLCC 的抗老化性能，必须进一步降低瓷料的烧结温度，以获得致密的多层结构完善的瓷体。

2）$PbMg_{1/3}Nb_{2/3}O_3$-$PbTiO_3$-$PbCd_{1/2}W_{1/2}O_3$ 系统

该系统是在 $PbMg_{1/3}Nb_{2/3}O_3$-$PbTiO_3$-$Bi_2O_3$ 系统的基础上采用 $PbCd_{1/2}W_{1/2}O_3$（缩写为 PCW）代替 $Bi_2O_3$作为熔剂制成的。PCW 是钙钛矿型反铁电体，其介电常数与 tanδ 随温度的变化关系如图 7.6 所示。

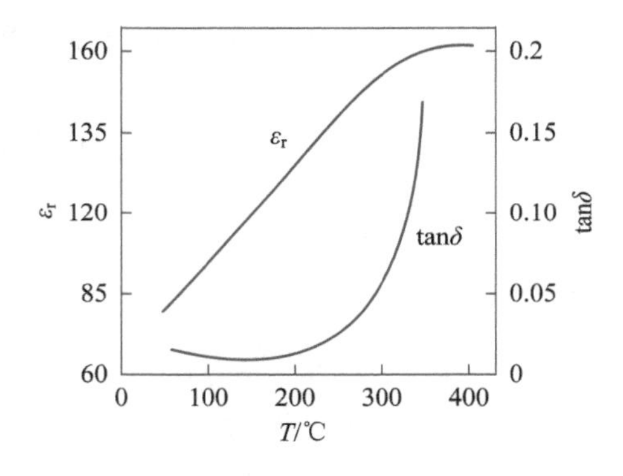


图 7.6 PCW 的 $\varepsilon_r$ 与 tanδ 随温度的变化

由图 7.6 可知，随着温度的升高，介电常数也随之升高，但在 300℃之前，介电常数呈直线上升，随后缓慢增加；而介电损耗随温度升高的变化则较复杂，在 150℃之前出现轻微降低的趋势，之后便快速增大，在 350℃之后陡直增加。

在实际生产中，各种原料的配方为：$Pb_3O_4$ 65.54 wt%，$Nb_2O_5$ 21.45 wt%，碱式 $MgCO_3$ 8.67 wt%，$TiO_2$ 1.95 wt%，CdO 0.86 wt%，$WO_3$ 1.54 wt%。

该瓷料的介电性能如表 7.13 所示。PCW 虽然起着熔剂作用，瓷料的烧成温度仍在 900℃以上，降低烧结温度的效果仍不能满足改善烧结的目的。实验发现，在瓷料中加入 1%的硼铅玻璃（红丹 85%，硼酸 15%，熔制温度 600℃）及 0.05% $Cr_2O_3$，可使瓷料具有优良的电性能和抗老化的性能。其中硼铅玻璃可不必先行熔制，可按比例加入到瓷料配方中一起预烧。实际配方为：$Pb_3O_4$ 67.63%，$Nb_2O_3$ 22.15%，碱式 $MgCO_3$ 9.20%，$TiO_2$ 1.99%，$WO_3$ 1.59%，CdO 0.88%，$H_3BO_3$ 0.15%，$Cr_2O_3$ 0.05%。瓷料在 720℃预烧并保温 2 h。烧成温度为(900±10)℃，保温 1.5 h。烧成的瓷体的性能为：$\varepsilon_r$=9000～10 000，tanδ<$100\times10^{-4}$，抗电强度为 40 kV/ mm，ΔC/C 为 41%(85±5)℃和 62%(−55±5)℃，

该瓷体的电性能和抗潮老化性能都较好。

表 7.13 $PbMg_{1/3}Nb_{2/3}O_3$-$PbTiO_3$-$PbCd_{1/2}W_{1/2}O_3$ 瓷料的介电性能

| 居里温度/℃ | $\varepsilon_{max}$ | $\varepsilon_{20℃}$ | $\tan\delta/10^{-4}$ | 绝缘电阻/Ω | $\Delta C/C$/% | | 烧成温度/℃ |
|---|---|---|---|---|---|---|---|
| | | | | | −55～20℃ | −20～85℃ | |
| +8 | 11 150 | 10 950 | 170 | $10^{11}$ | −66 | −35 | 920 |

**2. 中温烧结Ⅱ类 MLCC 瓷料的配方和性能**

表 7.14 及表 7.15 所示为主要的中温烧结Ⅱ类 MLCC 瓷料 X7R、Z5U、Y5V 三个系列瓷料的介电特性、烧成温度和选用的电极材料等。

表 7.14 X7R 系列瓷料的性能

| 性　能 | BL172 | BL162 | BL601 | XL282 |
|---|---|---|---|---|
| $\varepsilon_r$ | 1900～2300 | 1900～2300 | 750～900 | 2700～3000 |
| $\tan\delta/10^{-4}$ | ≤250 | ≤250 | ≤250 | ≤250 |
| $(\Delta C/C)$/% | ±15 | ±15 | ±15 | ±15 |
| 绝缘电阻/MΩ(25℃) | ≥1000 | ≥1000 | ≥1000 | ≥1000 |
| 绝缘电阻/MΩ (125℃) | ≥100 | ≥100 | ≥100 | ≥100 |
| 击穿电压/(kV/mm) | ≥20 | ≥20 | ≥20 | ≥20 |
| 烧成温度/℃ | 1040～1106 | 1091～1107 | 1040～1105 | 1095～1135 |
| 内电极(Ag/Pd) | 70/30 | 70/30 | 70/30 | 70/30 |
| 内电极代号 | 4772 | 4772 | 4772 | 4772 |

表 7.15 Z5U、Y5V 系列瓷料的性能

| 性　能 | PL172 Z5U | XL103 Z5U | H602 Z5U | H123 Y5V |
|---|---|---|---|---|
| $\varepsilon_r$ | 8000～10 000 | 8000～10 000 | 8000～9500 | 12000～15 000 |
| $\tan\delta/10^{-4}$ | ≤250 | ≤250 | ≤250 | ≤150 |
| $\Delta C/C$/% | +22/−56 | +22/−56 | +22/−56 | +22/−56 |
| 绝缘电阻/MΩ(25℃) | 1000 | 1000 | 1000 | 1000 |
| 绝缘电阻/MΩ(125℃) | 100 | 100 | 100 | 100 |
| 击穿电压/(kV/mm) | ≥16 | 24 | 14 | 18 |
| 烧成温度/℃ | 970～995 | 1100 | 1260～1290 | 1348 |
| 内电极(Ag/Pd) | 85/15 | 70/30 | 30/20 | 0/100 |
| 内电极代号 | 4755 | 4772 | 4346 | — |

表中，X7R、Z5U、Y5V 三类瓷料系统是以 $BaTiO_3$ 为基的铁电陶瓷和含铅的复合钙钛矿型结构的陶瓷材料。

1）以 $BaTiO_3$ 为基的瓷料

在以 $BaTiO_3$ 为基的瓷料中，因 $BaTiO_3$ 的合成方法不同，其烧成温度和介电特性差异较大，如表 7.16 所示。

**表 7.16 不同合成方法瓷料烧成温度和介电常数比较**

| 合成法 | 烧成温度/℃ | 烧结密度/($g/cm^3$) | 晶粒尺寸/μm | $\varepsilon_r$ | | 居里温度/℃ | $\tan\delta$/%(20℃) | 电阻率(20℃)/(Ω·cm) |
|---|---|---|---|---|---|---|---|---|
| | | | | 20℃ | 居里温度处 | | | |
| 水热合成法 | 1200 | 5.83 | 2.1 | 3300 | 9400 | 125 | 0.9 | $4.6\times10^{11}$ |
| 草酸盐法 | 1300 | 5.83 | 4.3 | 3150 | 10 200 | 130 | 3.3 | $9.7\times10^{11}$ |
| 固相法 | 1350 | 5.84 | 7.1 | 2000 | 6000 | 124 | 1.9 | $1.0\times10^{11}$ |

由表 7.15 和图 7.7 可知，由水热合成法制得的钛酸钡的烧成温度最低，固相法的最高。下面简单介绍一下用不同方法合成的 $BaTiO_3$ 制作 X7R 瓷料的配方。

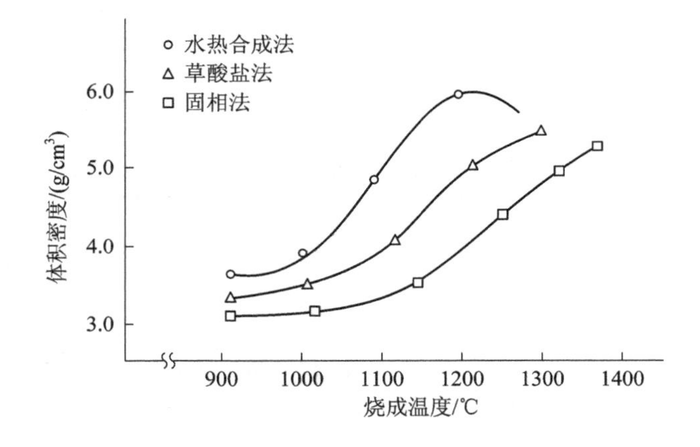


图 7.7 $BaTiO_3$ 的烧成曲线

（1）由固相法合成的 $BaTiO_3$ 为原料制作 X7R 瓷料。在 $BaTiO_3$ 中引入适量 $PbBi_4Ti_4O_{15}$ 和 $PbNb_2O_6$，瓷料的 $\varepsilon_r$ 可达到 1600 左右，介电常数的温度变化率不大于±5%（−55～85℃），$\tan\delta\leqslant200\times10^{-4}$。X7R 瓷料的配方为：$BaTiO_3$ 95.49 mol%，$PbBi_4Ti_4O_{15}$ 2.77 mol%，$PbNb_2O_6$ 1.74mol%，外加 $Cr_2O_3$ 0.05 wt%、$CeO_2$ 0.5 wt%。配料中 $BaTiO_3$ 以固相预合成熔块引入。该瓷料制作的独石电容器采用 Ag－Pd 合金为内电极，在 1100～1150℃烧成。电极料浆中 Ag-Pd 合金粉由 70%Ag 粉和 30%Pd 粉组成。另外，加入 28%的有机混合溶剂。混合溶剂的配比为乙基纤维素 3.5%，松油醇 100%。该瓷料的介电性能为 $\varepsilon_r=1600$，$\tan\delta\leqslant100\times10^{-4}$，绝缘电阻率为 $4\times10^{11}$ Ω·cm，$\alpha_C$ 为±2%（−55～85℃）。用该瓷料制成独石陶瓷电容器和微带电容器，应用于微波等集成电路中。

（2）由草酸盐法合成的 $BaTiO_3$ 为原料制作 X7R 瓷料。以草酸沉淀法（即草酸盐法）可制得高纯细颗粒的 $BaTiO_3$，其室温介电常数约为 4000，电容变化率低，烧成后的晶粒粒径约为1 μm，不加其他改性加入物也可在1215～1238℃充分烧结。表7.17为钛酸钡烧结试样的介电性能。

表7.17 高纯钛酸钡烧结试样的介电性能

| 钛酸钡 | 烧成温度/℃ | ε | tanδ/ % | 绝缘电阻/MΩ | ΔC/C/% | | | |
|---|---|---|---|---|---|---|---|---|
| | | | | | −55℃ | 30℃ | 85℃ | 125℃ |
| A | 1238 | 3750 | 1.0 | 980 | 25.3 | −19.2 | 0.1 | 72.9 |
| | 1215 | 3150 | 1.87 | — | −22.1 | −15.9 | 1.2 | 21.2 |
| B | 1238 | 3170 | 0.98 | 380 | −34.5 | −28.2 | 1.3 | 24.2 |
| | 1215 | 4710 | 1.26 | 1340 | −12.6 | −3.5 | 18 | 75.7 |

(3) $BaTiO_3$ 的掺杂改性。

在1460℃以下，$BaTiO_3$ 存在三次相变，有四种不同的晶型结构。当 $T>120℃$ 时，为对称性较高的立方晶系，属于顺电相，不具有铁电性；当 $T<120℃$ 时，则为四方晶型，其晶格常数($a$、$b$ 和 $c$)发生变化，其中 $c$ 轴略有增长，$a$、$b$ 轴略有缩短，$c/a=1.01$。该温度范围沿 $c$ 轴出现自发极化并呈现铁电性，一般将顺电相和铁电相转变的温度点称为居里温度点，用 $T_c$ 表示，因此，$BaTiO_3$ 的居里温度点 $T_c=120℃$；当 $T=0.5℃$ 时，转变为正交晶系，自发极化轴沿[011]方向；当 $T=-80℃$ 时又转变为三方晶系，自发极化轴方向为[111]。

理论和实验都证明：无论是 $BaTiO_3$ 晶体还是 $BaTiO_3$ 陶瓷，它们在 $T_c$ 处的介电常数均出现峰值。$BaTiO_3$ 的掺杂改性的主要着眼点在于：使居里温度区域拓宽，工作区域内具有更高的介电常数；居里点的位置可根据应用的需要进行适量调节等。

通常铁电介质在居里温度点附近存在着一个介电常数较大的范围，称为“居里区”，其中有不同程度的铁电相与顺电相共存。为了扩展居里区，常采用相变扩散(包括热起伏扩散、成分起伏扩散、应力起伏扩散和结构起伏扩散等)，引入缓冲型固溶体以及多晶晶粒微细化等方法。其主要作用在于适量而合理地分散非铁电相区域，使由于自发极化过程所产生的几何应变及机械应力得到缓冲，从而使电畴的运动在较宽的温度范围内比较顺利地完成。在结构上可以发现，展宽剂中A位取代离子的直径一般比 $Ba^{2+}$ 小，致使其与邻近八面体的间隙缩小；而B位取代离子的直径一般比 $Ti^{4+}$ 大，致使其与共角八面体的间隙缩小。总的效应是使八面体中心的 $Ti^{4+}$ 离子较难参与定向的自发极化，从而出现了局部的非铁电微区。与此同时，由于出现了非铁电相缓冲区域，使自发极化的矫顽电场降低，从而使电滞回线变窄、变斜，回线面积大为减小，所以在拓宽居里温度区的同时，tanδ 值也随之下降。

表7.18所示为 $BaTiO_3$ 常用展宽剂及对转变点的移动效应。其移动效率可用下式表示：

$$\eta=\frac{T_{CH}-T_{CA}}{100}$$

式中，$\eta$ 为移动效率，以℃/(mol%)表示当1 mol%A位或B位离子被取代时，居里点移动度数(mol%表示摩尔分数)；$T_{CA}$ 为基质居里点；$T_{CH}$ 为展宽剂居里点。

表 7.18 $BaTiO_3$ 常用展宽剂及对转变点的移动效应

| 取代类型 | 引入元素 | 取代位置 | 取代极限/(格点数，%) | 移动效率/(℃/(mol%)) | | |
|---|---|---|---|---|---|---|
| | | | | 居里点 | 第二转变点 | 第三转变点 |
| 等价等数取代 | Pb | A | 100 | +3.7 | −9.5 | 6.0 |
| | Sr | A | 100 | −3.7 | −2.0 | 0 |
| | Ca | A | 21 | + | −6.7 | −6 |
| | Zr | B | 100 | −5.3 | +7 | +16 |
| | Sn | B | 100 | −8.0 | +5 | +16 |
| | Hf | B | 100 | −5.0 | +7 | +16 |
| 等数不等价取代 | $K_{1/2}Nd_{1/2}$ | A | <15 | ≈−10 | −8.0 | ≈−6 |
| | $K_{1/2}La_{1/2}$ | A | <15 | ≈−15 | — | — |
| | $Fe_{1/2}Ta_{1/2}$ | B | 100 | −15 | −2 | ≈+6 |
| | $Co_{1/2}Wd_{1/2}$ | B | <50 | ≈−30 | — | — |
| 等数等价复合 | LaAl | AB | 25 | 25 | — | — |
| | KNb | AB | 100 | 9.0 | ≈+12 | ≈+35 |
| 等数不等价缺位 | La | A | ≤15 | −18 | + | + |
| | Nb | B | 14 | −29 | +12 | +25 |
| | Ta | B | 14 | — | ≈+12 | — |

当在铁电体中引入固溶杂质后，可能出现两个或三个转变点移动并相互靠近的结果，与此同时，居里峰值提高。当转变点相互重合时，居里峰出现最大值，其提高的状态就像介电常数值曲线互相叠加，所以被称为“叠加效应”。该效应本质上是由于结构上出现相共存的结果，甚至可能出现同一晶粒内存在不同的相结构。图 7.8 所示是 T-11500 瓷料的介电-温度曲线，其组成为：91.04 mol% $BaTiO_3$，8.96 mol% $CaSnO_3$，0.1 mol% $MnCO_3$，0.2 mol% ZnO，合成 $CaSnO_3$ 时加入 1.04 wt% ZnO。陶瓷的烧结温度为(1360±20)℃。从组成中可以看出，添加了 $Ca^{2+}$ 取代 $Ba^{2+}$，添加了 $Sn^{4+}$ 取代 $Ti^{4+}$，使居里温度移至 20℃附近。

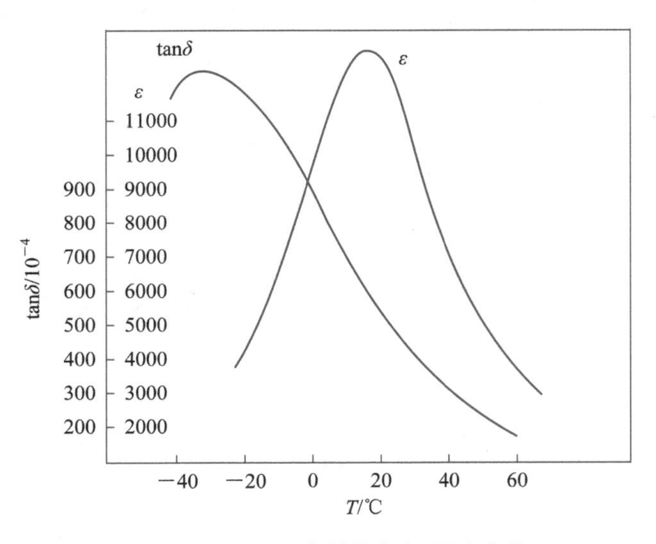


图 7.8 T-11500 瓷料的介电-温度曲线

还有一类添加物的主要作用是使介电常数的居里峰受到压抑并展宽。通常把这类加入物称为压抑剂，其效应称为压峰或压抑效应。出现压峰效应的原因是多方面的，例如：

① 加入物超过了固溶极限，形成了包围 $BaTiO_3$ 晶粒的边界层，使晶粗受到边界层的压抑；

② 加入物因工艺条件或晶界分凝作用等造成其不均匀分布；

③ 掺杂导致形成晶格空位等。

以上这些因素都可能使介电常数的峰值受到压抑。此外，陶瓷材料的微晶结构也经常对居里峰起着明显的压抑作用。例如，在 97mol% $BaTiO_3$ 陶瓷中加入 3mol% $Bi_2(SnO_3)_3$ 会呈现出非常明显的压峰效应，如图 7.9 所示。图中 S-0 表示原料为碳酸钡和氧化物，按比例球磨混合后不经过高温合成；S-10 表示由碳酸钡和二氧化钛在 1000℃下先合成 $BaTiO_3$ 陶瓷，再和 $Bi_2O_3$、$SnO_2$ 混合；S-12 和 S-14 与 S-10 的不同之处在于合成温度分别为 1200℃和 1400℃。从图中可以明显看出，S-10 和 S-12 陶瓷的介电常数在 −50～150℃温度范围内的变化非常平坦，根本没有所谓的居里峰。

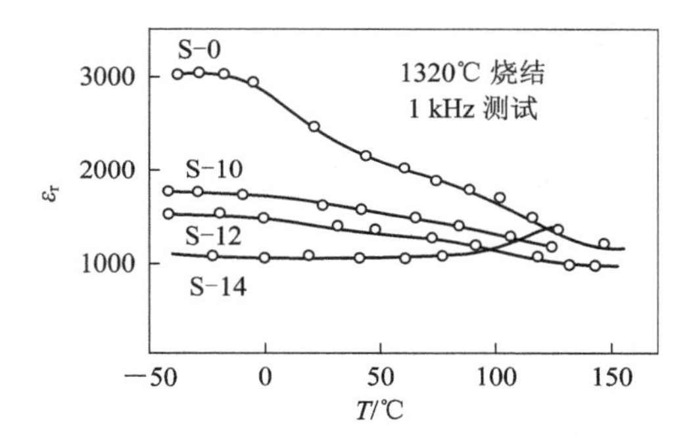


图 7.9 $97BaTiO_3$-$3Bi_2(SnO_3)_3$ 陶瓷的 $\varepsilon_r$ 随温度变化曲线

如果加入少量的 $Nb_2O_5$、ZnO、$Sb_2O_3$ 等掺杂改性，则可获得更好的低变化率瓷料配方，表 7.19 和表 7.20 所示分别为其瓷料配方和介电性能。

表 7.19 $BaTiO_3$-$Bi_2(SnO_3)_3$ 系低变化率瓷料配方

| 编号 | $BaTiO_3$ | $Bi_2O_3$ | $SnO_2$ | $Nb_2O_5$ | ZnO | 烧结温度/℃ |
| --- | --- | --- | --- | --- | --- | --- |
| 1 | 94.8 | 1.83 | 2.11 | 1.01 | 0.31 | 1370 |
| 2 | 94.8 | 1.83 | 2.11 | 1.01 | 0.62 | 1370 |

表 7.20 $BaTiO_3$-$Bi_2(SnO_3)_3$ 系低变化率瓷料的介电性能

| 编号 | 20℃，1 kHz | | | 变化率/% | | 耐压强度/(kV/mm) | 体积电阻率(80℃) $\rho_v$/(Ω·cm) |
| --- | --- | --- | --- | --- | --- | --- | --- |
| | 介电常数 | 介电损耗/$10^{-4}$ | 体积电阻率 $\rho_v$/(Ω·cm) | $\Delta\varepsilon/\varepsilon_0$ −55～25℃ | $\Delta\varepsilon/\varepsilon_0$ 25～+85℃ | | |
| 1 | 2400 | 130 | $2\times10^{12}$ | +4.5 | −1.25 | 8～10.5 | $1.4\times10^{12}$ |
| 2 | 2100 | 150 | $1.5\times10^{12}$ | −6.9 | +0.4 | 8～15.7 | $1.0\times10^{12}$ |

2）以铅为基的复合钙钛矿型化合物介质陶瓷

含铅复合钙钛矿弛豫铁电陶瓷介质的介电常数为 8000～34 000，$\tan\delta$ 为 0.7%～2%，介电常数随温度变化较平坦。其烧结温度为850～1000℃，可采用银或含银量很高的银钯合金作为内电极材料。这些系统主要有$Pb(Fe_{1/3}W_{1/3})_x(Fe_{1/2}Nb_{1/2})_{0.9-x}Ti_{0.1}O_3$-$Bi_2O_3$-$Li_2O$系、$Pb(Fe_{2/3}W_{1/3})_x(Fe_{1/2}Nb_{1/2})_{0.9-x}Ti_{0.1}O_3$系、$Pb(Fe_{1/2}Nb_{1/2})O_3$-$Pb(Fe_{1/2}Ta_{1/2})O_3$系等。这些介质陶瓷采用的原料为$Pb_3O_4$、$Fe_2O_3$、$WO_3$、$TiO_2$、$Ta_2O_5$、$Nb_2O_5$、$B_2O_3$和$Li_2CO_3$等。各种配料经湿磨、预合成，将预合成烧块料再按配比进行配料、再湿磨、烘干、再次合成，再湿磨烘干后进行制膜成型，经烧结可制成独石电容器。为了防止铅挥发，需在密闭的氧化铝坩埚中进行烧成。

### 7.1.5 半导体介质陶瓷

半导体介质陶瓷是使用陶瓷工艺制成的具有半导体特性的陶瓷材料。与一般陶瓷材料相同的是，半导体介质陶瓷也是由离子键的金属氧化物多晶体构成；不同的是，一般离子键的氧化物都属于绝缘体，其禁带宽度很大，不具有导电性。在半导体介质陶瓷的生产过程中，通过改变陶瓷的配方(原料纯度、掺杂)及工艺条件(烧结气氛、升温与降温速率、烧成温度、保温时间等)，可使陶瓷中产生各种缺陷，呈现出n型或p型半导体的特性(称半导化)，大大增加其电导率。

半导体介质陶瓷广泛地用作传感器材料和半导体陶瓷电容器材料，本小节主要介绍后者。这一类材料以半导化的$BaTiO_3$和$SrTiO_3$陶瓷为主。本小节以$BaTiO_3$陶瓷的半导化为例，重点讨论半导化的原理及方法。

**1. $BaTiO_3$ 陶瓷的半导化原理**

对于绝缘材料、衬底材料及电容器介质材料而言，均要求其体积电阻率尽可能高，漏电流尽可能小，介质损耗尽可能低。如果电子陶瓷发生半导化过程，则上述诸特性将会发生逆向转变。从这个角度出发，电子陶瓷应避免半导化的倾向。后来，人们从另一个角度考虑，利用了陶瓷的半导化，制造出具有新颖特性的电子器件，并得到广泛应用，使之成为电子陶瓷领域中的一个重要分支。

半导体介质陶瓷主要是在强介瓷$BaTiO_3$的基础上，经过掺杂发展起来的。纯$BaTiO_3$在室温下的禁带宽度$E_g=3$ eV，电阻率$\rho>10^{12}$ Ω·cm，属于绝缘体。如果掺杂稀土元素达0.1～0.3 mol%(如La、Y、Ce等)，则室温电阻率即下降为10～$10^4$ Ω·cm，成为一种半导体。$BaTiO_3$的半导化可有以下几个途径。

1) 施主掺杂

在高纯$BaTiO_3$中掺杂微量离子半径与$Ba^{2+}$或$Ti^{4+}$相近，但电价较高的杂质离子，如$La^{3+}$、$Sm^{3+}$、$Bi^{3+}$或$Nb^{5+}$、$Ta^{5+}$、$Sb^{5+}$等，它们将取代$Ba^{2+}$或$Ti^{4+}$形成置换固溶体，在禁带中形成施主能级，构成n型半导体。

实验发现，当掺杂剂含量超过一定数量后，电导率反而下降。这是因为当掺杂剂含量继续增大，为维持晶胞的电中性，会产生$Ba^{2+}$离子缺位(Ba空位)，Ba空位为二价负电中心，起受主作用，空穴与导带中的电子补偿，使电导率降低。

2) 强制还原

当$BaTiO_3$陶瓷在真空、惰性或还原气氛中烧结或热处理时，由于失氧会导致瓷体中产生氧离子缺位(氧空位)。因为氧空位带正电，为了保持晶格结构的电中性，氧空位会吸引弱束缚电子，具有施主作用，使得氧空位附近部分 $Ti^{4+}$ 离子俘获弱束缚电子而被还原为 $Ti^{3+}$ 。由该法得到的瓷体的电导率值由烧结氧气(氧离子浓度)、温度等因素控制，较难获得精确结果。

3) $SiO_2$($Al_2O_3$)掺杂

在实际应用中，$BaTiO_3$ 原料常含有有害的受主杂质(如 Fe、Cu、Zn 等)，能对施主掺杂起补偿作用，不利于半导化的实现。引入 $SiO_2$ 后，在较高反应温度下，可与受主杂质形成硅酸盐玻璃相，而不令其游离存在，便限制甚至消除了一些受主杂质对半导化的不利影响。此外，$Al_2O_3$ 的引入也对 $BaTiO_3$ 的半导化有促进作用。

研究表明，当添加 $Al_2O_3$ + $SiO_2$ + $TiO_2$ 后，经过 1240～1260℃烧结，可形成玻璃集结于晶界位置，不但起到促进半导化作用，还可使晶粒细化。

**2. 半导体介质陶瓷电容器的分类**

半导体介质陶瓷是利用其外表面或晶界层形成的绝缘层作为电介质的，其实际厚度大约为基体厚度的 1/50，所以其电容量值为一般陶瓷电容器的数十倍。半导体陶瓷电容器介质有三种类型：表面阻挡层型、电价补偿型(或称还原再氧化型)和晶界层型。表面阻挡层型和电价补偿型又统称为表面层型。

晶界层型电容器又称为边界层型电容器。晶界层型电容器的介电常数非常高，绝缘电阻较高($>10^{10}$ Ω·cm)，额定工作电压也较高(～100 V)，可靠性好，是目前应用最广泛的半导体陶瓷电容器。常见的有 $BaTiO_3$ 系和 $SrTiO_3$ 系。

在制造晶界层型电容器时，为使 $BaTiO_3$ 成为电导率较高的半导体陶瓷，通常会加入施主杂质，并在还原气氛中烧成。在获得导电性能良好的半导陶瓷后，再通过在瓷体表面涂覆 Mn、Cu、Bi 等氧化物，并在氧化气氛下进行高温(1050～1350℃)热处理。由于杂质在 $BaTiO_3$ 半导体陶瓷晶界中的扩散速率远大于在晶粒内的速率，所以这些氧化物通过开口气孔渗入瓷体，再沿晶界进行扩散，在晶界上形成作为介质的氧化绝缘层(0.5～2 μm)，该绝缘层的绝缘电阻率可达 $10^{12}$～$10^{13}$ Ω·cm 。晶界层型陶瓷电容器相当于很多小电容器的互相串联和并联，因此介电常数非常高，目前生产的晶界层型陶瓷电容器的 $\varepsilon_r$ 最高可达 80 000。

## 7.1.6 微波介质陶瓷

微波介质陶瓷主要用于制造介质谐振器、微波集成电路基片、介质波导、介质天线、输出窗、衰减器、匹配终端、行波管夹持棒等微波器件。介质谐振器又可制作滤波器、振荡器等，是微波集成电路的重要组成部分。

**1. 微波介质陶瓷的介电性能**

微波介质陶瓷也和一般介质材料一样，以 $\varepsilon_r$、$\tan\delta$ 和 $\tau_\varepsilon$ 作为衡量其介质特性的主要参数。但由于它们是使用于微波频率下的电介质，因而具有一些特殊性，从电介质物理可知，所有时间常数较大的极化与损耗机制，对微波介质材料的介电性质是不会有什么贡献的。因此，就离子型晶体结构的多晶材料的微波介质陶瓷而言，它们的 $\varepsilon_r$ 主要是由电子位移极化和离子位移极化决定的，而电子位移极化所产生的 $\varepsilon_r$(它不随 $\omega$ 而变化)对 $\varepsilon_r$ 的贡献很小，可以忽略不计。因此，微波下的介电特性主要由离子位移极化决定。根据晶体点阵振动的一维模型理论，在频率 $\omega$ 下由离子位移极化所决定的复介质常数 $\varepsilon(\omega)$，可用下式表示：

$$\varepsilon(\omega)-\varepsilon(\infty)=\frac{(ze)^2/mV\varepsilon_0}{\omega_T^2-\omega^2-j\gamma\omega}=\varepsilon'(\omega)-\varepsilon''(\omega) \tag{7.12}$$

式中，$V$ 为单元晶胞的体积；$m=\dfrac{m_1m_2}{m_1+m_2}$为离子的换算质量，$m_1$ 和 $m_2$ 分别为正、负离子的质量；$\gamma$ 为衰减常数；$\omega_T$ 为点阵振动模向光学模的角频率；$\varepsilon(\infty)$为电子式极化所引起的介质常数（$\approx 1$），$\varepsilon_0$ 为在 $\omega$ 远比微波频率低时的静介质常数；$z$ 为离子价。

$$m\omega_T^2=\beta-\frac{(ze)^2}{3V\varepsilon_0} \tag{7.13}$$

式中，右边第一项 $\beta$ 是相邻离子间的力常数；第二项是由长程劳伦茨场所产生的力。

在离子晶体中，由于 $\omega_T$ 的值是在 $10^{12}\sim10^{13}$ Hz 的远红外区，故在一般的微波范围内，$\omega_T^2\gg\omega^2$，从而可近似解得：

$$\varepsilon'(\omega)=\varepsilon(\infty)+\frac{(ze)^2/mV\varepsilon_0}{\omega_T^2} \tag{7.14}$$

$$\tan\delta=\frac{1}{Q}=\frac{\varepsilon''(\omega)}{\varepsilon'(\omega)}\approx\left(\frac{\gamma}{\omega_T^2}\right)\omega \tag{7.15}$$

式(7.14)和式(7.15)说明在微波范围内，离子晶体的 $\varepsilon(\omega)$不会因频率而变化，即在微波频率下保持恒定，而 $\tan\delta$ 则与 $\omega$ 成正比，即

$$Q\times f=\frac{f}{\tan\delta}=\frac{\gamma}{2\pi\omega_T^2} \tag{7.16}$$

这些结果在大多数微波介质陶瓷材料中都得到了较好的实验证实，即在微波范围内，微波介质陶瓷的 $\varepsilon$ 和 $Q\times f$ 基本保持不变。由此可见，对于同一材料，为了得到较高的 $Q$ 值，在较低的微波频率下使用是更为有利的。

从式(7.15)可见，为了增大材料的 $Q$ 值，必须使衰减常数 $\gamma$ 尽可能小。在完整的晶体中，$\gamma$ 取决于点阵振动的非谐和项，在多晶陶瓷中，晶粒间界、杂质和缺陷成为使 $\gamma$ 增大的主要原因。因此，在微波介质陶瓷的制造中，必须尽可能使用高纯原料，并尽力控制工艺以制出杂质少、缺陷少且晶粒均匀分布的陶瓷。

微波介质陶瓷介质特性的温度稳定性也极为重要。一般来说，温度升高，材料的 $Q$ 值会下降，从而使器件的工作品质下降。如果在器件设计时，对所用陶瓷材料的 $Q$ 值的预选值较高，并且考虑器件一般在常温附近工作，温度变化不大，则 $Q$ 值随温度的变化就不会对器件的工作造成大的影响。但是，微波器件的设计一般对所用材料的 $\varepsilon_r$ 是不容许留有任何余量的，而 $\varepsilon_r$ 的变化将严重影响其谐振频率，从而严重影响器件(如滤波器、振荡器)的选频特性。微波介质陶瓷的 $\alpha_\varepsilon$ 要与陶瓷自身的热膨胀系数 $\alpha$ 相互匹配补偿，才可保证介质谐振器件的谐振频率 $f_0$ 的高度稳定性。$f_0$ 的温度系数 $\tau_f$ 在一定的条件下与 $\alpha_\varepsilon$ 和 $\alpha$ 有如下的关系：

$$\tau_f=-\left(\alpha+\frac{1}{2}\alpha_\varepsilon\right) \tag{7.17}$$

其中，$\tau_f=\dfrac{1}{f_0}\dfrac{df_0}{dT}$

一般要求介质谐振器件的 $\tau_f = 0$ ppm/℃，而陶瓷的热膨胀系数 $\alpha$ 为正，其值 $\alpha =$ (6～9) ppm/℃左右，因此，微波介质陶瓷材料的 $\alpha_\varepsilon$ 应为负值，其大小应为 $-2\alpha$ 左右。既要满足高 $\varepsilon_r$，高 $Q$ 值，同时又要满足 $\alpha_\varepsilon \approx -2\alpha$，这就给微波介质陶瓷的研制造成了很大的困难。

与一般用途的电介质不同的是，微波介质陶瓷的介电特性必须在微波频率下测量。这就使得一般通用的介质测量仪器无能为力，从而大大增加了其测试的困难。从理论研究与实验研究的角度出发，目前微波下复介质常数的测定方法有介质谐振法、空腔谐振法、微扰法及反射波法等。

通常是将介质材料制成短的圆柱体(高度与直径之比控制在 0.4～0.6)，再借助矢量网络分析和测量装置进行测量。常用的测量装置有开式腔装置(见图 7.10)和闭腔装置(见图 7.11)两种，人们简称这两种测量方法分别为开式腔法和闭腔法。

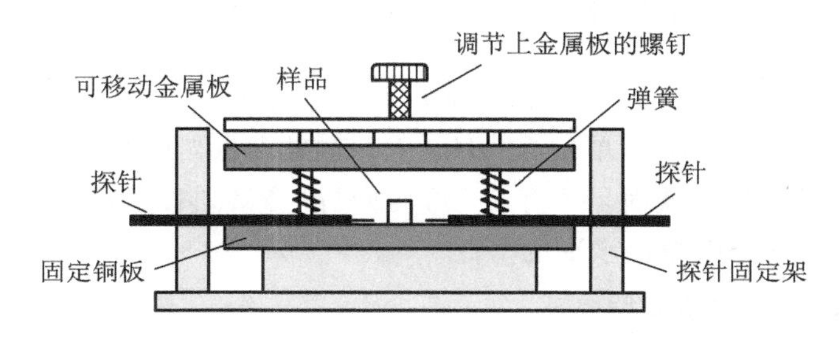


图 7.10 开式腔装置

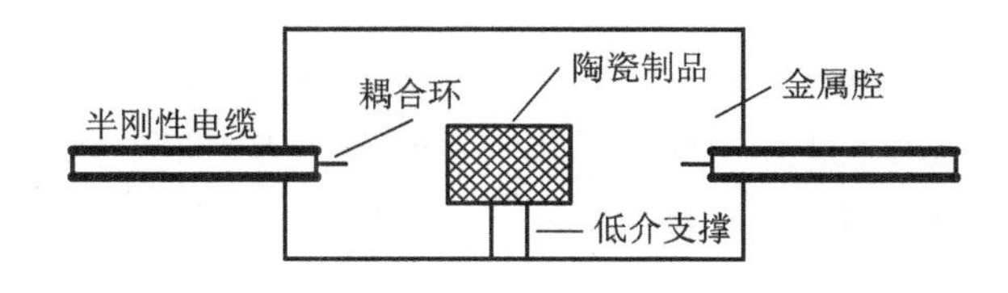


图 7.11 闭腔装置

开式腔法是将待测材料制成圆柱形样品置于两块平行金属板之间(即图 7.10 中的可移动金属板和固定铜板之间)，构成一个半封闭型的传输谐振器。它的两侧有两根同轴耦合天线(即图中的探针)，用以馈入和取出微波功率。它们连接到微波网络分析仪(图中没有画出)，测试介质谐振器 $TE_{01\delta}$ 模的传输曲线(S21)，从曲线上读出谐振频率、插入损耗及 3 dB 带宽，计算出无载 $Q_U$ 值(数值较小，一般为 500～2000)，然后由谐振器的外形尺寸，并根据相应的理论(两终端短路的二分之一波长的传输线构成一个谐振器)和公式，可以计算出微波材料与器件的 $\varepsilon_r$、$\tan\delta$。在用开式腔法测介质材料的介电损耗时，由于忽略了辐射损耗，因此，介电损耗的测量值比实际值偏小。也可用闭腔法测量介质谐振器的无载 $Q_U$ 值(其值与金属腔和低介支撑的尺寸有关，可高达 20 000)，$\tan\delta$ 的值可由下式计算得出：

$$\tan\delta = A\left(\frac{1}{Q_U} - \frac{1}{Q_C} - \frac{1}{Q_S}\right) \tag{7.18}$$

式中，$A$ 是整个闭腔的储能与介质储能之比；$Q_C$ 和 $Q_S$ 分别是金属腔的 $Q$ 值和低介支撑的 $Q$ 值。

闭腔法还可用于测量整个谐振系统的频率温度系数，将介质谐振器置于烘箱内，改变温度(温度范围一般为 25～85℃)，要得到介质材料的频率温度系数，还需要经过公式运算。

对工作单位没有网络分析仪的科研人员，也可制作圆片电容器，用 LCR 表或阻抗分析仪测量 1 MHz 或高于 1 MHz 频率下的电容量、介电损耗和电容温度系数。由平板电容器的公式(7.19)计算出来的介电常数和微波频率下的值相差无几。介电损耗虽然与微波频率下的不一致，但低频下的测量值较小，在微波频率下的测量值也较小。

$$\varepsilon_r = 144\frac{C \cdot t}{d^2} \tag{7.19}$$

式中，$C$ 为电容量，单位为 pF；$t$ 和 $d$ 分别是圆片的厚度和直径，单位为 mm。

直径 10 mm 左右的介质谐振器的谐振频率一般都较高(高于 3 GHz)，而频率范围较高的网络分析仪价格较贵，此时可制作 1/4 波长的同轴谐振器，谐振频率可控制在 1 GHz 左右，用传输法测量其谐振频率和 $Q$ 值，由谐振频率可近似计算介电常数：

$$\varepsilon_r = \left(\frac{c}{4f \cdot h}\right)^2 = \left(\frac{75}{f \cdot h}\right)^2 \tag{7.20}$$

式中，$c$ 为光速；$f$ 为谐振频率，单位为 GHz；$h$ 为同轴谐振器的高度，单位为 mm。

$Q$ 值的大小与谐振器的截面尺寸有关，可与同行厂家(如日本村田公司)的同类产品相比较，从而判断材料的介电损耗水平的高低。

**2. 微波介质材料的体系和性能**

为满足信息技术和微波器件高性能化的要求，人们已研究出一系列微波介质陶瓷材料，如 $BaO\text{-}TiO_2$ 系统，$A(B_xB'_{1-x})O_3$ 系统(其中 A 为 Ca、Sr、Ba；B 为 Zr、Sn；B′为 Ni、Co、Mg、Zn、Ca 等)，$(A_xA'_{1-x})ZrO_3$ 系统(其中 A 为 Sr；A′为 Ba、Ca)，$(Zr, Sn)TiO_4$ 系统，$BaO\text{-}Ln_2O_3\text{-}TiO_2$ 系统($Ln_2O_3$：稀土氧化物)等。这些材料在微波频率下的介质损耗小，有些材料在 10 GHz 下的 $Q$ 值大于 $10^4$，同时，它们应兼有尽可能高的介电常数，一般为 30～200。这些材料在 −50～+100℃的介电常数的温度系数应小，而且是负值或近于零。一般根据介电常数将微波介质材料分为三大类：低介电常数($\varepsilon_r<20$)微波介质材料、中介电常数微波介质材料($20\leqslant\varepsilon_r<40$)和高介电常数($\varepsilon_r\geqslant40$)微波介质材料。表 7.21 所示为几种典型微波介质材料的体系和性能。

**表 7.21 典型微波介质材料的体系和性能**

| 材料体系 | 介电常数 $\varepsilon_r$ | $Q\times f$ 值/GHz | 频率温度系数/(ppm/℃) |
|---|---|---|---|
| $MgTiO_3\text{-}CaTiO_3$ | 21 | 55 000 | +10～−10 |
| $Ba(Sn, Mg, Ta)O_3$ | 30 | 200 000 | +5～−5 |
| $Ba(Zn, Ta)O_3$ | 30 | 168 000 | +5～−5 |
| $Ba(Zr, Zn, Ta)O_3$ | 30 | 100 000 | +5～−5 |
| $(Zr, Sn)TiO_4$ | 38 | 50 000 | +5～−5 |
| $Ba_2Ti_9O_{20}$ | 40 | 32 000 | +10～2 |
| $BaO\text{-}PbO\text{-}Nd_2O_3\text{-}TiO_2$ | 90 | 5000 | +10～−10 |

1）低介电常数($\varepsilon_r$<20)微波介质材料

目前国内外研究的低介电常数的微波介质陶瓷材料主要有 $R_2BaCuO_5$(R＝Y，Sm 和 Yb 等)系、$Al_2O_3$ 系、$AWO_4$(A＝Ca，Sr 和 Ba)系和 $Zn_2SiO_4$ 系等。

(1) $Al_2O_3$ 系陶瓷。$Al_2O_3$ 系陶瓷的 $\varepsilon_r$ 在 9.5 左右，$Q\times f$ 值极高(500 000 GHz，$f$＝9 GHz)，是一种理想的低介电常数微波介质陶瓷材料，在电子线路封装和介质谐振天线等器件中具有广泛的应用。但由于其具有较大的谐振频率温度系数($\tau_f$＝－60 ppm/℃)和极高的烧结温度(1600℃以上)，严重限制了其应用。为了改善 $Al_2O_3$ 系陶瓷的 $\tau_f$ 值，一般引入 $TiO_2$ 以期获得 $\tau_f$ 值近似等于零的复合陶瓷。然而，$Al_2O_3$-$TiO_2$ 复合陶瓷中不可避免地会产生 $Al_2TiO_5$($\tau_f$＝＋79 ppm/℃)杂相，从而显著降低材料的 $Q\times f$ 值。在 1350℃或更高的退火温度下，将 $Al_2O_3$-$TiO_2$ 体系中烧结产生的 $Al_2TiO_5$ 相通过后续的退火处理而消除。通过优化退火处理的保持时间来提高 $Q\times f$ 值，$\tau_f$ 可以很容易地调整到 0 ppm/℃。图 7.12 所示为 1350℃烧结和 1100℃后退火的 0.9$Al_2O_3$－0.1$TiO_2$ 陶瓷的 $Q\times f$ 值、$\varepsilon_r$ 和 $\tau_f$ 与退火保温时间的函数关系。

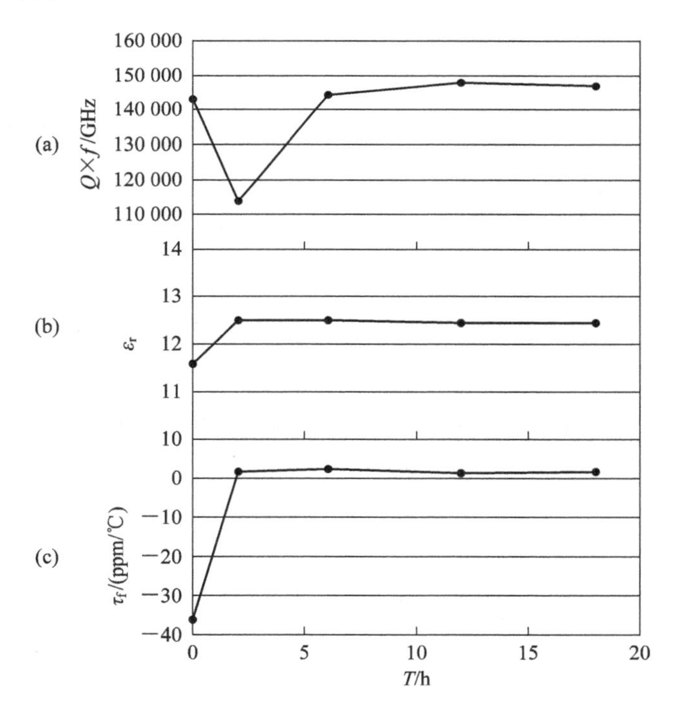


图 7.12　退火保温时间对介电性能的影响

(2) 硅酸锌($Zn_2SiO_4$)系陶瓷。硅酸锌系陶瓷具有相当高的 $Q\times f$ 值($Q\times f$＝219 THz)，但国内的大多数研究结果与之相差较远，用 Mg 取代 Zn 形成$(Zn_{1-x}Mg_x)_2SiO_4$ 固溶体，当 $x$＝0.1～0.3 时，$Q\times f$＝48～53 THz。更多的研究报道是添加助熔剂($ZnO$-$B_2O_3$-$SiO_2$，$BaO$-$B_2O_3$-$SiO_2$，$Li_2O$-$B_2O_3$)使其烧结温度在 900℃附近，以便制作 LTCC 元件，其 $Q\times f$ 值更低。为了提高 $Q\times f$ 值，可采用溶胶-凝胶法(Sol-gel)制备 $Zn_2SiO_4$ 系陶瓷，其 $Q\times f$ 值有的可高达 189 THz 以上，有的才有 67.5 THz。由此说明，在组成均满足分子式 $Zn_2SiO_4$ 的情况下，原材料和制备工艺就成了关键因素。文献中在制

备粉料过程中，都是用乙醇作为球磨分散剂，而且球磨时间均较长，有的达 24 h。因此，编者采用去离子水作分散剂，研究原材料的种类和制备工艺对硅酸锌系陶瓷介电性能的影响，并用 $TiO_2$ 调节其频率温度系数。

主要工艺参数为：选择 4 个厂家生产的 $SiO_2$ 作原料(ZST-1 对应上海 2 ，ZST1-2 对应江苏宜兴，ZST1-3 对应天津，ZST1-4 对应上海 3)，按 $Zn_2SiO_4$ 称料，经行星球磨机球磨 4 h，烘干后在 1100℃×2 h 合成，然后在 $Zn_2SiO_4$ 中添加 11wt%或 12wt% $TiO_2$，进行第二次球磨 4～10 h，加 PVA 造粒后，干压成型为直径为 15 mm，高度分别为 6.5～7.5 mm 的圆柱和 1.5～2.0 mm 的圆片，然后在 1220～1280℃烧结 2 h。

实验结果如图 7.13 所示，从图中可看出：ZST1-3 的介电常数为 23，比其他样品高 1 倍多，而且样品的颜色是深褐色，而其他样品皆为淡黄色，经分析，天津的 $SiO_2$ 中含有铁质(Fe)。ZST1-1，ZST1-2 和 ZST1-4 三种样品的 $Q\times f$ 值相差很大，其区别在于江苏宜兴 $SiO_2$ 的包装上注明"重质"，上海 2 的 $SiO_2$ 有明显的颗粒感，上海 3 的 $SiO_2$ 颗粒很细小。

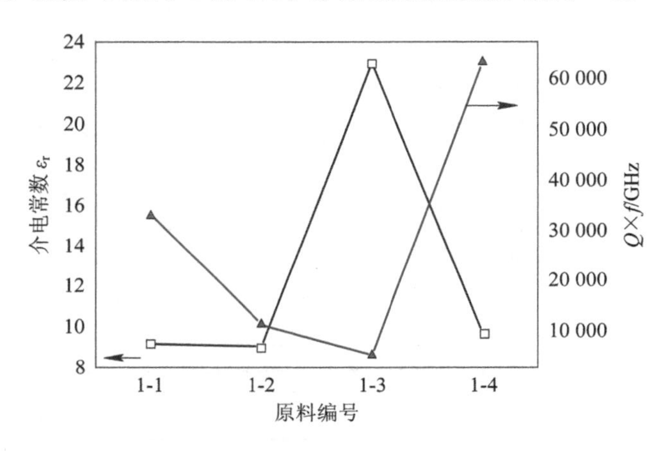


图 7.13 样品(添加 11wt% $TiO_2$)的介电常数与 $Q\times f$ 值

为了研究制备工艺对硅酸锌系陶瓷的介电性能的影响，选取第二次球磨时间和烧结温度作为变量进行实验。表 7.22 所示为实验条件，图 7.14 所示为工艺参数对 $Q\times f$ 值的影响。

表 7.22 实验条件

| 编　号 | $SiO_2$ 厂家 | $TiO_2$ 的含量/wt% | 球磨时间/h | 烧结温度/℃ |
|---|---|---|---|---|
| ZST2－1 | $D50$＝27 μm | 12 | 6 | 1260，1280 |
| ZST2－2 | $D50$＝27 μm | 12 | 9 | 1220，1240 |
| ZST3－1 | $D50$＝1.18 μm | 12 | 4 | 1220，1240，1260 |
| ZST3－2 | $D50$＝1.18 μm | 12 | 6 | 1220，1240 |

从图 7.14 可知，对粗颗粒 $SiO_2$ 粉料，球磨时间从 6 h 增加到 9 h，$Q\times f$ 值增加非常显著，同时烧结温度从 1280℃降到 1220℃。这是因为烧结的推动力是自由能减小，当粉料粒径变小时，坯体自由能增加，烧结势垒(又称烧结峰)降低，从而降低了烧结温度。

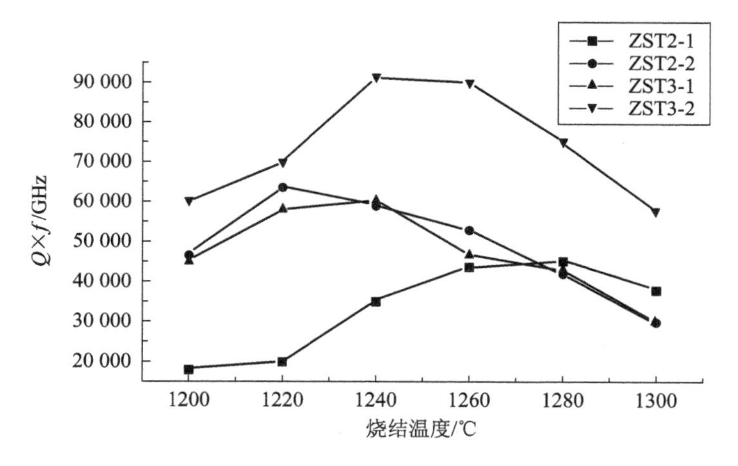


图 7.14 工艺参数对 $Q\times f$ 值的影响

(3) $CaWO_4$ 系陶瓷。$CaWO_4$ 是白钨矿型晶体结构，具有优良的微波介电性能：$\varepsilon_r=9\sim10$，$Q\times f=8000\sim10\ 000$ GHz，$\tau_f=(-50\sim-40)$ ppm/℃，通过固相法很难获得致密的陶瓷，为了改善烧结性和进一步提高微波介电性能，编者在 $CaWO_4$ 中加入了一定比例的 $Mg_2SiO_4$。

主要工艺参数为：原料先分别按化学式 $CaWO_4$ 和 $Mg_2SiO_4$ 配料，经行星球磨机球磨 4 h、烘干后分别在 700℃和 1000℃合成保温 2 h，然后按 $(1-x)CaWO_4$-$xMg_2SiO_4$（其中 $x=0$，0.1，0.3，0.5，0.7，1，分别用 CW、CW1、CW2、CW3、CW4 和 $M_2S$ 表示其组成）称料进行第二次球磨 4 h，加 PVA 造粒后，干压成型为 $\Phi15$ mm×(6.5～7.5)mm 的圆柱，然后在 1280～1350℃烧结 2 h。实验结果如图 7.15 和图 7.16 所示。

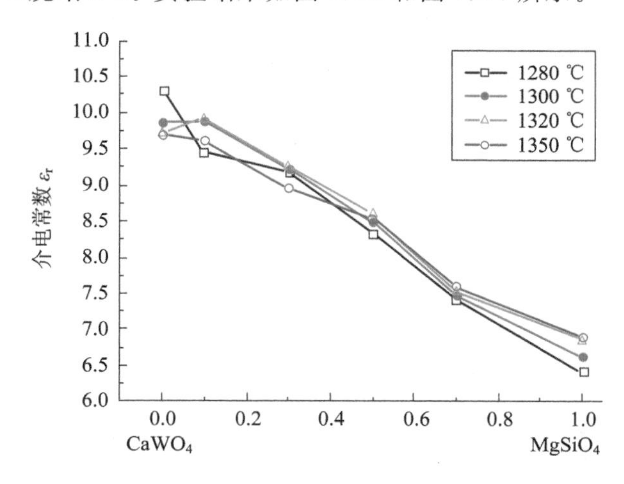


图 7.15 样品的介电常数

从图 7.15 中可以看出，随着 $Mg_2SiO_4$ 的增加，$\varepsilon_r$ 逐渐减小。$\varepsilon_r$ 的大小还随烧结温度发生变化。这是因为烧结温度不同，陶瓷的致密度不同，陶瓷的晶粒大小和分布不同，从而导致 $\varepsilon_r$ 发生变化。

从图 7.16 中可知，$Q\times f$ 值随烧结温度和 $Mg_2SiO_4$ 的含量变化比较明显。$Q\times f$ 值随 $Mg_2SiO_4$ 含量变化的总体趋势是下降的，$Q\times f$ 值随烧结温度的变化而变化，$Q\times f$ 值与样

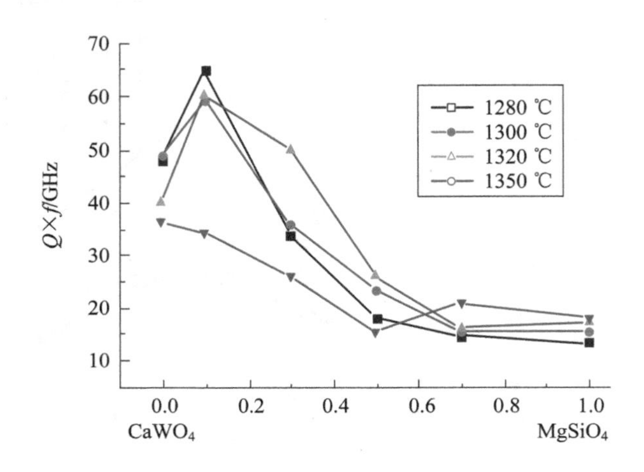


图 7.16 样品陶瓷的 $Q\times f$ 值

品的致密度、晶粒的大小、气孔的分布等紧密相关，实验结果表明：CW1 样品在 1320℃烧结后的致密度高、晶粒细小，因此，$Q\times f$ 值最大。各样品的频率温度系数均为负值，其大小为－45～－60 ppm/℃。

2）中介电常数微波介质材料

中介电常数微波介质材料主要是以 $BaO\text{-}TiO_2$ 系、$A(B_{1/3}B'_{2/3})O_3$、(Zr, Sn) $TiO_4$、$CaTiO_3\text{-}LaAlO_3$、$ZnTiO_3$ 等为基质的材料。

(1) $BaO\text{-}TiO_2$ 系陶瓷。$BaO\text{-}TiO_2$ 体系具有非常复杂的晶相关系，如表 7.23 所示，其介电性能随组成变化。

表 7.23 陶瓷的晶相组成与 $TiO_2/BaO$ 的关系

| 组成 | | 晶相 | |
|---|---|---|---|
| $TiO_2/BaO$ | $TiO_2$/mol% | X 射线衍射 | 微观结构 |
| 3.8 | 79.2 | $BT_4$，$BT_3$ | $BT_4$，$BT_3$ |
| 3.9 | 79.6 | $BT_4$ | $BT_4$，$BT_3$ |
| 4.0 | 80.0 | $BT_4$ | $BT_4$ |
| 4.1 | 80.4 | $BT_4$，tr $BT_{4.5}$ | $BT_4$，$BT_{4.5}$ |
| 4.2 | 80.8 | $BT_4$，$BT_{4.5}$ | $BT_4$，$BT_{4.5}$ |
| 4.3 | 81.1 | $BT_4$，$BT_{4.5}$ | $BT_4$，$BT_{4.5}$ |
| 4.4 | 81.5 | $BT_{4.5}$ | $BT_4$，$BT_{4.5}$ |
| 4.45 | 81.65 | $BT_{4.5}$ | $BT_{4.5}$ |
| 4.5 | 81.8 | $BT_{4.5}$ | $BT_{4.5}$ |
| 4.6 | 82.1 | $BT_{4.5}$ | $BT_{4.5}$，$TiO_2$ |
| 4.8 | 82.8 | $BT_{4.5}$，$TiO_2$ | $BT_{4.5}$，$TiO_2$ |
| 5.0 | 83.3 | $BT_{4.5}$，$TiO_2$ | $BT_{4.5}$，$TiO_2$ |
| 6.0 | 85.7 | $BT_{4.5}$，$TiO_2$ | $BT_{4.5}$，$TiO_2$ |

注：$BT_3 = BaTi_3O_7$，$BT_4 = BaTi_4O_9$，$BT_{4.5} = Ba_2Ti_9O_{20}$。

在 $TiO_2$ 含量为 81.89 mol%时，其晶相为单相 $Ba_2Ti_9O_{20}$，是该系统性能最佳的组成。$Ba_2Ti_9O_{20}$ 是这个系统中获得较早应用的一种微波陶瓷介质，它具有高 $\varepsilon_r$，高 $Q$ 和较小的介电常数的温度系数。如图 7.17 所示，在 4 GHz 下，当组成为(79～85) mol% $TiO_2$(其余为 BaO)时，陶瓷的 $\varepsilon_r$、谐振器的 $Q$ 值和谐振频率的温度系数 $\tau_f$ 值。从图中可知，当组成为 81.8 mol% $TiO_2$ 的 $Ba_2Ti_9O_{20}$ 时，$\varepsilon_r=39.8$，$Q=8000$，$\tau_f=(20\pm1)$ ppm/℃。可见已能较好地满足作为介质谐振器的性能要求。

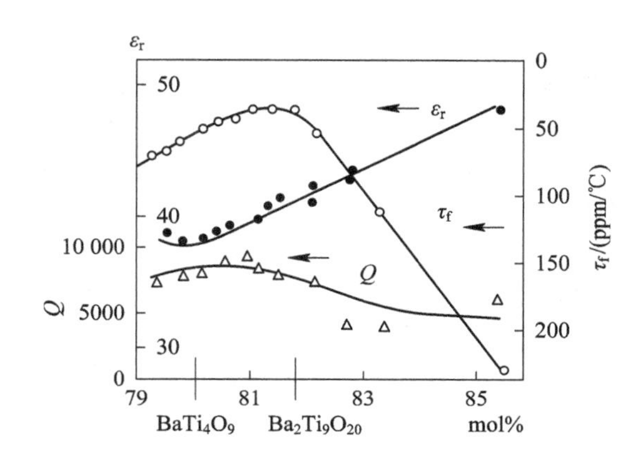


图 7.17 在 4 GHz 时介电性能与 $TiO_2$ 含量的关系

表 7.24 是 4 GHz 频率下 $Ba_2Ti_9O_{20}$ 陶瓷与其他陶瓷的介电性能对比。

表 7.24 4 GHz 频率下三种陶瓷的介电性能比较

| 陶 瓷 | Q值 | $\tau_f$/(ppm/℃) | $\varepsilon_r$ |
|---|---|---|---|
| $Ba_2Ti_9O_{20}$ | 8000 | +2 | 39.8 |
| $BaTi_4O_9$ | 2560 | 约+15 | 37.97 |
| $CaZr_{0.985}Ti_{0.015}O_3$ | 3300 | 约+2 | 29 |

$Ba_2Ti_9O_{20}$ 陶瓷的制造工艺为：以纯度约为 99.9%的 $BaCO_3$ 和 $TiO_2$ 为原料，在聚乙烯球磨罐中加丙酮溶液和 $Al_2O_3$ 瓷球，球磨 4 h。在 1150～1200℃预烧 6 h，干球磨 4 h，过 60 目筛。在 172 MPa 压力下预压，破碎造粒，过 18～50 目筛，以提高粉料堆积密度和流动性，然后干压或热压。

$Ba_2Ti_9O_{20}$ 陶瓷可用普通烧结法和热压或连续热压法烧成。普通烧结法的温度为 1350～1400℃，保温 6 h。热压烧结的条件为：温度为 1250～1290℃，氧化气氛，压力为 18～69 MPa，加压速度为 1～10 cm/s。

$Ba_2Ti_9O_{20}$ 陶瓷的介电性能与密度密切相关，如图 7.18 所示。瓷体密度越高，$Q$ 值和 $\varepsilon_r$ 值越大，$\tau_f$ 越小。热压的瓷体密度比普通烧结法要高，如图 7.19 及表 7.25 所示，因此，热压 $Ba_2Ti_9O_{20}$ 陶瓷具有较高的 $\varepsilon_r$(约为 40.6)、$Q$ 值和低的 $\tau_f$。

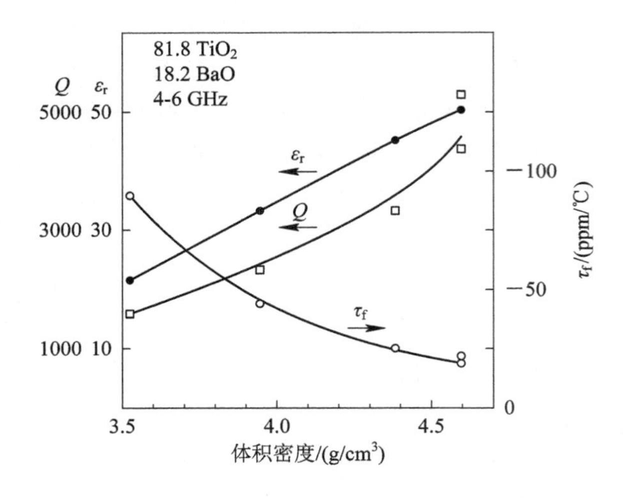


图 7.18 密度对陶瓷介电性能的影响

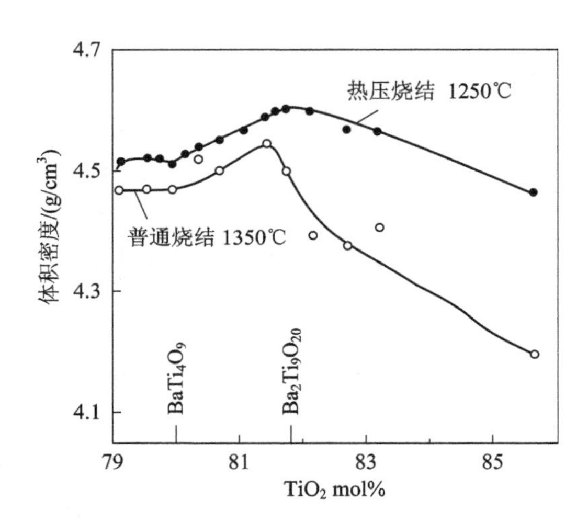


图 7.19 热压烧结法对密度的影响

表 7.25 $Q$ 值与晶粒尺寸的关系

| $Ba_2Ti_9O_{20}$ 试样 | 热处理温度/℃ | 密度/$(g/cm^3)$ | 晶粒尺寸/μm | $Q$ 值(4 GHz) |
|---|---|---|---|---|
| 普通烧结法 | 1400，保温 6 h，氧化气氛 | 4.54 | 5.3 | 3300 |
| 热压 | 1200，保温 1.5 h | 4.6 | 3.0 | 5300 |
| 热压 | 1300，保温 6 h，氧化气氛 | 4.6 | 3.6 | 6060 |
| 热压 | 1350，保温 6 h，氧化气氛 | 4.6 | 4.7 | 6676 |
| 热压 | 1400，保温 6 h，氧化气氛 | 4.6 | 5.5 | 7800 |

在 $BaO-TiO_2$ 系陶瓷中加入适量的 $ZrO_2$ 及其他少量的加入物，可促进烧结，制得密度为 5.4 $g/cm^3$ 的陶瓷材料，在 7 GHz 下，$\varepsilon_r=37.0$，$Q=8500$。这种瓷料 $Q$ 值高的原因是加入物改善了瓷体的烧结状态，并获得较高的密度和较大的晶粒，且晶粒分布均匀。无加入物时仅能获得密度为 5.0 $g/cm^3$ 的烧结体。另外，如提高成型压力为正常压力的 3 倍，并采用高纯度的原料，也可对提高 $Q$ 值起一定的作用。

另外，添加 $WO_3$ 可提高 $BaO-TiO_2$ 系陶瓷的 $Q$ 值。这里以 $BaO\cdot 4TiO_2\cdot 5yWO_3$ 和 $BaO\cdot 4.5TiO_2\cdot 5.5yWO_3$ 为例进行研究，当 $y=0\sim0.04$ 时，其介电性能如图 7.20 所示。

$y$ 取不同值时两种陶瓷的晶相组成如表 7.26 所示。

(2) $A(B_{1/3}B'_{2/3})O_3$ 钙钛矿型陶瓷。在化学式 $A(B_{1/3}B'_{2/3})O_3$ 中，A 为 Ba、Sr，B 为 Mg、Zn、Mn 等，B′为 Nb、Ta，这是一类高 $Q$ 值特征的材料，表 7.27 列出了一些材料的介电特性。该类材料是具有钙钛矿型结构的复合化合物。

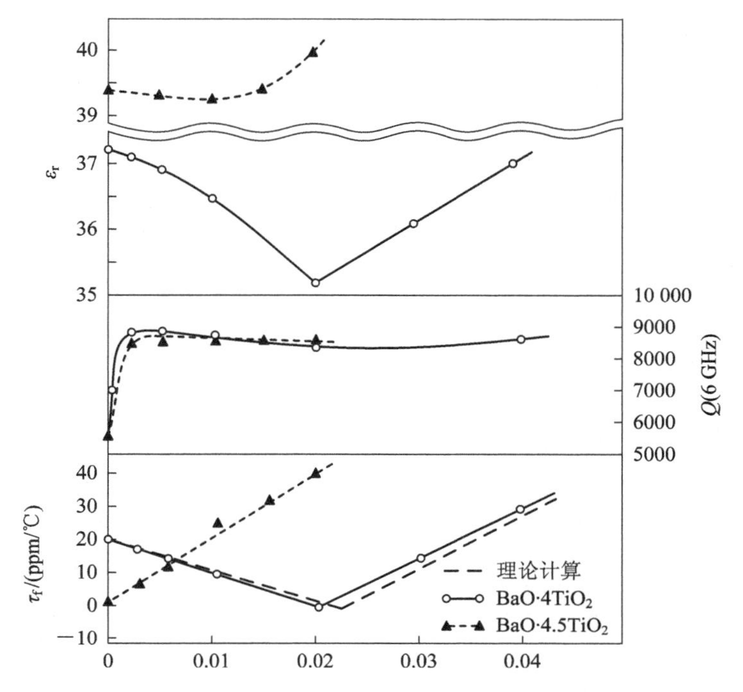


图 7.20 BaO·4TiO$_2$·5$y$WO$_3$ 和 BaO·4.5TiO$_2$·5.5$y$WO$_3$ 的微波介电性能

表 7.26 $y$ 取不同值时陶瓷的晶相组成

| | $y=0$ | $0<y<0.02$ | $y=0.02$ | $y=0.022$ | $0.02<y<0.04$ |
|---|---|---|---|---|---|
| BaO-4TiO$_2$ (BaTi$_4$O$_9$)+5$y$WO$_3$ | BaTi$_4$O$_9$ | BaTi$_4$O$_9$，Ba$_2$Ti$_9$O$_{20}$，BaWO$_4$ | BaTi$_4$O$_9$，Ba$_2$Ti$_9$O$_{20}$，BaWO$_4$ | Ba$_2$Ti$_9$O$_{20}$，BaWO$_4$ | Ba$_2$Ti$_9$O$_{20}$，BaWO$_4$，TiO$_2$ |
| BaO-4.5TiO$_2$ (Ba$_2$Ti$_9$O$_{20}$)+5.5$y$WO$_3$ | Ba$_2$Ti$_9$O$_{20}$ | Ba$_2$Ti$_9$O$_{20}$，BaWO$_4$，TiO$_2$ | Ba$_2$Ti$_9$O$_{20}$，BaWO$_4$，TiO$_2$ | Ba$_2$Ti$_9$O$_{20}$，BaWO$_4$，TiO$_2$ | Ba$_2$Ti$_9$O$_{20}$，BaWO$_4$，TiO$_2$ |

表 7.27 A(B$_{1/3}$Ta$_{2/3}$)O$_3$ 陶瓷特性

| 材　　料 | $\varepsilon_r$ | Q 值(7 GHz) | $\tau_f$/(ppm/℃) |
|---|---|---|---|
| Ba(Ni，Ta)O$_3$ | 23 | 7100 | −18 |
| Ba(Co，Ta)O$_3$ | 25 | 6600 | −16 |
| Ba(Mg，Ta)O$_3$ | 25 | 10 200 | 5 |
| Ba(Zn，Ta)O$_3$ | 29 | 10 000 | 1 |
| Ba(Ca，Ta)O$_3$ | 30 | 3900 | 145 |
| Sr(Ni，TaOO$_3$ | 23 | 3000 | −57 |
| Sr(Co，Ta)O$_3$ | 23 | 2500 | −71 |
| Sr(Mg，Ta)O$_3$ | 22 | 800 | −50 |
| Sr(Zn，Ta)O$_3$ | 28 | 3100 | −54 |
| Sr(Ca，Ta)O$_3$ | 22 | 3900 | −91 |

在这些材料中加入少量的 Mn 可以在较低的温度下烧结成致密的瓷体，同时还可提高它们在高频波段的 $Q$ 值。通常 Mn 的加入量为 1～2 mol%，在 10 GHz 波段的性质列于表 7.28 中。

表 7.28 钙钛矿型陶瓷的 $\varepsilon_r$、$Q$ 及 $\tau_f$

| 化合物 | $\varepsilon_r$ | $Q$ 值 | $\tau_f$/(ppm/℃) | 特　征 |
|---|---|---|---|---|
| BMN | 32 | 5600 | 33 | 2 mol % Mn，9.9 GHz |
| BMT | 25 | 16 800 | 4.4 | 1 mol%Mn，10.5 GHz |
| BZN | 41 | 9150 | 31 | 在 $N_2$ 中热处理，9.5 GHz |
| BZT | 30 | 14 500 | 0.6 | 1 mol%Mn，11.4 GHz |
| BMnN | 39 | 100 | 27 | 9.3GHz |
| BMnT | 22 | 5100 | 34 | 在 $N_2$ 中热处理，11.4 GHz |
| SMN | 33 | 2300 | −14 | 2 mol%Mn，10.3 GHz |
| SZN | 40 | 4000 | −39 | 9.2 GHz |

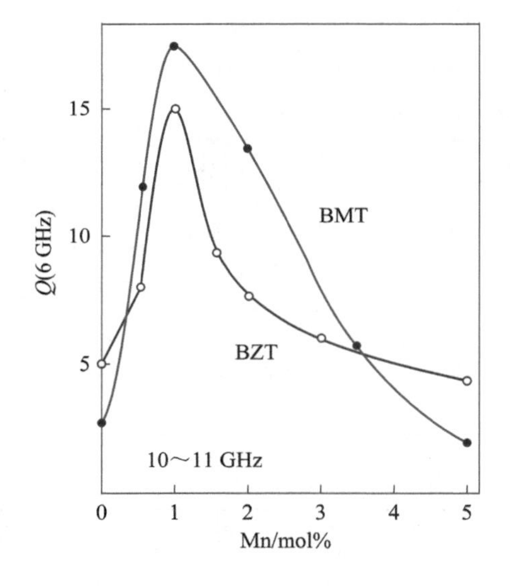


图 7.21 $Q$ 值与 Mn 加入量的关系

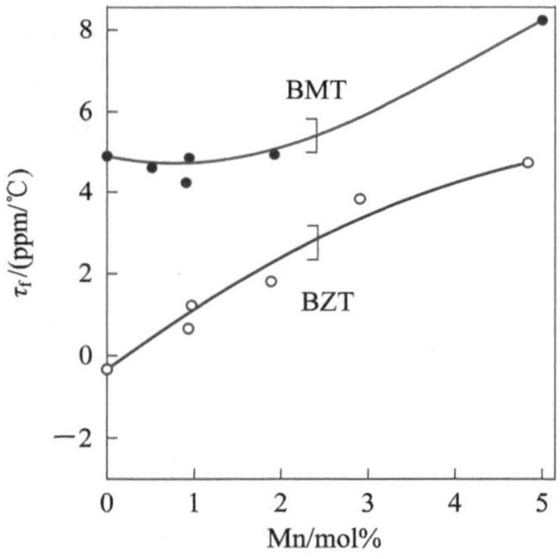

图 7.22 $\tau_f$ 与 Mn 加入量的关系

最重要的一点是，在 BMT 和 BZT 陶瓷中，当含有 1 mol% Mn 时，在 10 GHz 波段，其 $Q$ 值超过 $10^4$，而 $\varepsilon_r$ 则对 Mn 的加入量不敏感。图 7.21 所示为在 BMT 和 BZT 两种瓷料中 Mn 的加入量与 $Q$ 值的关系。由图中可看出，$Q$ 值强烈地依赖于 Mn 加入量，在 1 mol% Mn 时 $Q$ 达最大值。

频率温度系数 $\tau_f$ 与 Mn 加入量的关系如图 7.22 所示，可以看出，调节 Mn 的加入量可控制 $\tau_f$ 值。

$A(B_{1/3}B'_{2/3})O_3$ 钙钛矿型陶瓷的一个重要特性是高温热处理可大大提高其 $Q$ 值。例如，对 BMnT 陶瓷，在 1200℃氮气中保温 10 h，$Q$ 值可增加 5 倍，即由 10 000 提高到 51 000

(在11.4GHz)。对其他钙铁矿型的瓷料也发现有类似情况。这种情况仅限于在 $N_2$ 中而不是在 $O_2$ 中。这对于提高产品的质量、获得高 $Q$ 值的介质谐振器无疑是非常重要的。热处理能够提高 $Q$ 值的原因，正如前面已经提到的，是由于热处理使晶体进一步完整，减少了结构上的缺陷。

此外，在 BZN 陶瓷中加入 $La_2O_3$ 后，其 $Q$ 值可高达 18 000(在 5 GHz)，而加入 $Li_2CO_3$、$SrCO_3$、$Bi_2O_3$ 等都使 $Q$ 值降低。实验表明，$La^{3+}$ 的加入使瓷体体积密度增加，晶粒尺寸明显增大，因而导致 $Q$ 值增加。当 $La_2O_3$ 大于 0.01 mol%后，体积密度和晶粒尺寸不再随其加入量增大而增加，而 $Q$ 值则随之下降。用电子探针检测可发现 $La^{3+}$ 聚集在晶界上形成了异相。

对 BZT 陶瓷烧结工艺的研究结果如表 7.29 所示，从表中看出，延长烧结时间可大幅度地提高 $Q$ 值。例如，在 1350℃保温 120 h，可使该种陶瓷在 12 GHz 下的 $Q$ 值由 6500 提高到 14 000。$Q$ 值的提高与晶粒大小和气孔多少无明显关系。用 X 射线衍射分析发现，$Q$ 值提高与 Zn，Ta 在陶瓷中的有序结构有关。

**表 7.29　BZT 陶瓷烧结条件与物理性质的关系**

| $T$/℃ | 保温时间/h | 晶格常数 | | | $\rho$/(g/ cm$^3$) | $\varepsilon_r$ | $\tau_f$ /(ppm/℃) | 无载 $Q_0$ (12 GHz) |
|---|---|---|---|---|---|---|---|---|
| | | a/Å | c/Å | c/a | | | | |
| 1350 | 120 | 5.779 | 7.108 | 1.230 | 7.73 | 29.5 | 0±0.5 | 14 000 |
| 1350 | 2 | 6.790 | 7.091 | 1.225 | 7.75 | 29.6 | 0±0.5 | 6500 |
| 1550 | 2 | 5.787 | 7.088 | 1.225 | 7.44 | 28.4 | 0±0.5 | 10 000 |
| 1650 | 2 | 6.791 | 7.093 | 1.225 | 7.92 | 30.2 | 0±0.5 | 12 000 |

(3) (Zr，Sn)$TiO_4$ 系陶瓷。该系陶瓷是在钛酸盐介质材料中性能优异、应用较广的一种微波材料，主要应用于 4～8 GHz 的微波段。(Zr，Sn)$TiO_4$ 材料的介电常数居中，$Q$ 值高，温度稳定性好，其问世解决了窄带谐振器的频率漂移问题，后来更是广泛用于各种介质谐振器和滤波器。

(Zr，Sn)$TiO_4$ 是由 Sn 添加到 $ZrTiO_4$ 中形成的固溶体，其晶体结构与 $ZrTiO_4$ 相同，属 $\alpha$-$PbO_2$ 结构。$ZrO_2$-$TiO_2$-$SnO_2$ 三元系统相图如图 7.23 所示，其中阴影范围内表示单相 $Zr_xTi_ySn_zO_4$($x+y+z=2$)的存在范围。阴影外随位置不同存在 $TiO_2$、$SnO_2$、$ZrO_2$ 等相。

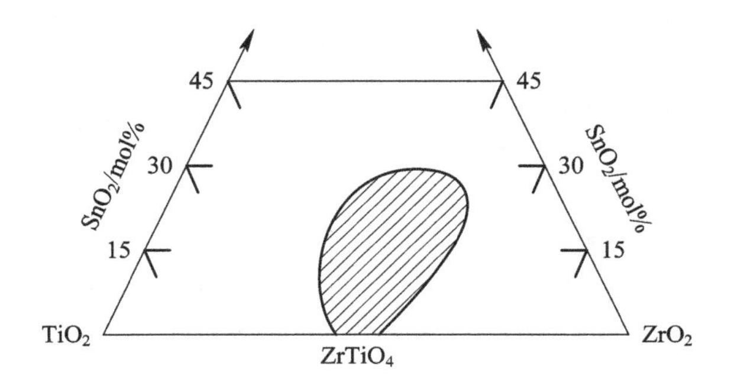


图 7.23　$ZrO_2$-$TiO_2$-$SnO_2$ 三元系统相图

(Zr，Sn)$TiO_4$ 材料具有较高的介电常数，而 Sn 离子的引入可以进一步改善 $Q$ 值并使谐振频率的温度系数接近于零。相关(Zr，Sn)$TiO_4$ 材料的介电性能列于表 7.30。在$(Zr_{1-x}Sn_x)TiO_4$($x$=0～0.2)中，随着 Sn 离子对 Zr 离子的取代，$Q$ 值逐渐增大。在 1～10 GHz 下，当 $x$=0 时，$Q$ 值为 2000～5000；当 $x$=0.2 时，$Q$ 值为 6000～10 000。此外，由于 $ZrTiO_4$ 和 $SnTiO_4$ 分别具有正、负温度系数($\tau_f$ 分别为 55 ppm/℃和－250 ppm /℃)，由两者形成的固溶体的 $\tau_f$ 值可以调至零。

**表 7.30 (Zr，Sn)$TiO_4$ 系微波陶瓷的介电性能**

| 材 料 | $\varepsilon_r$ | $Q$ 值 | 频率 $f$/GHz | $\tau_f$/(ppm/℃) |
|---|---|---|---|---|
| $ZrTiO_4$ | 42.4 | 3079 | 8.3 | 58 |
| $Zr_{0.91}Sn_{0.09}TiO_4$ | 38.6 | 3233 | 8.7 | 24 |
| $Zr_{0.8}Sn_{0.2}TiO_4$ | 38.0 | 7000 | 7 | 0 |
| $Zr_{0.648}Sn_{0.352}TiO_4$ | 37.1 | 10 375 | 4 | — |

当按传统固相反应法制备(Zr，Sn)$TiO_4$ 系陶瓷时，如果不添加烧结助剂，(Zr，Sn)$TiO_4$ 陶瓷很难达到充分致密化。研究工作指出，高的介电常数要求(Zr，Sn)$TiO_4$ 陶瓷应有高的致密度，频率温度系数取决于组成，如果形成第二相将显著影响 $Q$ 和 $\tau_f$ 值。因而在(Zr，Sn)$TiO_4$ 中选取适宜的添加剂来促进烧结并保证介质材料的优良性能是十分重要的。

在(Zr，Sn)$TiO_4$ 材料中已进行了添加 $Fe_2O_3$、NiO、$La_2O_3$、ZnO、$Nb_2O_5$、$Ta_2O_3$、$Sb_2O_3$、MgO 等的研究。研究工作表明，Ni 具有抑制晶粒生长并有利于改善 $Q$ 值的作用；Zn 具有较好的助烧作用，添加 3 mol%的 $Zn(NO_3)_2$ 作助剂，可在 1250℃烧结，其介电性能为：$\varepsilon_r$=40.9，$Q\times f$=49 000 GHz，$\tau_f$=－2 ppm/℃；Zn 和 Cu 复合添加也能显著降低烧结温度，在 1200℃烧结可达理论密度的 96%，$\varepsilon_r$=38，$Q\times f$=50 000 GHz，$\tau_f$=3 ppm/℃。

如在组成中加入 NiO 和 $Fe_2O_3$，则其 $Q$ 值随 $Fe_2O_3$ 含量的变化如图 7.24 所示。

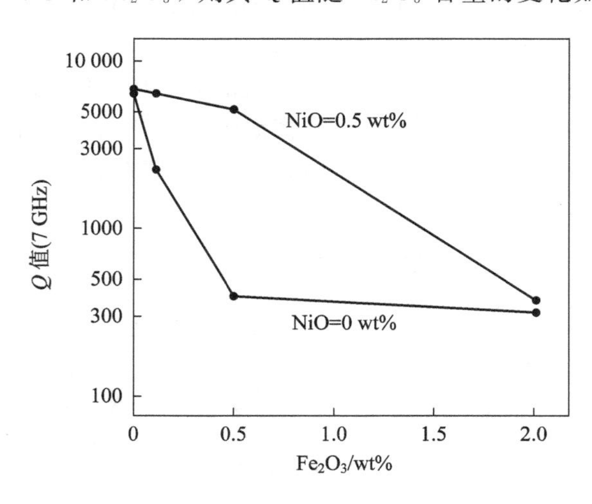


图 7.24 $Fe_2O_3$ 对 $Q$ 值的影响

由图7.24可看出，$Fe_2O_3$的加入使$Q$值显著降低。当$Fe_2O_3$和NiO同时加入时，$Q$值的退化较为温和。为了获得致密陶瓷，在所有样品中加入1.5 wt%的ZnO。对两种陶瓷进行了X射线显微分析。一种是添加了0.5 wt% $Fe_2O_3$的样品，其$Q$值降至350。另一种是同时加入0.5 wt% $Fe_2O_3$和0.5 wt% NiO，其$Q$值保持较高($Q$=5000)。X射线显微分析结果表明，添加$Fe_2O_3$后，晶粒生长加快，晶粒形状变形。但当NiO和$Fe_2O_3$同时加入时，晶粒生长和畸变被抑制。Ni离子作为晶粒生长抑制剂，同时抑制Fe离子向晶粒的扩散，因此，加入NiO可以提高微波$Q$值或抑制其降低。

编者研究了复合掺杂1 wt% ZnO与0～0.8 wt%$WO_3$对ZST陶瓷性能的影响，配方组成和工艺条件如表7.31所示，实验结果如图7.25和图7.26所示。试验结果表明，单独掺杂1 wt%的ZnO可降低ZST的烧结温度至1330℃，复合掺杂ZnO和$WO_3$可以改善ZST的微波介电性能。$\varepsilon_r$值随$WO_3$量的变化没有规律性，当$WO_3$的量为0.2～0.8 wt%时，$\varepsilon_r$=37～38.6，$Q\times f$值随$WO_3$量的增加而升高，$\tau_f$则从正值变化到负值。当添加0.8 wt% $WO_3$，在1330℃×2 h烧结时，可获得优异的微波介电性能：$\varepsilon_r$=38.3，$Q\times f$=45 300 GHz，$\tau_f$=−2.2 ppm/℃。因此，适当调整$WO_3$的量，可以获得$\tau_f$为0 ppm/℃的陶瓷。

**表7.31 配方组成和工艺条件**

| 序号 | 样品编号 | $WO_3$/wt% | 球磨时间/h |
|---|---|---|---|
| 1 | ZSTW0-4 | 0 | 4 |
| 2 | ZSTW1-2 | 0.2 | 4 |
| 3 | ZSTW2-1 | 0.4 | 4 |
| 4 | ZSTW3-2 | 0.6 | 4 |
| 5 | ZSTW4-1 | 0.8 | 4 |
| 6 | ZSTW4-2 | 0.8 | 6 |

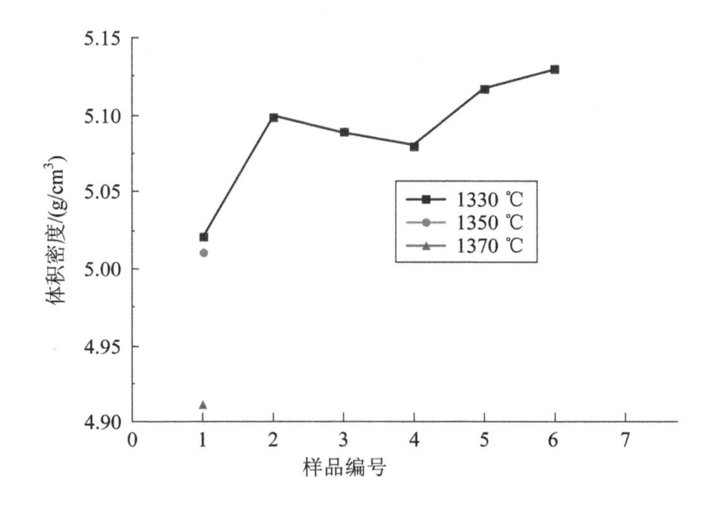


图7.25 体积密度随烧结温度变化

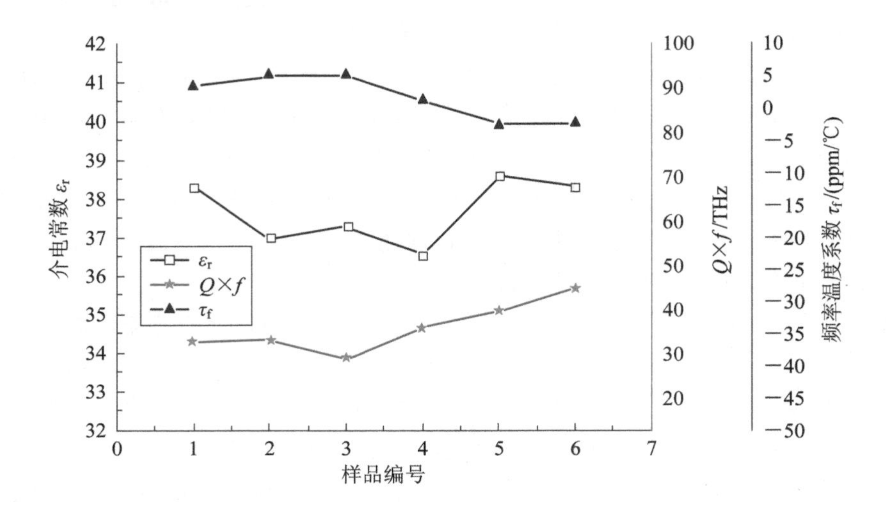


图 7.26 ZST 陶瓷的微波介电性能

主要工艺参数：原料分别按化学式$(Zr_{0.8}Sn_{0.2})TiO_4$(简称 ZST)配料，并添加 1wt%的 ZnO 和 0～0.8 wt% $WO_3$，经行星球磨机球磨 4 h，烘干后在 1150℃×2 h 合成，然后进行第二次球磨 2～8 h，加入 PVA 造粒后，干压成型为直径为 15 mm，高度分别为 6.5～7.5 mm 的圆柱和 1.5～2.0 mm 的圆片，然后在 1300～1370℃烧结 2 h。

编者还研究了掺杂 0～0.2wt% $MnO_2$ 的$(Zr_{0.8}Sn_{0.2})Ti_{1+\delta}O_{4+2\delta}$($\delta=-0.2\sim0.2$)微波介质陶瓷(ZST)的结构和介电性能。实验结果列于图 7.27～图 7.30 中，试验结果表明，未掺杂 $MnO_2$ 的$(Zr_{0.8}Sn_{0.2})Ti_{1+\delta}O_{4+2\delta}$($\delta\neq0$)存在第二相，烧结温度降低了，且$(Zr_{0.8}Sn_{0.2})Ti_{1.2}O_{4.8}$陶瓷的微波介电性能最差，这是由于 $\delta\neq0$ 的陶瓷样品在高温下形成了一定数量的空位和填隙离子，这些缺陷促进烧结，同时这些缺陷也增加了介电损耗，导致 $Q$ 值下降。掺杂 0.2wt% $MnO_2$ 能够极大地改善$(Zr_{0.8}Sn_{0.2})Ti_{1.2}O_{4.8}$陶瓷的介电性能，$Q\times f$ 值从 25.40 THz 升高至 43.63 THz，频率温度系数从 39.0 ppm/℃降至 16.8 ppm/℃。这是因为作为第二相的金红石($TiO_2$)晶格在高温烧结过程易失氧，导致 $Ti^{4+}$ 变成 $Ti^{3+}$，即[$Ti^{4+}\cdot e$]，产生了氧缺位。Mn 离子进入晶格取代 $Ti^{4+}$ 后，以 $Mn^{2+}$、$Mn^{3+}$ 和 $Mn^{4+}$ 形式共存，这样 Mn 充当缺陷补偿者，维持四价钛离子($Ti^{4+}$)，从而提高了 $Q\times f$ 值。

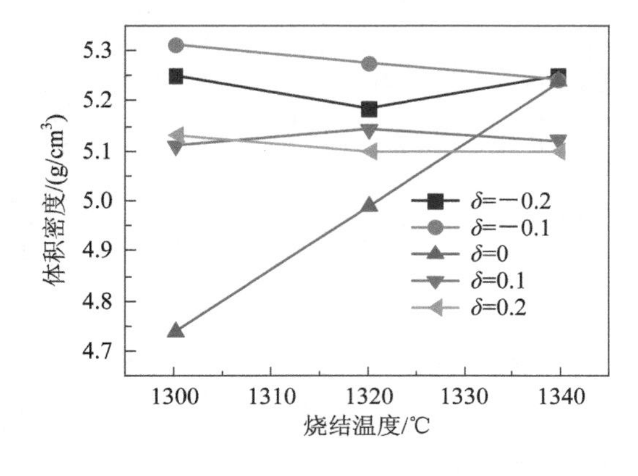


图 7.27 体积密度随烧结温度变化

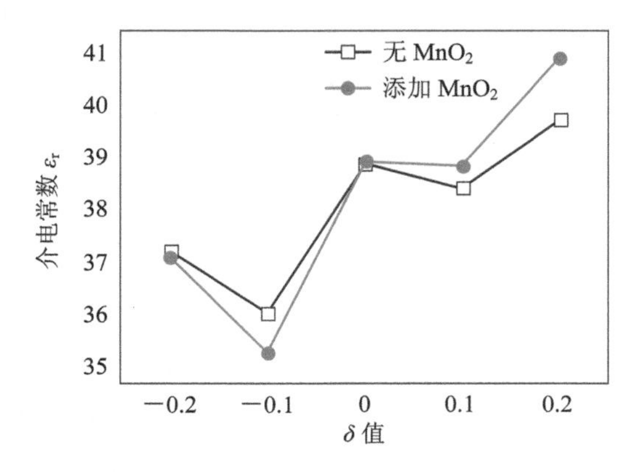


图 7.28 ZST 陶瓷的介电常数

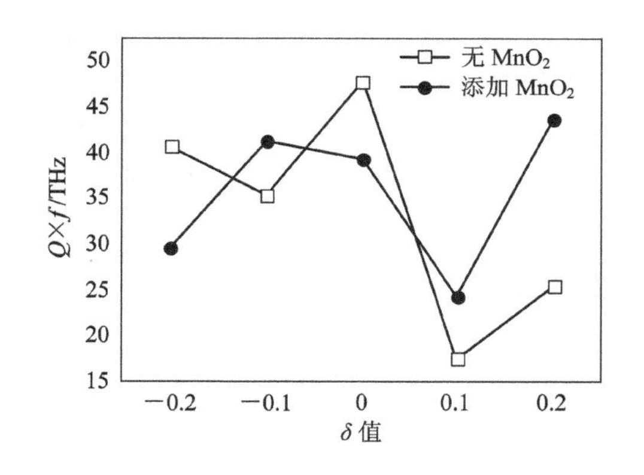


图 7.29　ZST 陶瓷的 $Q\times f$ 值

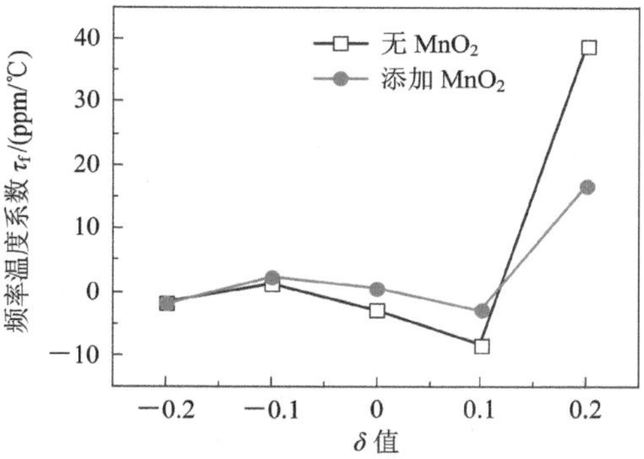

图 7.30　ZST 陶瓷的频率温度系数

研究还发现，在制备(Zr，Sn)$TiO_4$ 陶瓷时，如果采用热处理工艺，可显著减少第二相的存在，有利于改善 $Q$ 值，例如，有报道在 1250～1275℃热处理，$Q$ 值可提高 25%左右。

在制备(Zr，Sn)$TiO_4$ 系陶瓷时，除固相法外，已尝试采用液相法制备原料，其中溶胶-凝胶法制备的粉体颗粒细、活性高，陶瓷的 $Q$ 值和 $\tau_f$ 均有所改进，由水热合成法制备的粉体颗粒尺寸分布较窄，介电常数和 $Q$ 值均有一定的改善。

(4) $CaTiO_3$-$LnAlO_3$(Ln＝Nd，La)陶瓷。$CaTiO_3$-$NdAlO_3$ 微波介质陶瓷的 $\varepsilon_r$ 比较高($\varepsilon_r\geqslant 40$)，频率温度系数容易调节。

编者研究了$(1-x)CaTiO_3$-$x(La_{1-y}Nd_y)AlO_3$(简称 CT-LNA)($0.1\leqslant x\leqslant 0.57$，$0\leqslant y\leqslant 1.0$)介电陶瓷的性能与组成之间的关系。研究结果表明，该体系陶瓷形成了单一晶相固溶体，其性能与组成的关系类似于$(1-x)CaTiO_3$-$xNdAlO_3$。材料的配方组成如表 7.32 所示。

表 7.32　材料配方组成

| 序　　号 | $x$ | $y$ |
| --- | --- | --- |
| LC1 | 0.1 | 0 |
| LC2 | 0.57 | 0 |
| LC3 | 0.3 | 0 |
| LC4 | 0.35 | 0 |
| LC5 | 0.35 | 0.143 |
| LC6 | 0.35 | 0.286 |
| LC7 | 0.35 | 1.0 |
| LC8(比对样品) | 0.3 | 1.0 |

图 7.31 所示为 CT-LNA 陶瓷的体积密度与组成的关系。图 7.32 所示为 CT-LNA 陶瓷的微波介电性能与组成的关系。从图 7.32 中可知，$\varepsilon_r$ 随(La，Nd) $AlO_3$ 增加而变小，可以运用 $\varepsilon_r$ 对数加法规则进行分析。$\tau_f$ 从正值快速减小，LC2 的 $\tau_f$ 为负值。$\tau_f$ 的变化规律同样可以用代数加法规则进行分析，已知 $LaAlO_3$ 和 $CaTiO_3$ 的 $\tau_f$ 分别为－44 ppm/℃和

+800 ppm/℃，当 $LaAlO_3$ 的量增加时，$\tau_f$ 不断减小。CT-LNA 陶瓷的 $Q\times f$ 值随 $y$ 增加而提高，说明在 $CaTiO_3$-$LaAlO_3$ 体系中添加 $NdAlO_3$ 可以提高 $Q\times f$ 值。$\tau_f$ 值随 $y$ 增加而减小，当 $y$=0.286 时，在 1400℃烧结下，$\varepsilon_r$=43，$Q\times f$=30 000 GHz，$\tau_f$=5 ppm/℃，调节 $y$ 值，可以得到 $\tau_f$=0 ppm/℃的组成。适当提高烧结温度或添加助熔剂有望改善该体系陶瓷的 $Q\times f$ 值。

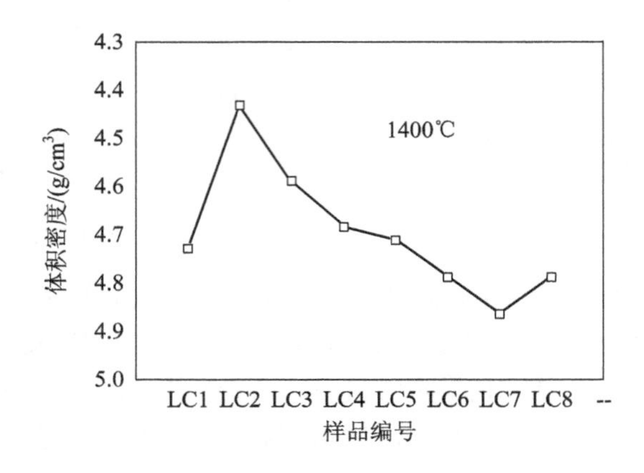


图 7.31 体积密度与组成的关系

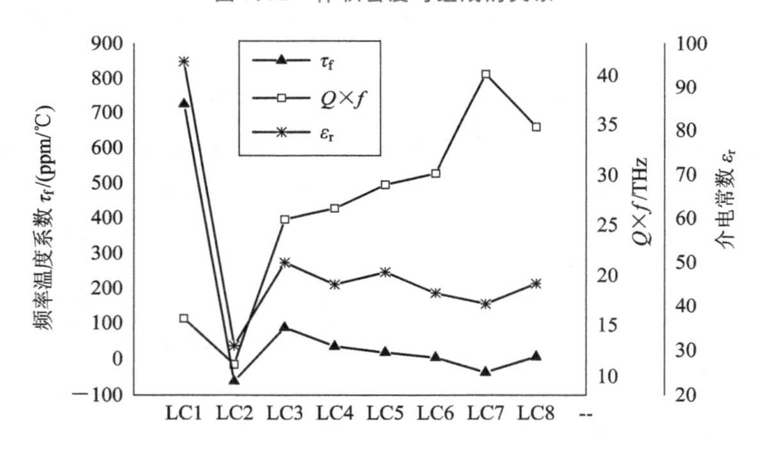


图 7.32 微波介电性能与组成的关系

主要工艺参数：原料按化学式配料，用去离子水作分散剂，经行星球磨机球磨（转速 350 r/min）4 h，烘干后在 1250℃×4 h 预烧，然后第二次球磨 6 h，烘干，加入 10 wt%的 PVA 水溶液（浓度 10%）造粒，经粉末干压片机成型为直径为 15 mm、高度分别为 6.5～7.5 mm 的圆柱和 1.5～2.0 mm 的圆片，然后在 1400℃烧结 3 h。

为了降低 $CaTiO_3$-(La，Nd)$AlO_3$（简称 CT-LNA）陶瓷的烧结温度和提高其介电性能，编者研究了纳米 $Al_2O_3$ 对 $CaTiO_3$-(La，Nd)$AlO_3$ 陶瓷的烧结温度和介电性能的影响。图 7.33 所示为 CT-LNA 陶瓷的体积密度与烧结温度的关系。图 7.34 所示为 CT-LNA 陶瓷的微波介电性能与组成的关系。结果表明，纳米 $Al_2O_3$ 可促进陶瓷烧结，在 1320～1400℃可烧结成瓷，并具有较好的微波介电性能。纳米 $Al_2O_3$ 含量为 50 wt%的陶瓷在 1320～1400℃的 $Q\times f$ 值都是最高的，在 1340℃时，$Q\times f$ 值为 34 000 GHz，在 1400℃时，$Q\times f$

值高达34 700 GHz，频率温度系数为+4.8 ppm/°C。纳米 $Al_2O_3$ 含量为100 wt%的陶瓷在1360℃时的介电常数最大，而 $Q\times f$ 值只有29 000 GHz。因此，适量的纳米 $Al_2O_3$ 不仅可以促进烧结，降低陶瓷的烧结温度，而且可以提高陶瓷的微波介电性能。

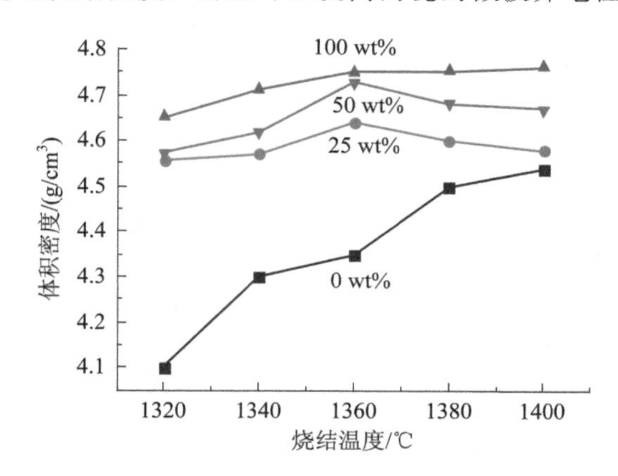


图7.33 体积密度与烧结温度的关系

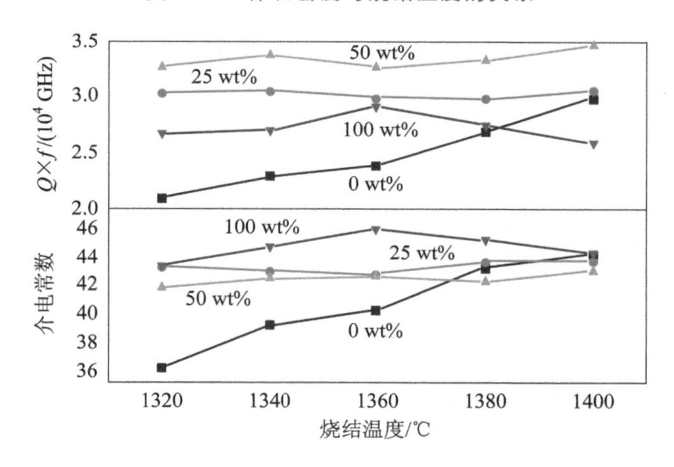


图7.34 微波介电性能与组成的关系

(5) 钛酸锌($ZnTiO_3$)系陶瓷。钛酸锌($ZnTiO_3$)系陶瓷由于不加助熔剂就可以在1100℃下烧结，与其他高温烧结的介电材料相比，有着先天的优势，成为低温共烧材料研究者的重要对象，而且它具有优良的微波介电性能：$\varepsilon_r=19$，$Q=3000$(10 GHz)，$\tau_f=-55$ ppm/℃，因此，它是制作低温共烧微波介质器件的理想材料之一。但是，钛酸锌($ZnTiO_3$)系陶瓷在945℃以上会分解为 $Zn_2TiO_4$ 相和金红石相($TiO_2$)，其微波介电性能下降，$Q$ 值大幅度降低，因此人们研究的重点集中在降低钛酸锌($ZnTiO_3$)的烧结温度，使之低于945℃。有的研究从粉体制备工艺上采取措施，有的通过掺杂氧化物来降低烧结温度和提高微波介电性能。

当添加物中金属离子的化合价与 $Zn^{2+}$ 或 $Ti^{4+}$ 接近时，这些氧化物很可能与钛酸锌形成无限固溶体。添加MgO与 $ZnTiO_3$ 形成固溶体的研究者很多，这是由于 $MgTiO_3$ 和 $ZnTiO_3$ 具有相似的钛铁矿晶体结构，且 $Mg^{2+}$ 和 $Zn^{2+}$ 离子半径接近，分别为 $r_{Mg^{2+}}=0.072$ nm，$r_{Zn^{2+}}=0.075$ nm，价位相同。根据形成固溶体的离子半径比原则，$Mg^{2+}$ 很容易取代 $Zn^{2+}$ 生成

(Zn，Mg)$TiO_3$固溶体。$CoTiO_3$ 和 $NiTiO_3$ 属于钛铁矿晶体结构，在微波频段具有高的 $Q$ 值，也能与 $ZnTiO_3$ 形成无限固溶体。例如，当添加 30 mol%～35 mol%的 MgO 时，在 1060℃下烧结，$Q$>20 000(6.5 GHz)，$\varepsilon_r$=18～22，$\tau_f$≈2 ppm/℃，样品经热处理后，可获得 $Q$ 值更高的 $ZnTiO_3$ 陶瓷；添加 $Co^{2+}$ 可形成($Zn_{1-x}Co_x$)$TiO_3$ 固溶体，在 1150℃×4 h 下烧结，当 $x$=0.7 时，$\varepsilon_r$≈23，$Q\times f$=80 000 GHz，$\tau_f$=－50 ppm/℃；添加 $Ni^{2+}$ 可形成($Zn_{1-x}Ni_x$)$TiO_3$ 固溶体，在 1150℃下烧结，当 $x$=0.8 时，$\varepsilon_r$=22，$Q\times f$=60 000 GHz，$\tau_f$=0 ppm/℃。

编者分别研究了 $Nd_2O_3$ 和 $Sm_2O_3$ 对钛酸锌陶瓷结构与性能的影响，当 $Nd_2O_3$ 和 $Sm_2O_3$ 的添加量均分别为 0、2.5 wt%、5 wt%和 10 wt%(分别用符号 ZT、N1、N2、N3、S1、S2 和 S3 表示)。表 7.33 所示为实验结果。结果表明：两者与金红石形成新相 $Nd_2Ti_2O_7$、$Nd_4Ti_9O_{24}$ 和 $Sm_2Ti_2O_7$，且都不影响烧结温度。介电常数($\varepsilon_r$)随 $Sm_2O_3$ 和 $Nd_2O_3$ 发生曲折变化；频率温度系数($\tau_f$)随 $Sm_2O_3$ 的变化与 $\varepsilon_r$ 相反，均为正值，而随 $Nd_2O_3$ 的变化则是从正值变化到负值；TEM 模谐振器的 $Q$ 值均大于 220。当 $Sm_2O_3$ 为 2.5wt%时，$\varepsilon_r$=23.5，$Q_{TEM}$=270，$\tau_f$=＋33 ppm/℃；当 $Nd_2O_3$ 为 10wt%时，$\varepsilon_r$=22.8，$Q_{TEM}$=263，$\tau_f$=－20 ppm/℃。

**表 7.33 添加物对 $ZnTiO_3$ 系陶瓷的影响**

| 编号 | 晶相组成 | $\varepsilon_r$ | $Q$ 值 | 测试的 $\tau_f$/(ppm/℃) | 计算的 $\tau_f$/(ppm/℃) |
|---|---|---|---|---|---|
| ZT | $TiO_2$、$Zn_2TiO_4$ | 28.48 | 180 | ＋65 | ＋70 |
| S1 | $TiO_2$、$Zn_2TiO_4$、$Sm_2Ti_2O_7$、$ZnTiO_3$ | 23.84 | 270 | ＋33 | ＋30 |
| S2 | $TiO_2$、$Zn_2TiO_4$、$Sm_2Ti_2O_7$ | 28.71 | 260 | ＋108 | ＋112 |
| S3 | $TiO_2$、$Zn_2TiO_4$、$Sm_2Ti_2O_7$ | 24.52 | 240 | ＋71 | ＋60 |
| N1 | $TiO_2$、$Zn_2TiO_4$、$Nd_2Ti_2O_7$、$Nd_4Ti_9O_{24}$ | 23.42 | 310 | ＋57 | ＋65 |
| N2 | $TiO_2$、$Zn_2TiO_4$、$Nd_4Ti_9O_{24}$、$Nd_2Ti_2O_7$ | 24.75 | 281 | ＋54 | ＋50 |
| N3 | $Zn_2TiO_4$、$Nd_4Ti_9O_{24}$、$Nd_2Ti_2O_7$ | 22.664 | 263 | －20 | －18 |

试验的主要工艺参数：按分子式 $ZnTiO_3$ 配料，行星球磨 4 h，在 700℃预烧 2 h 合成主晶相，然后分别添加一定比例的 $Sm_2O_3$ 和 $Nd_2O_3$，第二次球磨 4 h，加入 PVA 造粒后，再干压成型，分别制成厚度为 2 mm、直径 12 mm 的圆片和内圆外方的同轴结构(边长 6 mm，内径 2 mm，高 10 mm)的两种生坯，在 1210℃烧结，并保温 2 h。将圆片样品上、下表面金属化，制成介质电容，用精密电容测试仪测试电容量和电容温度系数；将同轴结构样品除一个端面外，内、外表面金属化，制成 1/4 波长介质同轴谐振器(简称 TEM)，用矢量网络分析仪测 TEM 样品的微波介电性能。$\tau_f$ 在 25～85℃内测得。

编者还研究了 $B_2O_3$ 对($Zn_{0.65}Mg_{0.35}$)$TiO_3$ 固溶体的烧结温度、晶相结构和介电性能的影响。图 7.35 所示为陶瓷的体积密度与烧结温度的关系。图 7.36 所示为陶瓷的介电性能与 $B_2O_3$ 的关系。结果表明，$B_2O_3$ 可明显降低烧结温度，并与 ZnO 形成新的晶相 $Zn_3B_2O_6$ 或 $ZnB_4O_7$，随着 $B_2O_3$ 的增加，介电常数($\varepsilon_r$)逐渐减小，频率温度系数($\tau_f$)从正值向负值方向变化。当 $B_2O_3$ 为 6wt%时，烧结温度为 890℃；$\varepsilon_r$=15.3，$Q_{TEM}$=255，$\tau_f$=－86 ppm/℃。调节

$B_2O_3$ 为 4 wt%～6 wt%，能得到 $\tau_f$ 为零的组成。

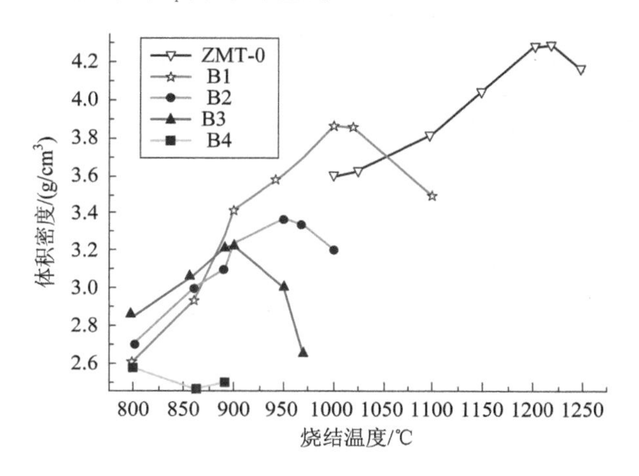


图 7.35　体积密度与烧结温度的关系

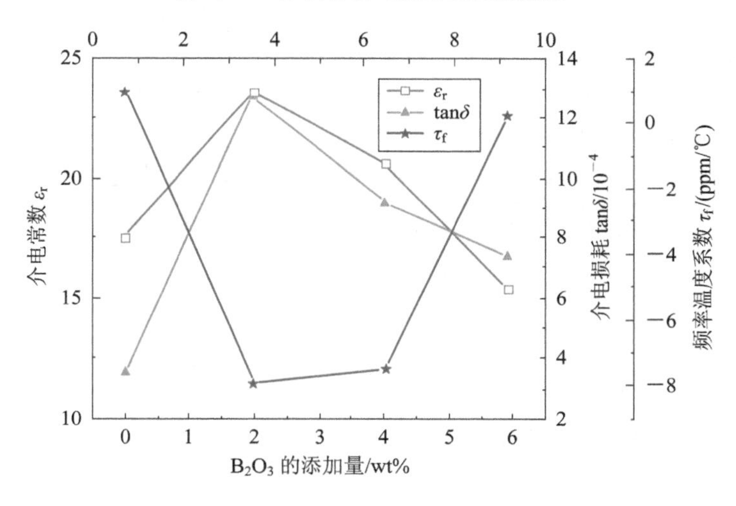


图 7.36 介电性能与 $B_2O_3$ 的关系

试验的主要工艺参数：按分子式$(Zn_{0.65}, Mg_{0.35})TiO_3$ 配料，加入去离子水，用 $ZrO_2$ 球行星球磨 4 h，在 950℃预烧 2 h 合成主晶相，然后分别添加 0、2 wt%、4 wt%、6 wt%、8 wt% $B_2O_3$。第二次球磨 4 h，加入 PVA 造粒后，干压成型，坯体在 850～1250℃烧结，并保温 2 h。

3）高介电常数微波介质材料

高介电常数微波介质材料主要包括 $BaO$-$Ln_2O_3$-$TiO_2$ 钨青铜型(BLT 系)，复合钙钛矿 $CaO$-$Li_2O$-$Ln_2O_3$-$TiO_2$ 系列和铅基钙钛矿系列。

(1) $BaO$-$Ln_2O_3$-$TiO_2$ 钨青铜型(BLT 系)。BLT 系微波陶瓷基本上都是属于类钙钛矿的钨青铜型晶体结构。主相组成通常简写为 $BaO \cdot Ln_2O_3 \cdot nTiO_2$($n$=3～5)。在此范围内，Ln ( Ln 为稀土类元素)= Pr、Sm、Nd 等，都具有相似的晶体结构。当 $n$=4 时，组成也可以表示为 $Ba_{6-3x}Ln_{8+2x}Ti_{18}O_{54}$或 $Ba_{6-x}Ln_{8+2/3x}Ti_{18}O_{54}$，这是该系统中性能较好的一种材料组成。BLT 系微波陶瓷现已得到广泛研究和应用，该系统主要的特点是具有高的介电常数

$\varepsilon_r$，容易获得 $\varepsilon_r \geqslant 80$，而且通过适当的掺杂改性可以达到 $\varepsilon_r = 90 \sim 100$。在适当的配方与工艺条件下，可以同时获得较高的 $Q$ 值和较低的 $\tau_f$ 值。该系统典型特性如表 7.34 所示。

表 7.34 $BaO\text{-}Ln_2O_3\text{-}TiO_2$ 系陶瓷的介电特性

| 组 成 | 烧成温度/℃ | $\varepsilon_r$ | $Q$ 值(5 GHz) | $\tau_f$/(ppm/℃) | $Q_0$ | |
|---|---|---|---|---|---|---|
| | | | | | 实验值 | 计算值 |
| $BaO\text{-}TiO_2\text{-}La_2O_3$ | 1370 | 92 | 400 | 380 | 450 | 450 |
| $BaO\text{-}TiO_2\text{-}Ce_2O_3$ | 1330 | 32 | 500 | 9 | 140 | 517 |
| $BaO\text{-}TiO_2\text{-}Pr_6O_{11}$ | 1370 | 81 | 1800 | 130 | 600 | 616 |
| $BaO\text{-}TiO_2\text{-}Nd_2O_3$ | 1370 | 83 | 2100 | 70 | 620 | 627 |
| $BaO\text{-}TiO_2\text{-}Sm_2O_3$ | 1370 | 74 | 2400 | 10 | 610 | 639 |
| $BaO\text{-}TiO_2\text{-}Gd_2O_3$ | 1350 | 53 | 200 | 130 | 190 | 345 |

在钨青铜结构中，存在着 $Ba^{2+}$ 和 $Ln^{3+}$ 两类离子相互置换晶格位的可能性，这为 $BaO\text{-}Ln_2O_3\text{-}TiO_2$ 系微波陶瓷的类质同晶性及其成分在一定范围内变化时仍能维持单相结构提供了基础。$TiO_2$ 含量的不同对 BLT 系微波陶瓷性能有显著影响，表 7.35 所示为 $BaO\text{-}Nd_2O_3\text{-}TiO_2$ 系不同 $TiO_2$ 含量与介电性能的关系。

表 7.35 $BaO\text{-}Nd_2O_3\text{-}TiO_2$ 系不同 $TiO_2$ 含量与介电性能的关系

| 组 成 | $\varepsilon_r$ | $Q$ 值(5 GHz) | $\tau_f$/(ppm/℃) |
|---|---|---|---|
| $BaO\text{-}Nd_2O_3\text{-}5TiO_2$ | 83 | 2100 | 70 |
| $BaO\text{-}Nd_2O_3\text{-}4TiO_2$ | 84 | 1500 | 96 |
| $BaO\text{-}Nd_2O_3\text{-}TiO_2$ | 45 | 3000 | 70 |

在 BLT 系微波陶瓷中，共有三种阳离子位：Ba 位、Ln 位、Ti 位，这三种阳离子位均可被相应的离子取代。

① Ba 位取代。$Ba^{2+}$ 可以被 $Li^{+}$、$Sr^{2+}$ 和 $Pb^{2+}$ 等离子取代，例如，在 $BaNd_2Ti_4O_{12}$ 材料中添加 $Li_2O$ 可使介电常数 $\varepsilon_r$ 得到改善，并使 $\tau_f$ 从负值变化到正值，用 $Sr^{2+}$ 取代 $Ba^{2+}$ 的研究表明，少量的 $Sr^{2+}$(5 mol%)取代可得到最佳的微波性能；在 $Pb^{2+}$ 取代的研究中得到，$Pb^{2+}$ 的固溶限为 0.3～0.35 mol，在固溶限内随 $Pb^{2+}$ 含量的增加，介电常数 $\varepsilon_r$ 上升，但 $Q$ 值和 $\tau_f$ 有下降的趋势。

② Ln 位取代。在 BLT 陶瓷中常见的稀土离子主要有 Nd、Sm、Pr、Gd 等，不同的离子保持单相结构存在不同的固溶限，并且随稀土离子半径的下降，其固溶范围变窄，例如，对于 $Ba_{6-3x}Ln_{8+2x}Ti_{18}O_{54}$ 材料，不同离子固溶范围的摩尔数分别为：Pr，$0<x<0.75$；Nd，$0<x<0.7$；Sm，$0.3<x<0.7$；Gd，$x=0.5$。同时，随着稀土离子极化率的降低，其介电常数有所下降，最为明显的变化是 $\tau_f$ 从负值变化到正值。在性能优化研究中，也可以通过稀土间复合离子取代的途径，其目的是通过相互间的性能互补来调整性能参数的兼备性，如 La-114 相的 $\varepsilon_r=109$，$\tau_f=180$ ppm/℃，而 $BaO \cdot (Nd_{0.77}Ya_{0.23})O_3 \cdot 4TiO_2$ 材料的 $\varepsilon_r=76$，$\tau_f=40$ ppm/℃。

在Nd-114相中加入$Bi_2O_3$可以显著提高其介电常数，许多研究结果均得到了相似的结论。Bi的添加一方面可显著提高介电常数，例如，在$BaO \cdot (Nd_{1-y}Ya_y)O_3 \cdot 4TiO_2$中，如果$y=0.04 \sim 0.08$，可得到$\varepsilon_r=89 \sim 92$，$Q \times f=1855 \sim 6091$ GHz的性能，在$y=0.08$附近，$\tau_f$接近于0，如图7.37所示。

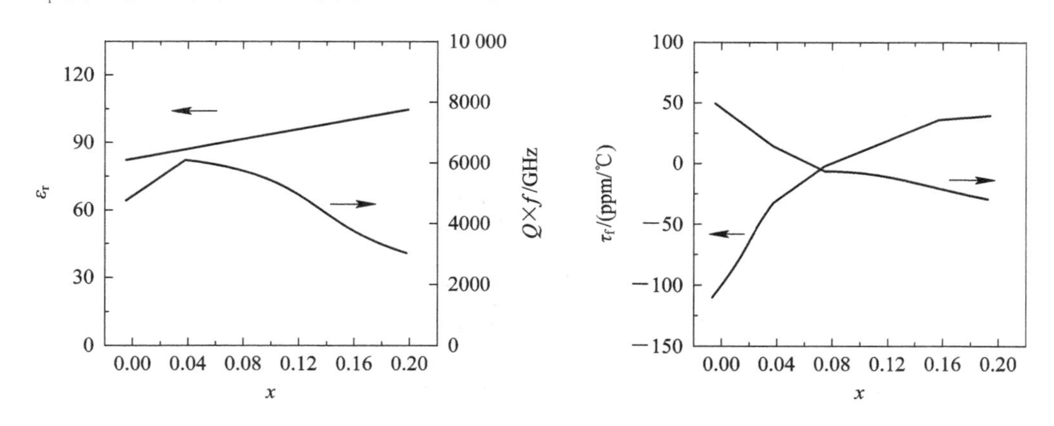


图7.37 介电性能随组成的变化

近年来除了研究固溶取代对微波介电性能的影响外，研究人员还广泛研究了其他添加物对BLT系微波陶瓷性能的影响，如添加$MnO_2$、CaO、$WO_3$、$Fe_2O_3$等。在Nd-115相中加Mn的研究结果表明，Mn较显著的作用是改善了$\tau_f$；对CaO、$WO_3$、$Fe_2O_3$的添加研究表明，除CaO外，少量的添加剂在烧结过程中能形成液相，增大了烧结密度，提高了介电常数，但一般都伴随着$Q$值有所下降。

制备工艺对BLT材料的介电性能有十分重要的影响，已有采用共沉淀法或络合法制备出了性能优良的BLT瓷料的研究。研究工作也表明，合成温度和烧结温度对材料性能的影响最为突出，例如，在Bi添加的Nd-114相材料的研究中，已得出不同的固溶限，其中最大可相差5 mol%，这主要是因为工艺条件不同造成的，其中关联最为密切的是合成温度和烧结温度。

编者研究了复合添加$Sr^{2+}$和$Nd^{3+}$对$BaO\text{-}TiO_2\text{-}Sm_2O_3$的频率温度系数的调节效果。以$(Ba_{1-x}Sr_x)_4(Sm_{1-y}Nd_y)_{9.33}Ti_{18}O_{54}$($0.04 \leqslant x \leqslant 0.06$，$0 \leqslant y \leqslant 0.3$)为研究对象，材料的配方组成如表7.36所示。

表7.36 材料的配方组成

| 序　号 | $x$ | $y$ |
|---|---|---|
| 1 | 0 | 0 |
| 2 | 0 | 0.1 |
| 3 | 0 | 0.2 |
| 4 | 0 | 0.3 |
| 5 | 0.04 | 0.2 |
| 6 | 0.05 | 0.2 |
| 7 | 0.06 | 0.2 |

图 7.38 所示为体积密度与烧结温度的关系曲线，由图中对比关系可确定 1320℃ 为最佳的烧结温度。图 7.39 所示为各样品的微波介电性能。

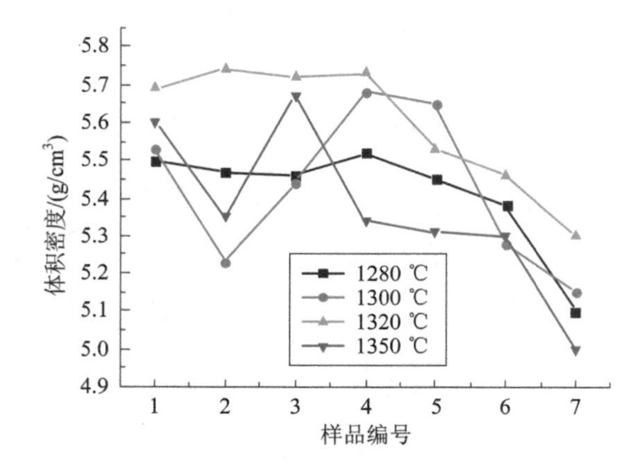


图 7.38 不同烧结温度下的体积密

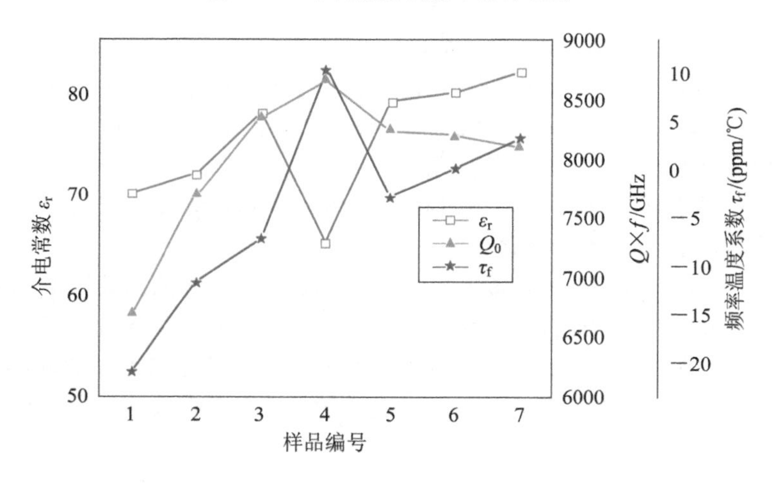


图 7.39 各样品的微波介电性能

由图 7.39 可看出，$\varepsilon_r$ 随 $Nd_2O_3$ 加入量的增加而升高，这是由于 $Nd^{3+}$ 离子与 $Sm^{3+}$ 离子的性能相近，当用 $Nd_2O_3$ 取代部分 $Sm_2O_3$ 时，会生成 $BaNd_2Ti_4O_{12}$-$BaSm_2Ti_4O_{12}$ 固溶体。$BaNd_2Ti_4O_{12}$ 的 $\varepsilon_r$ 大约为 80，而 $BaSm_2Ti_4O_{12}$ 的 $\varepsilon_r$ 为 70 左右。但当 $Nd_2O_3$ 增加至 30 mol%（4＃样品）时，样品的介电常数突然下降，这可能与第二相的量增加有关，而第二相 $BaTi_4O_9$ 和 $Ba_2Ti_9O_{20}$ 的 $\varepsilon_r$ 在 40 左右，故导致 4＃样品的 $\varepsilon_r$ 比 3＃样品的低很多。固定 $Nd_2O_3$ 的量，用 $Sr^{2+}$ 取代 $Ba^{2+}$，$\varepsilon_r$ 也逐渐增大，究其原因，认为是 $Sr^{2+}$ 的半径比 $Ba^{2+}$ 稍小一点（约 6.7%），用 $Sr^{2+}$ 取代 $Ba^{2+}$ 后，离子位移极化相对容易一点，故 $\varepsilon_r$ 有所增大。

随着 $Nd_2O_3$ 量的增加，$Q$ 值增加，$\tau_f$ 从负值向正值变化，这是因为当用 $Nd^{3+}$ 取代部分 $Sm^{3+}$ 时，促进了烧结，陶瓷的显微结构致密，同时 $BaNd_2Ti_4O_{12}$ 的 $\tau_f$ 为正值，而 $BaSm_2Ti_4O_{12}$ 的 $\tau_f$ 为负值，所以，随着 $Nd^{3+}$ 的增加（$y \leqslant 0.3$），$Q$ 值逐渐增加，$\tau_f$ 逐渐变为正值。5＃至 7＃样品的 $Q$ 值同 3＃相比有所下降，但下降幅度很小，$\tau_f$ 基本上是线性上升，这是由 $Sr^{2+}$ 取代 $Ba^{2+}$ 所导致的，这个结果与相关文献是相一致的。由图 7.39 可得到微波介电性能最佳的组成为6#样品：$x=0.05$，$y=0.2$，$\varepsilon_r=80.2$，$Q\times f=8200$ GHz，$\tau_f=0.7$ ppm/℃。

试验的主要工艺参数：行星球磨机球磨4 h，1100℃×2 h预烧，第二次球磨后，加入10 wt%的PVA黏合剂造粒后，干压成型为直径15 mm、厚度分别为2 mm和7 mm左右的圆片，最后在1280～1350℃×2 h烧结成瓷。

近年来，在$BaO-TiO_2-Ta_2O_5/Nb_2O_5$体系中的一系列化合物的微波介电特性引起了人们的注意，其中，填满型四方钨青铜结构化合物的顺电相具有较BLT系更高的相对介电常数($\varepsilon_r\geqslant100$)，不过温度系数$\tau_f$偏大，因此该体系有待于进一步研究。

(2) 复合钙钛矿$CaO-Li_2O-Ln_2O_3-TiO_2$系列。该系列实际上是由$(Li_{1/2}Ln_{1/2})TiO_3$和$CaTiO_3$复合而成的。$CaTiO_3$材料在微波频率下具有高$\varepsilon_r$、低$Q$值、较大的正$\tau_f$，$(Li_{1/2}Ln_{1/2})TiO_3$则具有高$\varepsilon_r$和较大的负$\tau_f$。因而二者的复合有望制备得到高$\varepsilon_r$和零$\tau_f$的微波介质材料。

$(Li_{1/2}Ln_{1/2})TiO_3$系材料的介电性质受镧系元素性质的影响极大，随Ln的不同，材料属于不同晶系的钙钛矿结构型。随离子半径$r_{Ln}$的增加，$\varepsilon_r$上升，但$Q\times f$值却减小，同时，当$r_{Ln}<r_{Sm}$时，不能制备出致密的陶瓷。同样，对$CaO-Li_2O-Ln_2O_3-TiO_2$系材料，随$r_{Ln}$的增加，$\varepsilon_r$上升，但$Q\times f$值却减小，如图7.40所示。

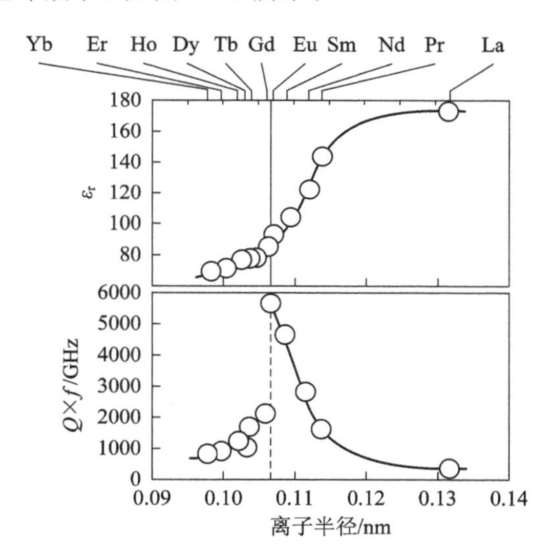


图7.40 镧系元素半径对介电性质的影响($CaO:Li_2O:Ln_2O_3:TiO_2=16:9:12:63$)

在图7.40中，当Ln由Gd、Tb、Dy、Ho、Er向Yb变化时，材料的$Q\times f$值迅速降低，这是因为材料中出现了$Ln_2Ti_2O_7$烧绿石第二相的缘故。当Ln=Sm时，材料的微波介电性能最好($\varepsilon_r=105$，$Q\times f=4640$ GHz，$\tau_f=13$ ppm/℃)。当用SrO取代部分CaO时，随Sr含量的上升，材料的$\varepsilon_r$上升，$Q\times f$值下降，$\tau_f$在SrO含量为1 mol%时，达到最小值7 ppm/℃。

当该系材料中的Ln为两种斓系元素共存时，研究发现，在材料组成为$CaO:SrO:Li_2O:Sm_2O_3:Nd_2O_3:TiO_2=15:1:9:6:6:63$时，各项性能指标达最佳，$\varepsilon_r=123$，$Q\times f=4150$ GHz，$\tau_f=10.83$ ppm/℃。同时发现材料的介电常数正比于其晶胞体积的大

小、$Q\times f$ 值主要决定于晶体结构的变化及相组成。

(3) 铅基钙钛矿系列。铅基钙钛矿系列主要是指$(Pb_{1-x}Ca_x)ZrO_3$、$(Pb_{1-x}Ca_x)HfO_3$、$(Pb_{1-x}Ca_x)(Fe_{1/2}Nb_{1/2})O_3$、$(Pb_{1-x}Ca_x)(Mg_{1/3}Nb_{2/3})O_3$ 系材料；Kato 系统研究了$(Pb_{1-x}Ca_x)(Me_mNb_{1-m})O_3$(Me=Li, Na, Mg, Zn, Ni, Co, Fe, Y, Yb, Al, Cr, $0.25<x<0.8$, $m=1/4$, $1/3$, $1/2$) 系列材料的微波介电特性，发现它们在微波频率下同样具有较高的介电常数和 $Q$ 值，同时具有近于零的谐振频率温度系数。其中，仅有$(Pb_{1-x}Ca_x)(Ni_{1/2}Nb_{1/2})O_3$、$(Pb_{1-x}Ca_x)(Fe_{1/2}Nb_{1/2})O_3$、$(Pb_{1-x}Ca_x)(Yb_{1/2}Nb_{1/2})O_3$、$(Pb_{1-x}Ca_x)(Co_{1/3}Nb_{2/3})O_3$、$(Pb_{1-x}Ca_x)(Yb_{1/2}Nb_{1/2})O_3$ 五种化合物的主晶相为钙钛矿结构，其余化合物的主晶相为烧绿石相，相应的微波介电性能较差，$Q$ 值较小，$\tau_f$ 较大。

实验发现，主晶相为钙钛矿相的$(Pb_{1-x}Ca_x)(Fe_{1/2}Nb_{1/2})O_3$、$(Pb_{1-x}Ca_x)(Mg_{1/3}Nb_{2/3})O_3$ 和$(Pb_{1-x}Ca_x)(Fe_{1/2}Nb_{1/2})O_3$ 三种化合物的微波介电性能较好，在 $\tau_f$ 近乎为零时，其 $\varepsilon_r$ 分别为 73、91、59，$Q\times f$ 值分别为 1330、1650、1700($f=2\sim3$ GHz)，且随着 Ca 含量(即 $x$ 增加)，材料的 $\varepsilon_r$ 下降，$Q$ 值上升，$\tau_f$ 由正变负。

在铅基钙铁矿系列微波介质陶瓷材料中，介电常数 $\varepsilon_r$ 一方面明显地随 Pb 含量的增加而上升，另一方面随 B 位离子平均半径的上升而下降。可见，在铅基钙钛矿结构高 $\varepsilon_r$ 微波介质材料中，$\varepsilon_r$ 与 A 位的 Pb、B 位离子的半径密切相关，较小的 B 位离子可导致高 $\varepsilon_r$ 的产生。

图 7.41 所示为各类$(Pb_{1-x}Ca_x)BO_3$ 化合物的 $\varepsilon_r$ 与 $\tau_f$ 的关系曲线，从中可见，$(Pb_{1-x}Ca_x)ZrO_3$ 化合物的 $\varepsilon_r$ 最大，在 $\tau_f$ 为零时，$\varepsilon_r$ 达 105。

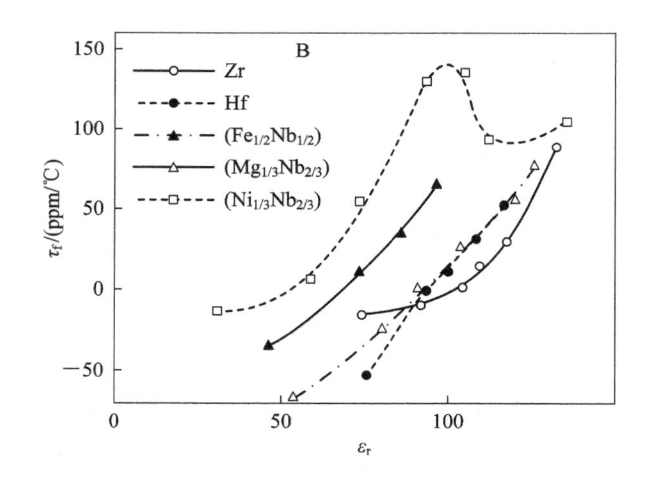


图 7.41 各类$(Pb_{1-x}Ca_x)BO_3$ 化合物的 $\varepsilon_r$ 与 $\tau_f$ 的关系

研究表明，用半径较小的离子取代$(Pb_{1-x}Ca_x)ZrO_3$、$(Pb_{1-x}Ca_x)(Mg_{1/3}Nb_{2/3})O_3$、$(Pb_{1-x}Ca_x)(Fe_{1/2}Nb_{1/2})O_3$ 材料中的部分 B 位离子，使 B 位平均半径减小，则可使 $\varepsilon_r$ 增大，如图 7.42 所示。

当$(Pb_{1-x}Ca_x)ZrO_3$ 中的 Ca 离子被其他碱金属离子取代时，介电性能变差，表 7.37 所示为其介电性能。

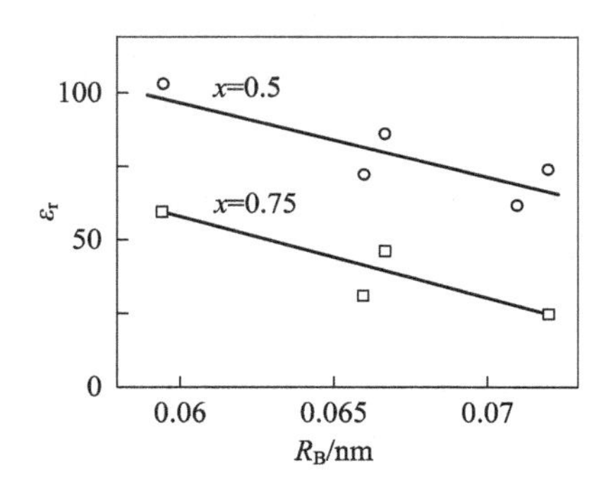


图 7.42 介电常数与B位离子平均半径的关系

表 7.37 $(Pb_{1-x}Me_x)ZrO_3$ 陶瓷的介电特性

| 组　成 | 烧结温度/℃ | 居里温度/℃ | Q值 | f/GHz | $\tau_c$/(ppm/℃) | $\tau_f$/(ppm/℃) |
|---|---|---|---|---|---|---|
| $Pb_{1.0}$ | 1200 | 129 | 480 | 2.7 | +2900 | — |
| $Pb_{0.95}Ba_{0.05}$ | 1200 | 135 | 210 | 2.6 | +2800 | — |
| $Pb_{0.9}Ba_{0.1}$ | 1300 | 219 | 30 | 2.4 | +8900 | — |
| $Pb_{0.9}Sr_{0.1}$ | 1300 | 127 | 150 | 2.5 | +2900 | — |
| $Pb_{0.75}Sr_{0.25}$ | 1400 | 146 | 40 | 2.5 | +3550 | — |
| $Pb_{0.5}Sr_{0.5}$ | 1500 | 101 | 470 | 2.8 | −550 | — |
| $Pb_{0.4}Sr_{0.6}$ | 1500 | 73 | 680 | 3.6 | −270 | — |
| $Pb_{0.95}Ca_{0.5}$ | 1250 | 112 | 260 | 2.8 | +2670 | — |
| $Pb_{0.75}Ca_{0.25}$ | 1300 | 167 | 400 | 2.4 | −230 | +111 |
| $Pb_{0.7}Ca_{0.3}$ | 1400 | 132 | 660 | 2.8 | −180 | +85.8 |
| $Pb_{0.65}Ca_{0.35}$ | 1450 | 118 | 1150 | 2.8 | −76 | +28.8 |
| $Pb_{0.63}Ca_{0.37}$ | 1450 | 110 | 1100 | 2.8 | −33 | +13.4 |
| $Pb_{0.6}Ca_{0.4}$ | 1450 | 94 | 1200 | 3.0 | +38 | −9.8 |
| $Pb_{0.5}Ca_{0.5}$ | 1500 | 74 | 1050 | 3.7 | +63 | −16.9 |

## 7.2 压电陶瓷

压电陶瓷是指具有正压电效应或逆压电效应的一类陶瓷，可用来制作声呐器件、压电陀螺仪、压电传感器、压电谐振器和压电滤波器等。压电陶瓷的性能参数很多，包括介电常数($\varepsilon_{33}$和$\varepsilon_{11}$)、介电损耗($\tan\delta$)、压电常数($d_{31}$、$d_{33}$和$d_{15}$)、机械品质因素($Q_m$)、机电耦合系数($k_p$、$k_{31}$、$k_{33}$和$k_{15}$)、频率常数($N$)、频率温度系数($\tau_f$)和弹性常数($S_{11}$、$S_{33}$和$S_{15}$)等,关于这些参数的定义、计算公式和测量方法的内容较多,在此不详细介绍,可参考“电子材料与器件参数的测量”等专业书籍。

压电材料包括压电单晶、压电陶瓷、压电薄膜和压电高分子材料等。从晶体结构角度来看,主要有钙钛矿型、钨青铜型、焦绿石型及铋层结构。但目前应用最广、研究最深入的当属钙钛矿型和钨青铜型结构。

压电陶瓷是多晶材料,晶粒无序排列,呈各向同性状态,在一般情况下不具有压电效应。但是,在铁电陶瓷通过在较高的直流电场中进行“预极化”处理后,可使铁电陶瓷各晶粒的自发极化轴沿外电场取向而表现出极性,在去掉电场后,陶瓷对外仍呈现出宏观的剩余极化。故经人工极化的铁电陶瓷就变成了压电陶瓷。这里主要介绍几类典型的压电陶瓷材料。

### 7.2.1 一元系压电陶瓷

最典型的一元系压电陶瓷是具有钙钛矿型结构的 $BaTiO_3$ 和 $PbTiO_3$。钙钛矿型结构因存在自发极化,为无对称中心的晶体结构,在应力作用下,离子间可产生不对称位移,呈现新的电矩而使表面显示电性,从而具有压电效应。

$BaTiO_3$ 陶瓷曾广泛地应用于水声、电声换能器,通信滤波器等,但由于 $BaTiO_3$ 的居里温度低,在工作温度超过 80℃后,其压电性能便显著恶化,使用上受到限制,加之后来又发现了一系列性能更好、更稳定的多元系固溶体压电陶瓷,因此 $BaTiO_3$ 的使用范围已经大幅缩小。

$BaTiO_3$ 陶瓷具有好的压电性能,但是在靠近 0℃时存在四方相与正交相的转变,此时 $BaTiO_3$ 的压电性和介电性都发生显著的改变。图 7.43 所示为 $BaTiO_3$-$CaTiO_3$ 系陶瓷的平面耦合系数 $k_p$、频率常数 $N$、介电系数 $\varepsilon_r$、$\tan\delta$ 与温度的关系。

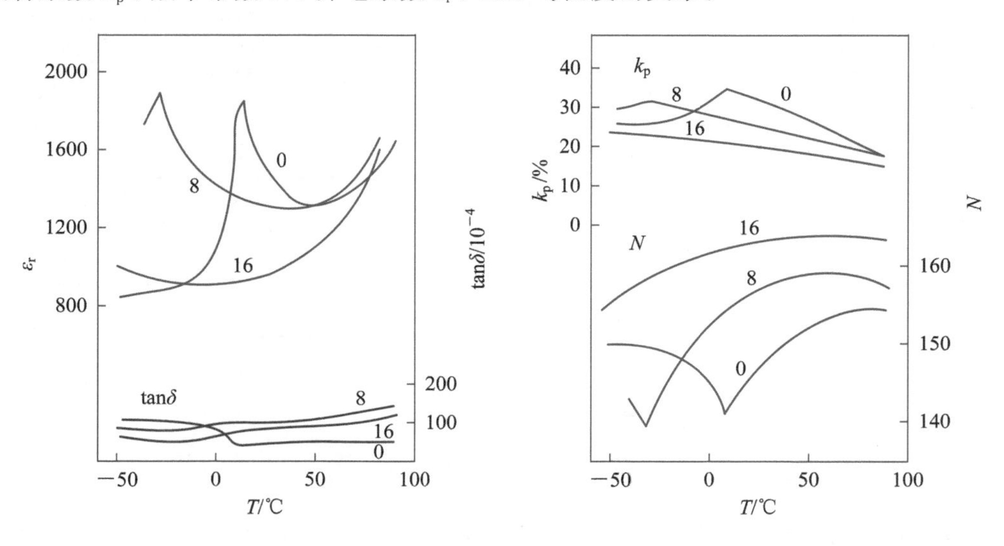


**图 7.43 $BaTiO_3$-$CaTiO_3$ 系 $\varepsilon_r$、$\tan\delta$、$k_p$、$N$ 与温度的关系(1 kHz)**

(曲线上的数字表示 $CaTiO_3$ 的摩尔百分数)

图 7.44 所示是掺杂 $CaTiO_3$ 的 $BaTiO_3$ 陶瓷的介电常数随温度变化的曲线。从图中可看出，引入 $CaTiO_3$ 对 $BaTiO_3$ 居里点(对应介电常数最大的温度)影响不算大，但是对第二相变点移向低温有较明显的作用，含 16 mol% $CaTiO_3$ 的 $BaTiO_3$ 陶瓷的第二相变点接近 －50℃(图中未标出)，可是同时也降低了 $k_p$(见图 7.43)，所以实际上的引入量一般限制在 8 mol% $CaTiO_3$ 为宜。

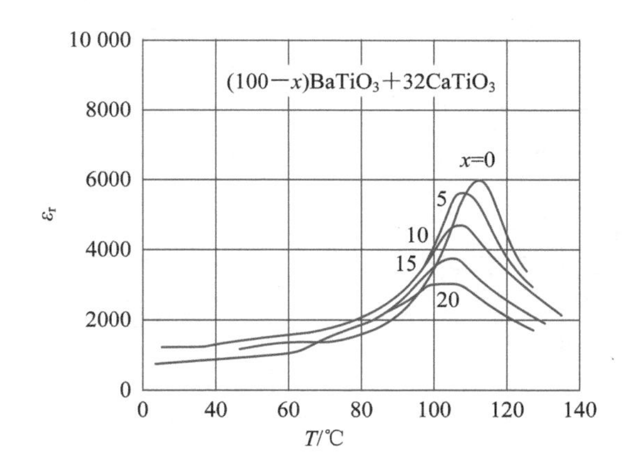


图 7.44 $BaTiO_3$ 中引入 $CaTiO_3$ 对居里温度的影响

由于 $PbTiO_3$ 与 $BaTiO_3$ 晶体在居里点前后相变时晶胞参数的变化相近，因此可引入 $PbTiO_3$ 对 $BaTiO_3$ 进行改性。图 7.45 所示是掺杂 $PbTiO_3$ 的 $BaTiO_3$ 陶瓷的介电常数随温度变化的曲线。从图中可看出，引入 $PbTiO_3$ 后，$BaTiO_3$ 陶瓷的居里温度向高温方向移动。

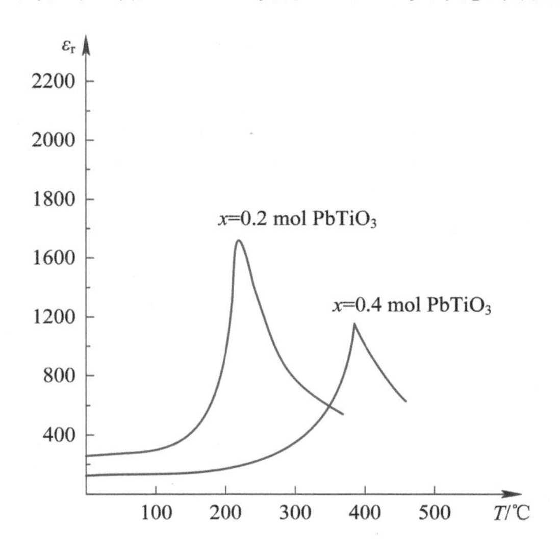


图 7.45 $BaTiO_3$ 中引入 $PbTiO_3$ 对居里温度的影响

图 7.46 所示为 $BaTiO_3$-$PbTiO_3$ 系陶瓷的 $\varepsilon$、$\tan\delta$、$k_p$、$N$ 与温度的关系。从 $N$ 与温度的关系曲线中可以看出，含(2～4) mol%的 $PbTiO_3$ 的 $BaTiO_3$ 陶瓷有两个转折点，说明 $PbTiO_3$ 和 $BaTiO_3$ 没有完全形成固溶体，随着引入 $PbTiO_3$ 数量的增加，温度稳定性得到改善，但是 $k_p$ 降低了。因此，在实际应用时加入量限制在 8 mol%$PbTiO_3$ 为宜。由于这个系统中含有铅，所以在烧结过程中要采取特殊措施，以防止铅挥发。

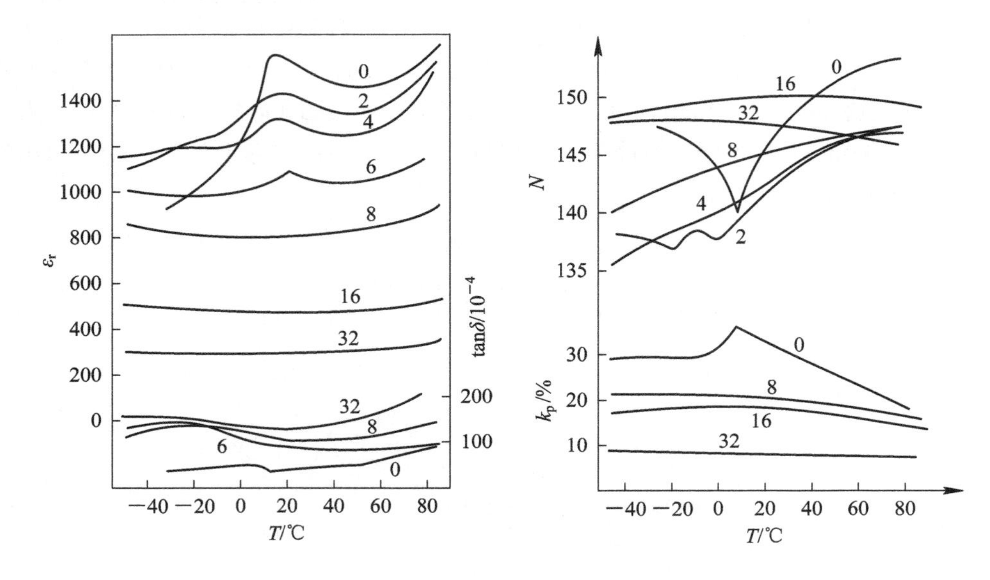


图 7.46 $BaTiO_3$-$PbTiO_3$ 系 $\varepsilon_r$、$\tan\delta$、$k_p$、$N$ 与温度的关系(1 kHz)

(曲线上的数字表示 $PbTiO_3$ 的摩尔百分数)

$PbTiO_3$ 也具有钙钛矿型结构，居里点 $T_c$=490℃，$PbTiO_3$ 的矫顽电场较大，预极化比较困难，只有在提高预极化温度后，方有利于畴壁的运动而完成预极化过程。纯 $PbTiO_3$ 用常规陶瓷工艺很难得到致密的材料，通常采用 $La_2O_3$、$MnO_2$、NiO 等氧化物对 $PbTiO_3$ 进行改性。

如果在(Ba，Pb)$TiO_3$ 系中添加 $CaTiO_3$ 得到(Ba，Pb，Ca)$TiO_3$ 系列的陶瓷，则这个系列陶瓷不但具有高的居里温度，而且它的第二相变点可能移至−50℃或更低的温度。下面举两个配方供参考。这种配方的材料可作超声换能器使用。

表 7.38 (Ba，Pb，Ca)$TiO_3$ 陶瓷的典型配方

| 组　成 | 配方 1 | 配方 2 |
|---|---|---|
| $BaTiO_3$ | 92 mol% | 88 mol% |
| $CaTiO_3$ | 8 mol% | 4mol% |
| Pb $TiO_3$ | — | 8 mol% |
| $MnO_2$ | — | 0.2 wt% |
| 居里温度 | 120℃ | 160℃ |
| 第二相变点 | −45℃ | −50℃ |

## 7.2.2 二元系压电陶瓷

二元系压电陶瓷中应用最广泛的是 $PbTiO_3$-$PbZrO_3$ 固溶体，即 PZT 陶瓷。$PbZrO_3$ 为反铁电体，也具有钙钛矿型结构，$T_c$=230℃。$PbTiO_3$ 与 $PbZrO_3$ 的结构相同，$Ti^{4+}$、$Zr^{4+}$ 离子半径相近，可生成无限固溶体，其固溶体的相关系如图 7.47 所示。

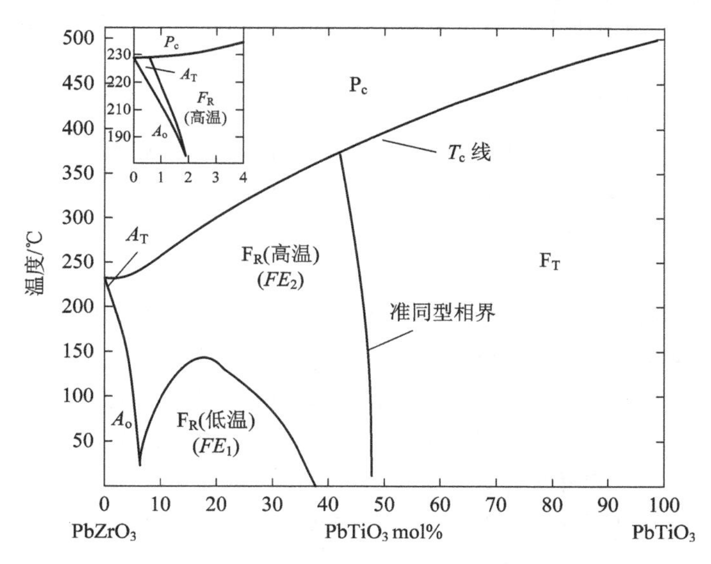


图 7.47 $PbTiO_3$ - $PbZrO_3$ 固溶体的相关系

相图上主要有三个区域：立方晶相 $P_C$、四方晶相 $F_T$ 和菱方晶相 $F_R$。图中有一条横穿整个相图的居里温度($T_c$)线，它把立方晶相与菱方晶相和四方晶相分开，这条 $T_c$ 线表明当锆钛比的成分不同时，居里温度也不同。随着钛锆比的变化，$T_c$ 近乎线性地从 $PbZrO_3$ 的 230℃变至 $PbTiO_3$ 的 490℃，如表 7.39 所示。

表 7.39 锆钛比与居里温度的关系

| 锆钛比(Zr/Ti) | 60/40 | 53/47 | 45/55 | 40/60 | 10/90 |
|---|---|---|---|---|---|
| 居里温度/℃ | 350 | 360 | 400 | 410 | 470 |

$T_c$ 线以上是顺电立方相，不具铁电性和压电性。

在 Zr：Ti =53：47 附近，PZT 陶瓷的介电、压电性能出现突变，如 $\varepsilon$、$k$ 值出现极大值，而 $Q_m$ 值出现极小值。这个成分分界线称为 PZT 陶瓷的准同型相界。实验证明，PZT 的介电、压电参数可通过改变 Zr/Ti 进行调节，例如，如果要 $k$、$d_{33}$ 值高，$\varepsilon$ 大，则配方可选在准同型相界附近；如果要得到高 $Q_m$ 值，则材料的配方应尽量避开准同型相界。

PZT 陶瓷的压电特性及温度稳定性明显优于一元系 $BaTiO_3$ 压电体。在实际生产中，当纯 PZT 陶瓷材料高温烧结时，由于 PbO 的熔点低，饱和蒸汽压高，易产生铅挥发，组分难以控制。电性能的稳定性、重复性差，不能满足使用要求。为获得所需性能的 PZT 压电陶瓷，常对其进行掺杂改性来控制其烧结温度、矫顽场和压电参数。按在固溶体化合物中添加的金属离子化合价与被置换离子化合价相比，分成等价离子置换和不等价离子置换。不等价离子置换又分为高价离子置换和低价离子置换。

### 1. 等价离子置换

等价离子置换是指用与 $Pb^{2+}$、$Ti^{4+}$(或 $Zr^{4+}$)化合价相等、离子半径相近的金属离子置换 PZT 中正常晶格中的少量 $Pb^{2+}$、$Ti^{4+}$(或 $Zr^{4+}$)，形成取代式固溶体。其结构仍然是钙钛矿型结构，但其物理、电性能发生了变化。

常用来取代 $Pb^{2+}$ 的碱土金属离子有 $Sr^{2+}$、$Ca^{2+}$、$Ba^{2+}$ 和 $Mg^{2+}$ 等，取代前、后的共同变化规律如下：

（1）居里温度 $T_c$ 降低；

（2）介电常数显著增大；压电系数 $d$、机电耦合系数 $k$、陶瓷密度有所增加；

（3）在一定取代含量内，弹性柔顺系数 $S_{11}$、$S_{33}$ 等有所减小；

（4）导致 $c/a$ 降低，即各向异性减小；

（5）改变准同型相界位置。

用碱土金属离子置换 $Pb^{2+}$ 对性能的影响，除了以上共同的规律外，还各有其特殊性。例如，用 $Ba^{2+}$ 部分取代 $Pb^{2+}$ 后，材料 $\varepsilon$ 明显增大，$k_p$ 有所提高，频率特性得到改善，但 $Q_m$ 降低；用 $Sr^{2+}$ 部分取代 $Pb^{2+}$ 后，$k_p$、$Q_m$ 得到提高，$\varepsilon$ 明显增大，频率特性变好，烧结温度降低，烧结温区加宽；用 $Mg^{2+}$ 部分取代 $Pb^{2+}$ 后，$k_p$、$Q_m$ 值均得到提高，烧结温度降低，但烧结温区变窄，频率温度稳定性变差。

上述所讲的是单一等价离子的取代。为了得到性能优良的 PZT 陶瓷材料，经常还采用同时加入两种或两种以上等价离子的取代方法，即"复合取代"。它往往可以兼顾两种取代离子的优点，而部分地克服单一取代的缺点。例如，同时加入 $Sr^{2+}$、$Ba^{2+}$ 或 $Sr^{2+}$、$Mg^{2+}$ 或 $Sr^{2+}$、$Ba^{2+}$、$Mg^{2+}$ 等。当比例调整适当时，可以得到 $k_p$ 很高，频率温度稳定性好的 PZT 陶瓷材料。

对于等价离子置换的影响，可以作如下解释：经极化后的 PZT 压电陶瓷，自发极化按"极化"方向定向排列。这个定向排列的程度越高，材料的 $k_p$、$\varepsilon$ 就越大。对于晶格结构很完整的材料，在极化时自发极化转向比较困难。因此，材料的压电性能不能充分地发挥出来。若能设法使一些晶胞的结构发生畸变，在人工极化时，就有利于晶胞自发极化的转向，使压电性能得到提高。碱土金属离子与 $Pb^{2+}$ 半径相近，化合价相等，它们在晶胞中置换了部分 $Pb^{2+}$ 后，不会破坏晶胞的电中性，也不会破坏晶胞的氧八面体结构。但是，由于碱土金属半径毕竟不同于 $Pb^{2+}$ 半径，当它们置换 $Pb^{2+}$ 后，就会引起晶胞结构的畸变。这样，在极化处理时，就有利于晶胞自发极化的转向，即按电场方向自发极化定向排列的程度增加，从而使 $k_p$ 提高，$\varepsilon$ 增大。

由于 $Sr^{2+}$、$Mg^{2+}$ 离子半径小于 $Pb^{2+}$ 离子半径，用 $Sr^{2+}$、$Mg^{2+}$ 置换 $Pb^{2+}$ 后，晶胞略为收缩，形成稠密的多晶体，使已经定向排列的电畴运动困难，电畴运动数减少，内摩擦减小，故 $Q_m$ 增大。相反，用 $Ba^{2+}$ 置换 $Pb^{2+}$ 后，由于 $Ba^{2+}$ 离子半径比 $Pb^{2+}$ 离子半径略大，则晶胞略膨胀，已定向排列的电畴容易运动，电畴运动数增多，内摩擦增加，故 $Q_m$ 下降。

由于 $Ca^{2+}$ 或 $Sr^{2+}$ 原子量均比 $Pb^{2+}$ 小，在 PZT 陶瓷中，用 $Sr^{2+}$ 或 $Ca^{2+}$ 置换部分 $Pb^{2+}$ 后，按理应使陶瓷密度减小，然而，它们的引入对陶瓷烧结起到助熔作用，有利于陶瓷的烧结，有利于抑制晶体增长。因此，用 $Sr^{2+}$ 或 $Ca^{2+}$ 置换部分 $Pb^{2+}$ 后，会表现出陶瓷烧成密度提高。

通常用等价离子置换 $Pb^{2+}$，数量不能太多，否则性能反而下降。一般置换量不超过 $\gamma(Pb)=20\%$，而以置换量 $\gamma(Pb)=(5\sim10)\%$ 为宜。表 7.40 所示为用 $Ca^{2+}$ 或 $Sr^{2+}$ 取代 $Pb^{2+}$ 后 $Pb^{2+}(Zr_{0.53}Ti_{0.47})O_3$ 陶瓷的压电性能。

除对 $Pb^{2+}$ 可以进行等价置换外，对于 $Ti^{4+}$、$Zr^{4+}$ 也可以进行等价置换。如用 $Sn^{4+}$、

$Hf^{4+}$置换$Ti^{4+}$(或$Zr^{4+}$)时，晶格参数$c/a$减小，$T_c$降低。但$Hf^{4+}$置换的效果不明显，故很少使用。

**表 7.40 用$Ca^{2+}$或$Sr^{2+}$取代$Pb^{2+}$后$Pb(Zr_{0.53}Ti_{0.47})O_3$陶瓷的压电性能**

| A位离子 | $\rho$/(g/cm³) | $\varepsilon_{33}^T$ | $\tan\delta/10^{-2}$ | $k_p$ | $d_{31}$/(pC/N) | $g_{31}$/(kV·m/N) | $T_c$/℃ |
|---|---|---|---|---|---|---|---|
| Pb | 7.4 | 544 | 0.5 | 0.48 | −71 | 14.7 | 385 |
| $Pb_{0.99}Ca_{0.01}$ | 7.42 | 624 | 0.5 | 0.49 | −77 | 13.9 | — |
| $Pb_{0.95}Ca_{0.05}$ | 7.26 | 973 | 0.5 | 0.44 | −83 | 10.2 | |
| $Pb_{0.92}Ca_{0.08}$ | 6.86 | 888 | 0.4 | 0.32 | −60 | 7.6 | |
| $Pb_{0.99}Sr_{0.01}$ | 7.42 | 584 | 0.6 | 0.49 | −75 | 14.5 | |
| $Pb_{0.95}Sr_{0.05}$ | 7.47 | 1002 | 0.4 | 0.50 | −101 | 11.4 | 360 |
| $Pb_{0.90}Sr_{0.10}$ | 7.22 | 1129 | 0.3 | 0.49 | −103 | 10.3 | 290 |
| $Pb_{0.85}Sr_{0.15}$ | 6.90 | 1260 | 0.5 | 0.43 | −97 | 8.7 | 242 |
| $Pb_{0.80}Sr_{0.20}$ | 6.48 | 1257 | 0.5 | 0.34 | −86 | 7.8 | — |

**2. 不等价离子置换**

不等价离子置换是指用与$Pb^{2+}$或$Ti^{4+}$($Zr^{4+}$)离子半径相近，化合价不相等的金属离子取代PZT陶瓷中部分$Pb^{2+}$或$Ti^{4+}$($Zr^{4+}$)的方法。

1) 高价离子置换

高价离子置换是指用比$Pb^{2+}$或$Ti^{4+}$($Zr^{4+}$)化合价高的金属离子置换PZT陶瓷中部分$Pb^{2+}$或$Ti^{4+}$($Zr^{4+}$)。例如，用$La^{3+}$、$Bi^{3+}$、$Sb^{3+}$等离子置换$Pb^{2+}$。用$Nb^{5+}$、$Ta^{5+}$、$W^{5+}$等离子置换$Ti^{4+}$($Zr^{4+}$)。高价离子置换一般是把它们的化合物加入到陶瓷的基本配方中。它们在PZT陶瓷中的作用是使材料的性能变“软”，故又称为软性添加物改性。其变化规律为：① 介电常数$\varepsilon$增大；② 介电损耗$\tan\delta$增加；③ 电阻率$\rho$显著增大；④ 机械品质因数$Q_m$降低；⑤ 机电耦合系数$k_p$升高；⑥ 电滞回线变成矩形，矫顽场$E_c$降低；⑦ 弹性柔顺系数$s$增大；⑧ 老化性能改善；⑨ 烧结温度降低。

软性添加物对PZT陶瓷性能的影响可用$Pb^{2+}$缺位来解释。在微量正高价金属离子加入PZT固溶体后，它们占据了原来$Pb^{2+}$或($Zr^{4+}$)位置。一方面，由于它们的离子半径毕竟与$Pb^{2+}$、$Ti^{4+}$($Zr^{4+}$)离子半径有差异，晶格结构会产生畸变；另一方面，$Pb^{2+}$缺位更进一步促进晶格畸变。这两方面均使晶格结构松弛，特别是后者产生的影响更显著。由于结构松弛降低了电畴间的势垒，电畴容易运动。因此，在较低的电场或较低的机械应力作用下，就能使电畴沿外电场或外应力方向取向，从而使$\varepsilon$增大，$s$提高。同时，由于电畴转向阻力减小，所以用来克服阻力使自发极化反向的$E_c$降低。

PZT的交流介电损耗$\tan\delta$，是由电畴转动所产生的损耗和漏电流所产生的电损耗两部分组成的。因为该陶瓷是绝缘体，电阻率大于$10^{10}\ \Omega\cdot cm$，漏电流很小，产生的电损耗很小，故电畴运动所产生的损耗起着主要作用。添加正高价金属离子的材料后使电畴易转动，电畴运动数增多，内摩擦增加。因此，$\tan\delta$增加，$Q_m$降低。正高价金属离子的加入增加了

PZT 晶格中的 $Pb^{2+}$ 缺位，有利于 $Pb^{2+}$ 的扩散，促进烧结。因此，烧结温度降低。由于 $Pb^{2+}$ 缺位的增多，电畴容易运动。且陶瓷经极化处理后，晶格中剩余应力容易释放，经一段时间后，材料性能基本趋于稳定，即老化性能得到改善。

当 PZT 陶瓷在空气中烧结时，总存在着由于 PbO 的挥发而产生的 $Pb^{2+}$ 缺位（$V_A$）。此时，$Pb^{2+}$ 缺位的形成是一个 $Pb^{2+}$ 吸收晶格中两个电子变成 Pb 原子，Pb 原子再与空气中的氧结合，生成 PbO 而挥发掉，从而在晶格中留下两个空穴(h)，又由于原来 $Pb^{2+}$ 位于 8 个氧八面体空隙中，周围有 12 个 $O^{2-}$，$Pb^{2+}$ 跑掉后，为了保持晶格的电中性，加之氧原子有强的电负性，所以便形成二价负电中心（${V_A}^{2-}$），即

$$Pb^{2+} + 2e \rightarrow Pb + 2h, \quad 2Pb + O_2 \rightarrow 2PbO\uparrow \tag{7.21}$$

$$V_A \rightarrow V_A^{2-} + 2h \tag{7.22}$$

所以，PZT 陶瓷中空穴成为主要载流子，属 p 型导电。这种空穴是由于陶瓷烧结过程中 PbO 挥发产生的，而不是由于正高价金属离子的引入产生的。

当加入施主添加物时，相当于给晶体提供了过剩电子。这些电子与原有空穴复合，降低了空穴浓度，使电导率下降，体积电阻率增大。实验表明，当施主杂质添加量仅达千分之几摩尔时，电阻率 $\rho$ 可增加三个数量级；但是，当电阻率提高到某一值后，再增加施主杂质含量也不能使电阻率进一步增加。这是因为施主杂质的引入给晶格提供了过剩电子。这些过剩电子一方面与晶格中原有空穴复合，降低空穴浓度，使电阻率增大；另一方面，这些过剩电子也通过形成 $Pb^{2+}$ 缺位来达到电中性。这样，空穴增多，电导率增加，电阻率下降。这两种过程是同时产生的。但是，当施主杂质添加量少时，前者过程为主导，即电子与原空穴复合，降低空穴浓度，使电阻率增大；当施主杂质添加量较多时，后者过程起着重要作用，尽管施主杂质添加量增加，但增多的过剩电子为形成的铅缺位所补偿。因此，电阻率不再增大。

施主掺杂的 PZT 陶瓷材料，由于其体积电阻率的增大，它能承受较高的电场强度，可以提高极化电场强度，从而使极化过程电畴的定向更充分，这就有利于充分发挥出陶瓷的压电性能，使 $k_p$ 提高。

表 7.41 所示为由软性添加物改性的两种 PZT 陶瓷材料的配方和性能。由于它们的机电换能效率高，机电参数随温度、时间的变化小，接收灵敏度高，所以，它们是接收型水声换能器的优良材料。

**表 7.41　软性添加物对 PZT 陶瓷材料性能的影响**

| 参数 | $Pb(Zr_{0.53}Ti_{0.47})O_3$ | $Pb(Zr_{0.53}Ti_{0.47})O_3$ +0.6 mol% $La_2O_3$ +0.4 mol% $Nb_2O_5$ +(PbO=0.2 wt%) | $Pb_{0.95}Sr_{0.05}(Zr_{0.54}Ti_{0.45})O_3$ | $Pb_{0.95}Sr_{0.055}(Zr_{0.54}Ti_{0.45})O_3$ +0.9 wt% $La_2O_3$ +0.9 wt% $Nb_2O_5$ |
|---|---|---|---|---|
| $T_c$/℃ | 413 | 363 | 350 | 280 |
| $\rho_V$(100℃) /(Ω·cm) | $1.3\times10^{10}$ | — | $2.4\times10^{10}$ | $1\times10^{12}$ |
| $\varepsilon_{33}^T$ | 710 | 1730 | 1144 | 2160 |

续表

| 参数 | $Pb(Zr_{0.53}Ti_{0.47})O_3$ | $Pb(Zr_{0.53}Ti_{0.47})O_3$ +0.6 mol% $La_2O_3$ +0.4 mol% $Nb_2O_5$ +(PbO=0.2 wt%) | $Pb_{0.95}Sr_{0.05}(Zr_{0.54}Ti_{0.45})O_3$ | $Pb_{0.95}Sr_{0.055}(Zr_{0.54}Ti_{0.45})O_3$ +0.9 wt% $La_2O_3$ +0.9 wt% $Nb_2O_5$ |
| --- | --- | --- | --- | --- |
| $\tan\delta/10^{-2}$ | 0.57 | 1.9 | 0.29 | 1.6 |
| $k_p$ | 0.5 | 0.63 | 0.58 | 0.60 |
| $Q_m$ | 462 | 78 | 554 | 81 |
| $d_{33}$/(pC/N) | 210 | 450 | 230 | 440 |
| $g_{33}$/(mV·m/N) | −76.3 | −181 | −121.3 | −185 |
| $g_{31}$/(mV·m/N) | — | −11.8 | — | −9.7 |
| $N$/(Hz·m) | 1678 | 1468 | 1614 | 1530 |
| $E_c$(100℃)/(kV/cm) | 13.3 | 6.0 | 15～16 | 6.2 |

软性添加物在PZT固溶体中的溶解度不大。如加入量过多，则会产生过多的铅缺位，使晶格畸变太大，产生游离的PbO或$ZrO_2$($TiO_2$)。这些游离物将在晶界析出，成为无压电性、无铁电性的第二相，使材料性能下降。因此，软性添加物一般应控制在5 mol%以下。另外，为了补偿烧结过程PbO的挥发，在陶瓷配方中一般还加入$w$(PbO)=(0.1～2)%的过量PbO。

2）低价离子置换

低价离子置换是指用比$Pb^{2+}$或$Ti^{4+}$($Zr^{4+}$)化合价低的金属离子置换PZT陶瓷中部分$Pb^{2+}$或$Ti^{4+}$($Zr^{4+}$)。例如，用$K^+$、$Na^+$等离子置换部分$Pb^{2+}$；用$Mg^{2+}$、$Al^{3+}$、$Fe^{3+}$、$Sc^{3+}$和$In^{3+}$等离子置换$Ti^{4+}$($Zr^{4+}$)。它们在PZT陶瓷中的作用是使材料性能变“硬”，故又称为硬性添加物改性。其变化规律为：① 介电常数$\varepsilon$降低；② 介电损耗降低；③ 电阻率$\rho$下降；④ 压电性能下降，如$k_p$值下降；⑤ 机械品质因数$Q_m$提高；⑥矫顽场$E_c$提高，极化和去极化困难；⑦ 弹性柔顺系数$s$下降；⑧ 密度增大。

硬件添加物对FZT陶瓷性能的影响可用$O^{2-}$缺位来解释。在微量低价金属离子加入固溶体后，由于$O^{2-}$缺位的增加，一方面引起晶胞收缩；另一方面根据质量作用定律，在一定的温度下，系统的正、负离子缺位浓度乘积应为一个常数，故$Pb^{2+}$缺位浓度相应减少。这些均使得电畴运动比以前困难。这样，电畴沿外电场或外力方向取向比未引入添加物时困难，从而使材料的$\varepsilon_r$、$s$、$k_p$和$\tan\delta$减少。同理，已极化定向的电畴运动困难，电畴运动数减少，内摩擦减小。这导致机械损耗下降，$Q_m$增大。同时，由于电畴转向困难，所以用以克服阻力，使自发极化反向的$E_c$增大。

PZT陶瓷属于钙钛矿型结构，其晶体是由氧八面体构成的骨架堆积而成的。要使氧八面体所构成的骨架不受破坏，晶格中只允许有少量的 $O^{2-}$ 缺位存在。因此，进入到单胞中 A 位置或 B 位置的低价添加金属离子的数量不会很多。多余的添加物将在结晶过程中聚焦在晶界。它们将阻碍晶粒生长。同时，受主杂质的加入会使 $Pb^{2+}$ 缺位减少，晶胞中 A 位置接近于被 $Pb^{2+}$ 所占满，不利于烧结过程中的离子扩散。这些均起到抑制晶粒生长的作用，使陶瓷晶粒变细，密度提高。

PZT 陶瓷属于 P 型导电材料，主要载流子为空穴。在受主杂质加入后，晶格中的电子数会减少，即作为导电机构的空穴浓度增加。因此，陶瓷的体积电阻率 $\rho$ 下降。但是，此时空穴浓度的增加也有利于 $O^{2-}$ 缺位的增加，这样就限制了空穴浓度的进一步增加。也就是说，随着受主杂质含量的增多，体积电阻率减小到某一值后，不再进一步减小。

表 7.42 所示为由硬性添加物改性的两种 PZT 陶瓷材料的配方和性能，由于它们在强电场下的介电损耗小，$Q_m$ 大，又具有较高的 $k_p$ 和 $\varepsilon_r$，所以它们是水声大功率发射、大功率超声、高压静电发生和引燃、引爆压电器件的优良材料。在配方(二)材料中用 $Fe^{3+}$ 置换 $Ti^{4+}$($Zr^{4+}$)，为硬性添加物置换，而用 $Bi^{3+}$ 置换 $Pb^{2+}$ 则为软性添加物置换。但是由于 $Fe^{3+}$ 的数量远大于 $Bi^{3+}$ 的数量，所以 $Fe^{3+}$ 的作用是主要的，陶瓷材料表现为硬性添加物改性。少量 Mn 的加入，是为了更进一步抑制晶粒生长和改善陶瓷的致密烧结。

**表 7.42 硬性添加物对 PZT 陶瓷材料性能的影响**

| 序号 | (一) | (二) | (三) |
|---|---|---|---|
| | 组成 | | |
| 参数 | $Pb(Zr_{0.52}Ti_{0.48})O_3$ | $Pb_{0.95}Sr_{0.05}(Zr_{0.52}Ti_{0.48})O_3$ +0.45 mol% $Fe_2O_3$ +0.15 mol% $Bi_2O_3$ +0.2 mol% $MnO_2$ | $Pb_{0.95}Sr_{0.05}(Zr_{0.52}Ti_{0.48})O_3$ +1.0 mol% $CaFeO_{5/2}$ |
| $T_c$/℃ | — | 333 | 230 |
| $\varepsilon_{33}^T$ | 1200 | 860 | 1080 |
| $\tan\delta$ /% | 1.4 | 0.32 | 0.19 |
| $k_p$ | — | 0.56 | 0.53 |
| $Q_m$ | 76 | 1132 | 1330 |
| $d_{31}$/(pC/N) | −97 | −99 | −103 |
| N/(Hz·m) | 1640 | 1670 | 1700 |
| $E_c$(100℃)/(kV/cm) | — | 11 | 16 |

### 3. 其他添加物的改性

有些添加物进入到 PZT 陶瓷固溶体中后，往往同时起到“软性”和“硬性”添加物改性的作用，有的还有独特功能。目前用得较普遍的有 $Cr_2O_3$、$CeO_2$、$UO_3$ 和 $MnO_2$ 等。下面分别说明它们在 PZT 固溶体中所起的作用。

(1) $Cr_2O_3$：由于铬离子半径与 $Zr^{4+}$($Ti^{4+}$)半径接近，铬离子的加入只能取代 PZT 中的部分 $Zr^{4+}$($Ti^{4+}$)。因铬离子是变价的，在晶格中有的以 $Cr^{3+}$ 形式存在，也有的以 $Cr^{2+}$ 形式存在，所以，它在陶瓷中同时起着受主和施主添加物的作用。添加了 $Cr_2O_3$ 的 PZT 压电陶瓷，其 $E_c$、$Q_m$ 增大，$\rho_v$、$k_p$ 下降，表现为硬性添加物改性；$\tan\delta$ 增大，电性能随时间和温度的稳定性改善，表现为软性添加物改性。

含 1 mol% $Cr_2O_3$ 的 PZT 陶瓷显著地改善了温度特性和老化特性。图 7.48 所示为 $Cr_2O_3$ 对 $Pb(Zr_{0.53}Ti_{0.47})O_3$ 陶瓷介电系数 $\varepsilon_{33}$、谐振频率 $f_r$ 和反谐振频率 $f_a$ 的老化特性的影响。不含 $Cr_2O_3$ 的产品，极化后其 ε 经过三个月时间变化了(0～15)%；含有 $Cr_2O_3$ 的产品，其 ε 几乎不变化，并且其 $f_r$、$f_a$ 的老化特性得到改善。又由于有部分 $Cr_2O_3$ 析出，聚集在晶界阻止晶粒生长，从而得到细晶粒的致密陶瓷材料。

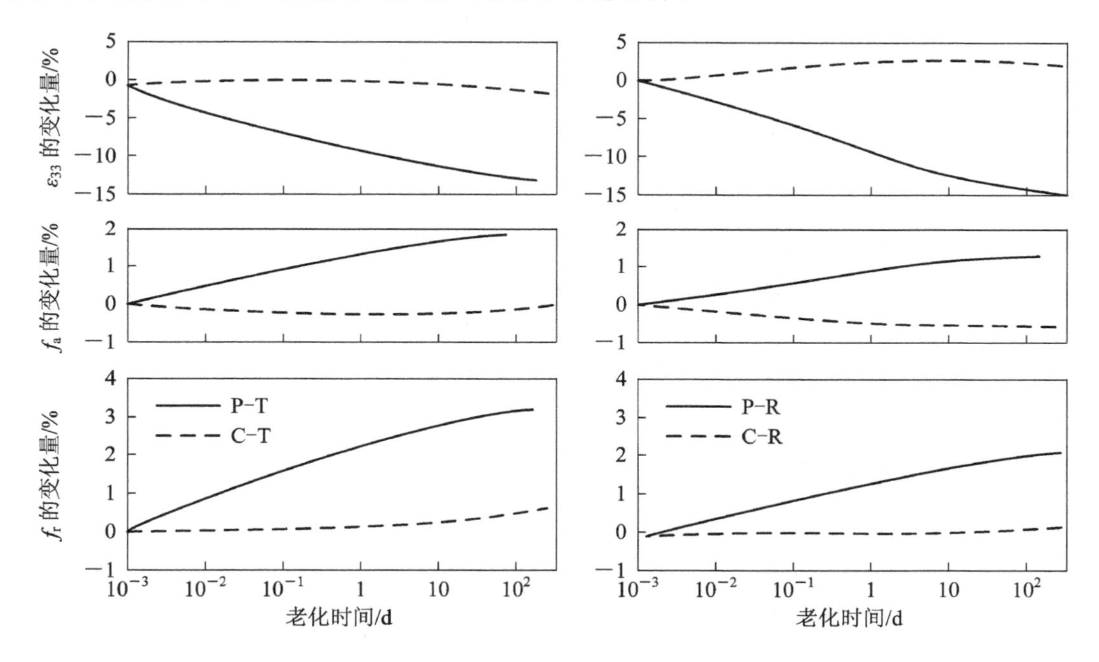


注：图中 P-T 的组成为四方相 $Pb(Zr_{0.53}Ti_{0.47})O_3$；C-T 的组成为四方相 $Pb(Zr_{0.53}Ti_{0.47})O_3$ + 1 mol% $Cr_2O_3$；P-R 的组成为三方相 $Pb(Zr_{0.53}Ti_{0.47})O_3$；C-R 的组成为三方相 $Pb(Zr_{0.53}Ti_{0.47})O_3$ + 1 mol% $Cr_2O_3$，1 mol% $Cr_2O_3$。

**图 7.48 $Cr_2O_3$ 对 PZT 陶瓷温度特性和老化特性的影响**

(2) $CeO_2$：铈是一种稀土元素，通常以 $CeO_2$ 的形式加入到 PZT 陶瓷中。它使陶瓷的 $\rho_v$、ε、$Q_m$ 和 $E_c$ 增大，$\tan\delta$ 减小。由于 $\rho_v$ 增大，陶瓷能在较高温度下，以高的电场极化，使潜在的压电性能得到充分发挥，从而使 $k_p$ 增大。另外，$CeO_2$ 的加入使 PZT 陶瓷材料电性能的时间老化、温度老化和强电场老化等性能得到改善。一般 $CeO_2$ 的加入量以 $\gamma(CeO_2)$ = 0.2%～0.5%为宜。

(3) $UO_3$：铀是变价元素，它的价数可以有很大的变化。在将它引入到 PZT 固溶体中后，部分起着施主添加物的作用，使 $Q_m$ 增大，其作用在三方晶相组分中更明显；部分起着受主添加物的作用，使 $\rho_v$ 和 $\tan\delta$ 增大，老化性能改善。

(4) $MnO_2$：锰是一种过渡元素，一般以 $MnO_2$ 的形式引入到 PZT 陶瓷中。由于它能使晶粒生长均匀，减少晶粒之间的间隙，因此，$Q_m$ 和 $E_c$ 均得到提高，表现为硬性添加物改性。$MnO_2$ 的加入量对 $Q_m$、$k_p$ 和 $\varepsilon_r$ 的影响如图 7.49 所示。但是，$MnO_2$ 的加入使频率随温度的稳定性变差。若在加入 $MnO_2$ 的同时再加入 $WO_3$，就能改善这一情况。

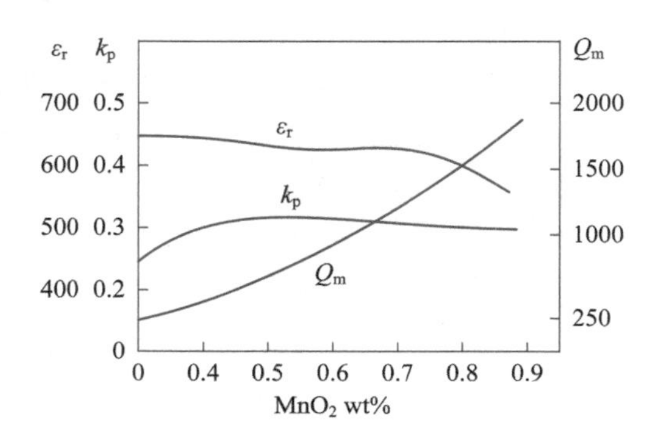


**图 7.49 $MnO_2$ 的加入量对 PZT 压电陶瓷性能的影响**

总之，对于 PZT 陶瓷采取改变 Zr/Ti 值或添加改性物等方法，可以调节和改进电性能。这种陶瓷的 $T_c$ 为 230～370℃，因组成而定。PZT 陶瓷与 $BaTiO_3$ 陶瓷相比，压电性能优良，居里温度高，电性能稳定性好。改变 PZT 陶瓷的组分和添加物容易得到各种不同性能的压电陶瓷。它是目前广泛应用的一种压电陶瓷材料，主要用于超声换能器、水声换能器、陶瓷滤波器、声表面波器件、陶瓷变压器、受话器、扬声器和气体点火元件等。改性的 PZT 陶瓷材料也具有优良的热释电性能。

### 7.2.3 三元系压电陶瓷

三元系压电陶瓷是在 PZT 陶瓷的基础上，再添加第三组元——复合钙钛矿型化合物组成的。复合钙钛矿型$(A, A')(B, B')O_3$ 常以 $A(B, B')O_3$ 或$(A, A')BO_3$ 形式出现，它们大部分都是弛豫铁电体。三元系压电材料种类繁多，其成分及特性变化范围也很大。由于第三相的引入，三元系统具有了更宽广的、可供选择的组分范围，并且和二元系统相仿，也可以通过不同元素的掺杂来改善材料的压电特性。三元系压电陶瓷往往具有比 PZT 陶瓷更好的压电性能，并且烧结温度低，能较好地控制含 Pb 量，从而获得均匀、致密、机械强度较高的压电陶瓷。三元系压电陶瓷较二元系压电陶瓷有很多优点，由于其相界已不是一个点，而是一条线，因此，可以沿相界附近变动组成，达到诸性能都能满足要求的目的。这类压电陶瓷主要有以下几种：

(1) 铌镁酸铅系：主要成分为 $xPb(Mg_{1/3}Nb_{2/3})O_3$-$yPbTiO_3$-$zPbZrO_3$。典型配方为 $x$=37.5 mol%，$y$=37.5 mol%，$z$=25 mol%。这种材料的优点是高 $k_p$、高 ε、高 $Q_m$ 值，有较好的老化特性与温度特性。

(2) 铌锌酸铅系：主要成分为 $xPb(Zn_{1/3}Nb_{2/3})O_3$-$yPbTiO_3$-$zPbZrO_3$。这种材料的优点是致密度高、绝缘性能优良、压电性能好。例如，$x$=50.5 mol%，$y$=26 mol%，$z$=23.5 mol%，$k_p$=0.76，但 $Q_m$ 值低。添加了 $MnO_2$ 和 NiO 后，可提高 $Q_m$ 值到 2000 左右。

(3) 铌钴酸铅系：主要成分为 $xPb(Co_{1/3}Nb_{2/3})O_3$-$yPbTiO_3$-$zPbZrO_3$。例如，$x$=25 mol%，

$y=40$ mol%，$z=35$ mol%，$k_p=0.73$，而 $Q_m$ 值只有 420。若改变主要成分的比例，则 $Q_m$ 可达 2000 左右，$k_p$ 相应降至 0.16 左右，可见这种材料的特性可以大幅度调节。例如，$Q_m$ 值可从几百调节到几千。

(4) 铌锰酸铅系：主要成分为 $x\text{Pb}(\text{Mn}_{1/3}\text{Nb}_{2/3})\text{O}_3$-$y\text{PbTiO}_3$-$z\text{PbZrO}_3$，这种材料的优点是 $Q_m$ 值高，时间稳定性高，$k_p$ 值中等，ε 值较低。例如，$x=10$ mol%，$y=10$ mol%，$z=80$ mol%，$Q_m$ 值高达 6300。

(5) 铌锑酸铅系：主要成分为 $x\text{Pb}(\text{Sb}_{1/3}\text{Nb}_{2/3})\text{O}_3$-$y\text{PbTiO}_3$-$z\text{PbZrO}_3$，这种材料的优点是 $k_p$ 值高，稳定性较好。例如，$x=2$ mol%，$y=47$ mol%，$z=51$ mol%，$k_p=0.81$，$Q_m$ 值只有 85，介电损耗不算大。如进一步改性，则可使 $Q_m$ 值达 4000($k_p=0.4$)。

(6) 锑锰酸铅系：主要成分为 $x\text{Pb}(\text{Mn}_{1/3}\text{Sb}_{2/3})\text{O}_3$-$y\text{PbTiO}_3$-$z\text{PbZrO}_3$，这种材料的优点是机电耦合系数可以在很宽范围内调节，$Q_m$ 值高，可达 5300($k_p=0.18$)，介电损耗小，稳定性好。

(7) 钨锰酸铅系：主要成分为 $x\text{Pb}(\text{Mn}_{1/3}\text{W}_{2/3})\text{O}_3$-$y\text{PbTiO}_3$-$z\text{PbZrO}_3$，这种材料的优点是耐击穿电压高，$Q_m$ 值高，可达 2000，$k_p$ 值高，可达 0.7，谐振频率温度稳定性好。

(8) 铌镍酸铅系：主要成分为 $x\text{Pb}(\text{Ni}_{1/3}\text{Nb}_{2/3})\text{O}_3$-$y\text{PbTiO}_3$-$z\text{PbZrO}_3$，这种材料的优点是 ε 大，$\varepsilon/\varepsilon_0$ 可达 15 260，$k_p$ 可以在很宽范围(0.23～0.6)内调节。添加 $\text{MnO}_2$ 后，$Q_m$ 可达 2800；该材料的另一个优点是低频(声频)特性良好。

(9) 钨镉酸铅系：主要成分为 $x\text{Pb}(\text{Cd}_{1/3}\text{W}_{2/3})\text{O}_3$-$y\text{PbTiO}_3$-$z\text{PbZrO}_3$，这种材料的优点是频率稳定性好，温度稳定性和时间稳定性都好。例如，$f_r$ 在极化后 10 h 时测量值，与 10 000 h 后测量值相比，只变化了 0.007%，$k_p$ 值为 0.62，介电常数为 1000。

(10) 锑铁酸铅系：主要成分为 $x\text{Pb}(\text{Fe}_{1/3}\text{Sb}_{2/3})\text{O}_3$-$y\text{PbTiO}_3$-$z\text{PbZrO}_3$，这种材料的优点是 $k_p$ 值高(可达 0.77)，ε 较高，介电损耗较低，$Q_m$ 值较低(100 左右)；另一优点是时间稳定性好。

现在在三元系的基础上，又发展了四元系压电陶瓷，如铌镍-铌锌-锆钛酸铅压电陶瓷。

### 7.2.4 无铅压电陶瓷

传统压电陶瓷都含有大量的 PbO。含铅压电陶瓷在制备和使用过程中，PbO 的挥发会给环境和人类健康带来极大的损害。近年来，由于环境保护和人类可持续发展的要求，无铅压电材料受到了广泛的关注。

(1) $\text{BaTiO}_3$ 基无铅压电陶瓷体系。

$\text{BaTiO}_3$ 陶瓷的压电特性在前面已经有所介绍。$\text{BaTiO}_3$ 陶瓷的压电性能只属于中等，工作温区狭窄，居里点不高，在室温附近存在相变，温度稳定性较差，很难通过掺杂来较大幅度地改善其性能。但以 Zr 取代 Ti 并添加金属氧化物(如 CuO、$\text{SnO}_2$ 等)形成的 $\text{Ba}_x\text{Ti}_{1-y}\text{Zr}_y\text{O}_3$ 体系的工作温区较单纯 $\text{BaTiO}_3$ 陶瓷有所拓宽(可在 −30～80℃使用)，其压电常数 $d_{33}$ 可达 350 pC/N，机电耦合系数 $k_{33}$ 高达 65%。

(2) $\text{Bi}_{0.5}\text{Na}_{0.5}\text{TiO}_3$(BNT)基无铅压电陶瓷体系。

BNT 在室温时属三角晶系，居里点为 320℃。BNT 具有铁电性强、压电系数大、介电常数小、声学性能好等优良特性，且烧结温度低(1100～1150℃)，被认为是最具吸引力的无铅压电陶瓷材料体系之一。但 BNT 矫顽场高($E_c$=73 kV/cm)，并且在铁电相区电导率高，难以极化。因此，单纯的 BNT 陶瓷难以实用化。

多年来，人们针对 BNT 开展了大量的改性研究工作。BNT 通过与 $MeTiO_3$(Me = Ca, Sr, Ba, Pb, $Bi_{0.5}K_{0.5}$, $Bi_{0.5}Li_{0.5}$)、$ANbO_3$(A = Na, K)、$ABO_3$(A = Bi, La; B = Fe, Sc, Cr, Sb)等形成二元或多元固溶体后，可以极大地提高 BNT 陶瓷的压电性能。有文献报道，$Bi_{0.5}(Na_{1-x-y}K_xLi_y)_{0.5}TiO_3$ 体系陶瓷具有较好的压电性能，其压电系数 $d_{33}$ 可达 230，径向机电耦合系数 $k_p$ 约为 37%。

(3) 铌酸盐系无铅压电陶瓷体系。

铌酸盐系无铅压电陶瓷主要指碱金属铌酸盐(如 $NaNbO_3$、$KNbO_3$、$LiNbO_3$ 等)和钨青铜结构铌酸盐(如 $PbNb_2O_6$、$Sr_2KNb_5O_5$、$Sr_2NaNb_5O_{15}$等)陶瓷。

碱金属铌酸盐陶瓷具有密度小、声学速度高、介电常数低、频率常数大等特点，可用于光电材料、传声介质和高频换能器。由于碱金属在高温下易挥发，因而采用传统陶瓷烧结工艺很难获得致密性较好的铌酸盐陶瓷体，需采用热压烧结或热等静压烧结工艺。近年来通过掺杂稀土元素获得了性能良好的铌酸盐陶瓷。

钨青铜化合物是仅次于钙钛矿型化合物的第二大类铁电体。早在 1953 年，人们就发现了钨青铜结构化合物 $PbNb_2O_6$，后来又发现了一系列碱金属和碱土金属钨青铜铌酸盐，其通式为 $B_2^{2+}A^+Nb_5O_{15}$(A 为碱金属，B 为碱土金属)。一般来说，钨青铜化合物的自发极化较大，居里温度较高，介电常数较低。

(4) 铋层状结构无铅压电陶瓷体系。

铋层状结构化合物是由二维的钙钛矿和$(Bi_2O_2)^{2+}$层有规则地相互交替排列而成，其化学式为$(Bi_2O_2)^{2+}(A_{m-1}B_mO_{3m+1})^{2-}$，其中 A 为 $Bi^{3+}$、$Ba^{2+}$、$Sr^{2+}$、$Na^+$、$K^+$、$La^{3+}$ 等适合于 12 配位的+1、+2、+3 价离子或由它们组成的复合离子；B 为 $Ti^{4+}$、$Zr^{4+}$、$Nb^{5+}$、$Ta^{5+}$、$W^{6+}$、$Mo^{6+}$等适合于八面体配位的离子或由它们组成的复合离子；$m$ 为一整数，对应于钙钛矿层厚度方向的原胞数，即对应钙钛矿层$(A_{m-1}B_mO_{3m+1})^{2-}$内的八面体层数，其值可以为 1～5。

铋层状结构无铅压电陶瓷具有介电常数小、居里温度高、压电性能和介电性能各向异性大、电阻率高、老化率低、谐振频率的时间和温度稳定性好、机械品质因数较高、易烧结等特点，在滤波器、能量转换及高温、高频等领域有良好的应用前景。但是，铋层状结构压电陶瓷明显的缺点是压电活性低、矫顽场高。

### 7.2.5 压电薄膜

压电块体材料尺寸较大，一方面限制了其在高频领域的应用，另一方面也与信息技术的集成化、微型化和精确化发展趋势不相适应，所以压电材料的薄膜化成为必然趋势。压电薄膜有其独特的优点，如易于制作极薄的微波超声换能器、压电/铁电/半导体集成器件等，制成的器件体积小、重量轻、工作频率高，易制作多层结构。压电薄膜器件在电子对抗、目标模拟、雷达、传感器以及信息显示等军事及民用产品中已获得广泛的应用。目前研究得较多的压电薄膜包括 ZnO、AlN、$LiNbO_3$ 等。

ZnO 压电薄膜具有较高的机电耦合系数和低介电常数，但其声表面波传播速度低，在超高频和微波器件中的应用受到很大限制；AlN压电薄膜因其具有高的声表面波传播速度而适用于超高频和微波压电器件，但其机电耦合系数偏小。通过将ZnO与AIN复合，可获得机电耦合系数大、声速高的压电薄膜。

$LiNbO_3$压电薄膜具有优异的声表面波性能，将$LiNbO_3$压电薄膜与蓝宝石、金刚石等高声速衬底材料结合形成的多层结构，是宽带声表面波器件的首选材料。

# 7.3 敏感陶瓷

## 7.3.1 敏感陶瓷的概述

随着科学技术的发展，在工业生产领域、科学研究领域和人们的日常生活中，需要检测、控制的对象(信息)迅速增加，信息的获取有赖于传感器，或称敏感元件。在各种类型的敏感元件中，陶瓷敏感元件占有十分重要的地位。敏感陶瓷是某些传感器中的关键材料，用于制作敏感元件。敏感陶瓷多属于半导体陶瓷，如ZnO、SiC、$SnO_2$、$TiO_2$、$Fe_2O_3$、$BaTiO_3$和$SrTiO_3$等，敏感陶瓷是继单晶半导体材料之后，又一类新型多晶半导体电子陶瓷。陶瓷材料可以通过掺杂或使化学计量比偏离而造成晶格缺陷等方法获得半导性。敏感陶瓷的共同特点是导电性随环境而变化，利用这一特性，可制成各种不同类型的陶瓷敏感器件，如热敏、气敏、湿敏、压敏、光敏器件等。

1. 敏感陶瓷的分类

按敏感陶瓷的具体应用，可分为以下几类：

(1) 光敏陶瓷，如CdS、CdSe等；

(2) 热敏陶瓷，如PTC陶瓷、NTC和CTR热敏陶瓷等；

(3) 磁敏陶瓷，如InSb、InAs、GaAs等；

(4) 声敏陶瓷，如$BaTiO_3$、PZT等；

(5) 压敏陶瓷，如ZnO、SiC等；

(6) 力敏陶瓷，如$PbTiO_3$、PZT等；

(7) 氧敏陶瓷，如$SnO_2$、ZnO、$ZrO_2$等；

(8) 湿敏陶瓷，如$TiO_2$-$MgCr_2O_4$、ZnO-$Li_2O$-$V_2O_5$等。

这些敏感陶瓷已广泛应用于工业检测、控制仪器、交通运输系统、汽车、机器人、防止公害、防灾、公安及家用电器等领域。

2. 敏感陶瓷的结构与性能

陶瓷是由晶粒、晶界、气孔组成的多相系统，通过人为掺杂，造成晶粒表面的组分偏离，在晶粒表层产生固溶、偏析及晶格缺陷；在晶界(包括同质晶界、异质晶界及粒间相)处产生异质相的析出、杂质的聚集、晶格缺陷及晶格各向异性等。这些晶粒边界层的组成、结构变化，显著改变了晶界的电性能，从而导致整个陶瓷电气性能的显著变化。

有代表性的应用举例如下：

(1) 主要利用晶体本身性质的有 NTC 热敏电阻、高温热敏电阻、氧气传感器。

(2) 主要利用晶界性质的有 PTC 热敏电阻、ZnO 系压敏电阻。

(3) 主要利用表面性质的有各种气体传感器、湿度传感器。

**3. 敏感陶瓷的半导化过程**

陶瓷材料在常温下是绝缘体，要使它们变成半导体，需要一个半导化过程。半导化是指在禁带中形成附加能级：施主能级或受主能级。在室温下，附加能级就可以受到热激发产生导电载流子，从而形成半导体。形成附加能级的方法有两种：化学计量比偏离和掺杂。

1) 化学计量比偏离

氧化物半导体陶瓷在制备过程中要经过高温烧结。在高温条件下，通过控制烧结温度、烧结气氛以及冷却气氛等(如烧结气氛中含氧量较高或氧不足，造成氧离子空格点或填隙金属离子，因而引起能带畸变)，可产生化学计量比的偏离，从而使材料半导体化。

在理想的无缺陷氧化物晶体中，价带是全满的，导带是全空的，中间隔着一定宽度的禁带。在热力学零度时，所有价电子全部填充到下面的价带，受主能级是空着的。在较高温度下，由于热激发，价带的电子可以跃迁到受主能级，这种跃迁使价带产生空穴。在电场作用下，价带中的空穴可以在晶体内沿电场方向作漂移运动，产生漂移电流，对电导做出贡献。

在实际生产过程中，除了在十分必要的情况下采用气氛烧结外，最常见的主要还是通过控制杂质的种类和含量来控制材料的电性能。

2) 掺杂

如氧化物中掺入少量高价或低价杂质离子，则高价或低价杂质离子替位可引起氧化物晶体的能带畸变，分别形成施主能级和受主能级，从而得到 n 型或 p 型半导体陶瓷。

施主浓度或受主浓度与杂质离子的掺入量有关，控制杂质含量可以控制施主或受主的浓度，从而控制半导体陶瓷的电性能。因此，生产上常利用掺杂的方法来获得所需的半导体陶瓷。

### 7.3.2 热敏陶瓷

热敏陶瓷是对温度变化敏感的陶瓷材料，是一类电阻率、磁性、介电性等性质随温度发生明显变化的材料，主要用于制造温度传感器、线路温度补偿及稳频的元件。热敏陶瓷具有灵敏度高、稳定性好、制造工艺简单及价格便宜等特点。它可分为热敏电阻、热敏电容、热电和热释电等陶瓷材料。在种类繁多的敏感元件中，热敏电阻应用最广。

热敏电阻是一种电阻值随温度变化的电阻元件。按照热敏陶瓷的电阻-温度特性，一般可分为三大类：电阻随温度升高而增大的正温度系数(Positive Temperature Coefficient，PTC)热敏电阻；电阻随温度的升高而减小的负温度系数(Negative Temperature Coefficient，NTC)热敏电阻；电阻在某特定温度范围内急剧变化的临界温度热敏电阻(Critical Temperature Resistor，CTR)。

热敏电阻陶瓷的分类及其特征如表 7.43 所示。

表 7.43 热敏电阻陶瓷的分类及其特征

| 分类依据 | 种类名称 | 主要特征 |
|---|---|---|
| 按电阻-温度特性分类 | 负温度系数热敏电阻(见图 7.50 曲线 1) | 在工作温度范围内，电阻值随温度的增加而减小 |
| | 临界温度热敏电阻(见图 7.50 曲线 2) | 在温度超过临界温度后，电阻值急剧下降 |
| | 正温度系数热敏电阻(见图 7.50 曲线 3) | 当温度超过居里温度时，电阻值急剧增大，其温度系数可达(+10%~60%)/℃ |
| | 缓变型正温度系数热敏电阻(见图 7.50 曲线 4) | 电阻温度系数为(+0.5%~8%)/℃ |
| 按应用特性分类 | 测温、控温、温度补偿 | 利用电阻-温度特性 |
| | 稳压和功率测量 | 利用伏安特性的非线性 |
| | 气压和流量测量 | 利用耗散系数随环境状态不同而改变 |
| 按结构形式分类 | 直热式 | 由电阻本身通过电流发热 |
| | 旁热式 | 利用外加电源产生的热量加热热敏电阻 |

**1. 热敏电阻的基本参数**

1) 热敏电阻的阻值

(1) 实际阻值($R_T$)：指当环境温度为 $T$℃时，采用引起阻值变化不超过 0.1%的测量功率所测得的电阻值。

(2) 标准阻值($R_{25}$)：指热敏电阻器在 25℃的阻值，即在规定温度下(25℃)，采用引起电阻值变化不超过 0.1%的测量功率所测得的电阻值。

2) 热敏电阻的阻温特性

在一定温度范围内，热敏陶瓷材料的电阻 $R_T$ 和热力学温度 $T$ 的关系可表示如下：

负温度系数的热敏电阻值：

$$R_T = A_N e^{\frac{B_N}{T}} \tag{7.23}$$

正温度系数热敏电阻值：

$$R_T = A_P e^{B_P T} \tag{7.24}$$

式中，常数 $A_N$ 和 $A_P$ 与材料的性质和制品尺寸均有关系；常数 $B_N$ 和 $B_P$ 仅与材料的性质有关，为材料常数。

常数 $A_N$、$A_P$、$B_N$ 和 $B_P$ 可通过实验方法测得。

几种不同类型热敏电阻相应的阻温特性如图7.50 所示。

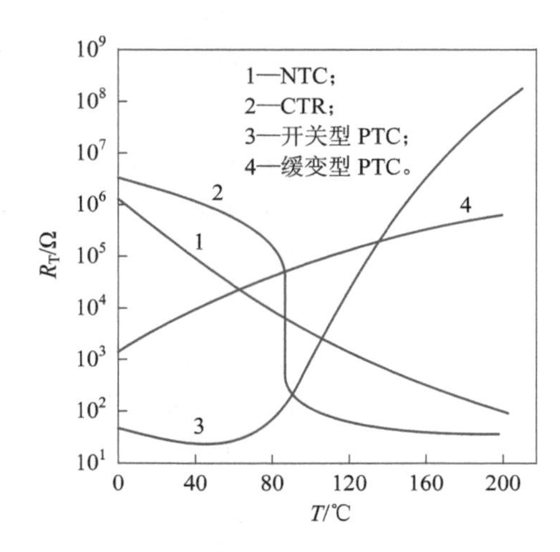


图 7.50 热敏电阻的阻温特性

**2. PTC 热敏陶瓷材料**

PTC 热敏陶瓷材料是一种以钛酸钡($BaTiO_3$)为主要成分的半导体功能陶瓷材料，具有电阻值随着温度升高而增大的特性，特别是在居里温度点附近，电阻值跃升 3～7 个数量级，如图 7.51 所示。

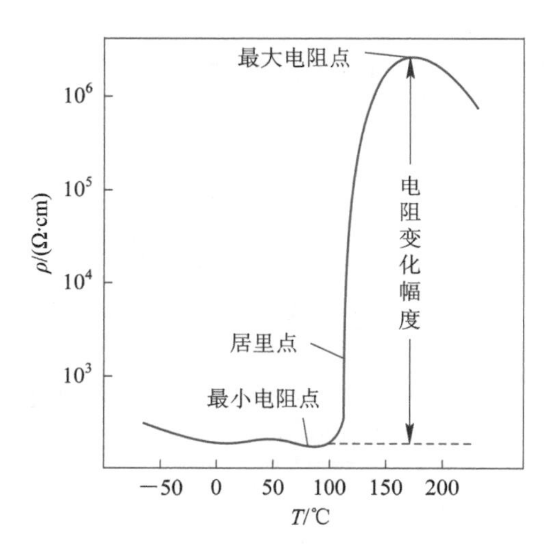


图 7.51 钛酸钡系 PTC 材料的阻温特性曲线

$BaTiO_3$ 系 PTC 热敏电阻陶瓷是以高纯钛酸钡为主晶相，通过引入施主杂质和玻璃相使之半导化，同时以 Pb、Ca、La、Sr 等改变居里温度以调整温度特性的(使居里温度在 25～300℃调整变化)。当低于居里温度时，较高的相对介电常数使材料呈低阻态；当温度高于居里点时，由于钛酸钡由铁电相转变为顺电相，按照居里-外斯定律，相对介电常数将迅速衰减，导致电阻率发生几个数量级的变化，被称为 PTC 效应。掺入微量的 Mn、Cu、Cr、La 等固溶极限较低的受主杂质可使此变化效应更为显著，居里点附近的电阻率可产生 4～6 个数量级的剧烈变化。

PTC 效应完全是由其晶粒和晶界的电性能决定的，没有晶界的单晶材料不具有 PTC 效应。

1) $BaTiO_3$ 陶瓷的半导化

$BaTiO_3$ 陶瓷半导化是指将 $BaTiO_3$ 的电阻率降到 $10^4\ \Omega \cdot cm$ 以下，即在其禁带中引入一些浅的附加能级：施主能级或受主能级。通常情况下，施主能级多数是靠近导带底的；受主能级多数是靠近导带顶的。施主能级或受主能级的电离能一般比较小，因此，在室温下就可受到热激发产生导电载流子，从而形成半导体。形成附加能级主要通过使材料的化学计量比偏离或进行掺杂这两种途径，晶粒具有优良的导电性，而晶界则因为具有高的势垒层而形成绝缘体。

$BaTiO_3$ 的化学计量比偏离半导化法是在真空、惰性气体或还原性气体中加热 $BaTiO_3$；由于失氧，$BaTiO_3$ 内产生氧缺位，为了保持电中性，部分 $Ti^{4+}$ 将俘获电子而成为 $Ti^{3+}$。在强制还原以后，需要在氧化气氛下重新热处理，才能得到较好的 PTC 特性，电阻率为 1～$10^3\ \Omega \cdot cm$。

采用掺杂使 $BaTiO_3$ 半导化的方法之一是施主掺杂法，该法也称原子价控制法。如果用离子半径与 $Ba^{2+}$ 相近的三价离子置换 $Ba^{2+}$，或者用离子半径与 $T^{4+}$ 相近的五价离子置换 $Ti^{4+}$，采用普通陶瓷工艺，即能获得电阻率为 $10^3$～$10^5\ \Omega \cdot cm$ 的 n 型 $BaTiO_3$ 半导体。

采用掺杂使 $BaTiO_3$ 半导化的方法之二是 AST 掺杂法，它是以 $SiO_2$ 或 AST ($1/3Al_2O_3 \cdot 3/4SiO_2 \cdot 1/4TiO_2$) 对 $BaTiO_3$ 进行掺杂，AST 加入量为 3 mol%，并在 1260～1380℃空气气氛中烧结，烧成后的电阻率为 40～100 $\Omega \cdot cm$。

实际生产中一般都采用掺杂施主金属离子进行半导化，即在高纯 $BaTiO_3$ 陶瓷中，用 $La^{3+}$、$Ce^{4+}$、$Sm^{3+}$、$Dy^{3+}$、$Nd^{3+}$、$Ga^{3+}$、$Y^{3+}$、$Sb^{3+}$、$Bi^{3+}$ 等置换 $Ba^{2+}$；或用 $Nb^{5+}$、

$Ta^{5+}$、$W^{6+}$、$Sb^{5+}$等置换$Ti^{4+}$。掺杂量一般为0.2%～0.3%，稍高或稍低均可能导致重新绝缘化现象的发生。一般情况下，电阻率随掺杂浓度的增加而降低。当达到某一浓度时，电阻率降至最低值，继续增加浓度，电阻率则迅速提高，甚至变成绝缘体。$BaTiO_3$的电阻率降至最低点的掺杂浓度为：Nd 0.05 wt%，Ce、La、Nb 0.2%～0.3 wt%，Y 0.35 wt%。

2）掺杂金属氧化物对居里温度的影响

在实际生产过程中，除为了实现半导化进行掺杂外，还要根据制品的性能要求掺入适量的移动居里峰的金属氧化物，即移峰剂。例如，彩电消磁器使用的居里温度约为50℃，高温发热体则要求居里温度为300～400℃。在配料过程中通常掺入的金属氧化物及相应作用如表7.44所示。

表7.44 金属氧化物及其相应作用

| 成分 | 作用 |
| --- | --- |
| PbO | 把居里点向高温方向移动 |
| $CaCO_3$ | 限制晶粒长大 |
| $Sb_2O_3$ | 抑制晶粒增长 |
| $MnO_2$ | 使电阻率大幅度增加 |
| $SiO_2$ | 当含量为0.5 mol%时，电阻率最小为50 Ω·cm |
| $Al_2O_3$ | 当含量为0.167 mol%时，电阻率达到最小值 |
| $TiO_2$ | 当含量为0.01 mol%时，电阻率达到最小值，约为10 Ω·cm，$\rho_{max}/\rho_{min}$可达$10^6$ |
| $Li_2CO_3$ | 当含量为0.1 mol%时，温度系数达到最大值为22%/℃ |
| $SrCO_3$ | 把居里温度向低温方向移动 |

3）Ba $TiO_3$系PTC陶瓷的生产工艺

典型的PTC热敏电阻的配方如下：

主成分：$(Ba_{0.93}Pb_{0.03}Ca_{0.04})TiO_3+0.0011Nb_2O_5+0.01TiO_2$（先预烧）；

辅助成分(mol)：$Sb_2O_3$ 0.06%，$MnO_2$ 0.04%，$SiO_2$ 0.5%，$Al_2O_3$ 0.167%，$Li_2CO_3$ 0.1%。

下面以居里点$T_c$为100℃的PTC陶瓷为例来介绍其生产工艺。

化学组成：$(1-y)(Ba_{1-x}Ca_xTi_{1.01}O_3)\cdot ySrSnO_3+0.002La_2O_3+0.006Sb_2O_3+0.0004MnO_2+0.0025SiO_2+0.00167Al_2O_3+0.001Li_2CO_3$。

工艺流程：配料→合成烧块→湿混及球磨→加入其他物质(湿混及球磨)成型→烧成→电极制备→性能检测。

制备$BaTiO_3$系PTC陶瓷时应注意以下几点：

(1) 原料一般应采用高纯度的原料，特别要严格控制受主杂质的含量，把Fe、Mg等杂质含量控制在最低限度以内，通常控制在0.01 mol%以下就能够满足要求。

(2) 掺杂施主掺杂物$La_2O_3$、$Nb_2O_3$、$Y_2O_3$等宜在合成时引入，含量应控制在0.2 mol%～0.3 mol%这样一个狭窄的范围内。

(3) 固相法制备瓷料的传统工艺很难解决纯度和均匀性的问题，现已经开始采用液相法。

（4）PTC陶瓷必须在空气或氧气氛中烧成。

4）影响PTC热敏陶瓷性能的主要因素

（1）组成对居里温度的影响。不同的PTC热敏陶瓷对$T_c$（开关温度）有不同的要求，通过控制$BaTiO_3$的居里点可以解决。改变$T_c$称“移峰”，通过改变组成，即加入某些化合物可以达到“移峰”的目的，这些加入的化合物称为“移峰剂”。

“移峰剂”是与$Ba^{2+}$和$Ti^{4+}$大小、价态相似的金属离子，可以取代$Ba^{2+}$或$Ti^{4+}$，与基体晶相形成连续固溶体，如$PbTiO_3$（高于120℃，$T_c$=490℃）和$SrTiO_3$（低于120℃，$T_c$=−150℃）。

（2）晶粒大小的影响。晶粒大小与热敏陶瓷的正温度系数、电压系数及耐压强度都有紧密联系。一般说来，晶粒越细小，比表面积越大，材料内晶界所占的比例越大，外加电压分配到每个晶粒界面层的电压就越小。因此，细化晶粒可以有效降低陶瓷材料的电压系数值，并提高耐压强度。同时，$BaTiO_3$热敏陶瓷的PTC效应的显著与否，也与陶瓷的晶粒大小密切相关。研究表明，晶粒在5 μm左右的细晶结构陶瓷具有极高的正温度系数值。

要获得晶粒细化的陶瓷组织，首先要求原料细、纯、匀并来源稳定，其次可通过添加一些抑制剂阻碍晶粒生长，达到获得均匀细小晶粒结构的目的。此外，加入玻璃形成剂和控制升温速度也可以抑制晶粒长大。

（3）化学计算比（Ba/Ti）的影响。在$TiO_2$稍微过量时通常会呈现最低体积电阻率；在Ba过量时体积电阻率往往会增高，且使瓷料易于实现细晶化。

（4）$Al_2O_3$对PTC陶瓷的影响。$Al^{3+}$在$BaTiO_3$基陶瓷中有三种存在位置：① 当$TiO_2$高度过量时，$Al^{3+}$有可能被挤到$BaTiO_3$晶格的$Ba^{2+}$位置，这时$Al^{3+}$的作用是施主；② 在$Al_2O_3$-$SiO_2$-$TiO_2$掺杂的PTC瓷料中，$Al^{3+}$处于玻璃相中，能够起到吸收受主杂质、保证主晶相不被毒化的作用；③ 在未引入$SiO_2$且$TiO_2$也不过量的情况下，$Al^{3+}$将取代$BaTiO_3$晶格中的$Ti^{4+}$，起受主作用。显然，在①、②两种情况下，$Al_2O_3$对PTC瓷料的半导化是起有益作用的，而在③情况下则是有害的。

5）PTC热敏电阻的组织结构和作用机理

陶瓷材料通常用来作为优良的绝缘体使用，具有高电阻，而陶瓷PTC热敏电阻是以钛酸钡为基础主晶相，掺杂其他的多晶陶瓷材料制造而成的。通过有目的地掺杂一种化合价较高的材料作为晶体的点阵元来实现其半导化：在晶格中钡离子或钛酸盐离子的一部分被较高价的离子所替代，因而得到了一定数量的具有导电性的自由电子。PTC热敏电阻效应，也就是电阻值阶跃增高的原因，在于材料组织是由许多小的微晶构成的，在晶粒的界面上，即所谓的晶粒边界（晶界）上形成势垒，阻碍电子越界进入到相邻区域中去，因此而产生高的电阻。这种效应在温度低时被抵消，因为在低温时，晶界上高的介电常数和自发极化强度阻碍了势垒的形成，并使电子可以自由地运动。在高温时，因介电常数和极化强度大幅度地降低，导致势垒及电阻大幅度地增高，PTC热敏电阻会呈现出强烈的PTC效应。

综上可知，$BaTiO_3$半导瓷的这种PTC效应是一种晶界效应，即只有多晶$BaTiO_3$陶瓷材料才具有这种特性，而且只有在施主掺杂的情况下，材料才呈现PTC效应。PTC效应与晶格结构、组分、杂质浓度和种类及制备工艺等因素有关，在材料制备过程中必须严格控制工艺条件。此外，在元器件的使用过程中也须注意其使用条件，以便达到物尽其用的目的。

**3. NTC 热敏陶瓷材料**

一般陶瓷材料都有负的电阻温度系数，但温度系数的绝对值小、稳定性差，不能应用于高温和低温场合。NTC 热敏电阻材料是用特定组分合成的，其电阻率随温度升高按指数关系减小的一类材料，分低温型、中温型和高温型三大类。

NTC 热敏电阻材料绝大多数是由具有尖晶石型结构的过渡金属(如 Mn、Co、Ni、Fe 等)氧化物半导瓷构成的固溶体，包括二元和多元系氧化物。NiO、CoO、MnO 等单晶的室温电阻率都在 10Ω·cm 以下，随着温度增加，电阻率的对数 $\lg\rho$ 与温度的倒数($1/T$)在一定的温区内接近线性关系，具有 n 型半导体的性质。二元系金属氧化物主要有 Co-Mn ($CoO-MnO-O_2$)、Cu-Mn($CuO-MnO-O_2$)、Ni-Mn($NiO-MnO-O_2$)等。三元系有 MnO-CoO-NiO 等 Mn 系和 CuO-FeO-NiO、CuO-FeO-CoO 等非 Mn 系。

常温 NTC 热敏电阻材料(−60～200℃)通常以 MnO 为主，与其他元素形成二元或三元系半导瓷，电导率可在 $10^3 \sim 10^{-9}\ \Omega^{-1}\cdot cm^{-1}$ 范围调节。其中，最有实用意义的为 Co-Mn 系材料。它在 20℃时的电阻率为 $10^3\ \Omega\cdot cm$，主晶相为立方尖晶石 $MnCo_2O_4$，导电载流子是 Co 和 Mn 电子。随着 Mn 含量的增大，形成 $MnCo_2O_4$ 立方尖晶石和 $MnCo_2O_4$ 四方尖晶石的固溶体，电阻率逐渐增大。三元系有 MnO-CoO-NiO、MnO-CuO-NiO、MnO-CuO-CoO 等 Mn 系和 Cu-Fe-Ni、Cu-Fe-Co 等非 Mn 系。在含 Mn 的三元系中，随着 Mn 含量的增大，电阻率增大。和不含 Mn 的三元系比较，含 Mn 三元系组成对电性能的影响小，产品一致性好。此外，还有 Cu-Fe-Ni-Co 四元系等。含 Mn 的四元系氧化物是一类新型热敏电阻材料，它的主要特点是原料价廉、稳定性好。例如，在 Mn-Co-Ni-Fe 系中，Fe 含量为 17%～50%，Mn 含量<33%，20℃时电阻率为 $10^4 \sim 10^5\ \Omega\cdot cm$。在 Mn-Co-Ni-Cu 系中，Cu 含量为 17%～30%，Mn 含量<33%，20℃时电阻率为 $10 \sim 10^2\ \Omega\cdot cm$ 。

除上述材料外，还有用以上氧化物与 Li、Mg、Ca、Sr、Ba、Al 等氧化物组成的材料。这些材料价廉、稳定性好、烧结温度低，其中 Ca-Cu-Fe 系为高 B 值材料，在 20℃时的电阻率为 $10^4 \sim 10^5\ \Omega\cdot cm$。Cu-Mn-Al 和 Co-Ni-Al 系为较低 B 值材料(B 的含义见式(7.23))，20℃时的电阻率为 $10^3 \sim 10^4\ \Omega\cdot cm$ 。

工作温度在 300℃以上的热敏电阻(NTC)常称为高温热敏电阻。高温热敏电阻有广泛的应用前景，尤其在汽车空气、燃料比传感器方面，有很大的实用价值。其中，主要使用的两种较典型材料如下：

(1) 稀土氧化物材料 Pr、Er、Tb、Nd、Sm 等氧化物，加入适量其他过渡金属氧化物，在 1600～1700℃烧结后，可在 300～1500℃工作。

(2) $MgAl_2O_4$-$MgCr_2O_4$-$LaCrO_3$［或(La，Sr)$CrO_3$］三元系材料。该系材料适用于 1000℃以下温区。

工作温度在−60℃以下的热敏电阻材料(NTC)称为低温热敏电阻材料。低温热敏电阻材料以过渡金属氧化物为主，加入 La、Nd、Pd 等的氧化物，主要材料有 Mn-Ni-Fe-Cu、Mn-Cu-Co、Mn-Ni-Cu 等，常用温区为 4～20 K、20～80 K、77～300 K，其主要优点是具有良好的稳定性、机械强度、抗磁场干扰、抗带电粒子辐射等性能。

大多数 NTC 材料的受主电离能都很低，可保证在常温下全部电离，即载流子浓度可视为常数 A。

**4. CTR 材料**

CTR 热敏电阻主要是指以 $VO_2$ 为基本成分的半导体陶瓷，在 68℃附近电阻值可突变达 3～4 个数量级，具有很大的负温度系数，因此称为临界温度热敏电阻或巨变温度热敏电阻。

这种临界温度热敏材料的电阻变化具有再现性和可逆性，故可作电气开关或温度探测器。这一特定温度称临界温度。通常是随温度的升高，在临界温度附近，电阻值急剧减小。

V 是易变价元素，它有 5 价、4 价等多种价态，因此，V 系有多种氧化物，如 $V_2O_5$、$VO_2$、$V_2O_3$、VO 等。这些氧化物各有不同的临界温度。每种 V 系氧化物与 B、Si、P、Mg、Ca、Sr、Ba、Pb、La、Ag 等氧化物形成多元系化合物，可上、下移动其临界温度。

### 7.3.3 压敏陶瓷

当今电子技术和信息产业迅速发展，仪器、设备产品都向自动化、智能化方向发展，推动电子技术发展的核心是集成电路(IC)和超大规模集成电路(LSI)在电子设备中的广泛应用，它改变了整个电子工业的面貌。为了保证仪器设备的安全、稳定、可靠，首先就必须保证集成电路和超大规模集成电路能在允许的电压范围内工作，利用压敏电阻进行过电压保护是十分必要的。

压敏陶瓷是指对电压变化敏感的非线性电阻陶瓷。一般电阻器的电阻值可以认为是一个恒定值，即通过它的电流与施加的电压成线性关系。压敏陶瓷是指电阻值随着外加电压变化有一显著的非线性变化的半导体陶瓷，用这种材料制成的电阻称为压敏电阻器。制造压敏陶瓷的材料有 SiC、ZnO、$BaTiO_3$、$Fe_2O_3$、$SnO_2$、$SrTiO_3$ 等。其中，$BaTiO_3$、$Fe_2O_3$ 利用的是电极与烧结体界面的非欧姆特性；SiC、ZnO、$SrTiO_3$ 利用的是晶界的非欧姆特性。目前，应用最广、性能最好的是氧化锌压敏半导体陶瓷。

**1. 压敏陶瓷的基本特性**

压敏陶瓷具有非线性的伏安特性，对电压变化非常敏感。在某一临界电压以下，压敏陶瓷的电阻值非常高，几乎没有电流；当超过这一临界电压时，电阻将急剧变化，并且有电流通过。随着电压的少许增加，电流会很快增大。压敏陶瓷的这种电流-电压特性曲线及区间划分情况如图 7.52 所示。图中，Ⅰ区为小电流区，又称预击穿区，该区的 $U$-$I$ 特性近乎直线；Ⅱ区为中电流区，又称击穿区，也称非线性区，此时压敏电阻器的电阻值随电压升高而降低；Ⅲ区为大电流区，又称回升区，该区的 $U$-$I$ 特性向线性区过渡。

压敏电阻器可用一等效电路来表示，如图 7.53 所示。图中，$C$ 为压敏电阻器的固有电容；$R_V$ 为非线性电阻；$R_{off}$为低电压下的晶界漏电阻；$R_{on}$为大电流下的晶粒体电阻。

在预击穿区，施加于压敏电阻器两端的电压小于其压敏电压，其导电属于热激发电子电导机理。因此，压敏电阻器相当于一个 10 MΩ 以上的绝缘电阻(晶界漏电阻 $R_{off}$远大于晶粒体电阻 $R_{on}$)，这时通过压敏电阻器的阻性电流仅为微安级，可视为开路，该区域是电路正常运行时压敏电阻器所处的状态。当接入压敏电阻器的线路、设备及仪器正常工作时，

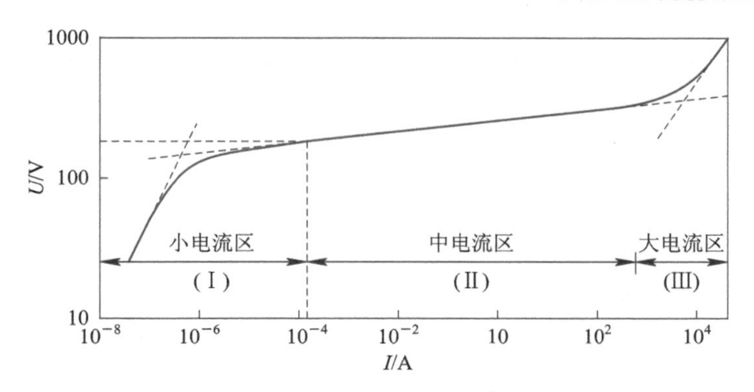


图 7.52　ZnO 压敏电阻器的伏安特性

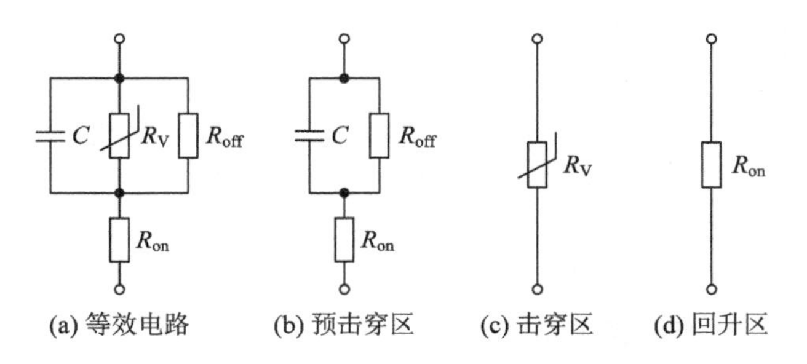


图 7.53　ZnO 压敏电阻器的等效电路

流过压敏电阻器的电流称为漏电流(漏电流为 50～100 μA)。

当压敏电阻器两端施加一大于压敏电压的过电压时，其导电属于隧道击穿电子电导机理($R_{off}$与 $R_{on}$相当)，属于击穿区内，其伏安特性呈优异的非线性电导特性，即

$$I=\left(\frac{U}{C}\right)^{\alpha} \tag{7.25}$$

式中，$I$ 为通过压敏电阻器的电流；$C$ 为与配方和工艺有关的材料常数，也称为非线性电阻值，反映了材料的特性和材料压敏电压的高低；$U$ 为压敏电阻器两端的电压；$\alpha$ 为非线性系数，一般大于 30，$\alpha$ 越大，非线性越强。

由式(7.25)可见，在击穿区，压敏电阻器端电压的微小变化就可引起电流的急剧变化($10^{-5}$～$10^{3}$ A)，压敏电阻器正是利用这一特性来抑制电压幅值和吸收或对地释放过电压引起的浪涌能量的。在一定几何形状下，电流在 1 mA 附近时，ZnO 压敏电阻器的 $\alpha$ 可达到最大值，往往取 1 mA 电流所对应的电压作为 $I$ 随 $U$ 陡峭上升的电压大小的标志，把此电压 $U_{1\ \mathrm{mA}}$ 称为压敏电压。

当过电压很大，使得通过压敏电阻器的电流大于 100 A 时，属于上升区，此区域内压敏电阻器的伏安特性主要由晶粒电阻的伏安特性来决定。此时压敏电阻器的伏安特性呈线性电导特性，即

$$I=\frac{U}{R_{on}} \tag{7.26}$$

上升区电流与电压几乎呈线性关系，压敏电阻器在该区域已经劣化，失去了其抑制过电压、吸收或释放浪涌的能量等特性。

根据压敏电阻器的导电机理，其对过电压的响应速度很快，例如，带引线式和专用电极产品的一般响应时间小于 25 ns。因此只要选择和使用得当，压敏电阻器对线路中出现的瞬态过电压有优良的抑制作用，从而达到保护电路中其他元件免遭过电压破坏的目的。

**2. ZnO 压敏陶瓷**

ZnO 压敏陶瓷是一种多功能新型陶瓷材料，它是以 ZnO 为主料，添加了若干微量氧化物的改性烧结体材料；它具有优异的非线性特性、响应速度快、漏电流小、通流容量大、双向对称等优点；广泛用于电子、电力等领域；主要功能是过电压保护。随着电子产品的小型化、集成化发展，对低压压敏陶瓷材料的需求越来越大。因集成电路和超大规模集成电路的工作电压一般比较低，例如，MOS (IC)为 24 V；HTL(IC)为 15 V；CMOS(IC)为 18 V。目前，中高压压敏陶瓷已经实现系列化生产，而低压压敏陶瓷材料的生产还不成熟。因此，研究用于集成电路和超大规模集成电路的低压(15～25 V)压敏陶瓷产品就显得非常重要。

1) ZnO 压敏陶瓷的组成与性能

在实用的氧化锌半导瓷中，主要成分是 ZnO，根据不同的需要，可掺入少量的 $Bi_2O_3$、CoO、MnO、$Cr_2O_3$、$Sb_2O_3$、$TiO_2$、$SiO_2$、PbO 等氧化物。

ZnO 压敏陶瓷的典型配方：$(100-x)$ mol% ZnO+$(x/6)$ mol%($Bi_2O_3$ + $2Sb_2O_3$ + $MnO_2$ + $Co_2O_3$ + $Cr_2O_3$)。$Al_2O_3$、$Cr_2O_3$、$Li_2O$、$Bi_2O_3$ 等杂质能使电导率产生显著变化，从而实现控制和利用氧化锌半导瓷敏感特性的目的。

当 $x$ 改变时，同一工艺条件下制得的产品的电性能也不再相同，表 7.45 所示为产品非线性系数 $\alpha$ 和材料常数 $C$ 值随 $x$ 变化的情况。

表 7.45 $\alpha$ 和 $C$ 值随 $x$ 的变化

| 添加物含量 $x$/(mol%) | 非线性系数 $\alpha$ | 材料常数 $C$/(V/mm) |
| --- | --- | --- |
| 0.1 | 1 | 0.001 |
| 0.3 | 4 | 40 |
| 1.0 | 30 | 80 |
| 3.0 | 50 | 150 |
| 6.0 | 48 | 180 |
| 10.0 | 42 | 225 |
| 15.0 | 37 | 310 |
| 20.0 | 20 | 700 |

从表 7.45 中可见，当 $x=3$ 时，产品非线性系数 $\alpha$ 值最高。下面，以此组分为例简要地叙述 ZnO 压敏电阻器的生产工艺。

采用固相法制粉，按经验公式计算各原材料的重量比并称料，振磨 2～3 h，料∶球(玛瑙球)∶水=1∶1∶1，经干燥后，进行预烧，温度为(750～800)℃×2 h，第二次振磨，加 PVA 造粒，将干粉压制成圆片，压制压力为 40～50 MPa。常压下烧结，烧结温度为(1280～1350)℃×2 h，随后表面涂银浆，烧银温度(680～700)℃×(0.5～1)h。烧结温度对产品性能影响较大，如表 7.46 所示。

表 7.46 烧结温度对产品非线性系数和材料常数的影响

| 烧结温度/℃ | 非线性系数 $\alpha$ | 材料常数 $C$/(V/mm) |
| --- | --- | --- |
| 850 | 1 | $10^9$ |
| 950 | 20 | 650 |
| 1050 | 25 | 450 |
| 1100 | 35 | 270 |
| 1250 | 42 | 220 |
| 1300 | 45 | 180 |
| 1350 | 50 | 150 |
| 1400 | 35 | 100 |

由表 7.46 可知，$C$ 值随烧结温度增高而下降，这是由晶粒的增大决定的；$\alpha$ 值随烧结温度的变化关系与不同烧结温度下富铋相的转变有关。在 1350℃以下，随着温度的增高，富铋相 $14Bi_2O_3 \cdot Cr_2O_3$ 的四方相转变成 β-$Bi_2O_3$ 四方相和 δ-$Bi_2O_3$ 立方相，随着这种相的转变，$\alpha$ 值逐渐增高。当烧结温度大于 1350℃时，由于富铋相的消失，$\alpha$ 值急剧下降。

2) ZnO 压敏陶瓷的晶相、显微结构和导电机理

经 X 射线衍射分析可知，上述组成的 ZnO 压敏陶瓷含有四种晶相：

(1) 溶解有少量 Co 和 Mn 的 ZnO 相；

(2) 溶解有 Co、Mn 和 Cr 的 $Zn_7Sb_2O_{12}$ 立方尖晶石相，其晶格常数 $a$=8.32 Å；

(3) 溶解有 Co、Mn 和 Cr 的 $Zn_2Bi_3Sb_3O_{14}$ 立方焦绿石相，其晶格常数 $a$=10.45 Å；

(4) 富铋相。其中一种是溶有 Zn 和 Sb 的 β-$Bi_2O_3$ 四方相，其晶格常数 $a$=10.93 Å，$c$=5.62 Å，另一种是溶有 Zn 和 Sb 的 δ-$Bi_2O_3$ 立方相，其晶格常数 $a$=5.48 Å。

当 $x$ 改变时，以上四种相的组成发生变化，当 $x=30$ 时，ZnO 相消失，而立方尖晶石相和富铋相 β-$Bi_2O_3$ 达到最大值；当 $x>30$ 时，开始形成焦绿石相；当 $x<30$ 时，不形成焦绿石相。

研究表明，不论是尖晶石、焦绿石还是富铋相，它们都是在三元系 ZnO-$Sb_2O_3$-$Bi_2O_3$ 中形成的，故可将以上三成分看成是非欧姆 ZnO 半导体陶瓷的基本相组成，其他的氧化物添加剂，如 $Co_2O_3$、$MnO_2$ 和 $Cr_2O_3$ 只起改性的作用，这种改性作用充分体现在焦绿石相与尖晶石相的相互转化上。例如，不含 Co、Mn 和 Cr 的材料，在缓慢冷却时尖晶石相会很容易地转变成焦绿石相，在这种情况下，若加入的 $Bi_2O_3$ 的摩尔比 $Bi_2O_3/Sb_2O_3<1$，则陶瓷中将不含有富铋相；在含 Co 或 Mn 的材料中，尖晶石相会部分转化成焦绿石相；若加入 Cr，则尖晶石相不会转化成焦绿石相。由此得出各种添加剂的改性作用是按下面的顺序递增的：

$$Co < Mn < Co + Mn \leqslant Cr < Co + Mn + Cr \tag{7.27}$$

溶入 ZnO 中的 Co 有降低晶粒电阻率的作用；存在于晶粒边界相中的 Co 和 Mn 则有提高 $\alpha$ 值的作用。

ZnO 压敏陶瓷的微观结构如图 7.54 所示，ZnO 压敏陶瓷是由 ZnO 晶粒及晶粒边界物

质组成的，其中因 ZnO 晶粒中掺有施主杂质而呈 n 型半导体，ZnO 晶粒导电，电阻率很低。晶界物质中含有大量金属氧化物形成的大量界面态，晶界是高阻层，非线性主要由晶界决定。两晶粒之间的晶界很薄，是由富铋层构成。富铋层与两侧的晶粒形成双肖特基势垒。这样每一微观单元是一个双肖特基势垒模型(见图 7.55)，整个陶瓷就是由许多双肖特基势垒串并联的组合体。

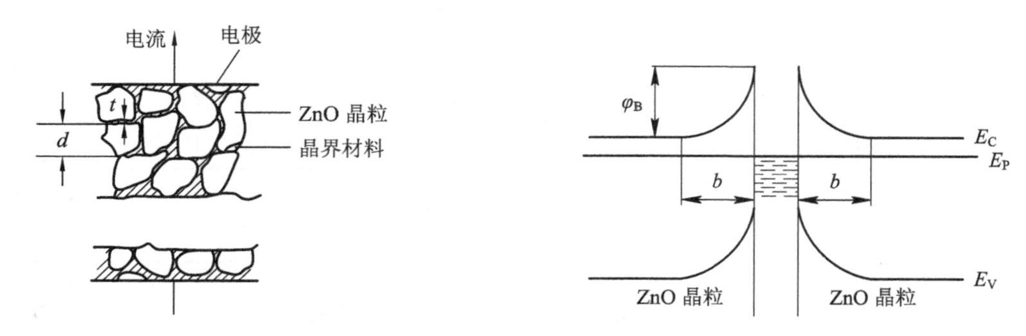


图 7.54 ZnO 压敏陶瓷的微观结构简图

图 7.55 双肖特基势垒模型

在预击穿区，其外加电压、电流与势垒高度 $\varphi_B$ 的关系符合以下肖特基热激发电流方程关系式：

$$J = J_0 \exp\left(-\frac{\varphi_B - \beta E^{1/2}}{kT}\right) \tag{7.28}$$

式中，$E$ 是电场强度；$\beta$ 和 $J_0$ 均为常数；$k$ 是玻耳兹曼常数，$k=1.38\times10^{-23}$ J/K；$T$ 是热力学温度。

从式(7.28)可以看出，当压敏陶瓷处于低电压时，外加电压不足以克服势垒高度 $\varphi_B$，即 $\beta E^{1/2}<\varphi_B$，晶界呈现高阻态，漏电流很小；当压敏陶瓷受到浪涌冲击时，使得 $\beta E^{1/2}>\varphi_B$，形成隧道电流穿越晶界，因而起到了对被保护器件的保护作用。

$$\varphi_B = \frac{e^2 N_S^2}{2\varepsilon_0 \varepsilon_r N_D} \tag{7.29}$$

式中，$e$ 是电子电荷；$N_D$ 是 ZnO 晶粒中的施主浓度；$N_S$ 是表面态密度(晶界处电子密度)；$\varepsilon_0$ 是真空介电常数；$\varepsilon_r$ 是介质介电常数。

可以看出，当增大晶界处电子密度 $N_S$，或降低 ZnO 晶粒中的施主浓度 $N_D$ 时，可以增加势垒高度 $\varphi_B$，提高非线性，同时也提高了压敏电压($U_{1\,mA}$)。

通过以上对 ZnO 压敏陶瓷微观结构和导电机理的分析，可以看出，制备低压压敏陶瓷的关键技术有三个：增大晶粒尺寸(因为是低阻)；减少单位厚度上的晶界层数；增加 ZnO 晶粒中的施主浓度，即降低 ZnO 晶粒的电阻率。

## 7.3.4 气敏陶瓷

在现代社会，人们在生活和工作中使用和接触的气体越来越多，其中某些易燃、易爆、有毒气体及其混合物一旦泄漏到大气中，会造成大气污染，甚至引起爆炸和火灾。陶瓷气敏元件主要应用于感知和检测各种气体以及对易燃、易爆、有毒有害气体等进行严密监测。陶瓷气敏元件(或称陶瓷气敏传感器)具有灵敏度高、性能稳定、结构简单、体积小、价格低廉、使用方便等优点，近年来得到非常迅速的发展。

例如，$SnO_2$ 陶瓷气敏传感器对低浓度的CO、烷烃类等气体的检测灵敏度非常高，可用于可燃性气体泄漏的防灾报警；对硫化物、苯类、醇类等气体敏感的各类气敏传感器可用于大气污染和交通监测。$\gamma$-$Fe_2O_3$ 气敏传感器对以丙烷($C_3H_8$)为主要成分的液化石油气(LPG)具有较高的灵敏度和较好的选择性，响应时间和恢复时间快，受温度影响小，对环境湿度几乎没有响应，价格低廉；$\alpha$-$Fe_2O_3$ 气敏传感器对甲烷($CH_4$)等具有良好的感应灵敏度，对于除LPG之外更普遍的工业和家用气体燃料(如天然气、沼气等)的防漏报警有较好的监测效果。

除此之外，还有一类氧化锆固体电解质材料，它属于氧缺位型陶瓷材料，可以制成氧传感器，利用瓷体两侧氧分压差能产生电势差的浓差电势原理，可测定极低的氧分压。由于氧化锆具有极高的耐热稳定性，这种传感器可用于低氧分压还原性或中性气氛的工业高温窑炉的测控、冶金行业中钢水或钢熔体中氧含量的测定以及汽车发动机空燃比的测量与控制等。利用氧化锆的离子型浓差电势原理还可以研制燃料电池，在新一代能源开发技术领域占有重要地位。此外，氧化钛系和氧化铌系及其复合而成的二元系氧敏传感器，在汽车空燃比测控方面的新进展也格外引人注目。表7.47所示为几种半导体气敏陶瓷材料。

**表7.47 几种半导体气敏陶瓷材料**

| 半导体材料 | 添加物质 | 可探测气体 | 使用温度/℃ |
|---|---|---|---|
| $SnO_2$ | PdO、Pd | CO、$C_3H_3$、乙醇 | 200～300 |
| $SnO_2+SnCl_2$ | Pt、Pd | $CH_4$、$C_3H_3$、CO | 200～300 |
| $SnO_2$ | $PdCl_2$、SbCl | $CH_4$、$C_3H_3$、CO | 200～300 |
| $SnO_2$ | PdO+MgO | 还原性气体 | 150 |
| $SnO_2$ | $Sb_2O_3$、$MnO_2$、$TiO_2$ | CO、煤气、乙醇 | 250～300 |
| $SnO_2$ | $V_2O_5$、Cu | 乙醇、苯等 | 250～400 |
| $SnO_2$ | 稀土类金属 | 乙醇系可燃气体 | 常温 |
| $SnO_2$ | $Sb_2O_3$、$Bi_2O_3$ | 还原性气体 | 常温 |
| $SnO_2$ | 过渡金属 | 还原性气体 | 250～300 |
| $SnO_2$ | 瓷土、$WO_3$、$Bi_2O_3$ | 碳化氢系还原性气体 | 200～300 |
| ZnO | — | 还原性气体和氧化性气体 | — |
| ZnO | Pt、Pd | 可燃气体 | — |
| ZnO | $V_2O_5$、$Ag_2O$ | 乙醇、苯 | 250～400 |
| $Fe_2O_3$ | — | 丙烷 | — |
| $WO_3$、MoO、CrO | Pt、Ir、Rh、Pd | 还原性气体 | 600～900 |
| $(LnM)BO_3$ | — | 乙醇、CO、$NO_x$ | 270～390 |

下面介绍 $SnO_2$ 系气敏材料。

**1. $SnO_2$ 气敏陶瓷(半导体式)的工作原理及特点**

半导体气敏陶瓷是利用半导体陶瓷与气体接触时电阻的变化来检测低浓度气体的。当半导体表面吸附气体分子时，其电导率将随半导体类型和气体分子种类的不同而变化。气体吸附一般分物理吸附和化学吸附两大类。前者吸附热低，可以是多分子层吸附，无选择性；后者吸附热高，只能是单分子吸附，有选择性。在一般情况下，物理吸附和化学吸附同时存在。在常温下物理吸附是吸附的主要形式；随着温度的升高，化学吸附增加，至某一温度达到最大值；超过最大值后，气体解吸的几率增加，物理吸附和化学吸附同时减少。

目前应用最广的是 $SnO_2$ 气敏陶瓷，它是以 $SnO_2$ 为基材，掺杂 Pd、Ir、Ga、$CeO_2$ 等活性物质以提高其灵敏度。另外，还可添加 $Al_2O_3$、$Sb_2O_3$、MgO、CaO 和 PdO 等添加物以改善其烧结、老化及吸附等特性。$SnO_2$ 气敏陶瓷对可燃性气体，如氢、甲烷、丙烷、乙醇、丙酮、一氧化碳、城市煤气、天然气等，都有较高的灵敏度。

$SnO_2$ 半导体是 n 型半导体，当将它放到空气中时，可吸附氧气，因氧与电子亲和力大，故可从半导体表面夺取电子，产生空间电荷层，使能带向上弯曲，电导率下降，电阻上升。

在吸附还原性气体时，还原性气体与氧结合，氧放出的电子回至导带，使势垒下降，则元件电导率上升，电阻值下降。$SnO_2$ 气敏陶瓷元件常以空气为起始电阻，用 $R_{air}$ 表示。

图 7.56 所示为 $SnO_2$ 气敏电阻的阻值与气体浓度的关系曲线，图中，$F$ 是氧化气氛，$G$ 是氧还原气氛，$A$ 点是气敏元件的初始阻值，$BCD$ 曲线是气敏元件受空气中水分及杂质气体的影响而引起的阻值变化曲线，$DE$ 为正常工作线段，$EF$ 为与氧化性气体接触时的变化曲线，$EG$ 为与还原性气体接触时的变化曲线。当半导体陶瓷气敏元件刚开始接触被测气体时，它的阻值有一个变化过程，这个变化过程所需的时间称为响应时间，元件的响应时间在 1 min 以内为好。

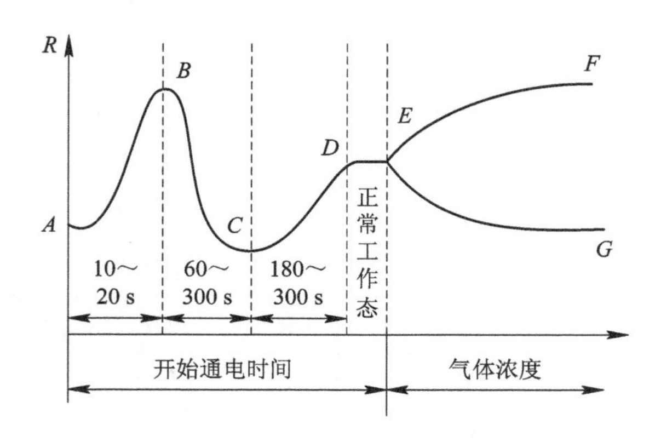


图 7.56 $SnO_2$ 气敏电阻的阻值与气体浓度的关系曲线

**2. $SnO_2$ 粉料制备**

1) $SnO_2$ 粉料的制备

$SnO_2$ 粉料越细，其比表面积就越大(缺陷多，有利于材料改性)，对待测气体就越敏感，因此高分散的超细 $SnO_2$ 粉料的制备就成了制造优良气敏元件的关键。

制备 $SnO_2$ 粉料的方法较多，现介绍如下：

（1）用锡盐制 $SnO_2$；

（2）在空气中加热 Sn，氧化而成 $SnO_2$；

（3）利用气态 Sn 和等离子氧化反应制超细 $SnO_2$；

（4）利用 $SnCl_4$ 水解制 $SnO_2$，一般在 700～800℃煅烧即可得 $SnO_2$ 粉料；

（5）用 $SnCl_2$ 制 $SnO_2$。

在实际制备过程中，为了提高 $SnO_2$ 粉料的稳定性，一般在空气中进行煅烧就完全可以得到纯 $SnO_2$。

2）添加剂的作用

添加剂是气敏元件形成的必要条件，即实现半导化。常用的添加剂及作用如下：

（1）$Sb_2O_3$ 起半导化作用，可有效地降低 $SnO_2$ 的常温阻值。

（2）在 Pd 及其 Pd 的化合物中起催化作用的主要是 PdO（PdO 与气体接触时可以在较低温度下促使气体解离，并使还原性气体氧化，PdO 本身被还原为金属 Pd 并放出 $O^{2-}$，从而增加了还原气体的化学吸附）。Pd 对气体的吸附能力很强，并能自由地逸出，加速了还原再氧化的作用。

（3）MgO、尖晶石、PbO、CaO 等二价金属氧化物可加速解吸速度、延缓烧结、改善老化性能。

（4）$SiO_2$ 加入到 $SnO_2$ 气敏材料中可把 $SnO_2$ 颗粒分开，防止高温使用过程中 $SnO_2$ 晶粒长大，以保持灵敏度恒定，延长使用寿命。$SiO_2$ 还能使 $SnO_2$ 紧紧黏在 $Al_2O_3$ 基片上，防止其脱落。

综上所述，提高灵敏度的方法主要有以下几点：

（1）粉料细、煅烧温度低和保温时间短；

（2）添加适当添加剂；

（3）采用先进制备工艺，如 $SnO_2$ 气体传感器用 CVD（chemical vapor deposition，化学气相反应法）制备纳米薄膜，然后用等离子体（氩气与氧气比例为 1∶1）处理，形成纳米半导体阵列（纳米/小尺寸效应）。

**3. 掺杂对金属氧化物半导体气敏性能的影响**

最近的研究表明，单一的金属氧化物作为气敏材料已不能满足高性能气敏元件的要求。气敏材料的研究重点应从单一的氧化物材料，如 $TiO_2$、$SnO_2$、ZnO、$In_2O_3$、$WO_3$ 等，转向多组分材料，即通过掺杂一种或多种元素形成多组分材料来提高气敏性能。掺杂一般有两种形式，即形成外部催化活性中心或内部掺杂。掺杂可以改变金属氧化物的催化活性，稳定原子价态，促使活性相的形成，增加电子交换率。在气敏材料中添加掺杂物可以改变其很多参数，如载流子浓度、金属氧化物的化学和物理特性、金属氧化物材料表面的电子和物理化学性能、表面势和晶粒间势垒、相的组成、晶粒尺寸等。

掺杂物形成的第二相含量即使很少，也能使气敏材料的结构产生很大的改变。例如，In、Sn、Nb、Ce、Y、La 等对 $SnO_2$ 的少量掺杂（0.1 mol%～4 mol%）都能引起晶粒尺寸的减小。

通常，选择纳米复合材料的第二组分时，需要考虑以下的一些因素：金属氧化物的不同氧化态，形成金属氧化物复合物的化学反应，掺杂物的催化活性、挥发性、电导率和导电类型，掺杂物在气敏材料中的溶解度。很多氧化物在 $SnO_2$、$In_2O_3$ 中的溶解度都不超过 1 wt%～2 wt%。只有很少的氧化物可以有较高的溶解度，例如，$Ga_2O_3$ 在 $In_2O_3$ 中的掺杂，和 $In_2O_3$ 在 $SnO_2$ 中的掺杂都可以达到10%左右。在这种两相体系中，第二相的浓度一般都很小，要求能够均匀地分散在气敏材料中；并且第二相一般都形成在气敏材料的表面上。纳米复合金属氧化物的电子特性和气敏机理不同于单一、均匀的金属氧化物，要复杂得多。常用的掺杂物主要有以下几种。

1）贵金属

贵金属是气敏材料中研究的比较早的掺杂物质。在金属氧化物半导体气敏材料中常用Pt、Pd、Ag、Ru 等贵金属作为掺杂剂。掺入 Pt 可提高气敏材料对异丁烷、乙烷、丙烷等含有两个以上碳原子的碳氢化合物的灵敏度，而且灵敏度随气体分子中含碳量增加而增加，但对于 $H_2$、$CH_4$ 等可燃性气体的灵敏度较低；掺入 Pd 时正好相反，对异丁烷、乙烷、丙烷等两个碳原子的碳氢化合物的灵敏度较低，而对 CO 和 $H_2$ 等分子中含碳原子数较少的气体比较敏感；掺入 Ag 时对可燃性气体比较敏感；掺入 Ru 和 Pd 时对氨气有很高的灵敏度。

2）稀土元素

稀土元素也是人们常用的掺杂物，常用的有 Ce、La、Nd、Y 等。有文献报道，用 sol-gel 法制备 ZnO 粉末，再分别和掺杂物 $Y_2O_3$、$La_2O_3$、$CeO_3$ 混合，经研磨后退火处理得到掺杂的氧化锌粉末，并制成烧结气敏元件。研究发现，稀土氧化物的加入大大改善了元件的气敏性能。用真空气相沉积法制备的掺 Nd 的纳米 ZnO 薄膜，可以提高对 ZnO 薄膜乙醇的选择性和灵敏度。

3）碱金属和碱土金属元素

将 3 mol% $Ca^{2+}$ 掺杂到 ZnO 粉末中制成气敏元件，在 0.9 ppm 的 $Cl_2$ 中的灵敏度，300℃下达到了 10。而它在 20 ppm 的 $Cl_2$ 中，300℃下的恢复时间为 20 min，和纯 ZnO 粉末相比灵敏度有稍微的降低，但恢复时间有很大的提高。以 $Li^+$ 掺杂和未掺杂 ZnO 晶须作为气敏材料，研究了其对空气中 1%CO、1%$H_2$、1%$CH_4$ 的气敏性能，结果表明 $Li^+$ 掺杂的 ZnO 晶须的灵敏度显著提高。

4）过渡族金属氧化物

研究发现，$Mo^{6+}$ 和 $W^{6+}$ 的掺杂对 ZnO 气敏性能有明显提高，它们分别在 500℃和 550℃对丙酮气体有很高的灵敏度。当用化学共沉淀的方法制备 CdO 和 ZnO 组成的二元体系的气敏元件时，ZnO 与 CdO 之间基本上不存在置换型固溶体或二元化合物，但明显存在间隙型固溶体的现象，Zn/Cd = 4 的元件对 $H_2$ 和 $C_2H_2$ 有较高的灵敏度和选择性。

## 本章练习

1. $BaTiO_3$ 晶体的介电常数随温度的变化有何特点？

2. $BaTiO_3$ 陶瓷改性的目的是什么？常见的改性方法有哪些？

3．低温共烧的优点有哪些？低温共烧陶瓷的主要体系包括哪些？

4．电容器介质陶瓷的主要分类（Ⅰ、Ⅱ、Ⅲ）及其各自的特点是什么？

5．含钛陶瓷中钛离子变价的实质及其对介电性能的影响如何？在配方及工艺控制上采取哪些措施来防止？

6．何谓陶瓷半导体？如何使 Ba $TiO_3$ 陶瓷半导化？

7．何谓微波介质陶瓷？评价微波介质陶瓷介电性能的主要参数有哪些？

8．如何对 PZT 压电陶瓷改性？有什么规律？

9．简述敏感陶瓷的分类。

10．常见的热敏陶瓷有哪几种？

11．什么是正、负温度系数热敏电阻陶瓷？

12．NTC 热敏陶瓷的特性常数 B 的意义是什么？

13．如何调整 $BaTiO_3$ 系 PTC 热敏陶瓷的居里温度？

14．气敏陶瓷的感应机理主要有哪几种定性的模型？

15．$SnO_2$、ZnO、$Fe_2O_3$ 三种气敏陶瓷各有何特点？

16．常见的压敏电阻陶瓷有哪几种？

# 8

# 第 8 章　电子陶瓷常用机械设备

本书前面几章介绍了电子陶瓷的制备工艺，几乎每道工艺过程都会使用相关设备或仪表，这些设备或仪表关系到各工序的效率和质量。例如，在粉料制备中用到的滚动式球磨机的生产效率比较低，而搅拌磨的效率就很高，粒度也相当细小；在陶瓷表面的金属化工艺中，被银法的效率相当低，一致性也差，而真空蒸发镀膜的效率就相当高，而且金属层厚度也容易控制。因此，根据电子陶瓷的结构、量产和质量要求选择合适的设备或仪表就非常重要。电子陶瓷的机械设备主要包括粉体制备设备、成型设备、热工设备和加工设备四大类。本章主要介绍上述四大类设备的工作原理和基本结构。

## 8.1　粉体制备设备

粉体制备方法一般分为机械粉碎法和化学法两种。用机械粉碎法制备高纯度超细粉体的难度较大，而用化学法制备的粉体纯度高、粒径小、活性高、化学组成均匀。本章主要介绍常见的机械粉碎法中所用的设备。

传统的机械粉碎法制得的粉体粒径一般为 0.1～1 μm，其粉碎过程可总结为通过粉体之间的碰撞、挤压、摩擦，从而得到适合使用的微米级颗粒。机械粉碎法可分为滚动球磨、行星球磨、气流磨、振动球磨、搅动(高能)球磨等。

### 8.1.1　滚动球磨机

#### 1. 滚动球磨机的结构

图 8.1 所示是滚动球磨机的结构图。

滚动球磨机的筒体 6 是用钢板焊接而成的。筒体中部有一个加料口 7，此加料口可供加料和卸料。在筒体的内表面上镶有衬板 14。球磨机由电动机 1 通过摩擦离合器 4 和传动齿轮带动旋转。装设离合器的目的是使电动机能空载启动，并能实现球磨机的点动和临时停车。当物料研磨粒度达到要求后，可把球磨机停下来，使加料口朝上，打开盖子，装上带孔的卸料管 10(见图 8.1，此时卸料管中的旋塞阀 9 应当是关闭的)，再将筒体旋转，使加料口朝下，打开卸料管中的旋塞阀 9，这样，筒体内的浆状物料——料浆就可自由流出。在卸料时装上卸料管的目的是防止研磨体随同料浆一同排出。为了加快料浆流出的速度和使料浆卸得更为完全，或在卸料时需要把料浆送到较高的地方，在卸料时可以往筒体中通入压缩空气，使料浆在压缩空气的压力作用下流出。

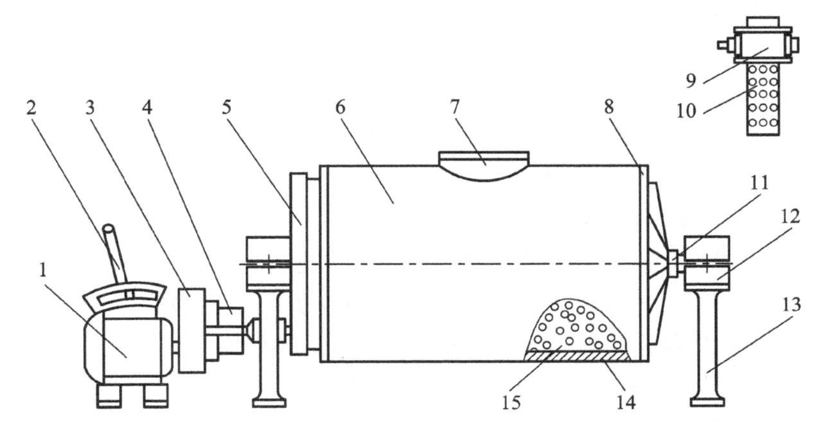


1—电动机；2—离合器操纵杆；3—减速器；4—摩擦离合器；5—大齿圈；6—筒体；7—加料口；
8—端盖；9—旋塞阀；10—卸料管；11—主轴头；12—轴承座；13—机座；14—衬板；15—研磨体。

图 8.1 滚动球磨机

球磨机筒体内装有很多作为研磨体15的瓷球。将被磨物料和适量的水从加料口加入。当筒体旋转时，研磨体在离心力等外力作用下贴在筒体内壁与筒体一道旋转。当研磨体被带到一定高度时，由于重力作用而被抛出，并以一定的速度自由下落，在研磨体落下时，筒体中的物料受到研磨体的碰击和研磨作用而被粉碎。球磨机中研磨体的运动状态有三种，分别是泄落式运动、抛落式运动、离行式运动，如图8.2所示。泄落式运动发生在滚筒转速较慢的时候，这时的研磨方式是物料和物料与研磨体之间的摩擦；抛落式运动发生的速度比泄落式运动快，这时的研磨方式是物料和物料与研磨体之间的摩擦、碰撞；离行式运动发生的速度比其他两种更快，此时的物料及研磨体在向心力的作用下作向心运动，物料及研磨体之间没有了碰撞与摩擦，有的只是剩下的微弱挤压力。正常的球磨机在运作的时候应当将速度保持在满足抛落式运动的速度区间，即图8.2(b)所示的状态。

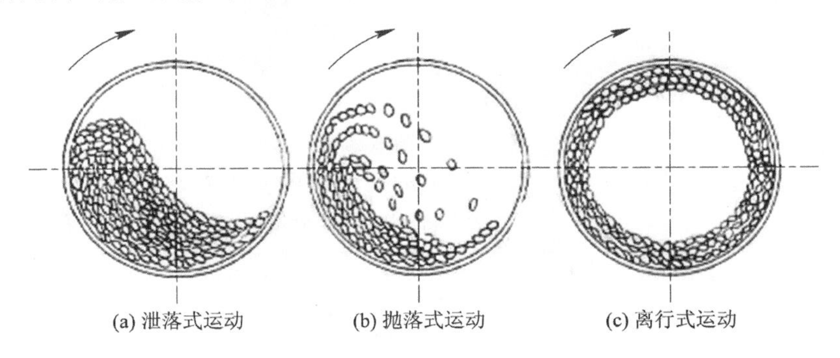


图 8.2 研磨体的运动状态

### 2. 滚动球磨机的工作原理

滚动球磨机的工作原理：通过电动机带动球磨筒体沿着球磨机的中轴线旋转，由向心力带动研磨体和粉料一起转动，当粉料与研磨体被球磨筒体带到一定高度后下落，与还在下端的研磨体与粉料相碰撞；在转动过程中，粉料和研磨体与其他粉料相互间也存在摩擦与挤压；最后使得粉料粒径达到电子陶瓷所需要的颗粒大小。

滚动球磨机的转动有一个临界转速，可通过物理模型求出这个临界转速。假设球磨筒体内只有可看作质点的球，球到最高处才掉下来，则球的重力大于向心力，可得到下式：

$$n \leqslant \frac{1}{2\pi}\sqrt{\frac{2g}{D}} \tag{8.1}$$

式中，$n$ 表示转速；$g$ 是重力加速度，$g=9.8\ \mathrm{m/s^2}$；$D$ 为筒体的直径。

设 $D=2$ m，则 $n=29.9$ r/min，即每分钟不超过 29.9 转。

从式(8.1)可以看出，筒体直径越大，转速应越低；如转速太快，则球就会一直贴着筒壁一起转动；如转速太慢，则球就停滞在下面。只有当转速适当时，球被带到了上面再向下落，粉碎效率才最大。不过，球磨机内除了磨球外，还有被研磨的物料(如果是湿磨的话，里面还有水)，所以球磨筒内这些东西装载的多少，对球磨的粉碎作用也是很有影响的。工厂内由于球磨机的转速已经固定了，无法改变，一般都把料∶球∶水的比例作为可变动的因素，通过优选法来试验这个比例，以达到最好的粉碎效果。而球磨机的转速在设计球磨机时也是根据优选法来确定的。

球磨机中不仅有研磨体和物料，还需要在适当的时间加入一些助磨剂。当物料被磨至一定的细度后，由于过度粉碎的存在，继续球磨会使得球磨效率显著降低，而此时加入助磨剂可以使得吸附在颗粒表面的细粉分散，从而实现进一步粉碎，常用的助磨剂有油酸和醇类。

**3. 滚动球磨机的实物图及基本参数**

图 8.3 所示为实验室和生产企业用滚动球磨机的实物照片。

(a) 实验室用

(b) 生产企业用

图 8.3 滚动球磨机

滚动球磨机的用途广泛，表 8.1 所示为滚动球磨机的基本参数。

表 8.1 滚动球磨机的基本参数

| 型号 | 筒体直径/m | 筒体长度/m | 筒体有效容积/$\mathrm{m^3}$ | 最大装球量/t | 工作转速/(r/min) | 功率/kW | 出料粒度/μm | 生产能力/(t/h) | 机器重量/t |
|---|---|---|---|---|---|---|---|---|---|
| MSGT-1838 | 1.8 | 3.8 | 8.2 | 11 | 23.2～27.2 | 110 | 44 | 3 | 33 |
| MSGT-2145 | 2.1 | 4.5 | 13.6 | 18 | 22.2～25.2 | 200 | 44 | 5 | 44 |
| MSGT-2755 | 2.7 | 5.5 | 27.86 | 37 | 19.6～22.2 | 500 | 44 | 14 | 68 |
| MSGT-3268 | 3.2 | 6.8 | 49.3 | 66 | 18.0～20.4 | 1000 | 44 | 27 | 110 |
| MSGT-3675 | 3.6 | 7.5 | 68.8 | 98 | 17.0～19.2 | 1400 | 44 | 40 | 135 |

## 8.1.2 行星球磨机

### 1. 行星球磨机的结构

行星球磨机可分为全方位行星球磨机、卧式行星球磨机、高速行星球磨机、双行星球磨机、低温行星球磨机、高温行星球磨机、偏心式行星球磨机等。如图8.4所示是偏心式行星球磨机的结构。

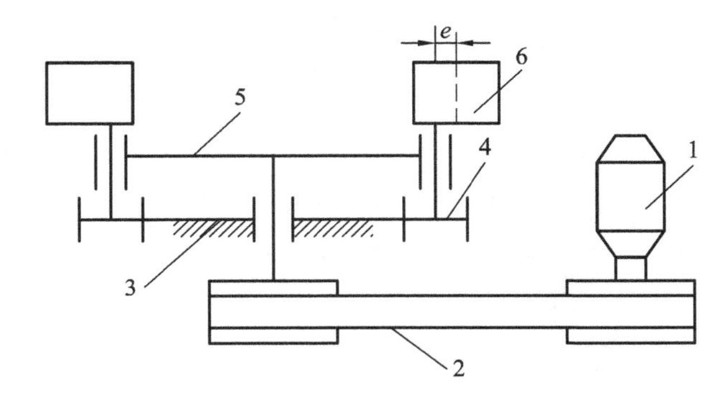


1—电机；2—传动带；3—太阳轮；4—行星轮；5—轮盘；6—球磨筒。

图8.4 偏心式行星球磨机的结构

在偏心式行星球磨机工作时，电机1输出的转矩通过传动带2传动给轮盘5，轮盘5上对称分布着若干球磨筒6(图8.4中只画了2个)，且每个球磨筒6的转动中心均与轮盘5构成回转副，其转轴的下部固联着行星轮4，球磨筒6与行星轮4之间存在着偏心距$e$，行星轮4又与太阳轮3啮合。

当电机1开始转动时，电机1的转矩传动给轮盘5，当轮盘5旋转时，行星轮4就获得了一个绕轮盘5中轴线转动的力，由于行星轮4与太阳轮3相互啮合，因此在这个力的作用下，行星轮4开始绕着轮盘5的中轴线公转，同时绕着行星轮4的中轴线自转，行星轮4的自转又带动着球磨筒6转动，使球磨筒6作行星运动。当物料与研磨体在进行这种行星运动时，其相互间就会因力方向的不同而存在大量的碰撞、摩擦、挤压，从而使物料达到要求的颗粒大小。

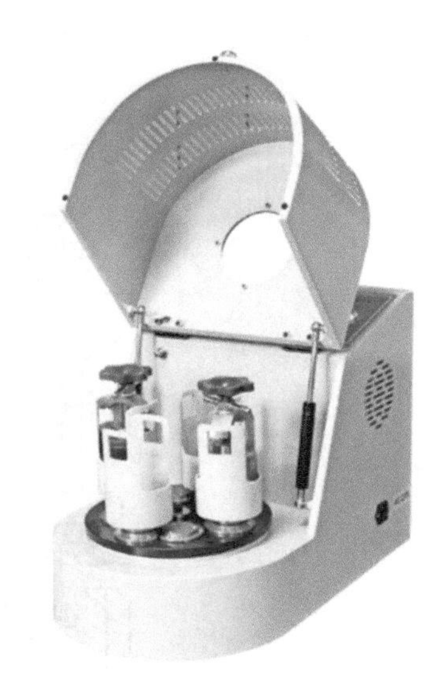

图8.5 偏心式行星球磨机

### 2. 偏心式行星球磨机的实物图及基本参数

图8.5所示为偏心式球磨机的实物图。

偏心式行星球磨机是混合、细磨、小样制备、新产品研制和小批量生产高新技术材料的必备装置，其基本技术参数如表8.2所示。

表 8.2 偏心式球磨机的基本技术参数

| 名 称 | 参 数 | |
|---|---|---|
| 传动方式 | 齿轮传动 | |
| 工作方式 | 四个球磨罐同时工作，玛瑙罐可选容积为 250 mL、500 mL、1000 mL | |
| 进料粒度 | 黏土料≤10 mm，其他料≤3 mm | |
| 出料粒度 | 最小可达 0.1 μm | |
| 装料量 | 物料和研磨体总量不超过容积的 2/3 | |
| 可调转速/(r/min) | 公转 | 30～450 |
| | 自转 | 60～900 |
| 调速方式 | 变频器无级调速，转速精度为 0.2 r/min，自动设置正反转，自动关机 | |
| 三相电机变频控制器功率 | 0.75 kW(高科技微电脑晶片控制，带功率显示的电子监控装置) | |
| 连续运转定时时间/min | 1～9999 | |
| 正反换向运行周期/min | 1～9999 | |
| 连续工作时间(满负荷) | 72 h(定时器 0～9999 h) | |

### 8.1.3 气流磨机

#### 1. 气流磨机的结构

气流磨机利用高速气流(300～500 m/s)的强烈冲击或者过热蒸汽(300～400℃)在喷射时产生的强烈多相紊流场，使其中的固体颗粒相互冲撞、碰撞或者摩擦，从而达到粉碎颗粒的效果。图 8.6 所示是流化床对喷式气流磨机的结构。

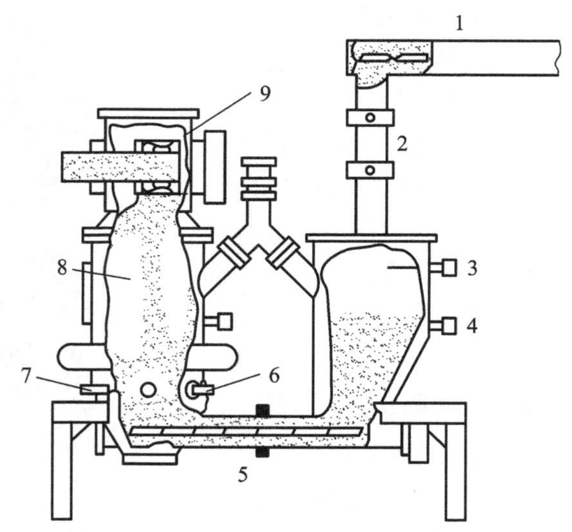


1—输送装置；2—双翻板；3、4—料位显示器；
5—螺旋喂料器；6、7—喷嘴；8—磨室；9—涡轮选粉机。

图 8.6 流化床对喷式气流磨机的结构

物料通过输送装置 1 和双翻板 2 进入料仓，双翻板的作用是避免空气进入料仓，料位显示器 3、4 控制双翻板 2 的动作。物料通过螺旋喂料器 5 最终送入磨室 8 内。气流从安装在腔壁同一平面内的 4 个喷嘴(图中只画出 6、7 两个喷嘴)进入磨室 8，使物料流态化，在逆向对喷气流束的汇交点上，被加速的物料颗粒由于相互撞击而粉碎。在汇交点周围形成一股向上的气流，把已粉碎的物料带到上部水平放置的涡轮选粉机 9 中。这种选粉机的优点在于它几乎不受进料粒度和进料量的影响，经过选粉机后的细粉进入旋风分离器和脉冲袋式除尘器中，从气流中分离出来，而不合格的粗颗粒则被选粉机甩出，并沿磨室壁回到流化床层中继续粉碎。研磨中的最佳料位是根据不同的产品性质，通过调整电容传感器的电容量或调整选粉机的转速来实现的。

气流磨机相对于其他磨机而言，有着大量的优点：

(1) 粉料粒度更容易达到 10 μm 以下；

(2) 粉末颗粒范围窄；

(3) 应用物料自身间相互碰撞，因此不会掺杂杂质；

(4) 结构简单，没有运动部件，并且物料不通过喷嘴，机械磨损小，噪音低。

**2. 气流磨机的实物图及基本参数**

图 8.7 所示为流化床对喷式气流磨机实物图。

8.7　流化床对喷式气流磨机

表 8.3 所示为常见的流化床对喷式气流磨机的技术参数。

**表 8.3　流化床对喷式气流磨机的技术参数**

| 规格 | 细度 /μm | 耗氧量 /($m^3$/h) | 碰嘴个数×直径 /mm | $N_{max}$/(r/min) | 功率/kW |
|---|---|---|---|---|---|
| 16 | 2～70 | 50 | 2×3.2 | 15 000 | 2.2 |
| 32 | 3～70 | 300 | 2×6.0 | 8000 | 4.0 |
| 50 | 4～80 | 850 | 3×8.5 | 5000 | 5.7 |
| 71 | 5～85 | 1700 | 3×12 | 3600 | 11 |
| 100 | 6～90 | 3400 | 3×17 | 2500 | 15 |
| 120 | 6～90 | 5100 | 3×21 | 2000 | 22 |

# 8.2 成型设备

常见的成型设备有干压成型机、等静压成型机、热压铸成型机、流延成型机、3D打印成型机等。

## 8.2.1 干压成型机

### 1. 干压成型机的工作原理

根据加压机理，干压成型机可分为液压机和凸轮驱动压机两种。

1）液压机的工作原理

液压机的工作原理是基于帕斯卡原理的，即加在密闭液体上的压力，能够大小不变地被液体向各个方向传递。图8.8所示是液压机的工作原理图，活塞面积小($S_1$)的左边是加压部分，活塞面积大($S_2$)的右边是放置模具的平台，设左边压力为$F_1$，则右边的推力$F_2$为

$$F_2 = \frac{S_2}{S_1} \times F_1 \tag{8.2}$$

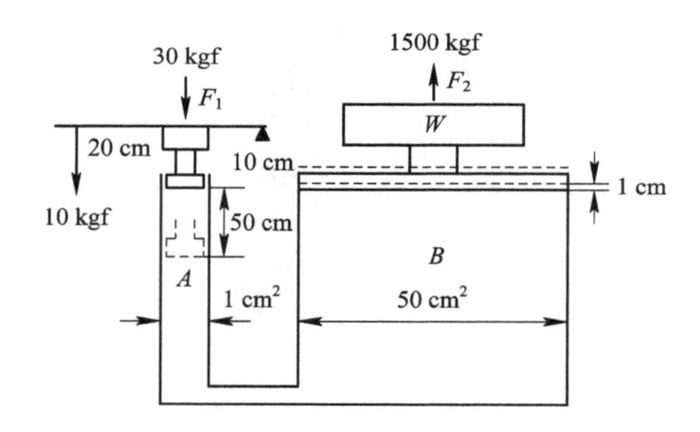


图8.8 液压机的工作原理

由式(8.2)计算出图8.8中的推力$F_2$为1500 kgf，根据液体的不可压缩性(体积不变)，当左边下降50 cm时，右边上升1 cm。实际上左边加压的方式是杠杆机构，手工加压只需10 kgf。

2）凸轮驱动压机的工作原理

图8.9所示是凸轮驱动压机的工作原理图，左边的凸轮为椭圆形，右边的凸轮是圆盘形。以椭圆形凸轮为例，当凸轮转动时，从动件上下来回运动。当向径(凸轮轮廓上的点到其转动中心的距离)变大时，从动件上升，又叫推程；当向径变小时，从动件下降，又叫回程；当向径不变时，从动件停止。从动件所受的有效力$F_1$与压力角$\alpha$(凸轮对从动件的作用力$F$与从动件运动方向的夹角)有关。由图中可知：

$$F_1 = F\cos\alpha \tag{8.3}$$

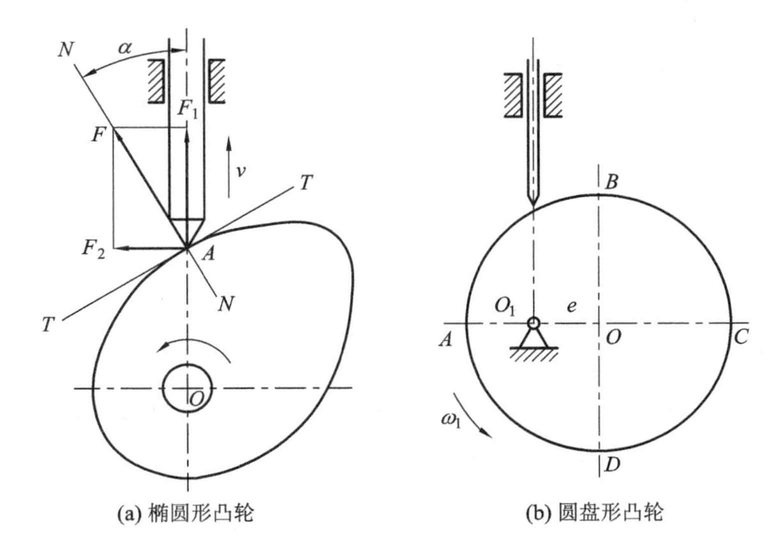

(a) 椭圆形凸轮　　(b) 圆盘形凸轮

图 8.9　凸轮驱动压机的工作原理

压力角 $\alpha$ 越大，则从动件上的有效力 $F_1$ 越小，有害力 $F_2$ 越大，会产生自锁。一般要求推程的 $\alpha$ 不大于 30°，回程的 $\alpha$ 不大于 80°。凸轮是圆盘形压机的工作原理和凸轮是椭圆形的压机的类似，读者可自行分析。

**2. 干压成型机的实物图及基本参数**

图 8.10 所示是干压成型机的实物图，左边是实验室用的手工液压机，右边是生产企业用的凸轮驱动的压片机。

(a) 手工液压机

(b) 凸轮驱动的压片机

图 8.10　干压成型机

自动液压机的基本参数有公称压力、顶模力、立柱间距、压制次数、最大行程、最大填料深度、单循环加压次数、活动横梁与工作台面的最小间距、液压系统工作压力、最大工作压力、功率等。

## 8.2.2 等静压成型机

### 1. 等静压成型机的工作原理

等静压成型按成型温度可分为两种，在常温下成型一般称为冷等静压成型；在高温下成型则称为热等静压成型。根据压力传输介质的不同，等静压成型又可分为湿式等静压成型和干式等静压成型。其中，湿式等静压成型是利用流体作为传输介质将静压力均匀施加到材料上；干式等静压成型是指待压粉体的添加和压好坯体的取出都采用干法操作。

图 8.11 所示为干式等静压成型机的工作原理图。

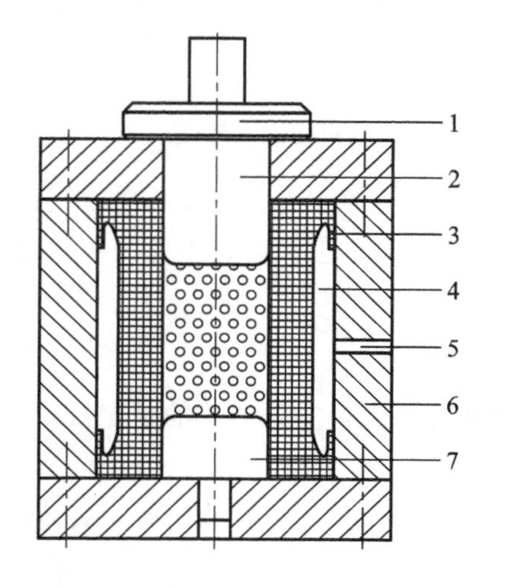


1—机械密封；
2—上模型芯；
3—高压密封环；
4—柔性皮囊；
5—液体介质；
6—耐压腔体；
7—下模型芯。

图 8.11　干式等静压成型机的工作原理

在成型机工作时，将粉体放置在上模型芯 2 和下模型芯 7 与柔性皮囊 4 构成的空间中，再将上模型芯 2 压在上面，由机械密封 1 进行密封。接着在耐压腔体 6 和柔性皮囊 4 之间灌入液体介质 5，同时向两边加压，由于耐压腔体 6 有耐压的能力，不会发生形变，柔性皮囊 4 产生的形变使得施加在粉体上的压力更为均匀。为了保证对粉体有一段保压的过程，为模具添加一个高压密封环 3。在经过保压后，阻断液体介质 5 的输送，再将机械密封 1 解除，就可取出上模型芯 2 和已压制完成的坯体。

### 2. 等静压成型机的实物图及基本参数

图 8.12 所示为等静压成型机的实物图。

等静压成型机可以根据温度进行分类，也可以根据介质进行分类，这里根据温度的不同分别介绍冷等静压成型机、温等静压成型机、热等静压成型机的基本参数，如表 8.4 所示。

图 8.12　等静压成型机

表 8.4 等静压成型机的技术参数

| 等静压技术 | 设备 | 压制温度/℃ | 压力介质 | 包套材料 |
|---|---|---|---|---|
| 冷等静压 | 冷等静压成型机 | 室温 | 水乳液 | 油橡胶、塑料 |
| 温等静压 | 温等静压成型机 | 80～120 | 油 | 橡胶、塑料 |
| 热等静压 | 热等静压成型机 | 1000～2000 | 气体 | 金属、玻璃 |

## 8.2.3 热压铸成型机

### 1. 热压铸成型机的结构

图 8.13 所示是热压铸成型机的工作原理示意图。

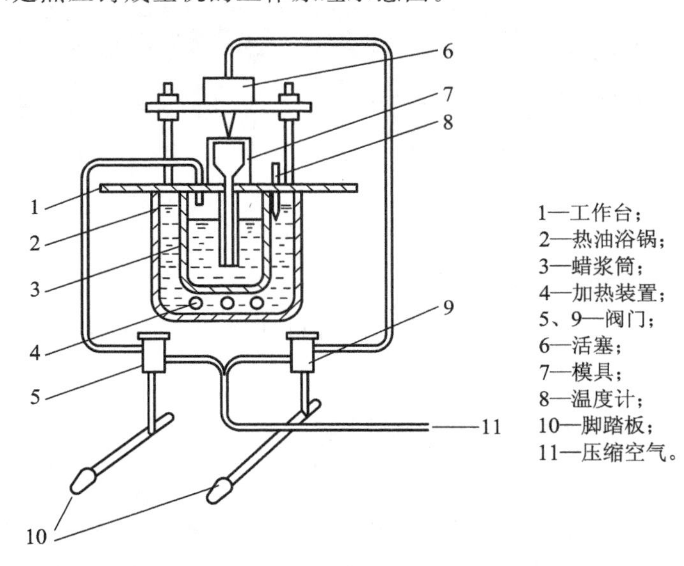


图 8.13 热压铸成型机的工作原理

在操作热压铸成型机时，先打开电源让加热装置 4 通电，使得热油浴锅 2 中的温度上升；观察温度计 8 显示的温度，在到达规定温度后控制加热装置 4 保持恒温状态；再将阀门 5 打开，将活塞 6 塞紧，使压缩空气 11 通过管道将蜡浆筒 3 内的蜡浆注入模具 7 中，并一直用脚踩住脚踏板 10，保持压力恒定一段时间；将脚踏板 10 松开卸压，在压力与大气压相同时即可将坯体从模具中取出。

### 2. 热压铸成型机的实物图及基本参数

热压铸成型机的实物图如图 8.14 所示。

热压铸成型机根据加工方式的不同可以大致分为热室压铸机和冷室压铸机两种。热室压铸机的基本参数为压缩空气的压力、浆料桶的温度以及模具的温度等。

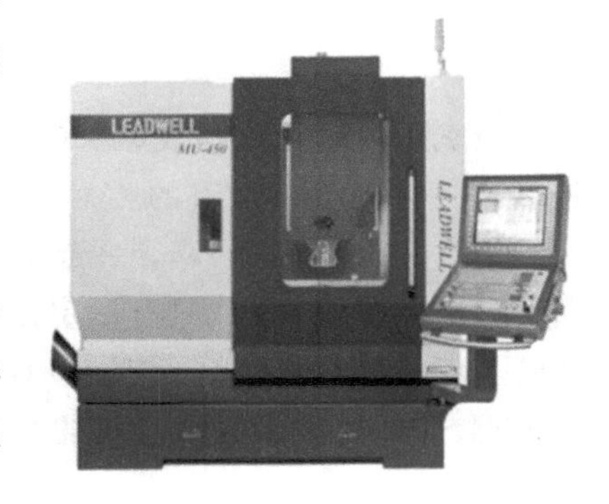


图 8.14 热压铸成型机

## 8.2.4 流延成型机

### 1. 流延成型机的结构

图 8.15 所示是流延成型机的结构图，包括支架、料浆箱、刮刀、载体膜、干燥系统、传输机构等。其工作原理在 4.3.2 流延成型中已有介绍，在此不再赘述。

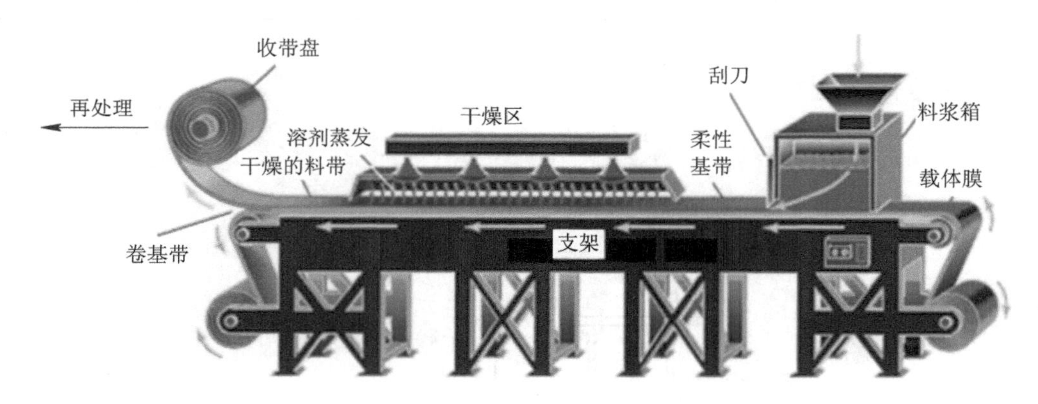


图 8.15 流延成型机的结构

### 2. 流延成型机的实物图及基本参数

图 8.16 所示分别是实验室用小型流延成型机和生产企业用大型流延成型机的实物照片。

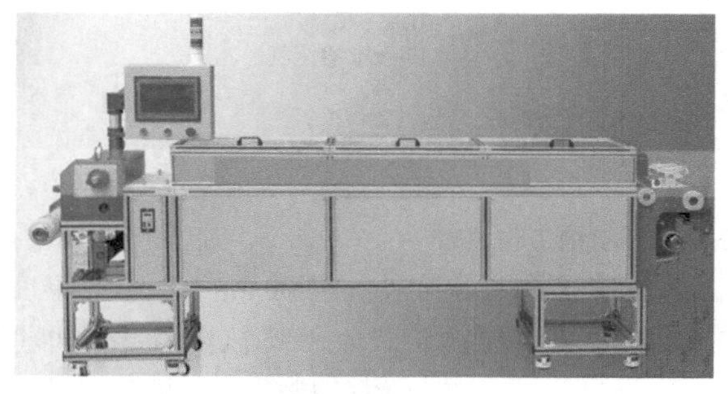

(a) 实验室用

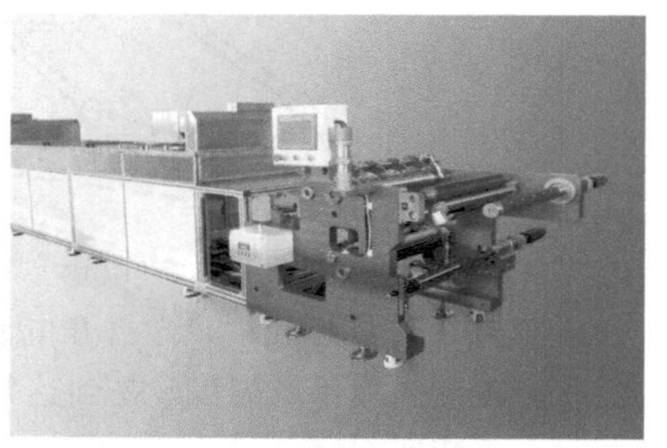

(b) 生产企业用

图 8.16 流延成型机

实验室用自动化流延成型机(见图 8.16(a))是将混合浆料从料浆箱流至基带上，通过基带(PET)与(逗号)刮刀的相对运动形成坯膜，坯膜的厚度由刮刀控制(调刀精度可达 0.001 mm)。将坯膜连同基带一起送入烘干室(干燥区)，溶剂蒸发，有机结合剂在陶瓷颗粒间形成网络结构，形成具有一定强度和柔韧性的坯片，干燥的坯片可以单独卷盘，也可以连同基带一起卷轴待用。该设备具有高精度、高速、性能稳定等特点。浙江德龙科技的 DL-LYJ-2QE240 流延成型机的基本参数如表 8.5 所示。

表 8.5 DL－LYJ－2QE240 流延成型机的基本参数

| 名称 | 参　　数 |
|---|---|
| 刮刀 | 圆筒逗号刮刀，间隙为 0～3500 μm，刮刀精度为 0.1 μm |
| 基带 | PET 膜(宽 250～300 mm，厚 0.05～0.15 mm)，有效烘干长度为 2 m |
| 流延 | 速度为 0.01～2 m/min，坯体厚度(WET)为 10～400 μm(静止可达到 1200 μm 以上)，坯体宽度为 220 mm |
| 控制部分 | 电气控制系统为西门子 PLC 可编程控制器，温度控制为 3 段底板加热＋热风循环，室温至 100℃可调(控制精度为±0.1℃)，流延膜厚度控制为双伺服电机控制，张力可调 |
| 整机总功率 | 约 2.6 kW |

### 8.2.5 3D 打印成型机

1. 3D 打印成型机的结构

3D 打印成型机的结构形式有很多，这里简单介绍陶瓷行业比较流行的陶瓷喷墨打印成型机。它包括 4 个主要功能部分：电脑控制系统、喷头系统、供墨系统、机械运动及防护系统。

1) 电脑控制系统

电脑控制系统是喷墨打印成型机的核心，它将图像信息、喷头信息和坯体信息等数据整合、处理，发出喷墨指令信号给喷头。计算机将存储的图稿按打印颜色分成各色的打印阵列，依照喷头与坯体相对移动的位置和时间的对应关系，将控制信号按顺序传输到各色的各个喷嘴执行喷墨指令。

2) 喷头系统

常用喷头的有效打印宽度多在 65 mm 左右，对于较宽的陶瓷坯体，需要多个喷头组合成一组，覆盖需打印的宽度范围，随着坯体的移动，即可打印到坯体的全部区域。喷墨打印成型机多采用 4 色或 6 色系统，即需要 4 组或 6 组喷头，一组喷头负责一个颜色的打印。

喷头的重要技术参数包括喷孔精度、点火频率和墨滴尺寸。

(1) 喷孔精度。每个喷头的喷孔基本上是线性排列的，喷孔精度指单位长度上的喷孔数，以 npi(喷孔个数/英寸)表示。例如，宽度为 65.4 mm 的喷头有 512 个喷孔，即为 200 npi；宽度为 70 mm 的喷头有 1000 个喷孔，即为 360 npi 等。对于陶瓷喷墨打印模式，如喷头上喷孔的排列方向与坯体通过的运动方向垂直(即坯体运动方向为纵向，喷孔排列方向为横向)，则喷孔精度对应坯体上的图案为横向打印精度，以 dpi(墨点个数/英寸)表示。提高喷头的喷孔精度或增加喷头的数量可以提高横向打印精度。

(2) 点火频率。点火频率相当于喷孔喷射墨滴的喷率。各型号喷头的额定点火频率不同，多在几 kHz 到几十 kHz 的范围。打印到坯体的图案的纵向打印精度是由点火频率和坯体运动线速度决定的，其计算公式为：纵向打印精度＝点火频率/线速度。

(3) 墨滴尺寸。各型号喷头常见的墨滴尺寸有 1.5 pL(皮升，1 pL=$10^{-12}$ L)、35 pL、42 pL，80 pL 等。墨滴尺寸影响着最终图案效果的精细度。由于陶瓷墨水在显色亮度方面的制约，小的墨滴尺寸可以提高图案的细腻程度，但发色较浅；大的墨滴尺寸可以实现较深颜色，但图案的细腻程度降低。

3) 供墨系统

供墨系统负责将墨水输送到每个喷头的喷腔内。针对喷头及墨水的特点，供墨系统一般具备循环、温度控制、搅拌等功能。每个通道的供墨系统是各自独立的，与对应的喷头构成该通道完整的系统，负责一个颜色墨水的输送。与喷头组对应，4 色、6 色喷头组分别需要 4 套、6 套供墨系统。

根据三原色原理，三色墨水的搭配就可以达到丰富的色彩范围。陶瓷喷墨墨水通常采用无机非金属材料作为颜料，与传统陶瓷印花使用的颜料类似，发色范围有限，而且以液态形式制成的陶瓷墨水发色亮度也受到局限，达不到三原色的标准。

4) 机械运动及防护系统

机械运动及防护系统包括喷墨打印机设备机架主体、坯体输送皮带和成型平台等。数码喷墨打印要求的精度高，传动由伺服电机控制，并由高精度的光电检测装置检测坯体位置信号，其位置和速度信号由控制系统集成，并控制喷墨动作使其与坯体运动相吻合。

如图 8.17 所示是一种普通 3 轴的 3D 打印成型机的结构。

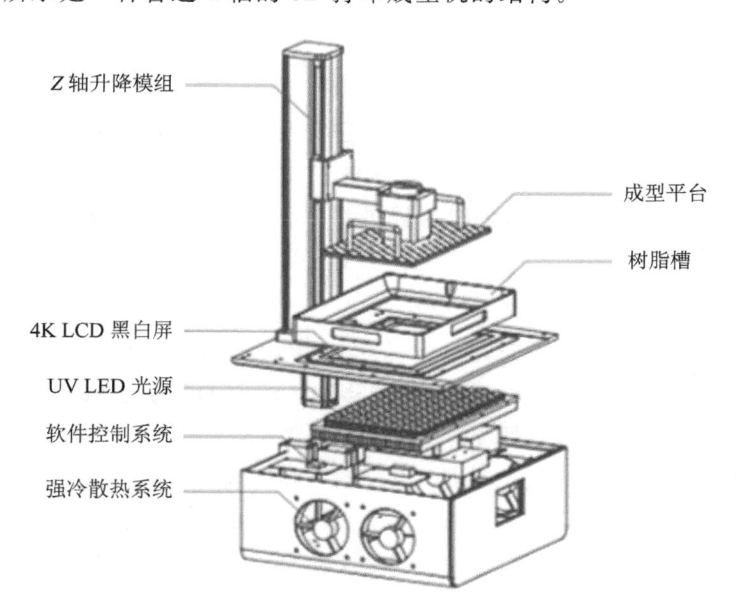


图 8.17 3D 打印成型机的结构

在 3D 打印成型机工作时，软件控制系统在收到指令后，树脂槽即开始加热，同时移动 $Z$ 轴升降模组及其他轴模组，使成型平台上方的喷头(图中未画出)到达预定零点；通过各轴模组将喷头移至成型初始点，树脂从树脂槽通过管道到达喷头，再由喷头喷出，抵达成型初始点，此时，UV LED 光源发出的光通过 4K LCD 黑白屏，使得落在成型平台的树脂快速凝固；强冷散热系统给软件控制系统及 UV LED 光源散热。喷头在各轴模组的配合下按顺序依次到达计算机指定的各个成型点后，树脂槽停止输送树脂，喷头停止喷出树脂；最后，等成型平台上面的树脂完全凝固后，即可取下坯体。

注意：UV LED 光源输送的热量可使树脂以更快的速度凝固，而 4K LCD 黑白屏的作用则是在原来光源的基础上极大程度地提高树脂凝固的速度。

**2. 3D 打印成型机的实物图及基本参数**

图 8.18 所示是 3D 打印成型机的实物图。

图 8.18　3D 打印成型机

表 8.6 所示是卡特公司的 3D 打印成型机“KT02”的基本参数。

表 8.6　3D 打印成型机的基本参数(KT02)

| 名　称 | 参　数 | 名　称 | 参　数 |
| --- | --- | --- | --- |
| 机器框架 | 钣金结构 | 喷嘴直径/mm | 0.4 |
| 喷头数量 | 1(黄铜) | 材料直径/mm | 1.75 |
| 成型尺寸/mm | 160×160×150 | 功率/W | 240 |
| 机器尺寸/mm | 355×350×360 | 电源规格/V | 220/110 |
| 打印速度/(mm/s) | 30～70 | 数据传输方式 | SD 卡、USB、APP |
| 打印精度/mm | 0.05～0.4 | 打印温度/℃ | 210 |
| 分层厚度/mm | 0.05～0.4 | 打印技术 | FDM |
| 最小分层/mm | 0.05 | 环境工作温度/℃ | 常温 25±3 |
| 成型精度/mm | 0.05～0.4 | 喷嘴最高温度/℃ | 245 |

## 8.3 热工设备

### 8.3.1 电热窑炉

生产陶瓷的一个重要过程是烧成，烧成是在热工设备中进行的，这里的热工设备指的是生产电子陶瓷的窑炉及其附属设备。生产陶瓷的窑炉的类型有很多，同一种制品可在不同类型的窑炉内烧成，同一种窑炉也可烧制不同的制品。按窑炉的操作来分，可分为间歇式窑炉和连续式窑炉两大类。本节只介绍常用的间歇式窑炉、连续式窑炉及其辅助设备。

电子陶瓷生产所用窑炉的发展过程是由低级到高级，由产量、质量低，燃料消耗大，劳动强度大，烧成温度低，不能控制气氛，逐渐发展到产量、质量高，燃料消耗低，烧成温度高，能控制气氛，以及实现机械化和自动化。

1. 间歇式窑炉

间歇式窑炉是通过电热元件把电能转变为热能，可分为电阻炉、感应炉、电弧炉、电子束炉和离子炉五类。

1) 电阻炉

电阻炉是指当把电源接在导体上时，导体内就有电流通过，因导体的电阻而发热的一种电热设备。这类电炉按炉温的高低可以分为低温（工作温度低于700℃）、中温（工作温度为700～1250℃）和高温（工作温度大于1250℃）三类。

(1) 箱式电阻炉：其名如其形，外形像箱子，炉膛为长六面体，靠近炉膛内壁放置电热元件。箱式电阻炉的打开方式犹如微波炉的开门方式。在箱体内有轻质高铝砖等耐高温材料，由红砖、黏土砖、轻质黏土砖、钢板构成保温层，使得其温度能保持在所需要的温度。箱式电阻炉主要用于单个小批量的大、中、小型制品的烧成，如用于实验室的教学和科研活动中，如图8.19所示。

图8.19 箱式电阻炉

(2) 井式电阻炉：炉膛高度大于其长度和宽度（或直径），炉门开在炉顶面，用炉盖密封。井式电阻炉的电热元件通常布置在炉膛的侧壁上，多为圆形、正方形或长方形，适宜于烧制管状制品。深井电阻炉通常沿高度分成几个加热区，各区温度分别通过控制功率来调节，使电阻炉沿整个高度温度分布均匀。

2) 感应炉

感应炉是由于电磁感应作用在导体内产生感应电流，该电流流过导体（导体有电阻）而使其产生热能的一种电炉。感应炉又可分为感应熔炼炉和感应加热炉。常利用感应炉研制氮化硅等。

3) 电弧炉

电弧炉是指热量主要是由电弧产生的热源来加热的电炉，用于人工合成云母、生产氧化铝空心球及硅酸铝耐火纤维优质保温材料等。

4) 电子束炉

电子束炉是指利用高速运动的电子能量作为热源来加热的电炉，又称为电子轰击炉。例如，可用电子轰击加热器来加热X光粉末照相机中的试样，还可用电子束浮区熔化技术来制备高熔点金属单晶(如超纯钨单晶，纯度可达 99.9975%)，以及用电子束炉制备硅单晶等。另外，电子束炉还可用于焊接、蒸发镀膜、热处理等方面。

5）离子炉

离子炉是利用电能产生的等离子体的能量来进行加热的电炉。等离子体利用一部分电离能，能很容易地达到 10 000℃以上的温度。

**2. 连续式窑炉**

连续式窑炉的分类方法有多种，按制品的输送方式可分为隧道窑炉、高温推板窑炉和辊道窑炉。与传统的间歇式窑炉相比较，连续式窑炉具有可连续操作、易实现机械化、大大地改善了劳动条件和减轻了劳动强度、降低了能耗等优点。

1）隧道窑炉

隧道窑炉因与铁路山洞的隧道相似而得名。目前电子陶瓷生产用得最多的是电热隧道窑炉。任何隧道窑炉内按温度都可划分为三带：预热带、烧成带、冷却带，如图 8.20 所示。干燥至一定水分的坯体入窑后，首先经过预热带进行预热；然后进入烧成带进行烧结；烧成的产品最后进入冷却带，将热量传给入窑的冷空气，产品本身冷却后出窑。

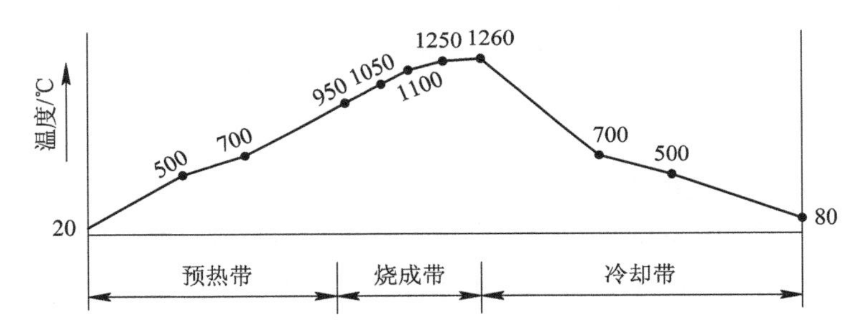


图 8.20　隧道窑炉内的温带

在电热隧道窑炉的窑体预热带、烧成带上安置电热元件，装好制品的窑具在传动机械的作用下连续地经过预热带、烧成带和冷却带。

2）高温推板窑炉

高温推板窑炉的通道由一个或数个隧道组成，隧道底由坚固的耐火砖精确砌成滑道，制品装在推板上由顶推机构推入窑炉内烧成，如图 8.21 所示为高温推板窑炉的实物图。

图 8.21　高温推板窑炉

3）辊道窑炉

辊道窑炉的窑底为一排金属质或耐火材料质辊子，每条辊子在窑外传动机构的作用下不断地转动，如图 8.22 所示。在辊道的预热端将陶瓷零件放置在辊子上，在辊子的转动作用下，零件以指定的速度依次通过辊道的预热带、烧成带和冷却带。同时，辊道窑炉内的发热体则不断地向辊道窑内部加热，由辊道窑外部的多个测温装置调节内部的温度，使得每一小段的辊道窑体都有所指定的温度。陶瓷零件在经过每一小段的辊道窑体时，相当于其在箱式窑炉内的不同时间段被施加不同的温度，当陶瓷零件从辊道窑的末端输送出来时，陶瓷零件也就烧制完成了。

图 8.22 辊道窑炉

## 8.3.2 电热元件

工作炉温不同，采用的电热元件也不同。当工作炉温在 1200℃以下时，通常用镍铬合金丝、铁铬铝合金丝作为电热元件；当工作炉温为 1350～1400℃时，通常用硅碳棒作为电热元件；当工作炉温为 1600℃时，可用硅钼棒作为电热元件。

1. 镍铬合金丝

镍铬合金也称为镍基合金，其熔点随合金成分而定，约为 1400℃。故工作温度在 1100℃以下的炉子均可使用镍铬合金丝作电热元件，且其在高温下不易氧化，不需气体保护。它的比体积电阻约为 1.11 $\Omega \cdot mm^2/m$，电阻温度系数为$(8.5\sim14)\times10^{-5}$/℃，所以当温度升高时，电功率较稳定。不同成分的镍铬合金丝的电阻率及电阻温度系数不同。因为镍铬合金的高温强度较高，有较好的塑性和韧性，适合绕制成各种类型的电热元件，如图 8.23 所示。电热元件经高温使用后一般会变脆，不能再加工，而镍铬合金丝制成的电热元件如果没有过烧，使用后仍然是较软的。

图 8.23 镍铬合金丝电热元件

**2. 铁铬铝合金丝**

铁铬铝合金的熔点比镍铬合金高，约为1500℃，加热后在其表面生成一层氧化铝，此层氧化铝的熔点比镍铬合金高，并不易氧化，起保护作用。国产的高温铁铬铝合金丝的最高使用温度可达1200～1400℃。铁铬铝合金丝的强度不太高，比镍铬合金丝低得多，如果过烧，则容易造成变形倒塌而短路，缩短其使用寿命；其性能硬脆，加工性差，经加热或使用过的铁铬铝合金丝性能更硬脆，不能再加工；其可焊性差，要求快速焊接；其在高温下与酸性耐火材料和氧化铁反应强烈，在炉里或作支撑用时要考虑使用比较纯的氧化铝耐火材料。

**3. 硅碳棒**

硅碳棒的主要成分为SiC 94.4%、$SiO_2$ 3.6%，其余为少量的铝、铁、氧化钙等。它的熔点为2227℃，使用温度为(1400±50)℃。硅碳棒在低温时，其电阻与温度成反比，但在800℃左右时，其阻-温特性曲线由负变正，这时要注意控制电压。这是因为空气与碳酸气在高温时对硅碳棒起氧化作用，阻值会增加。在使用60～80 h后，其阻值增加15%～20%，以后增加速度逐渐缓慢，这种现象称为“老化”，要注意控制功率。在正常的气氛下，炉温在1400℃时，硅碳棒连续使用寿命可达2000 h以上，间断使用寿命为1000 h左右。除棒形外，还可做成管形或螺旋形元件，如图8.24所示为常用的两端加粗的硅碳棒的外形尺寸。

**4. 硅钼棒**

硅钼棒是用金属粉末Mo与Si粉通过直接合成的方法制备的，其熔点为2030℃，作为发热体在空气中连续使用的最高温度为1650℃。硅钼棒的电阻率随温度的升高几乎以直线关系迅速上升，在恒定电压下，其功率在低温时是高的；随着温度上升，功率减小。硅钼棒在室温时既硬又脆，冲击强度低，抗弯和抗拉强度较好，常制成如图8.25所示的U型硅钼棒。硅钼棒元件在高于1350℃时变软并有延展性，伸长率为5%，冷却后又恢复脆性。硅钼棒特别适用于空气和中性气氛(如惰性气体)。

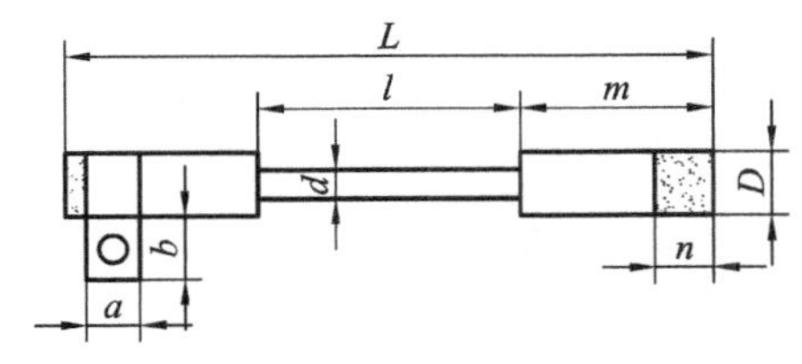


*l*—发热部分长度；*m*—冷端部分长度；*d*—发热部分直径；*D*—冷端部分直径；*n*—喷铝部分长度；*a*—连接卡箍宽度；*b*—卡箍舌片长度；*L*—全长。

图8.24 两端加粗的硅碳棒

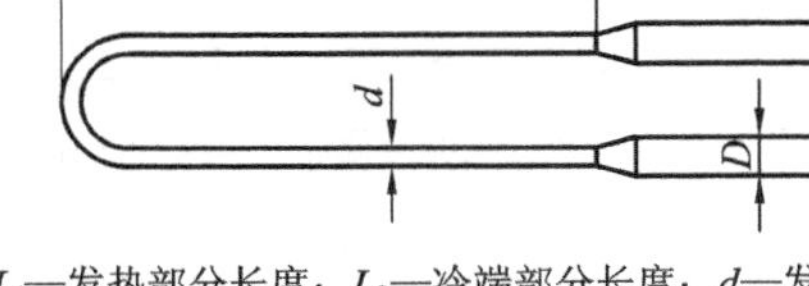


$L_1$—发热部分长度；$L_2$—冷端部分长度；*d*—发热部分直径；*D*—冷端部分直径；*n*—两冷端中心线间距。

图8.25 U型硅钼棒

## 8.3.3 窑炉热工测量

窑炉热工测量是指对正在操作的窑炉的炉内参数进行的测量，一方面可以用来衡量其设计是否合理，操作是否正常，有无改进之处；另一方面可以检查炉内温度分布情况，由实测数据进行自动调节。自动调节的目的是使窑炉能自动地按要求的参数稳定地运转。

窑炉热工测量包括温度测量、压力测量、气氛测量和流速、流量的测量。本小节只讨论温度的测量。常用的温度测量装置有测温三角锥、热电偶和光学温度计等。

1. 测温三角锥

测温三角锥又叫火锥，是用一定成分的硅酸盐材料(各种不同的氧化物)制成的高约6 cm的三角锥。测温三角锥按号码划分，每个号码相当于一个熔融温度，其熔融温度与制造测温三角锥的材料成分有关。

在测温时，将测温三角锥放在料垛之间进入窑内并与制品同时升温。测温三角锥软化至其顶端弯倒并恰好与底座接触时的温度，被规定为测温三角锥的熔触温度，也就是窑内制品温度。因为测温三角锥与制品处于同一位置，经受相同的升温和保温时间，能较近似地反映制品的情况。

如果将多个不同锥号的测温三角锥放在辊道窑内的窑车上，然后在烧成带不同的观察孔观察，也可以测出各车位的温度和烧结情况。

当需将测温三角锥植入耐火泥底时，以植入深度约为10 mm为宜，并应使测温三角锥与底座平面成80°角，如图8.26所示。

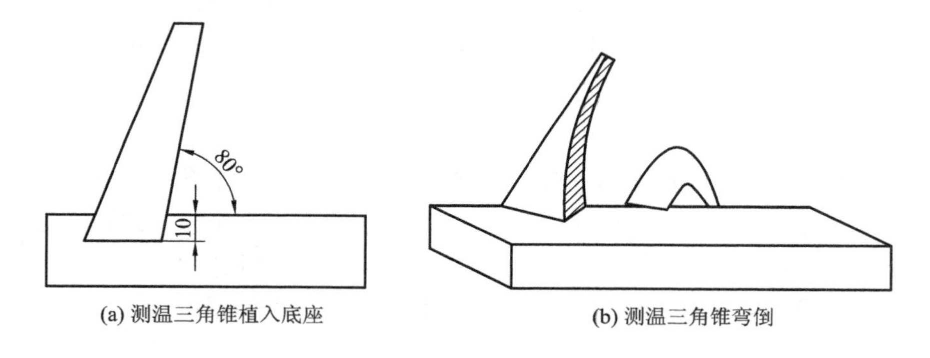


(a) 测温三角锥植入底座　　(b) 测温三角锥弯倒

图8.26　测温三角锥

我国火锥的编号和温度是一致的，只要将火锥编号乘以10得到的就是测定温度。例如，135号火锥的测定温度即为1350℃。

2. 热电偶

热电偶是由两根成分不同的金属丝或合金丝焊接而成的，并装在一根铁管或瓷管里面。将两根金属丝焊接的一端放在窑炉里，称为热端，将另一端放在窑炉的外面，称为冷端；用铜导线把它和毫伏计连起来，由于热、冷两端的温度不同，会在热电偶中产生一个电动势，回路中就有了电流。因两端所产生的电位差的大小与两端的温度差成正比，这样，在毫伏计上就可以指示出温度的读数来。

为什么热电偶两端温度不同就会产生电动势呢？因为金属丝两端自由电子的能量不同，温度高的一端电子能量大，容易跑到温度低的一端去。由于两种不同成分的金属丝的单位体积内所含的自由电子数不同，当焊接在一起时热端处于同一温度，而冷端接在毫伏计或电位差计上也处于同一温度时，两根金属丝中的电子不平衡，所以在热电偶中就产生了电动势。将热电偶接通以后，就有电流产生。

常用的热电偶有铂铑-铂热电偶、镍铬-镍硅(镍铬-镍铝)热电偶、镍铬-考铜、铂铑30-铂铑6热电偶。

(1) 铂铑-铂热电偶：以符号LB-3表示，又称分度号。这种热电偶测量准确性高，在氧化及中性气氛中比其他热电偶的物理化学稳定性好，在1300℃以下可长期使用，短期可测量1600℃的温度。它的主要缺点是灵敏度低，在还原性气体($H_2$、CO)及侵蚀性气体($CO_2$、$SO_2$)下易被损坏，也不宜在金属蒸气中测温。在这些气氛中工作时必须另加保护套管。

(2) 镍铬-镍硅(镍铬-镍铝)热电偶：分度号为FU-2。这种热电偶的化学稳定性高，抗氧化腐蚀性能较强，在1000℃以下可长期使用，短期可测量1300℃，材料的复制性好，灵敏度较高，价格便宜。但如果将这种热电偶用于还原性介质及硫、硫化物介质中，则容易被腐蚀，必须加装保护套管。

我国多用镍硅材料代替镍铝合金作为热电偶的负极，其热电性质与镍铬-镍铝的热电性质相同。

(3) 镍铬-考铜热电偶：分度号为EA-2。这种热电偶的优点是热电势大，价格便宜，但只能用于测量低温，长期使用可测量600℃以下的温度，短期可测量800℃的温度。由于考铜易受氧化、侵蚀，使用时必须加保护套管。

(4) 铂铑30-铂铑6热电偶：分度号为LL-22。这种双铂铑热电偶的正负极都是铂铑合金，只是含铑的比例不同，可长期测量1600℃以下的温度，短期可测量1800℃的温度。这种热电偶的性能稳定，精度高，适于在氧化和中性气氛中使用，但它产生的热电势小，价格较贵。

热电偶在使用过程中，会受到窑内气氛的侵蚀，而且长时间经受高温，金属有再结晶现象，会使测量不准确，所以应定期校正。

由热电偶的测温原理可知，电动势的大小与热冷两端的温差有关，冷端的温度要求稳定。但实际上，冷端温度是有变化的，为此，通常应用补偿导线将冷端位置移到连接仪表的温度较为恒定的地方，这样测得的温度必须根据实际冷端温度进行校正后，才是热端实际温度。

有不同材料的补偿导线，常用的补偿导线如表8.7所示。使用时应注意其正负极性，不要接错。

表8.7 常用补偿导线

| 热电偶 | 导线正极 | | 导线负极 | |
|---|---|---|---|---|
| | 材料 | 绝缘层颜色 | 材料 | 绝缘层颜色 |
| 铂铑-铂 | 铜 | 红 | 镍-铬 | 绿 |
| 镍铬-镍硅 | 铜 | 红 | 考铜 | 绿 |

在热电偶接上补偿导线以后，如果冷端温度比较恒定，与之配套的显示仪表机械零点调整又比较方便的话，可以采用上述冷端温度校正法进行校正。如果要求比较精确，可用冷端恒温法和补偿电桥法进行校正。

(1) 冷端温度校正法：设冷端温度为$T_0$，热电偶的热电势为$E(T, T_0)$，它与冷端是0℃时的热电势$E(T_0, 0)$有以下关系：

$$E(T,0)=E(T,T_0)+E(T_0,0) \tag{8.4}$$

由式(8.4)计算出 $E(T,0)$，然后查表即可得到热端的温度。

(2) 冷端恒温法：当热电偶工作时，把它的冷端浸入冰水混合体中，以保持冷端为0℃，由测出的热电势直接查表即可得到热端的温度。

(3) 补偿电桥法：热电偶的冷端处于室温，在接上一个补偿电桥后，当室温改变时，由于电桥的补偿作用，冷端仍相当于在某一个特定的温度，其测量原理如图 8.27 所示，$R_1$、$R_2$ 和 $R_3$ 是电阻温度系数很小的锰铜电阻器，$R_{Cu}$ 是工业铜电阻器(电阻温度系数为0.004 285/℃)。冷端接在 $R_{Cu}$ 处，与 $R_{Cu}$ 同在一个温度点。热电偶的输出电压等于未补偿热电偶的热电势加上电桥的输出电压，电桥的输出电压随环境温度的升高而增大，而未补偿热电偶的热电势随环境温度的增加而减小，从而使电桥可以补偿因环境温度变化所产生的误差。

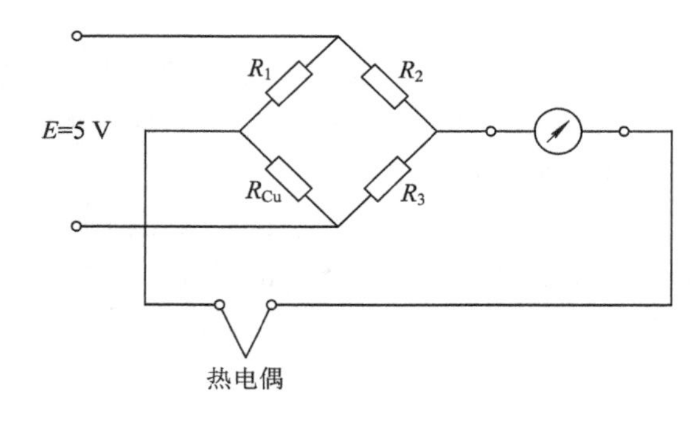


图 8.27 热电偶冷端温度补偿电桥

### 3. 光学高温计

WGG2 型隐丝式光学高温计是一种使用亮度测温法的非接触式测温仪器(测量范围为700～3200℃，精度为±1%)。亮度测温法的理论基础是普朗克辐射定律，其表达式如下：

$$I(\gamma,T)=\left(\frac{2h\gamma^3}{c^2}\right)\frac{1}{e^{\frac{h\gamma}{kT}}-1} \tag{8.5}$$

式中，$I(\gamma,T)$为辐射率，指单位时间内从单位面积和单位立体角内以单位频率间隔或单位波长间隔辐射出的能量；$\gamma$ 为光的频率；$T$ 为黑体的温度；$h$ 为普朗克常数；$c$ 为光速；$k$ 为玻尔兹曼常数。

由式(8.5)可知，物体在某一确定波长下，其单色辐射亮度与温度之间存在一定的函数关系，通过测量物体单色辐射的亮度来确定物体温度的方法即为亮度测温法。

光学高温计是基于维恩公式的亮度测温法，是根据物体光谱辐射亮度随温度升高而增加的原理，在选定的有效波长上进行亮度比较而进行测温的。WGG2 型隐丝式光学高温计的结构如图 8.28 所示，它主要由光学系统和电测系统组成。

光学系统由物镜和目镜组成。物镜的作用是使辐射源和被测物体成像在高温计参比灯的灯丝平面上；目镜的作用是使人眼能清晰地看到被测物体与参比灯灯丝的像。电测系统建立了高温计参比灯灯丝的亮度与温度分度值之间的函数关系，通过测量灯丝两端的电压或电流来确定被测物体的亮度温度。在使用时，用户通过目镜观察被测物体和参比灯，同

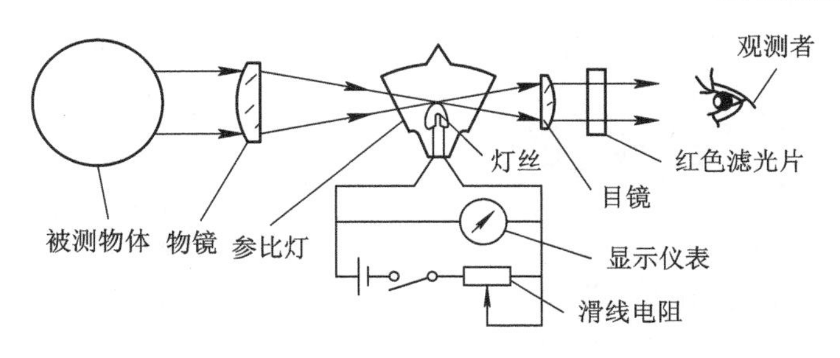


图 8.28　WGG2 型隐丝式光学高温计

时调节滑线电阻，使灯丝的亮度与被测物体的亮度一致，即使灯丝“隐灭”，如图 8.29(c)所示，此时显示仪表显示的即是被测物体的亮度温度。为了过滤杂散光和提高测量线性度，一般加装滤光片，滤光式高温计采用的是将灯泡灯丝的电流固定，使之发光强度一定，再用可变的滤光片将被测的光度强弱加以滤光，使被测物的光度与灯泡亮度相等，此时连在滤光片上的刻度即为被测物的温度。

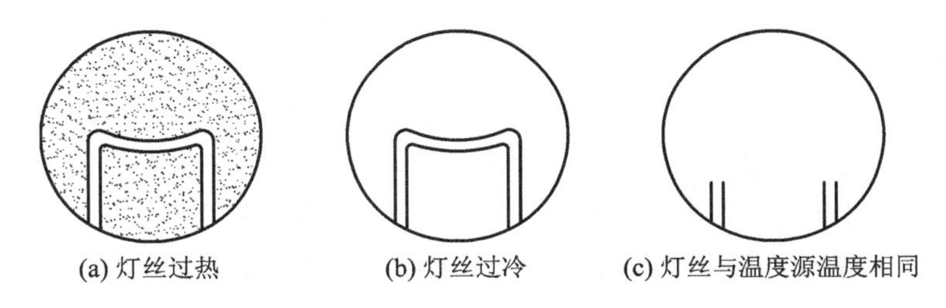


图 8.29　光学高温计灯丝像

WGG2 型隐丝式光学高温计巧妙地利用了人体肉眼作为检测机构的一部分，极大地简化了测温机制，使之成为一款经典的非接触式测温产品。然而，其磁电式电测显示系统存在着一些问题，不但制约了该产品的进一步发展，而且逐步威胁到了其在测温计市场中的生存。为了延长产品生命周期，使这种经典的测温技术得以保存，使用嵌入式技术对光学高温计进行数字化改造，改造后的仪表显示清晰确切、读数便捷，增加的数据存储功能方便用户记录数据，延长了电池寿命，同时简化了标定工艺，大大方便了生产调试，降低了生产成本。

## 8.4 加工设备

### 8.4.1 陶瓷切割机

陶瓷切割机根据其切割的方式可分为外圆切割机与内圆切割机。

1. 外圆切割机

1) 外圆切割机的结构

如图 8.30 所示是陶瓷外圆切割机的结构图。

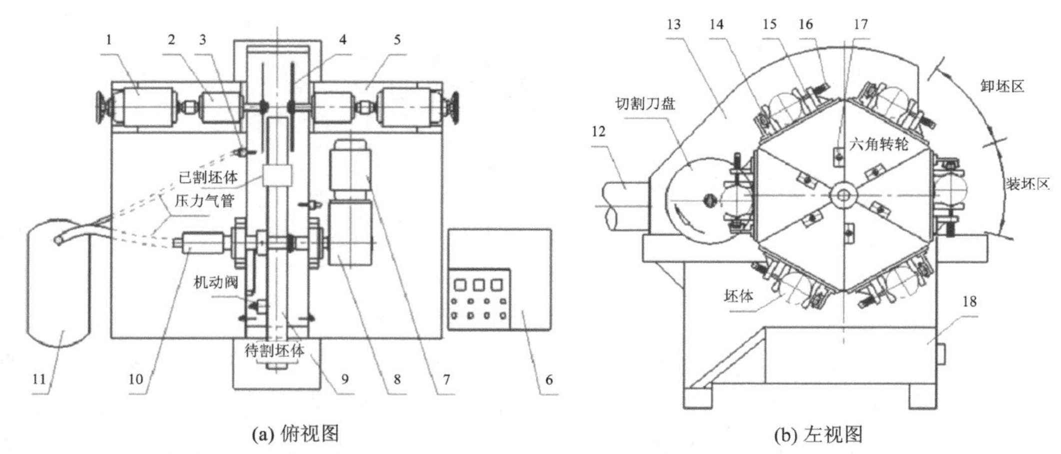


(a) 俯视图　　(b) 左视图

1—切割变频电机；2—轴承座；3—压缩空气吹灰装置(两套，左右错位布置)；4—切割刀盘；5—拖动板；6—控制柜；7—转轮变频电机；8—减速机；9—六角载坯转轮；10—气管旋转接头；11—空压机；12—抽尘口；13—切割机罩；14—气动夹具定板；15—气动夹具动夹板；16—气缸；17—机动阀；18—切屑抽屉。

图 8.30　陶瓷外圆切割机的结构

首先将切割变频电机 1 通过轴承座 2 直接连接切割刀盘 4，把切割变频电机 1 上的转矩输送给切割刀盘 4，使得切割刀盘 4 拥有极大的转速，满足切削的要求。为避免切削后产生的废屑与切割刀盘 4 摩擦产生大量的热，从而使其寿命降低，通过空压机 11 对压缩空气吹灰装置 3 输送压缩空气，从而将没有及时从坯体和切割刀盘 4 间掉落的废屑吹走，再统一通过抽尘口 12 排出。为了切削时废屑不会因初速度过快而打伤操作人员，因此在其上方加装一个切割机罩 13，同时为了方便废屑的收集，在机器下端加装一个切屑抽屉 18，用以盛放未被从抽尘口 12 抽走的废屑。为了使得加工过程中不会因为切割刀盘 4 因为瞬间的进给过大而崩刀，需要在切割变频电机 1、轴承座 2 下面加装一个拖动板 5，以方便切割刀盘 4 在坯体切削完成时远离六角载坯转轮 9 的最大直径，在坯体就位时缓慢进给。

由左视图可知，物料从切割机的右方的装坯区送入，再由卸坯区送出。转轮变频电机 7 通过减速器 8 给六角载坯转轮 9 输送变频转矩，再配合空压机 11 给气管旋转接头 10 输送压缩空气，使得六角载坯转轮 9 作间歇运动，当六角载坯转轮 9 带动其每个边角都有的启动夹具转动到指定的装坯区或卸坯区时，再由空压机 11 通过机动阀 17 向气缸 16 输送压缩空气，实现控制气动夹具动夹板 15 配合气动夹具定板 14 来完成对工件的夹紧和松开的动作。控制柜 6 则用以输入程序，使得各个动作可以有序无误的进行并在机器出现故障时进行急停。

2）外圆切割机的实物图

如图 8.31 所示是简易外圆切割机的实物照片，主要包括砂轮(刀片)、电机和冷却水管以及电气控制部分。

图 8.31　简易外圆切割机

2. 内圆切割机

1）内圆切割机的结构

如图 8.32 所示是陶瓷内圆切割机的结构图。

在陶瓷内圆切割机工作时，切割缸 3 通过缸内的液体流动使活塞上、下移动，从而控制摇摆臂 2 摆动，再带动刀盘 4 作上、下摆动，最后通过电机带动连接电机的主轴 5 来带动刀盘 4 上的刀片高速旋转。

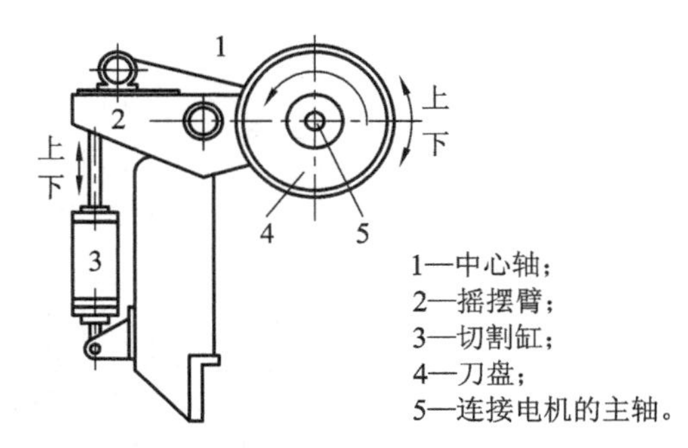


图 8.32 陶瓷内圆切割机的结构

与外圆切割机相比，内圆切割机由于限制范围的原因而不能够随意的选定切割点，只能在限制范围内进行准确的切割。从安全方面来说，内圆切割机在安全上会比外圆切割机有优势，这是由于内圆切割机有刀盘的遮挡，可以很好地阻挡切削后产生的碎屑飞溅到人员身上。

2）内圆切割机的实物图及基本参数

图 8.33 所示为内圆切割机实物图。表 8.8 所示为 QP－301D 内圆切割机的技术参数。

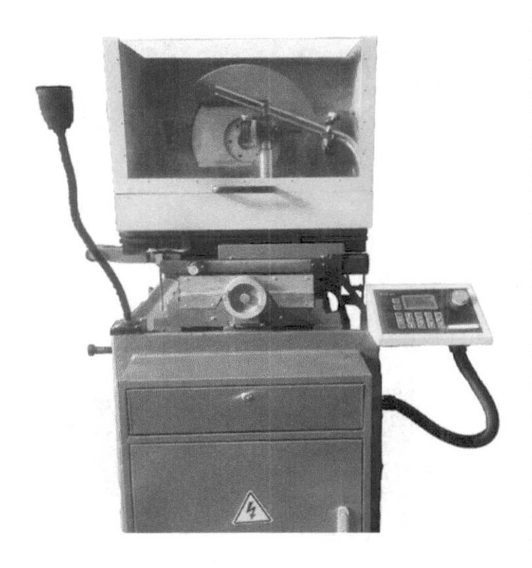

图 8.33 内圆切割机

表 8.8 内圆切割机技术参数(QP－301D)

| 名　称 | | 技术参数 |
|---|---|---|
| 切割晶棒最大直径/mm | | $\phi$<100 |
| 刀片规格/mm | | 422×152 |
| 切割晶棒最大长度/mm | | 350 |
| 切割进给速度/(mm/min) | | 1～99 |
| 切割返回速度/(mm/min) | | 1～999 |
| 进料进给步距偏差/mm | | 0.007 |
| 片厚设定范围/mm | | 0.001×40.000 |
| 晶向调节 | 水平方向($X$) | ±7°(分辨率 2′) |
| | 垂直方向($Y$) | ±7°(分辨率 2′) |
| 功耗 | 功率/kW | 2.5 |
| | 电压/V | 380±38 |
| | 频率/Hz | 50±1 |
| 空气源/MPa | | 0.4～0.5 |

## 8.4.2 陶瓷研磨机

陶瓷研磨机是生产陶瓷的重要机械，它不同于破碎机是将泥料进行破碎，而是通过打磨，使得陶瓷产品的外表达到符合产品要求的精度及形状。陶瓷研磨机可以根据功能与作用分为陶瓷平面研磨机(陶瓷单面研磨机)和陶瓷双面研磨机。

1. 陶瓷平面研磨机(陶瓷单面研磨机)

1) 陶瓷平面研磨机的结构

图 8.34 所示是陶瓷平面研磨机的结构示意图。

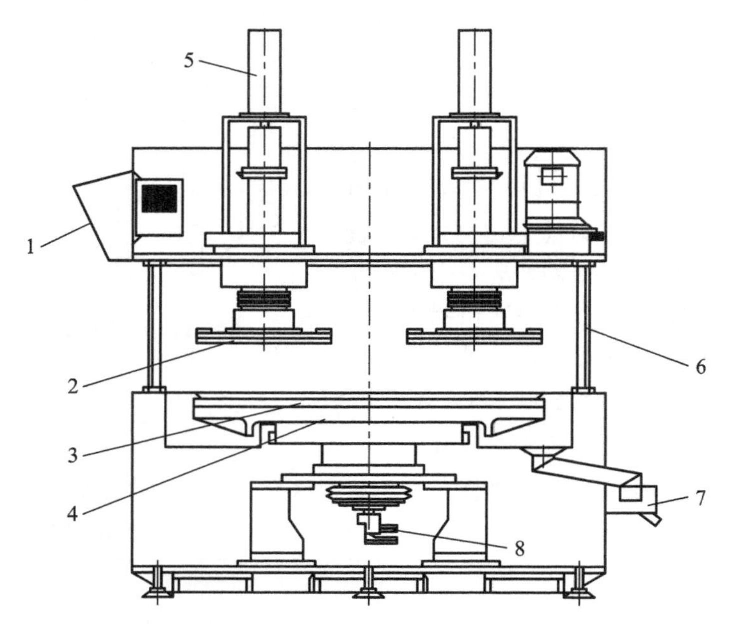


1—操作箱(触摸屏)；2—上磨盘；3—下磨盘；4—主轴旋转体；5—上气缸；6—挡水罩；7—分水箱；8—旋转接头。

图 8.34 陶瓷平面研磨机的结构

将待磨坯体(工件)用固体蜡黏接在陶瓷盘上，放于上磨盘 2 内，上磨盘 2 与下磨盘 3 进行同向或反向转动(可调速)，通过给上气缸 5 加压来对工件进行加压，钻石研磨液通过旋转接头 8 再通过蠕动泵搅拌滴在磨盘上，从而使得工件、钻石研磨液、磨盘相互产生摩擦以及化学反应，达到研磨抛光的目的。在工作时，为防止钻石研磨液在上磨盘 2 或下磨盘 3 的飞速转动下飞溅出去而伤及工作人员，在机器外侧安装一个挡水罩 6，最后再将废液流入分水箱 7 进行收集。所有的操作由操作箱 1 上的触摸屏进行控制。

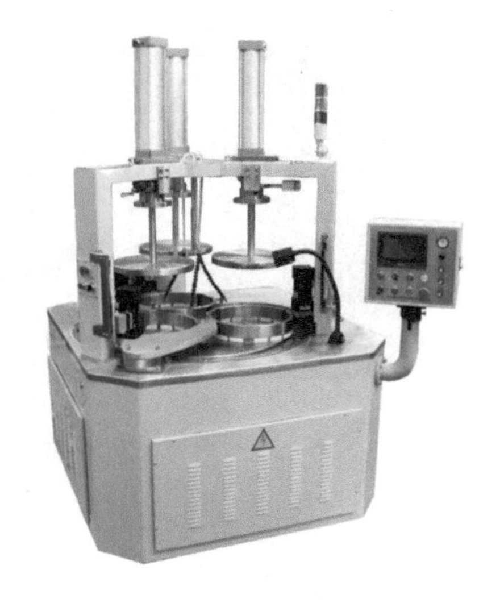

图 8.35 陶瓷平面研磨机

2) 陶瓷平面研磨机的实物图及基本参数

图 8.35 所示是陶瓷平面研磨机的实物图。

表 8.9 所示为陶瓷平面研磨机的基本参数。

表 8.9 陶瓷平面研磨机的基本参数

| 名　称 | 基本参数 |
|---|---|
| 磨削工件直径/mm | $\phi$200 |
| 磨削工件宽度/mm | 150 |
| 转盘转速/(r/min) | 0～50 |
| 磨盘电机功率/kW | 5.5 |
| 太阳轮电机功率/kW | 1.5 |
| 研磨盘直径/mm | $\phi$570 |
| 磨盘直径/mm | $\phi$170±50 |
| 工作环/个 | 4 |
| 加工厚度/mm | 150 |
| 平面度/mm | 0.003 |
| 平行度/mm | 0.005 |

**2. 陶瓷双面研磨机**

1）陶瓷双面研磨机的结构

如图 8.36 所示是陶瓷双面研磨机的结构示意图。

将陶瓷零件 6、7(下方均用 6 代替)放在上、下抛光布 2、4 之间，依次围绕着中心摆放。游星轮 3(见图 8.37)可以阻挡因高速旋转而有向外移动趋势的陶瓷零件 6。上磨盘 1 带着上抛光布 2，下磨盘 5 带着下抛光布 4，作不同向、不同速的旋转，对陶瓷零件 6 的正、反面进行打磨。压力杆受到一个外加压力，使得上、下磨盘 1、5 靠近陶瓷零件 6，对陶瓷零件 6 进行打磨，当距离达到一定程度后，压力杆上的外加压力由变压变成恒压，直到打磨完成后，再将恒压撤走，最后停止打磨。在打磨时会产生细碎颗粒，添加抛光液 8 会清洗掉陶瓷零件 6 表面的颗粒，同时抛光液 8 可以使得陶瓷零件 6 更快地达到要求的零件表面粗糙度。抛光液 8 虽可以提高打磨效率，但不能忽视抛光液 8 对环境的影响，应当做到无毒无污染的程度。

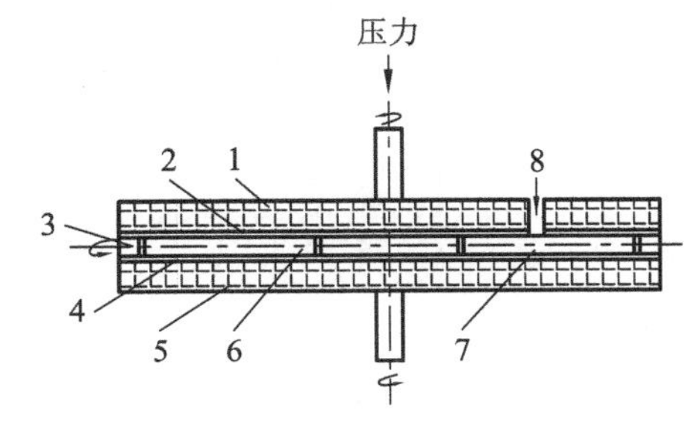


1—上磨盘；2—上抛光布；3—游轮片；4—下抛光布；
5—下磨盘；6、7—陶瓷零件；8—抛光液。

图 8.36 陶瓷双面研磨机的结构

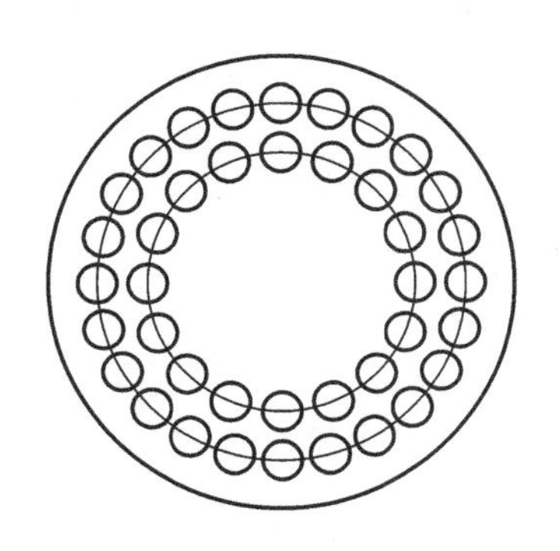

图 8.37 游星轮示意图

为了提高陶瓷零件的研磨效率，陶瓷零件应当如图 8.37 所示铺设在游星轮上，从水平方向看游星轮，由外及内分别是游轮片、陶瓷零件，这样放置可以防止陶瓷零件因为向心力的作用偏离轨道，同时又不会对陶瓷零件构成太大的损伤。因此游轮片的厚度应当小于陶瓷零件的厚度，且其形状应为圆形，这样可以很好地抵消陶瓷零件的作用力和摩擦力，也侧面保护了陶瓷零件。

研磨机不仅有打磨类型的研磨机，也具有抛光类型的研磨机，抛光其实就是在打磨后更换更加细的抛光布进行打磨，从而达到符合要求的粗糙度。因此这里不再对抛光类型的研磨机进行赘述。

2）陶瓷双面研磨机的实物图及基本参数

图 8.38 所示为陶瓷双面研磨机的实物照片。

图 8.38 陶瓷双面研磨机

表 8.10 所示为陶瓷双面研磨机的基本参数。

表 8.10 陶瓷双面研磨机的基本参数

| 名 称 | 型 号 | | | |
|---|---|---|---|---|
| | 2MK8463 | 2MK8470 | 2MK8470A | 2MK84100A |
| 研磨盘直径/mm | $\phi 630$ | $\phi 700$ | $\phi 720$ | $\phi 1000$ |
| 加工最大直径/mm | $\phi 160$ | $\phi 200$ | $\phi 200$ | $\phi 300$ |
| 上盘电机功率/kW | 5.5 | 5.5 | 5.5 | 7.5 |
| 下盘电机功率/kW | 5.5 | 5.5 | 5.5 | 7.5 |
| 内环电机功率/kW | 2.0 | 2.0 | 2.0 | 4.0 |
| 系统气压/MPa | 0.6 | 0.6 | 0.6 | 0.6 |
| 外形尺寸/mm | 1750×1430×2500 | | | 2000×1750×2900 |
| 机床重量/kg | 3500 | 3500 | 3500 | 5000 |

### 8.4.3 真空蒸发镀膜机

镀膜是为了保护内部的工件不受到氧化、腐蚀等外界影响而诞生的技术。传统的镀膜是通过水域电解，使得分子通过水域附着在工件表面，但真空蒸发镀膜与传统的电解镀膜不同，其所移动的不再只是分子，还可以是原子，因此其比传统的镀膜手段的镀膜速度快，成膜速度可达到 0.1～50 μm/min，其制成的薄膜的纯度也比传统的高，薄膜的生长机理较传统方法更为简单。

**1. 真空蒸发镀膜机的工作原理**

图 8.39 所示为真空蒸发镀膜机的工作原理图。

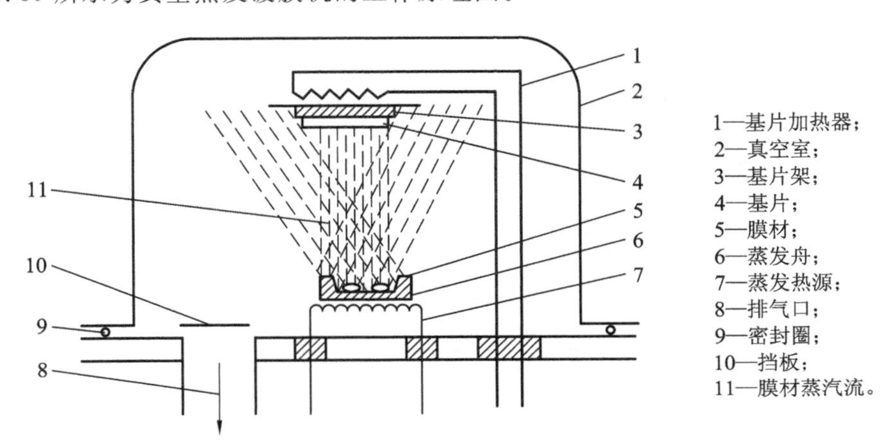


图 8.39　真空蒸发镀膜机的工作原理

在真空蒸发镀膜机工作前先将真空室 2 中的气体通过排气口 8 抽空，再在密封圈 9 的基础上加上挡板 10。接着给蒸发热源 7 通电来加热蒸发舟 6，用以蒸发膜材 5，膜材 5 在蒸发后，其分子或者原子在空中扩散后附着在固定在基片架 3 下的基片 4 上。为了更好地使分子或者原子附着在基片 4 上，需要一个基片加热器 1 加热基片 4，用以使分子更好地附着。在基片 4 镀膜完成后，先断开蒸发热源 7 的电源，再断开基片加热器 1 的电源，最后打开挡板 10，打开真空室 2，取出基片。

**2. 真空蒸发镀膜机的实物图及基本参数**

图 8.40 所示为真空蒸发镀膜机的实物照片。

图 8.40　真空蒸发镀膜机

表 8.11 所示为真空蒸发镀膜机常用的基本参数。

表 8.11 真空蒸发镀膜机常用的基本参数

| 名称 | | 数值 | | |
|---|---|---|---|---|
| 蒸发室尺寸/mm | 钟罩式(内径) | 320、400、500、630、800、1000、1250、1600、1800、2000、2200 | | |
| | 箱式(宽度) | 550、700、1100、1500、1800 | | |
| 极限压力/Pa | 档次 | A | B | C |
| | 不加液氮 | $\ll 5\times10^{-6}$ | $\ll 5\times10^{-6}$ | $\ll 3\times10^{-3}$ |
| | 加液氮 | $\ll 3\times10^{-6}$ | $\ll 3\times10^{-4}$ | — |
| 恢复抽真空时间/min | | ($1.3\times10^{-4}$ Pa) $\leqslant 60$ | ($1.3\times10^{-3}$ Pa) $\leqslant 20$ | ($7\times10^{-2}$ Pa) $\leqslant 15$ |
| 工件加热均匀度/℃ | | ≤10、≤16、≤20、≤25、≤32 | | |
| 工件烘烤温度调节范围/℃ | | 室温～500 | | |
| 蒸发源功率/kW | 电阻蒸发源/个 | 3、5、7、10、12、14、16 | | |
| | 电子束蒸发源/个 | 3、4、5、6、8、10、15、20、30、50、100、300 | | |

## 8.4.4 磁控溅射机

### 1. 磁控溅射机的结构

如图 8.41 所示为磁控溅射机的结构示意图。

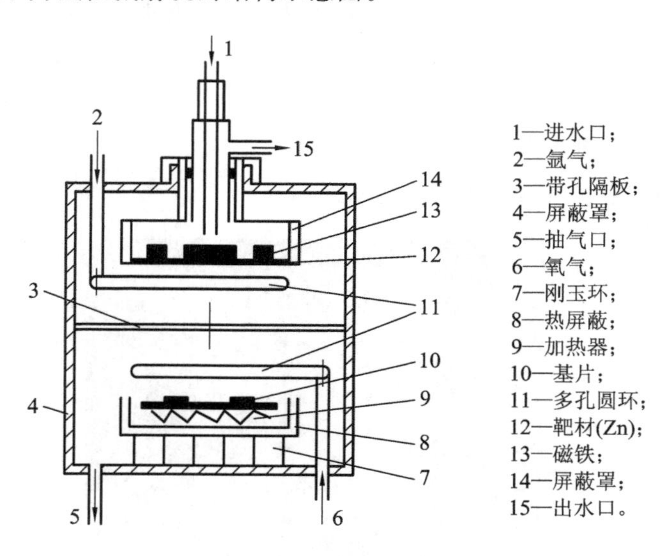


图 8.41 磁控溅射机的结构

在磁控溅射机工作前，首先先打开进水口 1 和出水口 15，直到出水口 15 出水，这是利用水来给被荷能粒子轰击后的靶材 12 降温。屏蔽罩 14 用以隔绝外部环境对内部的影响，磁铁 13 用以吸附和固定靶材 12。查看氩气 2 和氧气 6 的接口确定其已关闭，打开抽气口 5，直至将内部空气抽空，再打开氧气 6 的接口直到抽气口 5 抽出氧气后，再打开氩气 2，同时将加热器 9 也打开，方便 ZnO 的附着。此时即可利用氩气 2 作荷能粒子来轰击靶材 12，使得靶材 12 的单质原子扩散出去，随着气体的流动与氧气发生反应，并附着在基片 10 上。在完成附着后，关掉氩气 2，当抽气口 5 无氩气抽出时关掉氧气 6，直至抽真空后，再关掉加热器 9，最后关掉抽气口 5，使得机器内部的气压与大气压一致，再取出基片 10。

在此过程中，如果是氧气先进入，可能会导致些许氧气通过带孔隔板与靶材进行反应，生成 ZnO 氧化物，但并不妨碍溅射的进行，在荷能粒子冲击后，那些先前被氧化的靶材也以分子的形式随着 Zn 单质原子扩散出去，而后再经过氧气的氧化，完全变成 ZnO 氧化物附着在基片上。

图 8.42 CCZK－SF 磁控溅射机

**2. 磁控溅射机的实物图及基本参数**

图 8.42 所示为 CCZK－SF 磁控溅射机的实物照片。

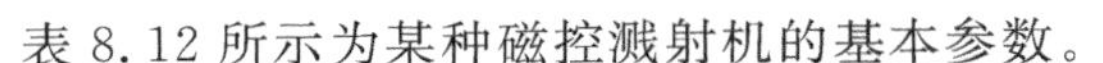

表 8.12 所示为某种磁控溅射机的基本参数。

**表 8.12 磁控溅射机的基本参数**

| 名　称 | 参　　数 |
|---|---|
| 真空室 | 不锈钢真空室 |
| 极限真空 | $<6.7\times10^{-5}$ Pa(环境湿度≤55%) |
| 真空室漏气率 | $<5.0\times10^{-7}$ (Pa×L/s) |
| 抽气速率 | 系统短时间暴露大气并充干燥 $N_2$ 时开始抽气，溅射室的压强在 30 min 内可达到 $9.0\times10^{-4}$ Pa |
| 真空室保压 | 系统停泵关机 12 h 后真空度≤5 Pa |
| 溅射材料 | 直径至少 3 英寸以下兼容；各种金属、合金、化合物、陶瓷、超导、铁磁、铁电、热电、磁性材料薄膜 |
| 溅射靶 | $\phi$60 mm 可弯曲磁控溅射靶三只(其中一只为强磁靶)，上置安装，靶基距在 6～10 cm 可调 |
| 溅射不均匀性 | <±5%(共溅工位 $\phi$75 mm 范围内，直溅工位 $\phi$37.5 mm 范围内) |
| 溅射室规格 | 内空容量>0.1 $m^3$ |
| 工作台旋转 | 中心工位自转，转速在 5～30 r/min 可调 |
| 样品加热/℃ | 样品衬底可加热，共溅加热温度≥600℃，直溅三工位加热温度均达到>400℃，多段控温模式，控温精度为±1% |
| 载片量 | $\phi$75 mm 样片 |

### 8.4.5 超声波清洗机

#### 1. 超声波清洗机的工作原理及结构

如图 8.43 所示是超声波清洗机的工作原理图。

超声波清洗机主要由超声波发生器、换能器 3 和清洗槽 2 组成，将零件 1 浸入清洗液中，再由超声波发生器产生大于 20 kHz 的超音频电信号，通过换能器 3 转换为同频率的机械振动，并以超音频纵波形式在清洗液中辐射，在超声空化效应下产生无数可高达上千大气压力的微小气泡并随即瞬间爆破，形成对零件 1 表面细微局部的高压轰击，零件 1 上的污物在空化侵蚀、乳化和搅拌作用下，加以适宜的温度、时间及清洗液的化学作用，其表面及缝隙间的污垢被迅速剥离，从而达到清洗的目的。

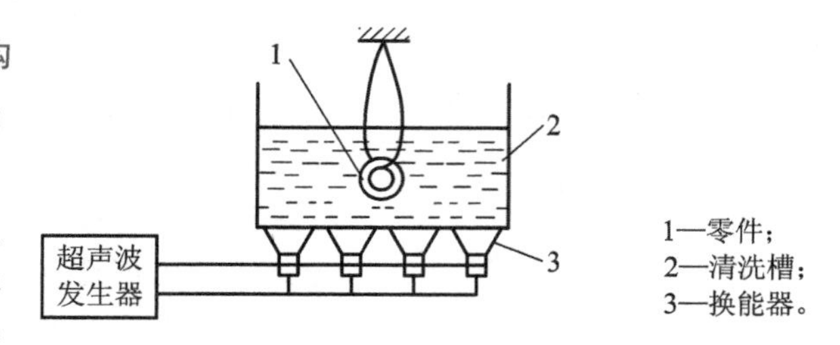


图 8.43 超声波清洗机的工作原理

如图 8.44 所示是实际超声波清洗机的结构图。

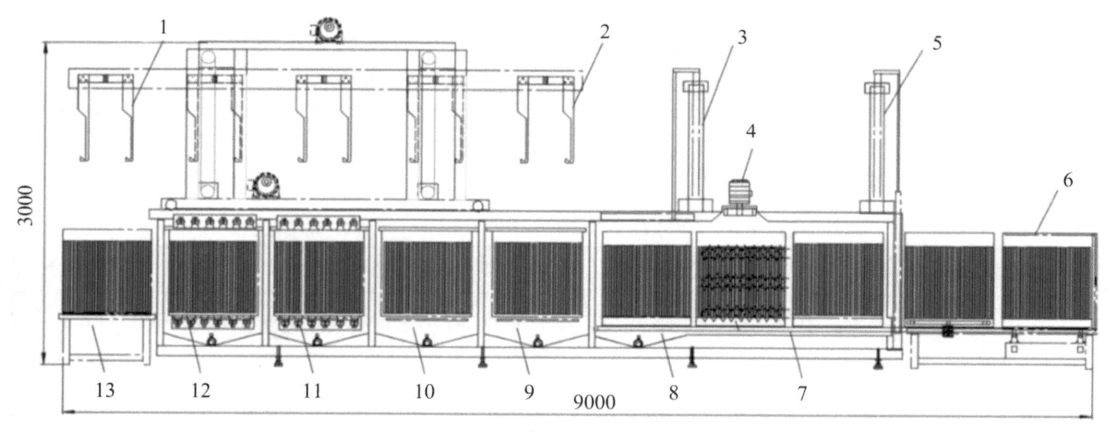


1—1 号机械臂；2—5 号机械臂；3—进料门缸；4—循环风机；5—出料门缸；6—下料手动转台；7—链条输送；8—烘干；9—防锈；10—鼓泡漂洗；11—超声精洗；12—超声粗洗；13—上料台。

图 8.44 超声波清洗机的结构

在进行超声波清洗前，先将需要清洗的零件放在上料台 13 上，再由 1 号机械臂 1 和 5 号机械臂 2 夹住依次放入超声粗洗 12、超声精洗 11、鼓泡漂洗 10、防锈 9、烘干 8 中，超声粗洗 12 和超声精洗 11 使用的是不同的超音频电信号，以保证将大部分的污垢去除，后面的鼓泡漂洗是对零件的最后把关，以保证零件干净，但考虑到零件浸水清洗后容易将原本零件上的防锈处理给洗掉，因此需要再给其加上一个防锈 9 处理。最后，再通过循环风机 4 对零件进行一系列的烘干，达到标准后经过下料手动转台 6 拿出。

#### 2. 超声波清洗机的实物图及基本参数

图 8.45 所示为超声波清洗机的实物照片。

表 8.13 所示为超声波清洗机的基本参数。

图 8.45 超声波清洗机

表 8.13 超声波清洗机的基本参数

| 名称 | 参数 |
|---|---|
| 频率 | ≥20 kHz，可以分为低频、中频、高频3段 |
| 清洗介质 | 超声波清洗一般使用两类清洗剂，即化学溶剂、水基清洗剂。清洗介质的化学作用可以加速超声波清洗效果，超声波清洗是物理作用，两种作用相结合，可对零件进行充分、彻底的清洗 |
| 功率密度 | 功率密度=发射功率(W)/发射面积($cm^2$)，通常功率密度≥0.3 W/$cm^2$，超声波的功率密度越高，空化效果越强，速度越快，清洗效果越好。但对于精密的、表面光洁度较高的物件，采用长时间的高功率密度清洗会对零件表面产生“空化”腐蚀 |
| 超声波频率 | 超声波频率越低，在液体中产生空化越容易，产生的力度越大，作用也越强，适用于工件(粗、脏)初洗；超声波频率高则超声波方向性强，适用于精细零件的清洗 |
| 清洗温度 | 一般来说，超声波在30～40℃时的空化效果最好。清洗剂则是温度越高，作用越显著。通常在实际应用超声波时，采用50～70℃的工作温度为宜 |

## 本章练习

1. 机械粉碎法有哪几种？分别可以达到什么精度？

2. 滚动球磨机的工作原理是什么？

3. 过度粉碎产生的原因是什么？要如何避免？

4. 滚动球磨机、行星球磨机、气流磨机的相似之处是什么？不同之处又是什么？

5. 气流磨机在卸料时可用到哪些方便又实用的方法？

6. 干压成型机、等静压成型机、热压铸成型机的优缺点分别是什么？它们的相似和不同之处有哪些？

7. 简单阐述一下真空蒸发镀膜机和磁控溅射机的相同与不同之处，并说明其各自优缺点。

8. 超声波清洗机的工作原理是什么？

# 参考文献


[1] 刘维良. 先进陶瓷工艺学[M]. 武汉：武汉理工大学出版社，2004.

[2] 周济，李龙土，熊小雨. 我国电子陶瓷技术发展的战略思考[J]. 中国工程科学，2020，22 (5)：20－27.

[3] 李标荣，王筱珍，张绪礼. 无机电介质[M]. 武汉：华中理工大学出版社，1995.

[4] 曾燕伟. 无机材料科学基础[M]. 2版. 武汉：武汉理工大学出版社，2015.

[5] 刘梅冬，许毓春. 压电铁电材料与器件[M]. 武汉：华中工学院出版社，1990.

[6] 陈旺. 充满型钨青铜陶瓷的结构与性能[D]. 浙江大学博士学位论文，2018.

[7] 王零森. 特种陶瓷[M]. 长沙：中南工业大学出版社，2003.

[8] 上海科学技术新型无机材料教研组编. 电子陶瓷工艺基础[M]. 上海：上海人民出版社，1977.

[9] 张锐，王海龙，许红亮. 陶瓷工艺学[M]. 2版，北京：化学工业出版社，2013.

[10] 李标荣. 电子陶瓷工艺原理[M]. 武汉：华中工学院出版社，1986.

[11] 曹春娥，顾幸勇. 无机材料测试技术[M]. 武汉：武汉理工大学出版社，2010.

[12] 曹良足，熊建斌，范跃农. 原料配方对移相器用BST陶瓷材料性能的影响[J]. 电子元件与材料，2014，33(10)：36－40.

[13] 曹良足，冯晓炜，徐琼琼，等. 原材料和制备工艺对硅酸锌陶瓷微波介电性能的影响[J]. 中国陶瓷，2012，48(7)：47－51.

[14] 曹良足，胡健，曹达明. 球磨工艺和复合掺杂对(Zr，Sn)$TiO_4$微波介质陶瓷的性能影响[J]. 中国陶瓷，2014，50(3)：28－31.

[15] 曹良足，高瑞平，殷丽霞. 纳米$Al_2O_3$对$CaTiO_3$-(La，Nd)$AlO_3$陶瓷的烧结温度和介电特性的影响[J]. 中国陶瓷，2018，54(1)：40－44.

[16] YOOA J N，KIMA Y，CHO H，et al. High piezoelectric d31coefficient and high Tc in PMW－PNN－PZT ceramics sintered at low temperature Sens. Actuators A：Phys. (2016)，http：//dx. doi. org/10. 1016/j. sna. 2016. 12. 020 x.

[17] 吴坚强，吴迪，曹翰超，等. 预烧温度对$LaAlO_3$和$SrTiO_3$晶相结构及介电性能的影响[J]. 中国陶瓷，2012，48(2)：18－20.

[18] 曾东，刘晓林，陈建峰，等，沉淀法制备纳米钛酸锌粉体的研究[J]. 北京化工大学学报，2005，32(5)：39－42.

[19] 侯磊，侯育冬，朱满康，等. Sol－gel法制备六方相$ZnTiO_3$粉体的研究[J]. 电子元件与材料，2005，24(3)：30－32.

[20] 苏毅，胡亮，杨亚玲. 溶胶-凝胶法合成钛酸钡超细粉体工艺研究[J]. 材料科学与工艺，2000，8(3)：85－88.

[21] 周生刚，竺培显，黄子良，等. 气相法制备纳米粉体材料研究新进展[J]. 材料导报，2008，22，专辑Ⅺ，100－103.

[22] 华南工学院等合编. 陶瓷工艺学[M]. 北京：中国建筑工业出版社，1981.

[23] 楼熠辉，李攀郁，吴甲民，等．增材制造技术及其在微波无源器件设计与制备中的研究现况与展望[J]．中国科学，2019，491(12)：1442－1460.

[24] 楼熠辉，王飞，李攀郁，等．利用3D打印技术制备 $Al_2O_3$ 微波无源器件[J]．电子元件与材料，2019，38(10)：44－48.

[25] 姜召同，高玉新．瓷粉干压成型模具的选材与应用[J]．模具制造，2005，(7)：555－576.

[26] 周东祥，欧阳俊，郑志平，等．微波陶瓷凝胶注模成型工艺研究[J]．压电与声光，2005，27 (6)：685－687.

[27] MATSUMOTO H，TAMURA H，WAKINO K. Ba(Mg，Ta)$O_3$－$BaSnO_3$ High－Q Dielectric Resonator[J]. Japanese Journal of Applied Physics，1991，30(9B)：2347－2349.

[28] YANG X，WU H，WANG X，et al. Two－step sintering：An approach to prepare Ba($Zn_{1/3}Nb_{2/3}$)$O_3$ ceramics with high degree of cation ordering[J]. Journal of Alloys and Compounds，2017，06：323.

[29] 谢蒙优，石建军，陈国，等．微波烧结技术的研究进展及展望[J]．粉末冶金工业，2019，29(03)：66－72.

[30] 吴明威，朱海峰，王金芳，等．冷烧结技术制备陶瓷材料综述[J]．中国陶瓷，2021，57(03)：1－10.

[31] 付长利，李晓萌，郭靖．基于冷烧结技术的电介质材料研究进展[J]．陕西师范大学学报：自然科学版，2021，49 (04)：30－42.

[32] 袁巨龙．功能陶瓷的超精密加工技术[M]．哈尔滨：哈尔滨工业大学出版社，2008.

[33] 吴炜．激光调阻规律初探[J]．电子元件与材料，1989，8(5)：22－25.

[34] LIN J J，LIN C I，KAO T H，et al. Low－Temperature Metallization and Laser Trimming Process for Microwave Dielectric Ceramic Filters[J]. Materials 2021，14：1－15.

[35] 徐延献，沈继跃，薄占满．电子陶瓷材料[M]．天津：天津大学出版社，1993.

[36] 吴玉胜，李明春．功能陶瓷材料及其制备工艺[M]．北京：化学工业出版社，2013.

[37] 贡长生，张克立．新型功能材料[M]．北京：化学工业出版社，2001.

[38] SEBASTIAN M T. Dielectric Materials for Wireless Communication [M]. Elsevier，2008.

[39] 赁敦敏，肖定全，朱建国，等．无铅压电陶瓷研究开发进展[J]．压电与声光，2003，25(2)：127－132.

[40] ISHIGAKI S，NO S，ATO H，et al. BaO－$TiO_2$－$WO_3$ Microwave Ceramics and Crystalline $BaWO_4$[J]. J AM. CERAM SOC，1988，71(1)：11－17.

[41] 曹良足，喻佑华．钛酸锌微波介电陶瓷的改性研究现状[J]．电子元件与材料，2008，27(02)：5－7.

[42] 曹良足，殷丽霞．$Nd_2O_3$ 和 $Sm_2O_3$ 掺杂钛酸锌介电陶瓷的结构与性能[J]．电子元件与材料，2010，29(05)：14－17.

[43] 曹良足，喻佑华. 掺杂 $B_2O_3$ 对(Zn，Mg)$TiO_3$ 固溶体结构和性能的影响[J]. 压电与声光，2009，31(06)：874-877.
[44] 曹良足，张伟伟，袁开庭. 低介电常数微波介电陶瓷的开发与应用[J]. 中国陶瓷，2009，45(11)：24-27.
[45] 曹良足，彭华仓，严君美，等. $CaTiO_3$-(La，Nd)$AlO_3$ 微波介质陶瓷的研究与应用[J]. 电子元件与材料，2013，32(08)：35-37+41.
[46] 曹良足，曹达明. 温度稳定性高的 BaO-$TiO_2$-$Sm_2O_3$ 微波介质陶瓷的研究与应用[J]. 中国陶瓷，2011，47 (11)：29-32+42.
[47] 曹良足，王莉雅，殷丽霞. $MnO_2$ 对($Zr_{0.8}Sn_{0.2}$)$Ti_{(1+\delta)}O_{(4+2\delta)}$微波介质陶瓷的结构与介电性能的影响[J]. 陶瓷学报，2020，41(03)：397-402.
[48] 张维兰，欧江，夏先均. 气敏陶瓷研究进展[J]. 热处理技术与装置，2006，27(5)：15-17.
[49] 张柏清，林万云. 陶瓷机械工业设备[M]. 2版. 北京：中国轻工业出版社，2018.
[50] 郑陈. 隐丝式光学高温计的数字化改造[J]. 上海电气技术，2013，6(1)：46-49.
[51] 张赐成，刘佐民，卢平. 新型偏心式行星球磨机动力学研究[J]. 机械设计与制造，2006(09)：13-15.
[52] 吕方，刘东，钟正钢，等. 国内气流粉碎设备[J]. 中国非金属矿工业导刊，2006(01)：50-52.
[53] 黄执高，张勇，郭烈红，等. 基于3D打印技术在机械制造中的应用研究[J]. 科技与创新，2022(15)：16-18.
[54] 程小军，孙晓放，高鑫，等. 转轮连续进给式蜂窝陶瓷自动切割机的设计[J]. 中国陶瓷，2011，47(11)：73-74+80.
[55] 梁仁和. QP160 内圆切片机系统设计和实现[D]. 西安理工大学，2007.
[56] 谢求泉. 单面铜盘研磨机的运动与动力分析[D]. 景德镇陶瓷大学，2016.
[57] 乔海红，卿德友，杨静，等. 红外锗窗片的双面磨抛工艺[J]. 新技术新工艺，2009(10)：111-113.
[58] 徐健，贺津. 超声波清洗机的研制[J]. 机械制造与自动化，2001(06)：22-23.